电子科学与工程系列图书

IGBT 器件——
物理、设计与应用

［美］贾扬·巴利加（B. Jayant Baliga） 著

韩 雁 丁扣宝 张世峰 等译

机械工业出版社

本书从 IGBT 发明开始，介绍了 IGBT 的模型和基本工作原理、各种元胞结构、设计与制造工艺、封装与驱动、安全工作区等，并给出了在多达十几个行业中的具体应用，包括应用电路和参数指标等。

　　本书内容深入浅出，适合电力电子、微电子、功率器件、功率 IC 设计与制造领域的研究人员、技术人员阅读，也可作为高等院校相关专业本科生和研究生的参考书。

译 者 序

B. Jayant Baliga（贾扬·巴利加）教授是 IGBT（绝缘栅双极型晶体管）之父，是半导体功率器件领域极具发明天赋之人。他将双极型晶体管与 MOS 场效应晶体管结合起来，向人类社会贡献了一个奇妙的新型电力电子器件。该器件解决了早期高耐压、大电流、大功率器件栅极不易控制的问题，使得以电力为驱动源的大小型设备，包括风电、水电、太阳能、照明、电机、车船运输、医疗设备、家用电器等，从此如雨后春笋般繁荣茂盛地发展起来，从而极大地提高了社会生产力，方便了人们的生活，提升了生活质量。IGBT 的发明带给人类的贡献不可限量。

Baliga 教授同时还是一位伟大而高产的作者。本书是他近年来的又一本恢宏之作。本书从 IGBT 的发明讲起，介绍了 IGBT 的模型和基本工作原理、各种元胞结构、设计与制造工艺、封装与驱动、安全工作区等，直到在多达十几个行业中的具体应用，包括应用电路甚至于参数指标。Baliga 教授的博学与天分在这本巨著中被充分展现出来。本书内容深入浅出，能够带给读者极大的阅读快感，还能够让读者学到令自己也难以置信的浩瀚知识，是一本与众不同的、难得一见的好书。

本书适合电力电子、微电子、功率器件、功率 IC 设计与制造领域的研究人员、技术人员，以及高等院校相关专业本科生、研究生学习参考。

本书的翻译工作主要由浙江大学微电子学院的韩雁教授、丁扣宝副教授、张世峰博士完成。其中张世峰博士负责第 3、4、8 章的翻译，韩雁教授负责其余 17 章的翻译，丁扣宝副教授负责文前部分的翻译及全书的校对工作。为表述准确，译者在翻译过程中较多地采用了直译法。虽力求完美，但难免存在错漏及不妥之处，望读者不吝指正。在全书的翻译过程中，浙江大学微电子学院微纳电子研究所的众多博士生、硕士生也积极参与，做出了很大贡献，他们是博士生周骞、陈雅雅、孙龙天、倪明；硕士生江如成、乔志通、雷健、徐浩。

韩雁　丁扣宝　张世峰

2018 年 2 月　于求是园

原 书 序

当我在 1970 年加入通用电气公司研发中心时，世界的功率电子与当今相比是一个完全不同的环境。在那里我在功率电子传奇人物的指导下工作，例如 Bill McMurray、Bernie Bedford、Fred Turnbull，以及许多其他人。那些日子仍处在从 1956 年开始的晶闸管技术时代，提倡使用谐振电路来关闭逆变器中的晶闸管。McMurraye – Bedford 逆变器、McMurray 逆变器，以及 Verhoef 逆变器正是那一时期发展的产物。因为众多的工作模式（如提升或降低功率因数、空载或满载、低频或高频等），分析这些电路对于那些喜欢求解微分方程的人来说，既是梦魇也是快乐！

在小功率的场效应晶体管和大笨砖似的达林顿双极型晶体管时代，人们无法为自关断寻找到解决方案。直到 20 世纪 70 年代后期，这个时代才宣告终结。通用电气公司研发中心的管理层宣布该中心的 B. Jayant Baliga 研制成功了一种新的开关器件，它取消了关断所需的谐振电路，只需要与场效应晶体管类似的栅极脉冲即可获得关断。到了 20 世纪 80 年代中期，这个器件遗留的一些问题（闩锁与二次击穿）也获得了解决，功率电子学的新纪元已然到来。在过去的 30 年间，借助 6000V 的器件，我们已经看到了 IGBT 技术的不断跨越，甚至已经进入到高压直流应用领域。在 1970 年，人们只是想一想一个自关断器件可以攻入晶闸管技术的最后堡垒（即高压直流功率转换）就会大摇其头。我们都大大受益于 Baliga 教授和他那个时代在固态器件技术领域的工作。在这本书中，我们将向大师学习。

Thomas A. Lipo
美国威斯康星大学麦迪逊分校

原书前言

1977 年，当我在为通用电气（GE）公司工作时，提交过一份专利申请，披露一个包含基本 IGBT 结构的垂直 MOS 栅控晶闸管。为了做出这一结构，开发了一个 V-grove 工艺，并在 1978 年 11 月到 1979 年 7 月之间完成了器件的制造。除了闩锁式的晶闸管工作模式之外，我的测试清楚地显示了 IGBT 的工作模式。针对通用电气公司需要有应用于热泵的可调速开关，我在 1980 年 9 月准备了一个专利披露，描述了我们现在认为是理所当然的 IGBT 的所有特征。很快就显而易见的是，这个新器件对公司小电器、大电器、医疗、工业自动化和照明事业部的所有产品都有广泛的影响。由于这一影响横跨了整个公司，我的提案引起了主席 Jack Welch 的注意，他支持了它的商业化。我很幸运能在一年之内，完成了包括对寄生晶闸管闩锁抑制的芯片与工艺设计，用现有的功率 MOSFET 产品生产线制造出了一个 600V、10A 的 IGBT 器件。我同时开发了一个用辐照控制电子寿命的工艺，外带一个独特的退火步骤来恢复电子辐照带给栅氧化层的损伤。这使得 IGBT 产品在开关频率和应用方面得到了广泛的优化。这些 IGBT 的获得鞭策着通用电气公司的电力电子设计师们将它们快速大量地应用到各类产品之中。通用电气公司最终宣布可在 1983 年获得这些 IGBT 商品。1985 年后，这一器件的生产也导致了其他公司的产品问世，促进了世界范围内的利益增长。

几年前，北卡罗来纳州立大学电气和计算机工程学院的新任院长，建议我准备一个关于我的 IGBT 工作影响力的报告，发布在我们的网站上。我努力的产出是一个 140 页的文档，与 300 多篇参考文献，题为："IGBT 纲要：应用与社会影响"。通用电气公司在我关于器件的发明之后立即就认可了 IGBT 对公司大部分产品部门的影响。我亲自参与了 IGBT 的设计，这些设计适用于通用电气公司空调（热泵）的可调速驱动器、适用于通用电气创造更高效照明产品的早期努力，以及各种小型、大型电器的控制。然而，在一个 30 年的时间跨度之后准备这样一份报告是一个发现之旅。很明显，IGBT 已经渗透到了经济的各个领域，给全球数十亿人口带来了舒适、方便和健康的生活。

提高电源管理和产出的效率是电力电子学的本质，大家都认识到功率半导体器件在这一成果的实现上扮演着主要的角色。然而，节能效率提高的影响还没有能够用一个严格的方法来量化。没有这个度量，评估这一技术对环境的影响是不可能的。因为世界上电力的 2/3 被用于让电动机旋转，我决定量化来自基于 IGBT 调速电动机驱动的能量节约。此外，由于世界上 1/5 的电力用于照明，我决定量化紧凑型荧光灯（CFL）的影响，因为其电子镇流器使用了 IGBT。第三个从 IGBT 受益的经济部门是运输部门。很明显，在 20 世纪 80 年代末有了 IGBT 器件后，电子打火系统得以出现，对内燃机的火花塞进行控制使得汽车和卡车的燃油效率得到提高。随着世界各地大量的汽油消耗，量化这一创新的影响变得很重要。只是 IGBT 的这三个应用，我认为社会节约了 50000MW·h 以上的电能消耗（相当于少建 600 座火力发电厂）和超过 1 万亿 USgal 的汽油消费。这不仅在从 1990 年到 2010 年间为全世界消费者节省了超过 15 万亿美元，而且减少了二氧化碳排放量超过 75 万亿 lb。

2012 年，我被同事鼓励以上面的报告为基础写一本 IGBT 的书。我的反应是创造出一本易于理解的 IGBT 书的提议，这本书首次包括器件工作原理、器件芯片设计、器件制造工艺、器件封装和栅极驱动电路，然后提供了一个关于它在所有经济部门应用的广泛讨论，细化在每个案例中使用的电路拓扑和功率半导体工业界为每一种应用开发的优化过的 IGBT 器件结构。我很高兴爱思唯尔（Elsevier）公司的编辑发现我的建议引人注目，评审人员对我 IGBT 书提案的反馈也非常积极，建议我再包括一个讨论，即 IGBT 是如何被我在 20 世纪 80 年代初期发明、开发和成功商业化的。

这本书是我两年努力的结果，给读者创建一个关于 IGBT 工作原理、设计以及社会影响的单一来源。第 1 章提供了一个 IGBT 应用和其功率等级的高层次视角，它包括一个器件概念及其商业化背后的历史。第 2 章描述了各种经过多年进化的 IGBT 结构。我 1981 年在通用电气开发的第一个 IGBT 是 600V 的对称阻断型器件，随后是 600V 非对称阻断型器件。在接下来的 20 年，功率半导体制造商们的注意力集中在电动机驱动应用中的非对称结构。最近由于在电流源逆变器和矩阵转换器上的使用又产生了对对称阻断型 IGBT 的兴趣。第一个 IGBT 利用了平面栅结构，后来通过使用沟槽栅器件在通态电压降和开关损耗之间获得了折中曲线的重大改善。透明集电极 IGBT 结构在缩放 IGBT 的电压等级从而允许 IGBT 应用于牵引驱动中起到了重要的作用。

第 3 章提供了一个 IGBT 结构的原理描述以允许其使用分析模型来进行设计。对称、非对称和透明集电极结构用阻塞特性、通态电压降和功率损耗折中曲线这些术语进行系统性的分析。虽然还没有商业化的器件可用，但为了完整性，还是把碳化硅 IGBT 也包含在其中。

从应用角度来看，IGBT 优异的坚固性与宽广的安全工作区已成为它的基本特征之一。第 4 章为设计 IGBT 的安全工作区提供了分析模型，它包括负责防止内部寄生晶闸管闩锁的器件元胞创新。当我最初提出 IGBT 时，这被认为是令人印象深刻之处。

第 5 章实际描述了 IGBT 芯片和其边缘终端的有源区布局。这里还描述了过电流、过电压和过温保护技术。调整 IGBT 开关速度而又不伤害其栅氧化层的载流子寿命的控制工艺也在这里给出了描述。

第 6 章描述了分立 IGBT 和打包成模块的 IGBT 的封装技术。功率模块的设计范围从低功率到高功率水平。在第 7 章中，提供了各种门驱动电路控制回馈二极管的反向恢复和 IG-BT 本身的开关损耗。第 8 章则提供了用于在功率电路中对 IGBT 进行仿真的模型。

在接下来的第 9~18 章，对 IGBT 在各个经济领域的应用进行了综述。这些章节展示了这非凡的创新对社会影响的宽度。在每一章中都给出了电路拓扑，如硬开关与谐振开关的对比，确保 IGBT 在这些电路中高效工作的说明等。同时也给出了器件制造商为减少各种情况下的功率损耗而对 IGBT 结构所做的优化。

在第 9 章中讨论的交通行业，就个体消费者而言，在燃油汽车中使用内燃机、在电动汽车或者混合动力电车中驱动电动机，IGBT 都是必不可少的。对公交系统而言，从电动公交车和电车到世界各地的高铁网络，IGBT 也是必不可少的。随着 IGBT 功率级别的增长，它甚至渗透到大型船舶的推进系统中，并使得全电动飞机成为可能。

第 10 章讨论的工业领域包括可调速的电动机控制驱动、工厂自动化系统、机器人、焊接、感应加热、铣削和钻孔、造纸、纺织、金属加工厂和采矿。

第 11 章讨论了照明部门，提供各种广泛应用于这个高容量领域的应用电路。此外，也描述了 IGBT 在照相机的闪光灯、汽车的氙弧灯和电影放映机中的应用。

第 12 章讲解了 IGBT 在消费类电子领域的多种应用。在大量的应用中，最普遍的是我们家庭中的空调器、电冰箱、洗衣机、微波炉、电磁炉和洗碗机。在为准备食物的厨房提供便利的台式小家电中，是便携式电磁炉、电饭煲、搅拌机、混合器和榨汁机。此外，在老一代阴极射线管电视机和现代等离子电视机中，IGBT 也是一个重要组件。

社会极大地受益于应用在医疗部门的 IGBT，提高医疗诊断水平和在心脏骤停事件中拯救生命。它们被用在 X 光机、CT 扫描仪、核磁共振成像扫描仪和超声波机器的电源中，产生高质量的医疗诊断图像和治疗身体创伤。如果没有 IGBT，外部（便携式）自动除颤器不可能被做成成本低、重量轻、只有笔记本电脑大小的装置。这个器件的诞生，在美国每年拯救超过 10 万人的生命，在世界各地则更多。

第 14 章描述了美国防御部门起初很不情愿采用 IGBT，现在 IGBT 在所有军事力量部署的装备中都起到了基础的作用。海军将它们用在军舰、航空母舰和核潜艇的配电系统中；陆军正在开发其逆变器依赖 IGBT 的电动汽车；空军利用可靠性高、重量轻的 IGBT 电气执行机构取代液压系统。

为缓解大气中碳的增加引起的全球变暖，以化石燃料（碳和天然气）为动力的发电厂需要增加太阳能和风能发电能力的部署。所有这些可再生能源都在逆变器中使用 IGBT 以向交流输电网提供合规的能量。第 15 章介绍的电力电子技术不仅仅只用于这些可再生能源，同样也用于水力发电、波浪发电、潮汐发电和地热能。

第 16 章描述了 IGBT 对电力传输部门的渗透。这发生在最近 IGBT 模块的功率等级被半导体供应商增强到可以处理兆瓦级电力的水平之后。目前已经为交流输电网络部署了基于 IGBT 的静态无功补偿器和静态同步补偿器。

如第 17 章中所讨论的那样，IGBT 甚至使得经济领域的金融部门受益。随着银行、信用卡和投资部门之间基于计算机的高速交易的出现，任何电力中断都会导致每小时数以百万美元的损失。对数据中心的保护，基于 IGBT 的不间断电源已成为必不可少的设备，它不仅对电力中断问题进行保护，而且对欠电压、过电压和其他电能质量问题进行保护。

第 18 章写了 IGBT 所有已掌握的、不适合在前面经济领域讨论的众多其他应用。这些应用包括：①智能家居；②打印机和复印机；③机场安检机；④粒子加速器，包括欧洲核子研究中心用于希格斯玻色子发现的大型强子对撞机；⑤食物和水消毒；⑥海水淡化；⑦过山车；⑧美国宇航局的航天飞机与国际空间站。

IGBT 的社会影响在第 19 章叙述。在这里给出了三个研究案例：调速电动机驱动、CFL 灯镇流器和电子点火系统。这三个应用通过 IGBT 极大地提升了效率，在 1990 年到 2010 年之间减少电力消耗 50000MW·h、减少汽油消费超过 1 万亿 USgal。这也给消费者节省了超过 15 万亿美元、减少超过 75 万亿 lb 的二氧化碳排放量。

我的目的是写作一本关于 IGBT 的书，不仅提供关于工作原理和设计的全面描述，而且提供它横跨各个经济领域的应用宽度，并量化其社会影响。所有功率半导体和电力电子工程师们应该会对这本书感兴趣。此外，那些关注技术对社会影响的社会科学家们也会对它感兴趣。

B. Jayant Baliga

2014 年 12 月

作 者 简 介

　　Baliga 教授因其在半导体器件领域的权威而受到国际公认。除了在国际期刊和国际会议上发表的 550 篇文章之外，他还撰写和编辑了 18 本书（IEEE 出版社 1984 年出版的《Power Transistors》；Academic 出版社 1986 年出版的《Epitaxial Silicon Technology》；John Wiley 出版社 1987 年出版的《Modern Power Devices》；IEEE 出版社 1988 年出版的《High Voltage Integrated Circuits》；John Wiley 出版社 1988 出版的《Solution Manual：Modern Power Devices》；IEEE 出版社 1991 年出版的《Proceedings of the 3rd Int. Symposium on Power Devices and ICs》；Krieger 出版有限公司 1992 年出版的《Modern Power Devices》；IEEE 出版社 1993 年出版的）《Proceedings of the 5th Int. Symposium on Power Devices and ICs》；PWS 出版社 1995 年出版的《Power Semiconductor Devices》；PWS 出版社 1996 年出版的《Solution Manual：Power Semiconductor Devices》；Kluwer 出版社 1998 年出版的《Cryogenic Operation of Power Devices》；World Scientific 出版公司 2005 年出版的《Silicon RF Power MOSFETs》；World Scientific 出版公司 2006 年出版的《Silicon Carbide Power Devices》；Springer 出版社 2008 年出版的《Fundamentals of Power Semiconductor Devices》；Springer 出版社 2008 年出版的《Solution Manual：Fundamentals of Power Semiconductor Devices》；Springer 出版社 2009 年出版的《Advanced Power Rectifier Concepts》；Springer 出版社 2009 年出版的《Advanced Power MOSFET Concepts》；Springer 出版社 2011 年出版的《Advanced High Voltage Power Device Concepts》）。此外，他还对另外 20 本书有着章节性的贡献。他在固态领域拥有 120 项专利。1995 年，他的一项发明被选为授予 B. F. Goodrich 学院发明家奖并在发明家名人堂颁奖。

　　Baliga 教授 1969 年从位于马德拉斯的印度理工学院（IIT）获得工科学士学位。在 IIT 他还获得飞利浦印度奖章和特殊功绩奖章（作为优秀毕业生）。他于 1971 年和 1974 年在位于美国纽约州特洛伊市的伦斯勒理工学院（RPI）分别获得硕士和博士学位。他的论文涉及砷化镓扩散机制和使用有机金属化学气相淀积（CVD）技术生长砷化镓（GaAs）和砷铟镓（GaInAs）层的开创性工作。在 RPI 他获得了 1972 年的 IBM 奖学金和 1974 年的 Allen B. Dumont 奖金。

　　从 1974 年到 1988 年，Baliga 博士在纽约斯克内克塔迪的通用电气公司研发中心从事研究工作，并领导具有 40 名科学家的研究团队。其研究领域为功率半导体器件和高压集成电路。在此期间，他将 MOS 和双极型半导体的物理概念结合起来，开创了一个分立器件的新家族。他是 IGBT（绝缘栅双极型晶体管）的发明家，而 IGBT 在如今许多国际半导体公司生产。这项发明在全球广泛使用于空调器、家电（如洗衣机、电冰箱、搅拌器等）的控制、工厂自动化（如机器人）、医疗系统（如 CAT 扫描仪、不间断电源）、有轨电车/高速火车，以及电动火车和混合动力汽车。基于 IGBT 控制的电机效率可提高达 40% 以上。IGBT 是用紧凑型荧光灯（CFL）取代白炽灯、使效率提升 75% 的基础。因为世界上 $\frac{2}{3}$ 的电力用于让电动机旋转和 20% 的电力用于照明，IGBT 的获得和使用累计节省电能超过 50000MW·h。此外，IGBT 使得汽油动力汽车和卡车引入电子点火系统运行火花塞内燃机成为可能。这导致了改善燃油效率 10%，在过去的 20 年里节省了消费者 1 万亿 USgal 的汽油。这些电能和汽油节省的累积效果是消费者的成本节约超过 15 万亿美元，火电厂的二氧化碳排放量减少超过 75 万亿 lb。因为这一成就，他被贴上了"地球上最小碳足迹的人"的标签。近年来，IGBT 使得创造出用于心脏骤停受害者的紧凑、量轻又便宜的去纤颤器成为可能。美国医疗协会（AMA）计划在消防车、医疗救护车、建筑工地和航空公司登机口部署这些便携式心脏除颤器，预计在美国每年可挽救 10 万人的生命。因为这项工作，他被《Scientific American》杂志在 1997 年纪念固态纪元的特刊中命名为半导体革命的八位英雄之一。

Baliga 博士还是将肖特基管和 PN 结物理相结合，创建 JBS 功率整流器新家族概念的发起人，现在可从各公司用商业化手段获得这些 JBS 功率整流器。这个最初在硅器件上实现的概念已经成为碳化硅高压肖特基整流器商业化的基本概念。

Baliga 博士在 1979 年发明了一种分析理论，形成 Baliga 优值（BFOM），将功率整流器和场效应晶体管的内阻与基本的半导体性能建立关系。他预测如果用其他材料（比如砷化镓和碳化硅）代替硅，则肖特基功率整流器和功率场效应晶体管的性能可以被增强几个数量级。这是正在形成的 21 世纪新一代功率器件的基础。

1988 年 8 月，Baliga 博士加入了位于北卡罗利市的北卡罗来纳州立大学电气和计算机工程学院，成为一名全职教授。1991 年，他在该校建立了一个国际功率半导体研究中心，研究功率半导体器件和高压集成电路，并担任首任主任。他的研究兴趣包括新器件概念的建模、器件制造工艺、新材料如砷化镓和碳化硅对功率器件的影响。第一个高性能碳化硅肖特基整流器和功率场效应晶体管在 20 世纪 90 年代的北卡罗来纳州国际功率半导体研究中心的演示，导致了过去这 10 年许多公司产品的上市。

1997 年，为表彰他对北卡罗来纳州立大学（NCSU）的贡献，他被授予电气工程有贡献的大学教授的最高等级。2008 年 Baliga 教授成为一个 NCSU 组的关键成员，与其他四所大学一道，成功地从美国国家科学基金会获得批准，成立一个工程研究中心，发展允许可再生能源集成的微电网。在这个项目中，他负责基础科学平台，研发宽禁带半导体功率器件的实际应用。

Baliga 教授因对半导体器件的贡献而获得了众多奖项。其中包括两个 IR 100 奖（1983、1984），在通用电气公司的 Dushman and Coolidge 奖（1983）和《Science Digest》杂志在 100 个最耀眼的美国年轻科学家中颁发的奖（1984）。因他对功率半导体器件的贡献，他在 1983 年以 35 岁的年纪当选了 IEEE 的 Fellow（会员）。1984 年，他被世界著名的锡塔尔琴大师 Ravi Shankar 在亚洲人的北美第三公约组织授予了应用科学奖。他被授予 1991 IEEE 的 William E. Newell 奖，这是电力电子分会赋予的最高荣誉，接着因其对新兴智能电力技术的贡献在 1993 年获得 IEEE 的 Morris E. Liebman 奖。在 1992 年，他是第一个获得 BSS 协会"印度的骄傲"奖项的人。在 45 岁时，他进入著名的国家工程科学院，是当时仅有的四个印度籍市民之一（2000 年获得美国籍之后就转成了正式成员）。在 1998 年，北卡罗来纳州大学系统在 16 个组成大学中选中他作为对人类福利做出最大贡献的教员而获得 O. Max Gardner

奖。在 1998 年 12 月，他获得了 IEEE J. J. Ebers 奖，是 IEEE 电子器件分会对他在固态领域的技术贡献给予的最高认可。1999 年 6 月，他在伦敦的白厅官被授予 IEEE Lamme 奖章，这是一个由 IEEE 政府委员会为他给社会带来的仪器/技术贡献而给出的最高形式的认可之一。2000 年 4 月，他被他的母校授誉为杰出校友。2000 年 11 月，他受到了雷诺兹烟草公司的奖励，奖励他卓越的教学、研究和将他的贡献扩展到北卡罗来纳州立大学工程学院。Baliga 博士在 2011 年被选中接受亚历山大夸尔斯 Holladay 卓越奖章，这个奖章颁给 NCSU 的教职员工中，那些在职业生涯中通过科研、教学和推广服务对大学做出了卓越贡献的成员。

1999 年，Baliga 教授成立了一个公司——基恩特半导体公司，种子投资来自百年合伙人公司，要求独家拥有北卡罗来纳州立大学的专利技术，目的是把他在 NCSU 的发明带向市场。他在 1999 年后期成立的另一个叫作微欧姆的公司，成功许可 GD - TMBS 电力整流技术给几个主要的半导体公司做全球布局。这些器件已经应用在电源、电池充电器和汽车电子产品中。2000 年 6 月，Baliga 教授又创立了另一家公司——硅无线公司，该公司商业化了一个新颖的、为应用于手机基站而发明的超线性硅射频晶体管。目前这个公司壮大到了拥有 41 名员工。这个公司（后更名为硅半导体公司）坐落在北卡的研究三角园，于 2000 年 12 月收到了飞兆半导体公司 1000 万美元的投资，共同开发和市场化这一技术。基于他的新发明，该公司还生产了新一代的功率场效应晶体管，为笔记本和服务器中的微处理器供电。这项技术被他的公司连带技术秘密和制造工艺一起授权给了线性技术公司（Linear Tech）。现在在市面上可以获得使用了他的晶体管的电压调节器模块（VRM）为笔记本电脑和服务器的微处理器和显卡供电。

2010 年，Baliga 博士因其发明、开发和商业化的 IGBT 而被纳入《Engineering Design》杂志的工程名人堂，加入到电气工程领域的名人（如爱迪生、特斯拉和马可尼）行列。颁奖辞中说：20 世纪 70 年代在通用电气公司工作时，Baliga 构思了将 MOS 管与双极型器件功能集成的想法，直接导致了 IGBT 的发展。在将 IGBT 从一个纸上的概念推向有许多实际应用的可行产品的过程中，Baliga 的视野和引领发挥了至关重要的作用，这一点仍然是不可否认的。

在 2011 年 10 月 21 日一个白官的仪式上，奥巴马总统亲自给 B. Jayant Baliga 博士授予了国家技术创新奖章，这是美国政府对一名工程师最高形式的认可。Baliga 博士的颁奖词中说：为开发和商业化广泛应用于交通、照明、医学、防御和可再生能源发电系统上的 IGBT 以及其他功率半导体器件而颁奖。他的 IGBT 创新在过去的 20 年间为全球消费者节省了超过 15 万亿美元而二氧化碳排放量减少了超过 75 万亿 lb。

2012 年 10 月，北卡罗来纳州州长贝弗利·普渡授予 Baliga 博士北卡罗来纳科学奖。这是北卡罗来纳州和州长给予市民的最高奖。2013 年 10 月 4 日，他被伦斯勒理工学院院长雪莉·杰克逊引入伦斯勒理工学院校友名人堂。仪式包括推出他刻在 Darrin 通信中心汤姆森音乐厅一个窗户上的肖像。

2014 年 8 月 23 日，在荷兰阿姆斯特丹举行的一个仪式上，Baliga 博士接受了 IEEE 的荣誉勋章，奖励他发明、实现功率半导体器件并将它们商业化，给人类社会带来福祉。这个奖项目 1917 年以来颁给在电气工程领域取得伟大成就的人。

目　　录

第1章 绪 论

如今，绝缘栅双极型晶体管（IGBT）被广泛地用于功率电子系统中以提高我们的生活质量和舒适性。IGBT对当今社会的影响可以通过"如果没有IGBT，我们今天的生活会是怎样的?"这个问题反映出来，答案是显而易见的。

1）汽油动力汽车将无法运行，因为电子点火系统无法工作。

2）混合动力和电动汽车将停止运行，因为通过电池给发动机提供电力的逆变器不再工作。

3）电动公共交通系统将会面临瘫痪，因为通过电网给发动机提供电力的逆变器也不再工作。

4）家庭和办公室中的空调器将停止工作，因为通过电网给热泵和压缩机提供电力的逆变器不再工作。

5）电冰箱和自动售货机将无法运转，导致易腐产品的运输和储存变得不可能。

6）工厂将停滞下来，因为设备的控制器停止运转。

7）新节能紧凑型荧光灯将停止发光，而重新使用白炽灯泡会大大增加功耗。

8）放置在急救车辆、飞机和办公大楼中的便携式除颤器也将无法操作，每年约有10万人处在死于心力衰竭的风险之中。

9）新的太阳和风力可再生能源也无法给电网提供能量，因为逆变器无法工作。

10）不间断电力供应也将无法实现，危及银行和投资公司的金融交易。

11）现代手机和数码相机的闪光灯将不能使用，无法很好地记录我们生命中的难忘瞬间。

总之，如果没有IGBT，我们的生活质量会受到很大的损害。换句话说，IGBT已经成为一种嵌入式技术，丰富了全球数十亿人的生活，为大家提供了舒适的家居、食品保鲜、工业制造、交通，甚至医疗援助。

2005年9月，在庆祝报道功率半导体技术趋势30周年纪念日的时候，《Power Electronics Technology》杂志发表了一篇关于半导体里程碑图的评论文章[1]。在里程碑图中，排在第一位的是1947年由Brattain、Bardeen和Shockley发明的双极型晶体管，由此，他们在1956年获得诺贝尔奖。排在第二位的是由Jack Kilby发明的集成电路，同样因此在2000年获得了诺贝尔奖。集成电路概念的发明者Robert Noyce于1987年获得了国家技术与创新奖章。20世纪50年代，功率晶闸管也被引入高功率的商业应用。这些双极型器件的主要制造商是通用电气公司和西屋公司。根据里程碑图表，功率器件的下一个主要创新是由Siliconix于1975年和国际整流器公司于1978引入的功率MOSFET。此时，功率半导体工业被分为两个方向：一个方向是双极型功率器件；另一个方向是功率MOSFET器件。当时，这些器件的制造被认为是不兼容的，因为MOS器件需要知道如何控制半导体表面特性，而双极型器件则依赖控制半导体体区内的少数载流子。

半导体里程碑图表明，我在1979~1980年发明了IGBT。这是通过在同一单片结构中集成MOS和双极物理学的功能来实现的。2010年12月，由于对IGBT的发明、发展和商业化的重要作用，我被引入电子设计工程名人堂，颁奖词为[2]："虽然20世纪70年代末在通用电气公司工作，Baliga构想了MOS技术和双极物理的功能集成的想法，直接导致了IGBT的发展。但不可否认，Baliga的视野和领导能力在将IGBT从纸上概念转变为很多实用产品的过程中发挥了关键作用"。2011年10月21日，为了纪念我在IGBT以及其他功率半导体器件的发展和商用化中的关键作用，奥巴马总统在白宫向我颁发了国家技术和创新奖章。这个认可使得 IGBT 受到大家的瞩目，并承认电力电子对我们社会的影响。

1.1 IGBT 应用范围

IGBT 在大电流和宽电压范围内的应用如图 1.1 所示。对于工作电压高于 200V 的应用，典型的例子是灯的镇流器、利用电动机的消费类电器，以及电动车辆驱动器。其他应用是钢厂和牵引（电动火车）的高功率电机控制。它们现在被用于电力传输和分配系统。常规硅功率 MOSFET 结构的导通电阻太大，无法满足这些应用。因此，这些应用目前使用硅 IGBT。碳化硅（SiC）IGBT 具有非常优良的特性，适用于阻断电压高于 $10 \sim 15$kV 的智能电网应用[3]。

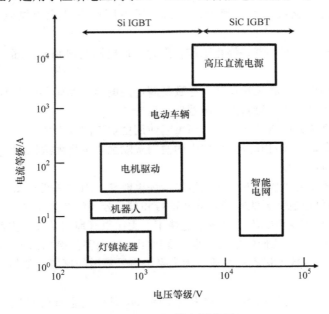

图 1.1   IGBT 的应用范围

值得指出的是，除了智能电网之外，IGBT 的电流额定值随着这些应用的额定电压的增加而增加。在硅 IGBT 的情况下，可通过采用多芯片集成封装来解决这个问题。智能电网的独特应用需要非常高的电压和低电流额定值的器件。这些应用可以通过使用基于 SiC 的 IGBT，尽管芯片制造良品率较低以及 SiC 晶片的成本较高，但比起硅 IGBT，SiC IGBT 可以工作在更高的频率下，因而，用于功率电路中的磁性元件的尺寸更小。

1.2 基本的 IGBT 器件结构

如图 1.2 所示，有两种基本的 IGBT 结构，即对称阻塞和非对称阻塞器件。对称阻塞结构允许在电流电压坐标系的第一和第三象限中支持高电压，即该器件具有高的正向和反向阻断能力。对于在高压交流电源应用中使用的任何功率器件，都需要此功能。相比之下，不对称阻塞结构只能在正向阻塞模式下支持高电压。该结构针对在高压直流电源总线的应用进行了优化。在不对称结构中存在 N 缓冲层允许减少 N 漂移区的厚度，以改善导通压降和开关时间。

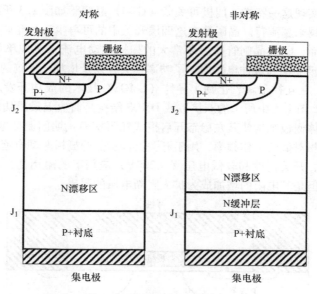

图 1.2 基本 IGBT 器件结构

1.3 IGBT 发展和商业化历史

第一个半导体功率器件是双极型晶体管，它是由 1947 年发明的结型晶体管演变而来的。为了支持高电压，厚的、轻掺杂的漂移区被添加到功率双极型晶体管中，如图 1.3 所示。高阻断电压能力也需要相对较大的基极宽度，但同时会降低电流增益。高水平的注入效应进一步降低了电流增益。双极型晶体管大的基极驱动电流将其额定电压限制在 600V 以下。

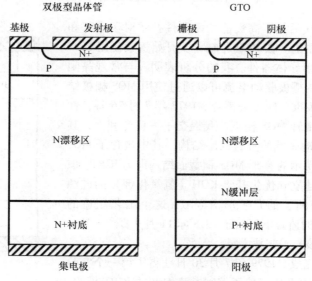

图 1.3 双极型晶体管

大功率应用需要设备能够支持超过 1000V 的电压和控制大电流，在 20 世纪 70 年代由晶闸管或四层半导体结构来实现这一特性。门极可关断（GTO）晶闸管如图 1.3 所示，在汽车和电动火车的电动机驱动器中越来越流行。晶闸管在这四层开关中的可再生行为允许制造具有低导通电压降的高电流器件。然而，GTO 晶闸管需要非常大的栅极驱动电流来实现单位增益的关断。用于 GTO 晶闸管的复杂栅极驱动和缓冲电路增加了功率损失，以及增加了系统的成本和尺寸。

20 世纪 70 年代，在互补金属氧化物半导体（CMOS）技术的成功开发之后，大家共同努力去创造功率 MOSFET。图 1.4 中所示的双扩散或 DMOS 结构是商业上最成功的器件。电压控制器件的金属氧化物半导体栅极结构使其在稳态开启模式和阻塞模式期间栅极电路中基本没有电流。由于此时功率电路的相对低的工作频率，用于开关器件所需的栅极驱动电流也是适中的。虽然由于其优越的栅极驱动、开关速度和较低电压（< 200V）应用下的耐用性，功率 MOSFET 会取代功率双极型晶体管，但是其电阻的增加成为扩大阻断电压的阻碍。

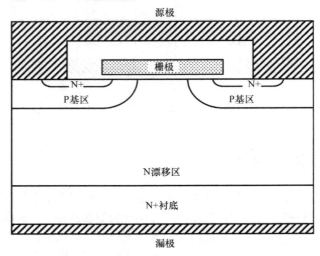

图 1.4 功率 MOSFET 结构

在 20 世纪 70 年代后期，高性能功率器件技术对于中等和高功率应用是非常需要的。在 1977 年初，我开始探索使用 MOS 栅控结构来控制四层半导体器件。我的分析表明，与常规晶闸管结构不同，晶闸管的栅极驱动电流可以通过使用 MOS 栅极结构与 $[dV/dt]$ 和 $[dI/dt]$ 能力去耦合。1977 年 7 月 26 日，针对通用电气公司的晶闸管 MOS 栅极，我提交了一项专利[5]，其中描述了具有 V 形沟槽区域的垂直四层结构，其中包含了 MOS 栅极结构。图 1.5 中所示的 V 形 MOS 横截面结构即为 IGBT。该器件结构的制造需要建立和优化基于 KOH（氢氧化钾）的硅蚀刻工艺，以形成（截断了的）V 形槽区域。这个工艺制造的 MOS 栅控晶闸管在我的监督下开始于 1978 年 11 月 9 日[6]，Margaret Lazeri 作为我的核心工艺技术员。

工艺的开发成功完成，1979 年 7 月 30 日获得了第一个实验结果，清楚地表明了 MOS 栅极偏压控制电流饱和的 IGBT 模式，以及在更大电流水平上四层晶闸管的闩锁[7]。我发现一些器件表现出了预期的增强型工作模式，导致由于晶闸管结构的闩锁

图 1.5 V 形沟槽 IGBT/晶闸管结构

而出现输出特性的回滞。然而，其他器件表现出了耗尽型模式特性，第一次表明电流可以在四层垂直半导体器件中流动而没有晶闸管的闩锁。这是垂直半导体器件 IGBT 工作模式的第一次观察。它证明了电流流过的四层结构可以由一个 MOS 负的栅极偏压关闭，这也是第一次明确展示了非闩锁电流流过垂直四层半导体器件。因此，基于在美国通用电气公司的 IGBT 理论和实验结果，1977 年 7 月 26 日，我的专利公开了。

上面的结果是美国通用电气公司内部审查过后在 1979 年 8 月 28 日提交给 Electronics Letters，并于 1979 年 9 月 27 日发表的[8]。文章中包含器件输出特性的照片。特别是其中的图 1.2 显示的 IGBT 状特征，即导通状态的二极管行为和 MOS 栅极控制电流饱和的能力，由于四层半导体结构的闩锁而没有回滞。论文中提出"该结构可被看作类似于 V 形槽 MOSFET 器件，但是 MOSFET 的漏区被 P 型阳极区替代。"

1980 年 9 月初，美国通用电气公司的副总裁 Tom Brock 创立了一个新的产品部门，设计用于空调器的高效可调速电动机驱动器。他拜访了美国通用电气公司研究中心，并描述了他对使用现有的达林顿双极型晶体管所遇到的问题。他向我的团队提出了挑战，让我们提供更好的器件技术。为应对这一挑战，在 1980 年 9 月 29 日我公开了一份专利[7,9]。在我的专利中，基于我的 IG-BT 结构的分析建模，为所提出的器件结构规划了以下特性：①正向和反向阻断能力；②正向电压降类似于 p-i-n 整流器；③使用具有低栅极电流的栅极电压控制导通和截止；④非常高的关断增益；⑤高 dV/dt 和 dI/dt 能力；⑥可在高温下工作；⑦对辐射的耐受性。我把这个器件命名为"栅增强的整流器"，以强调其类似于 p-i-n 整流通态特性。这些特性是我在 20 世纪 70 年代进行的场控晶闸管研究工作的基础上预测的。回想起来，这种预测经受住了时间的考验，并被作为现在的 IGBT 的性能属性。专利申请包括不含 N+发射区的创新结构，以避免形成一个寄生晶闸管。由于美国通用电气公司希望获得尽可能广泛的权利要求，专利审查花费了将近 10 年的时间并在 1990 年 11 月获得了专利的授权。同时，我获得了美国通用电气公司申请的许多结构改进方面的其他专利。

在 1980 年 9 月，我的 GERECT 提案遭到美国通用电气公司同事的怀疑。他们首先指出，之前在四层结构的 MOS 栅上的研究表明，晶闸管的闩锁发生在低电流水平。他们还指出，我提出的 IGBT 结构由驱动宽基区 PNP 双极型晶体管的 N 沟道 MOSFET 组成。基于数十年的功率双极型晶体管的工作大家普遍认为应该使用窄基区 NPN 结构以获得良好的电流增益。基于这一点，正如最近的文献[10]中给出的一样，我的批评者说我提出的器件可以预测工作于一个低的开态电流密度（低于 $20A/cm^2$）而且会有一个高的开态电压降。我提出的基于 p-i-n 二极管模型的器件，对于其通态电流密度 $100 \sim 200A/cm^2$ 的预测被认为是不现实的。

然而，1980 年 10 月，Mike Adler 对我提出的 IGBT 结构进行了数值仿真，证实了我的分析模型得到的结果，从而有机会向副总裁 Tom Brock 先生描述我的想法。在此次演讲中，我明确表示，这项创新可能会影响美国通用电气公司其他部门，如照明、小家电和大家电。Brock 先生对该器件的潜力印象深刻，并向美国通用电气公司主席 Jack Welch 简要介绍了该想法对公司内多个业务的影响，促使他访问 Schenectady（美国纽约州东部城市），并于 1980 年 11 月与我会面。我的演讲受到了 Welch 主席的欢迎，他在美国通用电气公司内部给予了我商用化的强有力支持，并将这一创新应用于美国通用电气公司的各项业务。然而，Welch 先生希望在美国通用电气公司产品中最大限度地发挥这一创新的影响力，并且禁止在几年内发布关于 IGBT 的任何信息。这推迟了外界对我早期 IGBT 工作的认识。

由于 Welch 先生认识到 IGBT 对美国通用电气公司业务的潜在影响，所以专利 RD-13,112 的准备和提交是在公司层面进行的，而不是美国通用电气公司研究中心。该专利提交于 1980 年

12 月 2 日，在专利局激烈的申辩之后于 1990 年发布[11]。利用这一策略，美国通用电气公司获得了基本 IGBT 概念以及广泛的权利要求的专利保护，直到 2009 年才结束。值得指出的是，该专利包括一种没有寄生晶闸管的 IGBT 结构，其中我提出了从发射极接触金属到反型沟道的隧道电流。在 1980 年，还没有制造这种器件的工艺，但是现在已经通过 IC 应用中的 MOSFET 工艺，实现了这一器件的制造。虽然我的基本 IGBT 概念的专利直到 1990 年才发布，但在 20 世纪 80 年代，十几个衍生专利也由美国通用电气公司提出申请，同时颁发给我。

美国通用电气公司研究和开发实验室的普遍做法是首先在 Schenectady 建立一个创新的概念，在得到验证之后将其转化为产品。这个过程通常至少需要 3 年的时间。这种方法的主要障碍是需要在研究和开发工作之后需要有产品制造能力的支持。一般来说，创建新的生产线非常昂贵，并且由于器件特性的宽范围变化，初始产品成品率较差。为了避免这些问题，作为美国通用电气公司公认的器件发明者和开发人员，我认为比较明智的做法是在现有的加利福尼亚的功率 MOSFET 产品线的基础上来设计我的 IGBT 结构，从而在该生产线上生产 IGBT。1981 年，我飞往加利福尼亚，向负责功率 MOSFET 产品线的 Nathan Zommer 先生描述了我的 IGBT 概念。在原有的功率 MOSFET 生产工艺中，我采购了独特的 IGBT 原材料。为了生产 IGBT，专门增加了一个额外的工艺步骤——深 P + 区域，从而设计了原胞结构和多浮动场限环边缘终端。在版图工程师 Peter Gray 先生的帮助下，制造出了为生产 IGBT 的掩膜版，我授权 Nathan Zommer 监督了 IGBT 的生产。生产线中的第一个 IGBT 晶片以高成品率生产了具有 600V 阻断电压功能的芯片。从我的 IGBT 概念的提出到最终在生产线上制造出功能正常的器件，只花了 10 个月的时间。这个惊人的壮举提供了大量的器件供应，我可以通过使用电子辐射工艺定制不同开关速度的器件，而这已经在功率 MOSFET 中提出并证明了。这些器件被提供给美国通用电气公司的工程师，用以研究新型灯具、小型电器（如蒸汽熨斗和烤箱）、大型电器（如制冷器和洗衣机），当然还有变速电动机驱动器。

与 IGBT 共同发展的是我在美国通用电气公司的小组承担的在 H 桥结构中可以驱动 IGBT 的高压集成电路（HVIC）的开发工作。IGBT 和 HVIC 的组合产生了独特的产品，在尺寸、重量和可制造性方面有一个数量级的改进。第一个商用的"智能开关"5hp⊖的电动机驱动产品于 1983 年 10 月 3 日问世，履行了 1981 年对 Tom Brock 的承诺。

到 1982 年年底，美国通用电气公司半导体产品部决定打破封锁，并宣布了 IGBT 产品。这个决定使得我在 1982 年 12 月的 IEEE Electron Devices 会议上发表了第一篇 IGBT 论文[14]。该 IGBT 产品（D94FQ4，18 A 的 R4，400V 和 500V 等级）于 1983 年 6 月被宣布为导致电子产品被授予"年度产品"的原因。它是由我和美国通用电气公司市场经理 Marvin Smith 于 1983 年 9 月介绍给行业刊物——《Electronic Design News》[15]，并在 1983 年 10 月的 IEEE 工业应用协会会议中报道的[16]。我也促进了 IGBT 在驱动器、电动机、控制领域的会议在英国 Harrogate[17]的成功召开。1983 年 12 月，我描述了通过使用电子辐照，在 IGBT 的导通性能和开关损耗之间进行折中的独特灵活性[18]，在文中我提到 IGBT 可以针对各种应用进行优化。在 1983 年年末，美国通用电气公司要求我向来自外部组织的众多访问代表团介绍 IGBT 的工作。其中日本的企业代表来自许多公司，包括富士电机公司。IGBT 非常有前途的特性以及已经在美国通用电气公司展示的广泛的应用促成了该器件在日本迅速商用化[19]。随后的几年，在我的领导监督下，美国通用电气公司研究实验室通过系统的努力表征了 IGBT 的高温工作能力[20]，研发了互补性（P 沟道）器件[21]，并扩大了电压等级[22]。这些年对 IGBT 优异性能的展示，对该器件的商用化和随后全世界对其无数应

⊖　1hp = 745.700W，后同。

用的开发起到了重要作用。

值得一提的是，当我第一次在美国通用电气公司提出 IGBT 作为功率器件的想法时，有许多怀疑者质疑其可行性。他们认为该器件因为寄生晶闸管的闩锁将不会正常工作。我通过加入深 P + 区域克服了这个问题[23]，如图 1.2 所示。我的怀疑者随后提出，即使器件可以工作，但其非常慢的开关速度也会限制它的应用。已知的重金属扩散和粒子轰击寿命控制工艺严重退化了 CMOS 器件和功率 MOSFET 的栅极结构。幸运的是，在电子辐照之后进行的退火工艺可以减少 IGBT 栅氧中的缺陷，而在体内留下诱导陷阱的双空位以减小开关时间[24]。这允许在完成器件制造之后调整 IGBT 的特性，以优化其在工作频率 50Hz ~ 10kHz 应用时的性能。没有这些突破，就会如怀疑者所设想的那样，IGBT 不会成为商用化的产品。

在 IGBT 表现出优异的电气特性之后，它有时被简单地认为漏端被 P + 替换的功率 MOSFET。虽然对结构进行了准确的文字描述，但这一观点没有考虑到当首次提出这种结构时其存在的缺点。IGBT 真正被大家理解是在揭示了其作为一个 PNP 型晶体管工作，基极电流由集成的 MOS-FET 提供之后。20 世纪 80 年代早期基于功率双极型晶体管的发展，普遍认为 PNP 型晶体管远远劣于 NPN 型晶体管，因为硅中的电子迁移率比空穴大得多。这些功率双极型晶体管的主要设计理念是使基区尽可能窄，以获得更大的电流增益并支持集电区中的高电压。与当时的设计理念形成鲜明对比的是，提出的 IGBT 结构包含宽基极 PNP 型晶体管，其中电压主要降落在基区。这使得怀疑者认为 IGBT 结构的通态电流密度比现有的功率双极晶体管和功率 MOSFET 更低。他们还得出结论：因 MOSFET 漂移区大的寄生串联电阻导致其无法驱动基极。面对这些争议，我们认为基于使用具有 MOS 栅极控制关断能力的晶闸管通态电流的器件，对于 IGBT 来说是更可取的[25,26]，因为这些器件工作电流密度很高。更糟糕的是，20 世纪 80 年代，美国的功率器件资助机构（即国防部和电力科学研究院）决定只支持 MOS － 控制晶闸管（MCT）[27]。即使在十多年的时间里，对 MCT 投资数千万美元之后，它的性能也完全无法与 IGBT 相提并论。这是因为我们简化了 IGBT 的制造，抑制了寄生晶闸管的闩锁以及针对许多应用调整其开关速度，这促使全球功率半导体行业采用了这种技术，提高了 IGBT 产品的销量，同时降低了成本。IGBT 应用在众多的领域，出现能够替代 IGBT 所有性能的器件几乎不可能。

自 1983 年宣布 IGBT 成为美国通用电气公司的优秀产品之后，根据维基百科，已有其他研究人员因为对 IGBT 后续的贡献而被大家所知[28]。维基百科中的文章指出，IGBT 模式最早是在 1972 被三菱电机公司提出，并出现在 Yamagami 申请的日本专利 JP47 － 021739B 中。该专利中的一幅图示出了具有 MOS 栅电极的四层半导体结构，这是描述该结构但不是其电特性的单个权利要求的基础。该结构基本上是与 CMOS 器件中的闩锁相关的 MOS 门控晶闸管结构。很明显，IG-BT 模式并不是由 Yamagami 发现，他肯定没有发现其电气特性，因为直到 1987 年他所在的公司三菱都未能将 IGBT 商用化[29]，而我已经在 1983 年证明了其优异的器件性能并在美国通用电气公司商用化。横向、高压、MOS 门控双向晶闸管的结构是在 1980 年 2 月由 Plummer 和 Scharf 发现的[10]，并且该工作申请了专利[30]。该器件通过将两个横向双扩散金属氧化物半导体场效应晶体管（DMOSFET）与单个栅电极合并而成。该论文表明了该结构具有 DMOSFET 模式，电流沿着两个沟道的表面流动；双极型模式，"具有宽基区 PNP 型晶体管与表面器件并联工作"；导通状态模式，晶闸管工作的可恢复性。该论文还描述了一种横向绝缘栅晶闸管结构，其中"晶闸管仍然直接由 MOS 栅极控制"。论文中谈到这个结构的电气特性显示，向导通状态的回滞表明，作者提出的器件在导通状态下以再生行为工作。作者还指出，这个概念就是"直接适用于分立功率器件"，并说明垂直的"等效"结构。在 IGBT 已经成为产品之后，Plummer 在 1994 年 10 月通过复审证书，申请把 IGBT 的工作模式加在了专利的权利要求书中。据我所知，Scharf 和 Plummer

都没有在他们的论文中涉及商用化的想法。他们的工作表明 MOS 栅控 SCR 的电气特性在晶闸管闩锁之前有非常高的导通电压降和相对低的电流水平。这些结果成为全球功率半导体行业追求 IGBT 结构发展的阻碍，因为直到 1985 年除了美国通用电气公司，外界没有发布 IGBT 产品。

在 1980 年 3 月 25 日，美国无线电公司（RCA）的 Becke 和 Wheatley 提交了题为"带有阳极区的垂直功率 MOSFET"的专利，并于 1982 年 12 月 14 日获得授权[32]。值得注意的是，这篇专利被允许不用引用和考虑早于申请日 6 个月之内的文章，其中有一篇文章不仅讨论了结构，甚至包含了一个含有这篇专利名称的句子！该专利中的单个独立权利要求规定："该器件在任何工作状态下都不会出现晶闸管行为。"然而，自 20 世纪 80 年代提出的所有商业 IGBT 器件在温度升高集电极电流增加的情况下都会出现晶闸管行为。因此，该专利的权利要求中的 IGBT 并不是过去 30 年的应用中制造和使用的 IGBT。据 Wheatley 描述[33]，他将提供方向，而 Becke 将处理耗时且必要的工作。不过，Becke 在提交了专利申请之后就过世了，在 RCA 实验室，电导调制场效应晶体管（COMFET）的发展由 Russel 等人推进，并于 1983 年[34] 研究出了与 IGBT 特性相似的器件。有趣的是，该论文指出，四层结构的 COMFET 器件在大的阳极电流下可能会发生闩锁，而这与该论文中引用的 RCA 专利权利要求的内容相矛盾。据我所知，RCA 没有对该器件有过后续的应用产品的发布，而这在 1986 年美国通用电气公司收购 RCA 之后，也变得没有必要了。

在欧洲，西门子公司的一个工作组也研究过 MOS 门控晶闸管[35,36]。这项工作的作者引用了 Scharf 和 Plummer[28] 以及 Baliga[8] 的出版物，指出他们这些出版物中并没有表明 IGBT 可能的工作模式。

关于 IGBT 的维基百科的文章也提到，不闩锁的 IGBT 要归功于东芝公司 Nakagawa 在 1984 年提出的完全抑制寄生晶闸管的工作[37]。Nakagawa 的创新是周期性地消除源区，提供了一个空穴旁路路径。这一想法提高了闩锁电流密度，但是以更高的导通电压降为代价，通过数值模拟，它并不能完全消除 IGBT 结构中的寄生晶闸管的闩锁效应[4]。其他许多提高 IGBT 的闩锁电流密度的方法已经在本章参考文献 [4] 中提出。为了完全抑制寄生晶闸管的闩锁，唯一的方法是在我第一个专利[7] 中提到用金属发射区取代 N + 发射区。而据我所知，利用这个想法，还没有开发出真正的不会发生闩锁的 IGBT 器件。基于 Nakagawa 的 IGBT 结构最初是由东芝公司在 1985 年商用化的。

1.4 功率等级的扩展

对称的（相等的正向和反向）阻断电压为 600V、大电流等级的 IGBT 器件于 1982 年在文献中首次报道，并揭示了其在直流和交流电路中的潜在应用[14]。此后不久，不对称 IGBT 结构，也就是具有高的正向阻断能力和低的反向阻断能力，被证明具有优越的开态和开关速度能力[38]。IGBT 的一个重要属性是可以相对容易地增加其阻断电压和电流额定值。从一开始，在美国通用电气公司人们就认识到由于 IGBT 具有二极管导通状态特性，所以其电压等级可以容易地按比例增加。在 IGBT 发明后不久，IGBT 电压按照比例增加的能力被证明只是会适当增加导通电压降[39]。发表于 1985 年，对称阻断电压 300V、600V 和 1200V[22] 的 IGBT，为如图 1.6 所示的 IGBT 额定电压等级的按比例增加提供了基础。该图的信息基于在 1990 年之前的 IEEE 国际电子器件会议上公布的关于 IGBT 器件的数据以及在该时间之后的功率半导体器件和集成电路的 IEEE 国际研讨会。可以看出，在短短的十年时间内，就有能够支持超过 3000V 的硅 IGBT 问世。在欧洲和日本广泛使用 IGBT 用于牵引（电力机车驱动），促进了 IGBT 的电压额定值在 2001 年增加到了 6500V。最近，通过使用 SiC 材料发展更高电压额定值的 IGBT 也引起了大家的兴趣[40]。具有

9kV 阻断电压的 SiC IGBT 第一次于 2007 年问世[41]，之后 13kV 阻断电压的器件也于 2009 年被研发出来[42]。预计不久的将来，阻断电压为 15 ~ 20kV 的 SiC IGBT 也将会与大家见面。

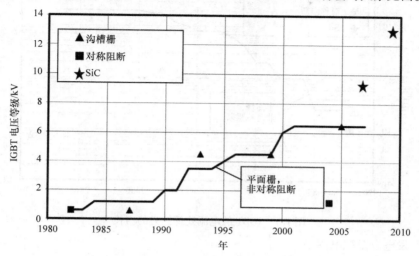

图 1.6　IGBT 的额定电压增长

为了降低导通电压降，在 1987 年沟槽栅结构的 IGBT 首次被研究出来[43]。在沟槽栅区附近增强载流子浓度[44]，类似于平面器件，这促进了 IGBT 电压和电流处理能力的发展。沟槽栅 IG-BT 的额定电压的增加也绘制在图 1.6 中。该图描绘了具有反向阻断能力的 IGBT 结构的演变。虽然在 1982 年首次报道[14]，但由于用于较高电压的 DC 电路以及反向阻断结钝化的困难，反向阻断器件的发展落后于非对称阻塞结构。最近反相阻断结构由于在矩阵（AC – AC）逆变器中的应用，引起了大家广泛的兴趣。

IGBT 结构通过将少数载流子高浓度注入漂移区中来降低对电流的阻力。漂移区电阻的降低使 IGBT 比有类似阻断电压的功率 MOSFET 拥有更高的电流处理能力。IGBT 结构的高导通电流密度允许其电流处理能力的快速增加。使用额定电压相同的文献来源的 IGBT 器件的电流处理能力的增长如图 1.7 所示。从 1982 年 IGBT 首次报道的中等电流 10A 开始，电流处理能力迅速扩大到用于空调应用中的可调速电动机驱动的 25A。从那时起，由于欧洲和日本对牵引应用的关注，实现了 IGBT 的电流处理能力的稳步增长。电流额定值可以通过按比例增加管芯尺寸或芯片并联来增加。IGBT 早期的研究表明，由于导通电压降温和正的温度系数[20]，该器件可以很容易地并联。功率模块特殊的封装可以通过键合线把多个 IGBT 芯片并联起来，如图 1.7 所示按比例增加额定电流。压装式 IGBT 现在具有开关 2000A 电流的能力。这些器件采用了平面栅极结构，因为其具有较大的裸片成品率和坚固性。沟槽栅极 IGBT 器件的电流处理能力通常要滞后于平面栅极器件，但现在已经开发出了能够处理 1300A 电流的沟槽栅极 IGBT。电流处理能力超过 1000A 的 IGBT 模块，适合电动火车等的应用，包括日本的新干线列车。最近开发的 SiC IGBT 的额定电流低于 10A，为了市电应用，必须至少增加到 100A。

IGBT 快速增长的功率处理能力如图 1.8 所示。本图中的数据来源于先前关于 IGBT 电流和电压额定值的文献和另外增加的关于这些趋势的文献[4,49]。1982 年报道的第一个 IGBT 可以控制 6kW 的功率。电压和电流额定值的快速增长允许 IGBT 功率处理能力的巨大增加，扩大了 IGBT 的应用范围。如今，单个 IGBT 模块可以控制超过 9MW 的功率。IGBT 结构不仅完全替代了中等功率应用中的双极型功率晶体管，而且还取代了高功率应用的 GTO。其应用范围已经覆盖了游轮

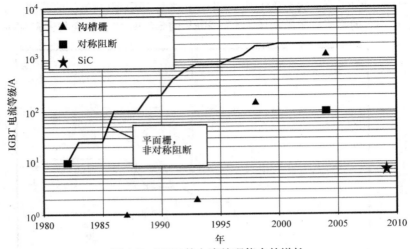

图 1.7 IGBT 的电流处理能力的增长

和可再生能源发电以及配电网络。

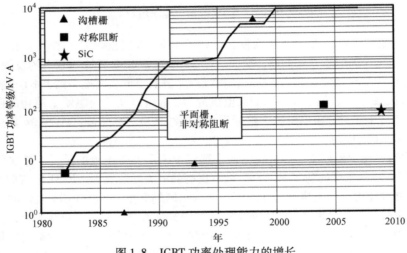

图 1.8 IGBT 功率处理能力的增长

1.5 总结

本章讨论了 IGBT 的应用。这些器件已成为工作电压高于 300V 应用的主要组件。IGBT 广泛应用于消费、工业、照明、交通运输和可再生能源发电等领域。IGBT 良好的电气特性和控制电路的简单性以及其开关速度调整的简易性促使其产品广受好评。所有主要的功率半导体公司现在都有广泛的 IGBT 产品线。大量应用于电动机驱动器、汽车电子和照明等领域的 IGBT 出现了为适应这些应用而专门设计和生产的定制器件结构，这些结构将在本书随后的章节中讨论。

本章介绍了促进了 IGBT 商用化的美国通用电气公司的创新历史，该器件的发明只是 IGBT 成为当今公认的创新产品的一小步。由于公司高层的远见卓识使得每个产品部门均在该领域处于领先地位，促进了大家对 IGBT 这样新的器件的认可。我在现有功率 MOSFET 生产线制造出 IGBT 产品，对掩模和制造工艺设计中细节的关注也是其成功的关键。我成功地解决了 IGBT 中的寄生晶闸管的闩锁问题，为 MOS 栅控器件研发了电子辐照寿命控制工艺，使得可以方便地针对广泛的应用定制 IGBT。美国通用电气公司提供了广泛的消费类、工业和照明行业生产的产品组合，为 IGBT 技术的广泛利用和影响提供了独特的环境。

参 考 文 献

[1] S. Grossman, Advances in discrete semiconductors march on, Power Electron. Technol. (September 2005) 52—56.

[2] B. Jayant Baliga, EDN Engineering Hall of Fame, December 2010.

[3] J. Wang, et al., Smart grid technologies: development of 15-kV SiC IGBTs and their impact on utility applications, IEEE Ind. Electron. Mag. (June 2009) 16—23.

[4] B.J. Baliga, Fundamentals of Power Semiconductor Devices, Springer-Science, New York, 2008.

[5] B.J. Baliga, MOS Gate Structure for Thyristors. GE Patent Disclosure Letter RD-10,243, submitted July 26, 1977.

[6] B.J. Baliga, V-groove MOS Gated SCR Process Ticket, GE Corporate Research Center, Schenectady, NY, November 1978.

[7] B.J. Baliga, MOS Gate Structure for Thyristors — Reduction to Practice. Patent Disclosure RD-10,243, July 30, 1979.

[8] B.J. Baliga, Enhancement and depletion mode vertical channel MOS-gated thyristors, Electron. Lett. 15 (September 27, 1979) 645—647.

[9] B.J. Baliga, Gate Enhanced Rectifier (GERECT). GE Patent Disclosure Letter RD-13,112, September 29, 1980.

[10] J.D. Plummer, B.W. Scharf, Insulated gate planar thyristors, IEEE Trans. Electron Devices ED-27 (February 1980) 380—394.

[11] B.J. Baliga, Gate enhanced rectifier. U.S. Patent 4,969,028, filed December 2, 1980, issued November 6, 1990.

[12] B.J. Baliga, Twelve IGBT Related U.S. Patents Issued to GE: (a) #4443931, issued April 14, 1984; (b) #4618872, issued October 21, 1986; (c) #4620211, issued October 28, 1986; (d) #4717679, issued January 5, 1988; (e) #4782379, issued November 1, 1998; (f) #4801986, issued January 31, 1989; (g) #4823176, issued April 18, 1989; (h) #4883767, issued November 28, 1989; (i) #4901127, issued February 13, 1990; (j) #4933740, issued June 12, 1990; (k) #4980740, issued December 25, 1990; (l) #4994871, issued February 19, 1991.

[13] GE Corporate Research and Development Post, No. 936, September 28, 1983 (as one example among many).

[14] B.J. Baliga, et al., The insulated gate rectifier: a new power switching device, in: IEEE International Electron Devices Meeting, Abstract 10.6, December 1982, pp. 264—267.

[15] B.J. Baliga, M. Smith, Modulated conductivity devices reduce switching losses, Electron. Des. News 28 (September 29, 1983) 153—162.

[16] B.J. Baliga, et al., The insulated gate transistor (IGT) — a new power switching device, in: IEEE Industrial Applications Society Meeting, October 1983, pp. 794—803.

[17] B.J. Baliga, The new generation of MOS power devices, in: Invited Paper, Drives/Motors/Controls Conference, October 1983, pp. 139—141.

[18] B.J. Baliga, Fast switching insulated gate transistors, IEEE Electron Device Lett. EDL-4 (December 1983) 452—454.

[19] Y. Uchida, Fuji Electric Company Board of Directors. Private communication.

[20] B.J. Baliga, Temperature behavior of insulated gate transistor characteristics, Solid State Electron. 28 (March 1985) 289—297.

[21] M.F. Chang, et al., Comparison of N and P channel IGBTs, in: IEEE International Electron Devices Meeting, Abstract 10.6, December 1984, pp. 278—281.

[22] T.P. Chow, B.J. Baliga, Comparison of 300-, 600-, and 1200-V n-channel insulated gate transistors, IEEE Electron Device Lett. EDL-6 (April 1985) 161—163.

[23] B.J. Baliga, M.S. Adler. Method of fabrication of a semiconductor device with a base region having a deep portion. U.S. Patent 4,443,931, filed June 28, 1982, issued April 24, 1984.

[24] B.J. Baliga, J.P. Walden, Improving the reverse recovery of power MOSFET integral diodes by electron irradiation, Solid State Electron. 26 (1983) 1133—1141.

[25] V.A.K. Temple, MOS-controlled thyristors, in: IEEE International Electron Devices Meeting, Abstract 10.7, December 1984, pp. 282—285.

[26] M. Soisiek, H. Strack, MOS-GTO — a turn-off thyristor with MOS-controlled emitter shorts, in: IEEE International Electron Devices Meeting, Abstract 6.5, December 1985, pp. 158—161.

[27] N.G. Hingorani, et al., Research coordination for power semiconductor technology, Proc. IEEE 77 (1989) 1376—1389.

[28] Insulated Gate Bipolar Transistor, en.wikipedia.org/wiki/Insulated_gate_bipolar_transistor.

[29] T. Takahashi, Y. Yoshiura, The 6th generation IGBT & thin wafer diode for new power modules, Mitsubishi Electr. Mag. Adv. 135 (June 2011) 5—7.

[30] J.D. Plummer, Monolithic semiconductor switching device. U.S. Patent 4,199,774, filed September 18, 1978, issued April 22, 1980.

[31] J.D. Plummer, Monolithic Semiconductor Switching Device. Reexamination Certificate B1 33,209, filed October 17, 1994, issued September 12, 1995.

[32] H.W. Becke, C.F. Wheatley, Power MOSFET with an anode region. U.S. Patent 4,364,073, filed March 25, 1980, issued December 14, 1982.

[33] H. Becke, F. Wheatley, EDN Engineering Hall of Fame, December 2010.

[34] J.P. Russel, A.M. Goodman, L.A. Goodman, J.M. Neilson, The COMFET — a new high conductance MOS-gated device, IEEE Electron Device Lett. EDL-4 (March 1983) 63—65.

[35] J. Tihanyi, Functional integration of power MOS and bipolar devices, in: IEEE International Electron Devices Meeting, Abstract 4.2, December 1980, pp. 75—78.

[36] L. Leipold, et al., A FET-controlled thyristor in SIPMOS technology, in: IEEE International Electron Devices Meeting, Abstract 4.3, December 1980, pp. 79—82.

[37] A. Nakagawa, et al., Non-latch-up 1200-V, 75-A, bipolar-mode MOSFET with large SOA, in: IEEE International Electron Devices Meeting, Abstract 16.8, December 1984, pp. 860—861.

[38] B.J. Baliga, et al., The insulated gate transistor: a new three-terminal MOS-controlled bipolar power devices, IEEE Trans. Electron Devices ED-31 (1984) 821—828.

[39] B.J. Baliga, Evolution of MOS-bipolar power semiconductor technology, Proc. IEEE 74 (1988) 409—418.

[40] J.W. Palmour, et al., SiC power devices for smart grid systems, in: IEEE International Power Electronics Conference, 2010, pp. 1006—1013.

[41] Q. Zhang, et al., 9-kV SiC IGBTs, Mater. Sci. Forum 556—557 (2007) 771.

[42] M.K. Das, et al., A 13-kV 4H-SiC n-channel IGBT with low Rdiff, on and fast switching, Mater. Sci. Forum 600—603 (2009) 1183.

[43] H.R. Chang, et al., Insulated gate bipolar transistor (IGBT) with a trench gate structure, in: IEEE International Electron Devices Meeting, Abstract 29.5, 1987, pp. 674—677.

[44] M. Kitagawa, et al., A 4500V injection enhanced insulated gate bipolar transistor (IEGT) operating in a mode similar to a thyristor, in: IEEE International Electron Devices Meeting, Abstract 28.3.1, 1993, pp. 679—682.

[45] M. Takei, Y. Harada, K. Ueno, 600V-IGBT with reverse blocking capability, in: IEEE International Symposium on Power Semiconductor Devices and ICs, Abstract 11.1, 2001, pp. 413—416.

[46] T. Naito, et al., 1200V reverse blocking IGBT with low loss for matrix converter, in: IEEE International Symposium on Power Semiconductor Devices and ICs, Abstract 3.2, 2004, pp. 125—128.

[47] H. Takahashi, M. Kaneda, T. Minato, 1200V class reverse blocking IGBT for AC matrix converter, in: IEEE International Symposium on Power Semiconductor Devices and ICs, Abstract 3.1, 2004, pp. 121—124.

[48] N. Tokuda, M. Kaneda, T. Minato, An ultra-small isolation area for 600V class reverse blocking IGBT with deep trench isolation process, in: IEEE International Symposium on Power Semiconductor Devices and ICs, Abstract 3.3, 2004, pp. 129—132.

[49] H. Shigekane, H. Kirihata, Y. Uchida, Developments in modern high power semiconductor devices, in: IEEE International Symposium on Power Semiconductor Devices and ICs, 1993, pp. 16—21.

第 2 章　IGBT 的结构和工作模式

在前一章的图 1.2 中展示了绝缘栅双极型晶体管（IGBT）的基本结构。20 世纪 80 年代，人们从结构出发，首次将 IGBT 的基本静态和动态电学特性推导出来。并且，在之后的 30 年中，这些被推导出来的电学特性都没有改变。但是在此期间，人们对 IGBT 的结构进行了诸多修改，这些修改也被证实可以提高 IGBT 的性能。在这些修改中，最重要的一个结构改变是用沟槽栅结构来代替平面栅结构。除此之外，透明的发射极和短路的集电极也是对 IGBT 结构的一些改变。通过 PN 结隔离技术和电介质隔离技术，适用于单片集成电路的横向 IGBT 被集成在功率集成电路中。接下来将会在本章中对提到的这些 IGBT 结构进行介绍。

2.1　对称的 D – MOS 结构

图 2.1 左侧展示的是对称布局双扩散 IGBT 结构。它由 4 个依次垂直排列的半导体层次构成。对于图中所示的 N 沟道 IGBT，为了满足高击穿电压的要求，N 漂移区存在最大厚度。位置较低的 PN 结 J_1 横跨了整个器件单元，而由平面扩散工艺形成的位置较高的 PN 结 J_2 只存在于整个器件的部分区域。结 J_2 中的 P 型区由两个部分组成：一个部分被称为 P 基区，它是以栅极材料为边界，注入、扩散后形成的区域；另一个部分被称为深 P + 区域，它是通过掩膜版定义注入边界，注入、扩散后形成的区域。此外，此 IGBT 结构中还包含一个 N + 发射极区域，这个发射极区域边界的一边由栅极边界确定，另一边由在制造过程中定义的掩膜版边界确定。为了使图中所示的 4 层次器件能够实现 IGBT 的功能，需要将远离栅极的 P 基区的边界与 N + 发射极区域短路。双扩散金属氧化物半导体（D – MOS）IGBT 结构的制造工艺将在本书的另一个章节中详细介绍。

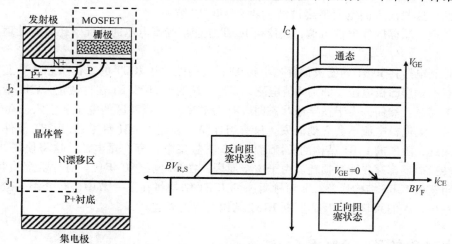

图 2.1　对称的 IGBT 的 D – MOS 结构。金属氧化物场效应晶体管（MOSFET）

无论给集电极加正电压还是负电压，只要栅极与发射极短路，对称的 IGBT 结构就能够承受很高的电压。在栅极接 0 电平的情况下，N + 发射极区域与集电极区域之间没有电流流过。当给集电极加负电压时，PN 结 J_1 反偏、J_2 正偏。由于 PN 结 J_1 反偏，J_1 中 N 漂移区中的耗尽区就会朝着 PN 结 J_2 方向展宽。因此，在集电极加负电压的情况下，由于器件中耗尽区的存在，器件能够承受很高的电压。我们可以从图 2.1 中观察到对称阻塞的 IGBT 结构的最大反向阻塞电压的能力（$BV_{R,S}$）。反向阻塞电压的能力由基极开路的 PNP 型晶体管的击穿电压决定，此原理将会在下一章中进行阐述。第一篇参考文献中提到的 IGBT 结构的反向阻塞电压的能力为 600V[1]。在对称的 IGBT 结构中，结 J_1 中的耗尽区不会一直扩展致使 N 漂移区完全耗尽。因此，此结构的 IGBT 也被称为非穿通型 IGBT。

当给集电极加正电压时，PN 结 J_2 反偏、J_1 正偏。结 J_2 中 N 漂移区中的耗尽区会朝着结 J_1 展宽。因此，在集电极加正电压的情况下，由于此器件中耗尽区的存在，此器件能够承受很高的电压。我们可以从图 2.1 中观察到对称阻塞 IGBT 结构的最大正向阻塞电压能力（BV_F）。由于正向阻塞电压的能力和反向阻塞电压的能力由同一个基极开路的 PNP 型晶体管的击穿电压决定，所以这个对称的 IGBT 结构具有近似相等的正向和反向阻塞电压能力。

当控制电路为栅极提供正偏置时，如果此时集电极电压为正，则 IGBT 中有很大的电流流过。这是由于当栅极电压为正时，在图 2.1 中所示的 N 沟道金属氧化物半导体场效应管（MOS-FET）的 P 基区中会形成反型层，电子会沿着这个反型层进入 N 漂移区，这些运动到 N 漂移区中的电子所产生的电流会作为图中所示 PNP 型晶体管基区的驱动电流，使得 PNP 型晶体管开启，进而使得 IGBT 中有很大的电流流过。通过以上分析可以知道，该 IGBT 结构可由 N 沟道 MOSFET 驱动宽基区晶体管的结构代替。图 2.2 为该 IGBT 结构的等效电路。如图 2.1 右侧输出特性曲线所示，由于 PNP 型晶体管的基极驱动电流来源于发射极电流，故流过 IGBT 的电流随栅极电压 V_{GE} 的增大而增长，这类似于 MOS 管的导通特性。当 IGBT 导通时，由于结 J_1 向 N 漂移区中注入了大量的空穴，N 漂移区的电阻率大大降低。因而 IGBT 具有高通态电流密度和低通态压降的特性。这些注入的空穴最终被结 J_2 收集。IGBT 结

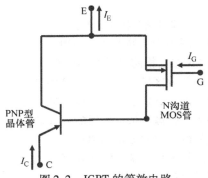

图 2.2　IGBT 的等效电路

构的主要优点为漂移区导电性可调，这使得 IGBT 在能承受高电压的情况下还具有处理大电流的能力。

通过控制电路将 IGBT 的栅极偏置减小到 0V，我们能够让 IGBT 的工作状态从导通状态变为正向阻塞状态。当栅极电压降低到阈值电压以下时，N 沟道 MOSFET 器件截止，PNP 型晶体管基极将无电流流过。然而，由于在导通状态时，有大量注入 N 漂移区的电子和空穴被存储在 N 漂移区中，所以集电极电流不会立刻消失。只有当存储的载流子消耗殆尽时，IGBT 器件才处于关断状态。因此，阻塞的 IGBT 结构的关断时间较长，且集电极存在尾电流，这将使得此 IGBT 结构在每个转换周期都存在能量损耗。由于这个原因，在 20 世纪 80 年代，对称阻塞的 IGBT 结构被非对称阻塞的 IGBT 结构代替。非对称阻塞的 IGBT 结构将在下一节中进行介绍。最近，在变频器的应用中，人们兴起了对反向阻断 IGBT 结构的研究兴趣。

2.2　非对称的 D – MOS 结构

图 2.3 左侧展示了非对称的 IGBT 结构。非对称的 IGBT 结构与前一节介绍的对称阻塞的 IGBT 结构是类似的。它们之间最大的不同为，在非对称的 IGBT 结构中额外增加了一个 N 缓冲层。N 缓冲层的掺杂浓度（约 $10^{17} cm^{-3}$）比漂移区的掺杂浓度（$<10^{14} cm^{-3}$）要大得多。同时，非对称

的 IGBT 结构中的漂移区掺杂浓度比对称的 IGBT 结构中的漂移区掺杂浓度要小得多。这使得当集电极加正电压时，在非对称的 IGBT 结构中，漂移区中的电场近似呈现均匀分布，而不是对称的 IGBT 结构中的三角形分布。由于电场强度的均匀分布，相比于对称的 IGBT 结构，非对称的 IGBT 结构能使用更薄的漂移区厚度来实现相同的正向阻塞电压，而且更薄的漂移区厚度能够减小 IGBT 的通态电压降。另外，由于在 N 缓冲层中载流子具有更快的复合速率，使得非对称 IGBT 结构的关断时间更短。目前，由于对直流连接电动机研究热潮的兴起，越来越多的人开始对非对称的 IGBT 结构进行研究。在非对称的 IGBT 结构中，结 J_2 中的耗尽区向 N 漂移区一直延伸，直至 N 漂移区完全耗尽。最终，耗尽区边界停留在 N 缓冲层中。因此，非对称的 IGBT 结构也被称为穿通型 IGBT 结构。

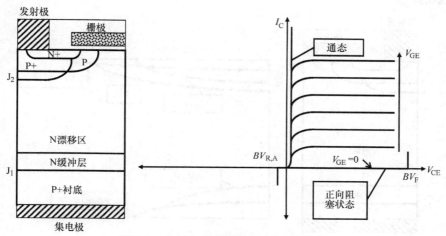

图 2.3　非对称的 IGBT 的 D – MOS 结构

2.3　沟槽栅 IGBT 结构

　　图 2.4 展示了沟槽栅 IGBT 结构。相比于 D – MOS 栅结构，沟槽栅 IGBT 结构中的栅极区域位于硅片上表面刻蚀后形成的沟槽中。该栅极区域通过栅氧化层与硅半导体进行隔离。由于沟槽呈现 U 形，沟槽栅结构也被称为 U 形金属氧化物半导体栅结构（U – MOS）。在沟槽栅 IGBT 结构中，当给集电极加正电压时，结 J_2 一直处于反偏状态。为了使器件开启，垂直于器件表面的栅极附近的 P 基区中必须形成反型层沟道。这样才能使电子从 N + 发射区运动到 N 漂移区中，从而为 IGBT 结构中的 PNP 型晶体管的基区提供驱动电流。

　　虽然沟槽栅 IGBT 结构的基本原理和 D – MOS IGBT 结构一样，但是沟槽栅 IGBT 结构的通态压降更低。这是由于沟槽栅 IGBT 结构具有更小的单元间距，并且去除了结型场效应晶体管区域（JFET 区域）[2]。在第 1 章中的图 1.6 和图 1.7 展示了 IGBT 器件在电压阻塞能力和电流处理能力上的提高。如图 1.8 所示，沟槽栅器件已经能够处理 5MW 的功率。在深沟槽栅 IGBT 结构中，少数载流子分布状态得到了明显改善，通态电压降明

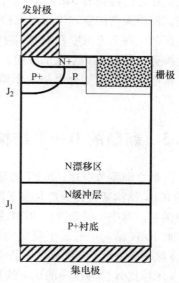

图 2.4　沟槽栅非对称 IGBT 结构

显降低。因此，深沟槽栅 IGBT 结构也被称为注入增强型 IGBT（IEGT）[3]。

2.4　透明集电极 IGBT 结构

图 2.5 展示了透明集电极 IGBT 结构[4]以及此结构中各个区域的杂质分布曲线。由于深 P＋区域和 N＋发射极区域的存在，此 IGBT 结构中发射区旁的各个层次都具有很高的表面浓度。为了得到期望的阈值电压，需要对 P 基区的表面浓度进行调整，这将在之后的器件制造章节中详细介绍。此结构中的杂质分布曲线与图 2.1 和图 2.3 中介绍的对称的、非对称的 IGBT 结构中的杂质分布曲线相似。

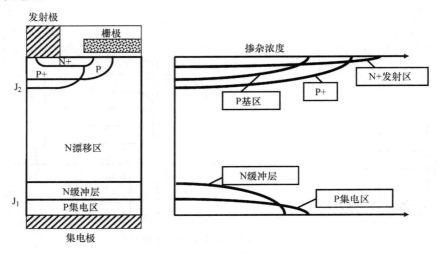

图 2.5　透明集电极非对称 IGBT 结构

该 IGBT 结构中集电区的杂质分布情况与之前提到的 IGBT 结构中集电区的杂质分布情况不同。在之前提到的 IGBT 结构中，P＋集电区杂质浓度高，厚度大。这会导致结 J_1 处的注入效率高，使得大量的空穴注入 N 漂移区中。相比于这种 IGBT 结构，透明集电极 IGBT 结构中的 P＋集电区的表面杂质浓度和厚度相对较小，以便降低结 J_1 的注入效率。较低的结 J_1 注入效率能减少集电极旁 N 漂移区中空穴的浓度。由于受漂移区中存储的总电荷数目减小以及电子从漂移区注入 P＋集电区导致的复合增强的影响，IGBT 的关断时间将会减小。这部分内容将在下一章中详细介绍。

2.5　新颖的 IGBT 结构

如之前章节所述，IGBT 的导通状态和开关行为取决于导通状态下自由载流子的分布。新颖的 IGBT 结构通过在导通状态下调整已注入的载流子的分布来改善通态损耗和关断损耗之间的折中关系。其中一种新颖的 IGBT 结构如图 2.6a 所示。在此结构中，P＋区域比 N 漂移区短。由于在此 IGBT 结构中形成了反向并联二极管，所以非常适合使用带有缓冲层的非对称结构。由于 P＋区域的缩短，N 漂移区中的空穴浓度将会减小。受空穴浓度减小以及电子从漂移区直接穿过 P＋区域比 N 漂移区短的地方的移动方式的影响，此结构的 IGBT 的关断时间将会减小。

另一种新颖的 IGBT 结构如图 2.6b 所示，它采用了电荷耦合的设计思想[5]。在此结构中，使用交替纵向排列的 P 型和 N 漂移区来满足正向阻塞电压的要求。二维的电荷耦合效应使得垂直方向的电场分布更加均匀，从而漂移区可以做得更薄。相比于传统的非对称的 IGBT 结构，在相同的通态电压降的情况下，这个结构能够减少 50% 的关断损耗。

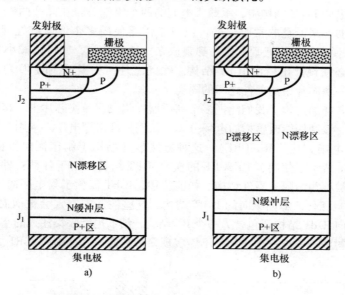

图 2.6　新颖的 IGBT 结构

a）集电极较短的 IGBT 结构　b）具有电荷耦合漂移区的 IGBT 结构

　　尽管大量的少数载流子注入漂移区中，IGBT 的通态电压降仍然比 P－I－N 整流器的通态电压降大。这是由于在 IGBT 处于导通状态时，结 J_2 反偏，导致结 J_2 附近的自由载流子浓度减小，从而使得通态电压降较大。有两种通过增加结 J_2 附近载流子浓度来降低 IGBT 通态电压降的方法被证明是可行的。第一种方法所形成的结构如图 2.7a 所示。在此结构中，沟槽栅区域比 P 基区深，并且平面结非常窄。这种结构被称为注入增强型 IGBT 结构或 IEGT[6] 结构。

　　第二种方法所形成的结构如图 2.7b 所示，这种方法通过在结 J_2 附近的 N 漂移区中增加电流增强层（CEL）来提高这部分 N 漂移区中的掺杂浓度，从而提高结 J_2 附近的自由载流子浓度。结 J_2 掺杂浓度的提高会使得 MOS 沟道中的电子电流升高，以及漂移区中

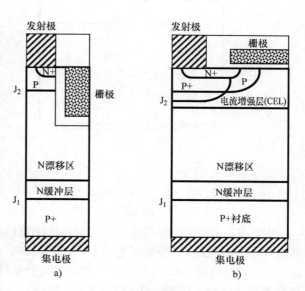

图 2.7　新颖的 IGBT 结构

a）深沟槽栅 IGBT 结构　b）带有电流增强层的 IGBT 结构

的压降减小。由于更改后的 IGBT 结构使得通态集电极电流增大，所以这个增加的掺杂层次也被称为电流增强层。此结构通常用于制作 SiC IGBT[7]。

2.6 横向 IGBT 结构

在之前讨论的纵向 IGBT 结构中，承载大电流的两个终端分布在晶圆两侧。这对于具有大电流处理能力的分立器件来说是非常合适的。但对于需要使用多个低电流处理能力（约 1A）的 IGBT 器件的应用来说，如果能把所有器件都集成在一块芯片中，则可以减小封装成本。如果要采用这种方法，就必须设计出横向 IGBT 结构。除此之外，要实现横向 IGBT 还具有两个挑战，即耐压以及处于同一块芯片中的器件之间的隔离。

通过使用各种各样的结构，我们能把多个高压器件集成在一块芯片中。其中最实用的结构是二维电荷耦合结构，该结构能改善横向电场分布，从而提高击穿电压。采用二维电荷耦合结构的方法叫作降低表面电场方法（RESURF），这种方法最开始用于制作横向单极型器件，如高压 MOSFET[8]。图 2.8a 展示了使用了 RESURF 的横向 IGBT 结构。由于各种器件之间通过 PN 结 J_3 隔离，故这种结构被称为结隔离器件结构。如前所述，IGBT 依赖于集电区向 N 漂移区中注入的少数载流子（空穴）工作。如同纵向的 IGBT 结构，这些注入的空穴会被横向 IGBT 结构中的结 J_2 收集。然而，横向 IGBT 结构还包含另一个 PN 结 J_3，结 J_3 也能收集注入的空穴。这些被结 J_3 收集的空穴将流向 P 衬底，所以这个结构是不能实现多个在同一芯片中的 IGBT 之间的隔离的。

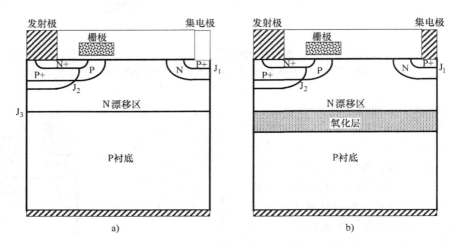

图 2.8 横向 IGBT 结构

a）结隔离 IGBT 结构 b）电介质隔离 IGBT 结构

1991 年，RESURF 原理被用在了电介质隔离的结构中[9]。1992 年，采用了 RESURF 原理的高压电介质隔离的二极管被制造出来[10]。1993 年，采用了 RESURF 原理的电介质隔离的 MOS – bipolar 结构被制造出来[11]。图 2.8b 展示了电介质隔离的横向 IGBT 结构。从图中可以看出，通过在 N 漂移区和 P 衬底区域之间增加一层氧化层，使得在电介质隔离的横向 IGBT 结构中已经不存在结 J_3 了，从而防止了空穴流入衬底。这不仅大大提高了器件之间的隔离特性，而且提高了每个器件的转换特性。自从电介质隔离的横向 IGBT 基本结构被提出以来，许多有关功率集成电路（IC）的文章相继发表。这些功率集成电路将会在本书后面的章节中进行介绍。值得指出的是，电介质隔离技术为在同一芯片中集成反激整流器中的 IGBT 和控制电路提供了可能。

2.7 互补的 IGBT 结构

许多电力输送和管理系统依赖于公共设施提供的交流电源。在这些应用中,控制交流电压正半周期和负半周期的电流流向是非常必要的。这可以通过两个反向并联的 N 沟道 IGBT 来实现。然而,这个方法需要使得其中一个 IGBT 的控制信号能从 0V 变化到输出交流电压信号的峰值。由于将栅驱动信号移位到高电平的代价太大,且较为复杂,所以人们在 20 世纪 80 年代提出了一种 P 沟道的 IGBT 结构[12],如图 2.9 所示。对于硅功率 MOSFET,由于在半导体材料中空穴载流子迁移率小于电子载流子迁移率,所以 P 沟道的硅功率 MOSFET 的特征导通电阻是 N 沟道的 3 倍[13]。相比之下,由于漂移区中大剂量的电子和空穴的同时注入,P 沟道的 IGBT 和 N 沟道的 IGBT 具有近似相同的通态特性。在 20 世纪 80 年代,互补的 IGBT 卓越的性能使得工业自动化应用中的数字控制得到迅猛发展。

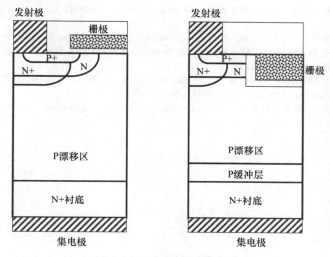

图 2.9 P 沟道 IGBT 的结构

2.8 总结

本章主要介绍了各种在基本 IGBT 概念提出后涉及的纵向 IGBT 结构。所有这些介绍的结构都具有相同的工作原理,即 MOSFET 器件控制宽基区晶体管驱动电流的大小。为了适应不同的应用场景,介绍的每个结构在电学特性上都具有特定的优点。当电介质隔离的 RESURF 原理被提出后,横向 IGBT 结构变为可能。这使得分马力电动机驱动电路能够集成在一块芯片中。

参 考 文 献

[1] B.J. Baliga, et al., The insulated gate rectifier: a new power switching device, in: IEEE International Electron Devices Meeting, Abstract 10.6, December 1982, pp. 264−267.

[2] H.R. Chang, et al., Insulated gate bipolar transistor (IGBT) with a trench gate structure, in: IEEE International Electron Devices Meeting, Abstract 29.5, 1987, pp. 674−677.

[3] M. Kitagawa, et al., A 4500V injection enhanced insulated gate bipolar transistor (IEGT) operating in a mode similar to a thyristor, in: IEEE International Electron Devices Meeting, Abstract 28.3.1, 1993, pp. 679−682.

[4] F. Bauer, et al., A comparison of emitter concepts for high voltage IGBTs, in: IEEE International Symposium on Power Semiconductor Devices and ICs, 1995, pp. 230—235.

[5] M. Antoniou, F. Udrea, F. Bauer, The super-junction insulated gate bipolar transistor optimization and modeling, IEEE Trans. Electron Devices 57 (2010) 594—600.

[6] M. Kitagawa, et al., 4500-V IEGTs having switching characteristics superior to GTO, in: IEEE International Symposium on Power Semiconductor Devices and ICs, 1995, pp. 486—491.

[7] Q. Zhang, et al., Design and characterization of high voltage 4H-SiC p-IGBTs, IEEE Trans. Electron Devices 55 (2008) 1912—1919.

[8] J.A. Appels, H.M.J. Vaes, High-voltage thin layer devices (RESURF devices), in: IEEE International Electron Devices Meeting, Abstract 10.1, 1979, pp. 238—241.

[9] Y.S. Huang, B.J. Baliga, Extension of RESURF principle to dielectrically isolated power devices, in: IEEE International Symposium on Power Semiconductor Devices and ICs, Paper 2.1, 1991, pp. 27—30.

[10] S. Sridhar, Y.S. Huang, B.J. Baliga, Dielectrically isolated high voltage P-i-N rectifiers for power ICs, in: IEEE International Electron Devices Meeting, Abstract 9.6.1, 1992, pp. 245—248.

[11] Y.S. Huang, S. Sridhar, B.J. Baliga, Junction and dielectrically isolated lateral ESTs for power ICs, in: IEEE International Symposium on Power Semiconductor Devices and ICs, Paper 9.3, 1993, pp. 259—263.

[12] M.F. Chang, et al., Comparison of N and P channel IGTs, in: IEEE International Electron Devices Meeting, Abstract 10.6, 1984, pp. 278—281.

[13] B.J. Baliga, Fundamentals of Power Semiconductor Devices, Springer-Science, New York, 2008.

第 3 章   IGBT 结构设计

本章系统地介绍了绝缘栅双极型晶体管（IGBT）器件内部结构的设计方法。通过合理的器件结构设计，可以达到需要的阻断电压能力。而该阻断电压能力是由器件的最大应用条件决定的。在典型的电动机控制应用中，IGBT 集电极会承受高于 DC 电源电压 50% 的电压尖峰，因此这个裕量必须考虑在器件阻断电压的设计中。

所有的高压 IGBT 器件必须要有合理的阈值电压，比如 4V。如果阈值电压太小，栅极的噪声电压会使器件产生误触发，进而使得器件的集电极电压反复变化。如果阈值电压太大，那么需要较大的栅极驱动电压或使器件的导通电压降增大（驱动不足的情况下）。器件的阈值电压由 P 基区掺杂浓度和栅氧化层厚度决定。

在前面的章节中，讨论了 IGBT 的各种器件结构。尽管不同器件结构的二维效应不同，但是仍然可以建立 IGBT 的一维解析模型，因为电流在漂移区的行为都是类似的。在二维数值仿真之前，一维解析模型可以用来估算最佳漂移区厚度和掺杂浓度。一维解析模型同样可以用来估算注入载流子的分布，以提供对 IGBT 工作原理更深层次的理解。自由载流子浓度不仅决定了器件的导通电压，而且还决定了器件的关断特性。在本章中，每一种基本的 IGBT 结构都给出了一维解析模型。

如本章所阐述，在器件的结构设计中，需要对导通电压降和关断损耗进行优化折中。对称结构 IGBT 器件，可以通过改变漂移区的载流子寿命进行优化。非对称结构 IGBT 器件可以通过改变缓冲层的掺杂浓度和厚度以及改变漂移区载流子寿命进行优化。而透明集电极 IGBT 器件，可以通过改变 P + 集电极区域的掺杂浓度、缓冲层的掺杂浓度和厚度以及改变漂移区载流子寿命的方法进行优化。这些方法的选择取决于器件的工作电压、可用的工艺技术以及每个 IGBT 制造商的专有技术。

3.1   阈值电压

典型的 IGBT 阈值电压为 4V，开态栅极工作电压为 15V。一般来说，高压器件的阈值电压要高于低压器件（例如 30V 功率 MOSFET）的阈值电压，这是因为集电极处的高电压瞬态变化会在栅极耦合出高的杂散电压。本节讨论的阈值电压设计方法适用于所有 IGBT 器件结构。

当沟道反型时，电子电流通过沟道向漂移区注入，即提供 PNP 型晶体管的基极驱动电流。P 基区表面的反型层形成是由于正向栅极偏置电压引起的。在 IGBT 产品中，阈值电压定义为当集电极电流达到一定值时所需要的栅极电压。然而，基于器件物理机制的观点，阈值电压的定义是沟道从弱反型进入强反型时的栅极电压。在没有氧化层电荷和功函数差的前提下，阈值电压表达式[1]如下：

$$V_{TH} = \frac{\sqrt{4\varepsilon_s kTN_A \ln(N_A/n_i)}}{C_{OX}} + \frac{2kT}{q}\ln\left(\frac{N_A}{n_i}\right) \tag{3.1}$$

式中，C_{OX} 是栅氧化层电容；N_A 是 P 基区峰值掺杂浓度。器件的阈值电压还可以根据下面公式进行估计：

$$V_{\text{TH}} = \frac{t_{\text{OX}}}{\varepsilon_{\text{OX}}} \sqrt{4\varepsilon_{\text{s}} kTN_{\text{A}} \ln\left(\frac{N_{\text{A}}}{n_{\text{i}}}\right)} \qquad (3.2)$$

式中，t_{OX} 是栅氧化层厚度。基于该公式，阈值电压随栅氧化层厚度的增加而线性增加，与 P 基区峰值掺杂浓度 N_{A} 近似成平方根关系。正如本书后面讨论，这些知识可以用来改进 IGBT 的结构设计。

基于双扩散工艺制造的 IGBT 器件 P 基区的掺杂分布曲线如图 3.1 所示。P 基区和 N + 发射极是采用双扩散工艺形成的，表面掺杂浓度和结深由离子注入剂量和扩散时间决定。N 型发射极掺杂在结附近对P 基区掺杂进行补偿。P 基区中的净 P 型掺杂浓度如图中虚线所示。P 基区内的峰值浓度（$N_{\text{AB-Peak}}$）要低于 P 基区表面的掺杂浓度 N_{BS}。因此，基于简单的一维解析模型，阈值电压由 P 基区最高的 P 型净电荷浓度决定。

对于 N 型 IGBT 器件，栅电极采用 N型多晶硅材料，使阈值电压产生 − 1V 的偏移[1]。这个阈值电压负偏移是有益的，因为这样可以增加 P 基区掺杂浓度以获得理想的阈值电压。高 P 基区掺杂浓度可以有效抑制 IGBT 器件内部寄生晶闸管的开启，即抑制器件发生闩锁效应，增加器件的鲁棒性。阈值电压还与栅氧化层中的固定正电荷有关。由于高温扩散等工艺造成的 IG-BT 栅氧化层固定正电荷密度一般为 $1 \times 10^{11} \text{cm}^{-2}$，该值也是下面阈值电压计算中采用的固定电荷值。

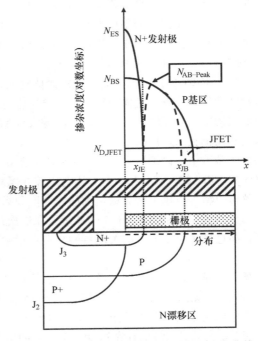

图 3.1   IGBT 器件沟道区掺杂分布曲线

利用式（3.1）计算 N 型 IGBT 器件的阈值电压与 P 基区掺杂浓度的关系如图 3.2 所示。在 IGBT 器件发展的早期阶段，栅氧化层的厚度一般为 1000Å 或者更大。而目前 IGBT 器件的栅氧化层厚度为 500Å 甚至更小。当栅氧化层厚度为 500Å，P 基区掺杂浓度为 $2.5 \times 10^{17} \text{cm}^{-3}$，则器件的阈值电压达到 4V。如果保持阈值电压不变，将 P 基区掺杂浓度增加为 $1 \times 10^{18} \text{cm}^{-3}$，那么栅氧化层厚度需要减小到 250Å。通过调整本书后面讨论的用于形成 P 基极和 N + 发射极区域的扩散工艺，可以得到这些掺杂浓度。

3.2   对称结构 IGBT

图 2.1 左图给出了对称阻断、双扩散 IGBT 结构。没有 N 缓冲层的对称阻断沟槽栅 IGBT 与之相似，如图 2.4 所示。下面描述的分析和设计步骤适用于这两种栅极结构。1982 年出现了第一个对称结构 IGBT[2]。由于 IGBT 产品的开发主要集中在 DC 电源轨工作条件下的电动机驱动电路中，所以在过去接近 20 年的时间内对称结构处于休眠状态，而非对称结构在电动机驱动应用中具有更好的特性。对称结构 IGBT 的应用主要在矩阵或循环变流器中[3-6]。对于对称结构 IGBT

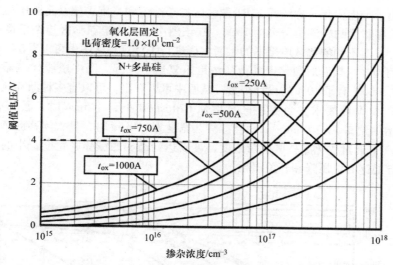

图 3.2　N 型 IGBT 器件的阈值电压与 P 基区掺杂浓度的关系曲线

器件，其最大的挑战是边缘终端的反向阻断结的制造工艺技术。这将在后续芯片设计章节中进行讨论。

3.2.1　阻断电压

当集电极被偏置至正向或负向电压、并在 J_1 结或 J_2 结中形成耗尽区时，对称结构 IGBT 中的 N 漂移区可以承受很高的电压。在器件结构设计中，N 漂移区的厚度和掺杂浓度必须优化设计以达到要求的阻断电压。而优化是基于 N 漂移区载流子寿命进行的。

对称结构 IGBT 器件可以工作的最大电压由器件内部 PNP 型晶体管的发射极 – 集电极击穿电压决定（基极开路），因为由漏电流和碰撞离化产生的电流会被 PNP 型晶体管的增益放大[1]。击穿的标准由下式给出：

$$\alpha_{PNP} = (\gamma_E \cdot \alpha_T)_{PNP} M = 1 \tag{3.3}$$

式中，γ_E 是 PN 结的注入效率；α_T 是基极传输系数；M 是雪崩倍增因子。α_T 和 M 的大小依赖于集电极电压。

基极传输系数 α_T 由下式计算：

$$\alpha_T = \frac{1}{\cosh(l/L_p)} \tag{3.4}$$

N 漂移区中未耗尽的宽度 l 由下式给出：

$$l = W_N - \sqrt{\frac{2\varepsilon_S V_C}{qN_D}} \tag{3.5}$$

式中，ε_S 是介质常数；V_C 是集电极偏置电压；q 是电子电荷；L_p 是漂移区中空穴的扩散长度。N 漂移区中未耗尽的区域随着集电极电压的增加而减小，并使得基极传输系数增加。

雪崩倍增因子由下式给出：

$$M = \frac{1}{1 - (V_C/BV_{PP})^n} \tag{3.6}$$

式中，BV_{PP} 是 PN 结的雪崩击穿电压，对于 N 型 IGBT，n 一般为 6，雪崩倍增因子随着集电极电压的增加而增加。

图 3.3 给出了如何优化对称结构 IGBT 漂移区掺杂浓度和宽度、使其阻断电压达到 3000V 的过程。其中，N 漂移区的载流子寿命为 10μs。在该图中，在给定漂移区掺杂浓度的情况下（例如 2×10^{13} cm^{-3}），对不同漂移区厚度下的阻断电压进行了计算。从图中可以看出，阻断电压随漂移区厚度增加而增加。然后对漂移区其他的浓度重复这个过程。图中虚线代表器件阻断电压为 3300V，相比于 3000V 有了 10% 的设计裕量。从图中可以看出，可以有多种漂移区掺杂浓度和宽度的组合，以达到设计要求。当漂移区宽度从 670μm 减小到 475μm 时，漂移区掺杂浓度从 1.0×10^{13} cm^{-3} 增加到 2.5×10^{13} cm^{-3}。而当漂移区宽度为 510μm 时，最大漂移区掺杂浓度可以达到 3.5×10^{13} cm^{-3}。通过优化漂移区掺杂浓度，可以达到最小的漂移区宽度。小的漂移区宽度有利于减小器件导通饱和电压降和开关损耗。

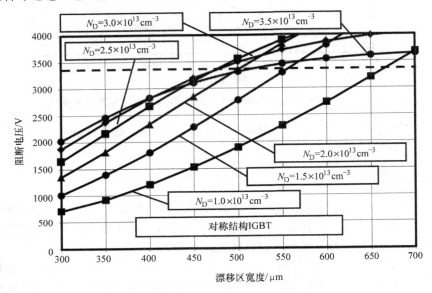

图 3.3　对称结构 IGBT 的阻断电压（载流子寿命 10μs）

对于对称 IGBT 结构，任何阻断电压能力下都有相应的最优漂移区掺杂浓度和最小漂移区宽度。这些优化值取决于漂移区的载流子寿命。如果器件的阻断电压需要达到 3000V，那么其设计值需要达到 3300V。图 3.4 给出了不同载流子寿命情况下，对称结构 IGBT 漂移区掺杂浓度和宽度的优化曲线。当载流子寿命为 100μs 时，最优的漂移区掺杂浓度为 2.0×10^{13} cm^{-3}，漂移区宽度 565μm；当载流子寿命为 10μs 时，最优的漂移区掺杂浓度为 3.0×10^{13} cm^{-3}，漂移区宽度为 467μm；当载流子寿命为 1μs 时，最优的漂移区掺杂浓度为 3.5×10^{13} cm^{-3}，漂移区宽度为 396μm。所以随着载流子寿命的减小，空穴扩散长度减小，最优漂移区宽度也随之减小。

3.2.2　开态特性

在同样阻断电压条件下，IGBT 的导通电压降要低于功率 MOSFET，这是因为 IGBT 器件内部存在强烈的电导调制效应。漂移区的电压降在快速关断的器件中起主导作用。而器件漂移区中注入的自由载流子分布是影响导通电压降的一个重要因素。

图 3.5 给出了开态时对称结构 IGBT 器件内部自由载流子的分布图。图中左侧为深 P + 区域下方的自由载流子分布，图中右侧为栅电极下方的自由载流子分布。从图中可以看到，自由载流子最大浓度 p_0 位于 J$_1$ 结，在左侧 J$_2$ 处自由载流子浓度减小为 0。在右侧栅电极下方，由于栅极

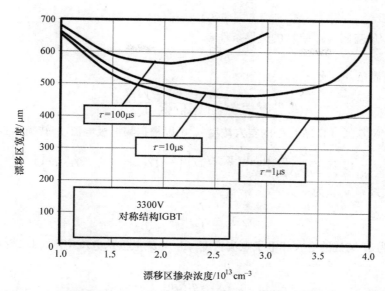

图 3.4　不同载流子寿命条件下 IGBT 的漂移区掺杂浓度和宽度优化曲线

正向偏置电压的作用，自由载流子浓度不为 0。由于在发射极附近漂移区的电导调制率减小而增加了这部分的电压降，所以在进行导通分析时，需要谨慎地利用左边载流子分布并对 IGBT 结构的导通电压降给出一个更保守的值。

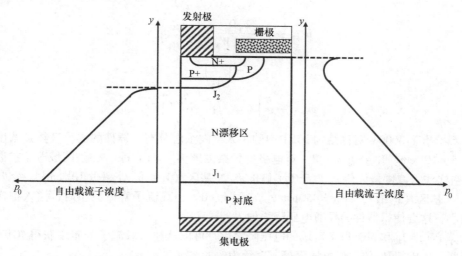

图 3.5　开态时对称结构 IGBT 器件内部自由载流子分布图

在稳态大注入条件下，通过求解连续性方程获得深 P + 区域下方自由载流子分布的一维解析模型[1]：

$$\frac{\mathrm{d}^2 p}{\mathrm{d}y^2} - \frac{p}{L_a^2} = 0 \tag{3.7}$$

式中，L_a 为 N 基区扩散长度，即

$$L_a = \sqrt{D_a \tau_{HL}} \tag{3.8}$$

在 P + 集电极/N 基区（J_1 结）的边界条件是

$$p(0) = p_0 \tag{3.9}$$

在深 P + 区/N 基区（J_2 结）的边界条件是

$$p(W_N) = 0 \tag{3.10}$$

基于以上边界条件，有

$$p(y) = p_0 \frac{\sinh[(W_N - y)/L_a]}{\sinh(W_N/L_a)} \tag{3.11}$$

P + 集电极/N 基区（J_1 结）处的空穴浓度 p_0 可以根据集电极电流 J_C 转换[1]：

$$p_0 = \frac{J_C L_a}{2q D_p} \left(\frac{\mu_p}{\mu_n}\right) \tanh(W_N/L_a) \left[\left(\frac{\mu_n}{\mu_p}\right) \gamma_{E,ON} - (1 + \gamma_{E,ON})\right] \tag{3.12}$$

J_1 结的注入效率 $\gamma_{E,ON}$ 为

$$\gamma_{E,ON} = \frac{J_p}{J_C} = 1 - \frac{J_n}{J_C} \tag{3.13}$$

式中，J_p 和 J_n 为 J_1 结处的空穴和电子电流密度；J_C 为集电极总电流密度。J_1 结处的电子电流密度 J_n 为

$$J_n = \frac{q D_{nE} p_0^2}{L_{nE} N_{AE}} \tag{3.14}$$

基于以上方程，对空穴密度 p_0 进行二次方求解，有

$$a p_0^2 + b p_0 + c = 0 \tag{3.15}$$

式中

$$a = \frac{q D_{nE}}{L_{nE} N_{AE} J_C} \left(1 + \frac{\mu_n}{\mu_p}\right) \tag{3.16}$$

$$b = \frac{2q D_p}{L_a J_C \tanh(W_N/L_a)} \left(\frac{\mu_n}{\mu_p}\right) \tag{3.17}$$

$$c = -\left(\frac{\mu_n}{\mu_p}\right) \tag{3.18}$$

得出

$$p_0 = -\frac{b}{2a} \left[1 - \sqrt{1 - \left(\frac{4ac}{b^2}\right)}\right] \tag{3.19}$$

图 3.6 给出了 3000V 对称结构 IGBT 中的注入空穴浓度分布。器件的漂移区掺杂浓度和宽度分别为 $2.5 \times 10^{13} \mathrm{cm}^{-3}$ 和 $450\mu m$。P + 集电极的掺杂浓度为 $1 \times 10^{19} \mathrm{cm}^{-3}$，该区域电子扩散长度为 $0.5\mu m$。空穴注入浓度最大值 p_0 位于 P + 集电极/N 基区（J_1 结）处超过 $10^{17} \mathrm{cm}^{-3}$。空穴浓度在深 P + 区/N 基区（J_2 结），即 $y = 450\mu m$ 处，减小为 0。当载流子寿命减小时，注入空穴的浓度也随之减小，这会使得器件的导通电压降增加。

在计算 PN 结 J_1 和 MOSFET 区域的电压降之后，可以从注入载流子分布中获得 IGBT 结构的导通电压降。IGBT 器件的导通电压降可以表示为

$$V_{ON} = V_{P+N} + V_{NB} + V_{MOSFET} \tag{3.20}$$

式中，V_{P+N} 是 P + 集电极/N 基区（J_1 结）的电压降；V_{NB} 是考虑了电导调制效应后 N 基区的电压降，V_{MOSFET} 是 MOSFET 部分的电压降。V_{P+N} 可以表示为[1]

$$V_{P+N} = \frac{kT}{q} \ln\left(\frac{p_0 N_D}{n_i^2}\right) \tag{3.21}$$

式中，n_i 是本征载流子浓度。V_{NB} 可以表示为 V_{NB1} 和 V_{NB2} 之和[1]，即

$$V_{NB1} = \frac{2 L_a J_C \sinh(W_N/L_a)}{q p_0 (\mu_n + \mu_p)} \left\{ \tanh^{-1}\left[e^{-(W_{ON}/L_a)}\right] - \tanh^{-1}\left[e^{-(W_N/L_a)}\right] \right\} \tag{3.22}$$

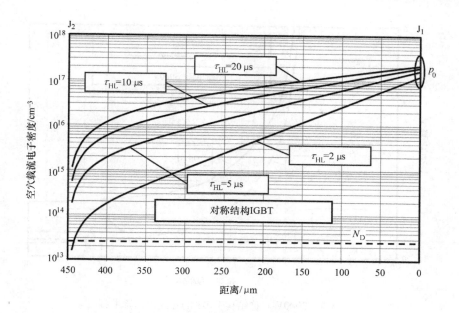

图 3.6　3000V 对称结构 IGBT 的注入空穴浓度分布

$$V_{NB2} = \frac{kT}{q}\left(\frac{\mu_n - \mu_p}{\mu_n + \mu_p}\right)\ln\left[\frac{\tanh(W_{ON}/L_a)\cosh(W_{ON}/L_a)}{\tanh(W_N/L_a)\cosh(W_N/L_a)}\right] \tag{3.23}$$

式中，W_{ON} 为反偏深 P + 区/N 基区（J_2 结）的耗尽区宽度。MOSFET 部分的电压降由 JFET 区电阻、积累区电阻以及沟道区电阻组成。在高压 IGBT 器件中，一般都会增加 JFET 区的掺杂浓度以减小 JFET 电阻。JFET 区域典型的电阻率 ρ_{JFET} 为 $1.25\Omega \cdot cm$。

基于以上分析，对于功率 MOSFET 结构有

$$V_{JFET} = \frac{J_C\rho_{JFET}(x_{JP} + W_0)W_{CELL}}{(W_G - 2x_{JP} - 2W_0)} \tag{3.24}$$

$$V_{ACC} = \frac{J_C K_A(W_G - 2x_{JP})W_{CELL}}{4\mu_{nA}C_{OX}(V_G - V_{TH})} \tag{3.25}$$

$$V_{CH} = \frac{J_C L_{CH} W_{CELL}}{2\mu_{ni}C_{OX}(V_G - V_{TH})} \tag{3.26}$$

式中，x_{JP} 是 P 基区的结深；W_0 是 JFET 区域的耗尽区宽度；W_G 是栅极长度；W_{CELL} 是器件元胞总宽度；K_A 是积累层系数（典型值为 0.6）；μ_{nA} 是积累层中的电子迁移率；C_{OX} 是栅氧化层电容；V_G 是栅极偏置电压；V_{TH} 是阈值电压；μ_{ni} 是沟道的电子迁移率。

基于以上公式计算的器件导通电压降如图 3.7 所示。该器件参数与图 3.6 中的一致。其中，器件的元胞宽度 W_{CELL} 为 $30\mu m$，栅极长度 W_G 为 $16\mu m$。栅极偏置 V_G 和阈值电压 V_{TH} 分别为 15V 和 5V。从图中可以看到，当载流子寿命减小到 $5\mu s$ 以下时，器件的导通电压降迅速增加。图中同时给出了器件导通电压降中各部分的压降值。当载流子寿命大于 $20\mu s$ 时，V_{P+N} 占主导地位；当载流子寿命小于 $10\mu s$ 时，V_{NB} 占主导地位。

3.2.3　积累电荷

当器件处于导通状态时，集电极会向对称 IGBT 结构的漂移区中注入大量载流子，这些载流子被称为积累电荷。当器件从导通状态转变到阻断状态的过程中，漂移区中的积累电荷必须被移

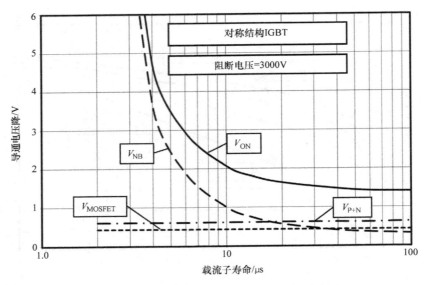

图 3.7　3000V 对称结构 IGBT 的导通电压降曲线

除。当载流子寿命减小时，因为空穴浓度减少，所以漂移区中的积累电荷减少，如图 3.6 所示。

漂移区中的积累电荷可以通过整合式（3.11）中的自由载流子分布进行计算[1]，即

$$Q_{S} = \frac{qp_0 L_a}{\tanh(W_N/L_a)} \tag{3.27}$$

当对称 IGBT 结构的漂移区中载流子寿命减少时，由于 J_1 处的空穴浓度 p_0 较小以及双极性的扩散长度较小，因此存储的电荷减小。

图 3.8 给出了 3000V 对称结构 IGBT 的积累电荷。当载流子寿命增加时，积累电荷也会相应增加，器件的导通电压降会减小，但是会影响器件的开关速度。

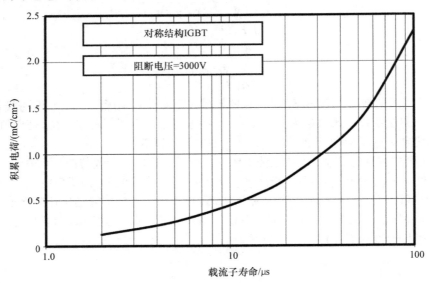

图 3.8　3000V 对称结构 IGBT 的积累电荷分布与载流子寿命的关系

3.2.4　关断波形

IGBT 通常用于控制感应负载，例如在各种各样的消费类和工业应用中使用的电动机绕组。功率电路由 IGBT 和与 DC 电源串联的感性负载组成，续流或反激式二极管跨接在负载两端，当 IGBT 关断时二极管起到续流作用。在关断瞬间，在集电极电流流入二极管之前，IGBT 结构上的电压首先增加到集电极偏置电压。

在 IGBT 器件关断初期，栅电极电压减小为 0，但是由于电感负载电流不能突变，集电极电流仍然维持在导通状态时的幅值。同时，集电极电压迅速上升到电源电压，器件内部反偏 P 基区/N 基区形成的空间电荷区承受高电压应力。

在假设 N 基区中载流子复合可以忽略的基础上，对 IGBT 的关断波形进行分析[1]。N 基区中自由载流子（空穴）$p(y)$ 的分布呈线性，如图 3.9 所示，且可以表示为

$$p(y) = p_0\left(1 - \frac{y}{W_\mathrm{N}}\right) \tag{3.28}$$

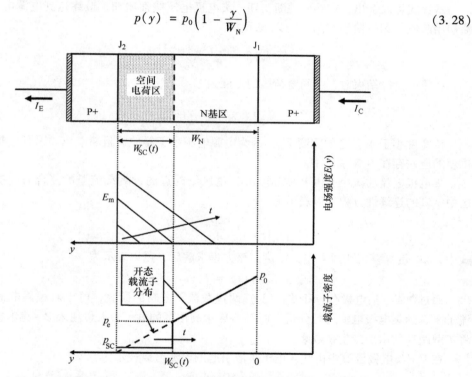

图 3.9　关断条件下对称结构 IGBT 内部的积累电荷和电场分布曲线

在关断的初始阶段，空穴分布曲线不变。但是，随着空间电荷区的展宽，空间电荷区边缘处的空穴浓度 p_e 增加，即

$$p_\mathrm{e}(t) = p_0\left[\frac{W_\mathrm{SC}(t)}{W_\mathrm{N}}\right] \tag{3.29}$$

由于空间电荷区展宽而被移除的电荷数等于集电极电流减小的电荷数，即

$$J_\mathrm{C,ON} = qp_\mathrm{e}(t)\frac{\mathrm{d}W_\mathrm{SC}(t)}{\mathrm{d}t} = qp_0\left[\frac{W_\mathrm{SC}(t)}{W_\mathrm{N}}\right]\frac{\mathrm{d}W_\mathrm{SC}(t)}{\mathrm{d}t} \tag{3.30}$$

$$W_\mathrm{SC}(t) = \sqrt{\frac{2W_\mathrm{N}J_\mathrm{C,ON}t}{qp_0}} \tag{3.31}$$

集电极电压与空间电荷区的关系为

$$V_{C}(t) = \frac{q(N_D + p_{SC}) W_{SC}^2(t)}{2\varepsilon_S} \quad (3.32)$$

假设在空间电荷区中，载流子以饱和速度移动，那么空间电荷区中的空穴浓度 p_{SC} 可以表示为

$$p_{SC} = \frac{J_{C,ON}}{q v_{sat,p}} \quad (3.33)$$

利用式 (3.31) 可以得出：

$$V_{C}(t) = \frac{W_N(N_D + p_{SC}) J_{C,ON}}{\varepsilon_S p_0} t \quad (3.34)$$

该方程表明，对称结构 IGBT 在关断过程的第一阶段，集电极电压随时间线性增加。

从该式可以看出，在器件关断初期，集电极电压线性增加，最终达到电源电压 V_{CS}。器件关断初始阶段（第一阶段时间）可以表示为

$$t_{V,OFF} = \frac{\varepsilon_S p_0 V_{CS}}{W_N(N_D + p_{SC}) J_{C,ON}} \quad (3.35)$$

在第一阶段结束时，空间电荷区的宽度为

$$W_{SC}(t_{V,OFF}) = \sqrt{\frac{2\varepsilon_S V_{CS}}{q(N_D + p_{SC})}} \quad (3.36)$$

该宽度小于 N 基区的宽度 W_N，因为电源电压小于器件的阻断电压。因而，此刻仍然有很大浓度的空穴存在于 N 基区中。

集电极电流的减小是由 P + 集电极/N 基区结附近的过剩载流子的复合时间决定的[1]。N 基区中空穴的连续性方程可以表示为

$$\frac{d\delta p_N}{dt} = -\frac{\delta p_N}{\tau_{HL}} \quad (3.37)$$

式中，δp_N 是 N 基区中过剩空穴浓度。该方程求解后，可以表示为

$$\delta p_N(t) \approx p_N(t) = p_0 e^{-t/\tau_{HL}} \quad (3.38)$$

通过对 P + 集电极/N 基区结（J_1）两边载流子分布的研究，可以对积累电荷区域内支持载流子复合的集电极电流进行分析。而 N 基区中高浓度的电子会大量注入 P + 集电极区域中，并随着扩散距离的增加产生指数衰减[1]。

在 P + 集电极区域中由注入电子扩散引起的电流可以表示为

$$J_C(t) = \frac{q D_{nE} p_0^2}{L_{nE} N_{AE}} e^{-2t/\tau_{HL}} = J_{C,ON} e^{-2t/\tau_{HL}} \quad (3.39)$$

从上式可以看出，集电极电流呈指数衰减。集电极电流的关断时间 $t_{I,OFF}$，定义为电流幅度减小为导通时幅度的 1/10，可以表示为

$$t_{I,OFF} = \frac{\tau_{HL}}{2} \ln(10) = 1.15\tau_{HL} \quad (3.40)$$

基于以上解析模型，分析了 3000V 对称结构 IGBT 的关断波形。其中，N 基区的宽度为 450μm，掺杂浓度为 $2.5 \times 10^{13} cm^{-3}$。开态中，集电极电流密度为 $100 A/cm^2$ 时其空间电荷区中空穴浓度为 $6.25 \times 10^{13} cm^{-3}$。而在 P + 集电极/N 基区结附近，载流子寿命分别为 2μs、5μs、10μs 时，空穴浓度 p_0 分别为 $1.26 \times 10^{17} cm^{-3}$、$1.67 \times 10^{17} cm^{-3}$、$1.95 \times 10^{17} cm^{-3}$。图 3.10 给出了集电极电压和电流在关断时的波形。载流子寿命分别为 2μs、5μs、10μs 时，集电极电压线性增加到

电源电压的时间分别为 $0.66\mu s$、$0.88\mu s$、$1.03\mu s$；同时集电极电流指数减小，关断时间 $t_{\rm I,OFF}$ 分别为 $2.30\mu s$、$5.75\mu s$、$11.5\mu s$。从图中可以看出，器件的关断时间和关断损耗可以通过控制载流子寿命进行调整。载流子寿命的控制一般可以通过高能（3MeV）电子辐照实现。

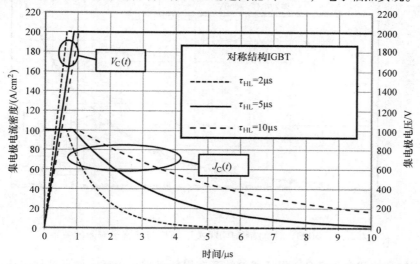

图 3.10　3000V 对称结构 IGBT 集电极电压和电流关断波形与载流子寿命的关系

3.2.5　关断损耗

根据图 3.10 中的电压电流波形，器件在关断过程中，会同时出现高电压和大电流时刻，这会造成很大的瞬态功耗。从器件设计的角度考虑，计算器件的关断损耗是有益的。在任何应用中，在 IGBT 结构中产生的能量损耗可以通过将每个转换周期内能量损耗与工作频率相乘计算。

每个周期的能量损耗可以通过整合电压和电流转换瞬间的能量损耗得到。在器件关断初期（关断第一阶段），集电极电压线性增加，而集电极电流维持不变（因为电感负载保持电流不变）。因而，在每个周期内，第一阶段的关断损耗用下式计算[1]：

$$E_{\rm V,OFF} = \frac{1}{2} J_{\rm C,ON} V_{\rm CS} t_{\rm V,OFF} \tag{3.41}$$

在器件关断第二阶段，集电极电压仍然保持在电源电压，集电极电流呈指数下降，该阶段的能量损耗由下式计算[1]：

$$E_{\rm I,OFF} = J_{\rm C,ON} V_{\rm CS} \left(\frac{\tau_{\rm HL,N\text{-}Base}}{2} \right) \tag{3.42}$$

因此，在每个周期内总关断损耗 $E_{\rm OFF}$ 由 $E_{\rm V,OFF}$ 和 $E_{\rm I,OFF}$ 相加得到。

对于 N 基区宽度为 $450\mu m$，掺杂浓度为 $2.5 \times 10^{13} {\rm cm}^{-3}$ 的 3000V 对称结构 IGBT，当开态集电极电流密度为 $100{\rm A/cm}^2$，集电极电源电压为 2000V 时，根据上述模型可得其关断损耗与载流子寿命的关系如图 3.11 所示。当载流子寿命为 $2\mu s$ 时，器件的 $E_{\rm V,OFF}$ 是 $66{\rm mJ/cm}^2$，$E_{\rm I,OFF}$ 是 $200{\rm mJ/cm}^2$。当载流子寿命为 $100\mu s$ 时，$E_{\rm V,OFF}$ 只上升到 $131{\rm mJ/cm}^2$，而 $E_{\rm I,OFF}$ 却显著增加到 $10000{\rm mJ/cm}^2$。整个周期内器件的能量损耗是由 $E_{\rm I,OFF}$ 决定的。因此，载流子寿命必须要控制在 $10\mu s$ 以下，以保证器件的关断损耗小于 $1{\rm J/cm}^2$。

3.2.6　能量损耗折中曲线

在 IGBT 的设计中，需要折中优化器件的开态损耗和关断损耗。如果器件工作在低频状态，

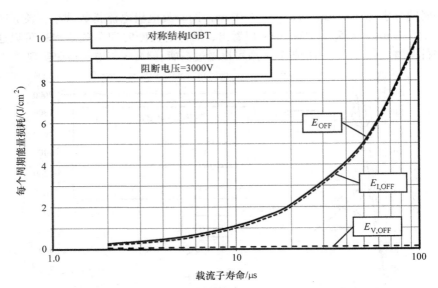

图 3.11　3000V 对称结构 IGBT 关断损耗与载流子寿命的关系

那么可以采用较高的载流子寿命以保证器件的开态损耗最小。相反，如果器件工作在高频状态，那么就需要减小器件的关断损耗。这种折中通常是通过制定开态损耗和关断损耗的折中曲线实现的。

图 3.12 给出了 3000V 对称阻断 IGBT 开态损耗和关断损耗的折中曲线，该器件 N 基区宽度为 $450\mu m$。假如器件的开态电流密度为 $100A/cm^2$，每个周期的能量损耗为 $1J/cm^2$。因封装原因器件的能量损耗需要限制在 $100W/cm^2$ 以下，那么器件的工作频率只能低于 100Hz。如果器件的开态电流密度减小，那么器件的工作频率可以相应增加。这在图 3.12 中做了阐述，折中曲线的开态电流密度分别为 $25A/cm^2$、$50A/cm^2$、$100A/cm^2$。由于减小了注入载流子浓度、减小了开态电流密度，所以不仅减小了器件导通电压降，而且降低了每个周期的能量损耗。器件工作频率可以增加的倍数约等于开态电流密度减小的比例。当然，这将需要更大的芯片有源区面积，以获得器件相应的电流等级。

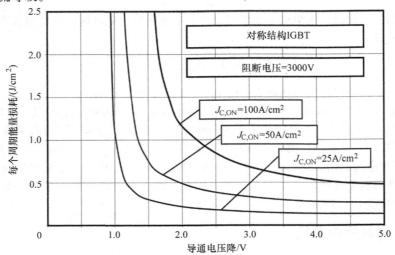

图 3.12　3000V 对称结构 IGBT 开态损耗和关断损耗的折中曲线

3.3　非对称结构 IGBT

非对称、双扩散结构 IGBT 如图 2.3 左边所示，非对称、沟槽栅 IGBT 如图 2.4 所示。本节的讨论适用于这两种栅极结构。非对称 IGBT 结构是在对称结构之后发展起来的[7]。相比于对称结构 IGBT，在导通电压降和开关损耗折中方面非对称结构 IGBT 具有更加良好的性能。因此，在 1980—1990 年，各研究机构把更多的精力花在了发展非对称结构 IGBT 器件上[8-11]。非对称结构 IGBT 器件被广泛应用于空调器、电冰箱、照明以及交通运输等的电动机驱动系统。器件的电压范围从最初的 600V 迅速增加到 6500V，如图 1.5 所示。

3.3.1　阻断电压

在非对称结构 IGBT 中，存在一层缓冲层结构，器件可以承担更高的工作电压，其阻断电压的计算公式也与对称结构 IGBT 不同。在对称阻断 IGBT 结构中，最大电压是由式（3.3）表示的基极开路集体管击穿电压决定的。然而，由于缓冲层的存在，需要改变决定漂移区宽度的公式。在非对称 IGBT 结构中，P + 集电极/N 缓冲层（J_1 结）的注入效率由下式表示[1]：

$$\gamma_E = \frac{D_{pNB}L_{nE}N_{AE}}{D_{pNB}L_{nE}N_{AE} + D_{nE}W_{NB}N_{DNB}} \tag{3.43}$$

式中，D_{pNB} 和 D_{nE} 分别为 N 缓冲层和 P + 集电极中的载流子扩散系数；N_{AE} 和 L_{nE} 分别为 P + 集电极中的掺杂浓度和载流子扩散长度；N_{DNB} 和 W_{NB} 分别为 N 缓冲层的掺杂浓度和厚度。

当集电极电压低于器件击穿电压时，器件内部的 N 漂移区就能完全耗尽，因此载流子需要漂移通过 N 缓冲层。基极传输系数由下式计算：

$$\alpha_T = \frac{1}{\cosh(W_{NB}/L_{p,NB})} \tag{3.44}$$

式中，$L_{p,NB}$ 是空穴在 N 缓冲层中的扩散长度；W_{NB} 是 N 缓冲层的厚度。扩散距离 $L_{p,NB}$ 取决于 N 缓冲层中的扩散系数和载流子寿命[1]。

决定非对称结构 IGBT 倍增因子是，在无穿通情况下，相对于 P + 区/N 基区的雪崩击穿电压（BV_{PP}）的集电极偏置电压，倍增因子可以表示为

$$M = \frac{1}{1 - (V_{NPT}/BV_{PP})^n} \tag{3.45}$$

如果为 P +/N 结，那么 $n = 6$。在该表达式中，非穿通电压 V_{NPT} 可以根据集电极电压计算[1]，即

$$V_{NPT} = \frac{\varepsilon_S}{2qN_D}\left(\frac{V_C}{W_N} + \frac{qN_DW_N}{2\varepsilon_S}\right)^2 \tag{3.46}$$

器件阻断电压的最大值由雪崩倍增因子等于基极传输系数和发射极发射效率乘积的倒数值决定。

通过设计 N 漂移区宽度、掺杂浓度和 N 缓冲层的厚度、掺杂浓度，可以得到需要的器件阻断电压。当然，在优化过程中，希望采用尽可能小的漂移区宽度，以减小导通电压降和存储电荷。图 3.13 给出了在缓冲层厚度为 10μm 条件下，如何改变 N 漂移区的宽度和掺杂浓度，以达到 3300V 阻断电压的情况。从图中可以看到，在不同 N 缓冲层掺杂浓度条件下，最小的漂移区宽度都处在漂移区掺杂浓度为 $1 \times 10^{13} \text{cm}^{-3}$ 处。缓冲层掺杂浓度为 $0.5 \times 10^{17} \text{cm}^{-3}$、$1.0 \times 10^{17} \text{cm}^{-3}$ 和 $1.5 \times 10^{17} \text{cm}^{-3}$ 时，最优漂移区宽度分别为 287μm、258μm 和 234μm。N 缓冲层掺杂浓度越大，

漂移区宽度越小，这是因为集电极注入效率和基极传输系数减小。

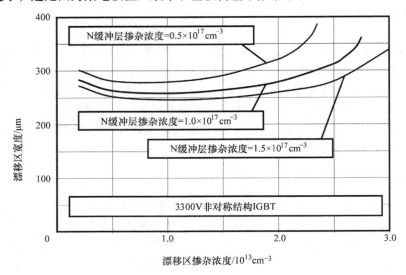

图 3.13 3000V 非对称结构 IGBT 漂移区和掺杂浓度的优化曲线
（以 N 缓冲层掺杂浓度为变量）

图 3.14 给出了在缓冲层掺杂浓度为 $1.0 \times 10^{17} \mathrm{cm}^{-3}$ 条件下，如何改变 N 漂移区的宽度和掺杂浓度，以达到 3300V 阻断电压。这里，缓冲层的厚度被用作变参量。从图中可以看到，不同的缓冲层厚度下，N 漂移区宽度最优值都处于漂移区掺杂浓度为 $1.0 \times 10^{13} \mathrm{cm}^{-3}$ 处。缓冲层厚度为 $5\mu \mathrm{m}$、$10\mu \mathrm{m}$ 和 $20\mu \mathrm{m}$ 时，最优漂移区宽度分别为 $287\mu \mathrm{m}$、$258\mu \mathrm{m}$ 和 $234\mu \mathrm{m}$。N 缓冲层厚度最大时，所需漂移区宽度最小，这是因为集电极注入效率和基极传输系数最小。

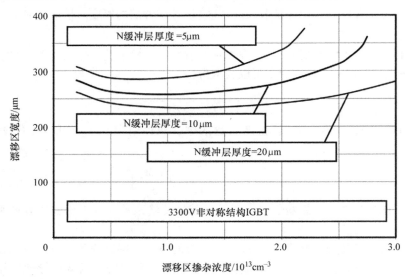

图 3.14 3000V 非对称结构 IGBT 漂移区宽度的优化曲线
（以 N 缓冲层厚度为变量）

3.3.2　开态特性

漂移区中自由载流子的分布决定了器件的导通电压降。与对称结构 IGBT 一样，非对称结构 IGBT 的自由载流子分布也可以通过改变载流子寿命进行调整。此外，还可以通过改变 N 缓冲层的厚度和掺杂浓度进行调整。这给器件设计带来了更大的自由度。一般来说，优化的最终目的是找到一种载流子分布，折中器件的导通电压降和关断时间，使得器件在电路应用中达到最低功耗。

通过求解载流子在大注入稳态条件下的连续性方程［见式（3.7）］，可以获得深 P + 区域下方自由载流子的一维解析分布[1]。在发射极这边的边界条件与对称结构 IGBT 一致［见式（3.10）］。然而，由于缓冲层结构的存在，集电极这边的边界条件不同于对称结构 IGBT。

本章参考文献［12］提出了一种解析模型，适用于任何缓冲层浓度条件下的非对称结构 IGBT。在该解析模型中，假设 N 漂移区中为了保持电中性空穴和电子浓度是一致的，并且 N 漂移区是低掺杂的。图 3.15 给出了器件导通时的载流子分布曲线。从图中可以看到，在 N 漂移区/N 缓冲层边界处，空穴浓度突然变化。在 N 缓冲层中，空穴浓度接近掺杂浓度。

N 缓冲层中的空穴浓度 $p_{NB}(0)$ 可以通过下列方程进行求解[12]：

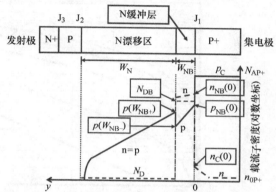

图 3.15　开态时 3000V 非对称结构 IGBT 内部自由载流子分布图

$$p_{NB}^2(0) + \left(\frac{D_{p,NB} N_{AP+} L_{nP+} + D_{nP+} N_{DB} L_{p,NB}}{D_{nP+} L_{p,NB}} \right) p_{NB}(0) - \frac{N_{AP+} L_{nP+} J_C}{q D_{nP+}} = 0 \qquad (3.47)$$

方程的解为

$$p_{NB}(0) = \frac{1}{2} \left(\sqrt{b^2 - 4c} - b \right) \qquad (3.48)$$

式中

$$b = \frac{D_{p,NB} N_{AP+} L_{nP+} + D_{nP+} N_{DB} L_{p,NB}}{D_{nP+} L_{p,NB}} \qquad (3.49)$$

$$c = \frac{N_{AP+} L_{nP+} J_C}{q D_{nP+}} \qquad (3.50)$$

式中，$D_{p,NB}$ 是 N 缓冲层中的空穴扩散系数；N_{AP+} 是 P + 集电区中的受主浓度；L_{nP+} 是电子在集电区中的扩散长度；D_{nP+} 是电子在集电区中的扩散系数；N_{DB} 是缓冲层中的施主浓度，$L_{p,NB}$ 是空穴在缓冲层中的扩散长度。

缓冲层与漂移区边界处的 N 缓冲层中空穴浓度 $p(W_{NB-})$ 为[12]：

$$p(W_{NB-}) = p_{NB}(0) e^{-(W_{NB}/L_{p,NB})} \qquad (3.51)$$

W_{NB} 是 N 缓冲层的厚度。缓冲层与漂移区边界处的 N 漂移区中空穴浓度 $p(W_{NB+})$ 为[2]：

$$p(W_{NB+}) = \frac{L_a \tanh[(W_N + W_{NB})/L_a]}{2q D_p} J_p(W_{NB-}) \qquad (3.52)$$

电流密度为

$$J_p(W_{NB-}) = J_p(0) e^{-(W_{NB}/L_{p,NB})} \qquad (3.53)$$

整个 N 漂移区中空穴浓度分布为[2]：

$$p(y) = p(W_{NB+})\frac{\sinh[(W_N + W_{NB} - y)/L_a]}{\sinh[(W_N + W_{NB})/L_a]} \tag{3.54}$$

基于上述方程计算的空穴分布如图 3.16 所示。该器件的 N 漂移区宽度为 280μm，N 缓冲层的厚度和掺杂浓度分别为 10μm 和 $1.0 \times 10^{17} cm^{-3}$。当载流子寿命大于 2μs 时，发射极处的空穴浓度仍然高于 $1.0 \times 10^{13} cm^{-3}$；而载流子寿命小于等于 2μs 时，发射极处的空穴浓度远远低于集电极处的空穴浓度，这使得器件的导通电压降增加。

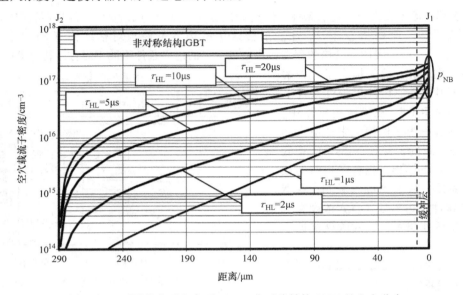

图 3.16　不同载流子寿命下 3000V 非对称结构 IGBT 的空穴分布

非对称结构 IGBT 器件的导通电压降为[12]

$$V_{ON} = V_{P+NBL} + V_B + V_{MOSFET} \tag{3.55}$$

式中，V_{P+NBL} 为 P + 集电极/N 缓冲层 J_1 结的电压降；V_B 是考虑了电导调制效应后 N 漂移区的压降；V_{MOSFET} 是 MOSFET 器件的电压降。因为 J_1 结处的注入条件既不是大注入也不是小注入，所以该处的电压降需要根据下式计算：

$$V_{P+NB} = \frac{kT}{q}\ln\left(\frac{p_{NB}(0)N_{BL}}{n_i^2}\right) \tag{3.56}$$

V_B 是由以下两项相加所得[12]：

$$V_{B1} = \frac{2L_a J_C \sinh(W_N/L_a)}{qp(W_{NB+})(\mu_n + \mu_p)}\{\tanh^{-1}[e^{-(W_{ON}/L_a)}] - \tanh^{-1}[e^{-(W_N/L_a)}]\} \tag{3.57}$$

$$V_{B2} = \frac{kT}{q}\left(\frac{\mu_n - \mu_p}{\mu_n + \mu_p}\right)\ln\left[\frac{\tanh(W_{ON}/L_a)\cosh(W_{ON}/L_a)}{\tanh(W_N/L_a)\cosh(W_N/L_a)}\right] \tag{3.58}$$

式中，W_{ON} 是 P 基区/N 漂移区处 J_2 结的耗尽区宽度。V_{MOSFET} 的计算公式与对称结构 IGBT 器件介绍中的一致。

基于上述方程计算的 3000V 非对称结构 IGBT 的导通电压降如图 3.17 所示，N 漂移区中的载流子寿命从 1μs 变化到 100μs。器件结构参数与图 3.16 中所示的一致。器件元胞的栅电极长度 W_G 为 16μm，元胞总宽度 W_{CELL} 为 30μm。器件的栅极偏置电压和阈值电压分别为 15V 和 5V。从图中可以看到，当载流子寿命小于 $2\mu s$ 时，器件的导通电压降迅速增加。它的载流子寿命比 3000V 对称 IGBT 结构要小 3 倍，因为它的漂移区宽度要比对称 IGBT 结构大很多。该图还提供了所有元件对导通压降的贡献。当载流子寿命大于 $5\mu s$ 时，V_{P+NB} 和 V_{MOSFET} 占主导地位；当载流子寿命小于 $3\mu s$ 时，V_B 占主导地位。

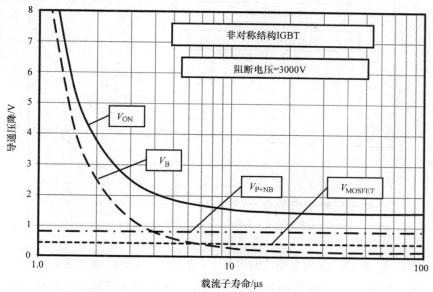

图 3.17　3000V 非对称结构 IGBT 的导通电压降曲线

正如前面提到的，非对称结构 IGBT 可以通过调整 N 缓冲层的厚度和掺杂浓度进行优化。图 3.18 给出了优化过程，器件载流子寿命为 $5\mu s$，缓冲层的厚度为 $10\mu m$。从图中可以看到，当 N 缓冲层的掺杂浓度从 $5\times10^{16}cm^{-3}$ 增加到 $5\times10^{17}cm^{-3}$，$p_{NB}(0)$ 从 $9.7\times10^{16}cm^{-3}$ 减小到 $4.7\times10^{16}cm^{-3}$。这是因为高掺杂的 N 缓冲层减小了空穴注入浓度，使得器件的导通电压降增加，关断时间减小。

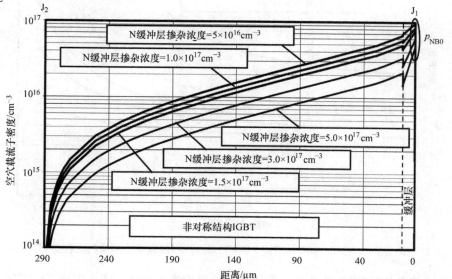

图 3.18　不同 N 缓冲层掺杂浓度下 3000V 非对称结构 IGBT 的空穴分布

图3.19给出了IGBT器件导通电压降随N缓冲层掺杂浓度的变化曲线，器件的开态电流密度为100A/cm²。器件结构参数与之前一致，载流子寿命为5μs。从图中可以看到，当N缓冲层掺杂浓度超过$5×10^{17}cm^{-3}$，器件导通电压降迅速增加。

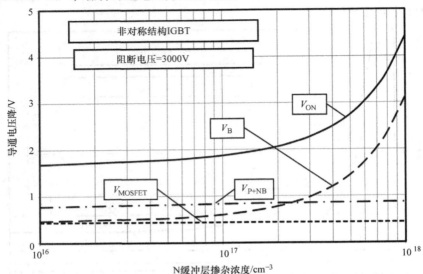

图3.19 3000V非对称结构IGBT导通电压降随N缓冲层掺杂浓度的变化曲线

图3.20给出了3000V非对称结构IGBT导通电压降随N缓冲层掺杂浓度和载流子寿命的变化曲线，器件的开态电流密度为100A/cm²。器件结构参数与之前一致，N缓冲层厚度为10μm。从图中可以看出，对于N缓冲层中高载流子寿命，当N缓冲层掺杂浓度增加并超过一定值时，器件导通电压降迅速增加。当载流子寿命减小时，导通电压降增加。

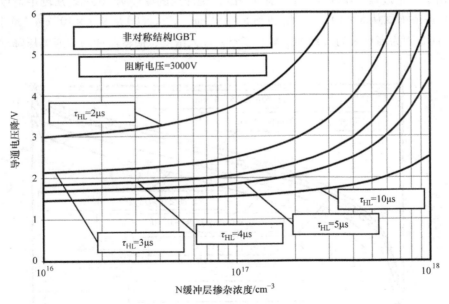

图3.20 3000V非对称结构IGBT导通电压降随载流子寿命的变化曲线

非对称结构IGBT还可以通过改变N缓冲层的厚度进行优化。图3.21给出了3000V非对称

IGBT 的空穴分布随不同缓冲层厚度的变化曲线，器件的载流子寿命是 5μs，缓冲层掺杂浓度是 $1 \times 10^{17} \, cm^{-3}$。从图中可以看到，空穴浓度 $p_{NB}(0)$ 与缓冲层厚度无关。但是，当缓冲层厚度增加时，由于空穴从 J_1 到缓冲层 – 漂移区界面的扩散距离增加，漂移区中的空穴浓度减小。导通时漂移区中空穴浓度减小，器件的导通电压降会增加并减小关断时间。

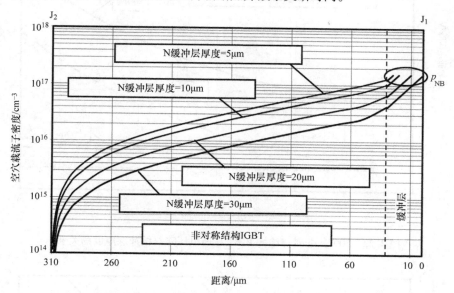

图 3.21　不同缓冲层厚度下 3000V 非对称结构 IGBT 的空穴分布

图 3.22 给出了 3000V 非对称结构 IGBT 导通电压降与缓冲层厚度的关系，器件的开态饱和电流密度为 $100A/cm^2$。该结构与图 3.21 中有同样的漂移区参数。图中的载流子寿命为 5μs。从图中可以看到，器件的导通电压降随 N 缓冲层厚度的增加（从 5μm 增加至 50μm）而增加。

图 3.23 给出了 3000V 非对称结构 IGBT 导通电压降与缓冲层厚度和载流子寿命的关系。器件的开态饱和电流密度为 $100A/cm^2$，器件的缓冲层掺杂浓度为 $1 \times 10^{17} \, cm^{-3}$。从图中可以看到，当载流子寿命大于 10μs 时，器件的导通电压降与缓冲层厚度的依赖关系减弱；当载流子寿命小于 2μs 时，器件的导通电压降随缓冲层厚度迅速增加。这些图表明，非对称 IGBT 的所有参数都必须经过调整，以获得优化的结构。

3.3.3　积累电荷

如同对称 IGBT 结构，在关断瞬间漂移区中的积累电荷必须移除，使得非对称 IGBT 结构从导通模式转换为正向阻断模式。非对称结构 IGBT 漂移区中载流子分布与载流子寿命、缓冲层厚度及掺杂浓度都有关系。因此，结合式（3.54），可以得出积累电荷的计算公式为[1]

$$Q_S = \frac{q p(W_{NB+}) L_a}{\tanh(W_N/L_a)} \tag{3.59}$$

图 3.24 给出了 3000V 非对称结构 IGBT 积累电荷分布与载流子寿命的关系。该器件的结构参数与图 3.17 中所采用的一致。当载流子寿命大于 10μs，漂移区中的积累电荷迅速增加，器件的导通电压降会减小，但是开关损耗会相应增加。

图 3.25 给出了 3000V 非对称结构 IGBT 积累电荷分布与缓冲层掺杂浓度的关系。该器件的结构参数与图 3.19 中所采用的一致，漂移区中载流子寿命为 5μs。从图中可以观察到，积累电荷

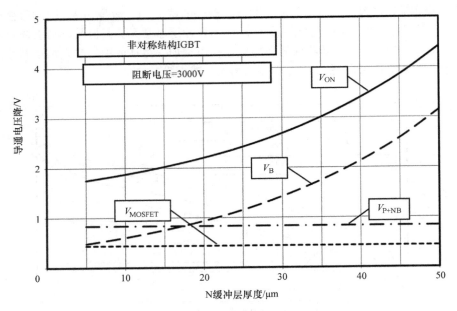

图 3.22 3000V 非对称结构 IGBT 导通电压降与缓冲层厚度的关系

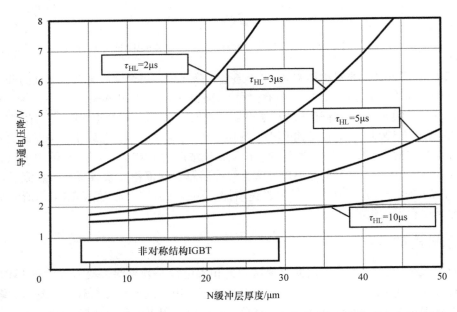

图 3.23 3000V 非对称结构 IGBT 导通电压降与缓冲层厚度和载流子寿命的关系

与缓冲层掺杂浓度之间的依赖关系较弱。但是，当缓冲层掺杂浓度超过 $1 \times 10^{17} \mathrm{cm}^{-3}$ 时，积累电荷迅速减小，导致器件的导通电压降增加。这与图 3.19 中观察到的一致。

图 3.26 给出了 3000V 非对称结构 IGBT 积累电荷分布与缓冲层厚度的关系。该器件的结构参数与图 3.22 中所采用的一致，漂移区中载流子寿命为 $5\mu s$。从图中可以看出，积累电荷随缓冲层厚度的增加而单调减小。当缓冲层厚度改变时，积累电荷和导通电压降都发生了变化，这表明它是优化非对称结构 IGBT 的关键参数。

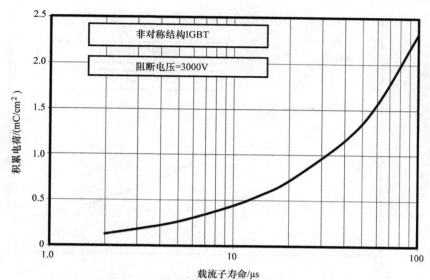

图 3.24　3000V 非对称结构 IGBT 积累电荷分布与载流子寿命的关系

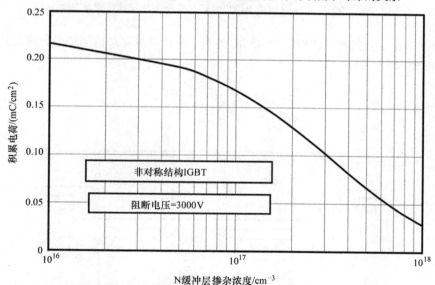

图 3.25　3000V 非对称结构 IGBT 积累电荷分布与缓冲层掺杂浓度的关系

3.3.4　关断波形

可以采用与 3.2.4 节[1,12]对称结构 IGBT 一样的分析方法来分析非对称结构 IGBT 的关断波形。对于非对称结构的 IGBT，漂移区中空穴浓度近似为

$$p(y) = p_{WNB+}\left(1 - \frac{y}{W_N}\right) \tag{3.60}$$

假设在器件关断第一阶段，集电极电压上升而集电极电流不变，漂移区中的空穴浓度不变，空间电荷区边缘处的空穴浓度 p_e 随空间电荷区的展宽而增加，有

$$p_e(t) = p_{WNB+}\left[\frac{W_{SC}(t)}{W_N}\right] \tag{3.61}$$

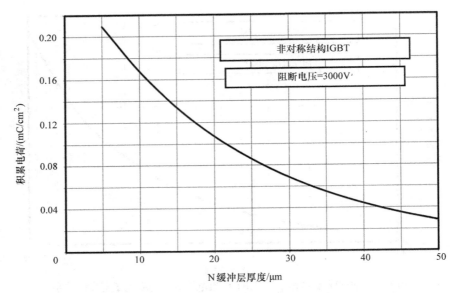

图 3.26 3000V 非对称结构 IGBT 积累电荷分布与缓冲层厚度的关系

图 3.27 中给出了空间电荷区展宽与时间的关系，采用与对称结构同样的方法可以获得空间电荷区展宽的公式为

$$W_{SC}(t) = \sqrt{\frac{2W_N J_{C,ON} t}{q p_{WNB+}}} \tag{3.62}$$

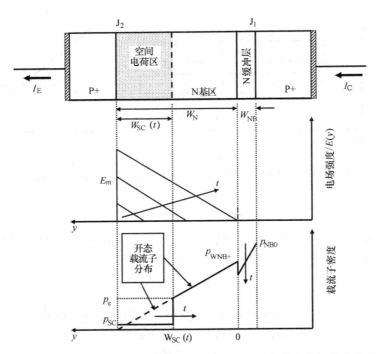

图 3.27 关断条件下非对称结构 IGBT 内部的积累电荷和电场分布曲线

集电极电压与空间电荷区宽度的关系为

$$V_{\mathrm{C}}(t) = \frac{q(N_{\mathrm{D}} + p_{\mathrm{SC}})W_{\mathrm{SC}}^2(t)}{2\varepsilon_{\mathrm{s}}} \tag{3.63}$$

空间电荷区中的空穴浓度与集电极电流密度有关，即

$$p_{\mathrm{SC}} = \frac{J_{\mathrm{C,ON}}}{qv_{\mathrm{sat,p}}} \tag{3.64}$$

根据式（3.62）和式（3.63）可以得出：

$$V_{\mathrm{C}}(t) = \frac{W_{\mathrm{N}}(N_{\mathrm{D}} + p_{\mathrm{SC}})J_{\mathrm{C,ON}}}{\varepsilon_{\mathrm{s}}p_{\mathrm{WNB+}}}t \tag{3.65}$$

式（3.65）表示集电极电压随时间成线性增加。在器件关断第一阶段结束时，集电极电压达到电源电压 V_{CS}，该间隔时间可以表示为

$$t_{\mathrm{V,OFF}} = \frac{\varepsilon_{\mathrm{s}}p_{\mathrm{WNB+}}V_{\mathrm{CS}}}{W_{\mathrm{N}}(N_{\mathrm{D}} + p_{\mathrm{SC}})J_{\mathrm{C,ON}}} \tag{3.66}$$

在器件关断第一阶段结束时，空间电荷区的宽度取决于集电极电压。在大多数非对称 IGBT 设计中，典型集电极电压应用条件下的空间电荷区宽度要稍小于漂移区宽度。

在器件关断第二阶段，集电极电压保持不变，集电极电流开始下降。集电极电流下降的时间由积累电荷的复合时间决定。漂移区中的积累电荷已经在关断第一阶段被移除，只剩下缓冲层中的积累电荷。如图 3.27 中垂直时间箭头所示，缓冲层中的积累电荷因复合而衰减。于是有

$$\delta_{\mathrm{pNB}}(t) \approx p_0\mathrm{e}^{-t/\tau_{p0,\mathrm{NB}}} \tag{3.67}$$

基于以上公式得出的集电极电流密度为[1]

$$J_{\mathrm{C}}(t) = J_{\mathrm{C,ON}}\mathrm{e}^{-t/\tau_{p0,\mathrm{NB}}} \tag{3.68}$$

集电极电流的关断时间 $t_{\mathrm{I,OFF}}$，定义为电流幅度减小为导通时幅度的 1/10，即

$$t_{\mathrm{I,OFF}} = \tau_{p0,\mathrm{NB}}\ln(10) = 2.3\tau_{p0,\mathrm{NB}} \tag{3.69}$$

图 3.28 给出了 IGBT 集电极电压和电流关断波形与载流子寿命的关系。器件的漂移区宽度为 $280\mu\mathrm{m}$，掺杂浓度为 $1 \times 10^{13}\mathrm{cm}^{-3}$，缓冲层厚度为 $10\mu\mathrm{m}$，掺杂浓度为 $1 \times 10^{17}\mathrm{cm}^{-3}$。载流子寿命分别为 $2\mu\mathrm{s}$、$5\mu\mathrm{s}$、$10\mu\mathrm{s}$ 时，集电极电压线性增加到电源电压的时间 $t_{\mathrm{V,OFF}}$ 分别为 $0.615\mu\mathrm{s}$、$1.06\mu\mathrm{s}$、$1.40\mu\mathrm{s}$；同时集电极电流指数减小的时间 $t_{\mathrm{I,OFF}}$ 分别为 $0.77\mu\mathrm{s}$、$1.92\mu\mathrm{s}$、$3.83\mu\mathrm{s}$。器件的关断时间和关断损耗可以通过控制载流子寿命进行调整。载流子寿命的控制一般可通过高能（3MeV）电子辐照实现。

器件的关断损耗也可以通过调整缓冲层掺杂浓度的方法进行优化。图 3.29 给出了 IGBT 集电极电压和电流关断波形与缓冲层掺杂浓度的关系。器件的载流子寿命为 $5\mu\mathrm{s}$，缓冲层厚度为 $10\mu\mathrm{s}$。当缓冲层掺杂浓度从 $1.0 \times 10^{17}\mathrm{cm}^{-3}$、$3.0 \times 10^{17}\mathrm{cm}^{-3}$ 到 $5.0 \times 10^{17}\mathrm{cm}^{-3}$ 时，集电极电压线性增加到电源电压的时间 $t_{\mathrm{V,OFF}}$ 分别为 $1.06\mu\mathrm{s}$、$0.648\mu\mathrm{s}$、$0.424\mu\mathrm{s}$。同时，集电极电流指数减小的时间 $t_{\mathrm{I,OFF}}$ 分别为 $1.92\mu\mathrm{s}$、$0.821\mu\mathrm{s}$、$0.523\mu\mathrm{s}$。该结果说明，器件的关断波形也可以通过调整缓冲层的掺杂浓度进行优化。这通常是通过在低阻断电压器件的外延生长中控制掺杂或者在晶圆集电极一侧增加额外的扩散 N 型层实现。

同样，器件的关断损耗还可以通过调整缓冲层厚度的方法进行优化。图 3.30 给出了 IGBT 集电极电压和电流关断波形与缓冲层厚度的关系。缓冲层的掺杂浓度为 $1.0 \times 10^{17}\mathrm{cm}^{-3}$，载流子寿命为 $5\mu\mathrm{s}$。当缓冲层厚度分别为 $10\mu\mathrm{m}$、$20\mu\mathrm{m}$、$30\mu\mathrm{m}$ 时，集电极电压线性增加到电源电压的时间 $t_{\mathrm{V,OFF}}$ 分别为 $1.06\mu\mathrm{s}$、$0.679\mu\mathrm{s}$、$0.434\mu\mathrm{s}$。然而，集电极电流指数减小的时间 $t_{\mathrm{I,OFF}}$ 都为 $1.92\mu\mathrm{s}$，这是因为缓冲层中的载流子寿命都是一样的。该例子表明，缓冲层厚度可作为优化开关波形和不

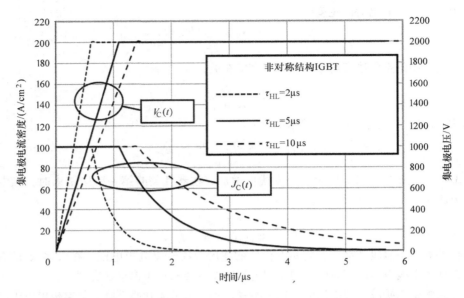

图 3.28   3000V 非对称结构 IGBT 集电极电压和电流关断波形与载流子寿命的关系

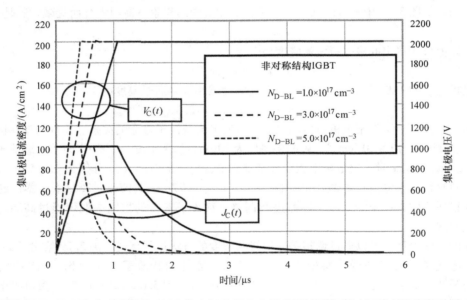

图 3.29   3000V 非对称结构 IGBT 集电极电压和电流关断波形与缓冲层掺杂浓度的关系

对称 IGBT 功率损耗的另一个设计参数。在低阻断电压器件的外延生长中可以很容易地对缓冲层厚度进行控制，或者调整晶圆集电极一侧额外 N 型层的扩散时间。

3.3.5   关断损耗

对于每个周期的能量损耗，在器件关断的第一阶段，非对称结构 IGBT 的关断波形与对称结构 IGBT 的关断波形一致，因此可以根据式（3.41）计算损耗 $E_{V,OFF}$。而在第二阶段，即电流下降阶段，损耗可以由下式计算[12]：

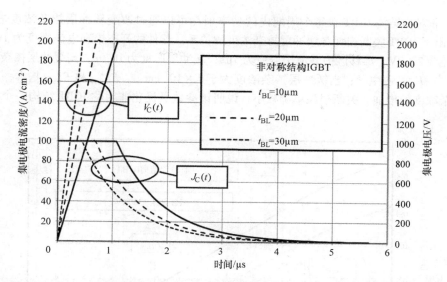

图 3.30　3000V 非对称结构 IGBT 集电极电压和电流关断波形与缓冲层厚度的关系

$$E_{\mathrm{I,OFF}} = J_{\mathrm{C,ON}} V_{\mathrm{CS}} \tau_{\mathrm{p0,N-Buffer}} \tag{3.70}$$

将这两个阶段（$E_{\mathrm{V,OFF}}$ 和 $E_{\mathrm{I,OFF}}$）相加，即可获得每周期的总能量损耗 E_{OFF}。

图 3.31 给出了 3000V 非对称结构 IGBT 每个周期里关断损耗与载流子寿命的关系。器件的漂移区宽度为 280μm、掺杂浓度为 $1.0 \times 10^{13} \mathrm{cm}^{-3}$，缓冲层厚度为 10μm、掺杂浓度为 $1 \times 10^{17} \mathrm{cm}^{-3}$。器件的开态饱和电流密度为 100A/cm^2，集电极电压为 2000V。图中载流子寿命从 1μs 变化到 100μs。当载流子寿命为 2μs 时，$E_{\mathrm{V,OFF}}$ 为 62mJ/cm^2，$E_{\mathrm{I,OFF}}$ 为 67mJ/cm^2；当载流子寿命增加到 100μs 时，$E_{\mathrm{V,OFF}}$ 增加到 141mJ/cm^2，$E_{\mathrm{I,OFF}}$ 显著增加到 3480mJ/cm^2。因此，关断损耗 E_{OFF} 主要由 $E_{\mathrm{I,OFF}}$ 决定。载流子寿命必须控制在 10μs 以下，以限制关断损耗 E_{OFF} 低于 0.5J/cm^2。通过图 3.31 和图 3.11 对比发现，非对称结构 IGBT 的关断损耗要小于对称结构 IGBT 的关断损耗。

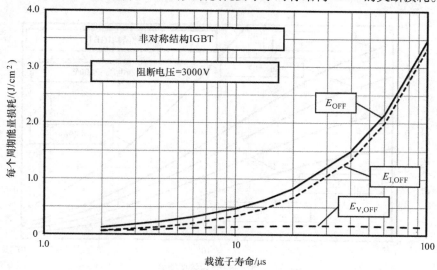

图 3.31　3000V 非对称结构 IGBT 关断损耗与载流子寿命的关系

3000V 非对称结构 IGBT 在每个周期内的功率损耗可以通过改变缓冲层掺杂浓度进行控制。图 3.32 给出了 IGBT 关断损耗与缓冲层掺杂浓度的关系。器件的开态饱和电流密度为 $100A/cm^2$，集电极电压为 2000V。漂移区中载流子寿命为 $5\mu s$，缓冲层厚度为 $10\mu m$。当缓冲层掺杂浓度小于 $1 \times 10^{17} cm^{-3}$，$E_{I,OFF}$ 占主导；当缓冲层掺杂浓度大于 $1 \times 10^{17} cm^{-3}$，$E_{V,OFF}$ 和 $E_{I,OFF}$ 基本一致。随着缓冲层掺杂浓度的增加，关断损耗单调减小，说明该参数是优化非对称 IGBT 结构一个很重要的变量。

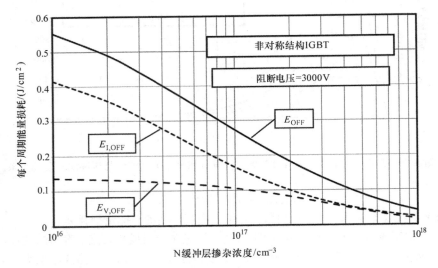

图 3.32   3000V 非对称结构 IGBT 关断损耗与缓冲层掺杂浓度的关系

图 3.33 给出了 3000V 非对称结构 IGBT 关断损耗与缓冲层掺杂浓度和载流子寿命的关系。器件的开态饱和电流密度为 $100A/cm^2$，集电极电压为 2000V。在所有情况下，能量损耗随缓冲层掺杂浓度增加而降低。该图说明，IGBT 关断损耗的优化可以通过调整缓冲层掺杂浓度和载流子寿命两者结合进行。

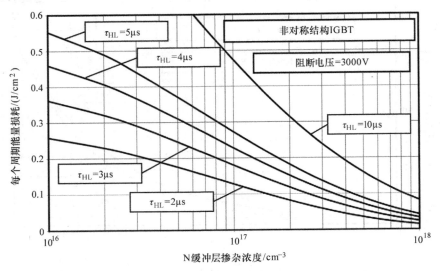

图 3.33   3000V 非对称结构 IGBT 关断损耗与缓冲层掺杂浓度和载流子寿命的关系

3000V 非对称结构 IGBT 在每个周期内的功率损耗还可以通过改变缓冲层厚度进行控制。图 3.34 给出了 IGBT 关断损耗与缓冲层厚度的关系。器件的开态饱和电流密度为 100A/cm²，集电极电压为 2000V，缓冲层掺杂浓度小于 $1 \times 10^{17} cm^{-3}$。同样，IGBT 关断损耗随缓冲层厚度的增加而减小，可以利用缓冲层厚度作为设计参数来控制能量损耗。

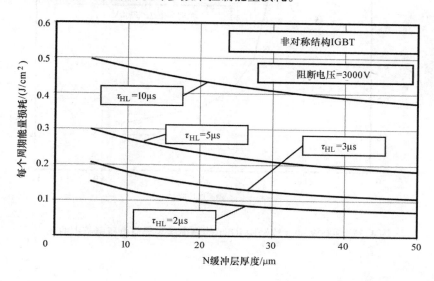

图 3.34 3000V 非对称结构 IGBT 关断损耗与缓冲层厚度的关系

3.3.6 能量损耗折中曲线

正如前面所提到的，对于任何应用都可以利用折中曲线对每一个周期中的导通电压降和关断损耗进行优化。图 3.35 给出了 3000V 非对称结构 IGBT 能量损耗与导通电压降的折中曲线。器件的开态饱和电流密度为 100A/cm²，集电极电压为 2000V。器件的漂移区宽度为 280μm、掺杂浓度为 $1 \times 10^{13} cm^{-3}$，缓冲层厚度为 10μm、掺杂浓度为 $1 \times 10^{17} cm^{-3}$。如果因封装原因器件的能量损耗需要限制在 100W/cm² 以下，那么器件的工作频率需要低于 500Hz，以保证每个周期内能量损耗低于 0.2J/cm²。同样在开态电流密度为 100A/cm² 的条件下，非对称结构 IGBT 器件的工作频率可以高于对称结构 IGBT 器件 5 倍。这也是非对称结构 IGBT 器件更多地被应用在电动机驱动应用中的原因。

器件能量损耗与导通电压降的折中曲线还可以通过改变载流子寿命进行优化，如图 3.36 所示。器件的开态饱和电流密度为 100A/cm²，集电极电压为 2000V。器件的漂移区宽度为 280μm、掺杂浓度为 $1 \times 10^{13} cm^{-3}$，缓冲层厚度为 10μm。从图中可以看到，当载流子寿命增加时，折中曲线往左移动，使得器件的性能更佳。如果因封装原因器件的能量损耗需要限制在 100W/cm² 以下，那么保证器件每个周期内能量损耗为 0.1J/cm² 的前提下，器件的工作频率可以达到 1000Hz。这说明利用漂移区载流子寿命和缓冲层掺杂浓度的最佳组合，提高了不对称 IGBT 结构的性能。需要指出的是，在载流子寿命为 10μs 和缓冲层掺杂浓度为 $5 \times 10^{17} cm^{-3}$ 的组合下，器件能量损耗和导通电压降获得了最佳折中。

器件能量损耗与导通电压降的折中曲线还可以通过改变缓冲层厚度进行优化，如图 3.37 所

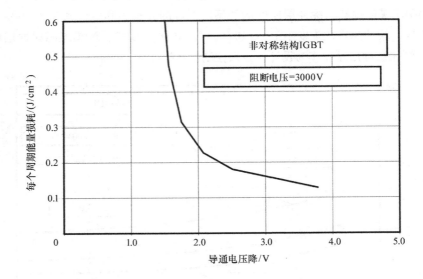

图 3.35　3000V 非对称结构 IGBT 能量损耗与导通电压降折中曲线

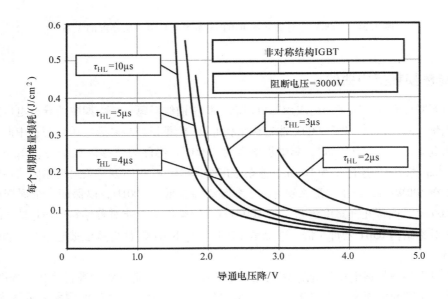

图 3.36　3000V 非对称结构 IGBT 能量损耗与导通电压降折中曲线和载流子寿命的关系

示。器件的开态饱和电流密度为 $100A/cm^2$，集电极电压为 2000V。器件的漂移区宽度为 $280\mu m$、掺杂浓度为 $1 \times 10^{13} cm^{-3}$，缓冲层厚度为 $10\mu m$。图中虚线代表的是最佳折中曲线。

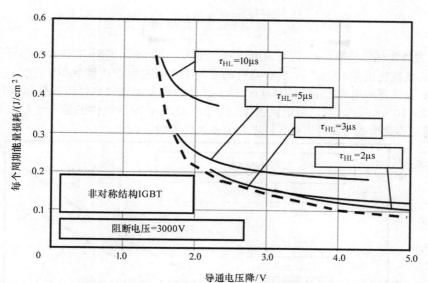

图 3.37　3000 V 非对称结构 IGBT 能量损耗与导通电压降折中曲线和缓冲层厚度的关系

与对称阻断结构类似,如果开态电流密度减小,那么非对称 IGBT 结构可以工作在更高频率,因为导通电压降和每个周期中的能量损耗都减少了。图 3.38 给出了器件能量损耗与导通电压降折中曲线和开态电流密度的关系,通过改变缓冲层掺杂浓度使得开态电流密度分别为 100A/cm^2、50A/cm^2 和 25A/cm^2。在所有情况中,漂移区中载流子寿命都为 10μs,因为这使得折中曲线最好,正与图 3.36 中所示一致。最大工作频率与开态电流密度的减少成正比。当然,这将需要更大的芯片有源区面积,以获得器件相应的电流等级。

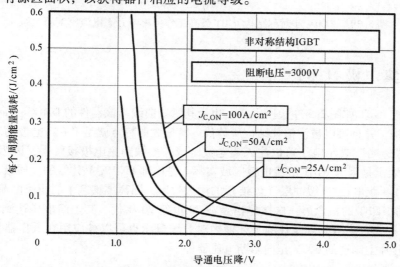

图 3.38　3000V 非对称结构 IGBT 能量损耗与导通电压降折中曲线和开态电流密度的关系

器件的最大工作频率由器件的耗散功率限制,因为耗散功率越大,器件的温升就越快。从可靠性角度考虑,器件的耗散功率需要限制在 200W/cm^2 以下,以保证结温低于 125℃。忽略导通损耗,那么器件的耗散功率可以由下式计算:

$$P_L = 0.5 J_{C,ON} V_{ON} + E_{OFF} f \qquad (3.71)$$

那么,器件最大的工作频率为

$$f_{\text{Max}} = \left(\frac{P_{\text{L,Max}} - 0.5 J_{\text{C,ON}} V_{\text{ON}}}{E_{\text{OFF}}} \right) \tag{3.72}$$

式中，$P_{\text{L,Max}}$ 为最大耗散功率；V_{ON} 为导通电压降。图 3.39 给出了 IGBT 工作频率与开态电流密度的关系。开态电流密度为 100A/cm^2 时，器件的最大工作频率可以达到 900Hz（缓冲层掺杂浓度为 $1 \times 10^{18}\text{cm}^{-3}$）。开态电流密度为 50A/cm^2 时，器件的最大工作频率可以达到 4000Hz（缓冲层掺杂浓度为 $2 \times 10^{18}\text{cm}^{-3}$）。当开态电流密度减小为 25A/cm^2 时，器件的最大工作频率可以达到 10kHz。所需工作频率的增加是以更大的芯片面积为代价的。

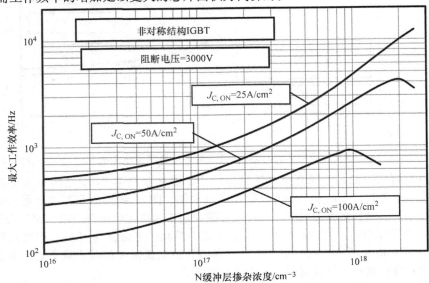

图 3.39   3000V 非对称结构 IGBT 最高工作频率与开态电流密度的关系

3.4   透明集电极 IGBT

透明集电极 IGBT 如图 2.5 左边所示，右边为其掺杂曲线。该器件的 DMOS – gate 结构类似于之前阐述的结构，并且可以被沟槽栅结构所替代。其最大的特点就是 P + 集电极的厚度薄，而且掺杂浓度小。"透明"表示电子可以注入集电极区域并扩散到集电极接触端，因为该距离很小。用"发射极"表示是因为 IGBT 的集电极区域实际上是内部 PNP 型晶体管的发射极。而集电极的低掺杂减小了 P + 集电极/N 缓冲层（J_1 结）的注入效率，因而漂移区中的积累电荷会减少。

透明集电极 IGBT 的概念第一次被提出是在 20 世纪 90 年代，其阻断电压达到 4.5kV，被用在牵引系统中[13-17]。当有处理薄片的工艺能力时，该概念也可以被应用在低压器件领域，包括在 $60\mu\text{m}$ 厚的硅片上制造的 600V 正向阻断电压器件。

3.4.1   阻断电压

在透明集电极 IGBT 中，通常会引入一层缓冲层，并采用大的载流子寿命。缓冲层也称为场停止层，因为电场贯穿整个漂移区直到到达缓冲层停止。由于缓冲层的存在，透明集电极 IGBT 阻断电压特性的分析与非对称结构 IGBT 类似，如 3.3.1 节中阐述。漂移区的掺杂浓度和宽度需要优化。对于 3000V IGBT 器件，典型的结构参数为：漂移区掺杂浓度 $1 \times 10^{13}\text{cm}^{-3}$，漂移区宽度 $280\mu\text{m}$，缓冲层厚度 $10\mu\text{m}$。

3.4.2 开态特性

在非对称结构 IGBT 中应用的解析模型，对缓冲层中注入载流子的任意浓度都是可行的[12]。该解析模型同样可以应用在透明集电极 IGBT 的特性分析中。

图 3.40 给出了 IGBT 器件导通时的载流子分布曲线。P 集电极区域的宽度 W_{P+} 要小于之前分析的结构。结果，注入集电极区域中的电子扩散长度要远大于集电极区域的宽度。因而，集电极区域中的注入电子浓度分布呈线性，并从注入浓度 $n_c(0)$ 减小为 0。由于电中性，漂移区中电子和空穴浓度相等。缓冲层中的空穴浓度与掺杂浓度 N_{DB} 接近。同样，为了保证缓冲层中的电中性，电子浓度会大大增加。J_1 结处缓冲层中的电子浓度 $n_{NB}(0)$ 为

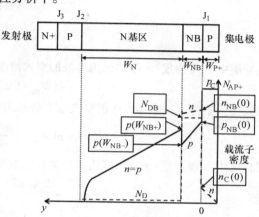

图 3.40　开态时 3000V 透明集电极结构 IGBT 内部自由载流子分布图

$$n_{NB}(0) = N_{DB} + p_{NB}(0) \qquad (3.73)$$

利用玻耳兹曼准平衡边界条件，并结合式 (3.73) 可以得出

$$\frac{p_C}{p_{NB}(0)} = \frac{n_{NB}(0)}{n_c(0)} = \frac{N_{DB} + p_{NB}(0)}{n_c(0)} \qquad (3.74)$$

在均匀掺杂的集电极区域，由于工作在低注入条件下，空穴浓度 p_C 等于掺杂浓度 N_{AP+}。在扩散形成的集电极区域，有效掺杂浓度 N_{AEP+} 为

$$N_{AEP+} = 20\sqrt{N_{AES}N_D} \qquad (3.75)$$

式中，N_{AES} 为集电极表面掺杂浓度[1]。

根据式 (3.74) 有

$$n_c(0) = \frac{N_{DB}p_{NB}(0) + p_{NB}^2(0)}{N_{AEP+}} \qquad (3.76)$$

J_1 结处的电子电流密度为

$$J_n(0) = \frac{qD_{nP+}}{W_{P+}}n_c(0) \qquad (3.77)$$

式中，D_{nP+} 是 P + 集电极区中的电子扩散系数；W_{P+} 是 P + 集电极宽度。J_1 结处的空穴电流密度为

$$J_p(0) = \frac{qD_{pNB}}{L_{pNB}}p_{NB}(0) \qquad (3.78)$$

式中，D_{pNB} 和 L_{pNB} 分别为缓冲层中空穴的扩散系数和扩散长度。因此，集电极总电流为这些分量之和，即

$$J_C = J_n(0) + J_p(0) = \frac{qD_{nP+}}{W_{P+}}n_c(0) + \frac{qD_{pNB}}{L_{pNB}}p_{NB} \qquad (3.79)$$

利用式 (3.76)，可以推出缓冲层中 J_1 结处的空穴浓度表达式为

$$p_{NB}^2(0) + \left(\frac{D_{pNB}N_{AP+}W_{P+} + D_{nP+}N_{DB}L_{pNB}}{D_{nP+}L_{pNB}}\right)p_{NB}(0) - \frac{N_{AP+}W_{P+}J_C}{qD_{nP+}} = 0 \qquad (3.80)$$

通过解上述方程，可以得出缓冲层中 J_1 结处的空穴浓度为

$$p_{NB}(0) = \frac{1}{2}(\sqrt{b^2 - 4c} - b) \qquad (3.81)$$

式中

$$b = \frac{D_{pNB}N_{AP+}W_{P+} + D_{nP+}N_{DB}L_{pNB}}{D_{nP+}L_{pNB}} \qquad (3.82)$$

$$c = \frac{N_{AP+}W_{P+}J_C}{qD_{nP+}} \qquad (3.83)$$

缓冲层中 N 缓冲层/N 漂移区边界处的空穴浓度 $p(W_{NB-})$ 为

$$p(W_{NB-}) = p_{NB}(0)e^{-(W_{NB}/L_{pNB})} \qquad (3.84)$$

在大注入条件下,漂移区中的空穴浓度分布为[1]:

$$p(y) = p(W_{NB+})\frac{\sinh[(W_n + W_{NB} - y)/L_a]}{\sinh[(W_N + W_{NB})/L_a]} \qquad (3.85)$$

漂移区中 N 缓冲层/N 漂移区边界处的空穴浓度为[1]:

$$p(W_{NB+}) = \frac{L_a\tanh[(W_N + W_{NB})/L_a]}{2qD_p}J_p(W_{NB-}) \qquad (3.86)$$

式中

$$J_p(W_{NB-}) = J_p(0)e^{-(W_{NB}/L_{pNB})} \qquad (3.87)$$

基于上述方程,得到的器件内部开态载流子分布如图 3.41 所示。

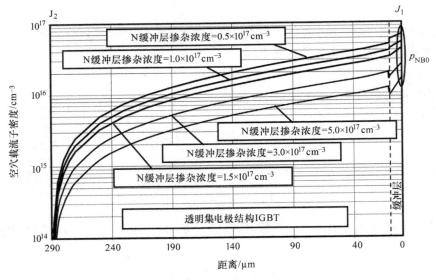

图 3.41   不同缓冲层掺杂浓度下 3000V 透明集电极结构 IGBT 的空穴分布

该器件的 N 漂移区宽度为 $280\mu m$。集电极宽度为 $1\mu m$,掺杂浓度为 $1.0 \times 10^{18}cm^{-3}$。缓冲层的厚度为 $10\mu m$,载流子寿命为 $20\mu s$。从图中可以看出,随着缓冲层浓度的增加,空穴浓度 $p_{NB}(0)$ 和 p_{wNB+} 降低。相比于非对称结构 IGBT,尽管载流子寿命增加为 2 倍,但是透明集电极 IGBT 漂移区中集电极侧的空穴浓度减小了 3 倍。这是因为透明集电极的注入效率减小了。相反,由于高载流子寿命,透明集电极 IGBT 漂移区中发射极侧的空穴浓度比非对称结构 IGBT 大 2 倍。

在透明集电极 IGBT 器件中,开态载流子分布还可以通过改变集电极掺杂浓度进行改变。图 3.42 给出了不同集电极掺杂浓度下 3000V 透明集电极结构 IGBT 内部的空穴分布。该器件的 N 漂移区宽度为 280μm，缓冲层厚度为 10μm，缓冲层掺杂浓度为 $5 \times 10^{16} \mathrm{cm}^{-3}$，漂移区中载流子寿命 τ_{HL} 为 20μs。从图中可以看出，随着集电极掺杂浓度的增加，集电极注入效率也随之增加，缓冲层和漂移区中的空穴浓度 $p_{\mathrm{NB}}(0)$ 和 $p_{\mathrm{WNB}+}$ 也相应增加。

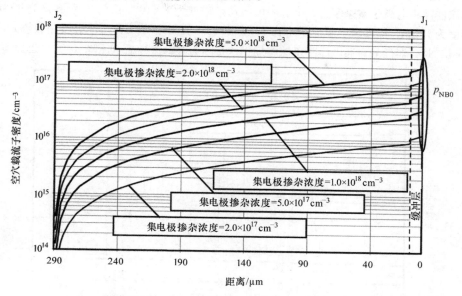

图 3.42　不同集电极掺杂浓度下 3000 V 透明集电极结构 IGBT 的空穴分布

与对称和非对称结构 IGBT 一样，透明集电极结构 IGBT 中的漂移区开态空穴分布还可以通过载流子寿命进行优化调整，如图 3.43 所示。该器件的 N 漂移区宽度为 280μm，缓冲层厚度为 10μm，缓冲层掺杂浓度为 $5 \times 10^{16} \mathrm{cm}^{-3}$，集电极掺杂浓度为 $1 \times 10^{18} \mathrm{cm}^{-3}$。从图中可以看出，缓冲层和漂移区中的空穴浓度 $p_{\mathrm{NB}}(0)$ 和 $p_{\mathrm{WNB}+}$ 随载流子寿命的减小而减小。

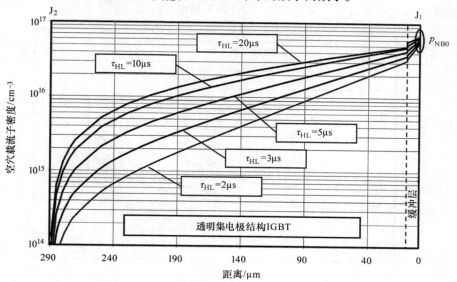

图 3.43　不同载流子寿命下 3000V 透明集电极结构 IGBT 的空穴分布

透明集电极 IGBT 结构的导通电压降可以根据 3.2.2 节中非对称 IGBT 结构所提供的方程进行计算。本节讨论改变缓冲层掺杂浓度、集电极掺杂浓度以及漂移区载流子寿命对 3000V 结构的影响。

图 3.44 给出了器件在开态电流密度为 $100A/cm^2$ 条件下，各部分导通电压降与缓冲层掺杂浓度的关系。该器件集电极区域厚度为 $1\mu m$，集电极掺杂浓度为 $1 \times 10^{18}cm^{-3}$，N 漂移区宽度为 $280\mu m$，缓冲层厚度为 $10\mu m$，漂移区中载流子寿命 τ_{HL} 为 $20\mu s$。从图中可以看到，当缓冲层掺杂浓度超过 $1.0 \times 10^{17}cm^{-3}$ 时，器件的导通电压降迅速增加，这是因为漂移区导通电压降（V_{NB}）迅速增加。

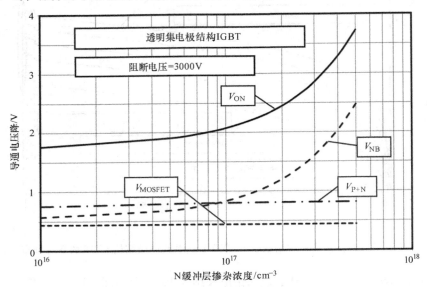

图 3.44　3000V 透明集电极结构 IGBT 导通电压降各组份与缓冲层掺杂浓度的关系

对于漂移区中载流子寿命为 $20\mu s$ 的情况，图 3.44 中表明随着缓冲层掺杂浓度的增加，器件导通电压降增加的很缓慢。但是当载流子寿命减小时，该趋势就不同了，如图 3.45 所示。从图中可以看到，当载流子寿命减小到 $5\mu s$ 时，器件的导通电压降变得非常大。

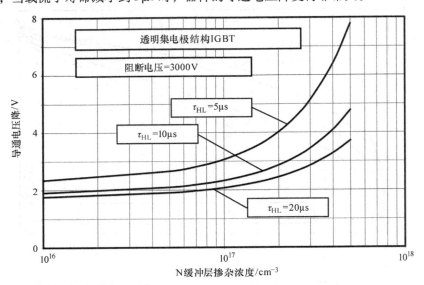

图 3.45　3000V 透明集电极结构 IGBT 导通电压降各组分与载流子寿命的关系

图 3.46 给出了 3000V IGBT 器件导通电压降与集电极掺杂浓度的关系。该器件集电极区域厚度为 $1\mu m$，N 漂移区宽度为 $280\mu m$，缓冲层厚度为 $10\mu m$，漂移区中载流子寿命 τ_{HL} 为 $20\mu s$。从图中可以看到，当集电极掺杂浓度低于 $1.0\times10^{18}cm^{-3}$ 时，器件的导通电压降将随缓冲层掺杂浓度的增加而变得很大。

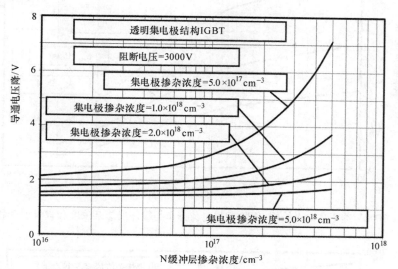

图 3.46　3000V 透明集电极结构 IGBT 导通电压降与集电极掺杂浓度的关系

3.4.3　积累电荷

透明集电极结构 IGBT 漂移区中的自由载流子分布如在前面各小节中讨论的那样，与集电极掺杂浓度、载流子寿命以及缓冲层掺杂浓度都有关系，积累电荷可以根据式（3.59）计算出来。

计算出的漂移区中积累电荷与缓冲层掺杂浓度和载流子寿命的关系如图 3.47 所示。所用的结构参数与产生图 3.45 中导通电压降的结构参数是相同的。从图中可以看到，当缓冲层掺杂浓度小于 $1.0\times10^{17}cm^{-3}$ 时，漂移区中的积累电荷与缓冲层掺杂浓度存在较弱的依赖关系。当缓冲层掺杂浓度超过 $1.0\times10^{17}cm^{-3}$ 时，漂移区中的积累电荷迅速减小，伴随着导通电压降迅速增大，如图 3.45 所示。对于同样是 $5\mu s$ 的寿命，当缓冲层掺杂浓度为 $1.0\times10^{17}cm^{-3}$ 时，透明集电极的积累电荷要比非对称 IGBT 小 3 倍（见图 3.25）。

器件漂移区中的积累电荷还可以通过调节集电极掺杂浓度进行优化，如图 3.48 所示。这是 3000V 的 IGBT，漂移区载流子寿命 $20\mu s$。从图中可见积累电荷随集电极掺杂浓度的增加而增加。这是由于 J_1 处注入效率的提高所致。

3.4.4　关断波形

采用 3.2.4 节中阐述的非对称结构 IGBT 的分析方法，可以分析透明集电极结构 IGBT 的关断波形。电压瞬态变化波形和电流瞬态变化波形可以由电压瞬态式（3.65）和电流瞬态式（3.68）计算。透明集电极结构 IGBT 的关断波形如图 3.49 所示，器件的漂移区宽度为 $280\mu m$，掺杂浓度为 $1\times10^{13}cm^{-3}$，缓冲层厚度为 $10\mu m$，掺杂浓度为 $5\times10^{17}cm^{-3}$。漂移区中的载流子寿命为 $20\mu s$。从图中可以看到，器件关断时集电极电压线性增加。当集电区掺杂浓度为 $5\times10^{18}cm^{-3}$、$2\times10^{18}cm^{-3}$ 和 $1\times10^{18}cm^{-3}$ 时，集电极电压上升时间 $t_{v,OFF}$ 分别为 $0.764\mu s$、$0.309\mu s$ 和 $0.126\mu s$。

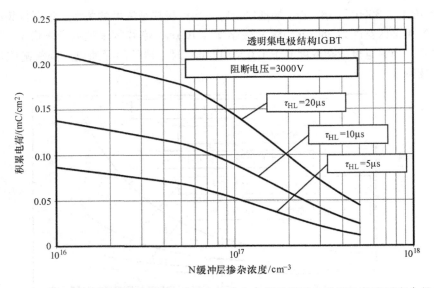

图 3.47　3000V 透明集电极结构 IGBT 积累电荷分布与缓冲层掺杂浓度和载流子寿命的关系

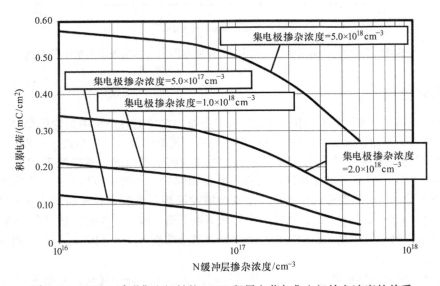

图 3.48　3000V 透明集电极结构 IGBT 积累电荷与集电极掺杂浓度的关系

因此,集电极电压上升时间可以通过集电区掺杂浓度进行调整。而集电极电流呈指数下降,但是在这三种情况下关断时间 $t_{I,OFF}$ 都为 2.09μs,这是因为缓冲层中的载流子寿命都一样。

透明集电极结构 IGBT 的关断损耗还可以通过改变漂移区中的载流子寿命进行控制。图 3.50 给出了 IGBT 集电极电压和电流关断波形与漂移区载流子寿命的关系。器件的漂移区宽度为 280μm,掺杂浓度为 $1 \times 10^{13} cm^{-3}$,缓冲层厚度为 10μm,掺杂浓度为 $5 \times 10^{17} cm^{-3}$。漂移区载流子寿命分别为 20μs、10μs、5μs 时,集电极电压上升时间 $t_{V,OFF}$ 分别为 0.126μs、0.105μs 和 0.074μs;而集电极电流减小的时间 $t_{I,OFF}$ 分别为 2.09μs、1.05μs、0.523μs。因此,漂移区载流子寿命对优化透明集电极结构 IGBT 的关断时间和开关损耗至关重要。

对器件的关断损耗进行优化的第三种方法是通过调整缓冲层的掺杂浓度。图 3.51 给出了器

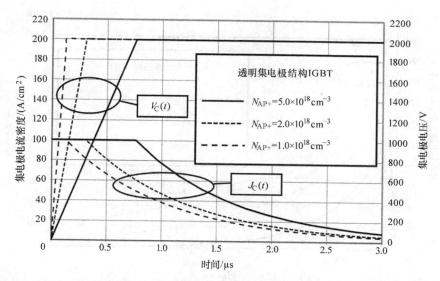

图 3.49　3000V 透明集电极结构 IGBT 集电极电压和电流关断波形与集电区掺杂浓度的关系

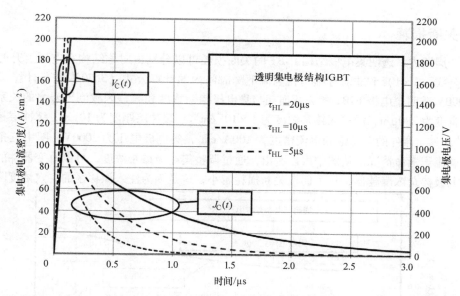

图 3.50　3000V 透明集电极结构 IGBT 集电极电压和电流关断波形与载流子寿命的关系

件集电极电压和电流关断波形与缓冲层掺杂浓度的关系。器件的漂移区宽度为 $280\mu m$，掺杂浓度为 $1\times10^{13}cm^{-3}$，缓冲层厚度为 $10\mu m$，漂移区载流子寿命为 $10\mu s$。当缓冲层的掺杂浓度分别为 $5\times10^{17}cm^{-3}$、$2\times10^{17}cm^{-3}$ 和 $1\times10^{17}cm^{-3}$ 时，集电极电压上升时间 $t_{V,OFF}$ 分别为 $0.105\mu s$、$0.254\mu s$ 和 $0.387\mu s$。而集电极电流减小的时间 $t_{I,OFF}$ 也呈上升趋势，分别为 $1.05\mu s$、$2.30\mu s$、$3.83\mu s$。该例子表明，缓冲层掺杂浓度可作为另一种设计参数，用于优化透明集电极结构 IGBT 的关断波形和功率损耗。由于透明集电极结构 IGBT 被用于高电压的器件中，所以缓冲层的掺杂通常是由晶圆背面的磷扩散控制。

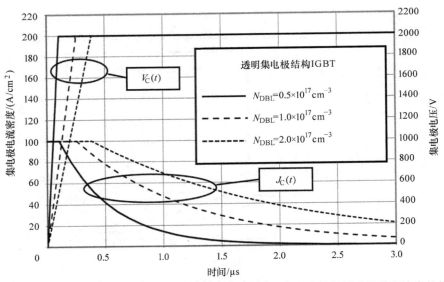

图 3.51　3000V 透明集电极结构 IGBT 集电极电压和电流关断波形与缓冲层掺杂浓度的关系

3.4.5　关断损耗

　　在每个周期内，透明集电极结构 IGBT 的关断损耗可以分别由对称结构在电压上升时间内的功耗计算公式（3.41）和非对称结构在电流下降时间内的计算公式（3.70）进行计算。图 3.52 给出了 3000V 透明集电极 IGBT 的关断损耗与集电极掺杂浓度和漂移区载流子寿命的关系。器件的漂移区宽度为 $280\mu m$，漂移区掺杂浓度为 $1\times10^{13}cm^{-3}$，缓冲层厚度为 $10\mu m$，缓冲层掺杂浓度为 $1\times10^{17}cm^{-3}$。器件的开态饱和电流密度为 $100A/cm^2$，集电极电压为 2000V。图中三条曲线考虑了三种载流子寿命情况。从图中可以看出，通过调整集电极掺杂浓度，可以改变器件的关断损耗。当集电极掺杂浓度越低，每个周期关断损耗越小，这是因为注入漂移区的空穴浓度降低。同

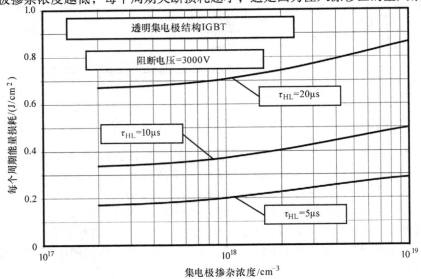

图 3.52　3000V 透明集电极结构 IGBT 的关断损耗曲线

样，随着载流子寿命的减小，空穴浓度也减小，器件关断损耗也要相应减小。

透明集电极 IGBT 器件每周期的能量损耗还可以通过改变缓冲层掺杂浓度进行控制。图 3.53 给出了 IGBT 关断损耗与缓冲层掺杂浓度的关系。器件的开态饱和电流密度为 $100\mathrm{A/cm^2}$，集电极电压为 2000V，集电极掺杂浓度为 $1 \times 10^{18}\mathrm{cm^{-3}}$。图中考虑了三种载流子寿命情况。从图中可以看出，随着缓冲层掺杂浓度的增加，器件的关断损耗在减小。同样，减小载流子寿命，还可以明显减小器件的关断损耗。

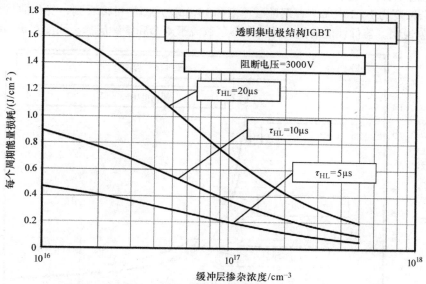

图 3.53　3000V 透明集电极结构 IGBT 关断损耗与缓冲层掺杂浓度的关系

3.4.6　能量损耗折中曲线

图 3.54 给出了 3000V 透明集电极结构 IGBT 能量损耗与导通电压降的折中曲线。器件的开态饱和电流密度为 $100\mathrm{A/cm^2}$，集电极电压为 2000V。器件的漂移区宽度为 $280\mathrm{\mu m}$，掺杂浓度为 $1 \times$

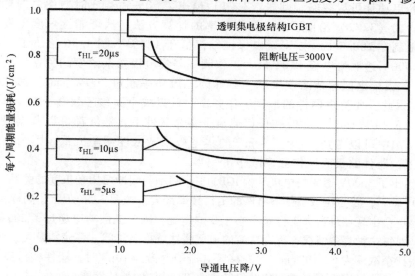

图 3.54　3000V 透明集电极结构 IGBT 能量损耗与导通电压降折中曲线

$10^{13}\,\mathrm{cm}^{-3}$；缓冲层厚度为 $10\mu\mathrm{m}$，掺杂浓度为 $1\times10^{17}\,\mathrm{cm}^{-3}$。图中考虑了三种载流子寿命情况。从折中曲线的角度看，集电极掺杂浓度并不是优化器件每周期能量损耗的好变量，因为它们之间的相互依赖关系很弱，如图 3.52 所示。但是，随着漂移区载流子寿命的减小（从 $20\mu\mathrm{s}$ 减小到 $5\mu\mathrm{s}$），器件的关断损耗出现了明显的下降。

器件能量损耗与导通电压降的折中曲线还可以通过改变缓冲层掺杂浓度进行优化，如图 3.55 所示。器件的开态饱和电流密度为 $100\mathrm{A/cm^2}$，集电极电压为 $2000\mathrm{V}$。器件的漂移区宽度为 $280\mu\mathrm{m}$，掺杂浓度为 $1\times10^{13}\,\mathrm{cm}^{-3}$；缓冲层厚度为 $10\mu\mathrm{m}$。从图中可以看到，优化曲线出现了部分重叠。该现象说明，器件性能的优化是由漂移区载流子寿命和缓冲层掺杂浓度双重因素决定的。

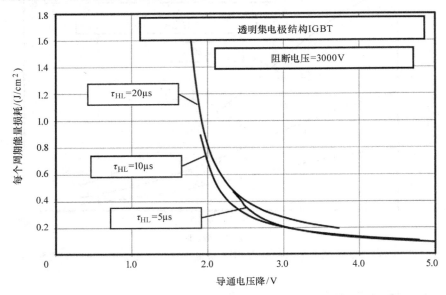

图 3.55   3000V 透明集电极结构 IGBT 的折中曲线：缓冲层掺杂作为参变量

IGBT 器件的最大工作频率由器件的耗散功率限制，因为耗散功率越大，器件的温升就越快。如果开启功耗可以忽略，则式（3.71）给出了 50% 占空比时器件总的耗散功率。使用这一等式，式（3.72）给出了最大工作频率的计算方法。从可靠性角度出发，器件的耗散功率需要限制在 $200\mathrm{W/cm^2}$ 以下，以保证结温低于 $125℃$。图 3.56 给出了三种载流子寿命情况下，$3000\mathrm{V}$ 透明集电极 IGBT 最大工作频率与集电极掺杂浓度的关系，其折中曲线如图 3.54 所示。当集电区掺杂浓度太低，器件的耗散功率超过 $200\mathrm{W/cm^2}$，器件的最大工作频率小于 0。因此，要提供器件的最大工作频率，可以减小漂移区载流子寿命。最佳的集电极掺杂浓度为 $3\times10^{18}\,\mathrm{cm}^{-3}$，此时在任何载流子寿命条件下，器件都可以获得最大的工作频率。同样，从图中可以得到，$1\times10^{18}\,\mathrm{cm}^{-3}$ 的集电极掺杂浓度还是太低，因为在载流子寿命为 $5\mu\mathrm{s}$ 情况下，器件的最大工作频率减小了一半。

图 3.57 给出了 3000V 透明集电极结构 IGBT 工作频率与缓冲层掺杂浓度的关系。集电极掺杂浓度为 $3\times10^{18}\,\mathrm{cm}^{-3}$，因为在该条件下器件的工作频率最大，如图 3.56 所示。同样，当缓冲层掺杂浓度太高，也会出现器件最大工作频率小于 0 的情况，因为耗散功率超过了 $200\mathrm{W/cm^2}$。从图中可以看到，对每一种寿命情况，都有对应的最优缓冲层掺杂浓度，可使其最大工作频率获值最高。当缓冲层掺杂浓度为 $6\times10^{17}\,\mathrm{cm}^{-3}$、漂移区载流子寿命为 $10\mu\mathrm{s}$ 时，器件获得最大工作频率。这说明需要设计优化过程来获得透明集电极结构 IGBT 结构的最佳性能。

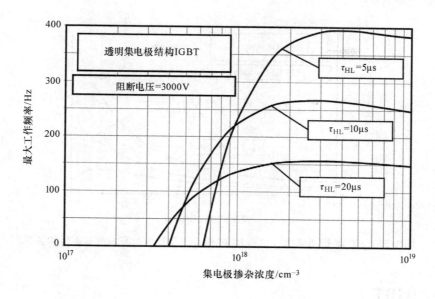

图 3.56　3000V 透明集电极结构 IGBT 最大工作频率与集电极掺杂浓度的关系

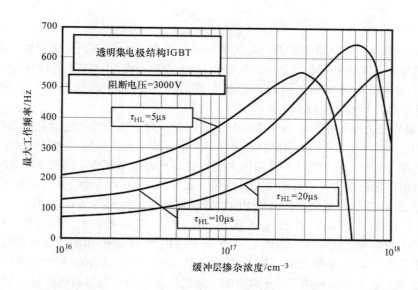

图 3.57　3000V 透明集电极结构 IGBT 最大工作频率与缓冲层掺杂浓度的关系

　　器件的最大工作频率还与开态电流密度有关，因为这会影响器件的导通电压降和功率损耗，用更大的芯片面积实现想要的电流使得器件的成本抬升。图 3.58 给出了三种开态电流密度值的情况。选择器件的集电区掺杂浓度为 $1 \times 10^{18} \mathrm{cm}^{-3}$、漂移区载流子寿命为 $10\mu\mathrm{s}$。从图中可以看出，当开态电流密度为 $100\mathrm{A/cm^2}$ 时，器件的最大工作频率被限制在 $1000\mathrm{Hz}$ 以下。而当开态电流密度减小为 $50\mathrm{A/cm^2}$ 和 $25\mathrm{A/cm^2}$ 时，器件的最大工作频率可以增加到 $3000\mathrm{Hz}$ 和 $6500\mathrm{Hz}$。

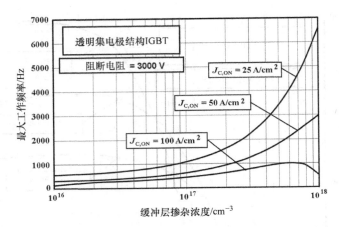

图 3.58　3000V 透明集电极结构 IGBT 最大工作频率与开态电流密度的关系

3.5　SiC IGBT

由于具有高击穿电压，SiC 功率器件得到了快速发展。对于纵向器件，其漂移区特征导通电阻可以表示为[18]：

$$R_{\text{on-specific}} = \frac{4BV^2}{\varepsilon_s \mu_n E_C^2} \tag{3.88}$$

式中，BV 为击穿电压；ε_s 为介质常数；μ_n 为载流子迁移率；E_C 为临界电场强度。因为发明人，此公式一般被称为 BFOM（Baliga Figure – of – Merit）。4H – SiC 的 BFOM 可以高于2000[19]。因此，这推动了 SiC 器件的发展，例如肖特基整流器[20]（包括 JBS 结构[21-23]）和功率 MOSFET[24-26]。这些器件目前已经商业化[27-29]。

SiC 功率器件的击穿电压可以高于5000V[19]。因此，对于高压应用需求的 IGBT，可以采用 SiC 材料。而且，SiC IGBT 只需要很薄的漂移区厚度就可以承担高耐压，这利于减小器件的导通压降和积累电荷。然而，由于作为集电极的 P 型衬底的高电阻率阻碍了 N 型 SiC IGBT 器件的发展。结果，利用高掺杂 N 型衬底和厚 P 型外延层、具有 12 – 99kV 阻断能力的 P 型非对称 SiC IG-BT 首先被研发出来[30-32]。该类器件沟道中的空穴迁移率为 6.5 cm²/V·s。接着，N 型非对称 SiC IGBT 器件也被研制出来，其阻断电压高达 13kV[33]。该类器件沟道中的电子迁移率为 18cm²/V·s。本章参考文献［34］阐述了 15kV 对称结构 IGBT 器件性能可以达到与非对称结构器件一样有竞争力。本章参考文献［35］阐述了 P 型 4H – SiC IGBT 器件的阻断电压达到了 15kV。本章参考文献［36］阐述了对于典型的电动机驱动应用，当阻断电压超过 9kV 时，IGBT 的器件性能要优于功率 MOSFET。这一分析预测，对于阻断电压为 20kV 的 SiC IGBT 结构其最高评级为兆伏安。

3.5.1　N 型非对称 SiC IGBT

平面 N 型非对称 SiC IGBT 的结构及掺杂分布如图 3.59 所示。不同于硅器件，SiC 器件各层次的掺杂是均匀分布的。由于目前 SiC 器件中漂移区载流子寿命控制技术还未实现，SiC IGBT 器件的性能只能通过调节漂移区宽度和掺杂浓度进行优化[35]。非对称结构 SiC IGBT 器件的工作机理与 3.2 节中硅器件的一致，因而该节给出的阻断电压设计、开态载流子分布、开态电压降、关态波形等方程，同样可以应用到 SiC IGBT 中来，只需考虑基本材料性能的改变即可。

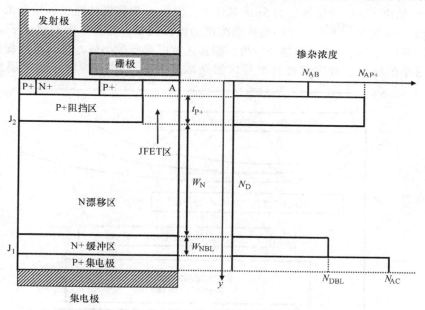

图 3.59　平面 N 型非对称 SiC IGBT 结构及掺杂分布

3.5.2　阻断电压

作为一个实例，本节阐述了 15kV 4H-SiC N 型非对称 IGBT 的设计。非对称结构 SiC IGBT 的阻断电压由器件内部 PNP 型晶体管的发射极-集电极击穿电压决定（基极开路）。集电极（J_1）注入效率可以根据式（3.43）所得。扩散系数和扩散长度依赖于 P+ 集电极和 N 缓冲层的掺杂浓度。当雪崩倍增因子只是略大于 1 时，非对称结构 SiC IGBT 结构就会发生基极开路击穿。正如某些论文[37]中假设的那样，使用倍增因子等于无穷大这一雪崩击穿标准，会导致 IGBT 结构漂移区设计的严重错误。在硅器件中，载流子寿命依赖于掺杂浓度[38]。尽管该现象还没有在 SiC 器件中证实，但仍然会考虑在 SiC 器件的数值分析中。可以利用如下公式进行建模：

$$\frac{\tau_{LL}}{\tau_{p0}} = \frac{1}{1 + (N_D/N_{REF})} \tag{3.89}$$

式中，N_{REF} 是参考掺杂浓度，像在硅器件中一样，N_{REF} 的值取为 $5 \times 10^{16}\,cm^{-3}$。

同样，在硅器件中，PN 结的雪崩倍增因子为

$$M = \frac{1}{1 - (V_A/BV_{PP})^n} \tag{3.90}$$

对于 P+/N 结，$n = 6$。相比于硅器件，由于具有非常高的临界电场强度，SiC 器件的雪崩击穿电压要远大于硅器件。非对称结构 SiC IGBT，其雪崩倍增因子可以用式（3.46）进行计算。

对于 15kV 的 N 型非对称 SiC IGBT，其漂移区的阻断电压必须达到 16.5kV。当漂移区的宽度为 170μm，掺杂浓度为 $6.0 \times 10^{14}\,cm^{-3}$ 时，可以达到该阻断电压值。在非对称结构 SiC IGBT 结构中，为了减小 N 漂移区的宽度，可以降低 N 型漂移区的掺杂浓度。导通状态下 N 漂移区强烈的电导调制效应，有利于采用很小的漂移区宽度，而不依赖于初始掺杂浓度。

通过调节漂移区宽度、掺杂浓度，缓冲层厚度、掺杂浓度，就可以得到所需的非对称结构

SiC IGBT 的阻断电压。在优化过程中，尽量采用最小的漂移区宽度，以获得低的导通压降和积累电荷。图 3.60 给出了在缓冲层厚度为 5μm 条件下，优化 N 漂移区的宽度和掺杂浓度，以达到 16500V 阻断电压的情况。图中，缓冲层掺杂浓度为设计变量，漂移区中的载流子寿命为 1μs。从图中可以看到，对于每个缓冲层掺杂浓度，漂移区宽度都有最小值。在不同 N 缓冲层掺杂浓度条件下，最小的漂移区宽度都处在漂移区掺杂浓度为 2×10^{14} cm^{-3} 处。缓冲层掺杂浓度为

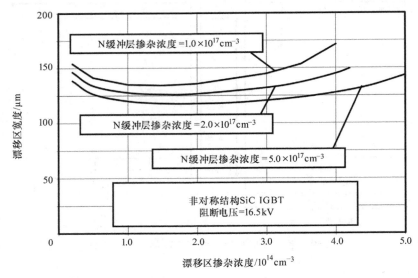

图 3.60　非对称结构 SiC IGBT 的 N 漂移区宽度和掺杂浓度优化曲线（以 N 缓冲层掺杂浓度为变量）

1.0×10^{17} cm^{-3}、2.0×10^{17} cm^{-3} 和 5.0×10^{17} cm^{-3} 时，最优漂移区宽度分别为 134μm、126μm 和 118μm。N 缓冲层掺杂浓度越大，漂移区宽度越小，这是因为集电极注入效率和基极传输系数减小。

图 3.61 给出了在缓冲层掺杂浓度为 1.0×10^{17} cm^{-3} 条件下，优化 N 漂移区的宽度和掺杂浓度，以达到 16500V 阻断电压的情况。图中，缓冲层厚度为设计变量，且漂移区中载流子寿命为 1μs。从图中可以看到，对于每个缓冲层厚度，漂移区厚度都有最小值。最小漂移

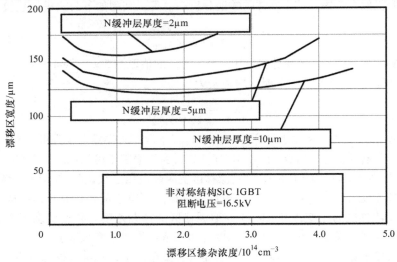

图 3.61　非对称结构 SiC IGBT 的 N 漂移区宽度和掺杂浓度优化曲线
（以 N 缓冲层厚度为变量）

区宽度出现在最佳漂移区掺杂浓度范围内，从 $(1 \sim 2) \times 10^{14}\,cm^{-3}$。缓冲层厚度为 $2\,\mu m$、$5\,\mu m$ 和 $10\,\mu m$ 时，最优漂移区宽度分别为 $156\,\mu m$、$134\,\mu m$ 和 $122\,\mu m$。当缓冲层厚度最大时，漂移区宽度最小，这是因为注入效率和基本运输系数减小。

基于上述分析结果，在典型的 16500V 非对称 SiC IGBT 器件中，常用的漂移区的宽度和掺杂浓度分别为 $140\,\mu m$ 和 $2.0 \times 10^{14}\,cm^{-3}$，该参数已经用在实际非对称结构 SiC IGBT 制造中[35]。

3.5.3 导通电压降

在硅基非对称结构 IGBT 器件中采用的用于漂移区载流子分布和导通电压降分析的数值模型，也可以应用到 SiC 器件的分析中。但是相关参数需要做修正。一个主要的不同是，硅器件的 PN 结正向导通电压降为 0.7V，而 SiC 器件的 PN 结正向导通电压降增加到 3V。同时，SiC 器件中的载流子寿命也小很多。在本节中阐述的 15kV 非对称结构 SiC IGBT 中，采用的漂移区的宽度和掺杂浓度分别为 $140\,\mu m$ 和 $2.0 \times 10^{14}\,cm^{-3}$。

图 3.62 给出了不同载流子寿命下 15kV 非对称结构 SiC IGBT 的空穴分布，开态电流密度为 $25A/cm^2$。缓冲层的厚度和掺杂浓度分别为 $5\,\mu m$ 和 $1.0 \times 10^{17}\,cm^{-3}$。从图中可以看到，当载流子寿命小于 $1\,\mu s$ 时，漂移区中发射极处的空穴浓度低于 $2 \times 10^{14}\,cm^{-3}$。这说明器件的导通电压降将会增加。在高漂移区载流子寿命条件下，基于解析模型计算得到的 15kV 非对称结构 IGBT 导通电压降如图 3.63 所示。从图中可以看到，当载流子寿命小于 $1\,\mu s$ 时，漂移区的导通电压降迅速增加。

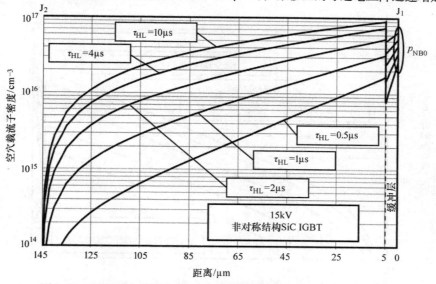

图 3.62 不同载流子寿命下 15kV 非对称结构 SiC IGBT 的空穴分布

对于非对称结构 IGBT，缓冲层的掺杂浓度可以作为控制导通电压降的设计参数。图 3.64 给出了不同 N 缓冲层掺杂浓度下的 15kV 非对称结构 IGBT 漂移区和缓冲层中的载流子分布。器件的开态电流密度为 $25A/cm^2$。漂移区中的载流子寿命为 $0.6\,\mu s$，缓冲层的厚度为 $5\,\mu m$。当缓冲层掺杂浓度超过 $2.0 \times 10^{17}\,cm^{-3}$ 时，漂移区中发射极处的空穴浓度低于漂移区的掺杂水平 $2.0 \times 10^{14}\,cm^{-3}$，这说明器件的导通电压降会增加。图 3.65 给出了 15kV 非对称结构 IGBT 导通电压降随 N 缓冲层掺杂浓度的变化曲线。当缓冲层掺杂浓度超过 $2.0 \times 10^{17}\,cm^{-3}$ 时，漂移区的导通电压降迅速增加。

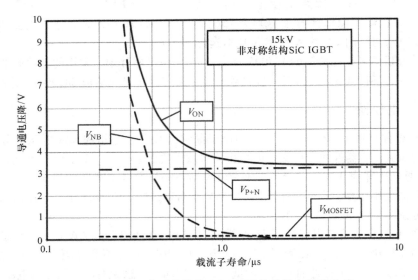

图 3.63　15kV 非对称结构 SiC IGBT 的导通电压降曲线

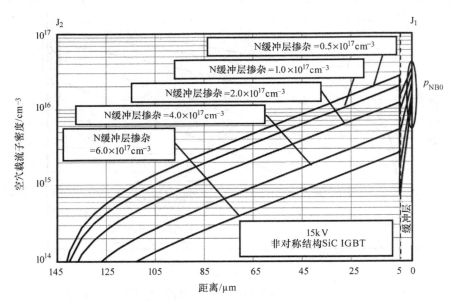

图 3.64　不同 N 缓冲层掺杂浓度下 15kV 非对称结构 SiC IGBT 的空穴分布

　　图 3.66 给出了 15kV 非对称结构 IGBT 导通电压降随缓冲层掺杂浓度的变化曲线。器件的开态电流密度为 25A/cm^2。从图中可以看到，当载流子寿命减小时，器件的导通电压降随缓冲层掺杂浓度增加而增加的趋势变大。因此，在设计非对称结构 SiC IGBT 器件时，需要对这些参数进行优化。

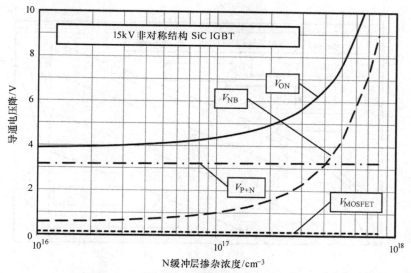

图 3.65　15kV 非对称结构 SiC IGBT 导通电压降随 N 缓冲层掺杂浓度的变化曲线

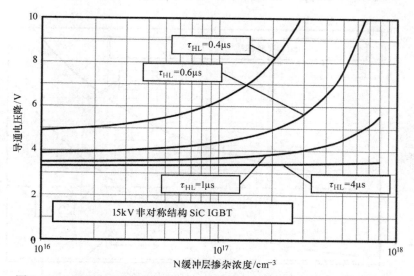

图 3.66　15kV 非对称结构 SiC IGBT 导通电压降随载流子寿命的变化曲线

　　非对称结构 SiC IGBT 器件还可以通过改变缓冲层的厚度来优化。图 3.67 给出了不同缓冲层厚度下（从 1μm 变化到 15μm）器件内部的空穴分布。器件的开态电流密度为 25A/cm²。缓冲层掺杂浓度为 $1.0 \times 10^{17} cm^{-3}$，漂移区载流子寿命为 0.6μs。从图中可以看到，当缓冲层厚度超过 5μm，漂移区中发射极处的空穴浓度迅速减小，因此器件的导通电压降会急剧增加。图 3.68 给出了 15kV 非对称 IGBT 器件导通电压降与缓冲层厚度的关系。器件的开态电流密度为 25A/cm²。当缓冲层厚度超过 5μm，漂移区的导通电压降迅速增加。该现象已经在用 2 ~ 10μm 厚的缓冲层制造的 SiC IGBT 器件中观察到[35]。

3.5.4　关断特性

　　非对称结构 SiC IGBT 的开关转换方法与之前介绍的硅基非对称结构 IGBT 器件类似。对于硅

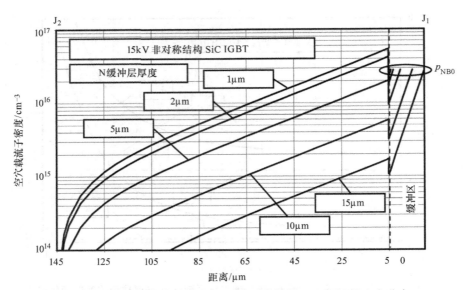

图 3.67　不同缓冲层厚度下 15kV 非对称结构 SiC IGBT 的空穴分布

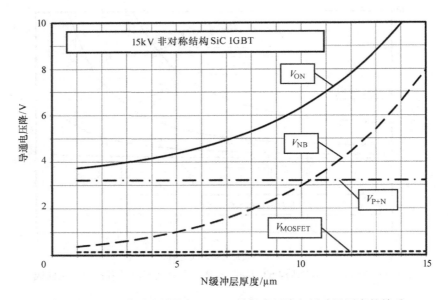

图 3.68　15kV 非对称结构 SiC IGBT 导通电压降与缓冲层厚度的关系

基非对称结构 IGBT 器件，在电压上升阶段，漂移区中的空穴浓度逐渐增加并超过漂移区本身的掺杂浓度。结果，空间电荷区展宽至大部分漂移区，但是没有到达 N 缓冲层。相反，对于非对称结构 SiC IGBT，由于漂移区掺杂浓度很高，在电压上升阶段漂移区中的空穴浓度远小于漂移区本身的掺杂浓度。结果，当集电极电压还没达到电源电压时，空间电荷区就已经展宽至 N 缓冲层。当空间电荷区展宽至 N 缓冲层时，N 漂移区中的电场为梯形分布，因此集电极电压将会以很快的速度上升到电源电压。

可以采用与 3.2.4 节中阐述的硅器件电荷控制原理一样的分析方法，来分析非对称 SiC IGBT 的关断波形。但是，由于 SiC 器件中的载流子寿命很短，开态时漂移区中载流子分布曲线不能假

设为线性分布[12]。利用式（3.54），关断过程中空间电荷区边缘处的空穴浓度可以表示为

$$p_{e}(t) = p(W_{NB+}) \frac{\sinh[W_{SC}(t)/L_a]}{\sinh[(W_N + W_{NBL})/L_a]} \tag{3.91}$$

空间电荷区展宽而使得空穴电荷减少的数量必须等于集电极电流流出的量：

$$J_{C,ON} = q p_{e}(t) \frac{dW_{SC}(t)}{dt} = q p(W_{NB+}) \frac{\sinh[W_{SC}(t)/L_a]}{\sinh[(W_N + W_{NBL})/L_a]} \frac{dW_{SC}(t)}{dt} \tag{3.92}$$

$$W_{SC}(t) = L_a a \cosh\left\{ \frac{J_{C,ON} \sinh[(W_N + W_{NBL})/L_a]}{q L_a p(W_{NB+})} t + \cosh[W_{SC}(0)/L_a] \right\} \tag{3.93}$$

SiC IGBT 集电极电压的变化率可以由下式计算：

$$V_C(t) = \frac{q(N_D + p_{SC}) W_{SC}^2(t)}{2\varepsilon_S} \tag{3.94}$$

集电极电压会一直上升直至漂移区完全穿通耗尽。当漂移区完全穿通耗尽时的集电极电压为

$$V_{RT}(J_{C,ON}) = \frac{q(N_D + p_{SC}) W_N^2}{2\varepsilon_S} \tag{3.95}$$

SiC 器件中，空穴的饱和速度为 $8.6 \times 10^6 cm/s$，基于式（3.64），当开态电流密度为 $25A/cm^2$，计算得到的空间电荷区中的空穴浓度 p_{SC} 为 $1.8 \times 10^{13} cm^{-3}$。对于 15kV 非对称结构 SiC IGBT，当漂移区宽度和掺杂浓度分别为 $140\mu m$ 和 $2.0 \times 10^{14} cm^{-3}$，$V_{RT}(J_{C,ON})$ 为 3980V。漂移区完全耗尽的时间可以由下式计算：

$$t_{RT} = \frac{q L_a p(W_{NB+})}{J_{C,ON}} \left\{ \frac{\cosh[W_N/L_a] - \cosh[W_{SC}(0)/L_a]}{\sinh[(W_N + W_{NBL})/L_a]} \right\} \tag{3.96}$$

当漂移区完全穿通耗尽后，漂移区中的积累电荷就全部被转移到缓冲层中。当空间电荷区到达 N 缓冲层边缘时，缓冲层中该点的空穴浓度等于空间电荷区中的空穴浓度 p_{SC}，该值接近于 0。因为在集电极电压上升期间，集电极电流保持不变，而缓冲层中 J_1 处的空穴电流发生突变。N 缓冲层中的空穴分布可以由下式计算[12]：

$$p(y) = \frac{J_{C,ON} L_{pNB}}{q D_{pNB}} \left\{ \frac{\sinh[(W_{NBL} - y)/L_{pNB}]}{\cosh(W_{NBL}/L_{pNB})} \right\} \tag{3.97}$$

在电压上升的下一阶段，由于 N 缓冲层的高掺杂浓度，N 漂移区中的电场增加并产生穿通。同时，N 缓冲层中形成耗尽区，产生的位移电流流向集电极接触。穿通后集电极电压的变化可以由下式计算[12]：

$$V_C(t) = V_{RT}(J_{C,ON}) + \frac{J_{C,ON}}{C_{SCR}} \left[1 - \frac{1}{\cosh(W_{NBL}/L_{pNB})} \right] t \tag{3.98}$$

集电极电压会一直上升到电源电压 V_{CS} 为止，则集电极电压总的上升时间为[12]：

$$t_V = t_{RT} + \frac{\varepsilon_S}{J_{C,ON} W_N} \left[\frac{\cosh(W_{NBL}/L_{pNB})}{\cosh(W_{NBL}/L_{pNB}) - 1} \right] [V_{C,s} - V_{RT}(J_{C,ON})] \tag{3.99}$$

当集电极电压变化结束后，缓冲层中的积累电荷通过复合减少。集电极电流的变化为

$$J_C(t) = J_{C,ON} e^{-t/\tau_{BL}} \tag{3.100}$$

式中，τ_{BL} 为 N 缓冲层中的载流子寿命。该载流子寿命与漂移区中是一致的。

图 3.69 给出了 15kV 非对称结构 SiC IGBT 集电极电压和电流关断波形与载流子寿命的关系。器件的漂移区宽度为 $140\mu m$、掺杂浓度为 $2 \times 10^{14} cm^{-3}$，缓冲层厚度为 $5\mu m$、掺杂浓度为 $1 \times 10^{17} cm^{-3}$，P + 集电极的掺杂浓度为 $1 \times 10^{19} cm^{-3}$。假设器件的集电极电源电压为 10000V，集电极电流密度为 $25A/cm^2$，从图中可以看到，无论载流子寿命是多少，集电极电压都先非线性增加到 3980V，

然后再高 dV/dt 线性增加到电源电压。此后,集电极电流开始指数减小到 0,载流子寿命越小,关断越快。

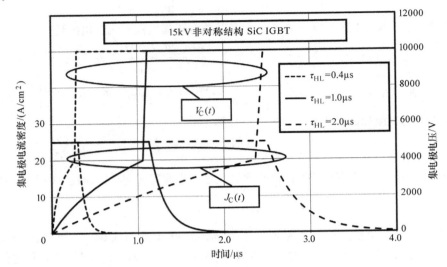

图 3.69   15kV 非对称结构 SiC IGBT 集电极电压和电流关断波形与载流子寿命的关系

3.5.5   关断损耗

每个周期内,IGBT 的关断损耗与电压上升时间和电流下降时间有关。由于集电极电压线性增加,在电压上升直至穿通的时间内功率损耗可以由下式计算:

$$E_{\mathrm{OFF,V1}} = \frac{1}{2} J_{\mathrm{C,ON}} V_{\mathrm{RT}} t_{\mathrm{RT}} \qquad (3.101)$$

当漂移区耗尽穿通后,集电极电压很快上升到电源电压,所以该段时间内的损耗可以忽略。而集电极电流下降时间内的损耗为

$$E_{\mathrm{OFF,I}} = J_{\mathrm{C,ON}} V_{\mathrm{C,s}} \tau_{\mathrm{BL}} \qquad (3.102)$$

所以,总的损耗是以上两项相加。从图中可以看出,载流子寿命越小,开关损耗越小。因此,需要在器件导通电压降和开关损耗之间进行折中。本章后面会将这些折中曲线与一个优化的 IGBT 设计进行比较。优化 IGBT 结构的能量损耗同样可以用与穿通电压等于电源电压情况时相同的公式给出。

3.6   优化非对称结构 SiC IGBT 结构

在上一节中提到,SiC IGBT 在关断过程中,集电极电压会出现突然增加的现象,这在应用中是不希望出现的。因此,为了避免出现该现象,需要调整漂移区宽度,使漂移区耗尽到缓冲层边缘时集电极电压等于电源电压[12]。换句话说,在这种非对称 IGBT 结构的设计中,穿通电压要等于集电极的电源电压。

3.6.1   优化结构设计

器件漂移区耗尽穿通电压是漂移区宽度和掺杂浓度的函数,也是空间电荷区中开态电流密度的函数。尽管式（3.95）表明，通过增加 N 漂移区的掺杂浓度可以增加穿通电压，但是这会减小阻断电压。对于 15kV 非对称结构 SiC IGBT 器件，漂移区宽度和掺杂浓度必须同时进行优化，使得器件的阻断电压达到 16.5kV，漂移区耗尽穿通电压达到电源电压 10kV。

图 3.70 给出了为达到 16.5kV 的阻断电压，SiC IGBT 漂移区宽度和掺杂浓度可能的组合，采用的是漂移区中 0.5μs 的低载流子寿命，5μm 的缓冲层厚度和 $1 \times 10^{17} cm^{-3}$ 的缓冲层掺杂浓度。可采用式（3.95）来计算图 3.70 中每一种漂移区掺杂浓度和漂移区宽度组合下的穿通电压。图 3.71 给出了穿通电压与漂移区掺杂浓度的关系。从图中可以看到，当漂移区掺杂浓度为 $4.8 \times 10^{14} cm^{-3}$ 时，器件的漂移区耗尽穿通电压达到电源电压 10kV。根据图 3.70 可知，此时漂移区宽度为 147μm，击穿电压为 16.5kV。

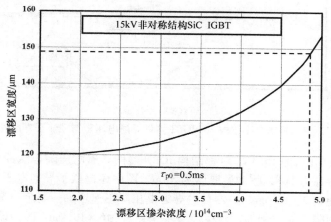

图 3.70　15kV 非对称结构 SiC IGBT 漂移区宽度和掺杂浓度的优化曲线

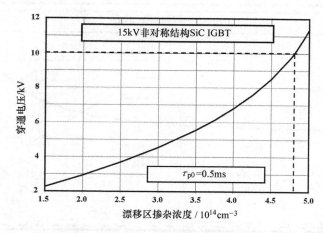

图 3.71　15kV 非对称结构 SiC IGBT 漂移区穿通耗尽电压曲线

3.6.2　导通电压降

SiC 非对称结构 IGBT 器件导通电压降的优化在漂移区掺杂浓度为 $4.8 \times 10^{14} cm^{-3}$ 和漂移区宽度 147μm 的基础上进行。图 3.72 给出了器件导通电压降与漂移区载流子寿命的关系，其中器件的开态电流密度为 $25A/cm^2$，缓冲层掺杂浓度为 $1 \times 10^{17} cm^{-3}$，缓冲层厚度为 5μm。图中还提供了导通电压降的各个组成部分。当载流子寿命小于 0.6μs 时，器件的导通电压降迅速增加。因为漂移区宽度大，所以器件的导通电压降比之前章节中阐述的低载流子寿命的情况要高。

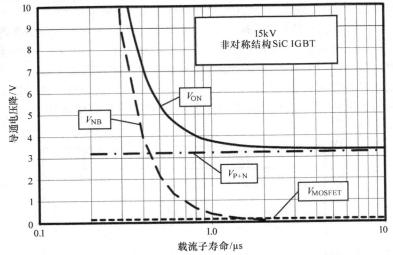

图 3.72　15kV 非对称结构 SiC IGBT 器件导通电压降与载流子寿命的关系

图 3.73 给出了优化后的 15kV 非对称结构 IGBT 器件导通电压降与缓冲层掺杂浓度的关系。器件缓冲层载流子寿命为 1μs，缓冲层厚度为 5μm。图中还提供了导通电压降的各个组成部分。当缓冲层掺杂浓度超过 $2 \times 10^{17} cm^{-3}$，器件的导通电压降迅速增加。与上一节中的结构相比，该优化结构的导通电压降更大。例如，当缓冲层掺杂浓度为 $6 \times 10^{17} cm^{-3}$ 时，该优化结构的导通电压降比上一节中的结构大 10%。

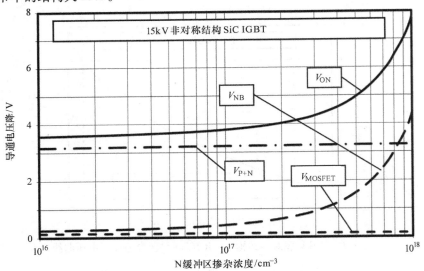

图 3.73　15kV 非对称结构 SiC IGBT 器件导通电压降与缓冲层掺杂浓度的关系

3.6.3　关断特性

在优化结构中，集电极电压单调地增加到集电极电源电压，而集电极电流在 N 缓冲层中空穴的复合作用下衰减为零。集电极电压上升按前一节的物理描述，发生在空间电荷区穿通之前。因此，根据式（3.96）可以计算集电极的电压瞬变完成时间。电流下降即是前一节讨论的缓冲层中空穴复合的物理现象。在优化结构中开态载流子分布与上一节中所示的传统结构类似。

结构优化后的 15kV 非对称结构 SiC IGBT 集电极电压和电流关断波形如图 3.74 所示。器件的漂移区掺杂浓度为 $4.8 \times 10^{14} cm^{-3}$，漂移区宽度 $147 \mu m$。开态电流密度为 $25 A/cm^2$。从图中可以看出，集电极电压单调增加直至漂移区完全耗尽穿通，此时电压等于集电极电源电压10000V。所以，集电极没有出现电压突然增加的现象，即高 dV/dt 现象。然后，集电极电流以指数形式衰减，其时间常数由缓冲层的载流子寿命决定。但是，集电极电压上升至电源电压的时间要大于之前章节所述结构的时间，如图 3.69 所示。因此，要消除高 dV/dt 现象需要与关断损耗之间进行折中。

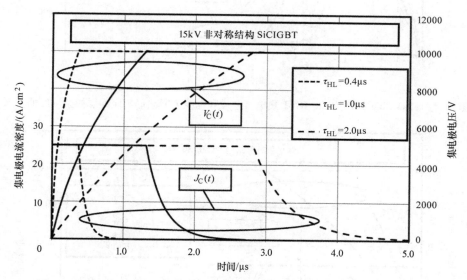

图 3.74　15kV 非对称结构 SiC IGBT 集电极电压和电流关断波形与载流子寿命的关系

SiC 非对称结构 IGBT 的关断特性还可以通过调整缓冲层的厚度和掺杂浓度进行优化。这可以通过 15kV 非对称 SiC 器件优化的例子进行阐述。器件的漂移区掺杂浓度为 $4.8 \times 10^{14} cm^{-3}$，漂移区宽度 $147 \mu m$。图 3.75 给出了集电极电压和电流关断波形与缓冲层掺杂浓度的关系，缓冲层载流子寿命为 $1 \mu s$，缓冲层厚度为 $5 \mu m$。从图中可以看到，缓冲层掺杂浓度越大，集电极电压上升就越快。这是因为集电极的注入效率减小。同时，集电极电流减小也越快，这是因为缓冲层中的复合时间减小。

图 3.76 给出了优化的 15kV 非对称结构 SiC IGBT 器件缓冲层厚度对集电极电压和电流关断波形的影响。缓冲层掺杂浓度为 $5 \times 10^{16} cm^{-3}$，缓冲层载流子寿命为 $1 \mu s$。从图中可以看到，随着缓冲层厚度的增加，集电极的注入效率减小，集电极电压上升速度增加。但是，由于缓冲层中载流子的寿命并没有变，集电极电流减小速度不会因缓冲层厚度的变化而变化。

3.6.4　能量损耗折中曲线

正如在之前章节中提到的，必须对 IGBT 器件的导通电压降和关断损耗进行折中优化。这可以通过制定一个导通电压降和每周期内的能量损耗折中曲线实现。图 3.77 给出了传统和优化的 15kV 非对称结构 SiC IGBT 器件能量损耗与导通电压降的折中曲线。如果器件工作在低频状态，

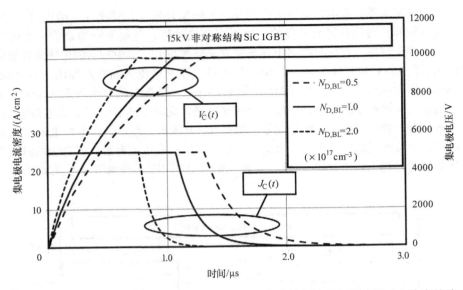

图 3.75　15kV 非对称结构 SiC IGBT 集电极电压和电流关断波形与缓冲层掺杂浓度的关系

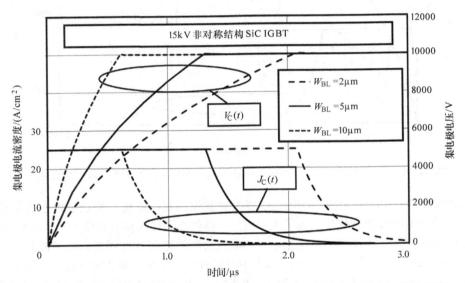

图 3.76　15kV 非对称结构 SiC IGBT 集电极电压和电流关断波形与缓冲层厚度的关系

那么需要选取折中曲线左边部分；如果器件工作在高频状态，那么需要选取折中曲线右边部分。但是，优化的 SiC IGBT 器件性能比传统结构差，这是因为优化结构消除了在关断过程中出现的高 dV/dt 现象。

　　15kV 非对称结构 SiC IGBT 器件能量损耗与导通电压降的折中还可以通过调整缓冲层掺杂浓度进行优化，如图 3.78 所示。漂移区掺杂浓度为 $4.8 \times 10^{14} \, cm^{-3}$，漂移区宽度为 147μm。图中考虑两种高寿命情况。从图中可以看到，漂移区中载流子寿命越大，器件性能越好。要获得同样的关断损耗，这些结构需要更高的缓冲层掺杂浓度。

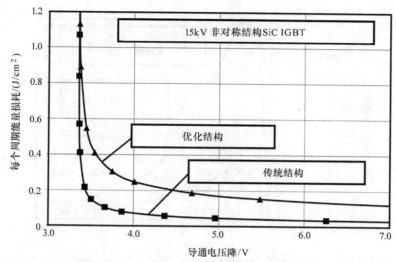

图 3.77　15kV 非对称结构 SiC IGBT 能量损耗与导通电压降折中曲线

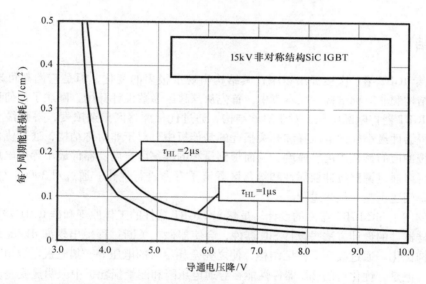

图 3.78　15kV 非对称结构 SiC IGBT 能量损耗和导通电压降折中曲线与载流子寿命的关系

3.6.5　最大工作频率

15kV 非对称结构 4H – SiC IGBT 器件的功耗可以用下式计算：

$$P_{\text{D,TOTAL}} = \delta P_{\text{D,ON}} + E_{\text{OFF}} f \tag{3.103}$$

式中，δ 是开关占空比；f 是开关频率。器件的最高工作频率由器件的耗散功率限制，因为耗散功率越大，器件的温升就越快。图 3.79 给出了耗散功率在 200W/cm^2 条件下，SiC IGBT 器件的最高工作频率。从图中可以看到，优化结构的最高工作频率比传统结构要小。结果，消除集电极电压高 $\text{d}V/\text{d}t$ 现象带来的明显弊端是最高工作频率的下降。

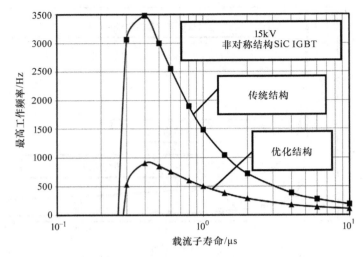

图 3.79 15kV 非对称结构 SiC IGBT 器件的最高工作频率（耗散功率在 200W/cm^2）

3.7 总结

自 1980 年 IGBT 第一次被提出以来，其结构出现了很多的变化，但是它们都可以分为两大类，即对称结构和非对称结构。在本章中，首先从漂移区参数设计开始，阐述了如何设计优化得到所需的 IGBT 器件阻断电压。对于对称结构，通过优化漂移区掺杂浓度，得到最小的漂移区宽度，以获得器件最小导通电压降和开关损耗的最佳折中。对于非对称结构，通过优化漂移区掺杂浓度以及缓冲层的掺杂浓度、厚度，从而得到最小的漂移区宽度。器件最小导通电压降和开关损耗的折中可以通过调整缓冲层属性和漂移区载流子寿命进行优化。通过对 3000V 硅结构 IGBT 器件的设计，阐述了整个优化过程。

本章还阐述了 SiC IGBT 器件的设计。虽然 SiC IGBT 器件的工作原理和硅 IGBT 器件类似，但是根据传统硅器件的设计方法去设计 SiC 器件，会使器件在关断过程中出现高 dV/dt 现象，因此需要进行结构优化。通过改变漂移区结构，使之完全耗尽时的电压等于集电极电源电压，就可以消除该现象。但是，优化后的 SiC 器件性能在导通电压降和能量损耗折中上明显变差。

参 考 文 献

[1] B.J. Baliga, Fundamentals of Power Semiconductor Devices, Springer-Science, New York, 2008.

[2] B.J. Baliga, et al., The insulated gate rectifier: a new power switching device, in: IEEE International Electron Devices Meeting, Abstract 10.6, 1982, pp. 264—267.

[3] M. Takei, Y. Harada, K. Ueno, 600-V IGBT with reverse blocking capability, in: IEEE International Symposium on Power Semiconductor Devices and ICs, Abstract 11.1, 2001, pp. 413—416.

[4] H. Takahashi, M. Kaneda, T. Minato, 1200-V class reverse blocking IGBT for AC matrix converter, in: IEEE International Symposium on Power Semiconductor Devices and ICs, Abstract 3.1, 2004, pp. 121—124.

[5] T. Naito, et al., 1200-V reverse blocking IGBT with low loss for matrix converter, in: IEEE International Symposium on Power Semiconductor Devices and ICs, Abstract 3.2, 2004, pp. 125—128.

[6] N. Tokuda, M. Kaneda, T. Minato, An ultra-small isolation area for 600-V class reverse blocking IGBT with deep trench isolation process, in: IEEE International Symposium on Power Semiconductor Devices and ICs, Abstract 3.3, 2004, pp. 129−132.

[7] B.J. Baliga, et al., The insulated gate transistor: a new three-terminal MOS-controlled bipolar power device, IEEE Trans. Electron Devices ED-31 (1984) 821−828.

[8] A. Nakagawa, et al., Non-latch-up 1200-V, 75-A bipolar-mode MOSFET with large SOA, in: IEEE International Electron Devices Meeting, Abstract 16.8, 1984, pp. 860−861.

[9] H. Shigekane, H. Kirihata, Y. Uchida, Developments in modern high power semiconductor devices, in: IEEE International Symposium on Power Semiconductor Devices and ICs, 1993, pp. 16−21.

[10] G. Majumdar, Advanced IGBT technologies for HF operation, in: IEEE European Power Electronics Conference, 2009.

[11] G. Majumdar, T. Minato, Recent and future IGBT evolution, in: IEEE Power Conversion Conference, 2007, pp. 355−359.

[12] B.J. Baliga, Advanced High Voltage Power Device Concepts, Springer-Science, New York, 2011.

[13] F. Bauer, et al., A comparison of emitter concepts for high voltage IGBTs, in: IEEE International Symposium on Power Semiconductor Devices and ICs, 1995, pp. 230−235.

[14] F. Bauer, et al., Design considerations and characteristics of rugged punch-through (PT) IGBTs with 4.5 kV blocking capability, in: IEEE International Symposium on Power Semiconductor Devices and ICs, 1996, pp. 327−330.

[15] T. Laska, et al., The field-stop IGBT (FS-IGBT): a new power device concept with great improvement potential, in: IEEE International Symposium on Power Semiconductor Devices and ICs, 2000, pp. 355−358.

[16] M. Otsuki, et al., A study of the short-circuit capability of field-stop IGBTs, IEEE Trans. Electron Devices 50 (2003) 1525−1531.

[17] T. Matsudai, et al., New anode design concept of 600-V thin wafer PT-IGBT with very low dose P-buffer and transparent P-emitter, in: IEEE Proceedings on Circuits and Systems, vol. 151, 2004, 255−258.

[18] B.J. Baliga, Semiconductors for high voltage vertical channel field effect transistors, J. Appl. Phys. 53 (1982) 1759−1764.

[19] B.J. Baliga, Silicon Carbide Power Devices, World Scientific Press, 2005.

[20] M. Bhatnagar, P.M. McLarty, B.J. Baliga, Silicon carbide high voltage (400V) Schottky barrier diodes, IEEE Electron Device Lett. EDL-13 (1992) 501−503.

[21] B.J. Baliga, The pinch rectifier: a low forward drop high speed power diode, IEEE Electron Device Lett. EDL-5 (1984) 194−196.

[22] R. Held, N. Kaminski, E. Niemann, SiC merged p-n/Schottky rectifiers for high voltage applications, Silicon Carbide and Related Materials − 1997, Mater. Sci. Forum 264−268 (1998) 1057−1060.

[23] F. Dahlquist, et al., Junction barrier Schottky diodes in 4H-SiC and 6H-SiC, Silicon Carbide and Related Materials − 2001, Mater. Sci. Forum 389−393 (2002) 1129−1132.

[24] J.N. Shenoy, J.A. Cooper, M.R. Melloch, High voltage double-implanted power MOSFETs in 6H-SiC, IEEE Electron Device Lett. 18 (1997) 93−95.

[25] A.K. Agarwal, et al., 1.1-kV 4H-SiC power UMOSFETs, IEEE Electron Device Lett. 18 (1997) 586−588.

[26] P.M. Shenoy, B.J. Baliga, The planar 6H-SiC ACCUFET, IEEE Electron Device Lett. 18 (1997) 589−591.

[27] www.cree.com, Cree Z-fet™ SiC MOSFET and Z-rec™ SiC Schottky Diodes.

[28] www.genesicsemi.com, SiC Schottky Rectifiers.

[29] www.rohm.com, SiC Schottky Barrier Diodes and Power MOSFETs.

[30] Q. Zhang, et al., 10-kV trench gate IGBTs on 4H-SiC, in: IEEE International Symposium on Power Semiconductor Devices and ICs, 2005, pp. 159−162.

[31] Q. Zhang, et al., 9-kV 4H-SiC IGBTs with 88 mΩ-cm^2 of $R_{diff,on}$, Silicon Carbide and Related Materials − 2006, Mater. Sci. Forum 556−557 (2007) 771−774.

[32]   Q. Huang, et al., 12-kV p-channel IGBTs with low on-resistance in 4H-SiC, IEEE Electron Device Lett. 29 (2008) 1027−1029.

[33]   M.K. Das, et al., A 13-kV 4H-sic N-Channel IGBT with Low $R_{diff,on}$ and Fast Switching, Silicon Carbide and Related Materials, October 2007.

[34]   W. Sung, et al., Design and investigation of frequency capability of 15-kV 4H-SiC IGBT, in: IEEE International Symposium on Power Semiconductor Devices and ICs, 2009, pp. 271−274.

[35]   S.-H. Ryu, et al., Ultra-high voltage (>12 kV), high performance 4H-SiC IGBTs, in: IEEE International Symposium on Power Semiconductor Devices and ICs, 2012, pp. 257−260.

[36]   R.J. Callanan, et al., Recent progress in SiC DMOSFETs and JBS diodes at CREE, in: IEEE Industrial Electronics Conference, 2008, pp. 2885−2890.

[37]   T. Tamaki, et al., Optimization of on-state and switching performances for 15−20 kV 4H-SiC IGBTs, IEEE Trans. Electron Devices 55 (2008) 1920−1927.

[38]   B.J. Baliga, M.S. Adler, Measurement of carrier lifetime profiles in diffused layers of semiconductors, IEEE Trans. Electron Devices ED-25 (1978) 472−477.

第4章 安全工作区设计

IGBT之所以可以被成功地广泛应用于各个领域，一个重要的原因就是其具有宽范围的安全工作区。该特性保证器件在不需要任何昂贵和笨重的保护电路的情况下，具有足够高的工作可靠性。

在IGBT发展的初期，器件内部的寄生晶闸管结构被认为会阻碍其进一步发展。因为在大电流工作条件下，寄生晶闸管结构会被触发并形成闩锁，从而导致IGBT器件产生毁灭性的破坏。针对这个问题，美国通用电气公司花了多年时间研究如何抑制寄生晶闸管的开启。基于研究结果，一些关键性的创新结构被提出，使得IGBT迅速成为一个成功的产品，并被认为是一个非常可靠的器件。需要指出的是，1980年美国通用电气公司曾经提出了一项关于没有寄生晶闸管结构的IGBT器件专利，其载流子主要通过隧穿效应从发射区金属电极直接到达反型层[1]，然而复杂的制造工艺阻碍了该项专利的产业化。如今，该项专利技术更多地被应用于肖特基二极管结构[2]。

目前，所有的IGBT器件均包含寄生晶闸管结构，在本章节中将讲解如何抑制寄生晶闸管开启的方法。同时，详细描述了N型IGBT和P型IGBT安全工作区的区别以及如何改进P型IGBT安全工作区的设计方法。IGBT器件还具有非常强大的短路电流处理能力，因而可以被广泛应用于电动机驱动控制和其他领域。

4.1 寄生晶闸管

图4.1给出了N型IGBT器件的结构。左图中虚线框内区域即为寄生晶闸管结构，由P+衬底/N漂移区/P基区/N+发射极构成。寄生晶闸管的等效电路如图4.1右侧所示。电路由NPN管和PNP管结合并形成正反馈回路。一旦寄生晶闸管进入闩锁触发状态，电流将会不断地被正反馈回路放大，并最终导致器件无法被栅极关断。

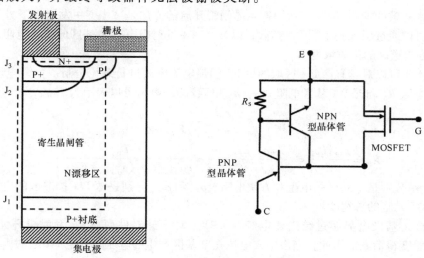

图4.1 N型IGBT器件及其寄生晶闸管结构

在 IGBT 器件结构中，发射极金属覆盖 J_3 结，即短接 N + 发射极和 P 基区。尽管如此，只要位于 N + 发射极下方的 P 基区电阻足够大，寄生 NPN 管仍然有可能开启。该寄生电阻即为等效电路中的 R_s 电阻。如果 R_s 电阻可以做得足够小，那么就可以防止这个寄生 NPN 型晶体管开启，进而抑制了寄生晶闸管的开启[3]。

4.2 抑制寄生晶闸管

正如之前的章节所叙述的，IGBT 是一个集成 MOSFET 结构的三极管器件。一旦器件内部的寄生晶闸管进入闩锁触发状态，器件将失去栅控关断能力。同时，器件进入负阻区（$i-v$ 特性出现回滞现象），即器件电流出现较大的阶跃，但是器件的导通电压降是减小的，会使器件出现破坏性失效，如图 4.2 所示。因此，在任何工作条件下，都要防止器件进入闩锁状态。一般而言，闩锁触发电流密度 $J_{C,L}$ 应该为器件正常工作时开态电流密度 $J_{C,ON}$ 的 10 倍，以确保器件有大的安全工作范围。

当器件进入闩锁触发状态时，IGBT 内部由 NPN 型晶体管和 PNP 型晶体管耦合形成的晶闸管增益一定是大于 1 的[4]。因此，可以通过减小 NPN 型晶体管或 PNP 型晶体管的增益来抑制器件产生闩锁的概率。但是，寄生 PNP 型晶体管的基区很宽，减小其增益反而会增加整个 IGBT 器件的导通电压降。因此，更好的方法是通过减小 IGBT 结构内 NPN 型晶体管的增益。该方法对闩锁抑制有很大的影响。

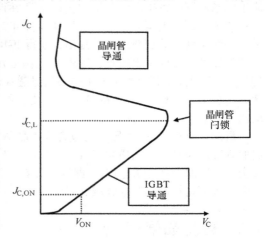

图 4.2 IGBT 处于闩锁状态时的开态特性

4.2.1 深 P + 扩散

一个非常有效的抑制 IGBT 结构内寄生晶闸管开启的方法是减小 N + 发射极下方 P 基区的电阻。该方法可以通过引入一个深 P + 扩散，以减小 N + 发射极下方 P 基区的方块电阻，而不影响 MOSFET 部分沟道区的杂质浓度[5]。

根据图 4.3 可以对具有深 P + 区域的 IGBT 闩锁电流密度进行理论分析。空穴电流 I_p 流过轻掺杂 P 基区电阻 R_{B1} 和深 P + 基区电阻 R_{B2}，R_{B1} 电阻和 R_{B2} 电阻可以表示为

$$R_{B1} = \frac{\rho_P L_P}{(x_{J,P} - x_{J,N+})Z} = \frac{\rho_{SP} L_P}{Z} \tag{4.1}$$

$$R_{B2} = \frac{\rho_{SP+} L_{P+}}{Z} = \frac{\rho_{P+} L_{P+}}{(x_{J,P+} - x_{J,N+})Z} = \frac{L_{P+}}{q\mu_{pP+} N_{AP+}(x_{J,P+} - x_{J,N+})Z} \tag{4.2}$$

式中，ρ_P 和 ρ_{SP} 分别是 P 基区的电阻和方块电阻；ρ_{P+} 和 ρ_{SP+} 分别是深 P + 扩散区的电阻和方块电阻；Z 是 IGBT 元胞的总宽度。

当发射极 - 基极电势超过结内建电势（0.7V，对于硅器件而言），发射极开始注入电子，NPN 型晶体管变得活跃。因此，当由空穴电流在 P 基区产生的电压降等于 PN 结的内建电势时寄生晶闸管产生闩锁：

$$I_P(R_{B1} + R_{B2}) = V_{bi} \tag{4.3}$$

该方程的空穴电流可以通过将空穴电流密度和元胞面积相乘 $W_{CELL} \cdot Z$ 来计算。开态时，器件的空穴电流密度可以表示为

$$J_P = \alpha_{PNP,ON} J_C \qquad (4.4)$$

式中，$\alpha_{PNP,ON}$ 为高注入条件下的 PNP 型晶体管的共基极电流增益。对于非对称 IGBT 结构，电流增益由 IGBT 的集电极/缓冲层结 J_1 的注入效率和基区输运系数决定[4]：

$$\alpha_{PNP,ON} = \gamma_E \alpha_{T,N-Buffer} \alpha_{T,N-Base,0} \qquad (4.5)$$

开态时，电流增益的典型值为 0.5。综合以上公式，可以得出闪锁电流密度为

$$J_{C,L} = \frac{V_{bi}}{\alpha_{PNP,ON}(\rho_{SP}L_P + \rho_{SP+}L_{P+})W_{CELL}} \qquad (4.6)$$

$J_{C,L}$ 和 L_P 的关系如图 4.4 所示。P + 区和 P 基区的方块电阻典型值分别为 $50\Omega/sq$ 和 $2000\Omega/sq$。从图中可以看出，超过 P + 区的 N + 发射区长度 L_P 决定了器件的闪锁电流密度。因此，可以把 L_P 做到小于 $1\mu m$，那么器件的闪锁电流密度可以达到 $8000A/cm^2$，远远大于开态电流密度 $100A/cm^2$。然而，闪锁电流密度会随着温度的增加而减小，这是因为晶体管电流增益和 P 基区电阻会增加、内建电势会减小[3]。

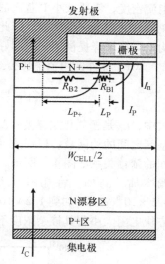

图 4.3 具有深 P + 扩散的 N 型 IGBT 器件

需要指出的是，P + 区的横向扩散可以延伸直到它的掺杂浓度与峰值的 P 基区的掺杂浓度接近，这比垂直方向上 P + 区域的结深还要长。同时，将横向扩散至 P 区域内的 N + 发射极长度 L_P 做到尽可能小到 $1\mu m$，以达到闪锁电流密度 $8000A/cm^2$，该值远超过典型开态电流密度 $100A/cm^2$。不幸的是，由于 P 基区和 P + 区电流增益和电阻增加、内建电势减小，闪锁电流密度随温度的升高而降低。

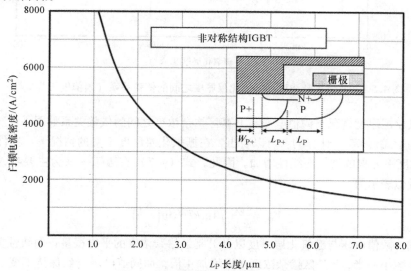

图 4.4 N 型 IGBT 器件的闪锁电流密度曲线

4.2.2 减小栅氧化层厚度

上一节中提到，器件的闪锁电流密度取决于超过 P + 区的 N + 发射区长度 L_P。为了提高闪锁

电流密度，需要减小 P 基区的方块电阻，即提高掺杂浓度。然而，如果栅氧化层厚度固定，这会使器件的阈值电压增加。因此，需要相应减小栅氧化层厚度。减小栅氧化层厚度为减少 IGBT 结构的导通压降提供了额外的好处。

IGBT 器件的阈值电压公式如下：

$$V_{TH} = \frac{t_{ox}\sqrt{4\varepsilon_s kTN_A \ln\left(N_A/n_i\right)}}{\varepsilon_{ox}} + \frac{2kT}{q}\ln\left(\frac{N_A}{n_i}\right) - \frac{Q_F}{C_{ox}} - WF \tag{4.7}$$

式中，t_{ox} 是栅氧化层厚度；N_A 是 P 基区的掺杂浓度；Q_F 是氧化层电荷密度；WF 为栅电极与 P 基区之间的功函数。根据式（4.7），为了达到阈值电压 2V，P 基区掺杂浓度和栅氧化层厚度之间的依赖关系如图 4.5 所示。很明显，通过减小栅氧化层的厚度，可以使 P 基区的峰值浓度大大幅增加。例如，将栅氧化层厚度从 1000Å 减小到 500Å，那么 P 基区掺杂浓度可以从 $4.5 \times 10^{16}\,cm^{-3}$ 增加到 $1.2 \times 10^{17}\,cm^{-3}$，器件的阈值电压仍然保持不变。需要注意的是，P 基区的方块电阻大小与其掺杂浓度不是成反比关系，因为载流子迁移率随着掺杂浓度的增加而减小。

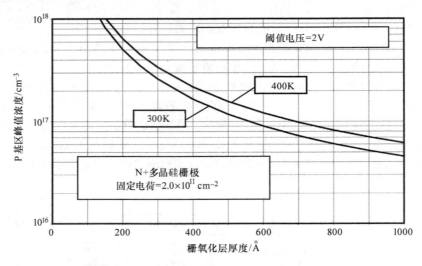

图 4.5　P 基区掺杂浓度和栅氧化层厚度之间的依赖关系（阈值电压为 2V）

三种栅氧化层厚度情况下阈值电压与 P 基区掺杂浓度之间的依赖关系如图 4.6 所示，图中的阈值电压是基于式（4.7）计算的。可以看出，在栅氧化层厚度不变的情况下，器件阈值电压随 P 基区掺杂浓度平方根的增加而线性增加。因此，式（4.7）右边第一项为主要项，器件阈值电压公式可以近似表示为

$$V_{TH} = \frac{t_{ox}}{\varepsilon_{ox}}\sqrt{4\varepsilon_s kTN_A\ln\left(\frac{N_A}{n_i}\right)} \tag{4.8}$$

基于该式，阈值电压与栅氧化层厚度以及 P 基区掺杂浓度的平方根呈正向线性关系。即器件栅氧化层厚度减小一半，P 基区掺杂浓度可以增加 4 倍，而阈值电压仍然保持不变。这可以是闩锁电流密度增加为原来的四倍。实际上，随着掺杂浓度的提供载流子迁移率减小，闩锁电流密度的提升会变小。

图 4.7 给出了阈值电压不变的情况下，通过减小栅氧化层厚度以提高闩锁电流密度的例子。该结构没有深 P + 区域。器件的 N 漂移区宽度为 200μm，载流子寿命为 20μs，共基极电流增益为 0.4。用于计算的 P 基区掺杂浓度是基于式（4.7）来获得 P 基区最大掺杂浓度，并将其除

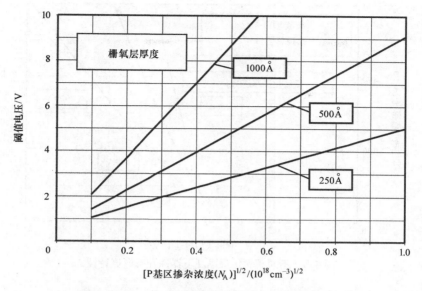

图 4.6 阈值电压与 P 基区掺杂浓度之间的依赖关系

以 2，以获得在 P 基区中的有效掺杂浓度。当栅氧化层厚度从 1000Å 减小到 250Å，器件闩锁电流密度从 300A/cm² 增加到 1500A/cm²。分析模型所预测的改进在 IGBT 开发早期阶段得到了实验验证，为减小产品的栅压厚度提供了强大动力[6]。

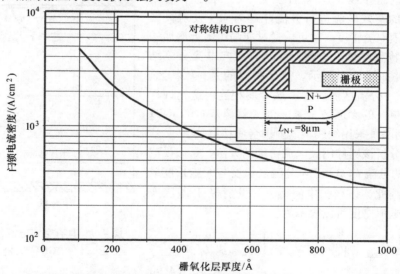

图 4.7 不同栅氧化层厚度与器件闩锁电流密度之间的关系（阈值电压不变）

随着栅氧化层厚度的减小，IGBT 结构中 MOSFET 部分的沟道电阻减小，器件导通电压降也随之减小。作为一个例子，通过 PiN/MOSFET 模型获得的对称 IGBT 结构导通特性如图 4.8 所示，图中给出了三种栅氧化层厚度。该器件的 N 漂移区宽度为 200μm，沟道长度为 1.5μm，载流子寿命为 20μs。从图中可以看出，当栅氧化层厚度从 1000Å 减小到 250Å，在集电极电流密度为 100A/cm² 的条件下，导通电压降从 1.26V 减小到 1.00V。如果减小漂移区的载流子寿命，那么导通电压降会减小的更多，因为更大部分的集电极电流会流入沟道。

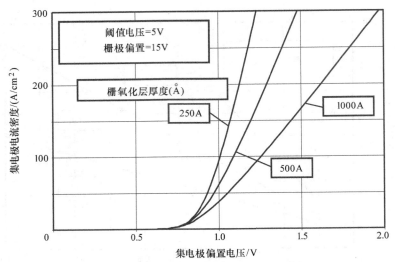

图 4.8   不同栅氧化层厚度下器件开态电流特性

4.2.3   空穴电流分流结构

正如上文所述，当空穴电流流过 N + 发射极下方的 P 基区，使得 P 基区/N + （J₃）结正偏，导致寄生 NPN 型晶体管开启，进而导致 IGBT 器件发生闩锁。因此，可以对流过 P 基区的空穴电流进行分流并远离 N + 发射极区域，以提高闩锁电流密度。这可以通过在沟道附近增加一个分流区域来转移晶体管电流[7]。具有空穴电流分流结构的 IGBT 器件如图 4.9 所示。需要指出的是，P 基区、N + 发射极和 P + 分流区通过同一层金属相连。这允许在器件顶部使用单一的大区域金属电极（就像基本的 IGBT 结构一样），消除了采用细线型发射极金属接触。

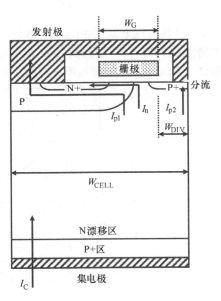

图 4.9   具有空穴电流分流结构的 IGBT 器件

一个简单分析该器件闩锁电流密度的方法，是假设流过 P + 分流区的电流 I_{p2} 是和 P + 分流区长度与元胞长度成比例关系[4]。因此，该结构中使得 N + 发射极/P 基区产生正偏的闩锁电流密度可以表示为：

$$J_{C,L}(Div) = \left[\frac{W_{CELL}}{W_{CELL} - W_{DIV} - (W_G/2)} \right] \frac{V_{bi}}{\alpha_{PNP,ON} \beta_{SP} L_{N+} W_{CELL}}$$

(4.9)

例如，一个 IGBT 器件，其元胞长度为 16μm，如果集成一个 1μm 深、2μm 宽的 P + 分流区 W_{DIV}，那么其闩锁电流密度可以提高 50%。需要注意的是，P + 分流区结构的引入，使得器件的导通电压降增加，这是因为流过寄生 NPN 型晶体管的基极电流减小了[7]。

IGBT 结构中分流结构的引入，使得器件的导通电压降增加，这是因为其限制了沟道电流。P + 分流区域的存在减少了从沟道流出后的电流通路面积。正是因为这个原因，将 P + 分流区的结深维持在较浅结深是非常重要的。

4.2.4 器件元胞拓扑

IGBT 的闩锁电流密度与器件栅电极的形状有关。IGBT 器件的元胞拓扑结构如图 4.10 所示，在之前章节中所阐述的 IGBT 器件均采用图 4.10a 所示的条形元胞结构。因此，该结构也作为基本结构，与其他元胞拓扑结构进行性能对比。

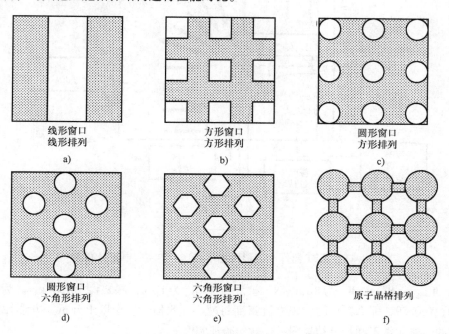

图 4.10 IGBT 器件的元胞拓扑结构

4.2.4.1 方形元胞结构

从版图设计的角度来看，在方形阵列中使用方形多晶硅窗口为 IGBT 结构提供了一种简单的方法。正是因为这个原因，在早期的 IGBT 结构中，元胞形状都采用方形[8]。然而，该版图形状明显减小了器件的闩锁电流密度。主要有两方面原因：第一，方形元胞的直角区域存在电流集中效应，如图 4.11 所示。在图中，虚线代表扩散窗口的边缘（包括多晶硅、N + 发射极和 P 基区以及深 P + 扩散光刻版）。第二，超过 P + 区的 N + 发射区长度 L_P（见图 4.4），在方形元胞的直角区域会增加，如图 4.11 中 L_{PC} 所示。

相比于条形元胞，将以上两个因素考虑在内，方形元胞结构的闩锁电流密度的退化由下式计算[4]：

$$\frac{J_{C,L}(SquareCell,SquareArray)}{J_{C,L}(LinearCell,LinearArray)} = f_{LP}f_A \tag{4.10}$$

长度因子 f_{LP} 可以根据几何分析得到：

$$f_{LP} = \frac{L_{PE}}{L_{PC}} = \frac{(W_{POLY} - W_{P+}) - (x_{JP+} - x_{JN+})}{\sqrt{2}(W_{POLY} - W_{P+}) - (x_{JP+} - x_{JN+})} \tag{4.11}$$

假设从元胞角落流出的空穴电流流入半径等于 N + 和深 P + 区域结深平均值区域，那么面积因子 f_A 可由下式计算：

$$f_A = \frac{\pi(x_{JP+} + x_{JN+})W_{POLY}}{4W_G^2} \tag{4.12}$$

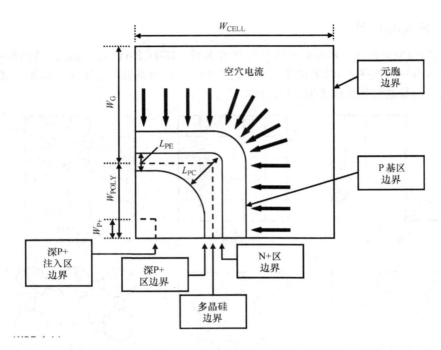

图 4.11　IGBT 器件（方形元胞结构）中的空穴电流分布图

例如，W_G 为 8μm，W_G 为 8μm，N + 扩散结深 x_{JN+} 为 1μm，深 P + 扩散结深 x_{JP+} 为 5μm，f_{LP} 为 0.45，f_A 为 0.59，那么器件的闩锁电流密度将减小 3.8 倍。基于以上分析，方形元胞结构对 IGBT 器件的性能非常不利，该结果同时也被实验证实[9]。

4.2.4.2　圆形元胞结构

实际上，在版图中是很难实现圆形的，如图 4.10d 所示。这是因为光刻版的边缘都是由直线组成。因此，圆形元胞结构可以由六边形元胞结构近似，如图 4.10e 所示。圆形元胞结构的 IG-BT 器件可以基于图 4.12 进行分析。在图中，虚线代表扩散窗口的边缘（包括多晶硅、N + 发射极和 P 基区以及深 P + 扩散光刻版）。

该元胞结构的优点是，空穴电流均匀分布，同时超过 P + 区的 N + 发射区长度 L_P 在任何方向上都保持一致。然而，与条形元胞相比，圆形元胞结构的 IGBT 器件闩锁电流密度仍然会变差。这是因为圆形元胞的电流路径更长、电阻更大造成的。圆形元胞结构的 IGBT 器件闩锁电流密度由下式计算[4]：

$$J_{C,L}(CC,CA) = \frac{2V_{bi}}{\alpha_{PNP,ON}\rho_{SP}W_{CELL}^2 \ln[(W_{POLY}+x_{JN+})/(W_{P+}+x_{JP+})]} \tag{4.13}$$

采用与条形元胞同样的结构参数，N + 扩散结深 x_{JN+} 为 1μm，深 P + 扩散结深 x_{JP+} 为 5μm，P 基区的方块电阻为 2150Ω/sq；半径 W_{CELL} 为 16μm，半径 W_{PLOY} 为 8μm，直径 W_{P+} 为 2μm，那么器件的闩锁电流密度为 2890A/cm²。该值比条形元胞结构的 IGBT 器件闩锁电流密度约小 1.8 倍。因此，相比于条形元胞结构，圆形元胞结构和六边形元胞结构会降低 IGBT 器件的抑制闩锁的能力。

4.2.4.3　原子晶格结构

原子晶格结构（Atomic Lattice Layout，ALL）拓扑如图 4.10f 所示，该概念类似于圆形元胞结

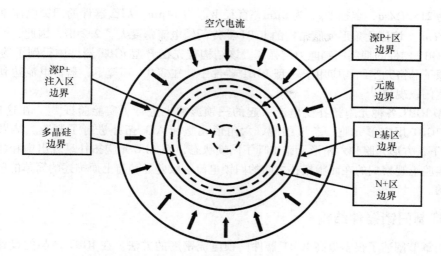

图 4.12 IGBT 器件（圆形元胞结构）中的空穴电流分布图

构拓扑，如图 4.10c 所示。在 ALL 拓扑中，注入扩散区包围圆形多晶硅岛。同时，圆形多晶硅岛之间通过多晶硅条相互连接。原子晶格结构的名字来源于此拓扑结构，因为其与晶格中的原子相似[10]。

如图 4.13 所示，空穴电流均匀分布于 ALL 拓扑中。在图中，虚线代表扩散窗口的边缘（包括多晶硅、N＋发射极和 P 基区以及深 P＋扩散光刻版）。超过 P＋区的 N＋发射区长度 L_P 在多晶硅窗口周围也是一致的。需要指出的是，该原子晶格拓扑结构的 IGBT 器件闩锁电流密度优于条形元胞器件。这是因为空穴电流流过的路径是向外辐射的，所以电流路径电阻减小。该结构的 IGBT 器件闩锁电流密度由式（4.14）计算[4]：

$$J_{C,L}(ALL) = \frac{2V_{bi}}{\alpha_{PNP,ON}\rho_{SP}W_G^2\ln\left[(W_{P+} - x_{JP+})/(W_{POLY} - x_{JN+})\right]} \quad (4.14)$$

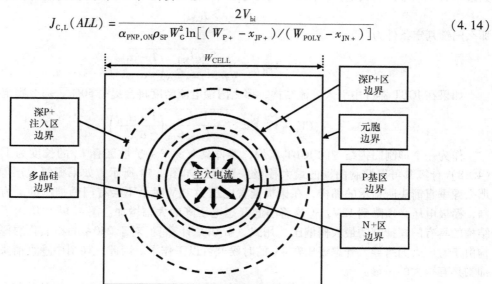

图 4.13 IGBT 器件（原子晶格元胞结构）中的空穴电流分布图

同样，采用如下结构参数：N＋扩散结深 x_{JN+} 为 1μm，深 P＋扩散结深 x_{JP+} 为 5μm，P 基区的

方块电阻为 $2150\Omega/\mathrm{sq}$，半径 W_{POLY} 为 $8\mu\mathrm{m}$，直径 W_{P+} 为 $14\mu\mathrm{m}$，那么器件的闩锁电流密度可以达到 $11570\mathrm{A/cm}^2$。该值比条形元胞结构的 IGBT 器件闩锁电流密度大了 2.2 倍。因此，原子晶格拓扑结构使 IGBT 器件的抑制闩锁能力增强了。该结构首先在 P 型 IGBT 器件中得到了验证[10]。相应地，将原子晶格元胞结构应用于 N 型 IGBT 器件中，在 200℃ 环境下，器件电流达到饱和时仍然没有发生闩锁现象[11]。

对 N 型 IGBT 各种元胞拓扑受电流引起的闩锁影响也进行了实验验证[11]。在这项工作中，500V N 型 IGBT 用方形元胞、条形细胞、六角形元胞和 ALL 拓扑进行了制造。结果发现，在 200℃ 温度下，方形元胞和六角形元胞出现了闩锁状态，而 ALL 元胞拓扑呈现出饱和状态但并未闩锁。从实验上观察到的在元胞拓扑之间的闩锁电流等级差异，与上面描述的简单的闩锁电流模型是一致的。

4.2.5 抑制闩锁器件结构

之前的章节阐述了很多提高 IGBT 器件闩锁电流密度的方法。在 IGBT 产品的设计中，应该谨慎地使用这些方法以保证器件不发生闩锁现象。如果 IGBT 在工作状态下不会发生闩锁，那么该器件可以称为抑制闩锁结构。

一个评判 IGBT 器件是否为抑制闩锁结构的条件是对比器件的饱和电流密度和闩锁电流密度。在栅极偏置电压为 V_G 的情况下，IGBT 器件的饱和电流密度由下式得出：

$$J_{C,SAT} = \frac{\mu_{ni}C_{OX}}{2L_{CH}W_{CELL}(1-\alpha_{PNP})}(V_G - V_{TH})^2 \tag{4.15}$$

具有深 P+ 扩散区的条形元胞的 IGBT 器件闩锁电流密度由下式得出：

$$J_{C,L} = \frac{V_{bi}}{\alpha_{PNP}\rho_{SP}L_P W_{CELL}} \tag{4.16}$$

如果相比于 P 基区的大电阻，深 P+ 区的电阻可以忽略，那么可以采用如下条件：

$$J_{C,L} > J_{C,SAT} \tag{4.17}$$

那么闩锁判定条件为

$$(V_G - V_{TH}) < \sqrt{\frac{2V_{bi}L_{CH}}{\rho_{SP}L_P\mu_{ni}C_{OX}}\left(\frac{1-\alpha_{PNP}}{\alpha_{PNP}}\right)} \tag{4.18}$$

如果在 IGBT 器件中引入分流结构，那么闩锁电流密度将会提高 50%，那么判定条件将变为

$$(V_G - V_{TH}) < \sqrt{\frac{3V_{bi}L_{CH}}{\rho_{SP}L_P\mu_{ni}C_{OX}}\left(\frac{1-\alpha_{PNP}}{\alpha_{PNP}}\right)} \tag{4.19}$$

作为一个抑制闩锁结构的 IGBT 实例，器件具有深 P+ 扩散区且 L_P 的长度为 $1\mu\mathrm{m}$。基于式（4.18）计算其可以抑制闩锁的最大栅极偏置电压如图 4.14 所示。如果栅氧化层厚度为 500Å，那么像垂直箭头所指示的那样，在栅极偏置电压为 15V 时是不会有闩锁抑制的。为了有闩锁抑制，栅极电压必须降到 12V，但这将引起开态电压降的大幅增加。图 4.14 也给出了增加了分流结构的具有闩锁抑制的最大栅偏压［用式（4.19）计算］。对于 250Å 的栅氧化层厚度，这种结构由于有更大的跨导，开态栅压在 8V 的时候就可以工作了。因此，如图中垂直箭头所示，闩锁抑制具有很大的裕量。

当器件的栅氧化层厚度为 250Å，P 基区的方块电阻为 $1000\Omega/\mathrm{sq}$ 时，器件的阈值电压为 5V。采用之前的结构参数，且具有分流结构，那么器件的闩锁电流密度可以达到 $10000\mathrm{A/cm}^2$。而在栅极偏置电压为 8V 的条件下，其集电极饱和电流密度为 $3400\mathrm{A/cm}^2$，说明该器件具有抑制闩锁的能力。

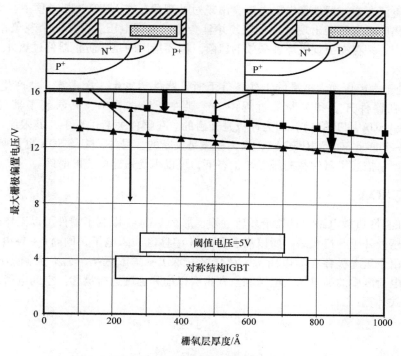

图 4.14　防止 IGBT 器件进入闩锁状态的工作条件

4.3　安全工作区

　　功率器件的安全工作区 SOA 被定义为器件可以工作的最大电压、最大电流以及最大功率。在低集电极偏置电压下，最大的集电极电流密度被器件闩锁电流密度限制。在高集电极偏置电压和低电流条件下，器件能够承受最大的击穿电压限制了器件的工作范围。下一章将讨论 IGBT 的边缘终端设计。

　　图 4.15 为 IGBT 器件在功率切换中的电压电流轨迹图。从图中可以看到，如果负载为感性元件（电动机等），在开关过程中会出现电压和电流同时变大的时刻。在 IGBT 开启过程中，由于

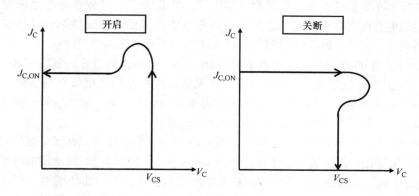

图 4.15　IGBT 器件在功率切换中的电压电流轨迹图

大的反向恢复电流存在，器件集电极电流会出现过冲现象。在 IGBT 关断过程中，由于杂散电感的存在，器件集电极电压会出现过冲现象，并且会超过电源电压。以上两个现象，都会使 IGBT 器件受到过应力，并存在出现破坏性失效的风险。需要指出的是，防止器件过热并不能避免器件出现破坏性失效。

当 IGBT 处于大电压和大电流的工作条件下时，器件会发生二次击穿，并产生破坏性失效。该失效会发生在器件开启和关断的过程中。在器件开启过程中，其限制了器件的正偏 SOA （Foward – Biased SOA，FBSOA），因为栅极是开启的。在器件关断过程中，其限制了器件的反偏 SOA （Reverse – Biased SOA，RBSOA），因为栅极是关断的。另外，短路 SOA 也是衡量 IGBT 可靠性的一个指标。它描述了器件在高压工作状态下，可以承受短路电流的时间。

4.3.1　正偏 SOA

当 IGBT 在感性负载电路中且处于开启过程，那么 FBSOA 限制了器件可以工作的电压电流范围。因为器件栅极处于开启状态，所以沟道会向 N 漂移区注入电子，同时 P + 集电极会向 N 漂移区注入空穴。由于集电极存在高电压，N 漂移区和深 P + 扩散区结（J_2）反偏形成宽空间电荷区。由于空间电荷区中的高电场，电子和空穴将会以饱和速度进行漂移。空间电荷区中的电子和空穴浓度由下式计算：

$$n_{SC} = \frac{J_n}{q v_{sat,n}} \qquad (4.20)$$

$$p_{SC} = \frac{J_p}{q v_{sat,p}} \qquad (4.21)$$

式中，J_n 和 J_p 为 N 漂移区中的电子和空穴电流分量。决定空间电荷区中电场分布的净正电荷为

$$N^+ = N_D + p - n = N_D + \frac{J_p}{q v_{sat,p}} - \frac{J_n}{q v_{sat,n}} \qquad (4.22)$$

在 IGBT 器件中，空穴电流分量是大于电子电流分量的。在硅中，电子和空穴的饱和速度基本一致，所以空间电荷区中空穴浓度 p_{SC} 大于电子浓度 n_{SC}。结果，净正电荷浓度超过了施主电荷浓度，增加了深 P + 和 N 漂移区（J_2）结的电场强度。

根据 Fulop 方程，基于空间电荷区中的净电荷，N 漂移区的雪崩击穿电压可以表示为

$$BV_{FBSOA} = \frac{5.34 \times 10^{13}}{(N^+)^{3/4}} \qquad (4.23)$$

该击穿电压要小于器件关态时的雪崩击穿电压，并且 BV_{FBSOA} 随着集电极电流密度的增加而减小。因为空间电荷区的净正电荷密度随着集电极电流密度的增加而增加，并且雪崩电流会被 PNP 管的增益放大。所以，FBSOA 被器件的电流增益和雪崩倍增因子所限制。

对称结构的 N 型 IGBT 器件输出特性如图 4.16 所示。该器件的漂移区宽度为 200μm，载流子寿命为 10μs。从图中可以看到，电流饱和状态下的输出电阻是集电极偏置的函数。栅极电压越大，器件的饱和电流就越大，但是器件的雪崩击穿电压也随之下降，因为空间电荷区中的电场增强、空穴浓度增加。图中的虚线即为 FBSOA 的区域边界。

非对称结构的 N 型 IGBT 器件输出特性如图 4.17 所示。该器件的漂移区宽度为 100μm，载流子寿命为 1μs，缓冲层的厚度和掺杂浓度分别为 10μm 和 $1 \times 10^{17} \mathrm{cm}^{-3}$。其输出电阻要大于对称结构的 IGBT 输出电阻。当栅极电压增加时，集电极电流就会像预期的那样增加，而且器件能够支撑比对称结构更大的集电极偏置。因而，非对称结构的 IGBT 器件 FBSOA 区域要大于对称结构的 IGBT 器件 FBSOA 区域，如图 4.17 中虚线所示。

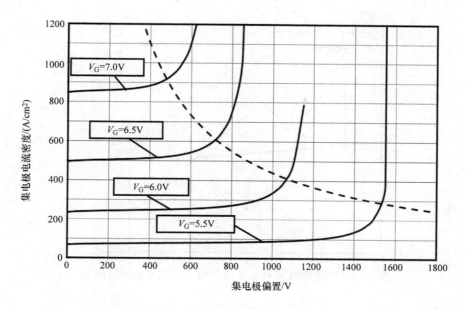

图 4.16 对称结构的 N 型 IGBT 器件正偏 SOA

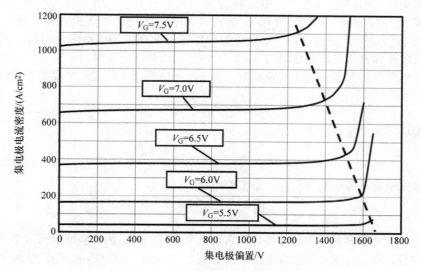

图 4.17 非对称结构的 N 型 IGBT 器件正偏 SOA

　　一般而言，IGBT 的 FBSOA 被三个条件限制，如图 4.18 所示[12]。图中实线为 N 型 IGBT 器件，虚线为 P 型 IGBT 器件。第一个限制条件是在低集电极偏置电压下的闩锁电流密度。第二个限制条件是器件的关态雪崩击穿电压。第三个限制条件是器件电流处于饱和区状态下的雪崩击穿电压。从图 4.18 中可以看到，P 型 IGBT 器件的闩锁电流密度是 N 型 IGBT 器件的两倍。这是因为在 P 型 IGBT 器件中，N 基区流过的电子电流迁移率高，导致 N 基区的方块电阻小。然而，P 型 IGBT 的 FBSOA 要比 N 型 IGBT 小很多。这是因为在 P 型 IGBT 中，电子电流占主导地位，并且电子的碰撞离化率要高于空穴一个数量级，所以 P 型 IGBT 电流处于饱和区状态下的雪崩击穿电压要小很多。因此在制造商业化器件时，需要在 P 型 IGBT 元胞拓扑中加入抑制碰撞离化的结构。

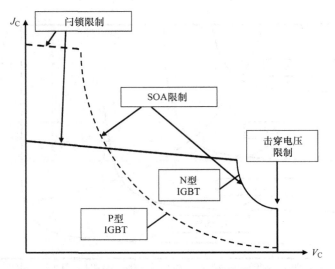

图 4.18 N 型 IGBT 器件和 P 型 IGBT 器件的正偏 SOA 对比

4.3.2 反偏 SOA

当栅极关断时，IGBT 器件电流-电压轨迹的限制被定义为反偏 SOA（RBSOA）。因为这种模式的栅压偏置为 0，对于 N 沟道的 IGBT 结构，在电压上升的时间里，集电极电流维持不变（空穴电流流过 N 区域）。在高电场下空穴以饱和漂移速度在空间电荷区中运动，集电极电压由跨在深 P + 区和 N 漂移区之间形成的结（J_2）上的空间电荷区所支撑。

当带有感性负载，且器件处于关断状态，那么空间电荷区中的空穴浓度由下式给出：

$$p_{SC} = \frac{J_{C,ON}}{qv_{sat,p}} \tag{4.24}$$

决定空间电荷区中电场分布的净正电荷为

$$N^+ = N_D + p = N_D + \frac{J_{C,ON}}{qv_{sat,p}} \tag{4.25}$$

那么与空间电荷区净电荷有关的雪崩击穿电压为

$$BV_{RBSOA} = \frac{5.34 \times 10^{13}}{(N^+)^{3/4}} \tag{4.26}$$

该击穿电压要小于背景施主浓度决定的雪崩击穿电压，这是因为空间电荷区中存在空穴正电荷的贡献。并且，BV_{RBSOA} 随着集电极电流密度的增加而减小。RBSOA 被 PNP 型晶体管的电流增益所限制。

在非平面的 N 基区结，由于电场集中，多晶硅的布图会影响 P 沟 IGBT 元胞结构中的碰撞电离。考虑如图 4.19 所示的 P 型 IGBT 器件。对于条形元胞拓扑，在 N 基区的边缘会形成一个圆柱结（如图中 A 位置），这会造成电场集中效应，使得该处的电场强度大于平面结。而多晶硅栅类似于一个场板，以缓和 PN 结表面的电场强度。因此，PN 结曲率使得 P 型 IGBT 的 RBSOA 减小。如果元胞采用圆形拓扑，如图 4.10c 和 d 所示，以图 4.19 中左边纵轴为轴旋转一周，那么 N 基区会形成更大面积的圆柱结，因而 RBSOA 会减小更多。如果元胞采用原子晶格拓扑，如图 4.10f 所示。以图 4.19 中右边纵轴为轴旋转一周，那么 N 基区会形成马鞍形结，有利于减小电场强度，因而使 RBSOA 增大。实验证明，相比于条形元胞，采用原子晶格拓扑的 P 型 IGBT 器件的 RB-SOA 会增加一倍[10]。该 RBSOA 的改进对于制造 P 型 IGBT 产品至关重要。

4.3.3　短路 SOA

IGBT 结构通常被用来控制从驱动器 DC 电源中传输到电机绕组的功率。在电机绕组中，如果绝缘材料出现问题，就会造成短路，如图 4.20 所示。直流电压直接加在IGBT的集电极上，而其栅极仍然处于开态。由于处于高压大电流状态，器件的耗散功率很大，器件温度急剧上升。在器件破坏性失效之前，所能承受的最大时间称为短路 SOA（Short Circuit SOA，SCSOA）或短路承受时间（Withstand Time，SCWT）[13]。在典型的电动机驱动电路中，检测短路现象并关断器件的时间是 10μs。因此，IGBT 的 SCSOA 需要至少 20μs，才能保证器件不被破坏。

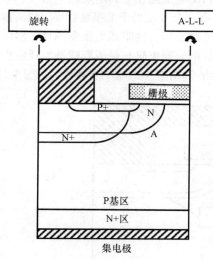

图 4.19　P 型 IGBT 器件

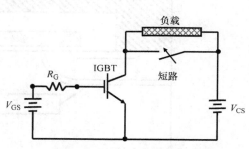

图 4.20　IGBT 短路工作条件

短路条件下 IGBT 栅极电压、集电极电流和器件温度的瞬态变化过程如图 4.21 所示。在初始阶段，器件处于饱和区，集电极电流 $I_{\rm C,SAT}$ 保持常数。实际上，由于器件温度升高，载流子迁移率减小，集电极电流会慢慢减小。当温度达到一个临界值 $T_{\rm CR}$ 时，器件会出现破坏性失效，同时集电极电流突然增大。在破坏性失效之前，器件所能承受的最大时间由下式计算[4]：

$$t_{\rm SCSOA} = \frac{(T_{\rm CR} - T_{\rm HS})W_{\rm Si}C_{\rm V}}{K_{\rm T}J_{\rm C,SAT}V_{\rm CS}} \qquad (4.27)$$

式中，$T_{\rm HS}$ 是器件初始温度；$W_{\rm Si}$ 是硅片厚度；$C_{\rm V}$ 是容积比热（硅材料，1.66J/cm^3·K），$K_{\rm T}$（约为 3.5）代表器件的非均匀温度系数。基于该公式，可以看出器件的 SCSOA 时间随集电极电压和饱和电流增加而减小。例如，一个 IGBT 器件的厚度为 200μm，集电极饱和电流密度为 500A/cm^2，电源电压为 400V，那么 SCSOA 时间为 20μs。

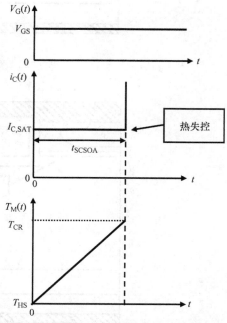

图 4.21　短路条件下 IGBT 栅极电压、集电极电流和器件温度的瞬态变化过程

4.4 新型硅器件结构

为了折中优化器件的导通电阻和 SOA 性能，提出了很多 IGBT 新结构。根据 IGBT 器件的工作原理，P – 基区/N – 漂移区结的空穴注入密度影响了 IGBT 器件导通压降的大小。而空穴注入密度由 P – 基区/N – 漂移区结的反偏电压所决定。因此，在 P 基区外增加一层较高掺杂浓度的 N 层，提高 PN 反偏电压，可以减小器件的导通电压降。该技术有别于传统的 JFET 注入，JFET 注入是在相邻 P 基区之间增加高浓度注入，以减小 MOSFET 电流路径上的电阻。

一种新型的平面型 IGBT 器件结构如图 4.22 所示，有一个 N 层处于 P 基区底部。较高掺杂浓度的 N 层会在 P 基区/N 漂移区结引入较大的电场，但是会减小器件的阻断电压和 SOA。然而，仔细优化 6.5kV IGBT 的 N 层掺杂浓度和深度，可以获得更好的导通电阻与每周期能量损耗的折中，但仍然维持一个良好的短路 SOA[14]。类似的方法可以应用在沟槽栅 IGBT 器件结构中，如图 4.23 所示。

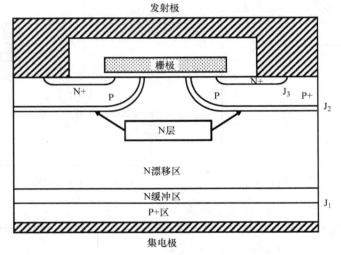

图 4.22　新型平面型 IGBT 器件结构

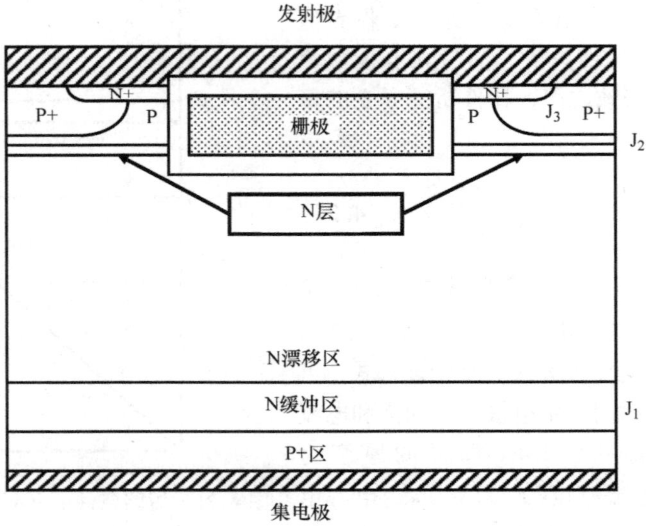

图 4.23　新型沟槽型 IGBT 器件结构

在 3.3kV 和 6.5kV 沟槽栅 IGBT 器件结构中，P 基区底部的 N 层的存在，也可以获得更好的导通电阻与每周期能量损耗的折中[15]。

4.5 碳化硅器件

近年来，智能微电网得到了快速的发展。智能微电网兼具使用可再生能源的能量产生、使用能量存储设备以平衡能量释放和以维持高质量电力的故障中断能力[16]。用于控制双向功率流的固态变压器正在不断发展。应用于固态变压器原边的半导体开关器件必须能工作在 15kV。如此高的工作电压下，SiC 功率 MOS 器件仍然有很大的特征导通电阻，所以并不适用[17]。最佳的适用器件是 SiC IGBT。

第 3 章中讨论了 SiC IGBT 的工作原理，阐明了 SiC IGBT 具有低导通电压降和极佳的开关特性。SiC IGBT 器件的 RBSOA 物理机制和 Si IGBT 器件一致，但是 SiC 器件的击穿电压很高。因此相比于 Si 器件，SiC 器件具有更好的 RBSOA[18]。对于一个 15kV 的非对称结构 Si IGBT 器件，漂移区掺杂浓度一般为 $3 \times 10^{12} \text{cm}^{-3}$，而 SiC IGBT 器件的漂移区掺杂浓度可以达到 $3 \times 10^{14} \text{cm}^{-3}$。

SiC IGBT 器件中漂移区掺杂浓度与空间电荷区中的空穴浓度接近，但是要比硅器件中的移动电荷密度小得多。所以，由于电流流动，空间电荷区中空穴的存在对 SiC 器件的击穿电压影响很小，如图 4.24 所示。从图中可以看出，SiC IGBT 的 RBSOA 远大于 Si IGBT。当集电极电流密度为 100A/cm^2 时，Si IGBT 的工作电压只能低于 2000V，而 SiC IGBT 的工作电压可以达到 10 ~ 12kV。在 SiC IGBT 器件中的 SOA 改进已经得到了实验验证。

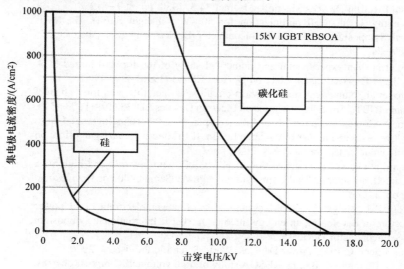

图 4.24 Si IGBT 和 SiC IGBT 的 RBSOA

4.6 总结

IGBT 被广泛应用于开关电路的一个主要原因是其具有极好的 SOA。相比于之前的双极型功率器件，这种 IGBT 可以在严苛的开关电路中使用，且不需要使用任何缓冲电路来防护器件。这可以减少很多昂贵的和体积庞大的保护元器件，从而提高系统的效率和可靠性。同时，非对称结构 IGBT 的 FBSOA 要优于对称结构 IGBT 的 FBSOA，并且在饱和电压降和开关损耗之间具有很好的折中。因此，绝大多数的 IGBT 产品均聚焦于非对称结构。

参 考 文 献

[1] B.J. Baliga, Gate Enhanced Rectifier. U. S. Patent 4,969,028, Filed December 2, 1980, Issued November 6, 1990.

[2] L. Knoll, et al., 20nm gate length schottky MOSFETs with ultra-thin NiSi/epitaxial source/drain, in: IEEE Conference on Ultimate Integration of Silicon, 2011, pp. 1—4.

[3] B.J. Baliga, M.S. Adler, Method of fabricating a semiconductor device with a base region having a deep portion. U. S. Patent 4,443,931, Issued April 24, 1984.

[4] B.J. Baliga, Fundamentals of Power Semiconductor Devices, Springer Science, New York, 2008.

[5] B.J. Baliga, et al., Suppressing latch-up in insulated gate transistors, IEEE Electron Device Letters EDL-5 (1984) 323—325.

[6] T.P. Chow, B.J. Baliga, M.F. Chang, The effect of channel length and gate oxide thickness on the performance of insulated gate transistors, in: IEEE 1985 Device Research Conference, Paper VIB-4, IEEE Transactions on Electron Devices, vol. ED-32, 1985, p. 2554.

[7] N. Thapar, B.J. Baliga, A new IGBT structure with a wider safe operating area, in: International Symposium on Power Semiconductor Devices and ICs, 1994, pp. 177—182.

[8] B.J. Baliga, et al., The insulated gate rectifier: a new power switching device, in: IEEE International Electron Devices Meeting, Abstract 10.6, 1982, pp. 264—267.

[9] H. Yilmaz, Cell geometry effect on IGT latch-up, IEEE Electron Device Letters EDL-6 (1985) 419—421.

[10] B.J. Baliga, et al., New cell designs for improved IGBT safe-operating-area, in: IEEE International Electron Devices Meeting, Abstract 34.5, 1988, pp. 809—812.

[11] V. Parthasarathy, et al., Cell optimization for 500-V n-channel IGBTs, in: IEEE International Symposium on Power Semiconductor Devices and ICs, Abstract 3.5, 1994, pp. 69—74.

[12] H. Hagino, et al., An experimental and numerical study of the forward biased SOA of IGBTs, IEEE Transactions on Electron Devices ED-43 (1996) 490—499.

[13] N. Iwamuro, et al., Numerical study of short-circuit safe operating area for p-channel and n-channel IGBTs, IEEE Transactions on Electron Devices ED-38 (1991) 303—309.

[14] M. Rahimo, A. Kopta, S. Linder, Novel enhanced-planar IGBT technology rated up to 6.5 kV for low losses and higher SOA capability, in: IEEE International Symposium on Power Semiconductor Devices and ICs, 2006, pp. 1—4.

[15] K. Nakamura, et al., The next generation of HV-IGBTs with low loss and high SOA capability, in: IEEE International Symposium on Power Semiconductor Devices and ICs, 2008, pp. 145—148.

[16] A.Q. Huang, B.J. Baliga, FREEDM system: role of power electronics and power semiconductors in developing an energy internet, in: IEEE International Symposium on Power Semiconductor Devices and ICs, 2009, pp. 9—12.

[17] B.J. Baliga, Silicon Carbide Power Devices, World Scientific Publishers, 2006.

[18] J. Wang, A.Q. Huang, B.J. Baliga, RBSOA study of high voltage SiC bipolar devices, in: IEEE International Symposium on Power Semiconductor Devices and ICs, 2009, pp. 263—266.

第 5 章　芯片设计、保护和制造

在第 3 章中，我们讨论了各种类型的绝缘栅双极型晶体管（IGBT）的基本制造工艺以及这些工艺带来的电学特性的改变。在本章中，我们将通过这些特性来描述如何设计适用于各种额定电流应用的 IGBT 芯片。为了制造有限尺寸的器件，用"边界终端"将 IGBT 元胞包裹起来是必需的。边界终端为产生电流的芯片内部与用来执行划片操作的、与晶圆中其他裸片隔离的裸片之间提供了过渡区。由于利用划片器切割芯片对半导体晶体产生的损坏非常大，所以这些损坏的区域必须和芯片中产生电流的"有源区"分割开，从而避免器件特性的损坏。在本章中，还介绍了如何确定芯片有源区、典型的 IGBT 终端边缘结构、版图上如何创建连接源极和栅极区域的压焊块以及 IGBT 芯片上的过电流、过电压、过温保护电路。

5.1　有源区

前面章节从元胞层面讨论了 IGBT 的工作模式以及设计方法。从前面章节可知，器件的结构和安全工作区域（SOA）等性能决定了器件的通态电压降以及每个周期的能量损耗。第 3 章中以横截面方式展示的器件元胞分布在芯片的"有源区"中，通态电流则是在这部分芯片中流动。

IGBT 通态电流密度由通态下 $i-v$ 特性曲线与通态功耗曲线的交叉点决定。图 5.1 展示了额定阻塞电压为 1200V 的对称结构的 IGBT 通态下的 $i-v$ 特性曲线和通态功耗曲线。此结构的漂移区宽度为 $200\mu m$，漂移区掺杂浓度为 $5 \times 10^{13} cm^{-3}$，具有四个低水平载流子寿命。如之前第 3 章讨论的一样，随着漂移区中载流子寿命的减小，漂移区中的电导调制效应将会降低，从而导致通态电压降增大。

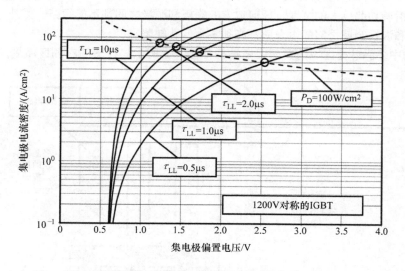

图 5.1　导通状态下对称结构 IGBT 的工作点

为了在满足特定应用要求的情况下减小芯片面积，使 IGBT 具有高通态电流密度是必要的。由于受有限的通态电压降的影响，通态电流密度的最大值受散热速率影响。为了保持长时间的稳

定性，IGBT 结温的最大值（$T_{\text{J,Max}}$）必须低于 200℃。最大允许功耗为

$$P_{\text{D,Max}} = \frac{T_{\text{J,Max}} - T_A}{R_\theta} \tag{5.1}$$

式中，T_A 为周围气体环境的温度；R_θ 为热阻。把典型的最大结温和热阻带入公式，得到的最大功耗约为 200W/cm²。假设一半的功耗都与开关损耗有关，则 IGBT 处于导通状态时的最大功率密度为 100W/cm²。通过保持电流密度和通态电压降的乘积不变，得到的功耗曲线如图 5.1 中的虚线所示。

通过取 IGBT 导通状态时的 $i-v$ 曲线与最大功耗限制曲线的交点的方式，我们可以得到 IGBT 导通状态下的工作点。在图 5.1 中，对于每种载流子寿命，这些工作点被用圆圈标明。很容易观察到，对于对称的 IGBT 结构，当漂移区载流子寿命为 10μs 时，通态电流密度接近 100A/cm²。随着载流子寿命的减小，通态电流密度也减小。当载流子寿命为 0.5μs 时，通态电流密度下降到 40A/cm²。值得指出的是，非对称的 IGBT 结构的导通特性明显优于对称的 IGBT 结构，致使非对称的 IGBT 结构的通态电流密度的典型值为 100A/cm²。

IGBT 有源区面积公式如下所示：

$$A_{\text{Active}} = \frac{I_L}{J_{\text{ON}}} \tag{5.2}$$

式中，I_L 为负载电流；J_{ON} 为通态电流密度。例如，如果用在调速驱动电路中的 IGBT 向电动机绕组提供 10A 的电流，那么有源区的面积应为 0.1cm²。对于正方形的芯片边界，相应的有源区的边长为 0.316cm×0.316cm（3160μm×3160μm）。在这个有源区内，IGBT 元胞平行排列。如果 IGBT 元胞的长度为 15μm，那么对于 0.316cm 的边界宽度来说，能平行排列 210 个元胞。这些线性元胞的总长度为 0.316cm。因此，所有平行排列的 IGBT 元胞的总宽度为（0.316×210）66.4cm（或者说接近 1m）。这个例子说明了典型的 IGBT 芯片中存在一个沟道长度为 1μm，宽度为 $6.6×10^5$μm，或者说宽长比接近 100 万的 MOSFET 区域。因此，器件的制造工艺必须确保在光刻过程中，沿着如此巨大的宽度，任何地方的栅极和源极之间都不能短路。另外，整个有源区中的多晶硅栅和源极金属之间的电介质都必须不含针孔缺陷。

IGBT 结构中多晶硅栅区域的典型版图结构如图 5.2 所示。在图的右侧区域展示了某个有源

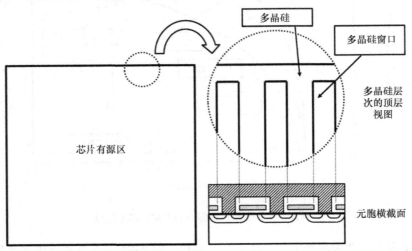

图 5.2　IGBT 芯片中有源区的设计

区边界附近的放大视图,用来显示版图的详细信息。值得注意的是,多晶硅窗口并未被一直延伸到有源区的边界,因为在边界处要形成水平的多晶硅条,以连接有源区内所有的垂直多晶硅条。由于多晶硅条的存在,栅信号能在所有有源区中进行传播。IGBT 结构的横截面图如图 5.2 右侧下方所示,此结构用来展示版图中多晶硅层次与横截面中多晶硅层次的关系。值得指出的是,为了使所有发射极区域连接在一起,发射极金属覆盖了整个有源区。这不仅避免了小尺寸金属线的使用,而且在芯片中保留了电流的垂直路径,从而减小了寄生电阻,削弱了有害电流集聚效应的影响。

5.2 栅极压焊块设计

由于 IGBT 是一个垂直的三端口器件,且它的集电极接触在芯片的底部,为了在封装过程中通过金属线把电极与引脚相连,有必要把栅极压焊块与发射极接触都放置在芯片的顶部。有两种常用的栅极压焊块的放置方法:第一种如图 5.3a 所示,此方法把栅极压焊块放置在芯片的某个角落;第二种方法如图 5.3b 所示,此方法把栅极压焊块放置在有源区的中心。除此之外,栅极压焊块能沿着芯片的任意边界进行放置,但在放置过程中需要考虑 IGBT 封装过程中对引线键合方案的影响。栅极压焊块的位置会影响 IGBT 的开关特性,紧邻栅极压焊块的有源区比远离栅极压焊块的有源区更早的接收到栅极信号。因此,IGBT 芯片在导通和截止状态之间转换时会产生不均匀的电流分布状态,从而使得电流集聚效应增强,芯片局部过热。对于芯片面积较大的芯片,为了确保 IGBT 在导通和截止状态之间转换时电流均匀分布,会用到从压焊块延伸到芯片远端的栅极总线 (gate bus lines)。

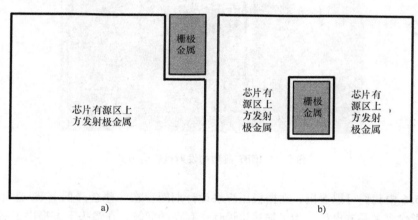

图 5.3 IGBT 栅极压焊块设计

a) 角落栅极压焊块设计 b) 中心栅极压焊块设计

栅极压焊块的大小由金属引线的直径和键合工艺决定。对于金线键合,为了适应产生的金属球,压焊块的宽度和长度一般为引线直径的两倍,如图 5.4a 所示。对于铝线楔形键合,栅极压焊块的设计规则使得压焊块的宽度为引线直径的两倍,压焊块的长度为引线直径的三倍,如图 5.4b 所示。

通常,我们使用多条分布在芯片整个有源区中的引线来把发射极与引脚相连,这点可以通过图 5.5 看出。图 5.5 展示了一款带有 6 个 IGBT 的模块,它的栅极压焊块位于 IGBT 芯片的一个角落中。有源区上方大量发射极引线键合的使用不仅减小了横跨芯片的电流流过的发射极金属的电

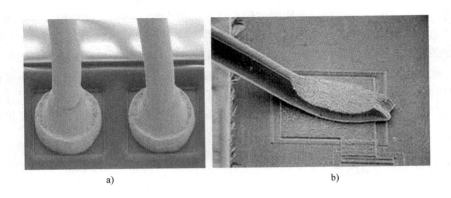

图 5.4　IGBT 典型栅极引线

a）球形金引线　b）楔形铝引线

阻，而且尽可能地维持了垂直电流的通路。

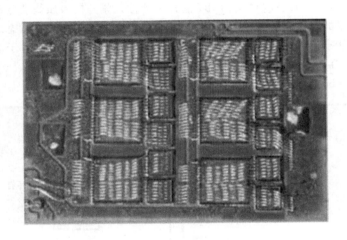

图 5.5　IGBT 典型的发射极键合方式

　　通过图 5.6 中我们可以看出，在栅极压焊块设计期间存在一些会降低 IGBT 性能的缺陷。图中，灰色阴影代表多晶硅电极。为了描述该设计中存在的问题，在箭头下方提供了器件的横截面图。第一，正如在 IGBT 元胞中所做的一样，栅极压焊块处的栅电极被放置在栅氧化层之上。这使得栅极－集电极之间的寄生电容大大增加，从而降低了 IGBT 的开关性能。第二，多晶硅叉指边缘处存在圆柱形曲面结，此结增强了该处的电场强度，从而降低了 IGBT 的安全工作区性能。这个问题在形成球状结的叉指尖角处（见图 5.6 中 B 点）更为严重。另外，由于栅极压焊块下方大量的空穴电流从 A 点处流入元胞，IGBT 中由电流引起的闩锁将会恶化。

　　通过使用如图 5.7 所示的栅极压焊块设计，上面提到的问题都能够避免。在此图中，IGBT 中的深 P＋区域被展宽到能够完全覆盖栅极压焊块下方的区域。这不仅消除了结曲率问题，还收集了栅极压焊块下的双极型电流，而且 C 点处发射结的移除不会使得电流引起的闩锁恶化。

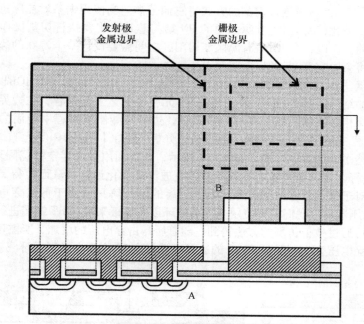

图 5.6　IGBT 中有缺陷的栅极压焊块设计

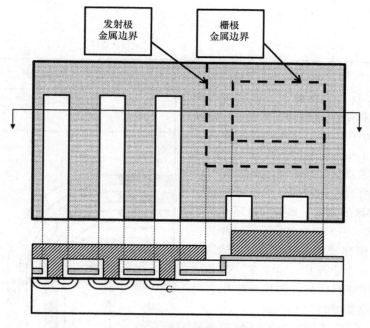

图 5.7　IGBT 芯片中纠正后的栅极压焊块设计

5.3　边界终端设计

由于所有的 IGBT 产品都具有有限的尺寸，在 IGBT 量产时，多个 IGBT 被制造在同一个直径为 6 ~ 8in[⊖] 的晶圆上，之后再通过切割的方式将它们分离。当使用锯条对晶圆进行切割时，硅晶体将被严重损坏。因此，将 IGBT 有源区中的 PN 结与芯片中将要执行切割操作的区域边界进行隔离是非常必要的。所以，在 IGBT 有源区和切割区之间需要设计一个特殊的边界终端。边界终端的结构和性能将会影响 IGBT 的正向阻塞电压能力。

本章参考文献 [1] 中提出了许多功率器件的边界终端设计。由于在 IGBT 量产过程中使用了结深相对较浅的结（小于 5μm），为了与 IGBT 元胞的制造工艺兼容，在边界终端设计中也需要使用类似的结深相对较浅的结。在理想情况下，边界终端制造过程中使用的工艺步骤应该与 IGBT 元胞制造过程中使用的工艺步骤一致。经过分析，图 3.1 中的 IGBT 元胞结构中的深 P + 区域最适合用来制造平面的边界终端。如图 5.8 所示，通常利用多个浮空的场限环和场板来对 IG-BT 的边缘终端进行设计。场限环之间的距离必须进行最优化设计，从而使得 x 方向的电场分布尽可能的均匀。对于单个浮空的场限环，最优距离的解析解只适用于低击穿电压器件[2]。由于 IGBT 是高击穿电压器件，我们需要使用多个场限环以及场板来对 IGBT 终端进行设计。场限环间距的最优值一般可通过数值仿真的方法得到。随着所需击穿电压的增加，所需场限环的数目也要增加。例如，击穿电压为 3300V 的 IGBT 的边界终端具有 22 个浮空的场限环[3]。

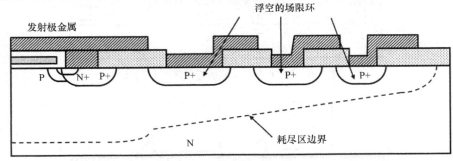

图 5.8　具有平面栅极的 IGBT 的典型边界终端设计的横截面图

IGBT 芯片的右上角如图 5.9 所示。在图中，部分浮空的场限环区域用阴影标记出来，以便更容易识别出场限环的位置。尽管损失了一些面积，但为了使得电场分布稀疏，我们对芯片拐角处进行了圆化处理。在拐角处设计的过程中，最好使得最内侧的圆环半径至少等于 IGBT 结构中漂移区的宽度。典型的圆环半径在 100 ~ 200μm 之间。图 5.9 中也展示了划片的位置，制造工艺步骤完成后，在此处进行划片，芯片将被分割成一个个裸片。通常在此处进行 N + 扩散用作沟道停止区域。芯片与芯片之间的划片通道的典型宽度约为 100μm。

对于沟槽栅 IGBT 结构，为了避免在栅氧化层处产生高电场强度，必须要对芯片边缘处的沟槽栅拐角处进行特殊设计。通过使用图 5.10 所示的结构能够解决此问题。在此结构中，P + 区域与环绕器件边缘的发射极电极以及有源

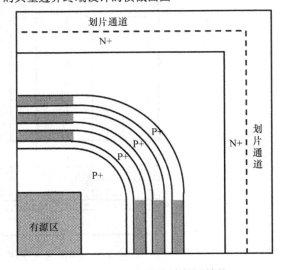

图 5.9　IGBT 边界终端版图结构

⊖　1in = 0.0254m，后同。

区边界处的沟槽栅底部相连[4,5]。

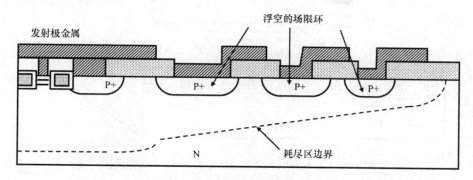

图 5.10 沟槽栅 IGBT 典型边界终端设计的横截面图

5.4 集成传感器

当在应用中对 IGBT 进行操作时，通常使用嵌入在电力电子系统中的传感器来监测电路的运行情况。为了防止电流、电压、温度超过规定的参数，最好把相应的电流传感器、电压传感器、温度传感器集成在 IGBT 芯片中。本节将对集成在 IGBT 芯片中的传感器进行讨论。

5.4.1 过电流保护

在 20 世纪 80 年代末，人们制造出了第一个含有电流传感器的 IGBT 芯片。在此之前，都是通过在 IGBT 发射极引线处串联监测电阻来实现对电流监测的目的。这个方法存在两个问题：第一，由于全部负载电流流过监测电阻，导致了大量的功率浪费，从而降低了效率；第二，监测电阻上的电压降减小了栅极与发射极之间的电压差，从而提高了 IGBT 的通态电压降。这些问题可以通过在 IGBT 芯片中集成电流传感器或者“试点”来解决。

对于功率 MOSFET 器件，可以通过使用传感器监测少数有源区元胞中的电流来实现电流监测的目的，这些有源区元胞的源极金属接触孔将从主元胞的源极中分离出来[5,6]。这个方法必须考虑封装带来的寄生电阻引起的误差。对于 IGBT 也可以采用相同的办法，即把部分 IGBT 元胞从主有源区中分离出来，并对这部分区域的电流进行监测。这个方法也被称为“有源区 IGBT 电流传感器法”。然而，对于 IGBT 还有两个可供选择的选项，即传感器区域不包含 MOS 沟道，这也被称为“双极型电流监测”和传感器区域中的接触孔仅与 N + 区域相连，这也被称为“MOS 电流监测”。当 IGBT 处于额定通态电流工作状态时，一般选取电流大约为 10mA 的区域作为电流监测区域。如果 IGBT 通态电流密度为 $100\text{A}/\text{cm}^2$ 时，对应的电流监测区域面积为 $1 \times 10^{-4}\text{cm}^2$。

图 5.11 展示了带有集成有源区电流监测区域的 IGBT 芯片的横截面图。在图中，电流监测区域中的元胞和主元胞的结构完全一致，监测金属接触孔不仅与 N + 发射极区域相连，而且与 P 基区相连。因此，有源监测区中的电流由从 PNP 型晶体管流入的双极型电流和从 MOS 沟道流入的MOS 电流这两部分构成。为了使电流监测区域的元胞和主元胞同时导通，它们的栅极必须连接在一起。

图 5.12 展示了带有双极型电流监测区域的 IGBT 芯片的横截面图。相比于主元胞结构，电流监测区域中的元胞结构中的 N + 区域被省略了。所以，双极型电流监测区域中的电流仅由 PNP 型晶体管流入的双极型电流构成，而不含任何 MOS 沟道电流。这个方法也被称为“双极型 IGBT 电

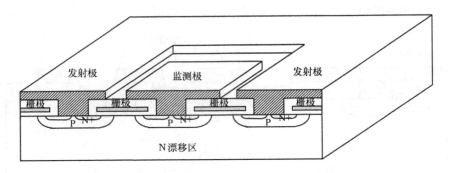

图 5.11　带有有源电流监测区域的 IGBT 的典型设计

流传感器法"。

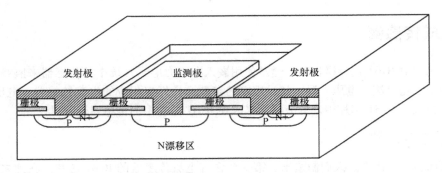

图 5.12　带有双极型电流监测区域的 IGBT 的典型设计

图 5.13 展示了带有 MOS 电流监测区域的 IGBT 芯片的横截面图。相比于主元胞结构，电流监测区域中的元胞结构中的监测金属接触孔仅与 N + 区域相连，而不与 P 型基区相连。所以，MOS 监测区域中的电流仅由 MOS 沟道电流构成。这个方法也被称为"MOS IGBT 电流监测法"。

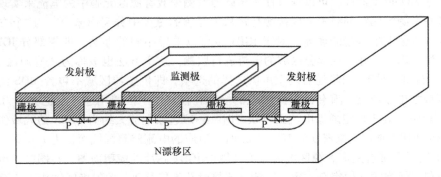

图 5.13　带有 MOS 电流监测区域的 IGBT 的典型设计

IGBT 芯片中的电流监测一般用来在负载短路的情况下（如电动机绕组短路等），为芯片提供过电流保护。当监测到 IGBT 芯片中的电流超过几倍的额定通态电流时，必须要关闭栅极驱动电压来避免器件达到最大可承受的结温。图 5.14 展示了可变速的电动机驱动中带有 H 桥转换器的典型桥接电路[7]。在此电路中，通过控制逻辑模块使IGBT导通和截止来产生反馈到电动机绕组中的输出电压（V_{OUT}）波形，上半部分 IGBT 器件的控制信号电压必须能够移位到直流电源电压。IGBT 中的监测电极与监测电阻（R_s）相连，通过栅极驱动电路对监测电阻的电压降进行监测来达到电流监测的目的。如果监测电阻两端的电压超过额定值，那么栅极驱动器将通过给控制电机运转的微处理器送入跳闸信号来中断 IGBT 产生栅极驱动信号，从而实现过电流保护。

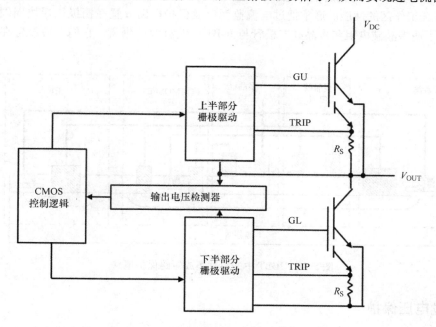

图 5.14　IGBT 芯片中的电流监测电路

为了使电流监测更为有效，我们需要使从监测区域流出的电流与主集电极电流成比例。上述三种类型的监测区域的电流都满足此条件[8,9]。如图 5.15 所示，有源区电流监测区域的线性度最好。另外，为了保证监测电极的电压小于 50mV，与传感器电极串联的电阻器电阻值必须足够小。除此之外，人们还对监测电流的温度特性进行了研究[10]。MOS 电流传感器区域的电流最小变化量也已经被观察到。

在之前的讨论中，如图 5.14 所示，用于监测过流以及关断 IGBT 的电路位于控制芯片中。如果在 IGBT 芯片上单片集成过电流保护电路，则能更好实现短路保护功能[11]。同时，这个方法还减小了短路时 IGBT 的饱和电流，从而使得 IGBT 具有良好的短路安全工作区性

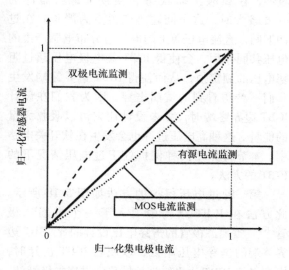

图 5.15　IGBT 芯片中各种电流传感器电流监测线性度

能。图 5.16 中展示的单片集成短路保护电路的等效电路如图 5.17 所示。在电路中，电流监测传感 IGBT 和多晶硅电阻（R_s）一起被用来产生横向 MOSFET 的栅极驱动电压。当电路发生短路时，传感电流增加直到监测电阻 R_s 两端电压超过横向 MOSFET 的阈值电压，横向 MOSFET 开启。

这使得主 IGBT 元胞和监测 IGBT 元胞的栅极电压被钳位在小于 IGBT 处于通态时正常的栅极驱动电压。通常，在此过程中，IGBT 的栅极电压从通态的 15V 减小到 8V。IGBT 栅极电压的减小大大降低了短路时主 IGBT 元胞的饱和电流，探测到短路状态并适时关断 IGBT 避免烧毁，提高了 IGBT 短路安全工作区的性能。通常把过电流监测以及保护电路放置在栅极压焊块周围。值得注意的是，为了使多晶硅电阻和多晶硅二极管与 IGBT 中的有源区隔离，它们均被放置在场氧化层之上。

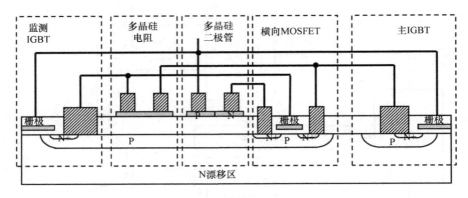

图 5.16　IGBT 中的单片集成短路保护电路

5.4.2　过电压保护

在电路工作状态转换期间，由于分布电感产生的高电压的存在，IGBT 集电极可能承受电压过冲。在高频工作状态转换期间，当器件的 $\mathrm{d}I/\mathrm{d}t$ 较大时，这个问题将变得更为严重。在过冲期间，直流电压源上的电压与分布电感产生的电压共同作用，会使得 IGBT 集电极电压超过阻塞电压的额定值，从而使得 IGBT 边界终端发生我们不希望看到的雪崩击穿。因为我们在设计 IGBT 边界终端时，并未设计让它可以吸收大量的能量。这种高电压过冲也会发生在软开关电路中。本节将介绍两种保护处于过电压情况下的 IGBT 的方法。

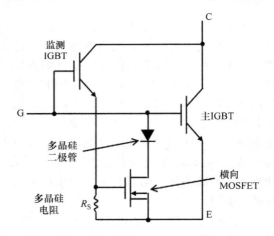

图 5.17　在短路期间限制饱和电流的电路

第一种过电压保护的方法如图 5.18 所示。此方法在 IGBT 结构中引入了一个雪崩二极管[12]。雪崩二极管的击穿电压设计的比 IGBT 边界终端的击穿电压略低，以便当 IGBT 击穿时，击穿点从 IGBT 边界终端处转移到雪崩二极管处。由于雪崩二极管的击穿电压取决于结的曲率半径、结之间的距离（W_S）以及 P 区注入窗口拐角处的半径，所以我们可以通过对这三部分进行调整来改变雪崩二极管的击穿电压[13]。

图 5.18 中展示的过电压保护方法的等效电路如图 5.19 所示。此电路包含了控制或驱动 IGBT 电路中的电阻。当 IGBT 集电极电压超过雪崩二极管的击穿电压时，流过雪崩二极管的电流从正偏的多晶硅二极管流向栅极驱动电路中的电阻（R_G）。当栅极电阻两端的电压超过 IGBT 的阈

值电压时，IGBT 开启，电流流过发射极。因此，在产生电压过冲的电感电路泄放存储能量的过程中，击穿电流没有全部流过雪崩击穿路径。为了保证 IGBT 正常工作期间，栅极驱动电路为栅极提供正偏置时，栅极驱动电流不流过雪崩二极管，我们在电路中增加了一个多晶硅二极管。研究发现，相比于未带过电压保护的 IGBT，这种带有单片集成过电压保护的 IGBT 能够多承受 4 倍的能量[13]。

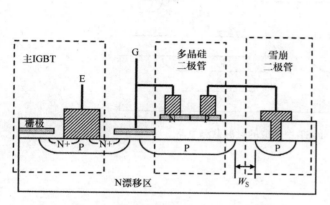

图 5.18　IGBT 中的单片集成的过电压保护电路

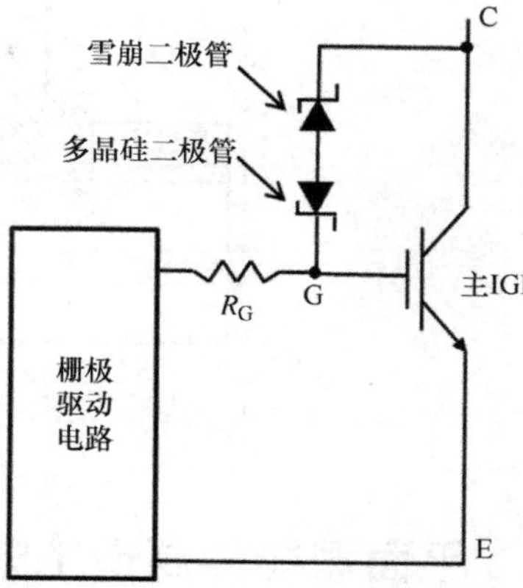

图 5.19　IGBT 中的过电压保护电路

　　图 5.20 展示了另一种过电压保护的方法。此方法在 IGBT 结构中集成了带有浮空源区的 JFET 结构。当集电极电压增大时，JFET 中 P 区域周围的耗尽区延伸到 N + 源区的下方，从而使 N + 源区与集电极电压屏蔽。研究发现，浮空源区的电压与集电极偏置电压一致[3]。因此，通过把 N + 区域的电压馈送到监测过压情况的片外控制电路中，使其产生栅极电压偏置来开启 IGBT，便能消耗分布电感中存储的能量。

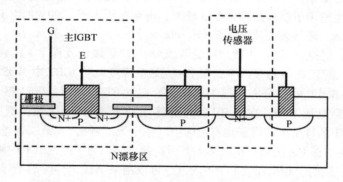

图 5.20　IGBT 中的另一种单片集成的过电压保护电路

5.4.3　过温保护

　　为了避免电流引起的闩锁效应产生的故障，我们需要保持 IGBT 的最大结温小于 200℃。我们可以通过测量 PN 结二极管的正向导通电压降来监测器件的温度。此二极管可以采用与下方半导体区隔离，制造在厚场氧化层上的多晶硅二极管[14]。在恒定导通电流的情况下，随着温度的升高，PN 结二极管的正向导通电压降会减小[1]。过温监测实现方案如图 5.21 所示，恒定的电流从外部电路流入多晶硅二极管，通过监测二极管两端的电压来达到温度监测的目的。当多晶硅二极管两端的电压低于最大允许温度对应的电压值时，栅极驱动电路将关断 IGBT 器件，从而实现过温保护。这个过温监测多晶硅二极管通常位于发射极区域之外以便与外接电流源相连[14]。

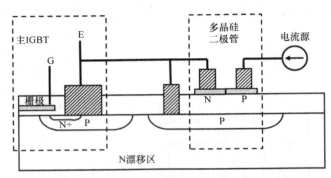

图 5.21　IGBT 中集成的过温监测电路

5.5　平面栅器件制造工艺

在批量制造 IGBT 芯片的过程中，存在许多可能的工艺变化。本节介绍了典型的 DMOS 工艺流程。在工艺流程中，结深最大的区域通常首先形成，紧接着相继形成结深较浅的区域。对于低击穿电压的 IGBT 芯片（ < 1200V），由于漂移区的厚度为 50μm，所以通常先在重掺杂的 P 型衬底上生长 N 漂移区。在批量制造的过程中，厚度为 300μm 的晶圆片较为稳定且不易破损。对于非对称阻塞器件，首先形成邻近 P + 衬底的 N 缓冲层，紧接着形成 N 漂移区。鉴于现代设备能够在批量制造过程中处理非常薄的晶圆片，我们将厚度为 50 ~ 100μm 的体硅晶圆片应用于 IGBT 芯片的制造中。在此方案中，通过在晶圆背面（IGBT 的集电极侧）进行离子注入和扩散，形成了缓冲层。这种方法也适用于制造漂移区厚度较大，击穿电压大于 1200V 的 IGBT 芯片。典型的缓冲层厚度为 5 ~ 10μm，最终表面浓度为 $5 \times 10^{17} cm^{-3}$。

IGBT 芯片正面（发射极侧）扩散最深的区域为 JFET 区域以及深 P + 区域。深 P + 区域的典型结深为 4 ~ 5μm，JFET 区域必须延伸到深 P + 区域的深度以防 IGBT 中 MOS 电流分量减小。图 5.22a 展示了 IGBT 芯片中小部分有源区的横截面。在 IGBT 芯片中，JFET 区域存在于整个有源区中。为了避免击穿电压下降，在 IGBT 的边界终端处不含 JFET 区域。所以需要一块掩膜版（Mask 1）来将 JFET 的掺杂区域限制在有源区中（图中无法看出）。第二块掩膜版（Mask 2）用来定义 IGBT 芯片中的深 P + 区域。正如第 4 章讨论的一样，为了抑制 IGBT 中的闩锁效应，必须要使用深 P + 区域。同时，相同深度的 P + 区域还可以用来形成边界终端中浮空的场限环。第二块掩膜版中定义的光刻胶也能被用在边界终端中的场氧化层刻蚀中。深 P + 区域通常通过剂量为 $10^{16} cm^{-2}$ 的硼离子注入形成。

在 P + 区域扩散步骤完成后进行栅氧化层的生长。在此步骤中，通常使用生长高质量栅氧化层的常用方法来生长栅氧化层。栅氧化层形成后进行多晶硅栅的淀积。在此之后，对 P 基区以及 N + 发射极区域进行的高温扩散步骤，会降低 MOS 沟道区域的界面性能。图 5.22b 中展示了使用掩膜版 3 后形成的带有多晶硅层次的器件横截面图。为了抑制栓锁，需要将多晶硅层和之前制造的 P + 区域之间进行良好的对齐。为了得到较低的通态电压降，必须对 IGBT 元胞中多晶硅栅的宽度进行优化。

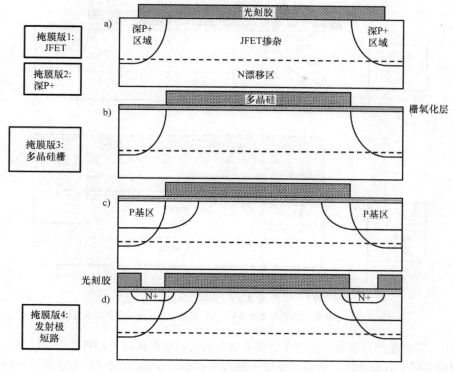

图 5.22　平面栅 IGBT 结构的制造工艺（一）

a）JFET 与深 P + 扩散后的横截面图　b）多晶硅栅形成后的横截面图

c）P 基区扩散后的横截面图　d）N + 扩散后的横截面图

如图 5.22c 所示，通过把多晶硅栅当作掩膜版（即这步不使用掩膜版），进行硼离子注入，形成 P 基区。为了避免硼离子穿过多晶硅，硼离子的注入能量必须足够低。P 基区硼离子的注入剂量约为 $10^{14} cm^{-2}$，结深在 $2.5 \sim 3 \mu m$ 之间，表面浓度在（$3 \sim 5$）$\times 10^{17} cm^{-3}$ 之间。在 P 基区扩散之后，如图 5.22d 所示，使用掩膜版 4 形成 N + 发射区。由于 N + 发射区自对准于多晶硅栅的边缘，所以只有在多晶硅窗口的中间 N + 发射区与 P 基区短接的地方才需要使用光刻胶掩膜版。如果 N + 发射区使用了高剂量（剂量范围为 $10^{15} cm^{-2}$）的磷离子注入，那么它的扩散条件将会使得 N + 发射区的结深达到 $1 \mu m$，从而导致 IGBT 中 MOS 沟道长度在 $1.5 \sim 2 \mu m$ 之间。

在 N + 发射区扩散完成后，通过使用低压化学气相淀积工艺（LPCVD）在芯片表面淀积一层隔离金属的电介质。这层电介质的材料通常是二氧化硅或者磷硅玻璃。为了避免栅极和源极之间的短路，这个层次必须没有针孔。另外，这个层次必须是保角的，并且覆盖多晶硅的边缘。如果此工艺在边缘处形成的金属间电介质的厚度较薄，那么受 IGBT 芯片中多晶硅边缘宽度较大的影响，可能会发生大量栅极和源极短路的情况。如图 5.23a 所示，为了在元胞中产生接触孔窗口，需要使用掩膜版 5 对金属间电介质进行刻蚀。在批量制造 IGBT 的工艺过程中，此步骤通常限制了 IGBT 的良率。因为，如果接触孔窗口没有精确地与多晶硅边缘对齐，那么，接触孔窗口将与多晶硅栅重叠，从而导致栅极与发射极短路，芯片失效。另外，接触孔窗口必须同时开在 P + 区域和 N + 发射极区域之中，以便能够通过其使这两个区域短路，来达到抑制闩锁效应的目的。

如图 5.23b 所示，为了引出 IGBT 元胞中的发射极，在接触孔窗口形成后将进行金属铝淀积。

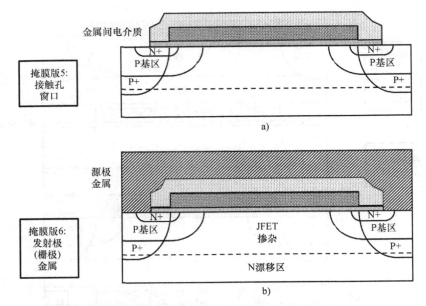

图 5.23　平面栅 IGBT 结构的制造工艺（二）

a）金属间电介质淀积后的横截面图　b）发射极金属淀积后的横截面图

在此步骤中，需要使用掩膜版 6 来定义需要金属铝的发射极区域以及栅极压焊块区域。为了减小 IGBT 发射极金属引线的电阻，金属的厚度一般为 4～5μm。同时，为了避免金属下方的器件结构被有源区上焊接金属线产生的应力所破坏，金属厚度必须足够厚。在金属铝淀积完成后，为了减小 P+ 和 N+ 区域的接触电阻，接触区需要在 450℃ 的氮氢混合气体环境下退火。在此之后，进行在晶圆背面形成集电极接触孔，以及淀积金属的操作。因为 IGBT 芯片底部需要焊接在封装体或者模块上，此处金属通常使用多层堆叠的钛金属（2000Å），镍金属（5000Å），金或者银（2000Å）。在封装期间，此金属层次为焊锡和芯片提供了良好的浸润效果。最后，通常通过等离子增强化学气相淀积（PE - CVD）在芯片表面淀积一层氮化硅。为了进行引线键合，这个层次需要使用额外的掩膜版来使发射极和栅极压焊块暴露出来。

5.6　沟槽栅器件制造工艺

本节介绍了典型的沟槽栅 IGBT 芯片的制造工艺流程。此工艺流程中使用的器件的初始材料与 DMOS 或者平面栅 IGBT 器件所使用的初始材料类似。在工艺流程中，结深最大的区域通常首先形成，紧接着相继形成结深较浅的区域。在沟槽栅 IGBT 芯片正面（发射区侧），扩散最深的区域为深 P+ 区域。深 P+ 区域的典型结深为 4～5μm。在工艺流程中，第一块掩膜版用来定义边界终端区域以及需要移除场氧化层的有源区。第二块掩膜版（Mask 2）用来定义 IGBT 芯片中的深 P+ 区域。图 5.24a 展示了这一工艺步骤下 IGBT 芯片小部分有源区的横截面图。正如第 4 章讨论的一样，为了抑制 IGBT 中的闩锁效应，必须要使用深 P+ 区域。同时，相同深度的 P+ 区域还可以用来形成边界终端中浮空的场限环。深 P+ 区域通常通过剂量为 10^{16} cm^{-2} 的硼离子注入形成。

之后形成 P 基区，如图 5.24b 所示，通过把之前步骤产生的场氧化层当作掩膜版（即，这步不使用掩膜版），进行硼离子注入，形成 P 基区。在离子注入时，通常使用一层厚度为 250Å 的

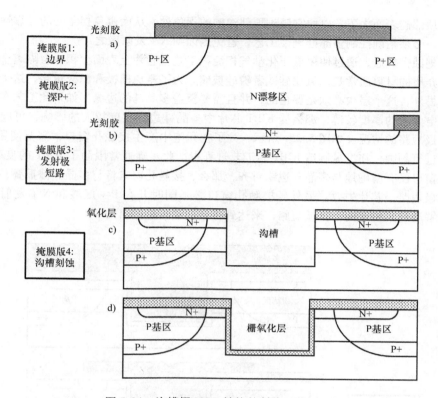

图 5.24   沟槽栅 IGBT 结构的制造工艺（一）

a）深 P + 扩散后的横截面图   b）P 基区和 N + 发射区扩散后的横截面图
c）沟槽刻蚀后的横截面图   d）栅氧化层生长后的横截面图

遮蔽氧化层（未在图中显示）来避免沟道效应的产生。P 基区硼离子注入的剂量约为 $10^{14}\,cm^{-2}$，结深在 $2.5 \sim 3\mu m$ 之间，表面浓度在 $(3 \sim 5) \times 10^{17}\,cm^{-3}$ 之间。在 P 基区扩散之后，如图 5.24b 所示，使用掩膜版 3 形成 N + 发射区。如果 N + 发射区使用了高剂量（剂量范围为 $10^{15}\,cm^{-2}$）的磷离子注入，那么它的扩散条件将会使得 N + 发射区的结深达到 $1\mu m$，从而导致 IGBT 中 MOS 沟道长度在 $1.5 \sim 2\mu m$ 之间。此工艺步骤还会在硅表面形成一层在沟槽刻蚀步骤中充当掩膜版的厚氧化层。

接下来进行沟槽刻蚀，第四块掩膜版用来定义沟槽的位置，如图 5.24c 所示。这块掩膜版必须与之前的 N + 发射区掩膜版对齐。在此工艺步骤中，通过反应离子刻蚀（RIE）对沟槽进行刻蚀。为了得到垂直的沟槽侧壁，通常在刻蚀过程中使用氟基气体，如 SF_6 加氧气。使用反应离子刻蚀工艺会带来一些问题，如沟槽侧壁和底部损坏，这将大幅度降低 IGBT 结构中 MOS 沟道的性能。实验表明，通过"牺牲氧化层"的生长和去除，能有效地降低反应离子刻蚀带来的损伤[15]。"牺牲氧化层"的厚度通常在 $2000 \sim 4000\text{Å}$ 之间，此厚度需要视反应离子刻蚀工艺造成的损伤程度来确定。但需注意，"牺牲氧化层"工艺会影响 MOS 器件的可靠性[16]。消除了沟槽侧壁中反应离子刻蚀带来的损伤后，将进行栅氧化层的生长，如图 5.24d 所示。为了确保沟槽侧壁和底部氧化层均匀生长，必须对栅氧化层生长工艺进行最优化设计。

栅氧化层生成后，将通过保角的化学气相淀积工艺进行多晶硅栅层次的淀积，如图 5.25a 所示。此工艺步骤必须确保沟槽无空隙完全填充。之后将进行多晶硅的平面化，即减小多晶硅的厚度，如图 5.25b 所示。在图 5.25b 中还需要借助掩膜版 5 来实现对多晶硅的刻蚀。有时，会把多晶硅凹陷到顶部硅表面之下，以便它越过顶部沟槽的拐角处，从而避免拐角处的可靠性问题。在这种情况下，必须精确控制多晶硅刻蚀工艺，避免刻蚀到 N + 发射区之下。

　　多晶硅刻蚀完成后，通过使用低压化学气相淀积工艺在芯片上表面淀积一层隔离金属的电介质。这层电介质的材料通常是二氧化硅或者磷硅玻璃。为了避免栅极和源极短路，这个层次必须没有针孔。另外，这个层次必须是保角的，并且需要覆盖多晶硅的边缘。如果此工艺在边缘处形成的金属间电介质的厚度较薄，那么受 IGBT 芯片中多晶硅边缘宽度较大的影响，可能会发生大量栅极和源极短路的情况。如图 5.25c 所示，为了在元胞中产生接触孔窗口，需要使用掩膜版 6 对该电介质进行刻蚀。在批量制造 IGBT 的工艺过程中，此步骤通常限制了 IGBT 的良率。因为，如果接触孔窗口没有精确地与多晶硅边缘对齐，那么，接触孔窗口将与多晶硅栅重叠，从而导致栅极与发射极短路，芯片失效。另外，接触孔窗口必须同时开在 P + 区域和 N + 发射极区域之中，以便能够通过其使这两个区域短路，来达到抑制闩锁效应的目的。

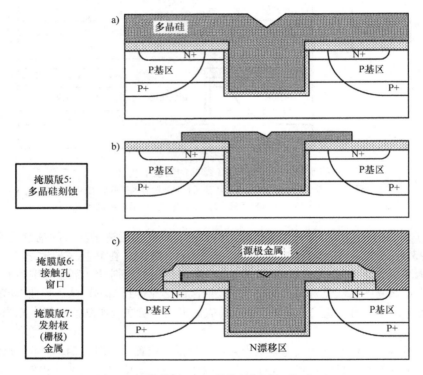

图 5.25　沟槽栅 IGBT 结构的制造工艺（二）
a）多晶硅淀积后的横截面图　b）多晶硅刻蚀后的横截面图　c）发射极金属淀积后的横截面图

　　如图 5.25c 所示，为了引出 IGBT 元胞中的发射极，在接触孔窗口形成后将进行金属铝淀积。在此步骤中，需要使用掩膜版 7 来定义需要金属铝的发射极区域以及栅极压焊块区域。为了减小 IGBT 发射极金属引线的电阻，金属的厚度一般为 4 ~ 5μm。同时，为了避免金属下方的器件结构被有源区上压焊金属引线产生的应力所破坏，金属厚度必须足够厚。在金属铝淀积完成后，为了减小 P + 和 N + 区域的接触电阻，接触区需要在 450℃ 的氮氢混合气体环境下退火。在此之后，在晶圆背面进行覆盖集电极接触层，以及淀积金属的操作。因为 IGBT 芯片底部需要焊接在封装体或者模块上，此处金属通常使用多层堆叠的钛金属（2000Å）、镍金属（5000Å）、金或者银（2000Å）。在封装期间，此金属层次为焊锡和芯片提供了良好的浸润效果。最后，通常通过等离子增强化学气相淀积工艺在芯片上表面淀积一层氮化硅（通常称为"防刮玻璃"）。为了进行引线键合，这个层次需要使用额外的掩膜版来使发射极和栅极压焊块暴露出来。

5.7 寿命控制

当 IGBT 结构首次被提出时，由于没有能够调整控制开关损耗的漂移区少子寿命的方法，怀疑者认为该器件的应用范围非常有限[17]。在 IGBT 出现之前，功率半导体器件被分为单极型器件（如不需要进行少子寿命调整的功率 MOSFET）和双极型器件（如必须进行少子寿命控制的 PiN 整流器和晶闸管）。对于双极型器件，通常在 800 ~ 900℃ 的情况下通过扩散的方式引入深层次杂质（如金[18]和铂[19]）来进行少子寿命控制。由于扩散温度超过了铝的熔点（660℃），所以此步骤需要在铝淀积之前完成。此工艺步骤存在许多缺点，如会对生产线造成污染等。在 1975 年，有人提出了用 2MeV 能量的电子辐射控制硅功率二极管中少数载流子寿命的方法[20]。这种方法具有能在室温下进行、精度高、在辐射期间能监测电子束剂量等优点。同时，电子辐射方法中使用的工艺步骤与控制硅功率二极管特性的方法中使用的工艺步骤兼容[21]。

不幸的是，这些少子寿命控制方法不能应用在栅控 MOS 器件之中。在金和铂工艺中，这些杂质会被半导体和栅氧化层之间的交界面隔离，使得在栅氧化层中产生能够改变器件阈值电压的负电荷[22]。在电子辐射工艺中，由于栅氧化层和半导体界面中正电荷的产生，N 沟道器件的阈值电压将变成负数[23]。基于上述情况，这些方法不仅不能控制 IGBT 结构中的少子寿命，而且会使器件只能在更低频率的电路中工作。

幸运的是，通过与低温退火（150 ~ 200℃）工艺结合，电子辐射工艺不仅能够减少硅中少子的寿命，而且不会损伤栅氧化层[24,25]。此工艺首先用在功率 MOSFET 体硅二极管的反向恢复中，随后被应用在控制 IGBT 的开关速度中。使用了改进后的电子辐射工艺的 IGBT 的通态特性与图 5.1 中展示的 IGBT 的通态特性相似。当电子辐射的剂量增加时，IGBT 的通态电压降将会增加。同时，IGBT 集电极电流的关断时间将会减少[26,27]。集电极电流关断时间的减少会使得每个周期内 IGBT 的能量损耗降低，从而允许器件在高频率下更有效率的工作。由于不能同时得到低通态电压降和低关断时间，所以在使用电子辐射方法时，我们需要对通态电压降和每个周期内损耗的能量进行折中[28]。

通过在击穿电压为 600V 的对称阻塞 IGBT 结构中进行能量为 3MeV 的电子辐射，首次证实了电子辐射能够控制 IGBT 的开关速度[27]。图 5.26 展示了这项工作的结果。在图中，集电极电流的关断时间被描绘为电子辐射剂量的函数。图中观察到的现象能通过下式进行解释：

$$\frac{1}{t_{OFF}} = \frac{1}{t_{OFF,0}} + K_{ER}\phi_{ER} \tag{5.3}$$

式中，t_{OFF} 是电子辐射后的电流关断时间；$t_{OFF,0}$ 是电子辐射前（或者辐射剂量为 0）的电流关断时间；ϕ_{ER} 是电子辐射的剂量；系数 K_{ER} 取决于电子辐射的能量。对于能量为 3MeV 的电子辐射，系数 K_{ER} 的值为 0.25μs^{-1}/Mrad。电子辐射前的少子寿命取决于 IGBT 漂移区中残留的杂质浓度，典型值在 10 ~ 20μs 之间。

对于非对称的 IGBT，产生集电极尾电流的少数载流子位于缓冲层附近或者缓冲层中。在这种情况下，我们可以有选择性地减少这部分漂移区中的少子寿命，从而降低每个周期内 IGBT 的能量损耗。这可以通过使用质子或者氦注入来实现。例如，对于击穿电压为 1200V，漂移区厚度约为 120μm，漂移区下方缓冲层厚度为 10μm 的非对称 IGBT 结构，通过能量为 18MeV 的氦离子注入，可有选择性地减少缓冲层附近漂移区中的少子寿命。图 5.27 展示了电

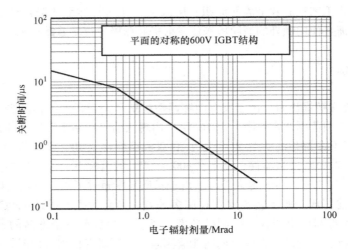

图 5.26　IGBT 中的电子辐射工艺

子辐射以及氦注入下 IGBT 关断时间 – 通态电压降曲线[29]。从图中可以看出，在相同关断时间或通态电压降的情况下，相比于电子辐射，氦注入下的通态压降或关断时间更小。但是，电子辐射工艺比氦注入工艺更为便宜。

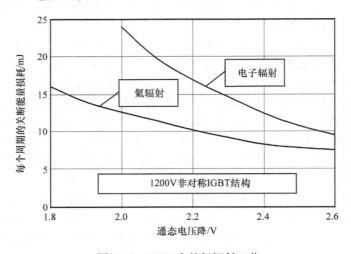

图 5.27　IGBT 中的氦辐射工艺

5.8　总结

当新型的功率半导体器件被提出来时，它们的结构通常与工业界已经在生产的任何器件的结构都不相同。这就需要在现有设备的基础上，设计一套独特的工艺流程来制造该器件，并通过实验的方式证实该器件的优越性能。这通常需要花费几年的时间。当提出的器件被证实具有预期的性能后，产品部门必须花费大量的财力和时间来建立新的批量生产线以期获得高产量。然而，由于 IGBT 元胞的结构故意被设计成与功率 MOSFET 结构类似[30]，所以在 1980 年（通用电气公司研究和发展中心构思 IGBT 不到一年），IGBT 便能够在已有的产品生产线上进行批量生产[17]。由于在已有的功率 MOSFET 产品制造工艺和设备的基础上制造的 IGBT 芯片跳过了大部分创新型功率器件所需要经历的昂贵且费时的步骤，所以 IGBT 迅速被广大消费者和工业应用领域广泛采用。

在本章讨论了 IGBT 元胞结构设计中存在的缺陷。在这些 IGBT 元胞结构中，A－L－L元胞结构具有最好的安全工作区性能，适用于硬开关应用。为了避开芯片周围以及栅极压焊块的薄弱点，我们需要仔细考虑芯片的版图设计。

现在的 IGBT 产品有些自带保护功能，如过电流保护、过电压保护、过温保护等。在本章中讨论了能实现这些保护功能且能被集成到 IGBT 芯片中的特殊传感器设计。这些传感器与片外控制电路、片内多晶硅二极管以及电阻共同工作，从而实现片上保护。

参 考 文 献

[1] B.J. Baliga, Fundamentals of Power Semiconductor Devices, Springer-Science, 2008.

[2] B.J. Baliga, Closed form analytical solutions for the breakdown voltage of planar junctions terminated with a single floating field ring, Solid State Electron. 33 (1990) 485−488.

[3] D. Flores, et al., Investigation on 3.3kV-50A IGBT protection against over-voltage conditions, in: IEEE European Power Electronics Conference, 2009, pp. 1−7.

[4] N. Thapar, B.J. Baliga, Influence of the trench corner design on edge termination of UMOS power devices, Solid State Electron. 41 (1997) 1929−1936.

[5] Y. Xiao, et al., Current sensing trench power MOSFET for automotive applications, in: IEEE Applied Power Electronics Conference, 2005, pp. 766−770.

[6] D.A. Grant, R. Pearce, Dynamic performance of current-sensing power MOSFETs, Electron. Lett. 24 (1988) 1129−1131.

[7] T.M. Jahns, R.C. Becerra, M. Ehsani, Integrated current regulation for a brushless ECM drive, IEEE Trans. Power Electron. 6 (1991) 118−126.

[8] T.P. Chow, et al., Design of current sensors in IGBTs, in: IEEE Device Research Conference, Paper VIA-6, 1992.

[9] T.P. Chow, et al., Modeling and Analysis of Current Sensors for N-Channel, Vertical IGBTs, 1992. Abstract 9.8.1, pp. 253−256.

[10] S.P. Robb, A.A. Taomoto, S.L. Tu, Current sensing in IGBTs for short circuit protection, in: IEEE International Symposium on Power Semiconductor Devices and ICs, 1994, pp. 81−86. Paper 3.7.

[11] Y. Seki, et al., A new IGBT with a monolithic over-current protection circuit, in: IEEE International Symposium on Power Semiconductor Devices and ICs, 1994, pp. 31−35. Paper 2.3.

[12] T. Yamazaki, et al., The IGBT with monolithic over-voltage protection circuit, in: IEEE International Symposium on Power Semiconductor Devices and ICs, 1993, pp. 41−45. Paper 2.4.

[13] Z.J. Shen, S.P. Robb, C. Cheng, Design and characterization of the 600V IGBT with monolithic over-voltage protection, IEEE Power Electronics Specialists Conference 2 (1996) 1773−1778.

[14] N. Iwamuro, et al., A new vertical IGBT structure with a monolithic over-current, over-voltage, and over-temperature sensing and protecting circuit, IEEE Electron Device Lett. 16 (1995) 399−401.

[15] T. Syau, B.J. Baliga, Mobility study on RIE etched silicon surfaces using SF_6/O_2 gas etchants, IEEE Trans. Electron Devices 40 (1993) 1997−2005.

[16] S.A. Suliman, et al., The impact of trench geometry and processing on the performance and reliability of low voltage power UMOSFETs, in: IEEE Reliability Physics Symposium, 2001, pp. 308−314.

[17] B.J. Baliga, The role of power semiconductor devices in creating a sustainable society, in: IEEE Applied Power Electronics Conference, Invited Plenary Paper, Long Beach, CA, 2013.

[18] J.M. Fairfield, B.V. Gokhale, Gold as a recombination center in silicon, Solid State Electron. 8 (1965) 685—691.

[19] K.P. Lisiak, A.G. Milnes, Platinum as a lifetime control deep impurity in silicon, J. Appl. Phys. 46 (1975) 5229—5235.

[20] K.S. Tarneja, J.E. Johnson, Tailoring the recovered charge in power diodes using 2 MeV electron irradiation, in: Electrochemical Society Meeting, 1975. Paper 261RNP.

[21] B.J. Baliga, E. Sun, Comparison of gold, platinum, and electron irradiation for controlling lifetime in power rectifiers, IEEE Trans. Electron Devices ED-24 (1977) 1103—1108.

[22] D.R. Collins, D.K. Schroder, C.T. Sah, MOS capacitance evaluation of gold diffusion in silicon and thermally grown silicon dioxide, IEEE Trans. Electron Devices ED-13 (1966) 673.

[23] E.H. Snow, A.S. Grove, D.J. Fitzgerald, Effects of ionizing radiation on oxidized silicon surfaces and planar devices, Proc. IEEE 55 (1967) 1168—1185.

[24] B.J. Baliga, J.P. Walden, Power MOSFET integral diode reverse recovery tailoring using electron irradiation, in: IEEE Device Research Conference, 1982. Paper IV-A-7.

[25] B.J. Baliga, J.P. Walden, Improving the reverse recovery of power MOSFET integral diodes by electron irradiation, Solid State Electron. 26 (1983) 1133—1141.

[26] B.J. Baliga, Fast switching insulated gate transistors, IEEE Electron Device Lett. EDL-4 (1983) 452—454.

[27] B.J. Baliga, Switching speed enhancement of insulated gate transistors by electron irradiation, IEEE Trans. Electron Devices ED-31 (1984) 1790—1795.

[28] C. Tadokoro, et al., Carrier lifetime control optimization for high speed IGBT based on electrical and physical analysis, in: IEEE International Symposium on Power Semiconductor Devices and ICs, 2010, pp. 145—148. Paper HV-P6.

[29] Y. Konishi, et al., Optimized local lifetime control for the superior IGBTs, in: IEEE International Symposium on Power Semiconductor Devices and ICs, 1996, pp. 335—338. Paper 14.3.

[30] B.J. Baliga, Gate Enhanced Rectifier, U.S. Patent 4,969,028, Filed December 2, 1980, Issued November 6, 1990.

第6章 封装和模块设计

出于各种各样的原因，有必要将绝缘栅双极型晶体管（IGBT）进行封装。第一，半导体器件中要有电流端口给电力电子电路供电。第二，IGBT 芯片通态和开关损耗产生的热量需要散发，以维持一定的结温。第三，为避免由湿度、腐蚀和电荷导致的长期退化，要将芯片与外界环境隔离开来。

历史上，最初的 IGBT 芯片作为分立电源开关以三端口的形式封装。后来，将 IGBT 芯片与一个续流二极管结合，封装成三端口器件使其适合于在逆变器上应用。自从调速电动机驱动器的硬开关电源电路中的 H 桥拓扑结构变得越来越受欢迎，制造商开始提供包含多种 IGBT 芯片以及续流二极管的功率模块。功率模块从仅包含一个推拉输出电路发展为包含整个 H 桥结构，再到应用于三相电动机驱动的容纳 6 个 IGBT 和 6 个二极管的模块。此外，制造商已经开始将驱动和控制电路集成到一个模块中，提出了智能功率模块（IPM）的概念。

许多关于封装技术以及优化散热的书和文章已经出版，本章将对 IGBT 封装的基本方式做一个回顾。

6.1 分立器件的封装

IGBT 作为一个分立式晶体管的常用封装形式为 TO – 220 型，如图 6.1 所示。另一个类似的分立 IGBT 产品封装形式为 TO – 3PN。在这种封装型号中，采用铜片作为 IGBT 的焊盘。硅裸片必须经过"焊料兼容"的背面金属化处理，也就是 IGBT 芯片的集电极金属化。其背面的金属化通常由钛 – 镍 – 银、铬 – 镍 – 银或铝 – 钛 – 镍 – 银组成。同时钛、铬或者铝因其较低的接触电阻（典型值小于 $10^{-5}\Omega \cdot cm^2$），被用来作为与 IGBT 重掺杂 P 型集电区的欧姆接触。镀银层用来促进焊料的浸润，使焊料与整个芯片表面接触。在把芯片焊接到基底上的过程中，其他金属层作为阻挡层可减少焊料的渗透。

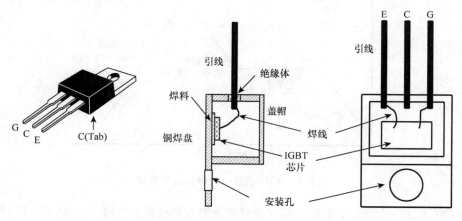

图 6.1　IGBT 芯片的 TO – 220 型封装

为了尽量减小硅和金属膨胀系数失配导致的热应力，焊料的熔融温度必须尽可能的低。然而，由于 IGBT 芯片典型的结温一般会高达150℃，则焊料的熔点至少应为160℃，以防止正常电路工作中二次熔化以及 IGBT 裸片脱落。共熔焊料合金只有一个熔融温度，而非共熔合金在固相温度和液相温度间有一个"可塑"相，该可塑温度范围必须尽可能窄。焊料合金必须有一个较低的弹性系数来承受硅和金属膨胀系数失配导致的热压力，并且要有较高的导热性使得 IGBT 芯片内部产生的热量可以传导至封装的铜底盘上。焊料还要有较低的电阻率来减小焊料层的电阻压降。表 6.1 列出了一些典型的被业界广泛采用的焊料组分及其相关特性。含铅焊料的熔点可以通过降低锡含量来提高。2006 年开始欧盟禁止了含铅焊料的使用，出于环保的考虑封装厂不再使用含铅焊料。表中列出的典型无铅焊料给业界提供了一种更加环境友好的选择。

表 6.1　用于焊接 IGBT 芯片的典型焊料

合金成分	液相线/℃	固相线/℃	塑性区域
含铅焊料			
60% 锡/40% 铅	190	183	7
25% 锡/75% 铅	266	183	83
15% 锡/82.5% 铅/2.5% 银	280	275	5
无铅焊料			
71% 锡/25% 铋/4% 银	180	180	0
96.5% 锡/3.5% 银	221	221	0

通常，经过对焊料组分的选择，把焊料的熔点配成200℃左右[1]。芯片键合在一次芯片装配热循环中完成，首先上升到预热温度（约150℃）维持100s，接着二次升温到超过焊料的熔点。液相线以上温度的持续时间一般为20～90s，时间过短会导致芯片浸润不充分、连接不完全，而时间太长会生成金属间化合物增大电阻。然后恒速降温。整个过程如图 6.2 所示。

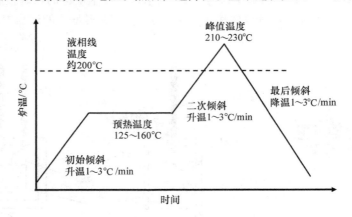

图 6.2　IGBT 芯片典型焊接安装周期

裸片装好之后，采用键合线连接 IGBT 器件的发射极和栅极引出端。金或铝都可以作为引线材料，对于 IGBT 器件，一般更倾向于选择铝线，因为其成本更低。掺杂 1% 镁的铝线有更优越的抗疲劳性。通过在芯片的有源区均匀分布多重铝线接合，发射极的大电流可以被导流到器件端口。铝线的直径可以从 1（0.001in）~22mil（0.022in），其载流能力如表 6.2 所示。直径较小的铝线适合小尺寸的 IGBT 芯片。

表 6.2 铝线的载流能力

铝线直径/mil	最大电流/A
1	0.5
2	1.5
5	6
12	25
22	60

如前所述，基于可靠性的考虑，IGBT 芯片的结温被限定在一个最大值之内，其功率承载能力由该最大结温决定。结温取决于功耗和热阻，而封装设计对热阻有很大的影响。在稳态工作下，TO-220 或 TO-3PN 型封装的典型热阻为 1℃/W。脉宽调制电动机控制电路经常在脉冲模式下工作，此时热阻依赖于占空比，如图 6.3 所示。

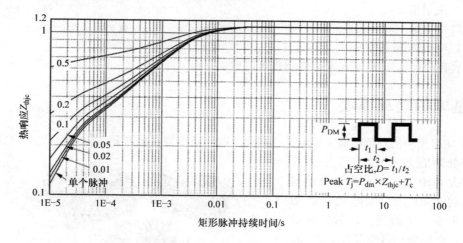

图 6.3 IGBT 封装的热阻

6.2 改进的分立器件封装

上节讨论的分立器件封装有几个缺点：第一，采用了引线键合作为 IGBT 芯片引出电流的通路，会引入串联电阻和串联电感；第二，引线键合被证明会限制芯片的可靠性，这将在功率模块那一节进行讨论；第三，引线键合限制了芯片的散热，热量只能从器件的底部或者集电极散发出去，这导致了相当大的热阻。

通过把发射极和栅极接触孔的铝线键合换成球格阵列（BGA）可以解决这些问题。这样可以制造规格小得多的，且电气和热性能更好的芯片级封装。IGBT 芯片上 BGA 的一种典型布局和横截面如图 6.4 所示，焊点置于约 1mm 见方大小的衬垫上。发射极的衬垫分布在 IGBT 器件发射极的有源区，图中展示了 6 个衬垫的分布，栅极衬垫上也附着有焊点。BGA 结构需要一个焊点下的金属（UBM）衬垫，该层由钛/镍/银组成，位于铝金属镀层上。

焊点的形成过程从蒸发铝金属镀层上的 UBM 开始。UBM 通过光刻法或者化学刻蚀工艺生成。将焊点掩膜用到晶圆上，光刻出焊点衬垫的轮廓。采用丝网印刷术形成焊点，主要步骤包括用带刮刀的钢网将焊膏（96.5% 的锡/3.5% 的银）平推到衬垫表面，焊膏预烘干至形成焊帽后，通过焊膏顶部钢网上的网眼将焊锡球刮去，之后在 250℃ 下进行回流焊。该温度高于焊帽的熔点（221℃），低于焊锡球（10% 的锡/90% 的铅）的熔点（268℃）。为了避免表面氧化，回流焊在还原性气氛（96% 的氮/4% 的氢）下进行。与传统的采用引线键合的 IGBT 封装相比，BGA 封装的 IGBT 通态电压降减小了 20%，串联电阻减小了 30%。此外，焊点在发射极提供了一个较大的接触面积来散发热量。双面散热的 IGBT 芯片预计可以降低 30% 的热阻[2]。经过热循环测试，已经证实采用 BGA 封装的器件可以稳定工作。

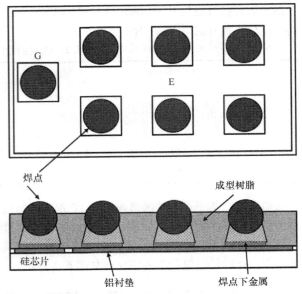

图 6.4　采用球格阵列的 IGBT 封装

6.3　基本的功率模块

　　IGBT 功率模块的发展提高了电流处理能力。在模块中将多个 IGBT 并行组合，有可能达到较大的电流处理能力，同时避免了随着有源区增大 IGBT 芯片成品率降低的问题。因为将 IGBT 应用到电动机驱动时，经常需要一个续流二极管，所以在功率模块中把功率整流器和 IGBT 芯片设计在一起。

　　图 6.5 展示了几个大电流 IGBT 模块的实例及其基本的横截面。这些模块包括一个基板，上面连着陶瓷衬底，硅芯片（IGBT 和功率整流器）焊接在陶瓷衬底上。芯片间的互连以及与封装端口的连接采用引线键合。把 S 形电极换成图中所示的 L 形电极，可以极大地减小（约 50%）封装的寄生电感[3]。

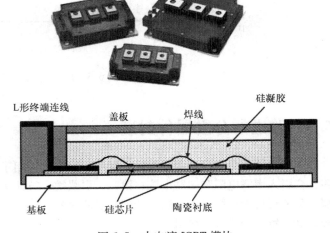

图 6.5　大电流 IGBT 模块

　　基板为模块提供机械支撑，必须能在功率瞬变的时候吸收热量，再把热量传导至散热片。基板要有超过 150W/(K·m) 的高热导率（λ），低于 2μm 的高表面光洁度，并且为了与散热层紧密接触还要有可复原的弯曲性。基板的热膨胀系数应该与用于硅芯片电隔离的绝缘衬底或陶瓷一致，其抗张强度和挠曲强度也应足够高使之可以被塑型或弯曲[1]。为了减小模块的重量，基板的密度（ρ）要小。基板通常由金属基复合材料制成[4]，例如 37% 铝/76% 碳化硅或者 60% 铜/40% 碳。这些材料的一些相关特性见表 6.3。

表 6.3 IGBT 模块使用材料的特性

材料	$\lambda/(W/K \cdot m)$	$C/(J/kg \cdot K)$	$\rho/(kg/m^3)$	CTE[①]$/(10^{-6}/K)$
基板材料				
37% 铝/63% 碳化硅	175	740	4000	7.9
60% 铜/40% 碳	300	420	6100	8.5
硅和金属化材料				
硅	146	750	2330	2.5
铝	220	880	2700	24
铜	400	380	8850	17
焊料				
92.5% 铅/5% 锡/2.5% 银	35	129	11300	29
96.5% 锡/3.5% 银	33	200	7360	30
陶瓷				
氧化铝	24	765	4000	6.0
氮化铝	170	750	3300	4.5
氮化硅	60	800	3290	3.3

① CTE 表示热膨胀系数。

陶瓷层在硅芯片和基板、散热层之间提供电隔离，最合适功率模块的陶瓷材料为氧化铝（Al_2O_3）、氮化铝（AlN）和氮化硅（Si_3N_4），它们的特性列在表 6.3 中。氧化铝是最常用的陶瓷衬底材料，其技术成熟、成本低，且容易进行金属化和机器加工，而且是无毒的。但是对大功率应用来说，氧化铝的热导率太低，而且热膨胀系数与硅材料严重失配。氮化铝的热导率比氧化铝高 6 倍，这使得它对大功率应用很有吸引力，并且它的热膨胀系数与硅材料更加匹配。此外，氮化铝也是易于加工且无毒，但是它比氧化铝贵 4 倍。氮化硅的热膨胀系数与硅十分匹配且有较高的热导率，它容易进行金属化和机器加工，无毒性，比氧化铝贵 2 倍。氮化硅更适合于在没有基板的情况下作为独立衬底。

关于模块组装的焊料选择，考虑的因素与上述讨论过的分立器件封装中的因素相似。焊料的熔点应该尽可能低，从而使模块中各种材料热膨胀系数失配导致的热压力减到最小。组装过程中最高温度保持在 350℃ 以下。IGBT 芯片的最大结温为 150℃，因此焊料熔点的下限为 160℃。与分立器件的情况不同，IGBT 模块中需要两种类型的焊料。首先使用相对高熔点的焊料将硅芯片组装到陶瓷衬底上，接着采用相对低熔点的焊料将陶瓷衬底组装到基板上。为了确保组装陶瓷衬底时芯片不会脱落，两种焊料的熔点至少相差 40℃[1]。采用成分为 96.5% 锡/2.5% 银的焊料（熔点 220℃）焊接硅芯片和陶瓷衬底，成分为 92.5% 铅/5% 锡/2.5% 银的焊料（熔点 180℃）焊接陶瓷衬底和基板可以满足上述要求。

在把带 IGBT 芯片的陶瓷衬底和功率整流器芯片组装到基板上之后，可采用引线键合进行芯片间的互连以及它们与模块电极之间的连接。IGBT 模块中采用铝线比较好，因为使用大直径导线携带大电流时可以在芯片的铝互连金属上形成楔形接合。如表 6.2 所示，铝的低电阻率（$2.65 \times 10^{-10} \Omega \cdot cm$）使得导线可以承载大电流。

湿气中的自由移动离子会给硅芯片造成严重的腐蚀和污染，因此必须防止芯片受潮。在模块里面使用密封剂可以达到防潮保护的目的。此外，如果密封剂的介电强度大于 250V/mil，还能隔绝导线。通常业界采用的密封剂包括硅凝胶（见图6.5）、环氧基树脂、聚氨酯和腈纶。密封剂在固化过程中不能收缩以免破坏导线，而且在模块热循环的过程中不能开裂。硅凝胶由于其高纯度、高化学稳定性和低毒性的优点成为最常用的密封剂，它的柔软性减小了对芯片和导线的压力。

塑料外壳给半导体器件提供最后的机械和环境损害的防护，外壳终端的设计必须考虑到高电压漏电以及高压应用时的电弧放电。

6.4 扁平封装的功率模块

上一节讨论的基本功率模块采用引线键合作为芯片间的互连以及芯片与电极的连接。尽管这种技术在业界被广泛采用，但是引线接合被证明会引入很大的寄生电感，从而影响 IGBT 的开关特性[5]。一根长 24mm，直径为 20mil 的导线自感系数为 10 ~ 16nH。在 IGBT 的发射区分布多重引线键合可以减小寄生电感。引线键合技术也显示出会导致并联 IGBT 芯片间电流的非一致性。引线键合的失效也被确认为是影响模块可靠性的主要问题。

扁平封装概念的发展是为了克服 IGBT 功率模块中采用引线键合的缺点[6]。通过这种方式，封装结构看起来像先前用于门控可关断晶闸管的封装形式。IGBT 和整流器芯片通过集电极侧钼基板上的焊点进行连接，采用带有钼接触板的压力触点作为 IGBT 发射极的接触。之所以选择钼是因为其热膨胀系数与硅接近。这种方法无须引线接合，并且可以从芯片的两侧进行散热。唯一使用引线接合的地方是栅电极，该电极从封装的侧面引出。

一个扁平封装的 IGBT 模块的例子及其截面图如图 6.6 所示。其采用 11 个 IGBT 芯片和 5 个整流器芯片，达到 1800A 的电流处理能力和 2.5kV 的电压阻断能力。IGBT 最外围边界处覆盖保护用的聚酰亚胺。

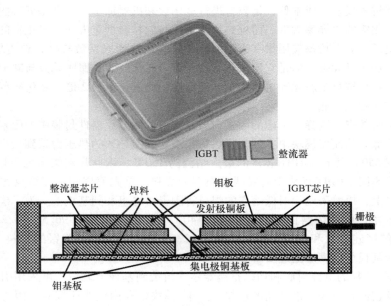

图 6.6　高电流扁平封装的 IGBT 模块

追求大电流处理能力的 IGBT 模块设计中遇到的一个问题是由于芯片中栅和源区短路导致的

成品率损失。采用芯片修复技术可以克服这个问题。图 6.7 阐述了一种修复方法，图中上部分不带发射极接触板的就是扁平封装模块。该模块包含 9 个 IGBT 芯片和 3 个整流器芯片，达到 1000A 的电流处理能力和 2.5kV 的电压阻断能力。每个 IGBT 芯片的尺寸为 20mm × 20mm。为了获得高成品率，IGBT 芯片被划分为 36 个单元，各单元带有各自的栅极和发射极接触区。测试过程中找出栅源短接的电路来锁定失效单元。如图 6.7 下部所示，应用聚酰亚胺层的图形使得失效单元的发射极和所有单元的发射极连接，并把失效单元的栅源短路。从图中可以看出，聚酰亚胺图形也被用来连接栅总线与有效单元的栅衬垫。通过这种芯片修复方法，每个 IGBT

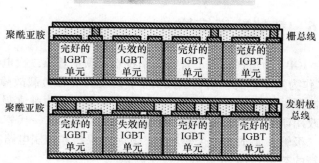

图 6.7　扁平封装的 IGBT 以及芯片修复技术

单元可以在超过芯片额定电流 20% 的状态下工作，因此总共 36 个单元中可以去除 4 个缺陷单元。该模块的热阻比传统的引线键合模块小 40%[6]。这种思想也被扩展至 4.5kV 的模块中，应用在工业、牵引和电力传输等领域[7]。另一个已被证明可行的芯片修复方法是采用熔丝来自动地隔绝栅源短路的 IGBT[8]。

6.5　无金属基板的功率模块

在实际应用中，我们需要减小 IGBT 模块的重量和成本。一种实现该目标的方法是去除金属基板。在模块中通常使用铜直连的陶瓷基片（DCB），包含 IGBT 和整流器芯片的该陶瓷基片可以直接安装到散热板上。然而为了达到足够的机械强度必须增加 DCB 基片的厚度，这样会导致热阻的剧增。

图 6.8 展示了一种在获得良好机械强度时降低热阻的方法[9]。这种方法的原理是基于铜比陶瓷（氧化铝）基片具有更好的导热性。图中的箭头指向热量的流向，左图是采用 0.635mm 陶瓷

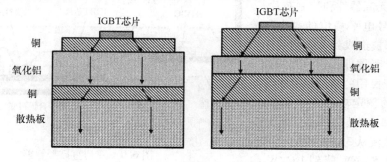

图 6.8　无金属基板的 IGBT 模块

基片的传统途径，右图是采用 0.32mm 陶瓷基片的新途径。在新方法中，铜的厚度从 0.25mm 增加到 0.5mm。很明显在新的方法中热量更易传导，热阻减小了两倍。

低成本无金属基板技术的应用之一是电动汽车（EV）和混合动力汽车（HEV）。这些模块要求电压阻断能力为 650V，电流处理能力为 300A。采用非对称器件结构，晶圆厚度仅 70μm，就可实现这些相对较低阻断电压的 IGBT。对于如此薄的晶圆，在发射极和集电极加焊点时容易弯曲[10]。尽管有这些问题，集成 70μm IGBT 和整流器芯片的无金属基板模块已经成功发展到具有 200kV·A 的承载能力。

6.6 智能功率模块

IGBT 的出现实现了智能功率技术，预示着第二次电子革命的到来。智能功率技术采用 IGBT 作为功率开关，结合了大功率管理能力和在负载故障导致电路过电流、过电压和过温时的智能开关控制与保护[11]。智能功率模块最初是由独立封装的多个分立 IGBT 和二极管组成，之后改用印制电路板（PCB）建立该系统。接下来一代智能功率技术把所有的功率芯片（IGBT 和二极管）集成到单个模块中，其余的保护和控制电路在 PCB 上搭建。为了减小成本和尺寸，最新的趋势是将功率芯片和控制保护芯片封装在一起，这对于民用的制冷、空调器和洗衣机等低功率应用是非常有吸引力的。

6.6.1 双列直插型封装

双列直插式封装（DIP）因其相对较低的电流和电压等级已经被应用到民用产品中。采用这种封装可以实现功能的高度集成[12]。该封装的基本结构如图 6.9 所示，多引线被用于负责应用中的功率管理和通信需要。为了满足封装内部功率器件（通常是 IGBT 和续流二极管）的散热需求，如图所示这些器件被安装在陶瓷基板上，最常用的是直接键合陶瓷（DBC）基板。无源器件和控制芯片、包括用于栅信号电平移位的高电压 IC（HVIC），都被集成到 DIP 封装中来尽量减少分立元器件，这种方法提供了一种适合于民用的简洁的功率管理方案。典型的额定功率为 3 ~30A 电流承载能力和 600V 电压的工作能力。随着额定电流从 3A 到 30A，DIP 封装的热阻从 4.5℃/W 降到 1℃/W，如图 6.10 所示。

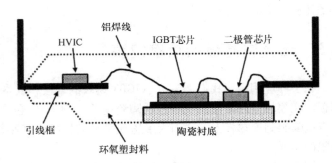

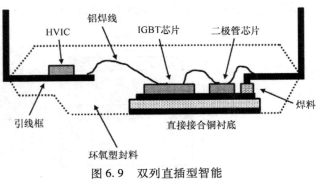

图 6.9 双列直插型智能
IGBT 功率模块 HVIC

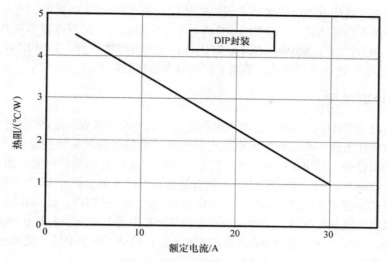

图 6.10 IGBT 双列直插型封装的热阻

一个完整的带有栅极驱动和保护电路的三相桥式逆变电路可以直接与微控制器和 DSP 芯片连接。该逆变器的框图如图 6.11 所示。6 个 IGBT 及其匹配二极管置于右边，控制芯片位于左边。

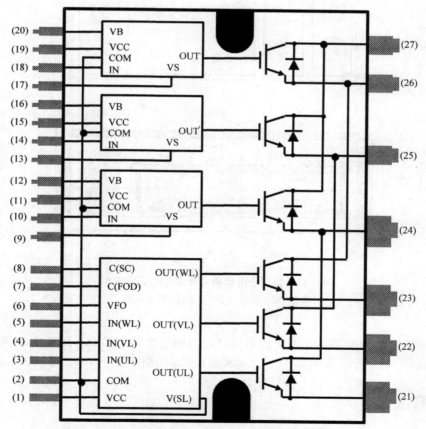

图 6.11 用于电动机控制的 IGBT 双列直插型封装的框图

一种用于家电产品的改进版智能功率模块的额定功率可以达到 7kW[13]。这些模块专为家用产品设计，如空调器和电冰箱，其中的 IGBT 具有电流检测能力。控制电路不仅具有过电压、过电流和过温承受能力，而且当供电电压不足时还具有欠电压保护能力。采用 HVIC 对位于桥接电路上端的 IGBT 的信号进行电平移位，消除了对光耦合器件的需求。

6.6.2　智能功率单元

智能功率模块（IPM）这一术语已被用来描述处理大功率并具有一定的自我保护和负载监控能力的模块。这项技术的一个重要应用就是电动机驱动中的电动汽车和混合动力汽车[14]。这些模块不仅包含功率器件，即 IGBT 和续流二极管，也包含了控制和保护电路。图 6.12 展示了为 EV/HEV 应用设计的 IPM 的一个例子[14]，叫作智能功率驱动单元。图 6.12 上方的框图展示了该模块中的基本组成。该模块包含了给控制芯片供电的 DC – DC 变换器，给 IGBT 产生栅极驱动电压的预驱动器以及直流连接电容。其中一个重要的革新是把先前使用的电解电容换成了体积只有 1/10 的固态电容。在模块内靠近 IGBT 的地方放置电容，减小了寄生电感，使得在功率器件开关过程中产生的过冲电压更小。

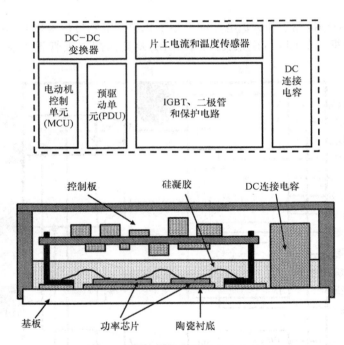

图 6.12　应用于电动和混合动力汽车的 IGBT
智能功率单元（IPU）的框图和封装

许多公司已经生产出了具有更大功率处理能力的智能功率模块，用于电动汽车和火车。SEMiX 系列就是一个例子，其中 IGBT 采用弹簧触点来消除引线接合带来的可靠性问题[15]。

6.7　可靠性

在用于电动机驱动的逆变器中采用包含了 IGBT 和整流器的模块是很有吸引力的。在这些应用中，用于车辆牵引（地铁，城市和城郊火车及高铁）的模块对可靠性有严格的限制，要求在超过 30 年的工作时间中故障率低于 100FIT。在车辆牵引的应用中使用功率模块需要大量器件的预测时间以获得缺陷率以及考虑应力循环后模块的平均无故障时间（MTTF）。当特定的模块工作在指定的应用条件下时，也需要对其进行 MTTF 预测。

在 IGBT 模块的设计之初，由于铝线接合脱离和焊点空洞引起的芯片失效导致了可靠性问题[16]。这些失效机制的产生是因为在设计模块时采用了不同热膨胀系数的材料。当被应用于车辆牵引时，IGBT 在工作中会经受热循环。举个例子，一辆有轨电车每年工作 52 周，每周工作 130h，IGBT 模块必须经受 300000 次循环[16]。IGBT 芯片与 DBC 基板绝缘材料的热膨胀系数不同会产生剪应力，导致焊点空洞的产生。当空洞变大，会阻碍芯片的散热，加速芯片内部温度的升高。热循环也会导致与 IGBT 发射极连接的铝线脱落，这个过程叫作引线接合脱离。引线接合脱离是个隐性问题，因为一旦某条引线断开，流过剩余引线的电流增大，会加速其他引线的脱离。

关于铝线接合脱离的研究已经有很多，也提出了很多方案来减少这个问题。如前文所述，一种抑制引线脱离的方法是在模块内注满聚合物或者硅凝胶。另一种提高可靠性的方法是在 IGBT 芯片底部加一层钼应变缓冲层[17]。我们也发现铝线上的裂缝也会导致接合失效。对于这个问题，一种冶金学原理的解决办法是在接合界面处抑制裂纹沿着小颗粒边界扩张。为了抵消裂缝的生长，提出了使用大颗粒铝线的方法，并在高温（423K）下进行线接合[18]。对引线接合与硅芯片交界处的机械热应力的建模依然是非常具有挑战性的尝试[19]。

对 IGBT 模块可靠性的预测需要创建包含上述失效机制的定量模型。对于铝线和芯片交界面处的机械热应力，可以采用一个简单的双金属模型结合塑性应变的 Coffin – Manson 公式推导出一个平均失效周期数的公式[20]，即

$$N_{\rm f} = a(\Delta T)^{-n} \tag{6.1}$$

式中，a 是经验常数；ΔT 是热循环中的温度飘移。从单一铝线接合的功率循环试验中，我们得到参数 a 的平均值为 1.04×10^{15}，n 的平均值为 5.36。该模型可以被应用于含多个 IBGT 模块的平均无故障时间分析，每个模块包含许多引线接合。根据该模型的预测，随着温度漂移从 20K 上升到 30K 再到 40K，MTTF 从 100 年减小到 18 年再到 5 年，随循环温度的升高呈指数减小。

IGBT 模块中铝线接合引起的可靠性问题促进了前文所述的扁平封装和压接式封装模块的发展。在这些封装中，与 IGBT 芯片的大电流接触可通过把钼金属板焊接到集电极上再把另一块钼金属板压到发射极上来实现。采用这种方法后，热应力会减小，因为硅和钼的热膨胀系数相当接近（分别为 3×10^{-6}/K 和 5×10^{-6}/K）。把每个 IGBT 芯片的尺寸定制为 2.15cm × 2.15cm 同样能减小热应力[6]。在 10000 次温度漂移为 70K 的功率循环后，IGBT 模块的器件性能没有发生变化。

6.8 总结

本章回顾了 IGBT 的封装方式。市面上已经有各种各样三端封装的分立器件（如 TSON – 8、SOP – 8、TO – 220、TO – 3P 等），这些器件的额定电流一般为 1 ~10A，击穿电压一般为 600 ~ 1200V。对于更高的电流和电压处理能力，也有不同的 IGBT 模块。通常把续流二极管和 IGBT 封装在一起，这样两个器件可以一起优化来减小功率损耗。最新的趋势是采用钼金属板压接到芯片的发射极来增强可靠性，以消除模块中的引线接合。

当在家用产品中需要一个结构紧凑的实现方案时，可以把 IGBT 和二极管、栅极驱动电路和保护电路封装在一个 DIP 型封装中。对于更高功率下的应用，比如电动汽车和混合动力汽车，可以把控制板和 IGBT、二极管放在一起创造出 IPM。这些在封装上的进步，使得 IGBT 模块的电流

处理能力可以提升到 1000A，击穿电压高达 6.5kV，其应用范围越来越广泛。

参 考 文 献

[1] W.W. Sheng, R.P. Colino, Power Electronic Modules: Design and Manufacture, CRC Press, New York, 2004.

[2] X. Liu, G.-Q. Lu, D^2BGA chip-scale IGBT package, IEEE Appl. Power Electron. Conf. 2 (2001) 1033−1039.

[3] D. Medaule, et al., Latest technology improvements of Mitsubishi IGBT modules, IEEE Colloq. New Dev. Power Semicond. Devices (1996) 5/1−5/5.

[4] A. Zeanh, et al., Proposition of IGBT modules assembling technologies for aeronautical applications, IEEE Integr. Power Syst. Conf. (2008) 1−8.

[5] K. Xing, F.C. Lee, D. Boroyevich, Extraction of parasitics within wire-bond IGBT modules, IEEE Appl. Power Electron. Conf. 1 (1998) 497−503.

[6] H. Kirihata, et al., Investigation of flat-pack IGBT reliability, IEEE Ind. Appl. Conf. 2 (1998) 1016−1021.

[7] T. Fujii, et al., 4.5 kV-2000 A power pack IGBT, IEEE Int. Symp. Power Semicond. Devices ICs (2000) 33−36.

[8] P. Venkatraman, B.J. Baliga, Large area MOS-gated power devices using fusible link technology, IEEE Trans. Electron Devices 43 (1996) 347−351.

[9] Y. Nishimura, et al., New generation metal base free IGBT module structure, IEEE Int. Symp. Power Semicond. Devices ICs (2004) 347−350. Paper 4.3.

[10] H.-R. Chang, et al., 200 kVA compact IGBT modules with double-sided cooling for HEV and EV, IEEE Int. Symp. Power Semicond. Devices ICs (2012) 299−302.

[11] B.J. Baliga, Smart power technology: an elephantine opportunity, IEEE Int. Electron Devices Meet. (1990) 3−6. Plenary Invited Paper 1.1.1.

[12] Y. Liu, Power Electronic Packaging, Springer, New York, 2012.

[13] J.-B. Lee, et al., Improved smart power modules for up to 7 kW motor drive applications, IEEE Power Electron. Spec. Conf. (2006) 1−5.

[14] Y. Kuramoto, et al., Inverter miniaturizing technologies for EV/HEV applications, IEEE Int. Veh. Electron. Conf. (2001) 261−264.

[15] T. Stockmeier, Y. Manz, J. Steger, Novel high power semiconductor module for trench IGBTs, IEEE Int. Symp. Power Semicond. Devices ICs (2004) 343−346. Paper 4.2.

[16] P. Jacob, M. Held, W. Wu, Reliability testing and analysis of IGBT power semiconductor modules, IEE Colloq. IGBT Propul. Drives (1995) 4/1−4/5.

[17] A. Hamidi, S. Kaufmann, E. Herr, Increased lifetime of wire bonding connection for IGBT power modules, IEEE Appl. Power Electron. Conf. 2 (2001) 1040−1044.

[18] J. Onumki, M. Koizumi, M. Suwa, Reliability of thick Al wire bonds in IGBT modules for traction motor drives, IEEE Trans. Adv. Packag. 23 (2000) 108−112.

[19] K.B. Pedersen, K. Pedersen, Bond wire lift-off in IGBT modules due to thermome-chanical induced stress, IEEE Int. Symp. Power Electron. Distrib. Gener. Syst. (2012) 519−526.

[20] M. Ciappa, W. Fichtner, Lifetime prediction of IGBT modules for traction applications, IEEE Int. Reliab. Phys. Symp. (2000) 210−216.

第7章 门驱动电路设计

绝缘栅双极型晶体管（IGBT）在很多应用中作为电源开关被广泛使用，所取得的成功不仅依赖于器件本身大的单位面积功率承载能力，还得益于门驱动电路的简化。在 IGBT 发展之前，功率双极型晶体管是控制中小功率电动机唯一可用的器件。功率双极型晶体管电流增益通常较小，这是因为高压操作需要有一个较宽的基区。因此，要使晶体管工作时的集电极电流达到 100A，需要有一个相当大的基极驱动电流[1]（例如10A）。如此大的基极电流是不能用集成电路实现的，这是因为一方面搭建大的驱动电路成本昂贵，另一方面也容易产生可靠性问题。IGBT 依靠其 MOS 栅结构成为第一个适合在高压工作的功率晶体管。这个器件可以用很低的门驱动电压控制，其典型值为10～15V，可以用集成电路实现。不像功率双极型晶体管，IGBT 的 MOS 栅结构不需要恒定的电流保持器件工作在关断或导通状态。门驱动电路只需要提供给 MOS 结构充放电的电流即可。具有很大功率承载能力的小尺寸 IGBT 芯片和小集成控制电路的结合大大减少了用于消费、工业、交通及其他应用中电源设备的体积、重量和成本。

本章首先介绍了 IGBT 商业化初期使用的简单的门驱动电路，接着回顾了用于现代 IGBT 模块中更复杂的门驱动电路的演变。门驱动电路可以在 IGBT 开关时控制它的 $\mathrm{d}I/\mathrm{d}t$ 和 $\mathrm{d}V/\mathrm{d}t$。IGBT 的故障防护能力也取决于所使用的控制电路。

7.1 基本的门驱动

通用电气公司（GE）[3]发布 IGBT 产品不久后就有第一篇讨论 IGBT 门驱动电路[2]的论文发表出来。IGBT 的阻性负载和感性负载开关行为在相关文献中有过讨论。IGBT 器件可以划分为三类：A 类有 15μs 的关断时间，B 类有 1μs 的关断时间，C 类有 0.25μs 的关断时间。IGBT 的关断波形被分成两段，如图 7.1 所示。第一段（t_{F1}）可以通过调整门驱动电路中的电阻来控制，第二段（t_{F2}）也被称为尾电流，不受门驱动电阻影响，但是取决于 A、B 或 C 的分类。

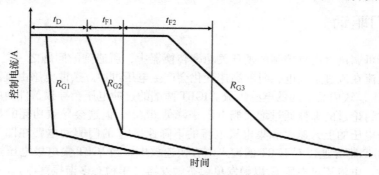

图 7.1 不同栅阻抗下的 IGBT 的关断波形

IGBT 的关断时间可以由图 7.1 的三个组成部分描述，第一个是延时（t_D），第二个是下降时间 t_{F1}，第三个是拖尾时间 t_{F2}。延时和关断时间 t_{F1} 取决于栅电阻，图 7.2 展示了一个典型的情况。图中显示的变化可以看成是一个具有恒定电容的 RC 时间常数模型。拖尾时间 t_{F2} 独立于栅电阻，如图 7.2 所示。当 IGBT 器件从 A 类到 B 类到 C 类转换时，这个时间会变短。更短的时间可以通过增加电子辐射减少 IGBT 结构漂移区的载流子寿命来获得。

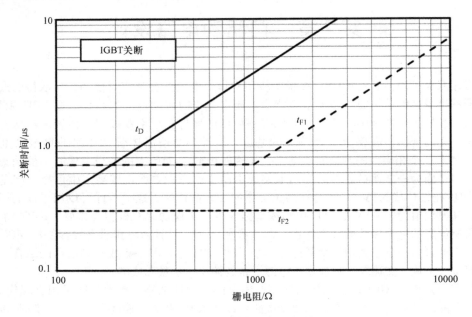

图 7.2　IGBT 关断时间和栅电阻关系图

7.2　非对称的门驱动

　　一个简单的 IGBT 的门驱动电路如图 7.3 所示。它之所以被称为非对称门驱动电路是因为和电阻 R_s 串联的二极管。在这个电路中，IGBT 开启的速率决定了导通时的 dI/dt 值，它的值可以由电阻 R_s 控制。IGBT 的关断由电阻 R_{GE} 控制，这个电阻被用来释放 IGBT 栅输入电容中储存的电荷。

7.3　两级门驱动

　　在通常用于可调速电动机控制的硬开关功率转换器中，所遇到的问题之一是在 IGBT 关断期间，其集电极电流在流过杂散电感时的高速变化会产生电压过冲。杂散电感由直流链路的电容器中的电感和 IGBT 模块内总线间的电感组成。IGBT 两端的过冲电压会导致器件内的雪崩击穿。可以像前面部分中讨论过的那样通过增加栅电阻来降低 dI/dt，但这会导致功耗的显著增加。可以单独控制集电极电压的上升速率和集电极电流的下降速率[4] 的门驱动电路在图 7.4 中示出。最初，晶体管 T_1 和 T_2 都导通以对 IGBT 的输入电容快速放电，当 IGBT 集电极电压达到齐纳二极管 D_1 的击穿电压时，电流流过电容 C_1 以触发单稳态触发器（单稳态多谐振荡器）。单稳态触发器在短时间内关断晶体管 T_1。在此期间，由于较大的栅极电阻 R_2，集电极电流以较小的 dI/dt 下降。在短时间之后，晶体管 T_1 再次导通使 IGBT 更快地截止。这种方法可以在减少 60% 过冲电压[4] 的同时保持低的开关损耗。

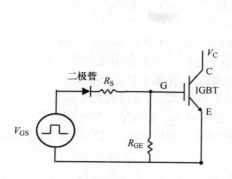

图 7.3　IGBT 芯片中的非对称门驱动电路

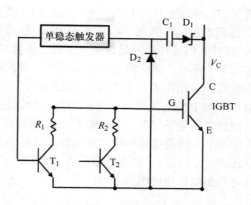

图 7.4　IGBT 的两级门驱动电路

7.4　有源栅电压控制

集电极电压的上升速率和集电极电流的下降速率可以用如图 7.5 所示的有源栅极电压控制（AGVC）电路[5] 独立地控制。AGVC 方法的基本原理是在 IGBT 的导通和截止期间施加两级门驱动电压。

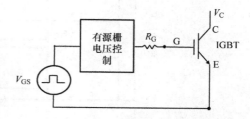

图 7.5　用于 IGBT 中的有源门驱动电路

在 IGBT 导通期间用于控制 dI/dt 的双电平栅极电压波形如图 7.6 所示。注意到降低 IGBT 导通期间的 dI/dt 可减少由反激式二极管反向恢复引起的电流过冲[1]。两级门驱动包含以下两个步骤，首先是将栅极电压增加到中间电平（V_{G1}，V_{G2} 或 V_{G3}），随后经过时间间隔 T_{IM} 之后将其增加

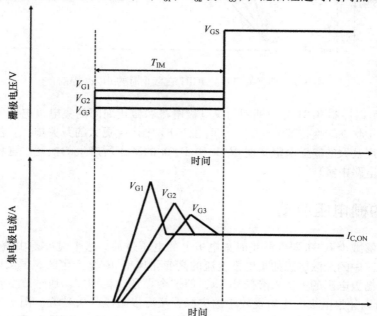

图 7.6　具有 AGVC 的 IGBT 在导通时的 dV/dt 控制

到导通状态门驱动电压（V_{GS}）。可以观察到，通过降低第一步使用的栅极电压可以增加导通时的 dI/dt。栅极电压的中间电平必须大于 IGBT 的阈值电压（V_{TH}）以使该方法有效，并且该中间电平的持续时间（T_{IM}）必须足以完成反激二极管的反向恢复过程。

如图 7.7 所示，两级栅电压波形也可用于控制 IGBT 截止期间的 dV/dt。双电平门驱动由下面的过程组成：首先在 T_1 时刻栅极电压接地以开始整个过程，由于空间电荷区的形成，集电极电压增加[1]。集电极电压在截止过程的初始阶段逐渐增加。在集电极电压开始快速增加之前，栅极电压回到中间电平（V_{G1}，V_{G2} 或 V_{G3}），随后在时间间隔 T_{IM} 之后将其减小到零。可以观察到，关断时的 dV/dt 能通过减小中间步骤使用的栅极电压来减小。栅极电压的中间电平必须小于 IGBT 的阈值电压（V_{TH}），以使该方法有效，并且该中间电平的持续时间（T_{IM}）必须足以允许集电极电压达到集电极电源电压。

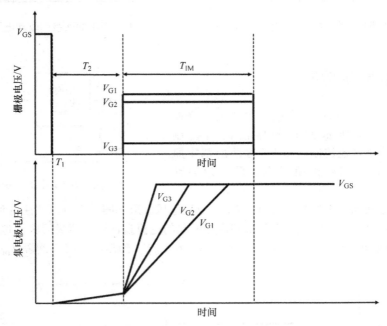

图 7.7　具有 AGVC 的 IGBT 在截止时的 dV/dt 控制

AGVC 方法可以控制 IGBT 导通期间的集电极电流和截止期间的集电极电压的上升速率。这增加了导通和截止状态转换持续的时间，从而在 IGBT 中产生更大的开关损耗。然而，这些损耗小于那些通过使用较大的栅极电阻实现 dI/dt 和 dV/dt 的减小所产生的损耗。这种类型的门驱动已经在某个集成电路中实现了[6]。

7.5　可变的栅电阻驱动

我们希望能够减少 IGBT 器件截止时集电极上的电压过冲。这个过冲是由流过 IGBT 和直流总线电容之间电路中的杂散电感的集电极电流的高变化速率 dI/dt 产生的，虽然可以通过 7.1 节中讨论过的增加栅极电阻的方法来降低 dI/dt，但这会导致功耗增加。通过改变器件截止期间的栅极电阻[7]既可以让集电极电压出现较小的尖峰，又可以减小开关功耗。图 7.8 显示了栅极电压波形以及集电极电流和电压波形。在 t_0 到 t_1 这段时间内，希望 IGBT 具有低的栅极电阻以允许栅极电压快速下降到平稳电压（V_{GP}）；在 t_1 到 t_3 这段时间，希望具有高的栅极电阻以减小集电极电压的上升速率（dV/dt）和集电极电流的下降速率（dI/dt）；在 t_3 到 t_4 这段时间内，希望具有低的栅极电阻以允许栅极电容放电。

可变栅极电阻可以使用图 7.9 所示的电路来实现。在 t_0 到 t_1 这段时间内，通过导通晶体管 T_3 来实现低栅极电阻（R_3）；在从 t_1 到 t_3 这段时间内，通过关断晶体管 T_3 来实现高栅极电阻（R_2）；在集电极电压变高之后的 t_3 到 t_4 这段时间内，通过导通晶体管 T_2 实现低栅极电阻（R_1）。该方法减小了集电极电压中的最大值（V_M）。一个用于调节低压和高压之间栅极电阻的两级电路[8]也被使用以获得与减小 IGBT 截止期间的瞬态电压过冲同样的好处。

控制导通瞬变期间 IGBT 集电极电流的上升速率也是非常重要的，可以避免在反激二极管中产生非常大的反向恢复电流。这个二极管反向恢复电流会在 IGBT 电流中产生过冲（I_M），如图 7.10 所示。通过使用大的栅极驱动电阻可以降低导通时的 dI/dt，但这会增加导通功耗。通过改变开关导通时的栅极电阻既可以减小导通功耗，又可以控制最大的 IGBT 导通电流[9]。已经

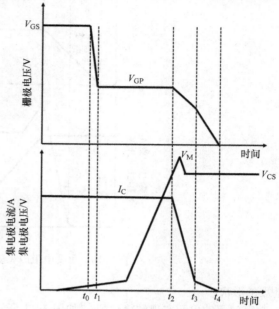

图 7.8　可变电阻门驱动 IGBT 的关断波形

有集成电路用输入到输出最小的传播延时来改变栅极电阻。为了在不显著增加导通功耗的前提下减小集电极电流过冲，除了在 t_2 到 t_3 这段时间（即栅极平稳阶段期间），栅极电压在导通期间始终保持着高的上升速率。

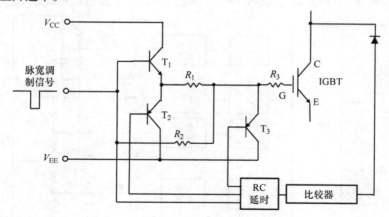

图 7.9　用于 IGBT 的可变电阻关断门驱动

7.6　数字的门驱动

可以通过使用数字门驱动单元可以更细致地调整 IGBT 在导通和关断期间的集电极电压的下降和上升速率和集电极电流的上升和下降速率。在该方法中，通过监测 IGBT 器件的关键参数（V_{CE}，V_{CE} 和 I_C）可在整个开关活动中自适应地控制门驱动电压，还可以调整集电极电流和电压的波形变成任

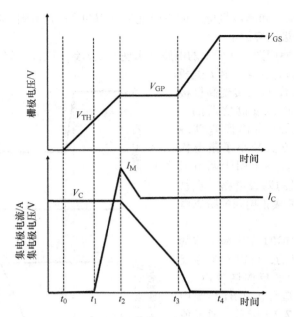

图 7.10　可变电阻门驱动 IGBT 的导通波形

何想要的形状。

数字门驱动单元实现的简化图[10]如图 7.11 所示。使用电阻分压器对集电极和栅极电压进行持续监测，使用电流探头来监测集电极电流。监测到的信息被连续地馈送到微控制器 [即现场可编程门阵列（FPGA）] 中以产生所希望的门控信号。驱动 IGBT 模块的栅极电流可以以一个高的摆率提供高达 5A 的电流[11]。在 IGBT 开关期间保持 dI/dt 和 dV/dt 的任意期望组合以减小功耗和电压过冲。D－A 和 A－D 转换器大的延时限制了将这个方法用于那些开关跳变快于几微秒的 IGBT。

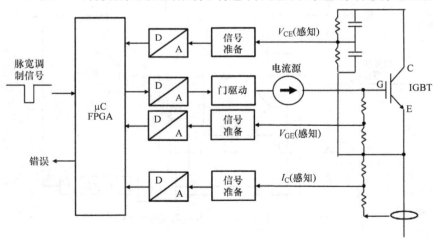

图 7.11　用于 IGBT 的数字门驱动原理图

7.7　小结

用于 IGBT 的门驱动电路设计方法已经从简单选择门驱动电路中的电阻演变为复杂的动态改

变开关活动中的门驱动电阻。这些改进的方法可以减小 IGBT 开关期间集电极电流和电压的过冲，同时实现最小的开关功耗。这可以提高基于 IGBT 的逆变器电路的效率。

现代 IGBT 模块设计成能容忍负载短路情形的出现。在负载短路期间，IGBT 集电极电流可以上升到其稳态值的几倍。关断故障电流通路可能导致非常高的 dI/dt，这可能在杂散电感中产生大的电压过冲，从而使集电极电压超过 IGBT 的击穿电压，超出了它的反向偏置安全工作范围。已经有一些高级门驱动电路[13,14]基于检测到故障后改变栅极电阻的原理能够在短路条件下减小关断期间的 dI/dt。由于 IGBT 被广泛用于电动机控制，许多制造商已经发布了一些门驱动器产品。例如，德州仪器的 UCC27531[15]，三菱电机的 M81738FP[16] 和东芝电子的 TLP700H[17]。

参 考 文 献

[1] B.J. Baliga, Fundamentals of Power Semiconductor Devices, Springer-Science, New York, 2008.

[2] B.J. Baliga, et al., The insulated gate transistor (IGBT) — a new power switching device, in: IEEE Industry Applications Society Meeting, 1983, pp. 794—803.

[3] GE Datasheet for Product D94FQ4, R4, Power-MOS IGT — 18-A, 500-V Insulated Gate Transistor, June 1983.

[4] B. Weis, M. Bruckmann, A new gate driver circuit for improved turn-off characteristics of high current IGBT modules, in: IEEE Industrial Applications Conference, vol. 2, 1998, pp. 1073—1077.

[5] N. Idir, R. Bausiere, J.J. Franchaud, Active gate voltage control of turn-on di/dt and turn-off dv/dt in insulated gate transistors, in: IEEE Transactions on Power Electronics, vol. 21, 2006, pp. 849—855.

[6] L. Dulau, et al., A new gate drive integrated circuit for IGBT devices with advanced protections, in: IEEE Transactions on Power Electronics, vol. 21, 2006, pp. 38—44.

[7] J.H. Kim, et al., An active gate drive circuit for high power inverter system to reduce turn-off spike voltage of IGBT, in: IEEE International Conference on Power Electronics, 2007, pp. 127—131.

[8] D. Boris, et al., Double-stage gate drive circuit for parallel connected IGBT modules, in: IEEE Transactions on Dielectrics and Electrical Insulation, vol. 16, 2009, pp. 1020—1027.

[9] A. Shorten, et al., A segmented gate driver IC for the reduction of IGBT collector current over-shoot at turn-on, in: IEEE International Symposium on Power Semiconductor Devices and ICs, 2013, pp. 73—76. Paper 3-3.

[10] L. Dang, H. Kuhn, A. Mertens, Digital adaptive driving strategies for high-voltage IGBTs, in: IEEE Transactions on Industry Applications, vol. 49, 2013, pp. 1628—1636.

[11] L. Dang, H. Kuhn, A. Mertens, Digital adaptive driving strategies for high-voltage IGBTs, in: IEEE Energy Conversion Congress and Exposition, 2011, pp. 2993—2999.

[12] Y. Lobsinger, J.W. Kolar, Closed-loop IGBT gate drive featuring highly dynamic di/dt and dv/dt control, in: IEEE Energy Conversion Congress and Exposition, 2012, pp. 4745—4761.

[13] P.J. Grbovic, Gate driver with feed forward control of turn-off performances of an IGBT in short circuit conditions, in: IEEE European Conference on Power Electronics and Applications, 2007, pp. 1—10.

[14] L. Chen, F.Z. Peng, Active fault protection for high power IGBTs, in: IEEE Applied Power Electronics Conference and Exposition, 2009, pp. 2050—2054.

[15] Texas Instruments Inc., www.ti.com.

[16] Mitsubishi Electric Corp., www.mitsubishielectric.com.

[17] Toshiba Semiconductors Corp., www.toshiba-components.com.

第8章　IGBT 模型

IGBT 需要精确的模型以理解其在关断状态、导通状态和开关过程的工作原理。该器件的分析模型提供了一种对 IGBT 结构的深入了解，但是这通常在可用的现代计算机仿真软件中被忽略了。一些教材[1]中给出了 IGBT 广泛的解析模型，并被应用于数值模拟。本章参考文献［2］回顾总结了 IGBT 解析模型的发展历程，在第 3 章中，基于 IGBT 解析模型讨论了 IGBT 的关断特性、导通特性和开关特性的设计方法。

为了仿真分析含有 IGBT 器件的功率电路特性，更有必要构建 IGBT 模型。有两种方法可以构建此模型：①基于物理学方法；②利用参数提取或拟合方法。本章回顾了这些模型的发展，本章参考文献［3，4］定期发表了建立 IGBT 模型的方法论。

8.1　基于物理机制的电路模型

正如第 2 章中讨论的，N 型 IGBT 器件可以表示为基极由 N 型 MOSFET 驱动的 PNP 型晶体管，如图 2.2 所示。尽管该等效电路可以在电路仿真器中搭建，并利用电路模型进行仿真，但是仿真结果是不精确的。因为 IGBT 器件内部的 PNP 型晶体管是宽基区的，并且有强烈的电导调制效应，这在电路晶体管模型里面是没有的。因此，需要一种包含大电流注入效应的低增益 PNP 型晶体管的物理模型[5]。

8.1.1　SABER NPT – IGBT 电路模型

对称结构或非穿通结构（NPT）IGBT 如图 8.1 所示，图中给出了器件内部等效电路，PNP 型晶体管的宽基区电流由 N 型 MOSFET 提供。PNP 型晶体管中随电导调制效应改变的基极电阻 R_b 被考虑在模型中。电容 C_{oxs} 和 C_{oxd} 为常量，而电容 C_{gd}、C_{cer}、C_{dej}、C_{ebj} 和 C_{ebd} 为非线性电容，与集电极电压有关。

NPT – IGBT 器件各种参数的模型构建如下[3]：

$$V_{dg} = V(漏极) - V(栅极) \tag{8.1}$$

$$V_{ge} = V(栅极) - V(发射极) \tag{8.2}$$

$$V_{ds} = V(漏极) - V(源极) \tag{8.3}$$

$$V_{eb} = V(发射极) - V(基极) \tag{8.4}$$

$$N_{scl} = N_B + N_{sat} \tag{8.5}$$

$$W_{gdj} = \sqrt{2\varepsilon_S(V_{gd} + V_{Td})/qN_{scl}} \tag{8.6}$$

$$W_{dsj} = \sqrt{2\varepsilon_S(V_{ds} + 0.6)/qN_{scl}} \tag{8.7}$$

$$W_{bcj} = \sqrt{2\varepsilon_S(V_{bc} + V_{Td})/qN_{scl}} \tag{8.8}$$

$$W = W_B - W_{bcj} \tag{8.9}$$

$$Q_{gs} = C_{gs}V_{gs} \tag{8.10}$$

$$Q_{ds} = A_{ds}\sqrt{2\varepsilon_S(V_{ds} + 0.6)qN_{scl}} \tag{8.11}$$

$$Q_B = qAWN_{scl} \tag{8.12}$$

$$Q_{bi} = A\sqrt{2\varepsilon_S qN_B 0.6} \tag{8.13}$$

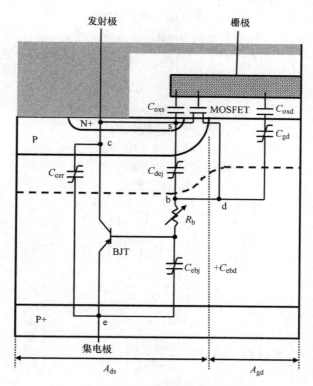

图 8.1　IGBT 器件的电路模型

$$C_{bcj} = A\varepsilon_S / W_{bcj} \tag{8.14}$$

$$C_{cer} = QC_{bcj} / 3Q_B \tag{8.15}$$

$$C_{dsj} = (A - A_{gd}) \varepsilon_S / W_{dsj} \tag{8.16}$$

$$C_{gdj} = A_{gd} \varepsilon_S / W_{gdj} \tag{8.17}$$

$$C_{gd} = C_{oxd} \qquad V_{ds} \leqslant (V_{gs} - V_{Td}) \tag{8.18}$$

$$C_{gd} = C_{oxd} C_{gdj} / (C_{oxd} + C_{gdj}) \qquad V_{ds} \geqslant (V_{gs} - V_{Td}) \tag{8.19}$$

$$\mu_{nc} = 1 / (1/\mu_n + 1/\mu_c) \tag{8.20}$$

$$\mu_{pc} = 1 / (1/\mu_p + 1/\mu_c) \tag{8.21}$$

$$\mu_{eff} = \mu_{nc} + \mu_{pc} Q / (Q + Q_B) \tag{8.22}$$

$$D_c = 2(kT/q)\mu_{nc}\mu_{pc} / (\mu_{nc} + \mu_{pc}) \tag{8.23}$$

$$L = \sqrt{D_c \tau_{HL}} \tag{8.24}$$

$$P_0 = Q / \left(qAL\tanh\frac{W}{2L} \right) \tag{8.25}$$

$$\delta_p = P_0 \sinh(W/2L) / \sinh(W/L) \tag{8.26}$$

$$n_{eff} = \cfrac{\dfrac{W}{2L}\sqrt{N_B^2 + P_0^2 \operatorname{csch}^2(W/L)}}{\operatorname{arctanh}\left[\dfrac{\sqrt{N_B^2 + P_0^2 \operatorname{csch}^2(W/L)}\tanh(W/2L)}{N_B + P_0 \operatorname{csch}(W/L)\tanh(W/2L)} \right]} \tag{8.27}$$

$$R_b = W / (q\mu_{nc} A N_B) \qquad Q < 0 \tag{8.28}$$

$$R_b = W/(q\mu_{eff}AN_{eff})\quad Q \geqslant 0 \tag{8.29}$$

$$V_{ebj} = 0.6 - (Q - Q_{bi})^2/(2qN_B\varepsilon_S A^2) \tag{8.30}$$

$$V_{ebd} = \frac{kT}{q}\ln\left[\left(\frac{P_0}{n_i^2} + \frac{1}{N_B}\right)(N_B + P_0)\right] - \frac{D_c}{\mu_{nc}}\ln\frac{P_0 + N_B}{N_B} \tag{8.31}$$

$$V_{ebq} = V_{cbj} \quad Q < 0 \tag{8.32}$$

$$V_{ebq} = \min(V_{ebj}, V_{cbd}) \quad Q_{bi} \geqslant Q \geqslant 0 \tag{8.33}$$

$$V_{ebq} = V_{cbd} \quad Q \geqslant Q_{bi} \tag{8.34}$$

$$BV_{cb0} = BV_i 5.34 \times 10^{13} N_{scl}^{-0.75} \tag{8.35}$$

$$M = 1/[1 - (V_{cb}/BV_{cb0})^n] \tag{8.36}$$

$$I_T = V_{ce}/R_b \tag{8.37}$$

$$I_{css} = \left(\frac{1}{1+b}\right)I_T + \left(\frac{b}{1+b}\right)\frac{4D_p}{W^2}Q \tag{8.38}$$

$$I_c = I_{css} + C_{cer}\left(\frac{dV_{cc}}{dt}\right) \tag{8.39}$$

$$I_{bss} = \frac{Q}{\tau_{HL}} + \frac{Q^2}{Q_b^2}\frac{4N_{scl}^2}{n_i^2}I_{snc} \tag{8.40}$$

$$I_{mos} = 0 \quad V_{gs} < V_T \tag{8.41}$$

$$I_{mos} = \frac{K_{Plin}\left[(V_{gs} - V_T)V_{ds} - \frac{K_{Plin}V_{ds}^2}{2K_{Pscl}}\right]}{[1 + \theta(V_{gs} - V_T)]} \quad V_{ds} \leqslant (V_{gs} - V_T)\frac{K_{Pscl}}{K_{Plin}} \tag{8.42}$$

$$I_{mos} = \frac{K_{Pscl}(V_{gs} - V_T)^2}{2[1 + \theta(V_{gs} - V_T)]} \quad V_{ds} > (V_{gs} - V_T)\frac{K_{Pscl}}{K_{Plin}} \tag{8.43}$$

$$I_{gen} = \frac{qn_iA}{\tau_{HL}}\sqrt{\frac{2\varepsilon_S V_{bc}}{qN_{scl}}} \tag{8.44}$$

$$I_{mult} = (M-1)(I_{mos} + I_c) + MI_{gen} \tag{8.45}$$

MOSFET 沟道电流 I_{mos} 考虑了因非均匀掺杂引起的扩散效应，参数 θ 考虑了因横向电场增加而沟道载流子迁移率减小的效应，电容模型综合了固定氧化层电容和可变电容。由于 PNP 型晶体管基区的电导调制效应，基区的过剩载流子 Q 将远大于基区本身的固定电荷数 Q_B，集电极电流 I_{css} 包括非稳态分量和电荷控制分量。基极电流 I_{bss} 包括复合电流和发射极注入电流，发射极基极电压包括基极电阻 R_b 和发射极基极扩散电容 C_{ebd} 和耗尽层电容 C_{ebj} 上的电压。模型还必须包含因大电流注入引起的载流子散射效应[1]，耗尽区中的速度饱和效应和漂移区中载流子的雪崩倍增效应。

在 SABER 库中包含了 IGBT 模型。基于以上方程，IGBT 模型提供了器件各节点之间的电流关系。图 8.2 给出了 IGBT 器件内部的电路模型。在 IGBT 模型的模拟电路表示中，双极晶体管由基极和集电

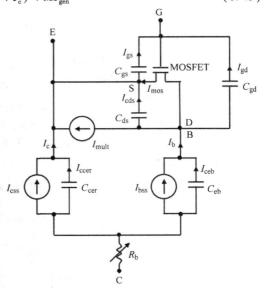

图 8.2　IGBT 器件内部的电路模型

极电流源代替。因漂移和扩散引起的电压降分布在 P-N-P 的宽基区中，由于电流增益较低，基极和集电极电流都会产生电阻式电压降 V_{ce}。这由基区调制电阻 R_b 代替。集电极电流分量 I_{css} 与 PNP 型晶体管基极集电极电压随时间的变化率无关，而另一集电极电流分量 I_{ccer} 与基极集电极电压随时间的变化率有关。同样地，基极电流分量 I_{bss} 与 PNP 型晶体管基极集电极电压随时间的变化率无关，而另一基极电流分量 I_{ceb} 与基极集电极电压随时间的变化率有关。I_{mult} 是高电压下的雪崩倍增电流。该模型已经被 SABER 库收录，可用以精确描述 IGBT 的静态和动态特性[3]。

8.1.2　SABER PT-IGBT 电路模型

如第 3 章中所讨论的，非对称结构或穿通结构（PT）IGBT 包含一个缓冲层，可以减小漂移区的厚度。非对称 IGBT 的动态特性（关断过程）与对称 IGBT 的动态特性是不一样的，这是因为 PT-IGBT 的空间电荷区存在于整个轻掺杂漂移区。当缓冲层中的积累电荷移除后电流开始下降。

非对称 IGBT 结构的电流组成部分与上一节中描述的对称 IGBT 结构的电流相同。然而，之前章节中的公式需要修改。因为非对称 IGBT 器件中漂移区分为轻掺杂漂移区 W_D 和缓冲层 W_{BL}。非对称 IGBT 器件的公式如下[6]：

$$N_{scl} = N_L + N_{sat} \tag{8.46}$$

$$N_{sat} = \frac{I_C}{qAv_{psat}} - \frac{I_{mos}}{qAv_{nsat}} \tag{8.47}$$

$$V_{rt} = \frac{qW_D^2 N_{scl}}{2\varepsilon_S} - 0.6 \tag{8.48}$$

$$W_{gdj} = \sqrt{2\varepsilon_S(V_{dg} + V_{Td})/qN_{scl}} \quad W_{gdj} \leqslant W_D \tag{8.49}$$

$$W_{dsj} = \sqrt{2\varepsilon_S(V_{ds} + 0.6)/qN_{scl}} \quad W_{dsj} \leqslant W_D \tag{8.50}$$

$$W_{bcj} = \sqrt{2\varepsilon_S(V_{bc} + 0.6)/qN_{scl}} \quad W_{bcj} \leqslant W_D \tag{8.51}$$

$$W_{nrt} = \sqrt{\varepsilon_S(V_{bc} + 0.6)/qN_{scl}} \tag{8.52}$$

$$W = W_D - W_{bcj} \tag{8.53}$$

$$W_{eff} = \sqrt{W^2 + W_{BL}^2 \frac{D_C}{D_{pBL}} + \frac{W_{BL}^2}{2D_{pBL}} \frac{WC_{bcj}}{3qN_DA} \frac{dV_{bc}}{dt}} \tag{8.54}$$

$$\gamma = \frac{Q_D'}{Q_L' + Q_B} \tag{8.55}$$

$$Q_{gs} = C_{gs}V_{gs} \tag{8.56}$$

$$Q_B = qAWN_{scl} \tag{8.57}$$

$$Q_{bi} = A\sqrt{2\varepsilon_S qN_D 0.6} \tag{8.58}$$

$$Q_{ds} = A_{ds}\sqrt{2\varepsilon_S(V_{ds} + 0.6)qN_{scl}} \quad V_{ds} \leqslant V_{rt} \tag{8.59}$$

$$Q_{ds} = qA_{ds}W_D N_{scl} + A_{ds}\varepsilon_S(V_{ds} - V_{rt})/W_D \quad V_{ds} > V_{rt} \tag{8.60}$$

$$Q_D = \frac{W^2}{W_{eff}^2}\left(Q_T - \frac{\gamma I_T}{(1+b)}\frac{W_{BL}^2}{2D_{pBL}}\right) \tag{8.61}$$

$$Q_{BL} = Q_T - Q_D \tag{8.62}$$

$$C_{bcj} = A\varepsilon_S/W_{bcj} \tag{8.63}$$

$$C_{dsj} = (A - A_{gd})\varepsilon_S/W_{dsj} \tag{8.64}$$

$$C_{gdj} = A_{gd}\varepsilon_S/W_{gdj} \tag{8.65}$$

$$C_{gd} = C_{oxd} \quad V_{ds} \leqslant (V_{gs} - V_{Td}) \tag{8.66}$$

$$C_{gd} = C_{oxd}C_{gdj}/(C_{oxd} + C_{gdj}) \quad V_{ds} \geqslant (V_{gs} - V_{Td}) \tag{8.67}$$

$$C_{cer} = \frac{W^2}{W_{eff}^2}\frac{Q_T}{Q_B}C_{bcj} \tag{8.68}$$

$$\mu_{nc} = 1/(1/\mu_n + 1/\mu_c) \tag{8.69}$$

$$\mu_{pc} = 1/(1/\mu_p + 1/\mu_c) \tag{8.70}$$

$$\mu_{eff} = \mu_{nc} + \gamma\mu_{pc} \tag{8.71}$$

$$D_c = 2(kT/q)\mu_{nc}\mu_{pc}/(\mu_{nc} + \mu_{pc}) \tag{8.72}$$

$$L = \sqrt{D_c\tau_{HL}} \tag{8.73}$$

$$P_{D0} = Q_D'/\left(qALtanh\frac{W}{2L}\right) \tag{8.74}$$

$$P_{BL0} = \frac{2Q_{BL}}{qAW_{BL}} + \frac{P_{D0}(P_{D0} + N_D)}{N_{BL}} \tag{8.75}$$

$$n_{eff} = \frac{\frac{W}{2L}\sqrt{N_B^2 + P_0^2 csch^2(W/L)}}{arctanh\left[\frac{\sqrt{N_B^2 + P_0^2 csch^2(W/L)}tanh(W/2L)}{N_B + P_0 csch(W/L)tanh(W/2L)}\right]} \tag{8.76}$$

$$R_b = W/(q\mu_{nc}AN_B) \quad Q_T < 0 \tag{8.77}$$

$$R_b = W/(q\mu_{eff}AN_{eff}) \quad Q_T \geqslant 0 \tag{8.78}$$

$$V_{ebj} = 0.6 - (Q_T - Q_{bi})^2/(2qN_{BL}\varepsilon_S A^2) \tag{8.79}$$

$$V_{ebd} = \frac{kT}{q}ln\left[\left(\frac{P_{D0}N_{BL}}{n_i^2}\right) + 1\right] - \frac{D_c}{\mu_{nc}}ln\frac{P_{D0} + N_D}{N_D} \tag{8.80}$$

$$V_{ebq} = V_{cbj} \quad Q_T < 0 \tag{8.81}$$

$$V_{ebq} = min(V_{ebj}, V_{cbd}) \quad Q_{bi} > Q_T \geqslant 0 \tag{8.82}$$

$$V_{ebq} = V_{cbd} \quad Q_T \geqslant Q_{bi} \tag{8.83}$$

$$V_{nrt} = \frac{V_{bc}}{\frac{W_{bcj}}{W_{nrt}}\left(2 - \frac{W_{bcj}}{W_{nrt}}\right)} \tag{8.84}$$

$$BV_{cb0} = BV_f 5.34 \times 10^{13}N_{scl}^{-0.75} \tag{8.85}$$

$$M = 1/[1 - (V_{cb}/BV_{cb0})^n] \tag{8.86}$$

$$I_T = V_{ce}/R_b \tag{8.87}$$

$$I_{css} = \frac{W^2}{W_{eff}^2}\frac{\gamma I_T}{(1+b)} + \frac{Q_T D_c}{W_{eff}^2} \tag{8.88}$$

$$I_c = I_{css} + C_{cer}\left(\frac{dV_{cc}}{dt}\right) \tag{8.89}$$

$$I_{bss} = \frac{Q_D}{\tau_{HL}} + \frac{Q_{BL}}{\tau_{BL}} + \frac{Q_D^2}{Q_b^2} \frac{4N_{scl}^2}{n_i^2} I_{snc} \tag{8.90}$$

$$I_{mos} = 0 \quad V_{gs} < V_T \tag{8.91}$$

$$I_{mos} = \frac{K_p K_f \left[(V_{gs} - V_T) V_{ds} - \frac{K_f V_{ds}^2}{2} \right]}{\left[1 + \theta(V_{gs} - V_T) \right]} \quad V_{ds} \leqslant \frac{(V_{gs} - V_T)}{K_f} \tag{8.92}$$

$$I_{mos} = \frac{K_p (V_{gs} - V_T)_2}{2\left[1 + \theta(V_{gs} - V_T) \right]} \quad V_{ds} > \frac{(V_{gs} - V_T)}{K_f} \tag{8.93}$$

$$I_{gen} = \frac{q n_i A}{\tau_{HL}} \sqrt{\frac{2 \varepsilon_S V_{bc}}{q N_{scl}}} \tag{8.94}$$

$$I_{mult} = (M - 1)(I_{mos} + I_c) + M I_{gen} \tag{8.95}$$

8.1.3　SABER IGBT 电热模型

由于自加热效应，IGBT 器件的结温会高于周围环境温度。器件的自加热效应是由器件本身功耗引起的，包括器件导通电压降引起的开态功耗和开关过程中的开关损耗。因此，IGBT 器件模型需要包含自加热效应和基于温度变化的器件特性。此外，电热模型中还需要结合器件可以通过散热片散热的特性。

图 8.3 给出了 IGBT 的电热模型电路框图[7]。其基本概念是将 IGBT 芯片的温度相关特性与硅片的热流耦合，然后通过封装和散热器。建模可以通过简单假设芯片的温度是常量或者更接近实际地假设芯片温度是分布式的。后者需要建立芯片内部的温度分布方程，因而可以更加精确地阐述 IGBT 中 MOSFET 沟道部分哪里温度是最高的以及电导调制漂移区中哪里温度是最低的。

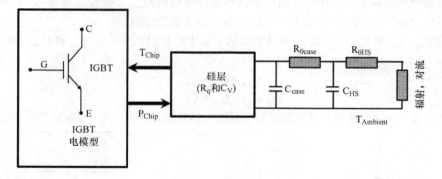

图 8.3　IGBT 电热模型

与温度有关的参数如下[1,8]：

$$\mu_{n,p}(T) = \mu_{n0,p0} \left(\frac{T_0}{T} \right)^{2.5} \tag{8.96}$$

$$n_i(T) = 3.87 \times 10^{16} T^{3/2} e^{-7020/T} \tag{8.97}$$

$$\tau_{HL}(T) = \tau_{HL0} \left(\frac{T}{T_0} \right)^{\beta} \tag{8.98}$$

$$V_T(T) = V_{T0} - C_{VT0}(T - T_0) \tag{8.99}$$

IGBT 的器件温度特性还可以从芯片制造厂提供的数据中提取。图 8.4 和图 8.5 分别给出了 IGBT 与温度相关的开态特性和每周期开关损耗。从图中可以看出，器件的导通电压降随温度的增加而增加。器件的开关损耗也随温度的增加而增加,这是因为漂移区中载流子寿命随温度增加而增大。

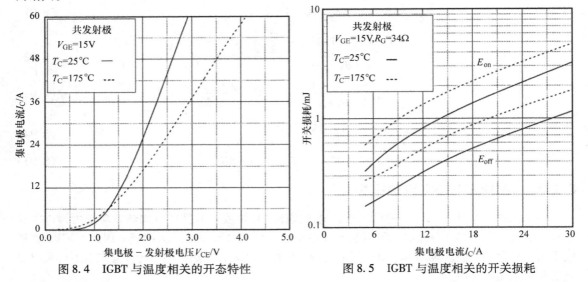

图 8.4 IGBT 与温度相关的开态特性　　　　图 8.5 IGBT 与温度相关的开关损耗

8.1.4 SABER IGBT1 模型

SABER 库中的 IGBT1 模型已经被验证可以用来预测器件的线性、饱和及开关特性[9],其被广泛用于功率电路的模拟中。图 8.6 给出了该模型的等效电路。二极管表示 IGBT 器件导通特性的拐点。下标"tail"表示 IGBT 在关断过程中集电极电流缓慢衰减。

端电容 C_{cg}、C_{ce} 和 C_{ge} 与 IGBT 厂商提供数据手册中电容参数(C_{res}、C_{oes} 和 C_{ies})有关,即

$$C_{res} = C_{cg} \tag{8.100}$$
$$C_{oes} = C_{cg} + C_{ce} \tag{8.101}$$
$$C_{ies} = C_{cg} + C_{ge} \tag{8.102}$$

图 8.7 给出了 IGBT 数据手册中提供的电容值。需要指出的是,C_{ies} 基本为常量,而 C_{oes} 和 C_{res}

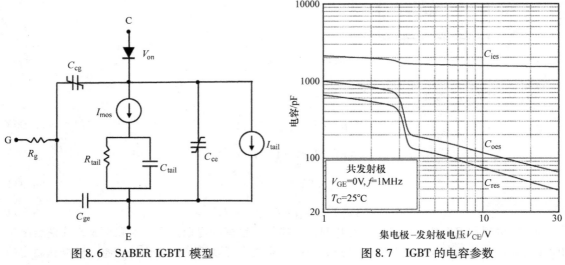

图 8.6 SABER IGBT1 模型　　　　　　图 8.7 IGBT 的电容参数

与集电极电压密切相关。当集电极电压超过 3V，C_{oes} 和 C_{res} 将突然减小，这是由于器件元胞里 JFET 区耗尽造成的。

IGBT1 模型还要求可以从制造商的数据手册中提取出栅电荷 Q_1、Q_2 和 Q_3。图 8.8 给出了典型 IGBT 产品的栅电荷曲线。栅电荷各分量（Q_g、Q_{ge}、Q_{gc}）的定义如第 6 章中和厂商数据手册所述[1]。电容和栅电荷是 IGBT 的重要参数，它们决定了器件的瞬态响应以及开关损耗。

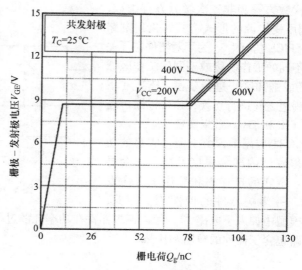

图 8.8　IGBT 的栅电荷参数

8.2　IGBT 模拟行为模型

半导体器件的模拟行为模型（ABM）是从外部电路描述其行为，而不是描述其物理工作机制。因而，器件可以被看成一个黑匣子，利用多个控制源来描述其静态和动态特性。一个流行的基于 ABM 的电路仿真器是 PSPICE。N 型 IGBT 由一个宽基区 PNP 型晶体管组成，其由内部集成 MOSFET 结构驱动。IGBT 的等效电路如图 2.2 所示。利用 SPICE 模型，可以将 IGBT 等效为双极型晶体管和 MOSFET 的耦合结构。双极型晶体管的基本 SPICE 模型是根据 Eber – Moll 大信号模型建立的[10]，如图 8.9 所示。利用非线性电容来模拟器件内部的充电行为，二极管分别代表正偏基极 – 发射极和反偏集电极 – 基极。电流源 I_{CT} 由下式表示：

$$I_{CT} = I_{CC} - I_{EC} = I_S \left(e^{qV_{BE}/kT} - e^{qV_{BC}/kT} \right) \tag{8.103}$$

MOSFET 的 SPICE 模型如图 8.10 所示[8]。电压控制电流源分别描述了器件的跨导和衬偏效应。非线性电容与栅极和漏极电压有关[11]。

因此，IGBT 的 SPICE 模型可以将双极型晶体管模型和 MOSFET 模型结合起来，如图 8.11 所示。但是，双极型晶体管模型必须改进，因为 IGBT 器件内部的 PNP 型晶体管是轻掺杂的宽基区。与电压和电流相关的电阻用来描述电导调制效应。宽基区 PNP 型晶体管的模型由集电极 – 基极二极管（向基极注入电子电流 $I_{n(x=0)}$）和两个电流源 $I_{p(x=0)}$、$I_{p(x=W)}$（宽基区边缘的空穴电流）组成。为了改进瞬态仿真，模型中考虑了栅极和发射极的杂散电感。IGBT 的模型

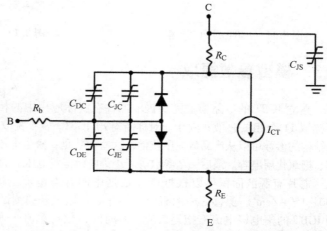

图 8.9　NPN 双极型晶体管的 Eber – Moll 大信号模型

由一组代数方程和非齐次微分方程组成，然后利用受控源的形式将其转化到电路中进行 SPICE 仿真[12]。为了对器件在开关过程中不同的工作阶段或不同的工作区域（线性区或饱和区）进行建模，需要在不同的方程组之间进行切换，这可以通过逻辑运算（IF 和 THEN）来实现[13]。

在 IGBT 应用中，由于器件本身的功耗，使得器件内部的温度升高。这会导致电子、空穴的迁移率和载流子寿命发生变化，并影响器件的特性[14]。因此，

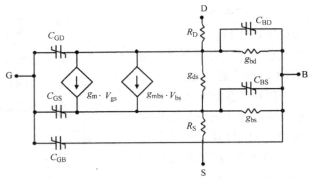

图 8.10　MOSFET 的线性等效电路

可以在模型中加入子电路[15]，用以模拟器件在功率耗散过程中的结温上升，如图 8.12 所示。这一热电路包含了器件的热阻和比热。

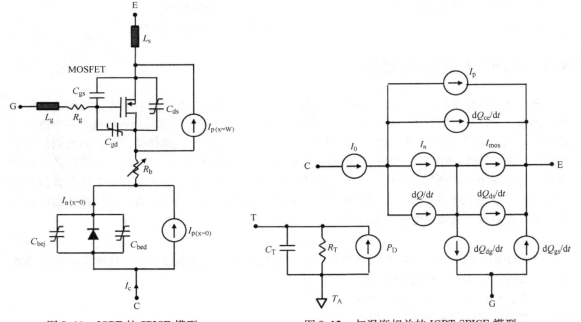

图 8.11　IGBT 的 SPICE 模型　　　　　图 8.12　与温度相关的 IGBT SPICE 模型

8.3　模型参数提取

建立 IGBT 的电路模型需要提取器件在实际应用中的相关参数。对于对称结构 NPT IGBT，需要提取 11 个相关参数；对于非对称结构 PT IGBT，需要提取 13 个相关参数[16]。其中 5 个从属于 MOS 栅结构的参数可以从产品数据中获得，这些参数是：阈值电压、跨导、短沟道参数、栅极 – 发射极电容、栅氧化层电容。最后一个参数等于小集电极偏置电压下的栅极 – 集电极电容，如图 8.7 所示。

芯片有源区面积可以根据产品数据中的开态电流密度估算，IGBT 器件一般的电流密度为 $100 \sim 150 \mathrm{A/cm^2}$。漂移区中的载流子寿命必须通过开关测试获得[16]。正如第 3 章中所讨论的，因为 IGBT 的集电极电流有拖尾效应，其时间常数与载流子寿命有关。对于对称阻断结构，集电极拖尾电流的衰减由漂移区中的复合率决定，载流子寿命与集电极电压、电流无关[16]。对于非对

称 IGBT 结构，在小集电极电压下，集电极拖尾电流的衰减由轻掺杂漂移区中的载流子寿命决定；在大集电极电压下，载流子复合主要在缓冲层中产生，可以在这个区域中提取载流子寿命[16]。

8.4　总结

　　本章简要回顾了用于功率电路仿真的 IGBT 模型的发展历程。IGBT 模型包括基于物理机理的模型和等效电路模型，这两种模型都需要根据器件的实际应用进行参数提取来构建。这些参数都必须与厂商数据手册提供的静态特性和单个器件基本的开关测试相匹配。在模型参数通过验证后，即可用于复杂的功率电路仿真。例如逆变器，包含有 6 个 IGBT 器件和 6 个二极管。该方法已经成功运用于 4.5kV，2kA IGBT 模块仿真中[17]。

参 考 文 献

[1] B.J. Baliga, Fundamentals of Power Semiconductor Devices (Chapter 9), Springer-Science, 2008.

[2] B.J. Baliga, Analytical modeling of IGBTs: challenges and solutions, IEEE Trans. Electron Devices 60 (2013) 535−543.

[3] R. Kraus, H. Mattausch, Status and trends of power semiconductor device models for circuit simulation, IEEE Trans. Power Electron. 13 (1998) 452−465.

[4] K. Sheng, B.W. Williams, S.J. Finney, A review of IGBT models, IEEE Trans. Power Electron. 15 (2000) 1250−1266.

[5] A.R. Hefner, D.M. Diebolt, An experimentally verified IGBT model implemented in the saber circuit simulator, IEEE Trans. Power Electron. 9 (1994) 532−542.

[6] A.R. Hefner, Modeling buffer layer IGBT's for circuit simulation, IEEE Trans. Power Electron. 10 (1995) 111−121.

[7] A. Amimi, et al., Modeling and characterization of the IGBT electrothermal transistor for circuit applications, in: IEEE 39th Midwest Symposium on Circuits and Systems, vol. 1, 1996, pp. 281−284.

[8] A.R. Hefner, D.L. Blackburn, A dynamic electrothermal model for the IGBT, in: IEEE Industrial Applications Society Meeting, 1992, p. 1094.

[9] M. Jun, et al., Application of Saber's simulation model IGBT1 in solid-state switch design, in: International Conference on Electrical Machines and Systems, vol. 3, 2005, pp. 2013−2017.

[10] P. Antognetti, G. Massobrio, Semiconductor Device Modeling with SPICE, McGraw-Hill Book Company, 1988.

[11] B.J. Baliga, Fundamentals of Power Semiconductor Devices (Chapter 6), Springer-Science, 2008.

[12] C.S. Mitter, et al., Insulated gate bipolar transistor (IGBT) modeling using IG-SPICE, IEEE Trans. Ind. Appl. 30 (1993) 24−33.

[13] M. Cotorogea, Implementation of mathematical models of power devices for circuit simulation in PSPICE, in: IEEE Workshop on Computers in Power Electronics, 1998, pp. 17−22.

[14] B.J. Baliga, Fundamentals of Power Semiconductor Devices (Chapter 2), Springer-Science, 2008.

[15] O. Apeldoorn, S. Schmitt, R.W. De Doncker, An electrical model for a NPT-IGBT including transient temperature effects realized with PSPICE device equations modeling, in: IEEE International Symposium on Industrial Electronics, vol. 2, 1997, pp. 223−228.

[16] X. Kang, et al., Parameter extraction for a physics-based circuit simulator IGBT model, in: IEEE Applied Power Electronics Conference and Exposition, vol. 2, 2003, pp. 946−952.

[17] M. Nawaz, et al., Simple SPICE based modeling platform for 4.5 kV power IGBT modules, IEEE Energy Convers. Congr. Expo. (2013) 279−286. Paper 10.4.

第 9 章 IGBT 应用：运输

正如本书前面章节所指出的，IGBT 的主要应用之一是在交通运输领域。交通领域包括关于人员和货物运输的所有方法。交通领域对美国国内生产总值贡献了 11%，约为 1 万亿美元。每年 2.7 亿消费者使用美国的运输系统，乘客里程近 5 万亿 mile[⊖]，货物运输近 4 万亿 t^[1]。此外，铁路和海上运输各占美国运费的 11%。在道路上，我们使用汽车和火车；在海上，我们使用轮船；在空中，我们使用飞机和航天器。本章讨论了 IGBT 对汽车、电动车、有轨电车、高速机车、船舶和全电力驱动的现代飞机的影响。

9.1　汽油驱动的汽车

目前，在外出娱乐、购物和商品运输时，汽车和卡车仍然是我们社会中主要使用的车辆。2011 年，美国消耗了大约 1340 亿 USgal[⊖] 的汽油，全世界的消费量约为这个数值的四倍。由于 1USgal 汽油的燃烧会产生 19.64lb[⊜] 的二氧化碳，汽油动力车辆会对我们的环境产生很大的影响。汽车工业已经采取了许多方法来改善汽车和卡车的燃料效率。其中，电子点火系统（或发动机管理系统）对改进燃料效率做出了重要的贡献，它已经成为汽车企业平均燃料经济性（CAFE）标准。使用电子点火系统，我们需要一个高度可靠的半导体电源开关，来承受汽车底盘下的恶劣环境^[2]。同时该文章指出："限制采用创新电子产品的主要因素是耐用，这些产品要足以承受日常使用中汽车产生的热和振动等因素"。IGBT 是电子开关中最具经济效益的点火系统。自 20 世纪 90 年代以来，这些器件创造了一个非常大的市场。

9.1.1　凯特林机械点火系统

直到 20 世纪 80 年代后期，在汽油动力车辆中的内燃机中，点火系统都是采用 Charles Kettering 开发的基于机械分配器的点火系统。Kettering 点火系统如图 9.1 所示。火花塞必须通过使用汽车中的 12V 电池提供的能量来点火。由于在火花塞处形成的电弧电压须在 12000～40000V 之间，因此系统还需要点火线圈。点火线圈是连接到一次侧的汽车电池和连接到二次侧的火花塞的变压器。在火花塞点火之前，接触断路器闭合，点火线圈（变压器）中会产生电流。当发动机的一个气缸到达顶部时，连接到发动机轴的凸轮会打开接触断路器。此时，点火线圈中的磁场在二次侧感应出非常大的电压。该电压被用于发动机气缸的火花塞以点燃燃料混合物。

9.1.2　电子点火系统

机械点火系统一直使用到 20 世纪 80 年代，它有着不容易控制火花持续时间和由于断路器和分配器中的触头的磨损导致的定时不准等缺点。20 世纪 80 年代，IGBT 的引入使得可靠的、无分配器的、无移动部件的电子点火系统成为可能。IGBT 是第一个具有足够耐高温操作和耐用性的电源开关，它能够低成本且可靠地实现无分配器电子点火系统。

⊖　1mile = 1609.344m，后同。

⊜　1USgal = 3.78541dm³，后同。

⊜　1lb = 0.45359237kg，后同。

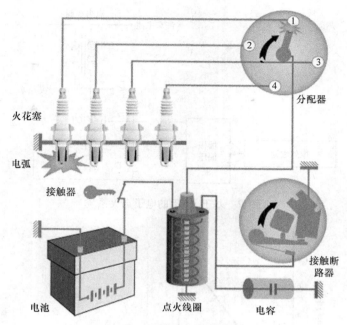

图 9.1　基于机械分配器的点火系统

　　电子点火系统的基本电路如图 9.2 所示。IGBT 用作变压器一次侧的开关（点火线圈），它在二次侧火花塞处产生高电压。当 IGBT 在正栅极偏置下导通时，电流开始流过点火线圈的一次侧。集电极电流的上升速率由线圈（LC）的电感决定，即

$$\frac{\mathrm{d}I_{\mathrm{C}}}{\mathrm{d}t} = \frac{V_{\mathrm{DC}}}{L_{\mathrm{C}}} \tag{9.1}$$

式中，V_{DC} 是电池电压。IGBT 集电极电流和电压的典型波形如图 9.3 所示。在时间 t_1，IGBT 导通之后，集电极电流以由式（9.1）确定的速率随时间线性增加。线圈一次侧中的电流在从 t_1 到时间 t_2 的时间期间内增加。通过选择该时间间隔，我们可以在线圈中获得足够的能量存储，来启动火花塞的点火：

$$E_{\mathrm{Coil}} = 0.5 L_{\mathrm{C}} I_{\mathrm{Cmax}}^2 \tag{9.2}$$

式中，I_{Cmax} 是在时间 t_2 的集电极峰值电流。典型的峰值电流为 $8\mu A$。对于 $7\mathrm{mH}$ 的典型线圈电感，在时间 t_2 时，存储在线圈中的能量为 $224\mathrm{mJ}$。

　　IGBT 在时间 t_2 时截止，这导致集电极电压快速增加到约 $300\mathrm{V}$（V_{C1}）。同时在点火线圈的二次侧产生高电压（大约 $20\mathrm{kV}$）。在 $t_2 \sim t_3$ 的时间间隔内，火花塞开始放电。在此期间，集电极电流以下式给出的速率迅速减小：

$$\frac{\mathrm{d}I_{\mathrm{C}}}{\mathrm{d}t} = -\frac{V_{\mathrm{C1}}}{L_{\mathrm{C}}} \tag{9.3}$$

　　如图 9.3 所示，在从 $t_2 \sim t_3$ 的短时间间隔之后，跨过火花塞的电弧会以小得多的电压（V_{c2}）保持一段时间。一次侧和 IGBT 两端的电压降低到约 $50\mathrm{V}$（V_{c2}）。一旦存储能量耗尽，IGBT 集电极电压返回到 DC 12V 电池电压（V_{DC}），导致火花熄灭。在时间 t_2 至 t_3 期间，IGBT 必须同时维持高电压和电流。这需要具有良好 RBSOA 指标的 IGBT 设计，如第 4 章所述。

9.1.3　点火 IGBT 设计

　　用于电子点火系统的 IGBT 设计与用于电动机控制的 IGBT 设计有着不同的要求。在冷起动

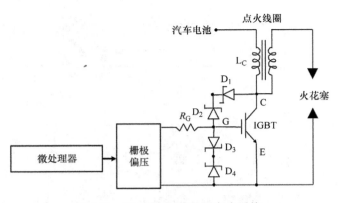

图 9.2　基于 IGBT 的电子点火系统

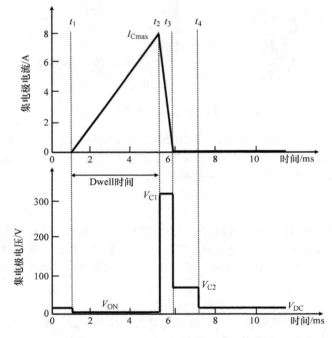

图 9.3　点火系统的电流和电压波形

条件下，汽车电池电压可能会低于 10V。为了给点火线圈充电，我们需要 IGBT 具有低的导通状态电压降。这可以通过在漂移区中使用高寿命掺杂和在不对称 IGBT 结构中使用相对低掺杂的缓冲层来实现。由于在 IGBT 中使用高寿命和低缓冲层掺杂，开关损耗会增加。但是在本应用中，这没有关系，因为开关频率很低。减小的缓冲层掺杂还会使得 IGBT 能够支持在集电极上施加一个有限的反向（负）电压。如果汽车电池连接被意外反转，这有利于防止电流流过 IGBT。IGBT 内所需的反向阻断能力仅仅超过汽车电池的直流电压，即约 20V。

　　IGBT 在本应用中可能遇到的最严苛的条件之一是火花塞导线突然断开。在这种情况下，存储在点火线圈中的能量不能在火花中消散。然后，一次侧的电压将上升，直到达到 IGBT 的雪崩击穿电压。为了避免 IGBT 在这些情况下的出现破坏性故障，我们需要优先使用集电极电压的动态钳位[3]，通过使用连接在 IGBT 的集电极和栅极之间的齐纳二极管，如图 9.2 所示（二极管 D_1

和 D_2），当 IGBT 电压超过在正常操作条件下起动火花塞所需的值 V_{C1} 时，会通过齐纳二极管给 IGBT 提供栅极驱动电流。该电流流过栅极电阻（图 9.2 中的 R_G），在 IGBT 的栅极处产生正偏置，从而使得 IGBT 导通。流过 IGBT 的电流消耗了存储在线圈中的能量，并在 IGBT 中降低了功率耗散。

保护二极管可以在 IGBT 结构中单片集成[4]，如图 9.4 所示。二极管由沉积在厚氧化物层上的多晶硅制成，以将它们与硅衬底隔离。一串 50 个背对背（BTB）二极管提供 350V 的钳位电压，这个电压大于火花塞点火电压并低于 IGBT 的击穿电压（通常为 450～500V）。相同的技术可以用于为 IGBT 结构的栅极提供 ESD 保护，如图 9.2 所示，使用二极管 D_3 和 D_4 两个 BTB 二极管足以将栅极电压钳位到 14V。

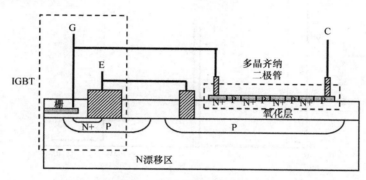

图 9.4　带有集成保护二极管的点火 IGBT

9.1.4　双电压钳位的点火 IGBT 设计

如前面部分所讨论的，我们需要高电压（对应于图 9.3 线圈一次侧上的 V_{C1}）以在火花塞处引发电弧，并且随后火花塞电压降低到较低值（对应于图 9.3 线圈一次侧的 V_{C2}）。在图 9.2 所示的 IGBT 电路结构中，在降低到大约 50V 的 V_{C2} 之前，集电极电压被钳位在高电压值（V_{C1} = 350V）上很长时间（通常为 140ms）。这将导致集电极具有很大的峰值功耗，从而使得 IGBT 的结温显著上升。通过在电火花点火[5]的第一阶段（即 $t_2 \sim t_3$ 期间）减小集电极电压，可以减小自钳位感应开关能量（SCIS）。

双电压自钳位点火电路的 IGBT 集电极电流和电压波形如图 9.5 所示。在该设计中，从 $t_2 \sim t_3$ 的初始时间段较短（30μs），以便在高电压 V_{C1}（点火线圈的一次侧 350V）处给火花塞点火。随后是具有电压 V_{C3}（点火线圈一次侧 80V）的第二阶段，时间是从 $t_3 \sim t_4$ 较长时间的持续（670μs）。随着电压的这些变化，集电极电流下降到 75% 的峰值，然后在第二阶段期间下降到零。这些技术能改善了 35% 的 SCIS 能量[5]。

点火 IGBT 的双电压钳位能力是通过使用集成在基本 IGBT 结构[5]中的辅助 IGBT 来实现的，如图 9.6 所示。此外，可采用两串多晶硅二极管来产生低击穿电压二极管（LBVD）和高击穿电压二极管（HBVD）。通过使用串联的 10～12 个多晶硅二极管，在 V_{C3}（约 80V）处选择 LBVD 的击穿电压。通过使用 50 个串联的多晶硅二极管，在 V_{C1}（约 350V）下选择 HBVD 的击穿电压。当 IGBT 在时间 t_1 通过正栅极信号导通时，只有主 IGBT 被导通，因为二极管 D_1 阻断了到辅助 IGBT 的栅极信号。点火线圈中的累积电流通过主 IGBT 产生。当栅极偏置在时间 t_2 截止时，集电极电压开始迅速上升，集电极电压首先超过 LBVD 的击穿电压，允许电流流过电阻器 R_1 和 R_2。R_1 两端的电压经由电阻器 R_3 向辅助 IGBT 提供栅极驱动电压。选择电阻器 R_3，使得 R－C 时间常数延

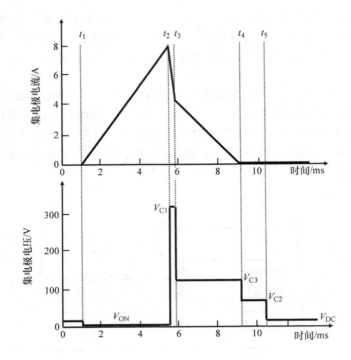

图 9.5　双电压自钳位 IGBT 波形

迟，来使得辅助 IGBT 导通 30ms。同时，集电极电压超过 HBVD 的击穿电压，导致通过 R_G 上产生的电压施加到主 IGBT 的栅极。然后，集电极电流在从 $t_2 \sim t_3$ 的时间间隔期间下降，如图 9.5 所示。在时间 t_3，辅助 IGBT 导通，在 R_5 上产生电压降。这通过电阻器 R_4 和二极管 D_1 向主 IGBT 提供额外的栅极驱动电流。在 t_3 之后的时间期间，降低的电压足以维持被高电压点燃的火花。

在因为火花塞断开导致点火线圈二次侧开路的情况下，使用双电压电路将集电极电压在一个较短时间段内钳位在较高的值，可以获得较小的功率密度和较低的 IGBT 结温。

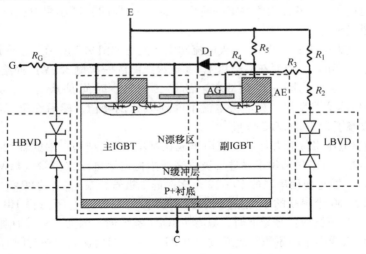

图 9.6　带有辅助 IGBT 的点火 IGBT

9.1.5　智能点火 IGBT 设计

　　汽车点火系统正在朝更低成本、更高复杂性和集成度方向发展。同时，点火线圈也改进为称作铅笔线圈的新设计。将电子点火电路定位在接近线圈的位置上，这减少使用了高电压操作的大电流电缆。同时它还减少了电磁干扰噪声。在这种方法中，点火 IGBT 及其保护和诊断电路需要靠近铅笔线圈放置。发动机控制模块提供了数字信号来控制基于每个发动机汽缸的计时信息和排放的点火模块。

　　智能 IGBT 点火模块必须能够承受最大 175℃ 的温度，因为它靠近发动机。有限的安装空间是此应用的主要考虑因素。这些要求可以通过使用片上芯片的技术[6]来满足。在该方法中，使用双极 – CMOS – DMOS（BCD）逻辑工艺来制造诊断和用于保护的闭环控制芯片。BCD 芯片安装在 IGBT 芯片之上，以形成紧凑的形状。图 9.7 中的框图显示出了该技术的特征。保护和诊断功能包括：①故障期间的电流限制；②当未检测到火花时的软关闭；③电流反馈以监视输出电流；④温度检测以检测过热状况；⑤具有多路输入和诊断能力的双向接口；⑥用于监测燃烧事件的电流。IGBT 本身具有在前面部分讨论的所有特征，它具有处理高电流电压应力的集成齐纳二极管。这些能力使得 IGBT 能符合排放标准，以获得更好的燃油效率，同时满足严格的空间限制[6]。

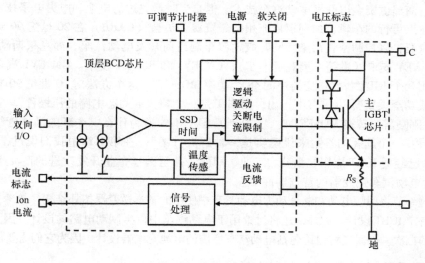

图 9.7　智能点火 IGBT 概念

9.1.6　点火 IGBT 产品

　　由于市场规模庞大，许多公司出售专门用于电子点火系统的 IGBT。电子点火系统市场是 IGBT 增长最快的市场之一[7]。到 1999 年 9 月，ON – Semiconductor 公司报告售出了超过 1 亿个 IGBT[8]。这些器件由福特汽车公司用于 Visteon 电源控制模块。同样，到 2000 年 6 月，INTERSIL 公司报告售出了 6000 多万个 IGBT[9]。点火 IGBT 也同时被优化用于割草机和吹雪机中的小型发动机[10]。

　　以下是专门为汽车电子点火系统设计的 IGBT 的一些产品示例。Fairchild 公司的 ISL9V5045S3ST_F085 EcoSPARK N 沟道点火 IGBT[11]，On – Semiconductor 公司的 MGP15N40CL 点火 IGBT[12]和 ST 微电子公司的 STGB10NB37LZ 内部钳位 IGBT[13]。这些器件的击穿电压（V_{CES} 钳位）设计为 400V，集电极电流额定值为 10A。IGBT 结构专门设计为具有相对较低的阈值电压

（约 1.0V），这使得它具有用于逻辑电平的栅极驱动能力。这些器件具有 1.0～1.3V 的非常低的通态电压降，同时具有几微秒的相对较长的关断时间。这些器件的额定工作温度为 150～175℃。

这些 IGBT 包括栅极－发射极 ESD 保护模块和具有温度补偿的栅极－集电极电压钳位模块，如图 9.2 所示。此外，产品手册中还包括关于约 20V 的反向阻断能力的规范，这用于处理电池反接的问题。这个规范通常在其他 IGBT 产品手册中找不到，因为大多数 IGBT 是为电动机控制应用设计的。

9.2 电动和混合动力电动汽车

电动汽车的发展早于汽油动力汽车的发展[14]。最早的商用电动汽车是由费城电动汽车和货车公司制造的纽约市的一批电动出租车。在 19 世纪末，电动汽车具有振动和噪声较小、没有汽油燃烧的烟气，并且不需要手工起动汽车的优点。它不像汽油动力汽车那样需要手动曲柄。但是福特汽车公司使用汽油动力汽车装配线的大规模生产技术，将汽油动力汽车的成本降低到不到电动汽车的一半，导致电动汽车在市场上份额不断下降，甚至最终消失。

汽油动力汽车对环境的污染促使美国国会通过了 1966 年的"电动汽车发展法"。同时为大学和汽车制造商提供资金以开发电动汽车技术。但是当时最先进的电池和电力电子技术被证明不足以创造商业上可行的车辆。加利福尼亚州空气资源委员会（CARB）在 20 世纪 90 年代开始推动更节油的汽车，以控制空气污染。同时鼓励汽车制造商开发电动汽车，如克莱斯勒的 TEVan，福特的 Ranger EV 皮卡（敞篷小型载货卡车），GM EV1 和 S10 EV 皮卡。GM EV1 汽车研发的一个轶事是，用几个 IGBT 替代逆变器中的 48 个功率 MOSFET，这个方法对 20 世纪 90 年代初第一辆车的研发成功至关重要[15]。书中指出，"IGBT 是一个精美的固态电路的压缩件"。它还开玩笑似地说，"在刚刚需要替换 MOSFET 时，（哈利）国王不知道为什么一个新的晶体管结构正好出现…这对于寻找一个问题的答案来说确实是一种解决方案"。在第 1 章中我们说过，在 20 世纪 90 年代，GE 已经把 IGBT 应用在消费、工业、照明，甚至医疗企业开发改进的产品上。到 1992 年 IGBT 成为电动汽车逆变器的首选器件[16]。

本章的这一节将回顾电动和混合动力电动汽车中使用的基本逆变器拓扑结构。接着描述为此应用而优化的特定 IGBT 设计。此外，还将讨论用于电动汽车中再生制动电路的设计，因为它通常用于改进汽车的档次。同时还将讨论包括电动汽车所需的电池充电器设计，因为它们需要使用 IGBT。

9.2.1 电动汽车逆变器设计

逆变器负责控制电动汽车中从电池流向电动机的功率。逆变器的设计取决于车辆的额定功率。当额定功率增加时，需要按比例放大 DC 总线电压以维持合理的电流水平。各类电动汽车的额定功率水平[17]如图 9.8 所示。

由丰田汽车公司[18]开发的最成功的混合动力电动汽车的路线图如图 9.9 所示。从 1997 年开始的第一代 Prius 汽车的电机额定功率为 30kW，允许相对较低的 274V 母线直流电压。从 2003 年起的新型 Prius 具有 50kW 的较大电机功率，允许较大的 500V 母线直流电压。将电机额定功率增加到 120kW，我们需要将母线的直流电压升高到 650V，如图 9.9 所示。对于今天道路上的所有 Prius 汽车的开发和商业化，作者[19]指出"基于 Si 的绝缘栅双极型晶体管（Si－IGBT）被广泛地用于逆变器"。这种情况将继续维持下去，直到新的晶体管（诸如 SiC 和 GaN 的宽带隙半导体）可以以足够低的成本和较高可靠性获得商业化成功。

市场上最成功的电动汽车（丰田 Prius）使用被称为 THS 系统的串并联混合驱动[20]。THS 系

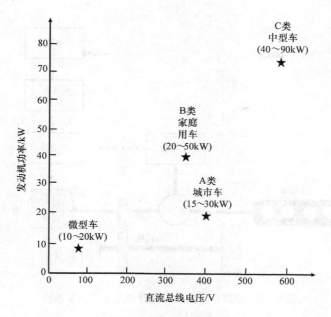

图 9.8　电动汽车类型

统的基本配置如图 9.10 所示。该系统能够将来自内燃机和电动机的能量传递到车辆的车轮。2003 年推出的 THS 系统包括能提升电池电压的升压器功能，允许在相同电机尺寸的情况下提高总体可用功率。升压器允许逆变器在电池电压范围为202～500V 内工作。基本操作模式如下：

1）起动和低速行驶：只有电动机使用电池提供的能量来驱动车轮。

2）正常行驶速度：发电机被用作电动机使用来提高发动机转速。当达到足够的速度时，使用 IGBT 给内燃机的火花塞点火以便从汽油获得额外功率。

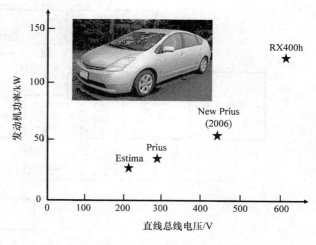

图 9.9　丰田的电动汽车

从内燃机传递的功率通过功率分配器来驱动车轮，同时经发电机对电池充电。

3）全节气门加速：THS 系统将把从内燃机和电动机传送的能量组合在一起，以在全节气门加速期间和在重负载下提高可用功率。

4）电池充电：从电池获得的用于驱动电动机的能量必须连续补给。这通过由计算机控制的充电系统来执行，该充电系统被设计成从内燃机经发动机释放电力到电池来维持对电池的恒定充电。

逆变器拓扑结构[17]如图 9.11 所示。它包括具有电池升压能力的升压器，来增加如前所述的 DC 总线电压。在随后的章节中，我们将详细地讨论如何使用基于 IGBT 的逆变器来设计变频电机驱动器。在本设计中使用的拓扑结构中，每个 IGBT 都需要用到反偏二极管来连接。由于二极管在 IGBT 相反方向上传导电流，它不需要反向阻断能力，因此我们使用第 2 章中讨论的非对称结构。

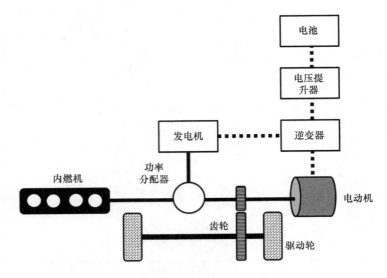

图 9.10　丰田系列串并联混合动力电动汽车系统

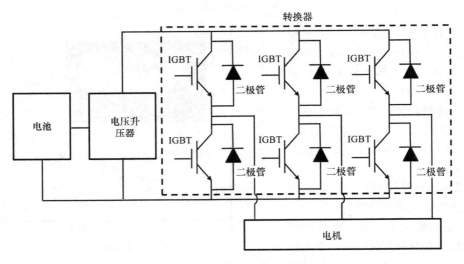

图 9.11　电动汽车的逆变器拓扑

　　如前所述，在现代电动汽车开发的最早期阶段，IGBT 就已经成为逆变器的首选装置。1994 年发表的一项专家关于电动汽车的调查[21] 发现，与所有其他技术相比，绝大多数人赞成在逆变器中使用 IGBT。1994 年关于电动汽车电源模块的另一篇文章[22] 指出，"IGBT 是电动汽车的首选器件"。到 1995 年，丰田公司为丰田电动汽车开发了一个智能 IGBT 电源模块，它具有短路保护、过温保护、门极电源欠电压和故障检测信号等功能[23]。IGBT 中使用的模块集成了电流传感器，如第 5 章所述。在 20 世纪 80 年代，提出 MOS 控制晶闸管（MCT）作为 IGBT 的一个更好的替代品，因为它具有较低的通态电压降。该器件在 1997 年与用于电动汽车的 IGBT 进行了比较[25]。作者总结说："MCT 很难实现过电流保护，因此，MCT 不适合于此项应用。"

　　THS 系统还利用升压器[19] 中的 IGBT 来增强 DC 总线电压，从而为电动机提供更高的功率。升压转换器的拓扑结构如图 9.12 所示。该升压转换器可以将直流母线电压从 202V 电池电压升至

500V。增加的直流母线电压用于驱动发电机和电机的 IGBT 逆变器。通过从电池获取 20kW 瞬时功率和从发电机获取 30kW 功率，系统可以向电动机提供 50kW 的总功率。该方法允许在不增加电动机电流的情况下将电动机的扭矩和功率输出增加 2.5 倍。这些 IGBT 使用芯片的面积为 0.225cm² （在 1.5cm × 1.5cm 芯片上） 的平面 DMOS 单元结构制成。在升压转换器的每个臂中并联使用两个 IGBT。

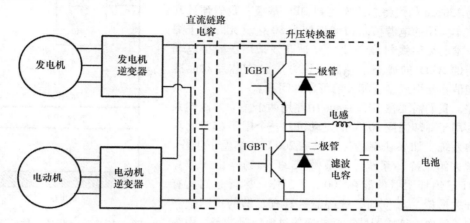

图 9.12　使用升压转换器的电动汽车的可变直流母线电压

9.2.2　电动汽车 IGBT 芯片设计

用于电动汽车逆变器中的 IGBT 必须使从 DC 总线到电动机的功率传输效率很高。这需要 IGBT 具有低的通态电压降和快速开关速度的设计，同时具有良好的雪崩耐量。在第一代丰田混合动力电动车中使用的 IGBT 是 600V、200A 平面元胞设计，芯片尺寸为 1.3cm × 1.3cm。在通态电流密度为 145A/cm² 时，它的通态电压降为 2.1V，电流下降时间为 0.8μs，室温下的雪崩耐量为 1J[26]。对于随后几代丰田混合动力电动汽车，根据在第 2 章中讨论的通态电压降和开关损耗之间的折中曲线，公司开发了沟槽栅型 IGBT。IGBT 的元胞螺距为 4μm，漂移区厚度为 70μm，缓冲层厚度为 15μm ［25］。导通状态电压降和因电流引起的闩锁电流密度随着元胞螺距减小而改进，这个发现与教科书[27]中的模型一致。具有 1.23cm × 0.93cm 芯片尺寸的沟槽栅极 IGBT 在具有与平面栅极器件类似的开关时间和雪崩能力下，导通态电流密度为 250A/cm²，导通状态电压降为 1.55V。它采用了基于 He 照射缓冲层的局部寿命控制工艺[28]。

在关断逆变器中的 IGBT 时，遇到的问题之一是当空间电荷区穿通到缓冲层时产生的浪涌电压。这个问题由于 THS 系统包含升压转换器变得更加严重。可以通过增加漂移区的厚度来解决这个问题[29]。在设计用于电动汽车的 IGBT 时，另一个考虑是在高海拔山区宇宙射线会诱发故障。宇宙射线是由超新星爆炸和太阳能产生的。宇宙射线与大气氧和氮的相互作用会产生质子、介子、光子和中子。虽然带电粒子被地磁场破坏，但中子会到达地球表面，并在功率器件中产生单一事件烧毁 （SEB）。有研究已经证明更宽的漂移区的穿通结构对 IGBT 中的 SEB 具有更大的容限[30]。

在工业制造 IGBT 时，已经存在减小晶片厚度的趋势。近年来，晶片厚度已从 70μm 减小到 40μm[31]。虽然这将器件的击穿电压从 650V 降低到 400V，但是集电结注入效率的优化允许将关断 dI/dt 从 5.9kA/μs 降低到 5.3kA/μs。因为较小的 dI/dt，也因为封装中的杂散电感也会引起电压过冲的减小，这允许我们在 200V 的 DC 总线电压下运行薄晶片器件。这些 IGBT 适用于在较低的功率水平下运行"轻度混合"车辆。用于这些 IGBT 的元胞结构如图9.13所示[32]。它通过表面栅极的延伸来延伸第2章所示的沟槽栅结构。IGBT 与快恢复二极管的封装是在电源模块中进行的，其中芯片直接连接到铜基板上（参见第6章）[33]。由于存在高电流（通常为450A），我们需要使用直径为 350μm 的线将芯片连接到 DBC 基板。我们预计基于电动汽车应用的电源模块市场规模为 50 亿美元。基于焊料凸点技术的无引线封装[34]也已经被开发来用于减少电动汽车应用的 IGBT 的通态电压降。该方法允许芯片双面冷却，并能消除与引线接合相关的可靠性问题。

现在，我们需要在 HEV – one 中使用两个独立的冷却系统：一个用于冷却温度105℃的发动机；一个用于65℃的功率转换器系统。如果功率器件可以在200℃的结温下工作，则可以省去第二冷却系统。沟槽栅 IGBT 和场停止（或穿通）IGBT 已经证明器件能在200℃下工作，尽管它们具有较大的开关损耗[35]。同时，这些器件具有足够的抗闩锁和短路能力。然而，这些器件需要外部的过电压缓冲器，因为它们在200℃时的雪崩维持能力不足。

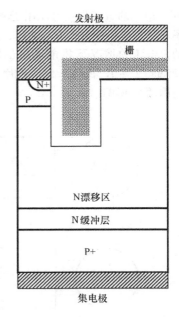

图9.13 采用薄晶片技术优化沟槽栅极 IGBT 单元结构

9.2.3 电动汽车再生制动

电动汽车的缺点之一是它们的可行驶距离很短，因为存储在电池中的能量是有限的。在电动汽车中，我们通常采用再生制动技术以通过使车辆减速时将车辆动能转移到电池中来改善行驶距离范围，而不是将能量变为制动片中的热量浪费掉。再生制动的典型电路拓扑结构如图9.14所示，用 6 个 IGBT 和快恢复二极管把功率传向电池。图中给出了从电动机的绕组 A 和 B 到电池的电流路径（箭头）。这是通过对 IGBT – 2 的脉宽调制控制和利用跨 IGBT – 1 的快恢复二极管 1 和快恢复二极管 4 形成升压转换器来实现的。

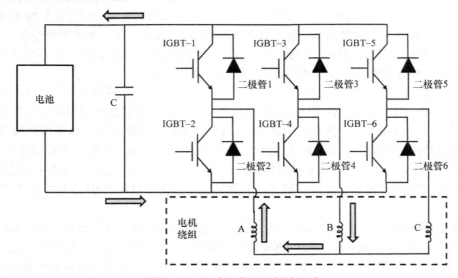

图9.14 电动汽车再生制动电路

从电动汽车发展的早期人们就认识到再生制动对于改善电动汽车行驶距离的重要性[16]。通过使用基于模糊逻辑的功率管理的再生制动[36]，预计车辆的续航里程可提高超过 10%[37]。在 1997 年，甚至在罗马部署的紧凑型三轮电动汽车中也采用了再生制动 [38]。值得指出的是用于驱动电机的如图 9.11 所示的拓扑结构与图 9.14 所示的再生制动电路是类似的。因此，双向电源转换器可以被设计成具有两种功能，即减少部件的数量和减小功率器件的成本。

9.3　电动汽车充电站

发展电动汽车是减少城市污染的前提。在 20 世纪 90 年代初，在如洛杉矶、巴黎和东京这样的大型都市，汽油动力汽车数量的增加导致出现不能容忍的雾霾，这促使人们开始采取措施。纯电动汽车被设想为最有希望的能解决社区健康的方案。但是人们认识到，除非有很方便的充电基础设施[39]，否则电动汽车几乎没有被民众接纳的机会。法国电气公司、日本电动汽车协会（JE-VA）和 CARB 开始推动电动汽车业务，标准充电站按照消费者以前所熟悉的气泵来设计。同时，消费者安全也是一个主要问题，因为公众将被要求在各种天气条件下每天进行大功率的电连接。在低需求且非高峰时段，电动汽车充电的好处是显而易见的。这促进了可以安装在住宅车库中的充电器的发展。现在，欧洲[40]和中国[41]开始鼓励用电动汽车更换汽油动力。在 2010 年，中国有约 8000 万辆汽油动力汽车。据估计，到 2015 年，中国的道路上将有 100 万辆电动汽车，到 2030 年这个数字将增长到 6000 万辆，这将使其成为道路上的主要车辆[42]。

9.3.1　电动汽车充电要求

消费者期望的行驶距离是在 100 ~ 150mile（160 ~ 240km）之间，这需要的充电电池容量为 20 ~ 50kW·h。电池可以用能过夜充电的标称为 6kW 的电源。这对于北美地区的家庭使用 240V 单相电源提供 30A 的电流（类似于干衣机所需的电源）来说是可行的[39]。市场上现代电动汽车的两个例子是 Mitsubishi i‐MiEV 和日产 LEAF 五门两厢车。Mitsubhsi i‐MiEV 使用能够存储 16kW·h 能量的锂离子电池，而日产 LEAF 电池容量为 24kW·h[43]。位于家庭中的充电器称为 1 级充电器，适用于 120V/15A 双工插座。

用于电动汽车的充电拓扑结构以如图 9.15 中所示的三种方式来配置。它们都能将交流电源转换为直流电源来为电池充电。充电器与电源的物理连接也有三种基本配置：①板外电线和连接器连接到电源；②带有独立线缆的适配器线缆套件，包含插头到电源和到充电器的连接器；③存储在车辆中的车载电线和插头。第一种方法受到了电动汽车制造商的青睐，因为它类似于熟悉的汽油泵配置。

开发商还开发了具有桨状连接器的电感耦合器[39]。在这种方法中，60Hz 输入电源必须要转换为高频（通常为 100kHz）电源，如图 9.16 所示，以减小变压器（桨叶）的尺寸。

人们还期望创建用于电动汽车快速充电的基础设施，类似于今天广泛用于汽车的汽油加油站。这些充电器被称为 3 级充电器。它们需要设计成在 15min 内给电池补充至少 50% 的能量[39]。此外，2 级充电器的充电时间为 1 ~ 2h。这种情况适用于消费者最多花几个小时的购物中心。图 9.17 所示的充电金字塔[44]表示适用于每种情况的充电器类型。可以认为，无处不在的 120V 插座可以在家里和在工作场所使用，与现有公用负载控制设施一起来满足公众的直接需求[41]。

9.3.2　电动汽车充电电路

用于对电动汽车电池充电的典型非隔离降压/升压电路拓扑结构[45]如图 9.18 所示。升压级

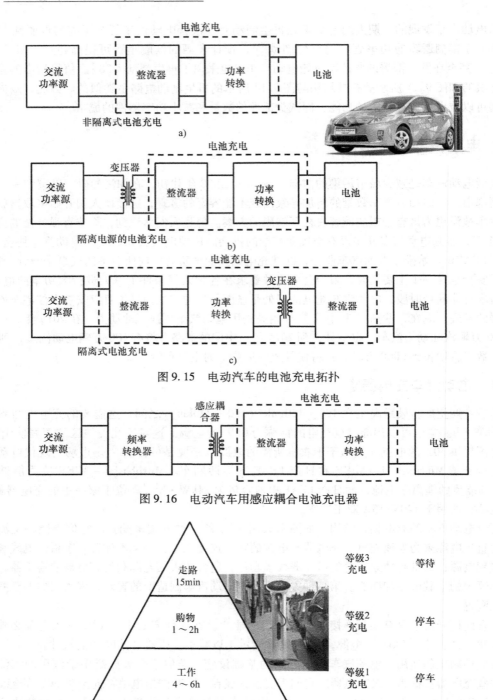

图 9.15 电动汽车的电池充电拓扑

图 9.16 电动汽车用感应耦合电池充电器

图 9.17 电动汽车充电金字塔

电路将通过对输入 AC 源整流得到的电压升高到高于标称电池的工作电压，并且提供功率因数校正（PFC）功能。升压级电路的 PWM 工作频率约为 20kHz。在正常工作条件下（大部分时间），电池电压超过交流输入电压的峰值。然后充电器在升压模式下工作，降压级电路完全导通。在低电池电压条件下，交流输入电压的峰值开始大于电池电压。然后充电器在降压模式下工作，升压级关闭[46]。

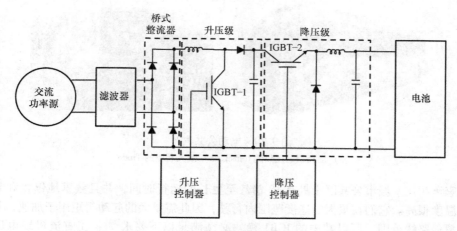

图 9.18 电动汽车充电电路

未来随着大量的电动汽车接入电网中，从实用性观点来看，线路电压和电流的失真这个问题将变得非常严重。因此类似于在许多电气和电子产品中已经规定的，电动汽车充电器也必须要有 PFC 功能。三相全桥 PFC 电路如图 9.19 所示，它适用于具有高功率和高电压水平的电动汽车充电器。通过使用高速 IGBT 和快恢复二极管，可以为 PFC 电路获得大于 97% 的总效率[47]。

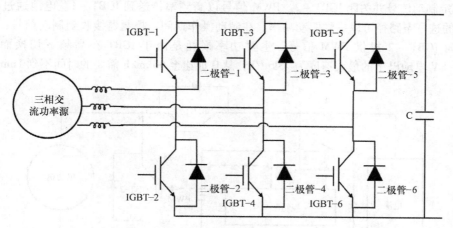

图 9.19 电动汽车充电器的功率因数校正电路

9.4 电动公共汽车

根据美国交通运输局统计[48]，通过公共汽车旅行的乘客总里程数是 163 亿 mile，远远小于通过汽车和摩托车旅行的 4520 亿 mile。然而，我们仍然期望用电动车辆替换汽油动力车辆以减少城市污染。现在市场上共有超过 25 家电动公共汽车制造商。图 9.20 中的一些示例是部署在澳大利亚阿德莱德的太阳能巴士 Tindo（意为太阳的原住民）[49] 以及部署在洛杉矶、萨克拉门托、旧金山和圣何塞的 BE35 电动公交车[50]。在中国黑龙江省，人们也部署了基于超级电容器储能系统的城市巴士[51]。

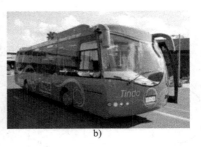

a)   b)

图 9.20   电动公共汽车

a）加利福尼亚州的 transit   b）澳大利亚的 Tindo

与私家车相比，城市公共巴士具有 10 倍甚至更长的运行时间，并且频繁地停止和起动使得功率设备温度很高。它们在很大的速度范围内行驶，因此需要大的起动扭矩用于加速，并且需要高效率以覆盖路线范围。所以其中的 IGBT 模块必须满足以下要求[52]：①直流母线电压范围为 500 ~ 800V；②开关频率高达 10kHz；③电机输出功率高达 200kW；④具有过电压和过电流关断能力；⑤环境温度为 40 ~ 90℃；⑥抗振；⑦冷却剂温度为 40 ~ 70℃。

9.4.1 电动公共汽车控制电路

中国电动公共汽车的控制电路如图 9.21 所示[53]。当电动汽车起动或加速时，控制器接收 ACCEL 锁定制动信号并关闭 IGBT - 2。PWM 信号以高频率传送到 IGBT - 1。电池通过 IGBT - 1 到电动机的这一条路径可以提供驱动功率。在制动操作期间，控制器接收到制动信号，锁定 IGBT - 1 并向 IGBT - 2 提供 PWM 信号。主要功率损耗是由于 IGBT 在高频下切换而产生的。BJD6110 - EV 电动巴士的最大速度为 75km/h，从 0 加速至 60km/h 需要的时间不到 1min。

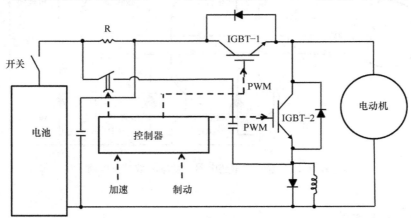

图 9.21   中国电动公交车的控制电路

1998 年，人们在欧洲公交车上安装了第一代具有 IGBT 的 ELFA 转换器[52]。这些车辆在 10 年内行驶了 40 万 km。欧洲电动公交车的第二代转换器设计如图 9.22 所示。用于这些转换器的

1200V 沟槽栅场停止 IGBT 具有图 2.4 所示的横截面。同时人们发现转换器中的开关损耗主要由硅快恢复二极管中大的反向恢复电流决定。用高压 SiC 肖特基二极管代替它们[54]，可以显著地降低 IGBT 的开启功率损耗[55]。

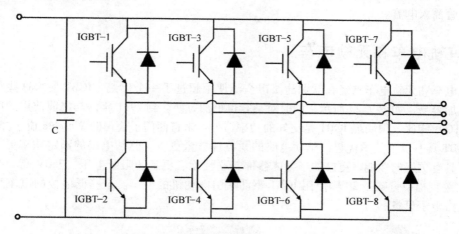

图 9.22　欧洲电动公共汽车的 ELFA 转换器

9.4.2　电动公共汽车充电

我们需要对电动公共汽车进行有效和快速的充电，以最大化其使用范围和可用性。从成本和规模的角度来看，充电公共汽车的基础设施必须合理；从可用性角度来说，充电能力也必须达到可接受的水平。三相充电优于单相电路，因为来自电网的电流是对称且平衡的，这与车辆的数量无关。同时三相电路中有损耗的滤波器部件尺寸也较小并且成本较低。

三相电动母线充电器[56]的框图如图 9.23 所示。功率源是三相 60Hz、208V 的线间电压源。基于 IGBT 的电压源转换器（VSC）在 AC 源边有一组扼流圈（R-L 网络），在 DC 边有一组电解电容器（C）。VSC 是升压转换器，它将 DC 总线电压升高到 500V，该电压高于 AC 线间电压的峰值（294V）。通过控制 IGBT 的开关，同时根据 IEEE 519 标准，可以将总谐波失真（THD）保持在低于 5% 的水平，并且获得期望的用于 AC 源的单位功率因数。在扼流圈中，每相电感为

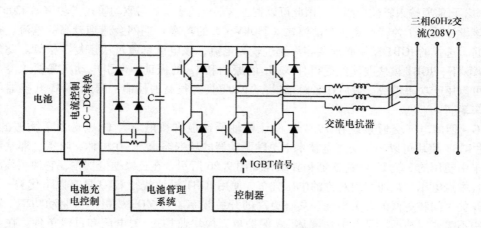

图 9.23　电动公交车充电系统

10mH，直流母线电解电容器为 900 mF。在 1200V，100A 的 IGBT 模块中，每个模块需要 KP3 - C 系列缓冲器和陶瓷圆盘电容器，以吸收高频尖峰。电流控制双向 DC - DC 转换器用于管理电池的充电速率。单相全桥二极管整流器还通过电阻器将 DC 链路预充电到峰值线间电压（294V），以限制二极管涌入电流。

9.5　有轨电车和无轨电车

有轨电车和无轨电车已经在欧洲的城市广泛使用超过了一个世纪。IGBT 使得这些车辆的设计变得更加容易，如图 9.24 所示，同时对乘客也更加方便。到 1991 年，与之前使用的门关断晶闸管（GTO）相比，很明显 IGBT 是更好的功率器件。来自西门子公司的 Weschta 说："对于这种应用，IGBT 具有以下技术优势：驱动电路的元器件数量更少、驱动电路的额定功率更低、在短路条件下具有更好的性能、更好的半导体器件并联性能、更高的阻断电压（750V 高架线所必需的）"。法兰克福市订购了 20 辆使用 IGBT 驱动牵引电动机的电车。这些低地板的电车需要在顶层安装电力电子设备。

a)　　　　　　　　　　　　　　b)

图 9.24　有轨电车

a）德国汉诺威的有轨电车　b）法国里昂的有轨电车

最具经济效益的用于驱动电车中牵引电动机的电力拓扑结构如图 9.25 所示，它通过 L - C 滤波器[57]连接到高架电力线的 PWM 逆变器。对于 750V 的典型线路电压，它需要具有 1600V 阻断能力的 IGBT 来防止电压过冲。该拓扑具有输入斩波器，这个设计使用 1991 年生产的具有较低击穿电压的 IGBT 来产生稳定的 750V 直流链路电压。随着 1993 年具有 1600V 能力的 IGBT 的出现，该拓扑结构不再需要输入斩波变频器，因此可以省去这部分的成本。与驱动模式（功率为 430kV·A）相比，该设计的一个独特点是在制动模式（730kV·A 的功率）期间会遇到较高的电流。在制动模式期间，选择的 IGBT 模块必须要容许流过较高电流，该电流也流过快恢复二极管。此外，在 10 ~ 100Hz 下，IGBT 模块要能经受得住 3gHz 的振动和 1g 的振动。牵引电动机需要水冷却，这同样也可以用于功率模块。最后作者总结说："IGBT 具有很高的性能，因此 IGBT 转换器可以用于铁路车辆。"

AEG - 西屋电气交通系统在 1993 年设计单轴低地板有轨电车[58]时也得出了类似的结论："现在的 IGBT 模块可以满足交流电技术中单轴驱动器的功率需求"。在柏林、哈雷、耶拿和美因茨的电车中使用的 3 级 IGBT 逆变器拓扑结构如图 9.26 所示。在三级逆变器中，它使用线路电容器来控制中点电压，从而实现对称的电压分布。使用 IGBT 模块代替 GTO 具有以下优势："具有更短的开关时间和更低的开关损耗、具有更高的开关频率、对 MOS 栅极的低驱动功率、短路保护模块中不需要缓冲器、具有模块隔离"。保护单元模块监控过/欠电压和过温条件。在电动机短路的情况下，IGBT 会在 10μs 内关闭，以避免损坏变频器。

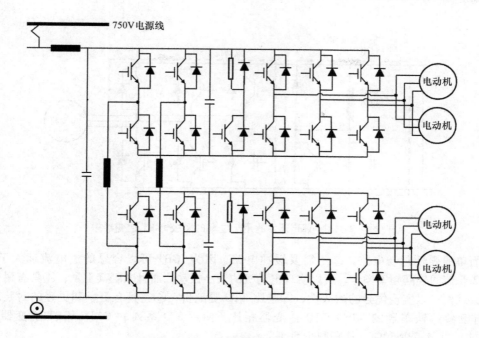

图 9.25　法兰克福市的电车电力线路

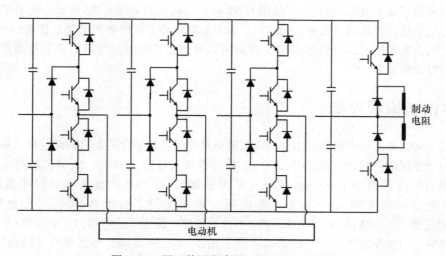

图 9.26　用于德国电车的三级 IGBT 逆变器

　　1995 年，ABB 公司报告了使用 IGBT 开发了用于顶层安装的水冷双级逆变器，这个逆变器用于 ABB – Henschel 的低地板有轨交通[59]。双级逆变器拓扑结构如图 9.27 所示，它包括电动机的驱动器、制动斩波器和过电压保护模块。该逆变器具有 8 个 1800V/800A 的 IGBT 模块，可以取代带有 28 个功率晶体管的 3 级设计。逆变器主要的开关损耗与来自二极管的反向恢复电流有关。

　　到 1996 年，在轻轨工业界中，基于 GTO 的逆变器已经转变为基于 IGBT 的逆变器。例如，GEC – Alsthom 使用 IGBT 代替 GTO 开发了用于有轨电车的 ONIX 牵引驱动器[60]。他们指出："ONIX 驱动器的主要技术优势是使用了用于电源转换开关的绝缘栅双极型晶体管（IGBT）。设计者倾向于使用绝缘栅双极型晶体管而不是 GTO 器件，原因很多：①通过低压的控制电路，可以

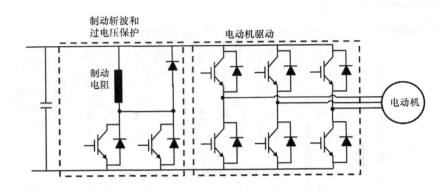

图 9.27 由 ABB 开发的用于电车的两级 IGBT 逆变器

实现更简单的栅极驱动电路；②不需要缓冲电路，因为 IGBT 可以容忍的过电流远大于 GTO；③通过 2.5 倍的较高频率操作，可以实现电动机的较小振动，而且减轻其重量；④具有耐受短路的能力，从而可以实现优异的耐久性；⑤它比 GTO 更廉价；⑥它具有更小和更轻的封装。作者说："与巴黎地铁车辆的 MP89 GTO 逆变器相比，使用 800 系列的 ONIX IGBT 逆变器，GEC Alsthom的总重量减少 30%，体积减少 50%"。

在东欧国家（如罗马尼亚，捷克共和国，摩尔多瓦共和国等）[61,62] 和俄罗斯，通常使用的无轨电车中也采用了基于 IGBT 的技术。使用 IGBT 的制动斩波器如图 9.27 所示。它用于在这些车辆中恢复制动能量。无轨电车服务于大城市，如布加勒斯特、布拉格和基辅。作者指出："通过发展先进的电力电子技术，特别是 IGBT，我们可以开发出具有杰出性能的牵引转换器，尺寸和重量是牵引电动机的 1/10"。

9.6 地铁和机场火车

在大城市和在具有多个终端的主要机场最常见的交通是快速交通电气铁路。最大和第二大的地铁系统位于美国的纽约市（见图 9.28a）和韩国首尔（见图 9.28b）。大型机场的电气交通系统的例子是 JFK 国际机场的 Airtran 系统（见图 9.28c）和加拿大温哥华的轻轨系统（见图 9.28d）。东芝公司自 1996 年以来为这些应用发布和交付了基于 IGBT 的可变电压的变频（VVVF）逆变器[63]。他们在 1996 年和 1999 年为开罗地铁提供了这些器件，在 2000 年提供给了爱尔兰铁路和加拉加斯城市铁路，在 2001 年提供给了 JKF（Airtran）和温哥华（轻轨），在 2002 年提供给了 LRTA 马尼拉轻轨运输系统，在 2003 年提供给了中国天津铁路和武汉市有轨交通系统，在 2004 年提供给了明尼阿波利斯大都市系统和巴西系统。

1993 年，日立公司提出了其关于有轨电车技术发展的展望，如图 9.29 所示[64]。在 20 世纪 70 年代，直流电动机与异步（AC）电动机一起安装。这需要使用基于 GTO 的 VVVF 逆变器。从 1992 年开始，GTO 开始被 IGBT 替代。他们指出："大容量 IGBT 已经应用于地铁轨道车的原始模型，它使得逆变器更轻、更小以及实现更加简单"。使用了 IGBT 的地铁轨道车的三级逆变器如图 9.30 所示。由于存在噪声级别更低 1550V 的直流电源线，因此必须使用 2000V 的 IGBT 模块。作者指出："在不久的将来，几乎（所有）的地铁轨道车将由 IGBT 逆变器驱动"。

图 9.28

a）纽约市地铁　b）首尔地铁　c）JFK 机场 Airtrain　d）温哥华轻轨

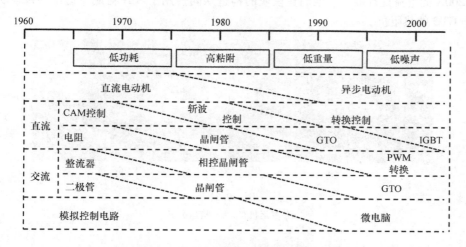

图 9.29　日立公司展望的地铁驱动技术发展趋势

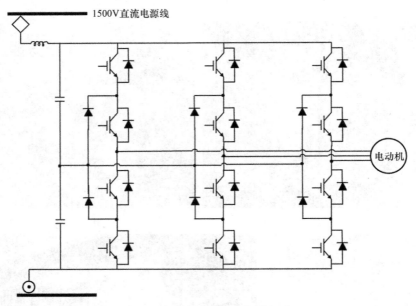

图 9.30 地铁 IGBT 逆变器驱动

9.7 电力机车

电力机车通常用于世界各地的长途乘客旅行（见图 9.31a）和货运（见图 9.31b）。随着 IG-BT 模块功率处理能力的不断扩大，它们越来越普遍地开始用于较高功率的机车。到 1995 年，ABB 半导体公司报道成功开发了一款 1200A，2500V 的 IGBT 模块，它可以为更高功率的机车提供动力[65]。为了达到大电流额定值，他们并联了大量的小芯片。首先他们设计了具有 150A 电流处理能力的子组件，对这个子模块进行静态和动态参数的完全测试，然后再组合 7 个，从而获得期望的 1200A 的电流处理能力。他们在模块的构造期间使用了 AlN 衬底，这使得该模块热阻抗甚至小于 GTO 的热阻抗。

a) b)

图 9.31

a) 客运机车 b) 货运机车

9.7.1 直流电源总线

到 2005 年，西门子公司[66]表示："在大众运输应用和辅助逆变器中，GTO 已被 IGBT 所取代"⋯"只要 1700V IGBT 可用，我们就不再需要这些复杂的逆变器拓扑结构，我们仅仅需要简单的两级逆变器来直接连接到线路"。双级逆变器拓扑如图 9.32 所示。直到开发出具有高阻断电压能力的 IGBT 之前，我们需要三级逆变器。随着具有更高阻断电压的 IGBT 的可用，我们仅需要两级逆变器。对于 750V 直流电源线，我们需要 1700V 的 IGBT；对于 1500V 直流电源线，我们需要 3300V IGBT；对于 3000V 直流电源线，我们需要 6500V IGBT。两级逆变器显著降低了逆变器的成本（比较图 9.32 与图 9.30），因为它减小了所使用的半导体器件数，减小了所使用的直流链路电容器数，减少了所使用的过电压保护网络和扼流圈的数量。同时器件功耗的降低还提高了驱动效率，部件数量的减少还提高了可靠性。

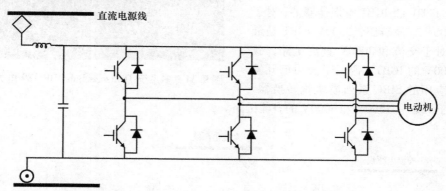

图 9.32　用于直流电源总线的两级 IGBT 逆变器驱动

9.7.2　交流电源总线

双级 IGBT 逆变器还可用于具有交流电源线的电气轨道系统。在这种情况下，使用变压器可以减小 AC 总线电压的幅度，然后使用 AC - DC 转换器来产生跨过 DC 链路电容器的 DC 总线电压，如图 9.33 所示。我们可以使用具有较小通态电压降、较小开关损耗、较低阻断电压的 IGBT 来减小 DC 链路电压。然而，对于具有超过 1MW 输出功率的机车，这增加了机车中的电流，导致电动机中出现大的欧姆损耗和发热问题。提高 DC 链路电压可以消除这个问题，但是 IGBT 中的损耗会因此变得过高。一个良好的设计折中[66] 是使用 1800V 的直流母线电压，同时 IGBT 能够阻断 3300V（见图 9.33）。

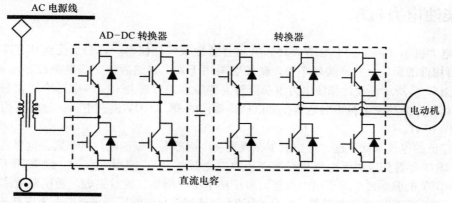

图 9.33　用于交流电源总线的两级 IGBT 逆变器驱动

9.7.3 多系统电力机车

同时利用交流和直流电源的铁路线需要多系统转换器[66]。一个例子是图 9.34 所示的德国铁路 BR189 列车。用于这些列车基于 IGBT 的无斩波转换器如图 9.35 所示。四象限交流 – 直流转换器用于在连接到交流电力线时创建直流链路。对于交流和 750V 直流链路，1700V 的 IGBT 是最佳器件；对于交流和 1500V 直流链路，3300V IGBT 是最佳器件；对于交流和 3000V 直流链路，我们需要 6500V 的 IGBT。西门子公司已开发出用于此应用的 SIBC 系列模块化转换器，它能够用于 750V、1500V 和 3000V 的直流链路。

图 9.34　多系统 Deutsche Bahn BR 189 电力机车

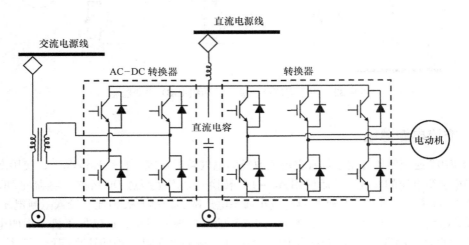

图 9.35　多系统无斩波 IGBT 变换器

9.8 柴油电力机车

柴油电力机车（两个例子见图 9.36）在世界各地被广泛使用。它们也受到具有高功率额定值 IGBT 可用性的影响。在这些列车中，柴油燃料用于发电，然后该交流电源被整流来创建 DC 总线，如图 9.37 所示。设计柴油电力驱动器时需要考虑的方面与上一节中讨论的相似。我们可以调节三相同步柴油发电机中的电线匝数以获得最佳的 DC 1800V 链路电压。这需要用到效率良好的 3300V IGBT。

由于广泛的电气基础设施，电力机车在欧洲被广泛部署。柴油电力机车则在世界其他地区更普遍[67]。1971 年首先应用于电气火车的电压源逆变器（VSI）使用了 GTO。到 2000 年，VSI 替代为使用 IGBT 的驱动器。对于电力机车，由于功率密度增加、重量更轻、转换器效率更高，也发生了从 GTO 到 IGBT 的类似转换。6.5kV IGBT 的可用性允许使用两级逆变器来直接连接到 3kV 直流电源线上，从而简化了系统的复杂度。

图 9.36 柴油电力机车

a）美国 b）印度

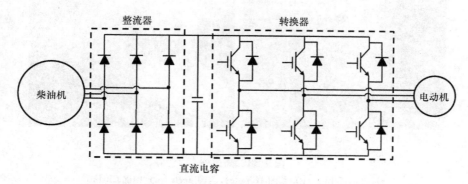

图 9.37 柴油电力机车的二级 IGBT 逆变驱动

9.9 高速电气火车

据估计，到 2015 年将有 3.5 亿人生活在大城市。对于人口众多的大城市之间的长途旅行，高速电车是理想的通行方式。它们已经被广泛部署在日本、欧洲、美国和中国，如图 9.38 中所示。European Union Directive 96/48/EC 定义了高速列车的标准[68]，在未分级轨道上高速行驶的最小速度为 250km/h（155mph）。高速铁路的开发可以追溯到 1899 年的德国。1964 年，日本在东京奥运会上成功运行的新干线（意味着新的干线）子弹列车[69]为高速铁路的发展和更广泛的部署铺平了道路。自 1964 年以来，超过 100 亿乘客通过新干线列车出行。1981 年，油价的上涨为法国部署高速列车[70]提供了动力。现在，法国的高速铁路网络已增长到 2000 多 km，而西班牙的超高速网络已经超过 2500km。高速铁路网络现在延伸到了整个欧洲联盟。1992 年，美国基于 Amtrak 授权和发展法案建立了 Acela Express 高速铁路[67]，用于连接波士顿、纽约市、费城和华盛顿特区。其他跟随这一潮流的还有韩国[71]和中国台湾[67]。2007 年，中国引入的高速铁路已成为世界上使用最为频繁的高速铁路网络[72]，每天的乘客超过 130 万人次。到 2016 年，中国的高速铁路网络预计将增长到 18000km。

9.9.1 电动机驱动拓扑结构

由阿尔斯通公司[73]开发的高速铁路电力拓扑结构如图 9.39 所示。交流电源参数是 15kV，16.67Hz。它在电源侧使用 8 个级联的 6.5kV IGBT 模块将电源的输入频率从 16.67Hz 转换为 5kHz。这减小了变压器的尺寸和重量，同时也将开关功率损耗保持在合理的水平。变压器的二

图9.38 高速列车

a) 日本新干线　b) 欧洲 TGV　c) 美国 Acela　d) 中国 CRH2C

次侧连接到转换器以形成1650V的直流链路。该转换器需要具有3.3kV阻断能力的IGBT。然后，基于IGBT的推进驱动器由直流链路供电。这些基于IGBT的逆变器类似于前面我们所讨论的那些产品。在16.67Hz下运行的变压器的效率会很差，而且重量很大，因此研究者还研究了无变压器的方法[74]。

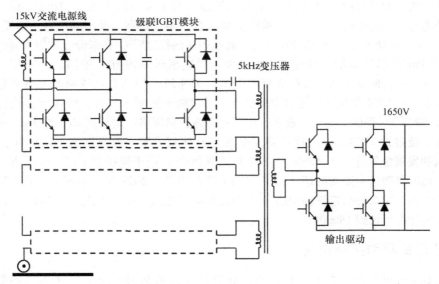

图9.39　阿尔斯通高速列车电路拓扑结构

第一代高速列车采用基于集中式的牵引系统设计，如图 9.40a 所示。它包括两个带电机驱动器的电动机车和位于它们之间的乘客车厢，电动机驱动器用于驱动位于列车首末端加了阴影的车轮。相比之下，日本新干线子弹列车已经改进到如图 9.40b 所示的分布式牵引系统[75]。在该设计中，马达驱动器驱动位于所有乘客车厢下方的车轮。分布式牵引系统具有最大轴负载低和附着力好的优点，但它降低了乘客的舒适性和可靠性。

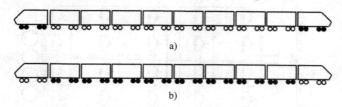

图 9.40　集中式和分布式高速铁路牵引系统的比较
a）集中式　b）分布式

1997 年，IGBT 已经具有足够的功率处理能力，这使得 700 系列新干线采用分布式牵引系统变得很实际[75]。与 GTO 相比，IGBT 较高的工作频率以及较小的损耗减少了来自底盘牵引设备的谐波噪声。在 2007 年，通过使用 IGBT 模块，N700 系列新干线列车的重量/功率比比 0 系列新干线列车降低了 2 倍。自 2000 年以来，这种方法也在德国城际快车（ICE3）的高速列车和最近法国的 Automotrice Grande Vitesse（AGV）高速列车中采用。新系统的一些优点是：①机械制动器仅用了 3% 的总制动能量，这具有更有效的再生制动能力；②由于更多的驱动轴数量，车轮和轨道之间能更好地附着；③通过将功率电子器件定位在底座下方，乘客车厢可以获得更多的空间。作者指出："由于新 IGBT 的出现，它降低了开关损耗，通过对在高速下空气流的分析，在新干线列车上使用带有火车通风冷却系统的功率转换器成为可能"。

N700 系列新干线列车的牵引系统包括三个和四个车厢单元[75]。四个车厢单元的配置如图 9.41 所示。当列车在东京和新大阪之间以 220km/h 的速度运行时，N700 系列列车消耗的能量是 0 系列列车的一半。这是因为基于 IGBT 的功率转换器效率高，而且其重量较小和利用了再生制动。

9.9.2　IGBT 模块设计

在新干线列车上，1997 年第一次通过使用 IGBT 实现了所需的高功率电动机驱动能力。他们用第 6.4 节中描述的"压装"或"扁平封装"IGBT 模块实现了多个 2.5kV IGBT 芯片的并联，从而获得了所需的电流处理能力。每个 IGBT 芯片的尺寸为当时世界上最大的芯片尺寸（2.15cm × 2.15cm）[76]。为了在 IGBT 制造期间获得足够的良率，使用具有栅极 - 源极短路的芯片来对冗余管芯进行隔离，其中需要使用在 6.4 节中讨论的电介质聚合物层。用块状区熔硅晶圆来制造每个芯片，从而实现 2.5kV 的正向阻断能力。高速牵引应用的 IGBT 芯片的优化不同于工业应用的 IGBT 芯片。因为在高速牵引应用中，逆变器工作在相对低的频率下，其中通态功率损耗更重要。对于压装 IGBT 模块，在 1800A 电流下的通态电压降为 4.8V，在 1300V 集电极电源电压下的关断时间为 2.2μs。

人们不断优化 IGBT 的结构，以降低牵引应用中器件的导通电压降。3.3kV IGBT 芯片单元结构的演变[77]如图 9.42 所示。第一代器件具有对称或 NPT 结构，其中 N 漂移区足够宽，以防止电

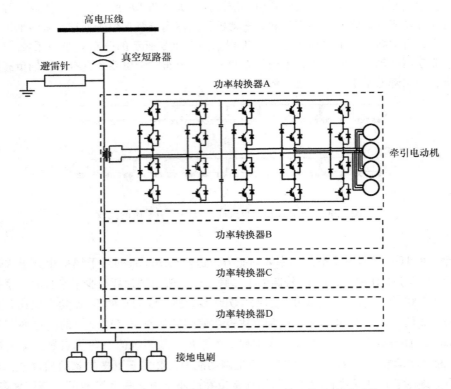

图 9.41 用于四车厢新干线系列 N700 的分布式牵引系统

场穿透到集电极结。为了减少通态电压降，第二代 IGBT 结构开发了场停止（FS）层。不对称或 PT IGBT 结构具有称为场停止层的缓冲层，它具有相对低掺杂的和薄且透明的 P + 集电极层，以降低注入效率（参见第 2 章）[78]。第三代 IGBT 结构包括在 P 基极区周围形成较高掺杂浓度的载流子存储（CS）层，以减小 IGBT 结构中上面部分的电阻。在第四代 IGBT 结构中，人们使用沟槽栅结构来消除 JFET 区域并增强漂移区域顶部的载流子密度。人们还改进了功率整流器技术以减少反向恢复电流。近年来，业界还提出了用于牵引应用但尚未制成产品的新型 IGBT 结构。两个例子是反向阻断 IGBT 结构[79]和反向导通 IGBT 结构[80]。

9.10 船舶推进装置

船东和船员希望电力推进系统能便于维护、效率和可靠性能更高。电力推进系统必须紧凑、坚固、易于安装并且经济实惠。这些特性随着阻断电压为 3.3 ~6.5kV 和电流处理能力为 1000A 的压装 IGBT 的研发成功而得以实现，接着这些应用范围已经扩展到各种船舶推进系统。图 9.43 所示的四个例子是游轮、滚装货轮、液化天然气运输船和原油油轮。游轮被旅游业用于世界上许多热门旅游目的地。滚装货轮用于在大西洋和太平洋之间运输车辆（汽车、货车、卡车等）。液化天然气运输船用于运输家庭和工业用的液化天然气（主要是甲烷），当制冷到 – 162℃ 时，它的体积变为气态时的 1/600。在安哥拉、印度尼西亚、马来西亚和澳大利亚生产的液化天然气通过使用液化天然气运输船被运输到日本和欧洲[81]。原油油轮将未精制的原油从提取点输送到炼

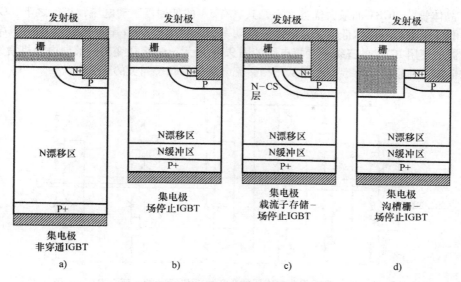

图 9.42　牵引应用的 IGBT 结构演变

油厂以生产石油产品。2005 年，油轮将西亚、北非和加勒比海港口的 12 万亿吨原油运送到北美、欧洲和日本的炼油厂[82]。

图 9.43　船舶
a）游轮　b）货轮　c）液化天然气船　d）油轮

在 20 世纪 90 年代后期，压装 IGBT 模块具有足够高的电压和电流处理能力，它成为 GTO 和 IGCT（绝缘栅极换向晶闸管）的可行替代品。这些装置的性能已在各种应用，包括船舶推进系统[83]中进行了比较。作者总结说："现在随着高压 IGBT 变得可用，三级逆变器似乎是最有前途的解决方案，因为它提供了一个非常简单的电路部署，只需要用到 12 或 24 个（3.3kV 和

4. 16kV）晶体管"。IGBT 的最大优势之一是其具有 5A 的低栅极驱动电流，相比之下，GTO 需要 1000A，用 20 多个具有非常低电感系数的并联功率 MOSFET 与 GTO 串联来创建 IGCT。带有有源前端整流器的使用 IGBT 的三级逆变器电路如图 9.44 所示。三级逆变器能够向电动机馈送几乎完美的正弦电流，并且有源前端整流器从三相交流电源获得几乎完美的正弦电流。

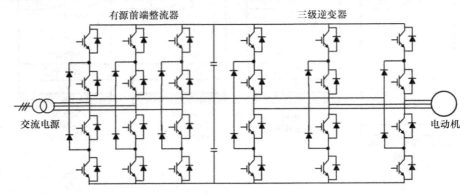

图 9.44　带有有源前端整流器的用于电动机驱动的三级 IGBT 逆变器

9.10.1　滚装货轮

到 2004 年，基于 IGBT 的轴带交流发电机已可用于商业货轮[84]。轴带交流发电机用于向船舶供应主要的电力。柴油发电机产生可变频率的输出功率，然后被转换为船舶使用的 60Hz 电源，电路拓扑如图 9. 45 所示。PWM 逆变器工作在 2kHz，它使用 440V 交流母线为船舶提供 1440kW 的输出功率。到 2004 年，已有使用这种电气系统的 5 艘（214m，56799 总注册吨位）滚装汽车运输船在北大西洋和南大西洋航线上持续运行。

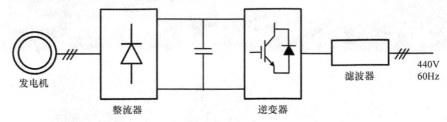

图 9.45　用于货轮的轴带交流发电机

9.10.2　游轮

我们希望减少游轮的燃料消耗以减少燃料重量和燃料所占的空间[85]。作者指出："为了实现更高的功率密度，更高的开关频率和改进故障电流限制能力，我们在 PWM 转换器中使用了高性能的压装 IGBT 器件"。图 9. 46 是 MV7000 变频器，它能在 3. 3kW 或 6. 6kV 的电压下提供中等功率（4~33MW）。基于 IGBT 的 PWM 逆变器可以使用异步电动机来代替以前的晶闸管驱动的同步电动机。异步电动机在可靠性、尺寸和噪声方面远远优越于同步电动机。

游轮对于每条轴线都需要使用完全冗余的推进装置。解决方案是使用两个完全独立的 6. 6kV 电气链路来驱动异步电动机，这两个电气链路由两组 12 脉冲变压器馈入两个 MV7612 转换器构成，如图 9. 47 所示[85]。通过使用相移绕组，形成 24 脉冲网络可以去除谐波而不需要额外的滤波器。两个 6. 6kV 逆变器并联以馈送电力到单个绕组异步电动机。

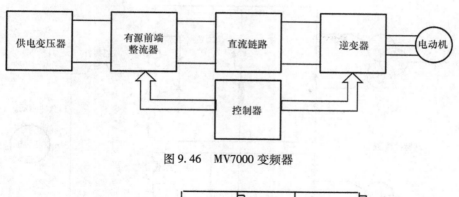

图 9.46 MV7000 变频器

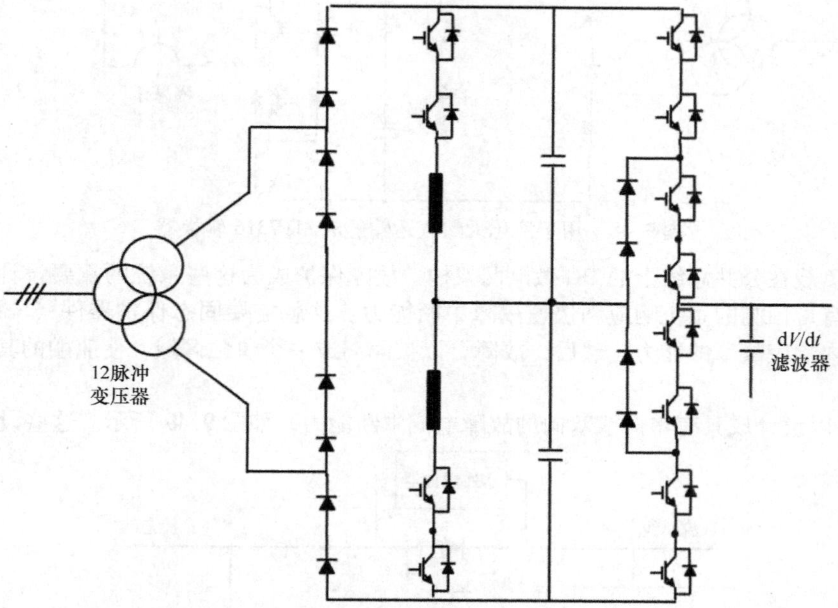

图 9.47 游轮的 MV7612 转换器

9.10.3 液化天然气运输船

液化天然气运输船通常设计成具有单个艉部的船体形状，它具有冗余的电力推进结构，同时使用单级齿轮箱来配合两个中速电动机。两个用于冗余的独立的中速异步电动机从 3.3kV 驱动电源获得电力[85]。每个电动机使用图 9.48 所示的配置供电，其中为冗余考虑，使用两个单独的 MV7316 功率转换器并联操作。电源转换器由二极管前端、直流链路电容器和基于 IGBT 的 PWM 逆变器组成。在输入端使用两组 12 脉冲变压器以产生具有 12 MW 功率的 24 脉冲方案部署。这种方案不需要使用谐波滤波器。来自转换器的输出功率以 3.3kV 的电压馈送到电动机。此方案提供高水平的冗余以处理在功率链路中任何地方的故障。断开杆可以用于隔离故障转换器，使得能够以至少 75% 效率的螺旋桨转矩来运行。

9.10.4 船舶电路断路器

船舶配电系统优选使用 DC 总线，因为它不需要前端 AC – DC 转换[86]。该架构类似于具有多

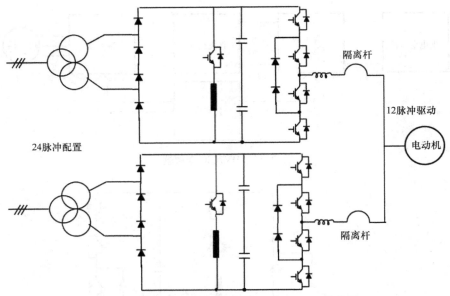

图 9.48　用于液化天然气运输船的 MV7316 转换器

个发电源而负载在公共总线上的 DC 微电网架构。故障保护成为这些系统的重要设计元素，这些系统期望具有可预测的系统响应和快速故障中断能力。这就需要固态保护器件（SSPD）来提供在微秒时间内响应故障的能力。然后，故障可以被隔离成一个单独区域，使船舶的其他部分工作完全正常。

　　SSPD 可以设计成具有单向或双向的故障电流中断能力，如图 9.49 所示。这些设计利用市场

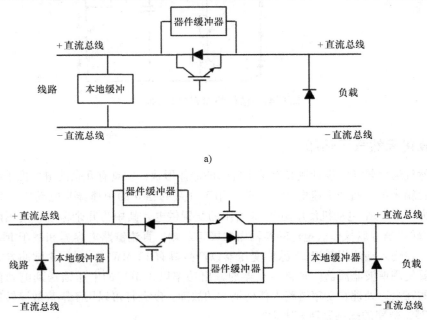

图 9.49　具有单向和双向能力的固态保护装置
a）单向　b）双向

上可买到的非对称阻断 IGBT 模块，其中包含具有 1000V，1800A 能力的反向快恢复整流器。在发生故障时，电流会以 100A/μs 的速率上升，这使得 SSPD 中出现两倍于稳态电流的峰值电流。在将来，DC 总线电压预期将从 3.3kV 增加到 6kV。

9.11　全电飞机

近年来，为了开发如图 9.50 所示的商用飞机，液压系统已经转变为全电力系统，因为其控制装置尺寸和重量的减少非常有利。气动系统的改进在 1995 年左右停顿了下来，航空工业被鼓励采用电力电子系统，由于 IGBT 的可用性，它经历了一个快速的性能提升和成本降低阶段[87]。机舱的电加压系统使飞机的空载重量减少了 1000~2000lb，这减少了几个百分点的燃料消耗。机翼的除冰是用电加热系统而不是通过吹气进行的。电气起动器替代了专用于飞机发动机的气动起动器。

图 9.50　电动飞机

a）波音 787 梦幻客机　b）空中客车 A380

在历史上，液压动力被用于飞机上具有大载荷的执行器，例如起落架、前轮转向、制动和舱门[88]。而且，飞机中的液压系统是非常昂贵的，它具有非常高的维护成本并且因为泄漏而容易产生火灾危险。即使在 1990 年，尽管行业采取非常保守的方法，但已经开始探索过渡到电动执行器的方法。用于发动机起动和飞行控制的气动功率系统需要更换为电气系统。电力电子和电机设计的进步已经可以产生非常高的功率重量比，使得这种方法对于节省燃料也具有吸引力。到 20 世纪 90 年代，飞机中 92% 的功能是由电气系统提供的，而液压主要用于控制飞行翼面。

电力系统服务于两种基本负载，飞机操作和乘客舒适性要求[89]。它执行的任务包括：控制飞行、除冰操作、机舱环境管理、电动制动、燃油泵、起落架和发动机起动。它需要的电力电子转换器包括 AC‑DC 整流器，DC‑AC 逆变器和 DC‑DC 斩波器。电气技术有望实现卓越的机舱空气质量，同时降低燃油消耗[90]。电动发动机可以代替传统的燃油系统，从而减小重量、降低成本、提高可靠性。

到 2006 年，电力电子已经足够先进，波音公司使用全电式方法推出了 787 梦幻客机[91]。在波音 787 中，文章指出："几乎所有传统上由发动机喷气驱动的东西已经转变为电气驱动"。这包括发动机起动、机翼防冰、机舱加压和液压泵。无喷气设计显著降低了维护成本，提高了可靠性。使用电子制动器更换液压制动器为每个车轮提供了四个独立的制动执行器，可以做到故障检测和制动器磨损的电子监控。

9.11.1　DC–DC 转换器

全电动飞机中的 DC–DC 转换器必须在 270V 直流电源总线上工作。串联谐振输入逆变器拓扑将工作频率增加到 120kHz 时通过 IGBT 的零电流开关来减少开关损耗[92]。DC–DC 转换器的电路图如图 9.51 所示，肖特基整流器用于高频变压器的输出侧。高的工作频率允许减小变压器的尺寸并降低其重量。该转换器的额定功率为 5.6kW，它能提供 28V 的 DC 输出电压，重量为 9lb，体积为 160in³。它所有的功率元件均采用直接铜焊技术安装在陶瓷基板上（参见第 6 章）。

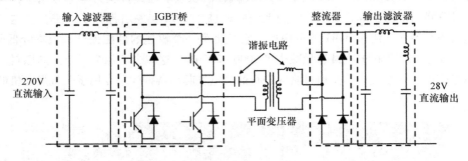

图 9.51　用于全电动飞机的 DC–DC 转换器

9.11.2　DC–AC 逆变器

用于全电动飞机的 DC–AC 逆变器也基于高频（120kHz）谐振电路，以减小变压器的尺寸和重量[92]。IGBT 使用零电流开关操作来最小化开关损耗。四个隔离的二次绕组连接到半桥整流器以产生 40V 直流电源，该电源通过基于 FET 的逆变器级串联起来以产生 115V，400Hz 的交流输出。该多级逆变器如图 9.52 所示，正弦输出功率的谐波失真（THD）小于 2%。该转换器的额定功率为 8kV·A，它提供 115V，400Hz，3 相交流的输出电压，重量为 16lb，体积为 240in³。

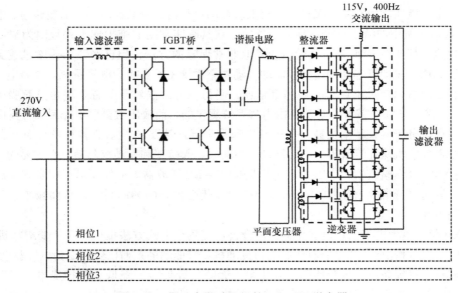

图 9.52　用于全电动飞机的 DC–AC 逆变器

9.11.3 机电飞机舵机执行器

由于重量和可靠性的提高，机电执行器（EMA）正在取代液压致动器。一个例子是飞机舵控制装置[93]。它的矩阵变换器拓扑如图 9.53 所示。它很有吸引力，因为它消除了其他拓扑结构中使用的笨重且不可靠的直流链路电解电容器（如在前面几节显示的那样）。EMA 驱动器用于控制三相交流电动机，该三相交流电动机控制舵机执行器的滚珠螺杆。双向开关通过背对背方式连接的 IGBT 和快恢复二极管来创建，如图 9.53 右侧所示。矩阵转换器的每个输出相都使用 600V，300A 的 IGBT 模块来构建。

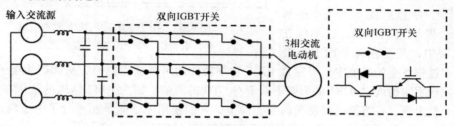

图 9.53 用于全电动飞机舵的机电执行器

图 9.54 是用于设计 EMA 的另一种方法。在这里，H 桥的配置是通过利用对电动机的每一个绕组都使用 H 桥而实现冗余[94]。这种配置方法使驱动器中 IGBT 的数量增加了一倍，但允许电动机的每个相独立工作。由于设备必须且只能支持相电压而不是线电压，因此可以使用具有较小阻断电压额定值的 IGBT。这减少了驱动器的通态和开关损耗。同时减少的损耗允许我们可以降低散热器的尺寸和重量。

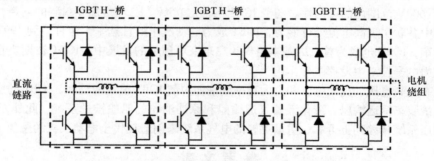

图 9.54 用于全电动飞机的冗余 H 桥的机电执行器

9.11.4 无刷直流电动机驱动

如前面已经讨论的，全电动飞行器中的控制致动器，如风扇、发动机燃料泵和制动器需要用到基于电动机的电子控制系统。高速永磁无刷直流电动机由于其较小的尺寸和重量而对该应用具有吸引力。可以使用基于 IGBT 的三相两级逆变器[95]提供对电动机的控制，如图 9.55 所示。无刷直流电动机是电动燃油泵、执行器、滑行和制动系统的最佳选择。它们由飞机上的 270V 或 540V 直流母线供电。

9.11.5 IGBT 模块

如前面小节所述，全电动飞机需要大量使用 IGBT 模块来实现各种功能。这些模块必须具有良好的热性能，同时保持尽可能小的重量和尺寸。Col - Max 热沉器的设计[96]已经表明可以提供这些特性。在 Col – Max 概念中，使用针鳍散热结构，其中小直径针鳍在热流方向上取向以获得高的传热系数。该方法可以将热阻减小两倍。

9.11.6 IGBT 的宇宙射线失效

早在 1995 年，因为宇宙射线引起的用于牵引应用的 GTO 故障已经被发现和报道[97]。宇宙射线与大气中的氧和氮原子会发生相互作用，这不仅在上层大气层中，甚至在海平面上也会

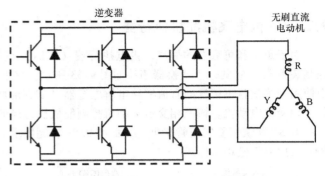

图 9.55　用于全电动飞机上无刷直流电动机控制的三相二级逆变器

发生。由该过程产生的高能中子可穿透 IGBT 功率器件的封装撞击晶格，从而产生电子空穴对。人们已经发现宇宙射线对 IGBT 的影响不同于对 GTO 的影响，因为 IGBT 结构的结深在尺度上要小近乎两个数量级。在洛斯阿拉莫斯国家实验室，人们使用中子能量源进行了中子辐射对 IGBT 影响的实验。实验数据表示 IGBT 的平均故障间隔时间（MTBF）是 19 年[97]。

9.12　总结

IGBT 的发展和商业化已经对用于经济运输部门的电力电子产品产生了变革性的影响[98]。作者指出：“IGBT 已经成为新的道路车辆电牵引驱动器中的首选电源开关，就像它们在铁路牵引驱动器中一样”。在 20 世纪 80 年代和 90 年代，第一代现代电动汽车的发展主要取决于 IGBT 阻断电压在 400~600V 范围内的可用性。随着 IGBT 的额定功率[99,100]的增加和封装的创新，以及多个芯片在模块中并联实现高电流处理能力，IGBT 成为电动汽车的首选基本组件。到 1997 年，甚至对于高速列车，IGBT 也成为首选的基本组件。在未来可预见的发展中，IGBT 被期望在应用于牵引应用的电力电子技术中发挥主导作用。

随着具有更高电压、更大电流和更大功率处理能力的 IGBT 模块的出现，IGBT 的应用已经扩展到游轮、滚装车辆运输船、液化天然气运输船和原油油轮的船舶推进系统。此外，IGBT 已经实现了将液压系统转移到更可靠、重量更轻的电气系统来创造现代全电动飞机的愿望。

参 考 文 献

[1] Transportation in the United States, national*atlas*.gov website. http://nationalatlas.gov/transportation.html.

[2] R.G. Amey, Automotive component innovation: development and diffusion of engine management technologies, Technovation 15 (1995) 211−222.

[3] J.M. Donnelly, K. Gauen, New IGBTs and simulation models simplify automotive ignition system design, in: IEEE Power Electronics Specialists Conference, 1993, pp. 473−481.

[4] L. Mamileti, et al., IGBT designed for automotive ignition systems, in: IEEE Power Electronics Specialists Conference, 1996, pp. 1907−1912.

[5] Z.J. Shen, S.P. Robb, A study of a dual-voltage self-clamped IGBT for automotive ignition applications, in: IEEE International Symposium on Power Semiconductor Devices and ICs, Paper 9.31, 2001, pp. 295−298.

[6] H. Estl, C. Preuschoff, J. Darrow, Smart IGBTs for advanced distribution ignition systems, in: IEEE Conference on Power Electronics in Transportation,

2004, pp. 49—52.

[7]　M. Towse, Senior Vice President, Fairchild Semiconductor Corp., Speaking at JP Morgan Technology and Telecom Conference, 2003.

[8]　On Semiconductor Ships 100 Millionth Ignition IGBT, September 13, 1999. www.onsemi.com.

[9]　Intersil press release, Intersil Ignition IGBT Shipments Drive Past 50 Million Mark, December 6, 2000.

[10]　Fairchild Semiconductor Offers the Industry First Standard Current Sense Ignition IGBT for Automotive Applications, May 30, 2012. www2.electronicproducts.com.

[11]　ISL9V5045S3ST_F085 EcoSPARK n-Channel Ignition IGBT Fairchild Semiconductor Datasheet, February 2012. www.fairchildsemi.com.

[12]　MGP15N40CL Ignition IGBT on Semiconductor Datasheet, December 2005. www.onsemi.com.

[13]　SPGB10NB37LZ Internally Clamped IGBT ST Microelectronics Datasheet, November 2009. www.st.com.

[14]　Electric Car. en.wikipedia.org/wiki/Electric_car.

[15]　M. Shnayerson, The Car that Could, Random House, New York, 1996, pp. 40—42.

[16]　M.J. Riezenman, Pursuing efficiency, IEEE Spectrum 29 (11) (1992) 22—24.

[17]　R. John, et al., Semiconductor technologies for smart mobility management, in: IEEE European Design, Automation, and Test Conference and Exhibition, 2013, pp. 1749—1752.

[18]　H. Ueda, et al., Wide-bandgap semiconductor devices for automotive applications, in: CS MATECH Conference, 2006, pp. 37—40.

[19]　M. Sugimoto, et al., Wide-bandgap semiconductor devices for automotive applications, Int. J. High Speed Electron. Syst. 17 (2007) 3—9.

[20]　A. Kawahashi, A new-generation hybrid electric vehicle and its supporting power semiconductor devices, in: IEEE International Symposium on Power Semiconductor Devices and ICs, Paper 3, 2004, pp. 23—29.

[21]　L. Chang, Comparison of AC drives for electric vehicles—a report on expert's opinion survey, IEEE Aerosp. Electron. Syst. Mag. 9 (1994) 7—11.

[22]　K. Berringer, High current power modules for electric vehicles, in: IEEE Conference on Power Electronics in Transportation, 1994, pp. 59—65.

[23]　T. Nakajima, et al., New intelligent power module for electric vehicles, in: IEEE Industrial Applications Society Conference, vol. 2, 1995, pp. 954—958.

[24]　V.A.K. Temple, MOS controlled thyristors (MCTs), in: IEEE International Electron Devices Meeting, Abstract 10.7, 1984, pp. 282—295.

[25]　X. Jing, I. Celanovic, D. Borojevic, Device evaluation and filter design for 20 kW inverter for hybrid electric vehicle applications, in: IEEE Conference on Power Electronics and Drive Systems, vol. 2, 1997, pp. 804—809.

[26]　K. Hamada, et al., A 600 V, 200 A low loss high current density trench IGBT for hybrid vehicles, in: IEEE International Symposium on Power Semiconductor Devices and ICs, Paper 13.3, 2001, pp. 449—452.

[27]　B.J. Baliga, Fundamentals of Power Semiconductor Devices, pp. 966—978, Springer Science, New York, 2008 (Chapter 9).

[28]　B.J. Baliga, Fundamentals of Power Semiconductor Devices, pp. 993—994, Springer Science, New York, 2008 (Chapter 9).

[29]　K. Hotta, et al., An abnormal turn-off surge suppression concept for PT-IGBTs at high voltage operation, in: IEEE Power Electronics Specialists Conference, vol. 1, 2004, pp. 591—596.

[30]　S. Nishida, et al., Cosmic ray ruggedness of IGBTs for hybrid vehicles, in: IEEE International Symposium on Power Semiconductor Devices and ICs, Paper HV-P2, 2010, pp. 129—132.

[31]　H. Boving, et al., Ultrathin 400 V FS IGBT for HEV applications, in: IEEE International Symposium on Power Semiconductor Devices and ICs, 2011, pp. 64—67.

[32]　D. Graovac, A. Christmann, M. Munzer, Power semiconductors for hybrid and electric

vehicles, in: IEEE International Conference on Power Electronics, Paper ThD2-1, 2011, pp. 1666—1673.

[33] C.-K. Liu, et al., IGBT power module packaging for EV applications, in: IEEE International Conference on Electronic Materials and Packaging, 2012, pp. 129—132.

[34] H.-R. Chang, et al., 200 kVA compact IGBT modules with double-sided cooling for HEV and EV, in: International Symposium on Power Semiconductor Devices and ICs, 2012, pp. 299—302.

[35] Z. Xu, et al., Investigation of Si IGBT operation at 200 °C for traction applications, in: IEEE Transactions on Power Electronics, vol. 28, 2013, pp. 2604—2615.

[36] J. Cao, et al., "Regenerative braking sliding mode control of electric vehicle based on neural network identification, in: IEEE International Conference on Advanced Intelligent Mechatronics, 2008, pp. 1219—1224.

[37] X. Li, et al., Power management and economic estimation of fuel cell hybrid vehicle using fuzzy logic, in: IEEE Vehicle Power and Propulsion Conference, 2009, pp. 1749—1754.

[38] O. Honorati, et al., Lightweight, compact, three-wheel electric vehicle for urban mobility, in: IEEE International Conference on Power Electronic Devices and Energy Systems for Industrial Growth, vol. 2, 1998, pp. 797—802.

[39] C.B. Toepfer, Charge! EVs power up for the long haul, IEEE Spectrum 35 (11) (1998) 41—47.

[40] C.M. Portela, et al., A flexible and privacy friendly ICT architecture for smart charging of EVs, in: IEEE International Conference on Electricity Distribution, Paper 199, 2013, pp. 1—4.

[41] Y. Wang, et al., An investigation into the impacts of the crucial factors on EVs charging load, in: IEEE Innovative Smart Grid Technologies-Asia, 2012, pp. 1—4.

[42] Z. Li, et al., GPF-based method for evaluating EVs free charging impacts in distribution system, in: IEEE Power and Energy Society General Meeting, 2012, pp. 1—7.

[43] T. Tanaka, et al., Smart chargers for electric vehicles with power quality compensator on single-phase three-wire distribution feeders, in: IEEE Energy Conversion Congress and Exposition, 2012, pp. 3075—3081.

[44] R. Bruninga, J.A.T. Sorensen, Charging EVs efficiently now while waiting for the smart grid, in: IEEE Green Technologies Conference, 2013, pp. 1—7.

[45] B.J. Masserant, T.A. Stuart, On-line computation of TJ for EV battery chargers, in: IEEE Workshop on Computers in Power Electronics, 1996, pp. 152—156.

[46] D. Ouwerkerk, T. Han, J. Preston, Efficiency improvement using hybrid power module in 6.6 kW non-isolated on-vehicle charger, in: IEEE Vehicle Power and Propulsion Conference, 2012, pp. 284—288.

[47] A. Taylor, et al., Design of a 97% efficiency 10 kW power factor correction for fast electric chargers of plug-in hybrid electric vehicles, in: IEEE Conference on Transportation Electrification, 2012, pp. 1—6.

[48] Transportation in the United States. en.wikipedia.org/wiki/Transportation_in_the_United_States.

[49] When the Sun Shines Down Under. www.treehugger.com/files/2007/12/when_the_sun_sh.php.

[50] Electric Bus Recharges in Just 10 Minutes. www.matternetwork.com/2009/2/energy-efficient-transit.cfm.

[51] C. Zhu, et al., The development of an electric bus with super-capacitors as unique energy storage, in: IEEE Vehicle Power and Propulsion Conference, 2006, pp. 1—5.

[52] M. Helsper, B. Brendel, Challenges for IGBT modules in hybrid buses, in: European Conference on Power Electronics and Applications, 2009, pp. 1—8.

[53] G. Shao, C. Zhang, Research on a new motor drive control system for electric transit bus, in: IEEE Power Electronics and Motion Control Conference, vol. 2, 2006, pp. 1—5.

[54] B.J. Baliga, Silicon Carbide Power Devices, World Scientific Press, 2005 (Chapter 5 and 6).

[55] B.J. Baliga, Fundamentals of Power Semiconductor Devices, Springer-Science, New

York, 2008 (Chapter 10).

[56] X. Lu, et al., Development of a bi-directional off-board level-3 quick charging station for electric bus, in: IEEE Transportation Electrification Conference, 2012, pp. 1—6.

[57] A. Weschta, Power converters with IGBTs for the new light rail vehicle for the city of frankfurt, in: European Conference on Power Electronics and Applications, vol. 5, 1993, pp. 229—234.

[58] T. Schutze, V. Stronisch, Low floor trams with IGBT 3-level inverter, in: European Power Electronics Conference, vol. 6, 1993, pp. 92—96.

[59] C. Kehl, W. Lienau, Design of a propulsion converter with high voltage, high current IGBT for light rail vehicles, in: IEE Colloquium on IGBT Propulsion Drives, 1995, pp. 6/1—6/10.

[60] R.W. Schreyer, D.A. Dreisbach, A. Ducourret, IGBT based propulsion improving vehicle reliability and availability, in: IEEE Joint Railroad Conference, 1996, pp. 41—58.

[61] P.M. Nicolae, D.G. Stanescu, Modern urban transportation system based on a PWM inverter, in: International Symposium on Power Electronics, Electrical Drives, Automation, and Motion, 2008, pp. 1008—1012.

[62] I. Nuca, P. Todos, V. Esanu, Urban electric vehicles traction: achievements and trends, in: International Conference and Exposition on Electrical and Power Engineering, 2012, pp. 76—81.

[63] Toshiba Transportation System History List. www.toshiba.co.jp/sis/railwaysystem/en/about/history.htm.

[64] T. Ohmae, K. Nakamura, Hitachi's role in the area of power electronics for transportation, in: IEEE Conference on Industrial Electronics, Control, and Instrumentation, 1993, pp. 714—718.

[65] T. Stockmeier, et al., Reliable 1200 Amp 2500 V IGBT modules for traction applications, in: IEE Colloquium on IGBT Propulsion Drives, 1995, pp. 3/1—3/13.

[66] H.-G. Eckel, et al., A new family of modular IGBT converters for traction applications, in: IEEE European Conference on Power Electronics and Applications, 2005, pp. P.1—P.10.

[67] M.M. Bakran, H.G. Eckel, Power electronics technologies for locomotives, in: IEEE Power Conversion Conference, 2007, pp. 1362—1368.

[68] High Speed Rail. en.wikipedia.org/wiki/High-speed_rail.

[69] Shinkansen. en.wikipedia.org/wiki/Shinkansen.

[70] High Speed Rail in Europe. en.wikipedia.org/wiki/High-speed_rail_in_Europe.

[71] Korean Train Express. en.wikipedia.org/wiki/Korea_Train_Express.

[72] High Speed Rain in China. en.wikipedia.org/wiki/High-speed_rail_in_China.

[73] J. Taufiq, Power electronics technologies for railway vehicles, in: IEEE Power Conversion Conference, 2007, pp. 1388—1393.

[74] S. Dieckerhoff, S. Bernet, D. Krug, Evaluation of IGBT multilevel converters for transformerless traction applications, in: IEEE Power Electronics Specialists Conference, 2003, pp. 1757—1763.

[75] K. Sato, et al., Traction systems using power electronics for shinkansen high-speed electric multiple units, in: IEEE International Power Electronics Conference, 2010, pp. 2859—2866.

[76] Y. Uchida, et al., Development of high power press-pack IGBT and Its applications, in: IEEE International Conference on Microelectronics, vol. 1, 2000, pp. 125—129.

[77] M.M. Bakran, et al., Next generation IGBT-modules applied to high power traction, in: IEEE European Conference on Power Electronics and Applications, 2007, pp. 1—9.

[78] J.G. Bauer, T. Duetemeyer, L. Lorenz, New IGBT development for traction drive and wind power, in: IEEE International Power Electronics Conference, 2010, pp. 768—772.

[79] G.J. Su, P. Ning, Loss modeling and comparison of VSI and RB-IGBT based CSI in traction drive applications, in: IEEE Transportation Electrification Conference, 2013, pp. 1—7.

[80] R. Hermann, E.U. Krafft, A. Marz, Reverse-conducting IGBTs—a new IGBT technology setting new benchmarks in traction converters, in: IEEE Power Electronics and Applications Conference, 2013, pp. 1—8.

[81] Liquefied Natural Gas. en.wikipedia.org/wiki/Liquefied_natural_gas.

[82] Oil Tanker. en.wikipedia.org/wiki/Oil_tanker.

[83] P. Bhooplapur, B.P. Schmitt, G. Neeser, HV-IGBT drives and their applications, in: IEEE International Conference on Power Electronics and Drive Systems, vol. 2, 1999, pp. 585—590.

[84] G. Marina, E. Gatti, Large power PWM IGBT converter for shaft alternator systems, in: IEEE Power Electronics Specialists Conference, vol. 5, 2004, pp. 3431—3436.

[85] P. Manuelle, B. Singam, S. Siala, Induction motors fed by PWM MV7000 converters enhance electric propulsion performance, in: IEEE European Conference on Power Electronics and Applications, 2009, pp. 1—9.

[86] R. Schmerda, et al., Shipboard solid-state Protection, IEEE Electrific. Mag. 1 (1) (2013) 32—39.

[87] M.A. Dornheim, "Boeing's 787 Dreamliner an All-Electric Airplane", www.tourismandaviation.com/news-4624–Boeing_s_787_Dreamliner_an_all_electric_airplane.

[88] M.J.J. Cronin, The all-electric aircraft, IEE Rev. (September 1990) 309—311.

[89] A. Emadi, M. Ehsani, Aircraft power systems technology, state of the art, and future trends, IEEE AES Syst. Mag. (January 2000) 28—32.

[90] M. Howse, All electric aircraft, IEE Power Engineer (August/September 2003) 35—37.

[91] J. Haie, Boeing 787 from the Gound Up, 2006, pp. 17—23, 4th Quarter, Boeing.com/commercial/aeromagazine.

[92] W.G. Homeyer, et al., Advanced power converters for more electric aircraft applications, in: IEEE Energy Conversion Conference, vol. 1, 1997, pp. 591—596.

[93] L. de Lillo, et al., A 20 kW matrix converter drive system for an electro-mechanical aircraft (EMA) actuator, in: IEEE European Power Electronics and Applications Conference, 2005, pp. P1—P6.

[94] A. Garcia, et al., Reliable electro-mechanical actuators for aircraft, IEEE A&E Syst. Mag. (August 2008) 19—25.

[95] S. De, et al., Low inductance axial flux BLDC motor drive for more electric aircraft, in: IEEE Aerospace Conference, 2011, pp. 1—11.

[96] D.R. Newcombe, et al., Reliability and thermal performance of IGBT plastic modules for the more electric aircraft, in: IEEE International Symposium on Power Semiconductor Devices and ICs, 2003, pp. 118—121.

[97] H.R. Zeller, Cosmic ray induced failures in high power semiconductor devices, Solid State Electronics 38 (1995) 20141—22046.

[98] T.M. Jahns, V. Blasko, Recent advances in power electronics technology for industrial and traction machine drives, Proc. IEEE vol. 89 (2001) 963—975.

[99] T.P. Chow, B.J. Baliga, Comparison of 300, 600, and 1200 V n-channel insulated gate transistors, IEEE Electron Device Lett. vol. EDL-6 (1985) 161—163.

[100] B.J. Baliga, Fundamentals of Power Semiconductor Devices, pp. 737—741, Springer Science, New York, 2008 (Chapter 9).

第 10 章 IGBT 应用：工业

IGBT 的产生对工业经济产生了巨大的影响，而工业是整个经济的第二产业[1]，对第一产业提供的资源进行产品加工。全球工业的经济产出超过 30 万亿美元[2]。工业革命开始于蒸汽动力工厂的出现，而转型为电力工厂后其产能大大提高。在现代社会，工业部门消耗了将近 40% 的电能[3]，如图 10.1 所示。

美国 2/3 的电力被用于运转电动机驱动设备[4]。电动机的工业应用包括[5]：①轻型和中型工业，如汽车零部件装配、食品生产、半导体制造和轻机械加工；②加工工业，如造纸厂、化工厂、炼油厂和炼钢厂；③重工业，如采矿业、油气开采和发电厂。

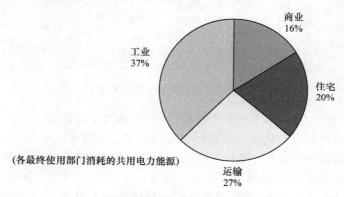

(各最终使用部门消耗的共用电力能源)

图 10.1　各经济部门的电能消耗

10.1　工业电动机驱动

IGBT 已经在工业中被广泛应用[6]，一个典型的大型工业电动机如图 10.2 所示。全球工业交流驱动大多采用笼型异步电动机，因其强度高且成本低。三相电源逆变器是工业界额定功率小于 2MW 的驱动应用中最常用的拓扑结构。Jahns 和 Blasko 提到[6]："在过去的十年中，以简洁的塑料封装的 IGBT 功率模块的额定电压和电流已经迅速提高，主导了几乎所有的新型工业驱动逆变器的设计……实际上，许多新型 IGBT 逆变器已经采用完全无阻尼器的设计，这种方法可以降低逆变器的成本、空间和损耗。"对于额定功率为 25MW 的工业系统，Siemens[7] 说："IGBT 已经完全主导了低电压逆变器，正逐渐在中高压逆变器中被使用。"

迄今为止，意识到 IGBT 用于工业的好处已经有几十年了[8]，包括：①低功率输入 MOS 管驱动；②低开关损耗、高速换流；③稳态时低开态损耗；④易于器件并联；⑤没有二次击穿问题的矩形反偏

图 10.2　典型的大型工业电动机

安全工作区（RBSOA）。这使得 IGBT 对于电压源异步电动机的控制来说是理想的器件。

10.2　用于电动机控制的可调速驱动

异步电动机由于其简单、成本低且能长时间可靠工作而被广泛应用。异步电动机工作在固定转速下，转动频率是输入到线圈的电源交流频率的整数倍[9]。在电动机的使用历程中，早先对过程的控制必须采用阻尼器，如图 10.3 所示。阻尼器通过调节把电动机传送的剩余能量转换成废热输出。尽管异步电动机把电能转换成机械转动的效率非常高（最高可达 95% 或更高），但是整个系统的效能低于 50%，因为阻尼器在调控泵或风机输出时把能量转变成了热量。

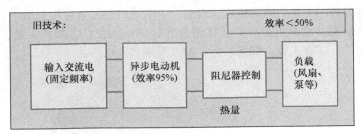

图 10.3　采用阻尼器控制的异步电动机驱动

可调速驱动（ASD），也被称为无级变速器（VSD）或者变频驱动（VFD），是基于提供一个可变频的输入电源来控制电动机输出转速的原理实现的。这需要把电力公司提供的 60Hz（或 50Hz）交流电转换成变频电源，如图 10.4 所示。ASD 的工作效率取决于逆变级的效率，逆变级的作用是把 60Hz（50Hz）电源转换成变频输出电源。在 IGBT 问世后，ASD 变成了一种实惠可靠的技术[10]。事实上，首次 IGBT 应用就是在空调器热泵的 ASD 上，由通用电气公司研究中心在 1982 年研发。该成果在 1983 年 10 月的电动机驱动会议上公开[11]。从那时起 ASD 被广泛用于提高住宅和商业部门的效能[3]。

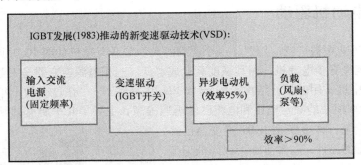

图 10.4　采用可调速控制的异步电动机驱动

许多文献中都已经讨论过 VFD 技术[12-14]，最常用的电路拓扑结构如图 10.5 所示[15]。它包含了一个输入整流级，通过电容把固定频率的输入电源转换成直流源。之后使用包含 IGBT 和快恢复二极管的逆变级，合成变频输出电源送到三相电动机的绕组。IGBT 的高功率处理能力和无能量吸收的工作特性让简洁、低成本、可调速的电动机驱动得以发展。许多出版文献中已经描述了基于 IGBT 的 ASD 的使用。追溯电动机驱动发展的历史，Sawa 和 Kume[16]指出：“变速电动机驱动的实现需要电力电子技术，可以说这项工作为今天全球的经济繁荣做出了贡献，人们可以享受更加完美的社会生活……1990 年生产出了载波频率为 15kHz 的电压源型 PWM 控制 IGBT 逆变器……之后 IGBT 被广泛使用并成为通用逆变器的标准功率器件，一直持续到今天。"

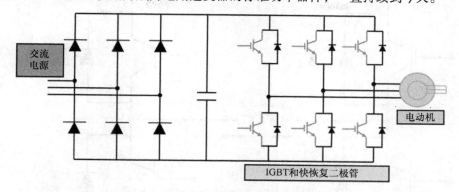

图 10.5　采用绝缘栅双极型晶体管的典型可调速驱动电路

IGBT 的出现使 ASD 的复杂性、尺寸和重量都有极大地减小（超过 10 倍）[17]。Blaabjerg 和 Thoegersen 指出："目前，带有 6 个二极管和 6 个 IGBT 的电压源逆变器架构已经完全主导了功率范围为 0.5 ~ 500kW 的工业驱动器。"他们预测这些 ASD 每年会有 10% 的市场增长，并对基于 IGBT 逆变器的 ASD 给水泥业和矿产业带来的好处也进行了描述[18]。

10.3　脉宽调制的可调速驱动

基本的可调速电动机驱动需要对 60Hz（或 50Hz）的公用电源进行整流，转换成直流电源总线，然后与不同（或者可调）频率的正弦电源合成，输送到异步电动机的绕组。异步电动机的转速（同步转速）由下式给出：

$$n_\mathrm{s} = \frac{120f}{P} \tag{10.1}$$

式中，f 是正弦电源的频率；P 是电动机的极数。因此，如果正弦电源的频率可调，那么电动机的转速也可调。

使用图 10.6 所示的基本 H 桥电路可以从直流电源总线中产生正弦电源供给其中一个电动机绕组。如果在正弦波的正半周期电流（I_M）以图示方向流过电动机绕组，在短时间内持续打开 IGBT - 1 和 IGBT - 4 可以增加电流的大小。与之相反，在短时间内持续打开 IGBT - 3 和 IGBT - 2 可以减小电动机电流。

将所需频率的参考正弦波与三角载波叠加，产生 IGBT 的脉宽调制门控信号，由此可以产生电动机电流所需的正弦波[19]。图 10.7 所示为正弦信号的正半周。三角载波的频率比正弦信号的频率高得多且为正弦信号频率的整数倍，在三角载波和参考正弦波的交叉点处产生 PWM 信号。

10.3.1　脉宽调制波形

图 10.8 显示了在一个 PWM 载波周期内 IGBT 和续流二极管（P - i - N 整流器）的电压和电流波形。为了简化分析，对这些波形进行了线性化处理[20]。t_1 时刻之前，IGBT 维持直流电源供电，电动机电流流过续流二极管。t_1 时刻通过栅极驱动电压将 IGBT 打开，PWM 载波周期开始。当 IGBT 栅极加了偏置后，$t_1 \sim t_2$ 阶段电动机电流从续流二极管转移到 IGBT。在漂移区存储电荷转移之前，P - i - N 整流器不能维持电压[21]。P - i - N 整流器必须先经历反向恢复过程，这个过

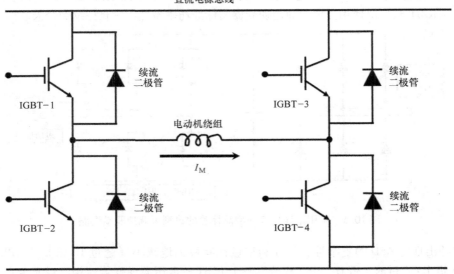

图 10.6 基本 H 桥电路拓扑

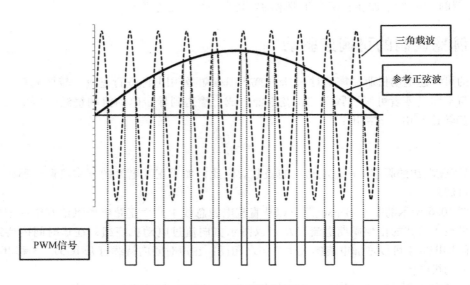

图 10.7 正弦脉宽调制

程中有一个较大的反向电流流过整流器，在 t_2 时刻出现一个峰值 I_{PR}。t_2 时刻流过 IGBT 的电流是电动机绕组电流 I_M 和反向恢复电流峰值 I_{PR} 之和。这导致在开通瞬间 IGBT 产生了大量的功耗。因此晶体管和二极管的功耗由功率整流器的反向恢复特性决定。

在 t_4 时刻 IGBT 关断，电动机电流从晶体管转移到二极管。在感性负载的情况下，比如电动机绕组，晶体管的电压在电流下降之前就上升了，如图 10.8 中 $t_4 \sim t_5$ 所示。然后在 $t_5 \sim t_6$ 时刻，晶体管的电流减小到零。关断时间由第 3 章讨论的晶体管的物理结构决定。因此在关断过程中晶体管和二极管的功耗由晶体管的开关特性决定。

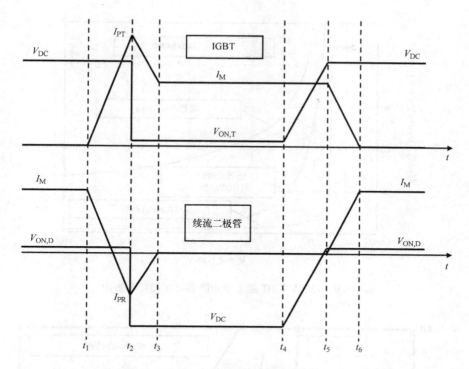

图 10.8 IGBT 单个 PWM 载波周期的开关瞬态变化

10.3.2 功率损耗折中曲线

除了在每个周期的两个基本的开关过程中产生的功耗外，由于确定的通态电压降，二极管和IGBT 在各自的通态工作过程中也会产生功耗。在双极型功率器件中，通常的折中是采用更大的通态电压降来获得更小的开关功耗。因此，通态功耗不能忽视，尤其是在工作频率较低时。器件的泄漏电流一般是很小的，所以关断模式下的功耗可以忽略不计。

第 3 章讨论的三种 IGBT 结构每个周期内功耗和通态电压降的折中曲线如图 10.9 所示，这些IGBT 结构具有 1200V 正向阻断能力[22]，通态电流密度为 100A/cm^2。从图中可以看出，非对称的IGBT 结构可以同时获得单个周期内最低的通态电压降和功耗，因此工业电动机驱动器最常采用这种设计。

使用第 3 章提到的 3000V IGBT 结构的数据可以画出类似的单周期功耗和通态电压降的折中曲线。对称、非对称和透明集电极 IGBT 结构的折中曲线如图 10.10 所示，其通态电流密度为100A/cm^2，集电极电压为 2000V。这些结构的通态电压降比 1200V 器件的更大，因为它们的漂移区更厚。由于更多的存储电荷和更大的集电极电压，这些器件的单周期功耗要大一个数量级。当然，这些器件也用于控制更大功率的负载。很明显采用非对称 IGBT 结构可以获得最优的折中曲线，这也是工业器件发展的重点。

过去通过对 IGBT 结构的创新，很多不同的公司发表了许多论文来强调单周期通态电压降和功耗折中曲线的改进，例如富士电气公司[23]和东芝公司[24]的 600V IGBT 结构；仙童半导体公司的 1200V IGBT 结构[25]；ABB 半导体有限公司的 6500V IGBT[26]。

富士电气公司发表的阻断能力为 600 ~ 800V 的器件，是一个关于各种 IGBT 结构折中曲线很

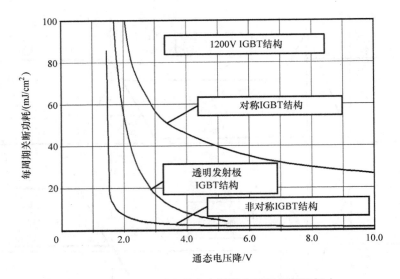

图 10.9　1200V IGBT 通态电压降和开关损耗的折中

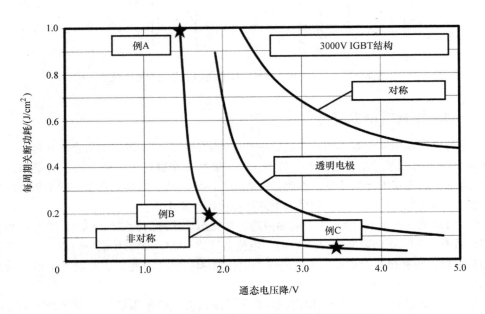

图 10.10　3000V IGBT 通态电压降和开关损耗的折中

好的例子[27]。他们比较了传统的 IGBT 结构和一个精细的 IGBT 结构（更浅的结和光刻尺寸）。此外，他们也把这些结构与沟槽栅器件做了对比。

图 10.11a 为传统非对称［穿通（PT）］结构的富士电气公司 IGBT，它与第 3 章中的结构相似，原胞的螺距为 30μm。富士电气公司的精细 IGBT 结构具有更浅的结和更小的尺寸，如图 10.11b 所示。浅结使得 JFET 和 IGBT 沟道区的电压降减小，因此总的通态电压降比传统的 IGBT 结构更小。增加 JFET 的掺杂浓度也可以降低通态电压降，这与第 3 章中给出的解析模型一致。JFET 的最佳界面浓度为 $1 \times 10^{16} cm^{-3}$，大于该浓度的话击穿电压开始降低[25]。富士电气也将同样的精细原胞用于制造非穿通（NPT）结构，如图 10.11c 所示，晶圆厚度减小到 100μm。图 10.11d

所示的是富士电气公司的沟槽栅结构 IGBT，该器件的原胞螺距为 4.5μm，沟槽深度为 0.8μm，沟槽宽度为 1μm。这样的结构具有比传统甚至精细图案二维 IGBT 结构大得多的沟道密度，消除了 JFET，从而减小了通态电压降。

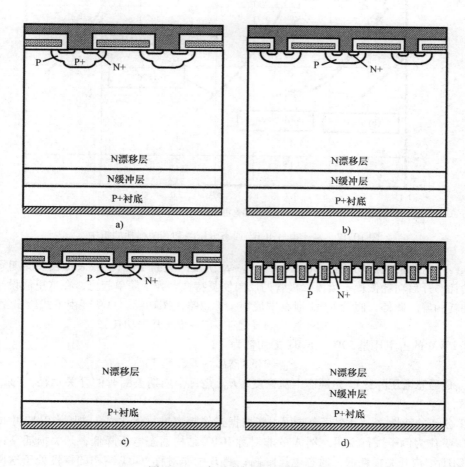

图 10.11　富士电气公司的 IGBT

在集电极电压为 300V，电流为 75A 下，对应的通态电流密度为 130A/cm²。对上述富士电气公司的 IGBT 绘制单周期内通态电压降和功耗的折中曲线[23]，图 10.12 给出了对这些 IGBT 结构性能的比较。对于额定阻断电压相同的器件（780～820V），可以看出将传统的穿通型 IGBT 结构 [（a）820V] 换成精细图案的穿通型 IGBT 结构 [（b）820V]，在开关功耗相同的情况下可以较大地（约 0.5V）降低通态电压降。把精细图案穿通型 IGBT 换成沟槽栅穿通型 IGBT 结构可以进一步降低（0.25V）通态电压降。非穿通型 IGBT 结构 [（c）730V，图中的虚线旁] 的折中曲线和沟槽栅穿通型 IGBT 相同，但是阻断电压稍微低一点。将精细图案穿通型 IGBT 的阻断电压降低到 630V，在相同的开关损耗下通态压降可以减小 0.4V [（b）630V]。因此，在应用中不要设计过高的电压阻断能力是很重要的。

10.3.3　功率损耗分析

功率晶体管的总功耗可以由以下 4 项相加得到：①图 10.8 中 $t_1 \sim t_3$ 阶段的开启功耗；②图

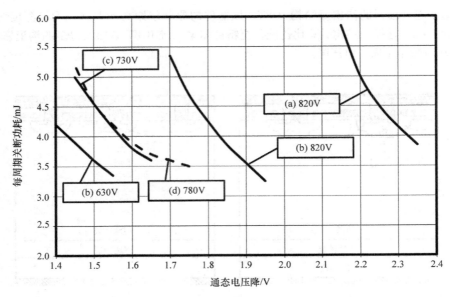

图 10.12 富士电气 IGBT 通态电压降和开关损耗的折中

10.8 中 $t_3 \sim t_4$ 阶段的通态功耗；③图 10.8 中 $t_4 \sim t_6$ 阶段的关断功耗；④PWM 载波周期剩余阶段的关态功耗。开启功耗依赖于续流二极管的反向恢复特性。为了简单起见，在这里假设开启功耗和关断功耗相等。此外，假设 IGBT 泄漏电流很小，忽略关态功耗。总功耗由下式给出：

$$P_L（总功耗）= P_L（通态功耗）+ P_L（开关功耗） \tag{10.2}$$

如果 PWM 的占空比是 50%，IGBT 的功耗为

$$P_L = 0.5 \, V_{ON} J_{ON} + E_{OFF} f \tag{10.3}$$

式中，V_{ON} 是通态电压降；J_{ON} 是通态电流密度；E_{OFF} 是每个周期关断时的开关功耗；f 是 PWM 载波的频率。

IGBT 公认的特性之一是在每个应用中能根据工作频率进行优化[11]。把图 10.10 中的 A，B，C 三种 IGBT 作为例子进行说明。例 A 的非对称 IGBT 结构通态电压降低，开关损耗高；例 C 的非对称 IGBT 结构开关损耗低，通态电压降高；例 B 中非对称 IGBT 结构的特性处于这两种结构之间。若只考虑折中曲线，B 可能是最好的设计。当集电极的供电电压为 2000V，通态电流密度为 100A/cm² 时，三种结构的总功耗如图 10.13 所示。只有在工作频率非常低时（低于 10Hz），A 的功耗是最低的；工作频率为 30～400Hz 时，B 的总功耗是最低的；频率大于 1000Hz 时，C 的总功耗是最低的。由此可以得出结论：高工作频率下使开关功耗最小比维持低的通态电压降更重要。

10.4 工厂自动化

工厂自动化被定义为使用控制系统操作机器和工艺[28]，它在化工产品、塑料制品、纸制品、汽车装配、飞机制造和食品加工中被广泛采用。自动化的好处包括提高生产力、提升质量和一致性以及减少人力劳动成本。带有微处理器的电力电子控制器的使用实现了工业机械的数字化控制。数字控制的含义是用精确的计算机程序命令实现机床的自动化[29]。今天计算机数控系统广泛用于进行一系列精密运转和操作，比如激光切割、焊接、折弯、粘合、缝纫、布局和布线。

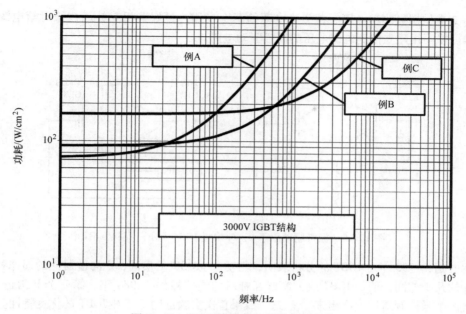

图 10.13　IGBT 随频率上升的功耗变化

美国通用电气公司的数字控制初创于 1982 年，使用 IGBT 创造一个简洁、低成本、坚固和可靠的平台。通用电气公司的一个叫作天才输入/输出的用于工厂自动化的数字控制产品在 1986 年问世，如图 10.14a 所示。如今该产品依然在售，如图 10.14b 所示。通用电气的网站[30]写道："通过在工厂建立分布式控制，天才输入/输出系统可以减少终端记录，大大缩短走线，更简单有效地排除故障。天才输入/输出模块自动提供现场接线的诊断信息、功率状况和负载以及通信网络、区块和电路的状态。天才诊断法极大地减少了最初控制和调试所需的时间。"这些能力的满足需要（如第 5 章所述）在 IGBT 芯片中集成电流探测能力。

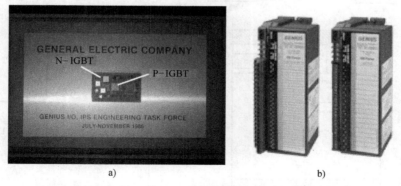

图 10.14　通用电气的天才输入/输出产品采用互补的 IGBT

10.4.1　互补的 IGBT

在数字控制中，在交流电源的正负两个半周都需要控制和监测电流。如图 10.15a 所示，采用两个 N 沟道的 IGBT 可以实现上述功能。其中一个 IGBT（见图中 IGBT - 1）可以由中压集成电路驱动，因为它的发射极（E_1）以地为参考点。然而当交流电压升高时，IGBT - 2 的发射极（E_2）电压会波动。用于开启 IGBT - 2 的栅极偏置必须超过交流电压，这需要一个高压集成电路给 IGBT – 2 提供栅极驱动电压。在交流电源的两个半周，最好采用互补晶体管对给电源控制使能，这样可以不用建立接到电源电压的栅级驱动电路。

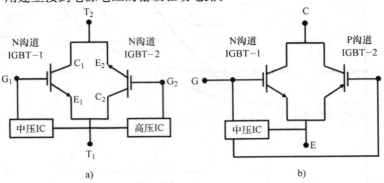

图 10.15　栅极驱动用于 a）N 沟道 IGBT 和 b）互补 IGBT

幸运的是，1983 年对 IGBT 的分析表明，与功率 MOSFET 不同，P 沟道器件的通态特性与 N 沟道器件的几乎相同，使得 IGBT 成为制造互补对的绝佳器件。1984 年，第一个 P 沟道 IGBT 在通用电气的半导体制造厂生产出来[31]。这个成果首次实验证明了互补 IGBT 的优良特性。

10.4.2　P 沟道 IGBT 设计

P 沟道 IGBT 的结构如图 10.16a 所示，等效电路如图 10.16b 所示。该 IGBT 结构与 N 沟道的器件结构完全相同，除了把所有的半导体层换成各自相反的类型。P 型 IGBT 的等效电路就是 P 沟道 MOSFET 给宽基极 NPN 型晶体管提供偏置电流。如果把 IGBT 当作一个 P – i – N 整流器串联的 MOSFET[22]，P 沟道器件的通态电压降可以被认为只比 N 沟道 IGBT 略大一点。这与 P 沟道 MOSFET 的导通电阻比 N 沟道 MOSFET 增大 3 倍形成对应。

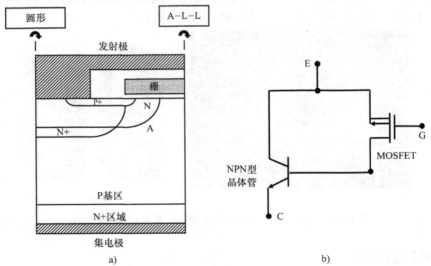

图 10.16　P 沟道 IGBT 及其等效电路

第一个 600V P 沟道 IGBT 由通用电气在 1984 年制成[31]。事实上发现 P 沟道 IGBT 的通态电压降比 N 沟道略低一点，这是因为 IGBT 内部的 NPN 型晶体管的增益更大，过补偿了更大的沟道电阻。这些器件的研制是为了在通用电气的天才输入/输出数字控制中使用。

P 沟道和 N 沟道 IGBT 结构的差异之一在于安全工作区（SOA）。图 10.17 中对两种结构的正偏安全工作区（FBSOA）进行了比较。在集电极偏置电压较低时，P 沟道 IGBT 的闩锁电流比 N 沟道高得多，因为它的 N 基区的薄层电阻比 N 沟道结构的要小得多。然而在集电极偏置电压较高时，它的 FBSOA 界限比 N 沟道 IGBT 低很多，因为经过它 P 基区的电子碰撞电离系数更大。

减小器件元胞结构的电场来抑制碰撞电离可以提高 P 沟道 IGBT 的 FBSOA 和 RBSOA。典型的线性元胞（对应图 10.16a 中元胞横截面没有旋转）和圆形

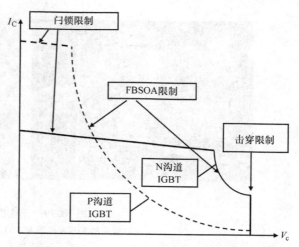

图 10.17　互补 IGBT 结构的正偏安全工作区（FBSOA）

元胞（对应图 10.16a 中左边沿的元胞横截面旋转）中，都会在 A 处产生一个增强的电场，减小了 SOA 的边界，圆形元胞拓扑结构设计中多晶硅栅层的版图如图 10.18a 所示。通过元胞横截面旋转（见图 10.16a 右边沿）可以改善这个问题。该元胞拓扑结构的多晶硅栅层的版图如图 10.18b 所示，称为原子晶格版图[32,33]。这种拓扑结构在 IGBT 元胞中制造了一个鞍节，减小了 A 处的电场（见图 10.16a）。采用这种设计，经过测试发现 P 沟道 IGBT 的 RBSOA 扩展了两倍[34]。

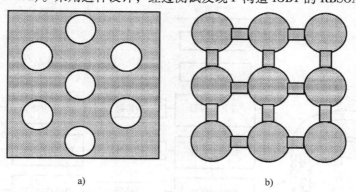

图 10.18　P 沟道 IGBT 芯片设计拓扑
a）圆形版图　b）原子晶格形版图

10.5　机器人

从汽车制造到洗衣机生产，机器人被广泛用于装配线。工业自动化极大地依赖于机器人。典型的工业机器人应用包括焊接、喷涂、钻孔、组装、包装、堆垛和材料加工。它们提升了产品的品质和生产速度同时减小了全球仓储、商店和设备的成本。第一个工业机器人出现在 1961 年，用于汽车工厂里的压铸过程。现代工业机器人完全集成到工厂运作中，图 10.19 展示了执行堆垛和组装任务的机器人。

10.5.1　无电缆线的功率供给

机器人需要一个很大的移动范围来执行各种任务，而供电电源和通信线缆阻碍了移动。一个

图 10.19　工业机器人

a）正在堆垛的 KUKA 机器人　b）ABB 机器人焊接汽车

巧妙的解决方法是采用可旋转变压器[34]，如图 10.20 所示。采用交流 – 交流整流器从 60Hz 的主电源中产生 25kHz 的方波电源，这可以减小变压器的尺寸和重量。然后采用 PWM 信号驱动电动机，可以在变压器的二次侧产生变频交流信号用于机器人的轴向控制。该旋转变压器的二次侧也被接到下一个旋转变压器，控制机器人下一个关节的轴向位置。重复上述过程，实现机器人的完全轴向位置控制。

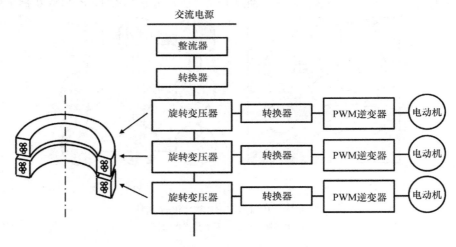

图 10.20　基于变压器的可旋转机器人驱动

与旋转变压器配合使用的 IGBT 桥式转换器如图 10.21 所示。每个桥式转换器包括 4 个 IGBT 和 4 个续流二极管。通过增加谐振电容 C_R，在转换器中串联了一个谐振电路。采用零电流开关可以减小 IGBT 的开关损耗，使电路可以工作在高频（25kHz）下。IGBT 模块的额定电压和电流为 1000V 和 50A。

10.5.2　工业机器人控制器

工业机器人一般用于加工操作，它们由系统级控制器和伺服回路控制器操控，其中伺服控制器是决定机器人操作精确性的主要瓶颈[35]。通过把基于晶闸管（可控硅）的驱动器换成基于 IG-BT 的驱动器，辛辛那提米拉克龙公司的 T3 – 776 重型工业机器人的伺服控制器的性能得到了提

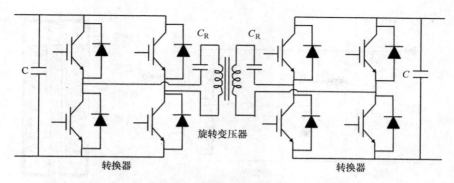

图 10.21　与旋转变压器配合使用的 IGBT 桥式转换器

升。这个大型工业机器人有 6 个自由度，可以举起和放置 150lb 的负荷，误差在 0.01in 之内如图 10.22 所示。

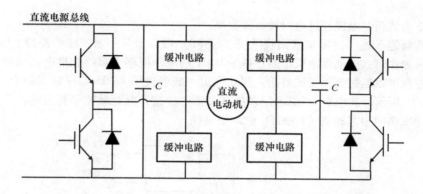

图 10.22　用于机器人伺服放大器的 IGBT 脉宽调制放大器

基于晶闸管的伺服放大器会在电动机的输出端产生 180Hz 的谐波，叠加到机器人所需的运动上。采用图 10.22 的基于 IGBT 的放大器可以解决这个问题[36]。脉宽调制（PWM）驱动器包括一个比较器、三角波发生器和 IGBT 的栅极驱动电路。上边的 IGBT 需要一个 20V 的浮地电源来驱动。驱动器中包含了欠电压和短路保护电路。PWM 电路的转换频率高达 16kHz。基于 IGBT 的控制器消除了采用晶闸管控制器时观测到的 180Hz 谐波，将机器人的响应时间提高了 3 倍。

10.5.3　线性执行器

在机床和其他制造机械中，电磁线性执行器被用于控制直线运动[36]。图 10.23b 展示了线性执行器的结构，其驱动电路[37]如图 10.23a 所示，电容和齐纳二极管用于储存能量，电容的充电由 IGBT 控制。使用包含 IGBT 和续流二极管的 H 桥和 PWM 信号来产生执行器的快速运动。

10.5.4　可移动的门式起重机机器人

轮胎式龙门起重机（RTG）被用于航运码头和仓库堆场中大型、重型集装箱的移动、装载和堆叠。船运集装箱的重量可以高达 50t。RTG 起重机由柴油发电机供电，电力经过逆变器供给变速交流电动机。起重电动机用于负责集装箱的上下移动，吊运电动机用来将集装箱从起重机的一边移到另一边，龙门式电动机用于负责起重机在船厂内的移动。当举起重型集装箱时会消耗大量

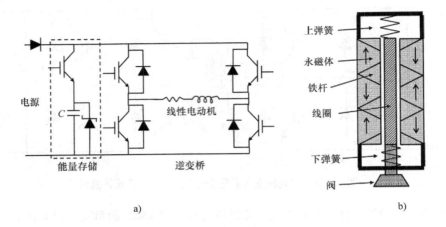

a)   b)

图 10.23　基于 IGBT 的线性电动机执行器

的能量，放下集装箱时电能经过电阻转换成废热。

　　采用飞轮储能系统[38]或者动能回收系统（KERS）可以节省能量。驱动器的框图如图 10.24 所示。在起重操作时，柴油发电机组通过基于 IGBT 的电动机驱动器给起重电动机供电。在放下集装箱时，能量可以通过制动斩波器输入制动电阻中或者使用 KERS 储存在飞轮中。KERS 的电路图如图 10.25 所示，其中 6 个 IGBT 用来控制飞轮的转速，把能量转移到飞轮。外部的电感用于减小谐波和永磁同步电动机（PMSM）的转子损耗。

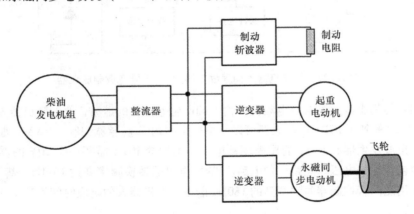

图 10.24　移动门式起重机动能回收系统

10.6　焊接

　　焊接就是通过熔化工件把材料拼接在一起的过程[39]。工业厂房中经常采用机器人焊接，比如汽车制造厂。焊接可以采用消耗性和非消耗性的电焊条（钨极惰性气体——TIG 焊接）。焊接可以在惰性环境中［使用氩气和氦气，称为金属惰性气体（MIG）］或者存在氧气的环境中［使用氩气/氧气或者氩气/二氧化碳混合气体，称为金属活性气体（MAG）］进行。使用恒流或者恒压电源产生能使金属融化的高温电弧。电弧的长度由电压决定，而电弧产生的热量取决于电流。人工

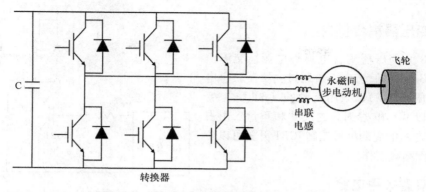

图 10.25　采用 IGBT 转换器的动能回收系统

焊接时一般采用恒流源，因为手工把电焊条和工件保持在一个恒定距离是很困难的。自动焊接更多采用恒压电源，因为电焊条和工件的距离可以精确控制。图 10.26a 是一种典型的电弧焊供电电源，图 10.26b 是轨道焊接的供电电源。许多制造商特别强调采用了基于 IGBT 的焊接电源。比如中国制造的"IGBT – MIG"、"IGBT 电弧焊机"以及"采用 IGBT 的 MIG/MAG 焊接机"的供电电源[40-42]；印度制造的"基于 IGBT 的 TIG 焊接机"和"IGBT 逆变器控制的 MIG"[43,44]。

图 10.26　焊接电源
a）电弧焊接　b）轨道焊接

10.6.1　巴克降压转换器

　　如前所述，焊接的质量取决于电弧电流。通常情况下，在 50V 下弧焊机需要输出的最大电流为 160A。图 10.27 展示了一个简单的巴克转换器，采用一个 IGBT 实现，已经用于人工焊接中提高对电弧电流的控制[45]。8kW（40V，200A）的电源电路对于焊接机来说是比较合适的，工作过程中 IGBT 峰值电压接近 300V。

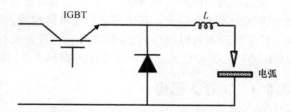

图 10.27　用于电弧焊接的基于 IGBT 的巴克转换器

10.6.2 变压器耦合供电

图 10.28 为变压器耦合电弧焊电源，交流电整流后产生 300V 的直流电，再通过变压器获得电弧所需的电压（50V）。采用高频的（80kHz）变压器设计可以减小电磁部分的尺寸和重量。用占空比为 10% 左右的周期信号控制 IGBT 开关可以防止过热，达到高频工作。

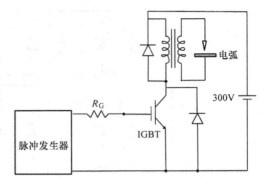

图 10.28　基于 IGBT 的变压器耦合电弧焊接电源

10.6.3 双重效用电源

焊接电源的制造商必须服务于全球市场来增加销量。日本、韩国和中国台湾采用电压（有效值）为 200 ~ 220V 的工业电源，欧洲、中国大陆和美国采用电压（有效值）为 380 ~ 400V 的工业电源。使用谐振电路技术可以在内部组件相同的情况下对焊接电源进行重新配置[47]。为有效值为 200V 的公用电源所做的配置如图 10.29 所示，采用了富士电机公司的 IGBT 模块，包含 2 个与直流总线串联的逆导 IGBT（RC - IGBT，一种带有续流二极管的 IGBT），与电压为 E 的电源一起作为有源 PWM 开关。IGBT 全桥逆变器在变压器的一次侧产生高频电源（40kHz），在变压器二次侧的交流电用二极管整流后给电弧供电。高频工作极大地降低了变压器的尺寸和重量。为了在高频工作时维持 IGBT 较低的开关损耗，采用了零电压和零电流开关。

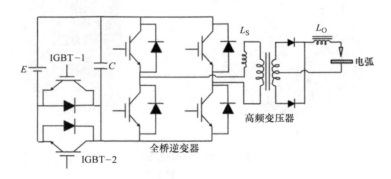

图 10.29　基于 IGBT 的电压有效值为 200V 的双重效用电弧焊接电源

采用相同的部件，在 400V 下对焊接电源重新配置，如图 10.30 所示。更大的直流总线电压被分为两个相等的部分，其值和之前的电路相等，这使得在两种供电下可以采用相同的 IGBT 模块。使用软开关可以减小 IGBT 的功耗，与硬开关相比体积减小 59%，重量减小 47%。与工作在 13kHz 的硬开关相比，工作在 40kHz 的频率下可以提高动态焊接性能。

10.6.4 机器人弧焊

采用机器人实现电弧焊接的自动化，可以提高焊接点的一致性和质量。这就需要对电弧的供电电源进行精确控制，使用现代 IGBT 构建的高频逆变器可以实现该控制。在微处理器控制下，采用多个并联 IGBT 单元即可实现低成本批量生产[48]。

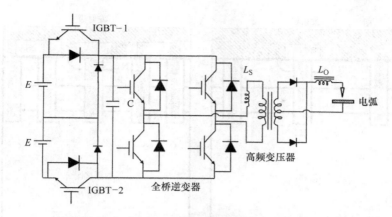

图 10.30　基于 IGBT 的双重效用 400V 电弧焊接电源

10.6.5　消耗性电极焊接

在工业制造中采用电弧焊接进行金属结构装配。在惰性气体氛围下（MIG）的焊接过程会消耗电焊条（焊丝），为了进行消耗性电极的焊接操作，需要不断补充焊丝来保持与工件的适当距离。

图 10.31 为可控制焊接过程的框图[49]。当焊丝消耗的速度和用电动机补充焊丝的速度相匹配时就可以建立一个稳定的焊接过程。基于 IGBT 的供电电源可以维持适当的电压和电流来产生恒定的电弧。

10.6.6　焊接用 IGBT 的优化

如前面几节所述，焊接的电源电路工作在高频下以减小变压器的尺寸。优化 IGBT 结构来降低开关功耗是很重要的，即使这会导致更大的通态电压降。三菱电机公司在他们的第 5 和第 6 代 NFH 系列的 IGBT 上做了优化[50]，在 10 ~ 60kHz 的工作频率下获得了高性能的谐振电路。

图 10.32a 为三菱电机公司第 5 代 IG-BT 结构的截面图，这是一个非对称或者穿通型设计，具有一个薄的 P + 集电极区。在 P 基区下面有一层载流子存储（CS）层

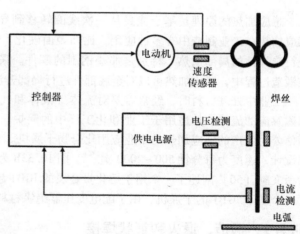

图 10.31　消耗性电极弧焊电源

来减小器件上部电流的电阻。采用了沟槽栅结构来增大沟道密度，减小通态电压降。此外，加入了冗余沟槽，其上的多晶硅连接到发射极的电极上。图 10.32b 为三菱电机公司第 6 代 IGBT 结构的横截面图。它的结构与第 5 代的 IGBT 结构相似，但是沟槽之间的间距更小，同时在带有栅电极的沟槽之间加入了更多的冗余沟槽。此外，在 CS 层采用了优化的逆向掺杂分布。这些改进优化了每个周期开关功耗和通态压降之间的折中曲线。在相同的开关功耗下，第 6 代器件的通态电压降为 0.6V，小于第 5 代的器件。

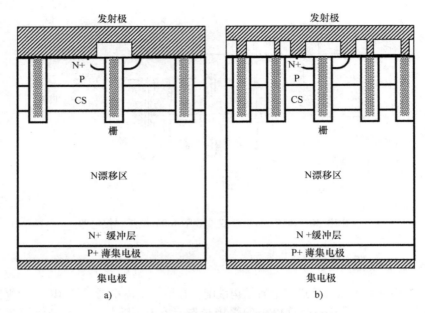

图 10.32　为电弧焊接电源优化的 IGBT 结构

10.7　感应加热

　　感应加热的原理是基于能量从一次线圈转移到导体（通常是金属）上产生涡流来实现[55]。感应加热在工业制造中有多种应用，比如表面硬化、熔化和锻造。感应淬火[52]可以对金属部件进行选择性的局部加热，特别是那些钢制的零件。采用局部压力对金属部件塑形称为锻造[53]，在锻造过程中，感应加热可以对金属部件进行局部升温。

　　工业中处理材料时，经常需要对流体（液体和气体）进行高均匀性和吞吐率的加热。基于电磁感应的流体加热适用于工业和化工厂中的锅炉、烘干机、热风机、热油器等。图 10.33a 为诺信公司生产的感应加热的工业应用化合物干燥机。它比传统干燥机的占地面积小，专门为生产线设计，速度为每分钟 500～2000 次[54]。图 10.33b 为必和公司生产的感应加热热油器[55]。本章参考文献［56］阐述了一个用于熔化贵金属的 IGBT 超音频加热设备，本章参考文献［57］阐述了一个基于 IGBT 的干燥机，用于配电变压器绝缘材料的干燥。

10.7.1　锻造、退火和管状焊接

　　在工业锻造、退火和管道焊接操作中，常将串联谐振逆变器用于感应加热，通常额定功率的范围从 50kW 到几兆瓦。图 10.34 所示的 H 桥（或称全桥）配置电路产生将能量传输到负载所需的高频信号（50～100kHz）[58,59]。为了使 IGBT 能工作在高频下，必须采用零电压开关的谐振拓扑结构减小开关损耗。谐振频率由谐振电容（C_R）和电感（L_1）以及负载电感 L_2 决定，即

$$f_R = \frac{1}{2\pi \sqrt{C_R L_1 L_2 / (L_1 + L_2)}} \tag{10.4}$$

负载电感取决于加热线圈和工件的形状以及它们之间的间距。

　　通过上述采用 IGBT 的方法制造了 50kW 的锻造设备，谐振频率为 50kHz。

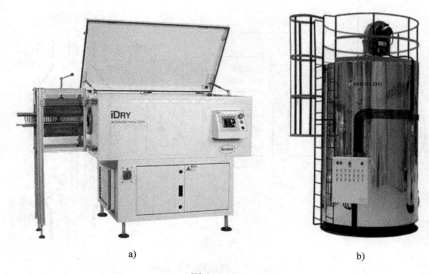

图 10.33
a）感应干燥器 b）感应热油器

用于工业钢条表面退火的感应加热器可以采用上述方法实现[59]，采用 1.2kV 的 IGBT 模块，谐振频率为 100kHz。本章参考文献 [60] 中也讲述了谐振频率为 150kHz 用于熔炼、锻造和表面硬化的 50kW 电源。

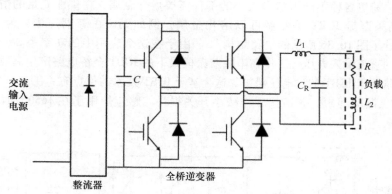

图 10.34 感应加热中使用 IGBT 的串联谐振逆变器

10.7.2 流体加热

在工厂中需要对流体（液体和气体）进行加热以便运输和处理。感应加热对盛放流体的容器提供了一种非接触式产生热量的方式。感应加热具有响应速度快、温度控制精度高、清洁性和紧密性好以及没有燃烧副产品的优点。

一种典型的采用 IGBT 的流体感应加热系统如图 10.35 所示[61]。流体流经外部缠绕线圈的非金属容器，容器内部放置了一个多翅片形式的金属部件，其大的表面积有助于加热流体，金属翅片内部涡流产生的热量传导到流体上。翅片设计成可以产生湍流来最大限度地传导热量。一个带有 IGBT 的固定频率和相移的 PWM 串联谐振逆变器，用于产生传输到工作线圈的高频电源。

上述技术的优点有：①非接触式加热；②快速加热响应；③精确温度控制；④大范围温度调

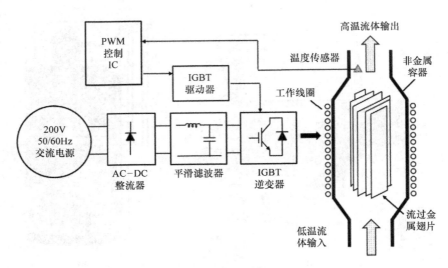

图 10.35 感应流体加热器

节；⑤单位功率因数工作；⑥减小 IGBT 开关损耗带来的高效率。感应加热也可以用于烧水以及用在家庭急热式热水器中。

10.7.3 金属熔化炉

在工业中，铸造各种不同形状和大小的部件需要熔化金属。在供能充足的情况下，采用图 10.34 所示的高频谐振 IGBT 逆变器可以熔化金属，例如钢。在炼钢厂中，为了获得大功率（250kW），设计了图 10.36 所示的电路结构[62]。由于在这个应用中的功率很高，采用升压转换器提高整流后的直流输入电压，工作在串联谐振模式下的 IGBT 全桥电路产生高频电源。带有晶闸管的保护电路用于 IGBT 的过电压保护。这个基于 IGBT 技术的优点有：①工作在谐振频率下；②IGBT 打开和关断时间短；③谐振工作减小开关损耗。感应炉用于在 1650℃时熔化钢以及在 1400℃时熔化铁。

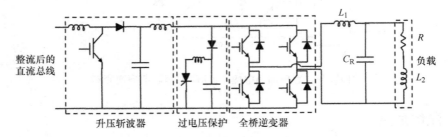

图 10.36 用于熔化金属的感应炉加热器

10.7.4 用于感应加热的 IGBT 设计

应用于感应加热时，由于工作频率很高，IGBT 的结构必须经过优化以减小开关损耗，同时还要具有比较合适的通态电压降。这两种特性可以通过采用图 10.37 所示的短路集电极 IGBT 结构来实现[63]。场停止层和第 3 章所述的非对称阻塞 IGBT 结构的缓冲层相同。带有集电极短路区域的 IGBT 结构也被称为 RC – IGBT 结构[64,65]。市场上有很多来自不同公司的具有沟槽栅和场停止层设计的 IGBT 产品，这些优化过的 IGBT 被应用于感应加热[66]。

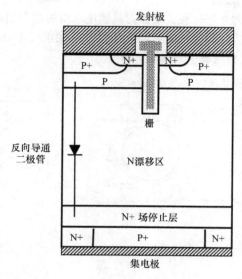

图 10.37　为感应加热而优化的 IGBT

10.8　铣削和钻孔机

　　工业中常用铣削来加工具有精密形状和大小的零件。铣削操作采用回转铣刀削去工件上的材料。与钻孔不同，铣刀用于除去其周长范围内与旋转轴垂直方向上的材料[67]。钻孔是利用刀具或者钻头除去沿着旋转轴方向上的材料。工业中产品的快速加工需要自动、高速的钻孔机。图 10.38 为铣削和高速钻孔机的例子。

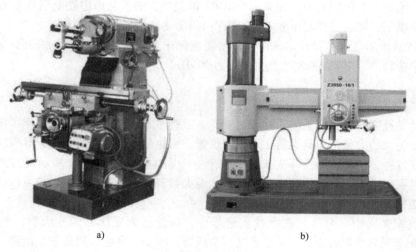

a)　　　　　　　　　　　　　b)

图　10.38
a）铣床　b）高速钻孔机

10.8.1 高速铣削机

高速铣削需要一个高效的切削过程，增加刀具速度可以提高切削速率。铣床主轴必须具有高刚度和支持极高速旋转的能力。高速铣床主轴采用主动磁轴承（AMB）来达到上述要求[68]。如图 10.39a 所示，采用两个反向电磁铁来实现 AMB。

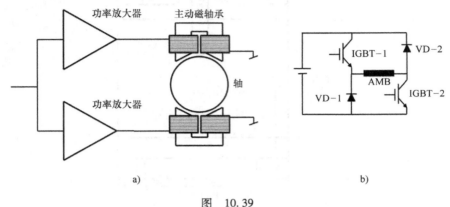

图　10.39

a）主动磁轴承（AMB）　b）AMB 的 IGBT 驱动电路

为了获得高转速，AMB 采用巨大的磁力使电动机/主轴悬空，形成一个无摩擦的轴承。AMB 的动态性能和刚度取决于瞬态的最大旋转速率，驱动电动机的功率放大器必须提供足够大的输出电压来达到指定的转速。在比电磁铁的电磁线圈电压降大得多的驱动电压下，铣刀轴获得一个极高的刚度[69]。如图 10.39b 所示，采用 PWM 控制 IGBT 可以实现可靠、高性价比的功率放大器。当 IGBT - 1 和 IGBT - 2 同时打开时，直流源提供的能量加大了电磁铁中的电流。如果只有 IGBT - 1 打开，电流流过该管和 VD - 2，维持一个恒定电流。如果只有 IGBT - 2 打开，电磁铁电流流过该管和 VD - 1，维持一个恒定电流。如果两个 IGBT 都关断，能量从电磁铁流回到直流电源。在位置控制器的要求下，电磁铁线圈中的电流可以由 IGBT 功率放大器控制。

IGBT 功率放大器已经被设计出来用于驱动高速铣床主轴，转速为 4000r/min，采用 35kW 的电源控制 5 根转轴[69]。PWM 控制的开关频率为 20kHz。

10.8.2 高速钻孔机

高速自动钻孔需要对机器上的刀具快速装卸。虽然在工业界机械夹具已经用了很久，但是更快的加工需要更大的力量把刀具夹持在适当的位置。用热量控制直径变化的刀具有缝夹套可以实现该要求。在这种方法中，刀夹（夹头）是一个空心固体，如图 10.40a 所示。刀夹受热后内径增大使得刀具可以插入，之后快速冷却使刀夹收缩夹紧刀具。夹具的感应加热可以快速升温，加快了刀具的更换过程。

在感应收缩夹具中，刀夹放在水冷式铜管中，铜管作为变压器的一次侧，夹具作为二次侧[69]。由于铜管的负载阻抗很低，采用了高频变压器，串联一个电容组成谐振电路，如图 10.40b 所示。这种设计是为了在 100kHz 的谐振频率下给夹具提供 10kW 的电源。

10.8.3 高速电火花加工

高硬度材料很难用传统的研磨工具加工。电火花加工（EDM）或者火花电蚀法可以通过反

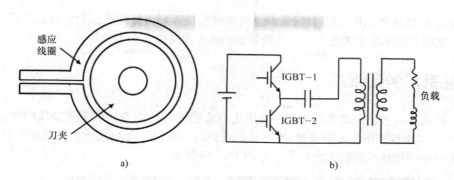

图　10.40

a）感应收缩刀具夹　b）刀具夹的 IGBT 感应加热器

复放电除去高硬度导电材料[70]，其基本过程如图 10.41a 所示。将一根空心的铜电极放在工件的上方，中间注入电介质（通常是水）。高压脉冲使电介质击穿，在加工工具和工件之间产生电火花。电火花的电流密度高达 $10kA/cm^2$，使温度升高到上万摄氏度，同时在电介质中制造冲击波，产生足够的张力去除工件上熔化和软化的金属粒子[71]。液体电介质不仅冲走了打孔过程中产生的碎片，同时也作为冷却剂。自动伺服控制系统用来在打孔时调整统一的放电间隙，达到 60mm/min 的高速加工速率。金属切削率、表面粗糙度和电极损耗与电流脉冲的幅度和周期有关。

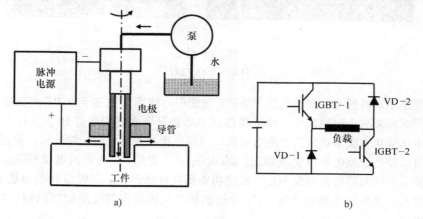

图　10.41

a）电火花加工（EDM）过程　b）EDM 电源

图 10.41b 是 EDM 工艺的基于 IGBT 的供电电源，它与 10.8.1 节中描述的电源相似，但用于 EDM 工艺时，这个电路的工作细节不同。当 IGBT－1 和 IGBT－2 都打开时，电流立刻上升到 I_1，如图 10.42 中的 $0\sim t_1$ 时间段所示。在 t_1 时刻 IGBT－1 关断，电火花电流流过 IGBT－2 和 VD－1 使负载放电，电流在 t_2 时刻降低到 I_2。如图 10.42 所示，这个过程一直重复使负载上的平均电流维持在 $(I_1+I_2)/2$。打孔时段

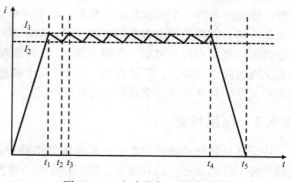

图 10.42　电火花加工脉冲波形

结束后，在 t_4 时刻两个 IGBT 都关断，负载上的能量反馈回到直流侧电容上，电流迅速下降在 t_5 时刻到零。这种方法不需要限流电阻，且控制更加精确和高效。

10.9　轧钢厂和造纸厂

钢铁厂把铁矿石和焦炭或者石灰石一起熔化冶炼钢铁[72]。含有碳和其他杂质的铁水铸造成图 10.43a 所示的钢锭和板坯，再通过冷/热轧制成薄片。在出版业和报纸业中需要大量的纸张，造纸厂将木材中的植物纤维制成纸张[73]，如图 10.43b 所示。

a)　　　　　　　　　　　　　　　　　　b)

图　10.43

a）轧钢厂　b）造纸厂

轧机中变速驱动器的节能要求促进了 IGBT 的使用。纺织厂中基于 IGBT 的变速驱动器可以减小噪声，同时带来减小驱动尺寸、降低操作成本和提升驱动性能的好处[74]。也有文章提到金属加工行业中从使用直流电动机到交流电动机的过渡，现在在精轧机、粗轧机、辊道、剪切机等应用中，都可以使用交流电动机完成加工。Bhooplapur[75] 提到："与直流电动机驱动相比，初代的交流驱动器动态的和静态的精度不足，额定功率低且价格昂贵。在矢量控制和基于 IGBT 的交流驱动器问世后，这些问题都被克服了。"冷轧机和热轧机现在都使用脉宽调制 IGBT 逆变器驱动交流电动机。

一些公司开发了专为金属工业和纸浆/造纸厂量身定制的驱动器，其中一个例子就是东芝三菱电机工业系统公司文献中讨论的，用于高达 2.7MW 功率水平驱动器[76] 的两级 IGBT 转换器/逆变器。该设计包括一个大型前端转换器，用于将提供的交流电源（460V/575V/690V 等级，适用于全球市场）转换为跨电容器的直流总线，如图 10.44 所示。直流总线使用逆变器为多个电机驱动器供电（图中右侧仅显示一个驱动器），有源前端转换器的 PWM 工作频率经过优化以减少引入到交流电源中的谐波。作者指出："这些低压驱动系统有助于全世界的工业应用节约能源，保护用户安全，具有可靠的质量和耐用性设计。"

10.9.1　金属行业

用于轧机的驱动器最初基于循环换流器电路中的线换向晶闸管[77]，它们有动态操作和精度差的开环工作的缺点。具有速度、扭矩和张力矢量控制的 IGBT 的出现克服了这些问题。新的驱动器具有高效率、高可靠性、宽功率范围、控制严格、高刚度和低维护成本的优点。在低功率水

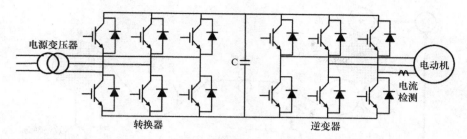

图 10.44　轧钢厂和造纸厂使用的两级电动机驱动器

平下，图 10.5 所示的两级逆变器就足够了。然而，对于高功率负载，如输入辊道、输出辊道、夹送辊、包装辊和芯棒中的热/冷轧机，需采用用于无级变速器 VSD 的三级逆变器，如图 10.45 所示。

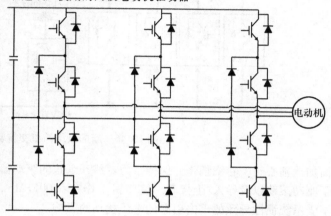

三级逆变器可以采用仅有 12 个晶体管的 3.3kV 和 4.5kV 的 IGBT 模块实现。与之前采用晶闸管的实现方式相比，基于 IGBT 的逆变器栅极驱动电路简单且不需要阻尼器。采用有源前端 AC - DC 整流器，三级逆变器可以输出几乎完美的正弦电流，从而获得高功率

图 10.45　冷/热轧机中使用的三级电动机驱动器

因数。基于 IGBT 的技术已经应用于精轧机、冷轧机和钢铁厂的除垢泵，还有包括橡胶加工厂中的混合器、化学工厂中的搅拌器和混合器等其他应用。

10.9.2　纸浆和造纸工业

造纸行业在制造新闻用纸的过程中利用了大量基于 IGBT 的逆变器来控制纸张流动。已经发布了基于 IGBT 的交流络筒机驱动器安装的详细说明，用于替换基于晶闸管的直流驱动器[78,79]。该安装过程于 1994 年 12 月至 1995 年 3 月期间在加拿大安大略省肯诺拉的 Rainy River Forest 产品工厂进行。络筒机的功能是将大型运输辊传送的纸张切成特定宽度的新闻纸。作者提到："在络筒机升级项目之初，每位参与者都关心电动机电压和 IGBT 电流以及额定峰值电压……如今，交流络筒机已经是一项成熟的技术，随着行业经验的不断积累，正在被越来越多的人接受……肯诺拉络筒机交流数字驱动器显著提升了络筒机的运转性能，并且对轧机成品辊的运转有很大影响。"

肯诺拉造纸厂用于生产新闻纸的交流驱动器结构如图 10.46 所示。使用 500kV·A 的变压器先将 6.6kV、60Hz 的电源降压到 480V，再使用同步整流器（或如图 10.44 中所示的转换器）产生 800V 的常用直流电源总线。这样可以维持与公用电源几近一致的功率因数并再生能量返回到交流电源线中。采用多个逆变器（类似于图 10.44 所示的逆变器）来驱动图中像滚筒、纵断器和修剪鼓风机之类的电动机。逆变器内部采用矢量控制的载波频率为 4kHz 的 PWM 驱动 1200V 的 IGBT，产生变压变频电源。该逆变器可以在检测到故障的 10μs 内关断 IGBT，具有输出短路保护功能。

造纸机的络筒机工作时加速状态 1min、绕卷运行 8min，减速运行 1min，设置更换 2min。滚

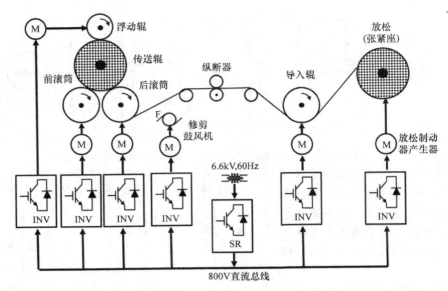

图 10.46 新闻纸络筒机交流驱动器架构

筒加速轴心时,卷绕纸张并保持张力。展开纸张的驱动器产生的再生功率反馈入直流电源总线用于驱动滚筒以及导入/上架辊。络筒机工作在 6500FPM[注],具有很高的新闻纸产量,而且造纸机不受系统惯性导致的雷击引起的电压扰动的影响。

10.10 静电除尘器

利用化石燃料(例如煤和天然气)的发电厂将颗粒排放到大气中而产生环境污染。化工厂和炼油厂也将颗粒作为排出气体释放到大气中。直径小于 $10\mu m$ 的颗粒(归类为 PM10)能够沉淀在人肺中导致疾病,破坏人体健康。静电除尘器(见图 10.47)用于从排放的气体中去除颗粒,以减轻对环境的影响。

a)   b)

图   10.47

a)化工厂 b)发电厂中的静电除尘器

⊖ 1FPM＝1ft/min,后同。——译者注

静电除尘器首先使污染物带电，然后使用静电力除去气流中的颗粒[80]。静电除尘器的基本结构包括一排细的垂直杆和一堆平行金属板，其间隔为 1 ~ 18cm，如图 10.48 所示。被污染的气体（用箭头标出）先流过垂直杆，再流过金属板。在杆和金属板之间施加一个大的负电压（40 ~ 100kV），气体通过时被电离。电离的颗粒（污染物）被吸附到接地的金属板上，从气流中除去。

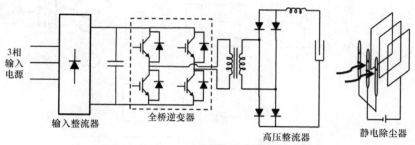

图 10.48　静电除尘器中的 IGBT 逆变器

静电除尘器最初是采用基于晶闸管的高压电源，替换为基于 IGBT 的逆变器之后极大地提高了除尘器的性能[81]。脉冲导致气体击穿使之电离，与晶闸管的开关时间（10ms）相比，IGBT 的开关时间（0.2μs）短，可防止击穿过程中的局部电离。图 10.48 所示的 IGBT 逆变器工作在 10kHz 的开关频率下，在变压器中产生 500Hz 的电流以减小变压器尺寸。变压器不可能工作在更高的频率，因为整流后静电除尘器二次侧的电压高达 40 ~ 100kV，充油式高压变压器的绝缘层厚度很大。IGBT 开关时间短，使得飞弧的重复速率快，降低了粉尘的排放。气流质量的测量显示不透明度有了 25% ~ 50% 的改进[82]。一个三级静电除尘器已经在烧结厂中运行[82]，作者提到："可以证明，在第一级中使用 IGBT 逆变器电源可以实现最有效的气体清洁。"

大型发电厂和化工厂因为需要更大的功率去除更多的颗粒，需要功率在兆瓦级的静电除尘器[82]。大型工业应用的静电除尘器包含 20 ~ 40 个区域，每个区域都有自己的电源。每个区域的功率必须进行优化，以实现最高效的废气清洁。在图 10.48 所示的硬开关拓扑和添加了电容器的谐振拓扑（见图 10.21）之间进行比较，发现硬开关方法在该项应用中更好，能够在 150kV 下产生 300kV·A 的功率。IGBT 逆变器产生的脉冲波形在外观上与图 10.42 所示的类似。软穿通 IGBT 结构适合于实现 10kHz 高工作频率的逆变器。

10.11　纺织厂

全球对服装的需求量很大，纺织品的制造是一个主要行业。织物制造需要使用大量高速纺锤生产纱线[83]，如图 10.49 所示。纺织厂的能量消耗是生产布料的主要成本因素之一。在具有专

图 10.49　纺织厂

门设计的异步电动机的主轴电动机中使用可调速驱动，可以大大提高功率效率和降低成本[84]。纺锭驱动器的典型结构如图 10.50 所示。

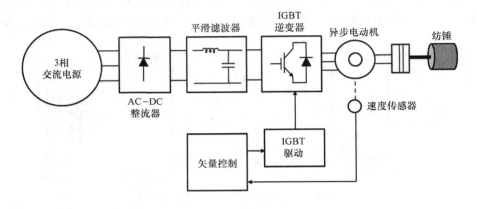

图 10.50　纺锭的可调速驱动器

10.12　开采和挖掘

如图 10.51 所示的斗轮挖掘机，被用于大规模的露天采矿作业[85]。挖掘机使用电铲收集矿材

图 10.51　采矿用挖掘机

并将其输送到输送机或卡车上。电铲需要对起重、摆动、聚集和推进运动进行控制，所有的运动都由矢量控制的 IGBT 逆变器驱动的同步电动机完成[86]。推进运动由电铲两侧的两个独立控制的电动机完成，改变两个电动机的速度可以实现转向。推进电动机由起重和聚集逆变器供电，采用一个转换开关 AUX 实现分享变频器的起重和推进 1 功能，或聚集和推进 2 功能。图 10.52 给出了转换开关布置的示意图，可以实现只使用两个逆变器来控制

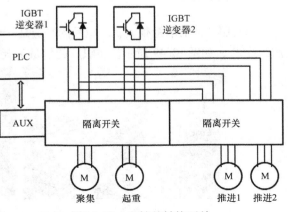

图 10.52　电铲的转换开关

挖掘机中的 4 台电动机。

10.13　工业用 IGBT 的优化

IGBT 的发展最初是由通用电气的工业应用推动的。虽然第一个器件是采用对称阻塞设计制造的[87]，但是非对称结构几乎立即开始发展起来[88]。因为一开始就清楚非对称结构可以显著改善单周期开关损耗和通态电压降之间的折中。从那时起，功率半导体界已经花费了大量的努力来改善通态电压降和每个周期能量损耗之间的折中曲线，其中最大的结构改进是用沟槽栅结构替代平面栅结构（见表 10.1）[89]。

英宝/三菱电机发布了从 1988 年到 2000 年工业应用 IGBT 芯片通过五代技术增强的设计演变[90]，如表 10.1 所示。1988 年制造的第一代器件采用 5μm 设计规则的平面栅架构（见图 10.11b），使用非对称或者穿通型的纵向结构。之后采用较小的几何形状和较浅的扩散对穿通型平面栅结构（第 2 和第 3 代）进行了改进，使得通态电压降从 3.5V 降低到 2.5V，同时芯片的面积从 $1.44cm^2$ 减小到 $1cm^2$。IGBT 技术的下一步改进是在使用 1μm 设计规则的第四代中以沟槽栅结构（见图 10.53a）替代平面栅结构。然而，沟槽栅结构的高沟道密度导致了高饱和电流，使短路 SOA（SCSOA）从 15μs 降低到 5μs。为了恢复良好的 SCSOA 能力，第五代 IGBT 结构在沟槽中交替地加入了栅电极，如图 10.53b 所示。这个结构在 P 基区下包含了一个 CS 层来增强通态电流传导过程中的载流子浓度。

表 10.1　英宝公司 IGBT 设计的改进

	第一代 1988	第二代 1990	第三代 1992	第四代 1998	第五代 2000
		额定 100A，1200V IGBT			
系列	—	E 系列	H 系列	F 系列	NF 系列
晶圆	外延	外延	外延	外延	区熔
栅结构	5μm 平面	5μm 平面	3μm 平面	1μm 沟槽	1μm 沟槽
垂直	穿通	穿通	穿通	穿通	轻穿通
$V_{CE(sat)}$	3.5V	2.8V	2.5V	1.9V	1.9V
芯片尺寸	12mm×12mm	12mm×12mm	10mm×10mm	9.1mm×11.5mm	9.1mm×11.5mm
SCSOA	15μs	15μs	20μs	5μs	20μs

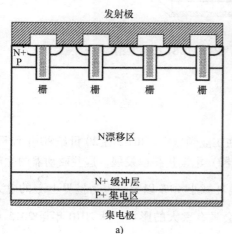
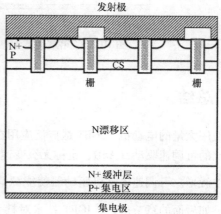

图 10.53　英宝公司 IGBT 结构

a) 第四代　b) 第五代

另一个工业应用 IGBT 产品开发趋势的例子是由富士电机公司发布的[91]，专门用于数字控制、工厂自动化、机器人、空调器和不间断电源的产品。他们 600V 和 1200V、50A 的 IGBT，六代产品芯片尺寸的减小如图 10.54 所示。对于 1200V 的 IGBT 产品，芯片面积减小了 60%，而 600V 的 IGBT 产品芯片面积减小了 50%。这归因于从平面栅到沟槽栅结构的改变以及场停止（或穿通）设计的使用。最新的 IGBT 产品采用微型 P 原胞设计，如图 10.55 所示，它包含不在沟槽栅区域间完全延伸的小型 P 基区。考虑到 SC-SOA，对 P 基区之间的距离 "L" 进行优化。

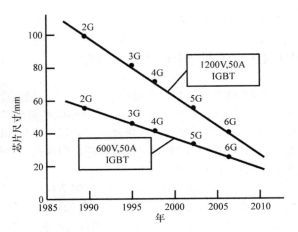

图 10.54 富士电气公司 IGBT 芯片尺寸的减小

微型 P IGBT 结构具有优越的通态电压降和每周期功耗之间的折中曲线，对于 1200V 的产品，通态电压降减小 0.45V；对于 600V 的产品，通态电压降减小 0.15V。

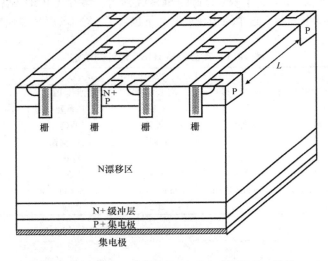

图 10.55　第六代富士电气公司 IGBT 微型 P 结构

10.14　总结

由于使用大量的电动机，IGBT 最广泛应用在工业领域中。IGBT 在 20 世纪 80 年代早期问世，使高性价比的可调速驱动（ASD，也称无级变速器）电动机得以发展，这些驱动器的生产在过去三十年之中激增。可调速电动机驱动器使能源消耗减小 40% 以上。因为世界上 $\frac{2}{3}$ 的电力用于驱动电动机，如后面的章节所述，IGBT 技术对社会具有重大的影响。从 2010 年至 2015 年，预计无级变速器在家用电器中的使用率将翻倍[92]。

本章列举了很多在工业中使用 IGBT 的例子，例如数字控制、机器人技术等。本章描述的 IGBT 在工业应用中的巨大多样性强调了 IGBT 技术带给现代社会的益处。

参 考 文 献

[1] Industry, http://en.wikipedia.org/wiki/industry.

[2] Secondary Sector of the Economy, http://en.wikipedia.org/wiki/Secondary_sector_of_the_economy.

[3] A.D. Little, Opportunities for Energy Savings in Residential and Commercial Sectors with High Efficiency Electric Motors, U.S. Department of Energy Contract No. DE-AC01-90CE23821, December 1, 1999.

[4] U.S. Department of Energy, Industrial Technologies Program. http://www1.eere.energy.gov/industry/bestpractices/motors/html.

[5] Variable Frequency Drives, Report #00-054, Eaton Consultants, Inc., June 2000. Northwest Energy Efficiency Alliance, www.nwalliance.org.

[6] T.M. Jahns, V. Blasko, Recent advances in power electronics technology for industrial and traction machine drives, Proc. IEEE 89 (2001) 963—975.

[7] M. Hiller, R. Sommer, M. Beuermann, Converter topologies and power semiconductors for industrial medium voltage converters, in: IEEE Industry Applications Society Annual Meeting, 2008, pp. 1—8.

[8] E. Gatti, et al., Large power voltage source IGBT inverters for industrial applications, in: IEEE Power Electronics Specialists Conference, vol. 2, 1996, pp. 1059—1064.

[9] A.R. Hambley, Electrical Engineering, in: AC Machines, Prentice Hall, 2011 (Chapter 17) pp. 821—864.

[10] Variable Frequency Drives, http://www.rowan.edu/colleges/engineering/clinics/cleanenergy/rowan_university_clean_energy_program/Energy_Efficiency_Audits/Energy_Technology_Case Studies/files/Variable Frequency_Drives.pdf.

[11] B.J. Baliga, The new generation of MOS power devices (Invited Paper), in: Drives/Motors/Controls Conference, October 1983, pp. 139—141.

[12] B.K. Bose, Power Electronics and Variable Frequency Drives, IEEE Press Book, 1997.

[13] J. Vithayathil, Power Electronics, McGraw-Hill, Inc., 1995.

[14] J.G. Kassakian, M.F. Schlecht, G.C. Verghese, Principles of Power Electronics, Addison-Wesley Publishing Company, 1991.

[15] A.M. Jungreis, A.W. Kelley, Adjustable speed drive for residential applications, in: IEEE Transactions on Industry Applications, vol. 31, 1995, pp. 1315—1322.

[16] T. Sawa, T. Kume, Motor drive technology—history and visions for the future, in: IEEE Power Electronics Specialists Conference, 2004, pp. 2—9.

[17] F. Blaabjerg, P. Thoegersen, Adjustable speed drives − future challenges and applications, in: Power Electronics and Motion Control Conference, 2004, pp. 36—45.

[18] R. Hoppler, et al., A Team of Drives, pp. 71—76, May 2009, www.worldcement.com.

[19] B.K. Bose, Adjustable speed AC drives—a technology status review, Proc. IEEE 70 (1982) 116—135.

[20] B.J. Baliga, Power semiconductor devices for variable-frequency drives, Pro. IEEE 82 (1994) 1112—1122.

[21] B.J. Baliga, Fundamentals of Power Semiconductor Devices, Springer-Science, New York, 2008 (Chapter 5).

[22] B.J. Baliga, Fundamentals of Power Semiconductor Devices, Springer-Science, New York, 2008 (Chapter 9).

[23] M. Otsuki, et al., The 3rd generation IGBT toward a limitation of IGBT performance, in: IEEE International Symposium on Power Semiconductor Devices and ICs, 1993, pp. 24—29.

[24] M. Matsudai, et al., Advanced 60 micron thin 600 V punch-through IGBT concept for extremely low forward voltage drop and low turn-off loss, in: IEEE International Symposium on Power Semiconductor Devices and ICs, 2001, pp. 441—444.

[25] P.M. Shenoy, S. Shekhawat, B. Brockway, Application specific 1200 V planar and trench IGBTs, in: IEEE Applied Power Electronics Conference, 2006, pp. 160—164.

[26] M. Rahimo, A. Kopta, S. Linder, Novel enhanced-planar IGBT technology rated up to

6.5 kV for lower losses and higher SOA capability, in: IEEE International Symposium on Power Semiconductor Devices and ICs, 2006, pp. 1–4.

[27] Y. Onishi, et al., Analysis on device structures for next generation IGBT, in: IEEE International Symposium on Power Semiconductor Devices and ICs, Paper 4.3, 1998, pp. 85–88.

[28] Automation, http://en.wikipedia.org/wiki/Factory_automation.

[29] Numerical Controls, http://en.wikipedia.org/wiki/Numerical_control.

[30] www.ge-ip.com/products/family/genius-io.

[31] B.J. Baliga, et al., Comparison of N and P channel IGBTs, in: IEEE International Electron Devices Meeting, Abstract 10.6, 1984, pp. 278–281.

[32] B.J. Baliga, et al, Vertical Double Diffused Metal Oxide Semiconductor (VDMOS) Device Including High Voltage Junction Exhibiting Increased Safe Operating Area. U.S. Patent 4,823,176 (Filed April 3, 1987, Issued April 18, 1989).

[33] B.J. Baliga, et al., New cell designs for improved IGBT safe-operating-area, in: IEEE International Electron Devices Meeting, Abstract 34.5, 1988, pp. 809–812.

[34] A. Esser, H.-C. Skudelny, A new approach to power supply for robots, in: IEEE Industrial Applications Society Meeting, 1990, pp. 1251–1255.

[35] J.W. Geisinger, M.P. Aalund, D. Tesar, The design and development of a control system for a T3-776 robot, in: IEEE Applied Power Electronics Conference, 1993, pp. 333–339.

[36] Linear Actuators, http://en.wikipedia.org/wiki/Linear_actuator.

[37] P. Mercorelli, N. Kubasiak, S. Liu, Multilevel bridge governor by using model predictive control in wavelet packets for tracking trajectories, in: IEEE International Conference on Robotics and Automation, vol. 4, 2004, pp. 4079–4084.

[38] J. Xu, J. Yang, J. Gao, An integrated kinetic energy recovery system with peak power transfer in 3-DOF mobile crane robot, in: IEEE International Symposium on System Integration, 2011, pp. 330–335.

[39] Welding, http://en.wikipedia.org/wiki/Welding.

[40] http://www.tradett.com/products/u40994p330952/igbt-mig.html.

[41] http://www.tradett.com/products/u61715p524833/igbt-arc-welding-machine.html.

[42] http://www.tradett.com/products/u38096p302559/mig-mag-welding-machine-with-igbt.html.

[43] http://www.indiamart.com/thakurindustries/inverters/inverter-welding-machine.html.

[44] http://www.vjmarcons.in/welding-machine.html.

[45] S. Marques, et al., Step down converter with hysteretic current control for welding applications, in: International Conference on Industrial Electronics, Controls, and Instrumentation, vol. 2, 1997, pp. 676–681.

[46] A. Maouad, et al., New design method for controlling power stages based on IGBT switching ferrite transformers: applied to an 8 kW small size light weight electric welding machine, in: IEEE Electronics, Circuits, and Systems Conference, vol. 2, 2000, pp. 802–804.

[47] K. Morimoto, et al., Dual utility AC voltage line operated soft switching PWM DC-DC power converter with high frequency transformer link for arc welding equipment, in: IEEE Conference on Electrical Machines and Systems, 2005, pp. 1084–1089.

[48] D. Dong, et al., Structure and control of an inverter type power source for robot arc welding, Tsinghua Sci. Technol. 3 (2) (June 1998).

[49] P. Vieira, et al., Mathematical modelling and digital control for power supplies of current pulsed for welding machine, in: IEEE European Conference on Power Electronics and Applications, 2005, pp. P1–P8.

[50] G. Majumdar, Advanced IGBT technologies for HF operation, in: IEEE European Conference on Power Electronics and Applications, 2009, pp. 1–26.

[51] Induction Heating, http://en.wikipedia.org/wiki/Induction_heating.

[52] Induction Hardening, http://en.wikipedia.org/wiki/Induction_hardening.

[53] Forging, http://en.wikipedia.org/wiki/Forging.

[54] www.nordson.com.

[55] http://industrials-heatr.com/industrial-heaters/thermal-oil-heater.html.

[56] http://www.tradett.com/products/u64394p570306/igbt-superaudio-heating-equipment. html.

[57] A.R. Quintas, et al., IGBT transistor switching in an unique industrial application, in: IEEE International Conference on Power Electronics and Variable Speed Drives, 1994, pp. 550—553.

[58] E.J. Dede, et al., On the design of a high power IGBT series resonant inverter for induction forging applications, in: IEEE AFRICON, vol. 1, 1996, pp. 206—208.

[59] U. Schwarzer, R.W. DeDoncker, Power losses of IGBTs in an inverter prototype for high frequency inductive heating applications, in: IEEE Industrial Electronics Society, vol. 2, 2001, pp. 793—798.

[60] V. Esteve, et al., Using pulse density modulation to improve efficiency of IGBT inverters in induction heating applications, in: IEEE Power Electronics Specialists Conference, 2007, pp. 1370—1373.

[61] Y. Uchihori, et al., The state-of-the-art electromagnetic induction flow-through pipeline package type fluid heating appliance using series resonant PWM inverter with self-tuning PID controller-based feedback implementation, in: IEEE Industrial Automation and Controls Conference, 1995, pp. 14—21.

[62] R. Fuentes, P. Lagos, J. Estrada, Self-resonant induction furnace with IGBT technology, in: IEEE Industrial Electronics and Applications Conference, 2009, pp. 1371—1374.

[63] J.-E. Yeon, et al., Field stop shorted anode trench IGBT for induction heating applications, in: IEEE Industrial Electronics Society Conference, 2012, pp. 422—426.

[64] B.J. Baliga, Semiconductor Device Having Rapid Removal of Majority Carriers from an Active Base Region thereof at Device Turn-Off and Method of Fabricating this Device. U.S. Patent 4, 782,379 (Issued November 1, 1988).

[65] H. Takahashi, et al., 1200-V reverse conducting IGBT, in: IEEE International Symposium on Power Semiconductor Devices and ICs, 1995, pp. 174—179.

[66] 650 V IGBT HB Series, www.st.com.

[67] Milling (machining), http://en.wikipedia.org/wiki/Milling_(machining).

[68] J. Zhang, N. Karrer, IGBT power amplifiers for active magnetic bearings of high speed milling spindles, in: IEEE Conference on Industrial Electronics, Control and Instrumentation, vol. 1, 1995, pp. 596—601.

[69] J. Walter, et al., High frequency generator for an inductive shrinking unit, in: IEEE European Conference on Power Electronics and Applications, 2005, pp. P1—P9.

[70] Electrical Discharge Machining, http://en.wikipedia.org/wiki/Electrical_discharge_machining.

[71] H. Huang, et al., A zero current switching half-bridge power supply for high speed drilling electrical discharge machining, in: IEEE Power and Energy Engineering Conference, 2009, pp. 1—5.

[72] Steel Mill, http://en.wikipedia.org/wiki/Steel_mill.

[73] Paper Mill, http://en.wikipedia.org/wiki/Paper_mill.

[74] G. Skibinski, W. Maslowski, J. Pankau, Installation considerations for IGBT AC drives, in: IEEE Textile, Fiber and Film Industry Technical Conference, 1997, pp. 1—12.

[75] P. Bhooplapur, AC drives in metal industries, in: IEEE International Conference on Power Electronics and Drives, 1997, pp. 823—828.

[76] T. Okamoto, et al., Development of low voltage 2 level IGBT inverter and converter for industrial applications, in: IEEE International Conference on Power Electronics, Paper WeP1-009, 2011, pp. 2466—2473.

[77] P. Bhooplapur, B.P. Schmitt, G. Neeser, HV-IGBT drive and their applications, in: IEEE International Conference on Power Electronics and Drive Systems, vol. 2, 1999, pp. 585—590.

[78] P. Fransen, Upgrade of paper machine winders with AC drives and the synchronous rectifier, in: IEEE Pulp and Paper Industry Technical Conference, 1996, pp. 94—116.

[79] P. Fransen, Upgrade of winders with AC drives and the synchronous rectifier, in: IEEE Industry Applications Magazine, September/October 1997, pp. 20—33.

[80] Electrostatic Precipitator, http://en.wikipedia.org/wiki/Electrostatic_precipitator.

[81] N. Grass, W. Hartmann, M. Klockner, Application of different types of high voltage supplies on industrial electrostatic precipitators, in: IEEE Industry Applications Society Conference, vol. 1, 2002, p. 270276.

[82] N. Grass, 150 kV/300 kW high voltage supply with IGBT inverter for large industrial electrostatic precipitators, in: IEEE Industry Applications Society Conference, 2007, pp. 808—811.

[83] Textile Manufacturing, http://en.wikipedia.org/wiki/Textile_manufacturing.

[84] P. Paliwal, N. Kumar, T.R. Cheliah, Energy conservation studies on a spinning drive motor with scalar and vector controllers, in: IEEE Third International Conference on Advanced Computing and Communication Technologies, 2013, pp. 115—120.

[85] B-wheel Excavator, http://en.wikipedia.org/wiki/Bucket-wheel_excavator.

[86] J. Mazumdar, Application of transfer switch in mining converters, in: IEEE Industry Applications Society Meeting, 2010, pp. 1—5.

[87] B.J. Baliga, et al., The insulated gate rectifier: a new three terminal MOS-controlled bipolar power device, in: IEEE International Electron Devices Meeting, Abstract 10.6, 1982, pp. 264—267.

[88] B.J. Baliga, et al., The insulated gate transistor: a new three terminal MOS-controlled bipolar power device, IEEE Trans. Electron Devices ED-31 (1984) 821—828.

[89] H.-R. Chang, B.J. Baliga, 500-V n-channel insulated gate bipolar transistor with trench gate structure, IEEE Trans. Electron Devices ED-36 (1989) 1824—1829.

[90] E. Motto, J.F. Donlon, The latest advances in industrial IGBT module technology, in: IEEE Applied Power Electronics Conference, vol. 1, 2004, pp. 235—240.

[91] T. Yamazaki, et al., Advanced IGBT chip technology for industrial motor drive applications, in: IEEE International Power Electronics Conference, 2010, pp. 783—789.

[92] Variable Speed Drives in Appliances to Double, Power Electronics Technology Magazine, January 2010, p. 9.

第11章 IGBT应用：照明

电气照明对人类社会生产力和生活质量的提高产生了深远的影响。国际能源机构估计，照明使用了接近20%的全球生产的电能[1]。在2011年，美国在照明上使用的电能已经超过了4500亿kW·h[2]。据能源部估计，平均每栋住宅建筑包含50盏灯，平均每栋工业或者商业建筑包含300盏灯[3]。商业照明用电占整个照明用电的50%，其中住宅照明用电占25%、户外照明用电占17%、工业照明用电占8%。在家庭用电中，13%的电能被用于照明[4]，耗电量排第二，见表11.1。

表11.1 家庭电能消耗

最终用途	$\times 10^{15}$ BTU	$\times 10$亿 kW·h	百分比（%）
空间制冷	0.93	273	19
照明	0.63	186	13
水加热	0.45	131	9
制冷（电冰箱等）	0.38	110	8
彩色电视	0.32	93	7
空间加热	0.27	79	6

一个多世纪以来，白炽灯为家庭和工厂照明提供了极好的光源。如图11.1所示，白炽灯由包裹在玻璃泡内的灯丝以及玻璃泡外壳组成[5]。在60W、120V的白炽灯中，灯丝由紧密缠绕的线圈组成，线圈由直径为0.0046cm、长度接近6m的钨丝组成，如图11.1b所示[5]。为了防止灯丝氧化，通常需要在玻璃球内填充惰性气体。

早在1802年，汉弗莱·戴维就试图通过使用电流来产生光能。由于灯丝存在电阻，电流流过灯丝时会产生热量，致使

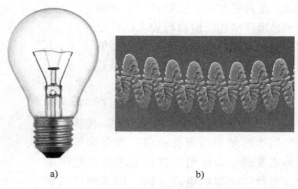

a)   b)

图 11.1

a) 白炽灯 b) 灯丝

灯丝温度升高。为了防止灯丝在短时间内被烧坏，人们进行了大量的实验。经过不懈的努力，托马斯·爱迪生不仅发明了含有耐用灯丝的实用型灯泡，还提供了向灯泡传输电能的基础设施。到1885年为止，人们一共使用了30万个灯泡。在1906年，通用电气公司将延性钨应用于灯丝上，这不仅是实用型灯泡可行道路上的另一个里程碑，而且加快了白炽灯销量的增长，使得白炽灯的销量从1914年的8800万只增长到1945年的8亿只。

不幸的是，在白炽灯中，超过95%的电能转化为热能，这不仅造成了大量的能量浪费，还使得灯泡周围环境温度升高，加大了空调的能耗。灯泡的光效用"流明/瓦特（lm/W）"衡量。典型的60W的白炽灯的光效仅为14.5lm/W。而且，白炽灯的平均寿命也比较短，只有2000h。

白炽灯的低效率以及人们对发电过程中产生的环境影响的日益关注，促使全世界采用效率更高的灯具来代替白炽灯。从2005年起，全球各国政府开始逐步禁止白炽灯的使用[6]。第一批逐

步淘汰白炽灯的国家是巴西和阿根廷。在 2007 年，美国颁布了《能源独立和安全法》来确保白炽灯的替换工作能够有效实施。在 2010 年，澳大利亚开始禁止白炽灯的使用。在 2011 年，欧盟开始逐步淘汰白炽灯。在 2012 年 10 月，中国开始禁止白炽灯的进口和销售。在 2012 年，印度开始实施"Bharat Yojana"计划，计划用紧凑型荧光灯（CFL）来取代 4 亿只白炽灯。

11.1 三位一体白炽灯

通用电气公司的"三位一体"项目旨在为家用照明设计带有 IGBT 的高效率灯泡[7]。在 1981 年，这个项目启动之初的目标为："开发效率、寿命和颜色显著提高的低成本白炽灯，以便为住宅市场提供优质的产品。"三位一体白炽灯也称为卤素灯，它使用了低成本的带有红外反射薄膜的玻璃卤素灯丝管以及低压灯丝。不同于白炽灯，卤素灯包含一个较小的含有卤素气体的石英外壳，灯中的卤素气体会与蒸发的钨原子结合，并把钨原子重新淀积在灯丝上。这不仅能使灯丝在更高的温度下工作，从而获得更高的光效，还能使灯丝的寿命更长[8,9]。

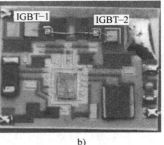

a)   b)

图 11.2 三位一体白炽灯
a) 组件 b) 电子镇流器

通用电气公司选择了广泛应用于商业和住宅休闲灯、机车车头灯和飞机着陆灯的抛物型镀铝反射膜的灯泡（PAR）作为产品开发的对象[10]。抛物型镀铝反射膜灯的组件如图 11.2a 所示。在其工作时，控制灯丝功率的电子必须存储在反射器与旋入部件之间。因此，作者指出："与抛物型镀铝反射膜灯同时发明的 IGBT 是最适合此应用的功率器件。"

通过 IGBT 的使用，人们想出了一种名为"反相控制"的新型功率控制方式。传统的相位控制通过使用晶闸管或者三端双向可控硅元件来实现。当使用正弦交流电给电路供电时，若器件两端的电压反向，则晶闸管或者三端双向可控硅元件被关断。若阳极电压为正，通过在部分时间内触发晶闸管或者三端双向可控硅元件，将功率传输到负载上。这不仅使得器件中产生了很大的电流，而且由于电流的迅速变化，产生了很高的电磁干扰（EMI）。在反相控制中，当交流电压从负变为正时，IGBT 导通。之后，在交流电压的正半周期，IGBT 关断，从而为负载提供所需电压。对于一个 36V、60W 的灯泡，为了从 120V

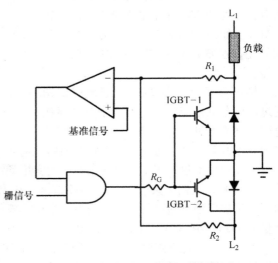

图 11.3 反相控制的三位一体灯电路

线性电压源中获得 36V 的供电电压，至少需要 45°角的导通时间。

反相控制电路如图 11.3 所示。为了实现正向和反向电压的阻塞能力，电路中包含两个带有续流二极管的 IGBT。由于芯片上 IGBT 的通态电压降对温度上升非常敏感[11]，我们可以通过 IG-

BT 的通态电压降来监测负载电流的大小。在 IGBT 关断期间，通过使用栅极电阻（R_G），IGBT 集电极电压上升速率被限制为 5V/μs，从而达到美国为住宅环境所制定的传导电磁干扰的标准。

11.2　紧凑型荧光灯

由于白炽灯将电能转化为光能的效率非常低，所以世界各地都开始了取代白炽灯的行动。目前最具经济效益的方法是使用紧凑型荧光灯（CFL）代替白炽灯[12]。为了使消费者更容易接受紧凑型荧光灯，将其外形尺寸设计成与白炽灯使用的固定装置兼容。如图 11.4a 所示，紧凑型荧光灯包含一个弯曲或折叠的带有与家庭和办公室中灯具旋入式底座兼容的灯管。图 11.4b 展示了驱动紧凑型荧光灯的电子镇流器。由于灯管与旋入式底座之间的空隙非常小，所以电子镇流器的尺寸必须足够小。

一个典型的紧凑型荧光灯只需消耗 15W 的功率便能与白炽灯消耗 60W 的功率产生相同的光通量[13]，并且紧凑型荧光灯的寿命约为白炽灯的 8 倍（通常在 6000～15000h 之间）[12]。相比于白炽灯的光效（1.5～2.5lm/W），紧凑型荧光灯的光效（每瓦特电功率所产生的流明值）为 50～70lm/W。

据各种报道，自 1999 年以来美国紧凑型荧光灯的销量迅速增长[14]。为了提高紧凑型荧光灯的销量，沃尔玛公司降低了紧凑型荧光灯的价格。并且，在 2006 年 11 月份，沃尔玛公司制定了在

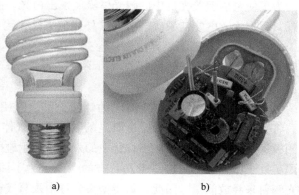

a)　　　　　　　　　　b)

图　11.4
a）紧凑型荧光灯　b）电子镇流器

2007 年年底销售 1 亿只紧凑型荧光灯的目标，这个目标在 2007 年 10 月份就提前实现了。不幸的是，相比于 2007 年美国紧凑型荧光灯的销量，2008 年美国紧凑型荧光灯的销量降低了 25%，2009 年美国紧凑型荧光灯的销量降低了 49%[15]。相比之下，世界上其他国家紧凑型荧光灯的销量单调增长[16]。世界观察研究所指出："在 2007 年，美国紧凑型荧光灯的销量占总销量的 20% 以上。但是在相当长的时间里，其他发达国家紧凑型荧光灯的使用率更高。例如，在 1996 年，日本家庭中紧凑型荧光灯的使用率为 80%，德国家庭中紧凑型荧光灯的使用率为 50%。近年来，许多发展中国家占有的紧凑型荧光灯市场份额越来越大，例如，2003 年，中国占有 14% 的紧凑型荧光灯市场份额；2002 年，巴西占有 17% 的紧凑型荧光灯市场份额。"在 2007 年，澳大利亚成为第一个禁止销售白炽灯的国家。之后，欧盟、爱尔兰和加拿大也相继禁止白炽灯的销售。世界观察研究所指出："共有 40 多个国家依次宣布禁止销售白炽灯。"甚至印度也推出了一个名叫 "Bachat Lamp Yojana" 的计划[17]，在这个计划中，期望使用紧凑型荧光灯代替该国正在使用的 4 亿只白炽灯。在 2008 年，印度销售了 1.99 亿只紧凑型荧光灯。到 2010 年为止，全球销售和使用了超过 140 亿只紧凑型荧光灯。

11.2.1　紧凑型荧光灯发光原理

紧凑型荧光灯发出的光由灯管上的磷光体涂层决定。为了得到期望的光的颜色、发光效率和生产成本，需要对磷光体混合物进行优化。通常，制造商使用 3～4 种磷光体混合物来获得白光。

发出光的品质用色温描述（黑体源的温度与光源的色度相同）。色温的单位为开尔文（等效黑体源的温度）或者微倒度（100 万除以以开尔文为单位的色温）。表 11.2 给出了不同色温对应的紧凑型荧光灯的名称。

表 11.2　紧凑型荧光灯的色温

紧凑型荧光灯的名字	色温	
	开尔文	微倒度
暖白色	<3000	>333
亮白色	3500	286
冷白色	4000	250
日光	>5000	<200

为了使紧凑型荧光灯中的磷光体涂层发出白光，需要使灯管中的气体产生紫外线辐射。已经发现，通过输入电能使汞蒸气激发紫外线的方法是为最有效的[18]。通常每个紧凑型荧光灯中包含 5mg 的汞（而家用温度计中通常含有 500mg 的汞）。由于紧凑型荧光灯中汞的存在，环境保护局颁布了处理此类型灯管的标准。为了方便消费者，许多家用商场（如家得宝和劳氏）提供了紧凑型荧光灯免费回收服务。

紧凑型荧光灯中每个灯管末端的灯丝上都涂有硼。当给含有一定气压的灯管两端施加电压时，将会产生放电现象。为了有明显的电流流过气体，气压必须在 5 ~ 15Torr⊖ 之间[19]。当电子从阴极加速到阳极时，可能与灯管中的汞原子发生碰撞，并把部分能量传递给汞原子，使得这些汞原子处于激发状态。这些激发状态的汞原子为了回到初始状态，需要通过产生波长为 254nm 的光辐射来释放能量。因此，紧凑型荧光灯中汞蒸气在放电时会产生紫外线辐射。这些紫外线辐射会被紧凑型荧光灯表面的磷光体涂层吸收，从而产生白光。

11.2.2　半桥镇流器拓扑

紧凑型荧光灯中的电子镇流器必须按顺序执行以下几步操作。第一步，为了改善灯管中气体的放电性能，灯丝必须先进行预热。这一步增加了紧凑型荧光灯的寿命。第二步，通过给电极加上高电压来使气体开始放电。在此之后，通过控制电路对紧凑型荧光灯中的电流进行调整，使得紧凑型荧光灯能够持续工作。

对于紧凑型荧光灯应用，有三种镇流器拓扑结构可供选择[20]，它们的比较见表 11.3。从成本和设计者角度来看，带有电压供电的串联谐振拓扑的半桥式结构是最佳选择。对于欧洲 220V 交流电压源，此结构中功率器件的最低额定电压仅为 700V，大大降低了芯片的尺寸和器件的成本。

表 11.3　紧凑型荧光灯中镇流器拓扑比较

	击穿电压	泄漏电流	复杂性	成本	原理
反激式	1200V	0.4A	高	中	并联谐振
推挽式	1600V	0.4A	中	中	并联谐振 电流馈电
半桥式	700V	0.35A	低	低	串联谐振 电压馈电

⊖　1Torr = 133.322Pa，后同。

常用的为紧凑型荧光灯灯管提供电源的半桥式电路拓扑结构如图 11.5 所示。在此电路中，电感 L 和连接在灯管两端的电容 C_{R1} 组成了串联谐振电路。电路的谐振频率为

$$f_{R1} = \frac{1}{2\pi \sqrt{LC_{R1}}} \tag{11.1}$$

谐振电路的阻抗为

$$Z_S = R + j2\pi fL + \frac{1}{j2\pi f C_{R1}} \tag{11.2}$$

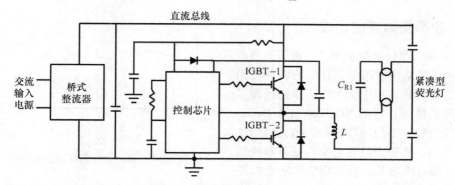

图 11.5 驱动紧凑型荧光灯的典型半桥式电路拓扑结构

在低频时，电容阻抗起主导作用；在高频时，电感阻抗起主导作用。在谐振频率下，阻抗等效于一个电阻值。

在紧凑型荧光灯灯丝预热期间，控制电路使得谐振电路的工作频率超过谐振频率，如图 11.6 中的 A 点。这是为了迅速产生给灯丝加热的大电流。在此之后，通过把电路的工作频率移动到谐振频率附近，如图 11.6 中的 B 点，在灯管两端产生高电压，从而实现电弧放电。灯管上的电压等于谐振电容器 C_{R1} 两端的电压，即

$$V_{Tube} = Q\, V_{DCBus} \tag{11.3}$$

式中，Q 为谐振电路的品质因数；V_{DCBus} 为直流总线的电压（220V 交流电压源的直流总线电压为300V）。为了获得所需的高电压，谐振电路的品质因数通常大于 10。在放电现象产生后，通过增加额外的电容（没有在图 11.5 中展示）使谐振频率减小到一个新的值 f_{R2}，之后再通过控制电路使谐振电路工作在图 11.6 中的 C 点处。由于此时的工作频率远高于新的谐振频率，阻抗将由电感主导。这一步骤决定了稳态电流的大小。紧凑型荧光灯中镇流器典型的稳定工作频率为 40kHz。

需要注意的是，此电路中的每个 IGBT 集电极和发射极之间都需要连接一个反向导通的二极管，以便能承载电感的反向电流。在 IGBT 结构中集成续流二极管能有效地解决此问题，并且，此结构还能减小 IGBT 关断时的尾电流。这对减小每个周期的能量损耗和允许 IGBT 在不超过 175℃ 结温的情况下

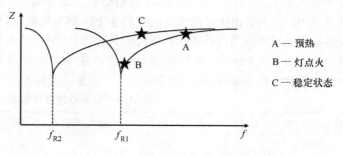

图 11.6 紧凑型荧光灯中谐振电路的工作点

（尽管此时灯座周围的环境温度为 90℃），在相对较高的频率（40kHz）下工作，是非常重要的。

当紧凑型荧光灯工作在稳定状态时，谐振电路中 IGBT 的电流和电压曲线如图 11.7 所示。在此电路中，IGBT 集电极电流的最大值为 0.4A，集电极电压的最大值为 300V。IGBT 在零电压转换（ZVS）的情况下关断。这大大降低了 IGBT 的开关损耗，并允许 IGBT 在相对较高的电路频率下（40kHz）工作。

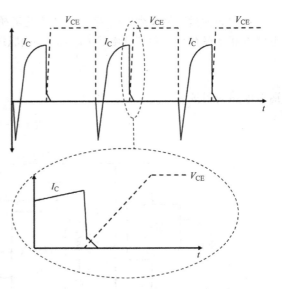

11.2.3 功率晶体管的比较

在 1996 年，摩托罗拉发布了一份关于使用在半桥式电压供电串联谐振拓扑中的各种可用晶体管的比较说明（AN1576）[20]。他们比较了功率双极型晶体管、功率 MOSFET 以及 Power-Lux IGBT 这三种类型的功率器件。他们的结论总结见表 11.4。从表中可以看出，功率双极型晶体管的存储时间较长，且强烈依赖于反向基

图 11.7　紧凑型荧光灯谐振电路波形

极驱动电流。这大大限制了功率双极型晶体管在高频条件下的工作能力。同时，此器件所需的基极开路击穿电压也非常高。功率 MOSFET 具有良好的栅极驱动以及开关性能，适用于高频应用。然而，对于紧凑型荧光灯应用来说，在相同击穿电压的情况下，它的导通电阻较大，导致芯片的尺寸和成本较大。在紧凑型荧光灯的工作频率下，PowerLux IGBT 的功率损失在可接受的范围内，且栅极驱动更为简单。

表 11.4　功率晶体管类型的比较

晶体管（1996）	击穿电压	饱和电压	正向偏置安全工作区	反向偏置安全工作区	存储时间	下降时间
双极型	高 1600V	低	二次击穿电压	依赖于 $V_{(BE)}$	长	中
MOSFET	中 600V	高	方形	方形	短	非常快
PowerLux IGBT	中 600V	中	二次击穿电压	依赖于栅极偏置	短	快

三种类型的晶体管的性能比较如表 11.5 所示。在导通电阻相同的情况下，功率 MOSFET 所需的面积比双极型晶体管所需的面积大 30%。这两种类型的晶体管都需要使用尺寸为 6.5mm × 6.5mm 的大型封装（DPAK）。相比之下，PowerLux IGBT 所需的面积比双极型晶体管小 60%，比功率 MOSFET 小 70%。并且，IGBT 的栅极驱动最为简单，这两点使得 IGBT 最适合于紧凑型荧光灯应用。另外，由于紧凑型荧光灯基座上印制电路板（PCB）的空间较小（直径小于 4 cm），紧凑型荧光灯中所用的晶体管必须使用小型封装。由于 IGBT 的尺寸较小，IGBT 芯片能够使用尺寸为 6.5mm × 3.5mm 的 SOT223 封装，这将使得功率晶体管在印制电路板上占用的面积缩小 50%。因此，将 IGBT 应用在用于住宅照明的紧凑型荧光灯中的成本最低。

表 11.5　功率晶体管性能的比较

晶体管（1996）	相对裸片尺寸	封装	最大结温	驱动	相对成本	调光
双极型	1.00	DPAK	175℃	复杂	中	复杂
MOSFET	1.30	DPAK	175℃	非常简单	高	容易
PowerLux IGBT	0.40	SOT223	175℃	非常简单	低	容易

11.2.4　自激镇流器拓扑

在紧凑型荧光灯中，也可以通过自激半桥式拓扑向灯管输送电能[20]。由于此电路去除了控制或驱动电路，所以它的成本较低。图 11.8 中展示了自激镇流器的拓扑结构。在此结构中，变压器（T_1）为两个 IGBT 提供正反馈驱动。栅极驱动网络（R, D, C）帮助 IGBT 产生动态响应。放置在每个 IGBT 的栅极和发射极之间的齐纳二极管限制了栅极的电压。自激镇流器存在变压器可能饱和、无保护功能以及无法检测灯丝断路等缺点。

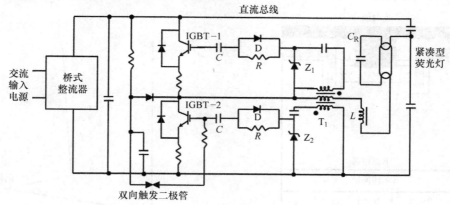

图 11.8　紧凑型荧光灯中的自激镇流器电路拓扑

11.2.5　功率因数校正

通常，在低功率灯（功率低于 25W）中，没有要求功率因数校正（PFC）以及减少 3 次谐波（THD）。因此，低功率灯中的低成本镇流器的功率因数大约为 0.5，总谐波失真为 100%。然而，在欧洲法规中明确要求了紧凑型荧光灯的功率因数至少为 0.94，最大的总谐波失真为 25%。

由于空间和成本的限制，商用紧凑型荧光灯镇流器中使用了小尺寸的直流电容器，这会使得电路产生很大的纹波电流。图 11.9 展示了紧凑型荧光灯中简单低成本的功率因数校正电路。此电路为最常用的升压拓扑电路[21,22]，且吸收了与输入交流电压源相位相同的正弦输入电流，并对直流总线上的电压进行调节，从而使得紧凑型荧光灯的工作状态更为稳定。

11.2.6　用于紧凑型荧光灯中的分立 IGBT 设计

由于 IGBT 的市场广大，许多公司专门为灯镇流器应用开发性能最优的 IGBT 产品。例如，英飞凌公司的名为"LightMOS"的 IGBT 产品[23]。此 IGBT 的结构如图 11.10 所示。LightMOS IGBT 采用了高电阻率的 N 型硅晶圆片，简易工艺流程如下：首先，在其正面制造栅区域、P 基区以及 N+ 发射极区域。在栅极制造过程中采用了沟槽栅结构来增加沟道密度。之后通过研磨和抛光使得晶圆片的厚度减小到 70um。接着通过使用掩膜版进行离子注入的方式形成图中所示的位于晶圆背面的 N+ 和 P+ 区域。从图中可以看出，该结构中集成了反向导通二极管。这不仅节省了紧凑型荧光灯中镇流器的面积，还减少了附加

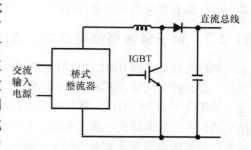

图 11.9　紧凑型荧光灯功率因数校正拓扑

的二极管封装、裸片附着以及引线键合的成本。

虽然把反向导通二极管集成到 IGBT 结构中的优点巨大，但也不可避免地会引入一些问题，如通态特性回滞[24]。这是由通过二极管阴极区域的电流将 PN 结短路导致的。对于 IGBT，如图 11.11 所示，通态特性回滞会使 IGBT 中的 MOSFET 电流分量减小。当 IGBT 正向偏置足够大时，PN 结开始向漂移区中注入少数载流子，这些注入的少数载流子会在漂移区中产生电导调制效应，使得漂移区的电阻减小，从而造成如图所示的 $i-v$ 曲线回滞。通过适当缩放 IGBT 芯片背部的 N + 区域可减小回滞效应[23]。

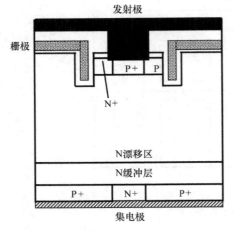

图 11.10　紧凑型荧光灯中集成了
反向导通二极管的 IGBT

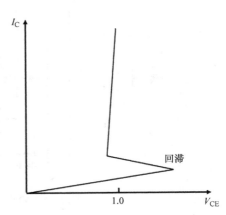

图 11.11　紧凑型荧光灯中集成了反向
导通二极管的 IGBT 的通态特性

在紧凑型荧光灯应用中，IGBT 的最大优点为它的通态电压降几乎不随温度的增加而变化[11]。相比较而言，125℃时功率 MOSFET（包括 CoolMOS 器件）的通态电压降是 25℃时的 2 倍。作者指出[23]："总的来说，应用在对成本极端敏感的灯镇流器中的 LightMOS 的性价比极高。"

在对集成在 IGBT 结构中的反向导通二极管的反向恢复行为进行优化时，必须考虑对 IGBT 性能的影响[25]。我们可以通过使用氦辐射以及对 IGBT 元胞结构中 P + 区域掺杂浓度进行调整来使二极管中少子寿命非均匀分布，从而对反向恢复行为进行优化。为了抑制 IGBT 中的闩锁效应，P + 区域的浓度通常较高。然而在 RC - IGBT（反向导通 IGBT）结构中，P + 区域作为反向导通二极管的阳极。P + 区域掺杂浓度的增加会使二极管中的注入水平以及杂质的分布状态变差，所以需要在这两方面进行权衡。

11.2.7　用于紧凑型荧光灯中的集成 IGBT 设计

通过控制电路和 IGBT 功率器件的集成化，可以有效地减少紧凑型荧光灯中镇流器所占据的空间。要使控制电路和 IGBT 器件集成化，则需使所有器件的端口都在硅片的上表面上。这可以通过使用图 11.12 中的横向器件结构来实现。由于紧凑型荧光灯的工作电压很高，所以横向器件结构的耐压也需要很高。提高横向结构器件耐压的一种方法是使用结隔离的 RESURF 原理[26]。虽然这个方法适用于功率 MOSFET 的集成化，但不适用于双极型器件，比如 IGBT 的集成化。这是由于衬底中注入的强电流会使同一芯片上的相邻器件之间产生相互作用。

通过使用电介质隔离的 RESURF 原理则能有效地解决上述问题[27]。存在于横向 IGBT 有源区

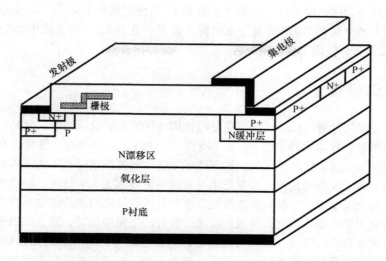

图 11.12   紧凑型荧光灯中带有反向导通二极管的横向 IGBT

与衬底之间的电介质能使载流子无法注入衬底，并且使得同一芯片上的多个 IGBT 相互隔离。在 1992 年，使用了电介质隔离 RESURF 原理的横向 IGBT 首次被制造出来[28]。从那时起，许多有关带有横向 IGBT 的功率集成电路的文章相继发表。在 1995 年，西门子公司报告了离线应用中，如灯镇流器和电动机驱动中的半桥式逆变器等功率集成电路的发展情况[29]。他们成功地将横向 IG-BT 和续流二极管集成在带有 600V 电压阻断能力和几个安培电流处理能力的芯片上。

要使单片集成在功率集成电路中的横向 IGBT 能够应用在紧凑型荧光灯镇流器中，此 IGBT 必须能够在高频下正常工作。由于电子辐射会改变芯片上其他集成器件的性能，所以此 IGBT 结构的设计不能依赖于寿命控制技术。图 11.13 所示的横向 IGBT 则能满足上述要求，该 IGBT 可工作在 20kHz 的频率下。在图中，集电极电流为 3.0A 时，通态电压降为 3.2V 的 IGBT、二极管以及控制元件被集成在一起[30]。在此 IGBT 结构中的集电极侧，制造了一

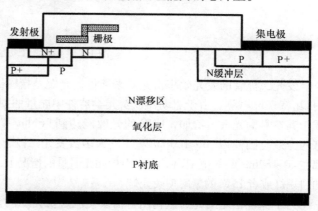

图 11.13   高频应用中改进的 IGBT

个轻掺杂的 P 型区域用来减小导通状态下器件的注入效率。在栅极之下使用了浅 N 型离子注入来减小场效应晶体管（JFET）的电阻。

应用在等离子体显示板驱动中的具有高电压阻塞能力的横向 IGBT 已经被设计出来[31-33]。这项技术也能被应用在紧凑型荧光灯镇流器芯片中。使用功率 MOSFET 以及结隔离技术的紧凑型荧光灯镇流器芯片也已经被制造出来[34]。空间的限制是单片封装的紧凑型荧光灯镇流器的发展动力。对于 20W 的灯泡来说，印制电路板的直径小于 6cm，这使得镇流器可用的空间小于 3mm²。系统级封装的控制电路会使电路处于预热模式、点火模式、运行模式、死区时间控制模式和关断模式中的某一个模式。通过使用电介质隔离的 RESURF IGBT 代替横向 RESURT 功率 MOSFET 可

减少功率器件的尺寸。这已经通过三沟槽栅横向 IGBT 的使用得到了证明[35]。在每个发射极区域使用三沟槽栅极可减小横向 IGBT 的通态电压降。此外，在 0.8μm 的工艺中，为了隔离相邻的 IGBT 以及续流二极管，使用了深沟槽工艺。

11.3 发光二极管

最近，基于发光二极管（LED）的灯具已经被用在住宅和商业照明中。发光二极管从根本上讲是制造在直接带隙半导体材料中的 PN 结二极管[36]。当 PN 结正偏时，结两边有少数载流子注入，二极管中有电流流过。这些注入的少数载流子复合时会把能量以光子的形式释放出来，从而达到发光的目的。为了发出可见光，必须把半导体的能隙限制在 3eV 以内。随着流过二极管电流的增加，所产生的光通量也将增加。虽然发光二极管灯的效率比白炽灯的效率高很多，但是仍然有大部分能量转化为了热量。因此，当流过发光二极管的电流增加时，发光二极管产生的热量也会增加，结温也随之升高。并且，当发光二极管的结温升高时，所产生的光通量会减小。因此，考虑到发光二极管光通量与电流和结温的关系，每个发光二极管灯的工作电流设定为 0.35A。

为了与家庭和办公室中的固定装置相兼容，图 11.14 中展示的发光二极管的典型外壳形状被设计成与白炽灯的外壳形状相类似。如图 11.14 右侧所示，为了产生所需的光能输出，灯泡中通常会含有多个发光二极管。

图 11.14 发光二极管灯

发光二极管的发光效率由光效来衡量，光效是指输出光通量与输入电功率的比值，单位为流明/瓦特（lm/W）。由于驱动器以及光学器件中能量的损耗，封装后的发光二极管灯的光效显著低于其本身的光效。例如，DOE 的光效能达到 266lm/W，但是由它组成的封装好的发光二极管灯的光效范围仅为 10 ~ 120lm/W[37]。大多数发光二极管灯的光效与紧凑型荧光灯的光效差不多，都在 40 ~ 80lm/W 的范围内。在输出相同光通量的情况下，一个 12.5W 的发光二极管灯能代替 60W 的白炽灯或者 15W 的紧凑型荧光灯。

为了保证恒定的光通量输出，需要使流过发光二极管灯的电流恒定。所以发光二极管灯中必须要包含用来把交流输入电源转化为可调节流过发光二极管灯串直流电流的电子镇流器，此转换效率通常为 85%。

11.3.1 LED 驱动器

如紧凑型荧光灯一样，为了适应灯基座，发光二极管驱动器的尺寸必须足够小。此驱动器必须能把 120V 或者 220V 交流电源转换成较低的、能用来驱动发光二极管灯的电压。使用了压电变压器的 E 类谐振电路拓扑[38]能满足上述条件。相比于传统的电感变压器，压电变压器的尺寸和重量都要小得多。而且，压电变压器使用的是声耦合而不是传统变压器中使用的磁耦合[39]。在压电变压器中，当给压电材料施加输入电压时，会在材料的谐振频率处产生机械振动，谐振频率通常为 0.1 ~1.0MHz。此振动会传递到压电材料的另一面，从而在另一面产生相应的电压[40]。

压电变压器的等效电路如图 11.15 所示。相比于传统变压器，由于压电变压器采用的是机电能量传输，所以压电变压器的电磁干扰更小。

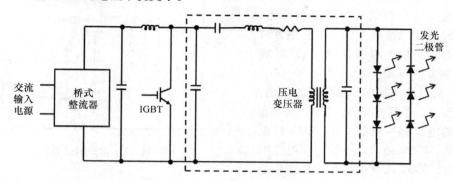

图 11.15　使用了压电变压器的发光二极管（LED）驱动器

图 11.15 展示了应用在发光二极管驱动中、使用了压电变压器的 E 类谐振变换器。该拓扑结构只需要一个电源开关，不需要高边驱动器（用于半桥式拓扑中）。在此结构中，IGBT 的零电压转换技术被用来降低开关电源的损耗。由于交流信号会在变压器的二次侧产生，所以一组背靠背连接的发光二极管能产生期望的光输出。通过使用压电变压器的辅助抽头来对 IGBT 栅极驱动器进行脉冲宽度调制（PWM），可调节流过发光二极管的电流。

11.4　闪光灯

图 11.16a 中展示的数码照相机中嵌入了闪光灯单元，以便当环境光亮不足时，照亮正在拍摄的场景。如图 11.16b 所示，为了方便消费者，手机中也引入了闪光功能。这些应用大多使用氙闪光管来产生所需的亮光。

由于氙气将电能转化为光能的效率很高（约为 50%），所以它经常被应用在闪光管内。当给闪光管加上高电压时，氙气会发生电离，所产生的电子将从阴极流向阳极。在电子运动期间，电子会与氙原子发生碰撞，从而产生更多的电离。当氙原子恢复电子时，气体中的能量会以辐射的形式散发出去，从而达到发光的目的。氙气能够发出光谱线在紫外、蓝色、绿色和红外区域中的光。照相应用中所需的亮光是通过被称为

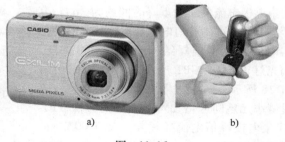

a)　　　　　　　　　b)

图　11.16
a）数码相机　b）手机

"灰体辐射"的连续发射所产生的光。产生灰体辐射所需的电流密度需要大于 $2500A/cm^2$。

为了引发氙气放电，三电极配置被应用在闪光灯中。在阳极和阴极之间施加的电压使得灯管中的电压保持在它的自闪光阈值之下。为了启动放电，触发脉冲被施加到处于玻璃管之外但在阳极和阴极之间的第三电极上，使得灯管内部能够产生足够高的电场强度来使气体放电。

11.4.1　闪光电路

由于触发氙气放电的电流和电压很高，如何传输此过程中的电流和电压脉冲是实现闪光功能

的一个挑战。图 11.17 中展示了数码相机闪光灯中常用的电路拓扑结构[42-44]。在此电路中，为了将所需的能量传送到氙管，电容值为 330 μF 的主电容器（C_M）通常被充电到 300V，此时电容器存储了 15J 的能量[42]。当触发变压器产生的高电压（4 ~ 5kV）传输到触发电极时，氙管开始放电，闪光开始形成。在闪光期间，流过 IGBT 和氙管通路的电流脉冲值在 130 ~ 200A 的范围内。因此，IGBT 必须具有处理该电流的能力，同时，IGBT 需要保持芯片尺寸较小

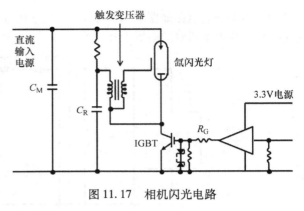

图 11.17 相机闪光电路

来适应现代数码相机中的小空间。另外，低栅极驱动电压（2.5~4V）的获取，使得 IGBT 的设计更具挑战性。对于 3V 的相机电池，必须包含升压电路使 IGBT 的栅极驱动电压达到 5V。

11.4.2 用于闪光灯的 IGBT 设计

由于 IGBT 在数码相机和手机领域中的市场巨大，许多公司专门为闪光灯应用设计了 IGBT 产品。如东芝公司的峰值集电极电流为 200A 的 GT10G131 和仙童公司的峰值集电极电流为 150A 的 FGR15N40A。这两款产品的集电极电压阻塞能力都为 400V。

在闪光灯应用中，对 IGBT 结构的优化是独一无二的。不同于导通时电流密度为30 ~ 200A/cm²的工业电动机驱动中的 IGBT，闪光灯中的 IGBT 要能够处理峰值电流密度超过 3000A/cm² 的电流。这使得应用在低成本相机中的 IGBT，在满足能够处理闪光期间大集电极峰值电流的情况下，还能保持足够小的尺寸，从而适用于相机中的小空间。

由于相机闪光灯中 IGBT 的工作频率较低，所以 IGBT 的关断时间可以较长。典型的集电极电流关断和下降时间约为 2μs。为了实现非常高的峰值电流处理能力，通常在 IGBT 中使用沟槽栅结构来增大沟道密度。闪光灯市场中 IGBT 产品的设计趋势如图 11.18 所示[45]。经过了三代 IGBT 产品，通过减小元胞间距增加沟道密度的方法，IG-BT 集电极峰值电流处理能力从 3000A/cm² 增加到 6000A/cm²。随着 IGBT 电流处理能力的增强，IGBT 的栅氧化层必须变得更薄

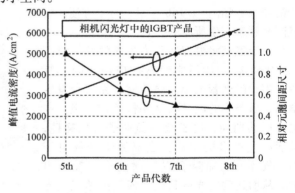

图 11.18 相机闪光灯中 IGBT 产品的趋势

以期减小沟道电阻并获得高集电极电流密度所需的高跨导。同时，元胞结构也需要小心设计以便能抑制电流诱发的寄生晶闸管中的闩锁效应[46]。另外，如图 11.17 所示，需要在 IGBT 的栅极和发射极之间并入齐纳二极管来避免静电放电现象。

11.4.3 专业闪光灯

专业摄影师的格言是：良好的照明使得良好的照片与极好的照片之间存在差异。实现良好的照明需要控制色温、照明分布以及曝光持续时间。通过 IGBT 的使用，我们对专业氙闪光灯中产生的光控制能力显著提高。许多可以从主要制造厂商如尼康、佳能、宾得和奥林巴斯那里获得的

高端闪光灯组件，都提及了 IGBT 电路的使用。图 11.19a 展示了永诺专业闪光灯，图 11.19b 展示了与专业闪光灯配套的反光伞。

a)　　　　　　　　　　b)

图　11.19

a）专业闪光灯　b）专业闪光装备

　　用于驱动专业闪光灯的电路与之前 11.4.1 节中讨论的带有优化后的能在短时间内处理高峰值集电极电流的 IGBT 的驱动电路类似。研究发现，氙管中发出光的光强与流过灯管的电流成比例[48]。因此，可以通过改变与 IGBT 串联的电阻器的阻值，来改变 IGBT 中的电流幅值，从而改变发光强度。这需要为每一个 IGBT 串联一个电阻器，如图 11.20 所示。一个先进的、集成的演播室闪光灯系统的例子[49]就是爱因斯坦模型 E640 闪光灯单元。制造商声明："爱因斯坦是功能强大的、全数字的、自带使用了多个 IGBT 器件的闪光灯，允许 9f 制光圈功率变化范围。IGBT 闪光灯控制的优点在于，在较低的功耗下，当闪光灯工作时，闪光灯中电容器存储的能量不会被完全耗尽，使得执行快速的顺序拍摄成为可能。"

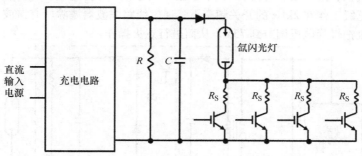

图 11.20　专业闪光灯的 IGBT 控制电路

11.5　氙短弧灯

　　氙短弧灯通常被用在需要亮白光源的应用中[50]。它们的工作方式与上一节介绍的闪光灯的工作方式类似。高端汽车的车头灯以及电影放映机中使用了氙短弧灯。为了改善汽车行驶过程中的可见性和安全性，汽车车头灯需要很高的亮度。并且，由于车辆的振动，车灯必须牢固。明亮的投影灯需要在电影院屏幕上产生高质量的图像，它们的色谱必须适合于渲染真实的面部画面以及自然风景的色调。

11.5.1　汽车车头灯

　　汽车车头灯如图 11.21a 所示，灯管中的气体由氙气和金属卤化物的混合物组成。氙气只在金属卤化物被氙气放电产生的热量蒸发之前的 20~30s 的起始周期内使用。汽车车头灯发光过程分为两步：第一步，使氙气放电，这时需要一个非常高的电压（20~50kV）；第二步：灯管稳定工作。此时，灯管的工作电压为 18V，电流为 25A。电子镇流器控制上述步骤的实现，并在启动阶段后，维持灯管稳定工作。相比于卤素灯泡，车头氙灯在只消耗一半功率的前提下，能提供 2~3 倍的光能输出。另外，氙气车头灯发出的光的颜色更接近日光灯。由于 60% 的汽车事故发生在夜间。所以明亮的车头灯能在更远的距离和更高的清晰度情况下照明杂物、动物、骑自行车的人以及行人，缩短驾驶员的反应时间，提高汽车行驶过程中的安全性[51]。车头氙灯的驱动电路类似于 11.4 节中讨论的驱动电路。

a)   b)

图　11.21
a）汽车车头氙灯　b）电影放映机

11.5.2　电影院放映机

因为氙短弧灯的亮度和色谱，所有使用在电影院（包括现代数字放映系统）的放映机，如图 11.21b 所示，都使用了氙短弧灯[50,52]。它们的额定功率范围为 900W~12kW。IMAX 巨幕放映机中使用了单个额定功率为 15kW 的氙短弧灯。

图 11.22 中展示了应用于氙短弧灯的功率因数校正（PFC）电路[53]。此电路分为两级，第一级实现功率因数校正，第二级名为降压转换器电路，此电路对传递到氙短弧灯中的功率进行调节。功率因数校正级工作在 2kHz 的开关频率下，通过线路滤波器滤除所有谐波，以获得 0.98 的功率因数。第二级把灯管电压调节到 75V，从而进行点火操作。

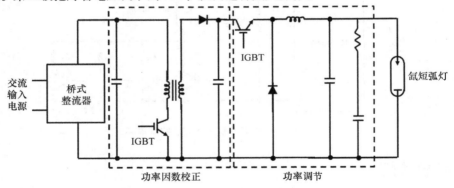

图 11.22　电影院放映机中的电源电路

11.6　频闪成像

频闪闪光灯在规则的时间间隔中产生光脉冲，氙闪光灯泡通常被用在这种场合，在白天的环境中产生色温为 5600K 的光脉冲[54]。哈罗德·尤金·埃杰顿在频闪观测仪方面的早期工作使得我们能够检测到人、动物，甚至飞行子弹的运动。

通过使用 IGBT 控制电路替换氙管中的晶闸管整流器（SCR，可控硅）控制电路，能使频闪速度得到明显的改善[55]。图 11.23 中展示了带有 IGBT 控制电路的高速闪光电路。此电路使用了东芝公司的型号为 MG400Q1US11 的 IGBT，该 IGBT 的阻塞电压为 1200V，集电极电流为 400A。同时，电路中的电容器 C_3 和 C_4 必须足够大（0.22μF），以便能够存储足够的能量来触发氙管放电。另外，相比于晶闸管电路，为了在较高的速度下获得高强度的闪光，需要减小电阻器 R_1 和 R_2 的阻值。该电路每秒能提供 5000 次闪烁，每次闪烁的持续时间为 $100\mu s$ 等。由于 IGBT 的使用对频闪速度的改善，基于 IGBT 的频闪能够观察海胆幼虫单个纤毛的鞭毛。

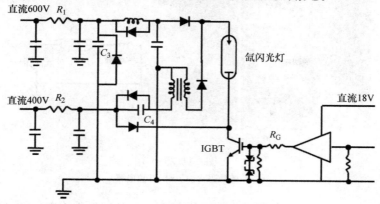

图 11.23　高速频闪电路

11.7　可调光源

可调节的聚光灯，如图 11.24a 所示，通常用于展览会和博物馆展示艺术品的场合中。这些光源需要具有电子调光能力。它们的发光体通常由使用了 IGBT 技术的可调光电子变压器制成[56,57]。它们可以被放置在声学敏感的地方，如剧院、学校、教堂和礼堂等。IGBT 调光器消除了晶闸管整流器（SCR）调光器中产生的机械嗡嗡声。图 11.24b 中展示的调光器使用了对流冷却技术，具有 98% 的能量效率。

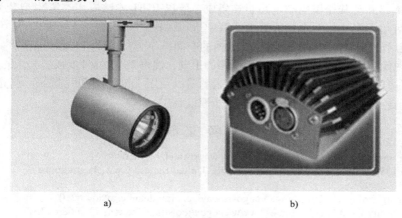

a)　　　　　　　　　　　　　　b)

图　11.24
a）可调光照明灯　b）IGBT 调光器

11.8　快速热退火

快速热处理已经被普遍使用在半导体工业中离子注入的退火中[58]。图 11.25a 中展示了典型的单晶硅快速处理单元。与常规炉中的退火相比，此工艺的持续时间较短，避免了掺杂剂的扩散，从而保持了较浅的结深。根据摩尔定律，随着晶体管几何形状变得越来越小，为了保持较浅的结深，退火的持续时间必须减少。

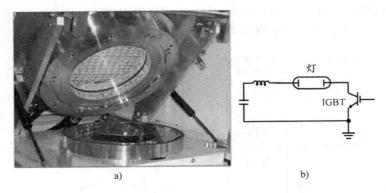

图 11.25

a）快速热退火炉 b）灯控电路

人们已经通过使用 IGBT 控制氙闪光灯产生的辐射的持续时间实现了亚秒级退火（SSA）工艺[59]。图 11.25b 中展示了用于控制发光脉冲的基本 LCR 电路。在电路中，电容器放电使灯管产生了辐射现象。闪光灯不仅能通过使 IGBT 导通来开启，而且能通过使 IGBT 关断来关闭。现在已经能够实现持续时间为 1.4ms 的亚秒级退火脉冲。通过使用快速热退火工艺，使用 BF2 进行硼离子注入带来的损伤可以在不经过掺杂剂扩散的情况下得到恢复。

11.9 总结

在照明领域，紧凑型荧光灯的使用对降低能耗具有重大的影响。由于小尺寸的 IGBT 芯片能处理大量的功率，并且其栅极驱动电路能够集成，所以 IGBT 能够应用在紧凑型荧光灯中。这项技术对经济和环境的影响将在本书的后面章节中进行讨论。

IGBT 的使用使得闪光灯中电子器件所占据的空间减小，从而促进了数码相机的小型化。用于专业相机中的现代闪光单元的广告中 IGBT 电路的出现，使得 IGBT 器件变成了公认的品牌增强剂。

IGBT 照明应用的多样性包括发光二极管驱动器以及用于博物馆和礼堂的可调光照明器。IGBT 甚至被用于自身制造过程中使用的快速热处理设备中。

参 考 文 献

[1] World Governments adopting Bright Idea. www.worldwatch.org/node/4941.
[2] How Much Electricity Is Used for Lighting in the United States? www.eia.gov/tools/faqs/faq.cfm?id=99&t=3.
[3] Today in Energy, May 10, 2012. www.eia.gov/todayinenergy/detail.cfm?id=6210.
[4] How Is Electricity Used in U.S. Homes? www.eia.gov/tools/faqs/faq.cfm?id=96&t=3.
[5] Incandescent Light Bulb. en.wikipedia.org/wiki/Incandescent_light_bulb.
[6] Bans of Incandescent Light Bulbs. en.wikipedia.org/wiki/Bans_of_Incandescent_light_bulbs.
[7] M.D. Bloomer, W.J. Laughton, D.L. Watrous, TRIAD Low-Voltage Converter: Final Report, February 1986. General Electric Technical Report 86CRD011.
[8] How Does a Halogen Light Bulb Work? http://home.howstuffworks.com/question151.htm.
[9] Halogen Lamp. en.wikipedia.org/wiki/Halogen_lamp.
[10] Parabolic Aluminized Reflector Light. en.wikipedia.org/wiki/Parabolic_aluminized_reflector_light.

[11] B.J. Baliga, Temperature behavior of insulated gate transistor characteristics, Solid State Electron. 28 (1984) 289−297.

[12] Compact Fluorescent Lamp. en.wikipedia.org/wiki/Compact_fluorescent_lamp.

[13] Let there be light, Time Mag. Article (December 17, 2008) 68−70.

[14] Strong Growth in Compact Fluorescent Bulbs Reduces Electricity Demand, Worldwatch Institute, June 15, 2011. http://www.worldwatch.org/node/5920.

[15] L.B. Vestel, As C.F.L. sales fall, more incentives urged, N.Y. Times (September 8, 2009) http://green.blogs.nytimes.com/2009/09/28/as-cfl-sales-fall-more-incentives-urged/

[16] Widespread CFL Use Could Slash Global Lighting Demand for Electricity in Half, October 2008. http://www.facilitiesnet.com/lighting/article/Widespread-CFL-Use-Could-Slash-Globa-Lighting-Demand-For-Electricity-By-Half.htm.

[17] India Lights Future with Efficient Lamps and Carbon Credits, Worldwatch Institute, June 15, 2011. http://www.worldwatch.org/node/6438.

[18] How CFL Bulbs Work. http://science.howstuffworks.com/environmental/green-tech/sustainable/cfl-bulb2.html.

[19] Gases that Emit Light. http://scifun.chem.wisc.edu/chemweek/gasemit/gasemt.html.

[20] M. Bairanzade, Reduce Compact Fluorescent Cost with Motorola PowerLux IGBT, 1996. Motorola Semiconductor Application Note AN1576.

[21] T. Ribarich, The top five global lighting technologies, Power Electron. Technol. Mag. (October 2004) 56−62.

[22] R.B. Arroyo, et al., Power-quality model based on IGBT dynamic conduction for non-polluting lighting applications, in: IEEE International Conference on Electrical Engineering, Computer Science, and Automation Control, 2012, pp. 1−5.

[23] E. Griebl, L. Lorenz, M. Purschel, LightMOS a new power semiconductor concept dedicated for lamp ballast application, in: IEEE Industry Applications Conference, 2003, pp. 768−772.

[24] B.J. Baliga, Fundamentals of Power Semiconductor Devices, 2008. Section 9.17, pp. 1006−1014.

[25] H. Ruthing, et al., 600-V reverse conducting (RC) IGBT for drives applications in ultra-thin wafer technology, in: IEEE International Symposium on Power Semiconductor Devices and ICs, 2007, pp. 89−92.

[26] J.A. Appels, H.M.J. Vaes, High voltage thin layer devices (RESURF devices), in: IEEE International Electron Devices Meeting, Abstract 10.1, 1979, pp. 238−241.

[27] Y.S. Huang, B.J. Baliga, Extension of RESURF principle to dielectrically isolated power devices, in: IEEE International Symposium on Power Semiconductor Devices and ICs, Paper 2.1, 1991, pp. 27−30.

[28] Y.S. Huang, et al., Comparison of DI and JI lateral IGBTs, in: IEEE International Symposium on Power Semiconductor Devices and ICs, Paper 3.1, 1992, pp. 40−43.

[29] M. Stoisiek, et al., A dielectrically isolated high voltage IC technology for off-line applications, in: IEEE International Symposium on Power Semiconductor Devices and ICs, Paper 8.35, 1995, pp. 325−329.

[30] A. Nakagawa, et al., Improvement in lateral IGBT design for 500V 3A one chip inverter ICs, in: IEEE International Symposium on Power Semiconductor Devices and ICs, 1999, pp. 321−324.

[31] H. Sumida, et al., A high performance plasma display panel driver IC using SOI, in: IEEE International Symposium on Power Semiconductor Devices and ICs, Paper 7.1, 1998, pp. 137−140.

[32] H. Sumida, et al., 250-V class lateral SOI devices for driving HDTV PDPs, in: IEEE International Symposium on Power Semiconductor Devices and ICs, 2007, pp. 229−232.

[33] J. Sakano, et al., Large current capability 270V lateral IGBT with multi-emitter, in: IEEE International Symposium on Power Semiconductor Devices and ICs, Paper 4.4, 2010, pp. 83−86.

[34] J.T. Hwang, et al., 550V SiP compact fluorescent lamp ballast IC, in: IEEE European Solid State Circuits Conference, 2006, pp. 576−579.

[35] S.E. Berberrich, et al., Triple trench gate IGBTs, in: IEEE International Symposium on Power Semiconductor Devices and ICs, 2005, pp. 1—4.

[36] Light-emitting Diode. en.wikipedia.org/wiki/Light-emitting_diode.

[37] Energy Efficiency of LEDs, U.S. Department of Energy, Fact sheet number PNNL-SA-14206, March 2013. www.energy.gov.

[38] F.E. Bisogno, et al., A line Power-Supply for LED lighting using piezoelectric transformers in class-E topology, in: IEEE Power Electronics and Motion Control Conference, vol. 2, 2006, pp. 1—5.

[39] Piezoelectricity. en.wikipedia.org/wiki/Piezoelectricity.

[40] Comparing Magnetic and Piezoelectric Transformer Approaches in CCFL Applications. www.ti.com/sc/analogapps.

[41] Flashtube. en.wikipedia.org/wiki/Flashtube.

[42] Xenon Flash Light IGBT Application Note. www.onsemi.com.

[43] Discrete IGBT Product Guide Section 5.3 Strobe Flash Applications. www.semicon.toshiba.co.jp/eng

[44] IGBT Application Note AN9006 for Camera Strobe. www.fairchildsemi.com.

[45] S. Umekawa, et al., New discrete IGBT development for consumer use — application specific advanced discrete IGBTs with optimized chip design, in: IEEE International Power Electronics Conference, 2010, pp. 790—795.

[46] B.J. Baliga, Fundamentals of Power Semiconductor Devices, Springer-Science, New York, 2008. Section 9.10, pp. 920—948.

[47] http//www.amazon.com/Yongnuo-Professional-Speedlight-Flashlight-Olympus/.

[48] R. Gelagaev, et al., Multi-objective optimization of a flash lamp drive, in: IEEE European Power Electronics and Applications Conference, 2013, pp. 1—8.

[49] The Einstein E640 Flash Unit. http://www.paulcbuff.com/e640.php.

[50] Xenon Arc Lamp. en.wikipedia.org/wiki/Xenon_arc_lamp.

[51] Xenon — How and Why? www.autolamps-online.com.

[52] USHIO Xenon Short Arc. www.ushio.eu/xenonshortarc.html.

[53] F. Yan, PFC electronic ballast for xenon short arc lamps, in: IEEE International Conference on Power Electronics and Drive Systems, 1999, pp. 5010—5015.

[54] Strobe Light. en.wikipedia.org/wiki/Strobe_light.

[55] M.O. Miyake, et al., Improvement of time and space resolution of stroboscopic micrography using high power xenon flash, Rev. Sci. Instrum. 69 (1) (1998) 325—326.

[56] Bak Pak Individual IGBT Dimmer. www.lightolier.com.

[57] Bak Pak Individual IGBT Intelligent Dimmer. www.etdimming.com.

[58] Rapid Thermal Processing. en.wikipedia.org/wiki/Rapid_thermal_processinge.

[59] H. Kiyama, et al., Flexibly controllable sub-second flash lamp annealing, in: IEEE International Symposium on Junction Technology, 2008, pp. 206—208.

第 12 章　IGBT 应用：消费类电子

家庭中的电力供应使我们的生活更加丰富，对社会的革命性影响之后，伴随而来的就是任何发达国家的公民都不愿失去的便利性。延长了食物保质期的冷藏技术，为我们提供了更多的饮食选择；洗衣机和烘干机在家庭中的普遍使用使人们从手工清洗衣服的苦差事中解放出来；微波炉使得食物加热非常方便，并且为我们提供了另一种加工食物的方法；电动真空吸尘器清除灰尘改善了我们的环境，减少了过敏原的问题；在娱乐方面，彩色电视画质不断增强，提升了我们的视觉体验。

家用电子设备的分布如图 12.1 所示[1]。超过 50% 的能量用于家庭供暖/冷却以及电冰箱和烹饪，期望能够通过更加高效的方法来减少消费者的用电量和成本。IGBT 的可用性在这方面起到了重要影响。

如前一章所述，能提供我们每天 24h 的光亮。在

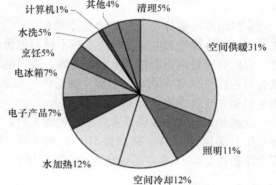

图 12.1　家庭能耗

1999～2008 年为期 10 年的家电销售量[2]如图 12.2 所示。在这段时间内，电冰箱和空调器的销量惊人。这些家电的使用，导致一个典型的美国家庭平均使用 125 台电动机，人均住宅用电量超过 12kW·h/天[3]。通过空调器的最低能效标准［季节能效比（SEER）评级］和家用电器的最低能效标准（能效之星评级），大家认识到了使用高效电器降低能耗的重要性。2006 年销售的电冰箱的 31% 和洗衣机的 38% 达到了能效之星的标准。变速电动机驱动的部署构成了提高家电

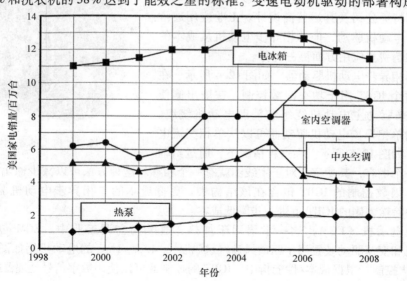

图 12.2　美国家电年销售量

效率战略的重要组成部分。

本章介绍了 IGBT 电气控制对家用电器的重要性。由于电力电子器件被嵌入到设备（例如电冰箱或洗衣机）中，人们很难注意到它们。IGBT 是构建智能家居的必备技术，所有的电器不仅可以事先编程，而且可以通过使用互联网访问。

12.1　大型家用电器

家用电器一般分为大型家电和小型家电[4]。家用电器主要包括空调热泵、厨房灶具、洗衣机、微波炉、烤箱和电冰箱等。虽然不锈钢饰面已经变得越来越多，但白色是它们的典型颜色，所以它们有时被称为白色家电。在美国，通用电气、惠而浦、伊莱克斯、美泰格和塞曼多尔这五家公司占据了 90% 的市场。欧洲主要是博世和美诺。而在亚洲，家用电器主要由 LG、三星、三菱电机和东芝公司生产。

这些相对较大的设备是家庭中的耗能大户，并且必须由交流电力线直接供电。因交流电源峰值电压（美国为 170V，欧洲为 310V）的原因，需要在控制电路中加入具有高阻断电压额定值的高功率器件。IGBT 非常适合这类场合的应用。

12.1.1　空调（热泵）

正如在引言一章所讨论的，最早美国通用电气公司研发 IGBT 是为了创造一个可调速的空调器电动机驱动器。这项工作在第 10 章中给出了描述。

东芝公司称[5]："空调是使用变频控制的第一大家电，其关键的半导体器件是绝缘栅双极型晶体管。功率因数校正（PFC）集成电路或 IGBT 用于电源电路中，以保持输入电流中的谐波低于国际电工技术委员会（IEC）的限定值"。这与 20 世纪 80 年代美国通用电气公司使用 IGBT 作为热泵的可调速驱动是一致的。该热泵如图 12.3 所示，由美国特灵公司及其运营商设计。工业应用通常采用三相异步电动机驱动，但单相异步电动机从成本的角度考虑，在消费类应用方面更占优势。

图 12.3　典型的家用空调器

高性能单相异步电动机驱动器[6]如图 12.4 所示。在输入侧使用两个 IGBT 用于功率因数控制，在输出侧使用四个 IGBT 来驱动主电动机绕组和辅助电动机绕组。一个低成本的单相异步电动机驱动器可以从单相交流电源输入功率，如图 12.5 所示。在这种情况下，通过给辅助线圈串联一个电容，其功率相对于主线圈就有一个相移。这种方法可以减少输出侧 IGBT 的数量。用于功率因数控制的 IGBT 包含在该结构中。更低成本的单相异步电动机驱动器[7]如图 12.6，通过去除输入侧的 IGBT 可进一步降低成本。

电子整流电动机（ECM）这一术语用于加热、通风和空调工业中。ECM 包括一个永磁（PM）电动机和变速驱动装置用于驱动风扇/鼓风机[8]。1/3 ~ 1hp⊖的电动机用如图 12.7 所示的 IGBT H 桥模块控制。根据成本/性能折中，IGBT 的控制器可以使用数字信号处理器或专用微控制

⊖　1hp = 745.7W，后同。

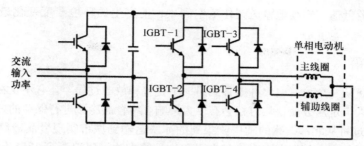

图 12.4　带有双相逆变器的高性能单相异步电动机驱动电路

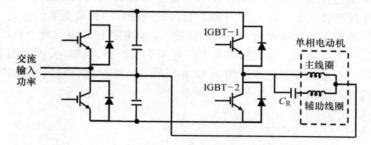

图 12.5　低成本单相异步电动机驱动电路

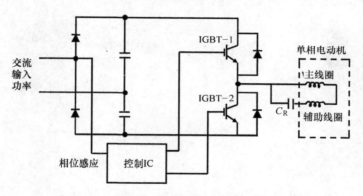

图 12.6　更低成本的单相异步电动机驱动电路

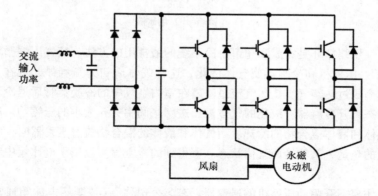

图 12.7　电子整流电动机，用于加热、通风和空调风扇/鼓风机的驱动

器。该方法将气流低速、连续地输送到住宅空间中，使产生的环境温度变化最小、声学噪声也较小。

12.1.2 电冰箱

制冷是将热量从一个位置取出并搬移到另一个位置释放的过程[9]。它不仅在生活方式上，而且在农业增长和人口定居方面，均对社会有巨大影响。将食品冷藏进行保存的好处久为人知。在 19 世纪早期，通过将从北部结冰的湖中收集到的冰块运输到城市实现食品冷藏，然而污染的冰产生了严重的健康危害。使用电力来冷却空间和物品的方法可以追溯到 1755 年由威廉·卡伦和 1758 年由本杰明·富兰克林所做的实验。第一个商业可行的蒸汽压缩制冷系统由詹姆斯·哈里森在 19 世纪 50 年代制造出来。从 1890 年起，食品的制冷开始扮演重要角色。

在农场的制冷减少了食物的腐败，保存的食物可以运输到超市供消费者食用。与以往只能食用当地种植的季节性食品相比，现代超市有更多种类的农产品提供。美国通用电器 1927 年生产的适合于家用的第一台电冰箱和电冰柜如图 12.8 所示。从那时起，它们在家庭中的销量成倍增长，消耗了很大比例的家庭用电，如图 12.1 所示。

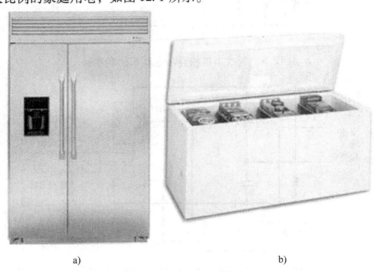

a)   b)

图   12.8
a）电冰箱 b）电冰柜

反向排序蒸气压缩循环是家庭和超市制冷系统的最常用的方法。蒸气压缩循环的基本工作原理如图 12.9 所示。压缩机和冷凝器使气体液化，这种气体最初为氟利昂，现在为 R134a。压缩机将气体压缩成高压过热蒸气。热蒸气流过暴露在室内空气中的冷凝盘管后遇冷液化，以高压和稍高于室温的状态离开冷凝器。液化的气体被压进膨胀阀中针孔大小的压缩物。压力的突然降低导致膨胀阀中气体和液体混合物的冷却。当气体和液体的混合物流过蒸发器时，吸收了来自蒸发器周围环境空气的热量，又转换回气体状态。所得到的冷空气可以用于电冰箱中食物的存储以及将水制成冰块。

电冰箱的运作离不开驱动压缩机的逆变器。东芝公司称[5]："既然电冰箱通常都是 24h 不停运转，那么最重要的就是降低其功耗。压缩机驱动器由 IGBT 组成。在供电电路中使用带有 IGBT 的功率因数校正（PFC），以使输入电流中的谐波分量保持在 IEC 限定的值以下。"

这种家用的密封单元增加了食品存储的空间[10]。1952 年，在电冰箱中通常使用单相 4 极、60Hz、1725r/min 的电动机。到 1994 年，压缩机使用脉冲宽度调制和变速逆变器的三相异步电动机。对现有逆变器中使用的功率半导体器件的比较得出[11]：在双极型和 MOS 场效应晶体管、可控硅整流器（SCR）、双向晶闸管、门极可关断（GTO）晶闸管、绝缘栅双极型晶体管（IGBT）、静态感应晶体管（ISIT）、静态感应晶闸管（SITH）和 MOS 控制晶闸管（MCT）这些器件中，IGBT 转换器是中等功率应用范围中最常见的驱动器，因为和其他器件构成的驱动器相比，它具有更高的开关速度，更低的噪声和更好的性能特性。这个结论一直正确至今。

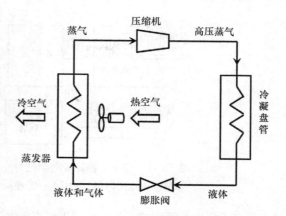

图 12.9　用于制冷的蒸气压缩循环

为了降低成本，现代电冰箱使用带有起动电容的单相异步电动机。这种结构与上一节用于家用空调器的结构类似。经过多年的努力，现在已经有了多种用于提高制冷压缩机效率的方法。图 12.10 所示的例子就是使用带有变速驱动的无刷直流电动机[12]，它不用轴位置传感器而可以进行能效控制。其他优点是元器件少从而成本低，还具有更少的电气和声学噪声。压缩机工作在 1500～5000r/min 的速度范围之内，连续转速约为 2500r/min。图中电路的驱动效率被认为与压缩机速度弱相关。据报道，当安静运行且温度控制在 0.1 ℃之内时，总的节能率为 40%。

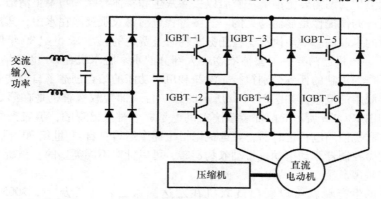

图 12.10　无刷直流电动机的脉宽调制电压源逆变器驱动电路

用带有起动电容的传统单相异步电动机构成的电冰箱，会产生高浪涌电流和低功率因数[13]。简单的开/关或开关式调节温度都会产生恒定的浪涌电流，这对于连接到家庭交流电源的其他电气设备会产生电源闪烁问题。这些问题可以通过采用由 IGBT 逆变器驱动的三相 0.5hp 的异步电动机来克服，如图 12.11 所示。在输入端使用一个高功率因数（HPF）预调节器以防止浪涌电流并实现良好的功率因数。输入电流纹波通过交错式升压整流器降低。零电流导通、零电流零电压关断的 IGBT 与零电流导通、零电流关断的二极管用于减少开关损耗和电磁干扰（EMI）。

空调 SEER 评级和电器能源之星评级的实施促进了变速驱动技术的采用。为了减少能量消耗，采用由 IGBT 逆变器驱动的无刷永磁电动机[8]。由于电机和驱动电子装置的效率提高了三

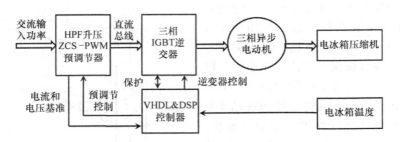

图 12.11 用于三相异步电动机的变速逆变器驱动（ZCS：零电流开关；
PWM：脉宽调制；VHDL：硬件描述语言；DSP：数字信号处理器）

倍，现在无霜电冰箱中的蒸发器使用无刷直流电动机代替常规单相异步电动机。

三菱电机公司通过使用无刷直流电机替代异步电动机以及用正弦波电流替代梯形波电流驱动来提高电冰箱的效率[14]。正弦波电流减少了由于电动机绕组中的电阻导致的铜损耗以及由于谐波导致的铁心损耗。效率提高了 4%，声学噪声降低了 17dB。该技术已用在了 S、G 和 A 系列的三菱电冰箱中。

电冰箱压缩机通常以低速运行，需要从逆变器到永磁电动机的输出功率较低。与正弦波驱动相比，方波驱动可以获得更好的效率。然而，正弦波驱动减小了转矩波动和提高了起动性能。据报道，通过使用双模式操作，整体效率可以改进 2%[15]。

12.1.3 洗衣机

维持良好的卫生状态需要定期清洗衣服以去除灰尘和身体异味。与手工清洁衣服相比，使用机器执行这项任务的便捷性是显而易见的。洗涤过程包括将衣服浸泡在水中，揉搓衣服以去除污垢，然后用干净的水冲洗。手动执行这些任务是耗时且费力的。在 19 世纪 80 年代中期出现了手摇机械洗衣机[16]，该机器需要手工去掉衣物中大部分的水。脱水机在 20 世纪早期就开始使用，其中洗涤和甩干作为单独的任务分别执行。洗涤和甩干功能的结合创造了自动洗衣机。低成本电动机引入了旋转脱水的概念。如图 12.12a 所示的第一台顶部装载洗衣机是在第二次世界大战之后商业化的。如图 12.12b 所示的前部装载洗衣机也是那个时候出现的，但直到最近才变得流行起来。早期的洗衣机使用电机定时器，其电机以恒定速度运行。自 20 世纪 90 年代以来，现代洗衣机依赖复杂的微控制器驱动电动机带动衣物运转，可以针对不同类型的衣服所需的温度和洗涤时间制定不同的程序。

从每年惊人的生产量就可以看出洗衣机在发达国家已日益普及[16]，2005 年的数据如图 12.13 所示。图 12.12a 所示的顶部装载洗衣机是澳大利亚、加拿大和美国最流行的机型。这种设计在同心的锁水桶中包含了一个多孔的篮子。顶部装载设计的旋转轴是垂直的，沿着旋转轴线放置大的旋转螺杆。衣服漂浮在注入锁水桶中的水中。搅拌器旋转水桶中心的螺杆，将水向外推，打到多孔篮的侧边，然后再甩回来。搅拌器的旋转必须周期性地反转，以避免衣物被过度拉伸。最初，顶部装载的洗衣机包含一个齿轮箱，以实现搅拌器的正常工作，但这很麻烦也不可靠。现代顶部装载洗衣机已经使用电子逆变器替换了齿轮箱，可以提供对螺杆运动的多种控制。在洗涤循环结束时快速旋转，通过离心作用除去衣物中的水。

如图 12.12b 所示的前部装载洗衣机在欧洲很流行，在美国作为高端机型。该设计将多孔篮和锁水桶沿水平轴线放置。通过桶在两个方向上的重复旋转来完成衣物的搅动。使用在篮内壁上的桨来提升和放下衣服。与顶部装载洗衣机相比，该方法使用更少的水，因为衣服不必漂浮在水

图 12.12　洗衣机

a）顶部装载洗衣机　b）前部装载洗衣机

中。因此，所需的洗涤剂量也随之减少。与顶部装载洗衣机类似，在洗涤循环结束时使用快速旋转循环，通过离心作用去除衣物中的水。

东芝公司称[5]："最新的洗衣机用逆变器控制洗涤和脱水。逆变器控制有助于减少洗涤/旋转时的噪声和振动，而且能够调节水量和电动机转矩以适应洗涤负载。IGBT 用于电动机驱动，微控制器用于整体控制。在电源电路中使用带 IGBT 的功率因数校正（PFC），以使输入电流中的谐波保持在 IEC 限定值以下。"东芝洗衣机中基于 IGBT 的驱动电路如图 12.14 所示。

洗衣机中的电动机必须在较大的速度范围内运行。在洗涤周期中，滚筒速

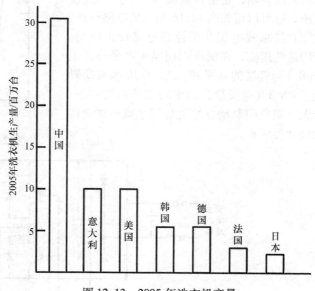

图 12.13　2005 年洗衣机产量

度保持在约 50r/min，而脱水周期必须增加到大于 1000r/min[17]。洗衣机所需的扭矩速度如图 12.15 所示。在洗涤周期，由于水的存在，滚筒内增加了相当大的重量，因此必须由电动机产生大的转矩。水在脱水周期之前被泵出，因此在脱水周期所需的转矩就低。当滚筒在这些旋转速度之间转换时，通常会发生共振，故必须由驱动进行控制。由于重量轻以及速度范围合适，三相异步电动机非常适合于这种应用[18]。它们制造简单、结构坚固，并且是无刷的。

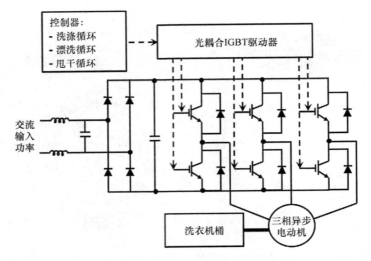

图 12.14　三相异步电动机驱动的洗衣机

直接驱动型洗衣机可以去除齿轮。IGBT逆变器与正弦波驱动一起使用可以改善噪声水平[19]。采用 16kHz 的载波频率可实现正弦波驱动用于脉宽调制（PWM）波形。即使使用正弦波驱动，也会在直流母线上产生纹波电压。这可以用如图 12.16 所示的电路校正，监视直流总线电压并用控制电路校正波动。使用这些措施，在洗涤周期噪声水平降低了29dB（与郊区的水平相当），在脱水周期降低了 40dB（与安静公园中的水平相当）。一种无电阻电磁制动方法也被用来减小逆变器的尺寸和成本。

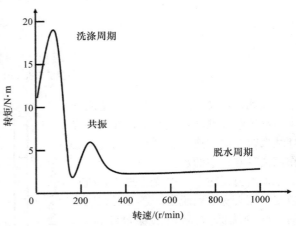

图 12.15　顶部装载洗衣机的扭矩速度要求

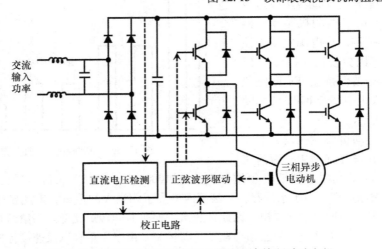

图 12.16　正弦波驱动的直流电压校正直接驱动洗衣机

针对家用洗衣机的节能，近年来已经提出了提高洗衣机驱动效率的方法。针对顶部装载的洗衣机，进行了单相异步电动机和三相异步电动机之间的比较[20]。单相异步电动机在洗涤周期的效率仅为 18.1%，在脱水期间为 16.7%。相比之下，三相异步电动机在洗涤周期的效率为 46%，在脱水期间的效率为 51%。三相异步电动机的效率约为单相异步电动机的 2.5 倍。

商用洗衣机也采用由 IGBT 逆变器驱动的三相异步电动机。变频驱动允许大范围的速度变化、非平衡负载的检测、改进了的功率因数和浪涌电流。改善运行成本，并且可以针对独特负载（例如酒店和度假村中很重的棉布毛巾）调整性能。

在 20 世纪 90 年代，对使用 IGBT 驱动和使用双极型晶体管驱动的洗衣机进行了比较[21]。据证实，IGBT 驱动器产生了更优异的转矩 - 速度特性，电流中的谐波更少，并且"事实上消除"了听觉频率范围内的电动机噪声。从那时起，洗衣机都由 IGBT 来驱动。

12.1.4　微波炉

当今，微波炉被认为是发达国家厨房中不可或缺的电器。它提供了快速加热食物和烹饪蔬菜的便利。现代微波炉能够炖煮、油炸、烘烤、清蒸食物，以及制作爆米花。很多超市已经配备了微波炉，消费者可以在有限的时间内完成对食物的"烹饪"。台面微波炉最初的造型如图 12.17a 所示。图 12.17b 所示的微波炉由于有内置的排气扇，因此可以节省厨房的空间。虽然家用微波炉在 20 世纪 60 年代就首次推出了，但由于初始成本高，直到 20 世纪 70 年代才开始被使用[22]。1986 年，25% 的美国家庭拥有微波炉，而现如今几乎所有的家庭都有一个微波炉。

a)　　　　　　　　　　　　　　　　　　b)

图 12.17　微波炉

a) 台面微波炉　b) 悬挂微波炉

微波炉加热食物主要是利用了食物中水分子的存在，水分子是电偶极子，当经受微波辐射时，水分子交替方向旋转以响应辐射电场。旋转的水分子向周围的食物分子传递能量，升高了它们的温度。微波炉利用的是 2.45GHz 的微波频率，对应于 12.2cm 的波长。辐射能够穿透微波炉中的大多数食物，从而均匀加热。使用这种方法，食物通常不会被加热到 100℃ 以上，并且避免了加热炊具。与具有电阻元件的常规烤箱加热食物相比，微波炉更安全。

微波炉烹饪腔室内的微波可以使用磁控管产生，该类磁控管首先是用于第二次世界大战期间的雷达。空腔磁控管是高功率真空管，在电子流与磁场的相互作用下产生微波。产生 700W 微波功率的典型微波炉需要约 1100W 的输入功率。

一个典型的磁控管的 $I - V$ 特性如图 12.18 所示。在出现明显的电流之前，磁控管阳极到阴极的电压必须增加到 3.5kV 以上。只有足够的电流流动才能产生微波能量，给磁控管空腔内的电子提供能量[23]。磁控管电源必须能够产生至少 3.5kV 的电压。

第一个用于微波炉磁控管的电源是铁磁谐振电源，如图 12.19 所示。美国和欧洲的 110V 和 220V 交流输入电源通过变压器被升高到微波炉磁控管工作所需的高电压。在二次侧使用第二绕组为磁控管加热器提供功率。由于在 50Hz 或 60Hz 的线路频率下操作，变压器具有较大的尺寸和重量。这使得微波炉对于消费者来说体积庞大且笨重。

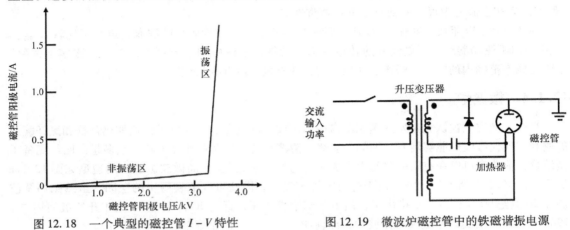

图 12.18　一个典型的磁控管 $I-V$ 特性　　　　图 12.19　微波炉磁控管中的铁磁谐振电源

通过用 IGBT 逆变器电源代替铁磁谐振结构，实现了微波炉尺寸和重量的显著改进。使用基于 IGBT 逆变器电路的微波炉磁控管电源[24]如图 12.20 所示。变压器的重量从铁磁谐振电源的 4000g 到 IGBT 逆变器电源的 380g，至少减少了 10 倍。此外，使用 IGBT 逆变器可以引入新的涡轮增压模式，将烹饪时间缩短了 30%。

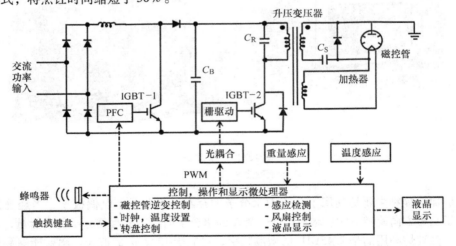

图 12.20　微波炉磁控管的 IGBT 逆变器电源（PFC：功率因数校正；PWM：脉宽调制）

交流输入电压被整流后，通过使用 IGBT - 1 的 PFC 电路减小电源线上的谐波，使得直流总线电容器（C_B）两端的电压保持不变。第二个 IGBT - 2 与升压变压器的一次线圈串联。电容器（C_R）与变压器一次线圈并联来组成谐振电路。通过微处理器产生的 PWM 信号切换 IGBT - 2 来控制变压器初级线圈中的电流。如上所述，通过高频（33kHz）的 PWM 控制信号，可以减小变压器的尺寸和重量。

当输入功率水平为 1.4kW 时，磁控管电源中一次线圈的电流和 IGBT−2 的集电极电压与时间的关系曲线如图 12.21 所示。当 IGBT−2 导通并对电感进行充电时，一次线圈中的电流随着时间线性增加。如图 12.21 中的实线部分所示，IGBT 集电极电流最大值为 60A。当 IGBT−2 关断时，电容器 C_R 在谐振电路中被充电和放电。IGBT−2 必须能够耐住 700V 的谐振电压。变压器一次线圈的谐振电压感应到次级线圈，施加在电容器 C_s 上。当 IGBT−2 再次导通时，二次线圈峰值电压加上电容器电压被施加到磁控管的阳极，使其幅度加倍。该电压在产生微波辐射的磁控管中产生电流。可以通过调整 IGBT−2 的导通时间来控制磁控管的输出功率。

基于图 12.21 所示波形，IGBT−2 规格为：900V 的阻断电压，60A 的集电极电流以及 0.25us 的关断时间。即使在工作频率为 33kHz 的情况下，前面章节所讨论的对通态损耗和开关损耗之间折中曲线的优化，对 IGBT 功耗的最小化也是至关重要的。IGBT 逆变电源的一个优点是，输出功率可以在开始烹饪的 5s 内从 600W 增加到 700W[24]。这可以使食物的温度更加快速地增加从而将总烹饪时间缩短 30%。变压器的重量从铁磁谐振情况下的 4000g 降低到 IGBT 逆变器的 380g。这使得现代的台式微波炉方便移动，悬挂式微波炉方便安装。

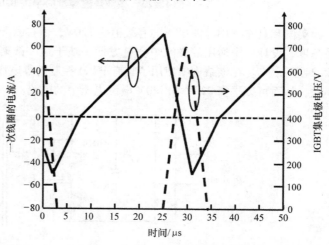

图 12.21　流经一次线圈的电流和 IGBT 集电极电压的波形

多年来针对磁控管 IGBT 逆变器的电源设计已经提出了各种改进，目的是提高效率并减小磁控管上的应力。改进后的有源电压钳位 ZVS−PWM（零电压开关脉宽调制）准谐振逆变器如图 12.22 所示[25]。通过在次线圈使用两个电容（C_1 和 C_2）以及整流器可以实现全波倍压。此外，通过电容器 C_c 和 IGBT−2 可以对磁控管的峰值电压进行钳位，从而保证磁控管的电流小于 1.2A 以增加其寿命。用这种方法的另一个优点是加热器温度不会随着微波输出功率的增加而增加。

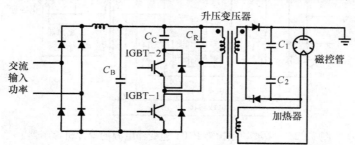

图 12.22　微波炉磁控管的有源电压钳位 IGBT 逆变器电源

用于磁控管电源的半桥 IGBT 逆变器示如图 12.23 所示[19]。与图 12.20 的结构相比，半桥 IGBT 逆变器对 IGBT 阻断电压的要求可以减小一半。图 12.23 中的 IGBT 阻断电压可以降低到 430V，从而在保持关断时间相同的情况下，导通电压降可以从 2.3 降低到 1.8V。半桥结构的工作频率可以从 39kHz 增加到 53kHz，逆变器的尺寸可以减小 20%（从 1395cm² 到 1165cm²）。

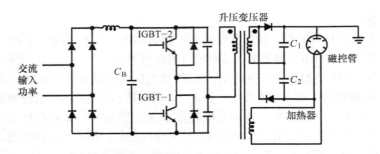

图 12.23　微波炉磁控管的半桥 IGBT 逆变器电源

美国和日本家用电源电压的有效值为 120V，而在欧洲和中国为 220V。从服务全球市场的产品角度，设计一个通用的微波炉会更方便。基于这一战略角度设计的单端推挽高频逆变器如图 12.24 所示[23]。在该结构中使用了具有 PWM 控制的零电压切换。电容器 C_S 与变压器的一次线圈串联，从而可以平衡 220V 和 120V 电源电压中的电流。

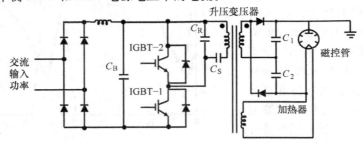

图 12.24　用于微波炉磁控管的单端推挽 IGBT 逆变电源

为降低只使用一个 IGBT 的准谐振零电压切换逆变器的成本，开发了一款单片机控制器[26]。微控制器已经与 IGBT 的驱动电路合并，如图 12.25 所示。通过控制单个 IGBT 的导通时间，输入功率因数可以保持接近于 1。当微波炉首次启动以在磁控管两端产生高电压时，该结构工作于开环状态，而在微波炉此后的工作期间，使用电流反馈来保持良好的功率因数。

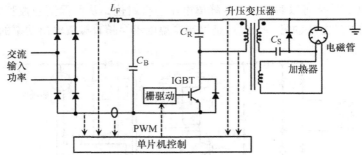

图 12.25　微波炉磁控管 IGBT 逆变器电源的单片机控制器

12.1.5　电磁炉

电磁炉如图 12.26a 所示，通过由一次线圈和烹饪容器充当二次线圈组成的高频电力变压器加热容器。如图 12.26b 所示，该线圈的水平螺旋形状增加的面积可以增大被耦合到所述容器中的磁通量。一次线圈有许多绕组，烹饪容器可以看作短路的单个绕组。一次与二次线圈的大匝数比在烹饪容器中感应出大的电流。这个电流流过该容器材料的内阻产生热量[27]。一次线圈由一大束并联的由绝缘线组成的利兹线制成，这缓解了趋肤效应从而减小了一次线圈中的电阻。可以通过在绕组周围相等的间隔放置矩形铁氧体棒来增强磁耦合。烹饪容器必须由诸如铸铁或不锈钢之类的含铁材料制成，以便在锅中感应电流。铝锅不能很好的工作，但是不锈钢的铝包层可以用于改善锅中的热分布。

a)　　　　　　　　　　　　　　　　b)

图　12.26

a）电磁炉　b）感应线圈

电磁炉得到消费者的青睐，是因为它们比电气或燃气灶具更安全。热量只传递到锅，使得周围的温度比较低。因为在线圈和锅底之间具有平坦的陶瓷表面，因而更易清洁。然而，锅底必须具有平坦的表面，从而与线圈之间获得强大的磁耦合。电磁炉的能量传输效率为84%，而电气灶只有74%，燃气灶仅为40%。

商业电磁炉的开发可追溯到 20 世纪 70 年代。为了避免产生令人不愉快的噪声，感应电流的工作频率必须超过 20kHz。电磁炉的性能和成本受到产生高频电流的功率半导体器件的限制[28]。另一个问题是烹饪容器中电流流动的趋肤深度。在容器中感应电流的趋肤深度 d 由下式给出

$$d = 3160 \sqrt{\frac{\rho}{\mu f}} \tag{12.1}$$

式中，ρ 是电阻率；μ 是磁导系数；f 是工作频率。电磁炉的典型工作频率为 24kHz。在这种情况下，不锈钢的趋肤深度为 0.004in，铝为 0.022in，铜为 0.017in。因此，建议电磁炉烹饪容器使用不锈钢制品。

早期的电磁炉采用的是自激式、分流反馈的系列整流晶闸管（SCR）[29]。用于加热容器的输出功率由切换 "多重小电容" 控制。这些电磁炉没有成为流行产品。

随着 IGBT 的可用性，有两个用于感应加热的电路结构发展了起来，即半桥串联谐振转换器和单端转换器。半桥转换器用于为灶台上的多个炉具供电，而单端结构用于较小的桌面电磁炉和电饭煲。单端结构将在本章关于小家电一节中进行讨论。

最近针对改进的功率半导体器件对电磁炉的影响进行了总结[30]。1974 年开发的第一代电磁炉使用晶闸管，这需要使用电流源谐振电路。功率器件中的大开关损耗导致电磁炉的重量为 23kg，体积为 48L。随着 20 世纪 80 年代早期双极型功率晶体管的出现，由于具有了对开关的关断能力，电压谐振电路也逐渐发展起来。它的缺点是双极型功率晶体管基极的驱动电路需要大量

的组件。而采用具有高频开关性能的 IGBT,驱动电路的尺寸"戏剧性地"减小,使得逆变器的尺寸和成本小了很多。作者说:"随着半导体工艺技术的进步,IGBT 取得了突破性的进展,从而对电磁炉电路效率的提高做出了巨大的贡献。例如,感应加热烹饪器的重量和体积减少至 2.3kg 和 7L。毫不夸张地说,用于消费类感应加热烹饪的逆变器是随着半导体功率器件的发展而发展的。

用于现代电磁炉的半桥驱动电路如图 12.27 所示[19]。这种结构的研发可以追溯到 20 世纪 90 年代[31]。这种半桥电路用于功率在 2 ~ 3kW 的双头灶上,由 200V rms 的交流电源供电。H 桥中的 IGBT - 1 和 IGBT - 2 以 21kHz 的频率交替地导通和关断,从而在加热线圈中产生高频电流。IGBT - 2 的导通时间保持恒定,IGBT - 1 的导通时间可以变化以控制输出功率。

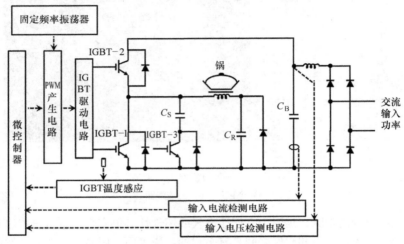

图 12.27 用于电磁炉的半桥逆变器电路

由 IGBT - 3 控制的有源阻尼电容 C_S 构成了 IGBT 软开关。在线圈中产生一个正弦波电流的同时,减小了 IGBT - 2 集电极电压波形的 dv/dt 值,如图 12.28 所示。在这些工作条件下获得了 3kW 的高输出功率。在低输出功率水平(低至 120W)的感应加热情况下,关闭 IGBT - 3 可以隔离阻尼电容器 C_S。

另外一个用于电磁炉的准谐振半桥 IGBT 逆变器电路如图 12.29 所示[32]。二极管 D_{1e} 可以保证感应炉上放置不同类型的金属容器时,零电压软开关均可以正常工作。电容器 C_{1a} 是实现准谐振的高频塑料薄膜电容。电容器 C_{1b} 是将 IGBT - 1 两端的峰值电压从 1200V 降低到 500V 的高频电容。因此,IGBT - 1

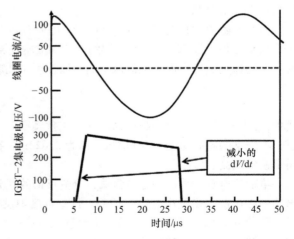

图 12.28 半桥逆变器波形

的额定电压为 600V,额定电流为 80A;而 IGBT - 2 的额定电压为 900V,额定电流为 65A。这有利于改善 IGBT - 1 的功率损耗折中曲线。

具有反向阻断能力的 IGBT 使得开发循环转换器或者矩阵转换器成为可能。最先制造出来的

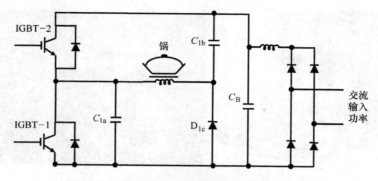

图 12.29　用于电磁炉的准谐振半桥逆变器电路

IGBT 是具有 600V 对称阻断电压能力的[33]。由于变速驱动应用的利益需求，功率半导体工业的关注点迅速转向了构建具有不对称阻断能力的 IGBT。近来，艾赛斯公司和富士电机公司已经发布了具有反向阻断能力的 IGBT 产品。这些对称阻断的 IGBT 可以用于电磁炉逆变器[34]。循环转换器结构具有将低频交流输入直接转换为馈送到感应线圈的高频交流功率而不使用直流功率总线的优点。这消除了之前电路中需要的笨重和昂贵的电解电容器 C_B。反向阻断 IGBT 反并联结构如图 12.30 所示。与用一个反相阻断二极管和一个非对称 IGBT 串联的结构相比，反向阻断 IGBT 的通态电压降更小。1200V 反向阻断 IGBT 在 55A 的通态电流下具有 2.3V 的通态电压降。该逆变器的成本也由于在输入端消除了桥式整流器而得到了进一步的降低。

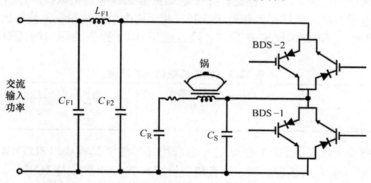

图 12.30　用于电磁炉的带有反向阻断 IGBT 的半桥逆变器电路

12.1.6　洗碗机

　　手动清洗盘子和餐具需要用含有洗涤剂的海绵擦洗，以去除油脂和食物颗粒。该过程既乏味又耗时且对皮肤有害。图 12.31 所示是家用洗碗机和用于酒店和餐馆的商用洗碗机。现代洗碗机依赖于向碗碟喷洒温度在 55~75℃ 之间的热水。这个概念是由约瑟芬·科克伦于 1887 年发明，并获得专利的。现代洗碗机仍然采用了这种基本架构，带有承载碗碟的置物架和一个旋转喷水臂的下拉前门面板。

　　洗碗机在第二次世界大战后作为家用电器开始售卖[35]。20 世纪 70 年代洗碗机在美国和欧洲的家庭中广泛使用。截止到 2012 年，超过 75% 的家庭在使用它们。清洁周期包括以下三个基本步骤：①用水和洗涤剂洗涤盘子；②冲洗盘中的污垢和食物颗粒；③干燥盘子。现代洗碗机利用具有传感器的微处理器来监测碗碟的数量和污垢量，以优化清洁过程。在酒店和餐馆使用的大型

a)   b)

图   12.31

a）家用洗碗机   b）商用洗碗机

商用洗碗机不使用干燥这一步骤。相反，盘子在更高的温度下进行最终的水漂洗并在露天中获得自然干燥。

最近有文章回顾了洗碗机的演进过程[36]。该文章指出，清洁效应是由三种基本行为引起的，即喷水对碗碟和锅的机械冲击、洗涤剂的化学作用和水的热作用。节能洗涤期间将喷水加热至50℃，需要消耗约 $1kW \cdot h$ 的能量。干燥阶段，需要使用 65℃ 的水漂洗，也消耗了大量的能量。

最近洗碗机技术的一个重要变化是提高效率。如前所述，加热洗碗机中的水和运行用于水循环的离心泵均需大量的电能。在 21 世纪，异步电动机被无刷电动机取代。作者声明[34]："通过引入足够成熟的电子产品，能够产生和处理控制三相无刷电动机的波形，使得这些电动机的使用成为可能"。这种改变获得的节能见表 12.1。通过使用 IGBT 逆变器驱动的无刷电动机能够降低近 40% 的功率。

表 12.1　洗碗机电动机的演进

电动机类型	功耗	电动机效率	水力效率	吸收功率
异步	25W	53%	52%	90W
无刷	25W	75%	52%	65W

一个为洗碗机中水泵提供 100W 驱动的小型低损耗智能模具模块（SLLIMM - nano）被开发出来，它采用 NDIP 26L 压铸模腔封装。该模块包含了 6 个 600V 的高速 IGBT，6 个超快软恢复续流二极管和一个双极型 CMOS（BCD）工艺的高压集成电路。作者声明："尽管 IGBT 的关断损耗更高，但其总体动态损耗远低于 MOSFET，因为其同一封装下的二极管具有优良的能量恢复能力，在通态的影响远远小于 MOSFET 的体二极管"。当无刷直流电动机以 3200r/min 的速度带动洗碗机水泵时，IGBT 和 MOSFET 的能量损耗见表 12.2。使用 IGBT 获得的较低功耗允许模块在较高的环境温度下工作而无须散热器。

表 12.2　洗碗机应用中 IGBT 和功率 MOSFET 的对比

器件	击穿电压	V（导通）@ 1A	E（通态）	E（关态）	E（合计）
IGBT	600V	2.6V	33μJ	25μJ	58μJ
MOSFET	500V	1.4V	138μJ	8μJ	146μJ

12.2　小型家用电器

家用电器一般分为大型家电和小型家电[4]。小家电（有时也被称为棕色商品）具有便携式的特点，可以放在厨房台面上完成家务[38]。典型的例子是烤面包机、搅拌器和食品加工器。最近，特别是亚洲，单头电磁炉和电饭煲已经出现在厨房中。

12.2.1　便携式电磁炉和电饭煲

便携式电磁炉具有与前面 12.1.5 节所述壁挂式电磁炉相同的优点。便携式或台面式的另一个优点是便于移动到厨房或露台的选定位置。便携式电磁炉的一个例子如图 12.32a 所示。它由著名品牌商制造，例如法格、汉美驰、NuWave 和华林。

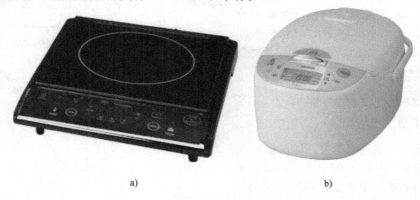

a)　　　　　　　　　　　　　b)

图　12.32

a）便携式电磁炉　b）电饭煲

水稻是数十亿人（特别是亚洲，如中国、印度和日本）的主食[39]。东南亚的人均稻米年消费量为 100～150kg，而中国、韩国和日本的人均稻米年消费量约为 50kg。亚洲水稻基金会声明[40]："米饭可以说是世界上最重要的食物。它是世界上仅次于小麦的第二广泛种植的谷物，并且是一半以上世界人口的主食。在亚洲的很多地区，大米是文化的中心，以至于这个词几乎就是食物的代名词。在中国有一句祈祷语'让我们每天都有饭吃'和日本谚语'米饭才是真正的餐食'是同一个意思。超过世界一半的人口每天吃两到三顿米饭。米饭有多种烹饪方法，包括煮、烘、烤、煎以及用压力锅烹饪。电饭煲因为操作简单，变得越来越流行，而且一旦选定了程序，中间不需要照看就可以得到想要的米饭类型。"

如图 12.32b 中所示的感应加热电饭煲在亚洲国家很受欢迎。其制造商包括三洋和象印。与常规电阻加热电饭煲相比，感应加热电饭煲煮出来的米饭更好吃。为了获得口感更好的米饭，需要一个高的感应功率把锅中的水在短时间内迅速加热至沸腾[19]。电饭煲中线圈的设计和电磁炉不同，因为它具有如图 12.33 所示的烹饪器皿来最大限度地提高能量传递[41]。烹饪器皿由不锈钢制成以实现与线圈的强感应耦合，它的内层用铝覆盖以改善器皿内部的热分布。

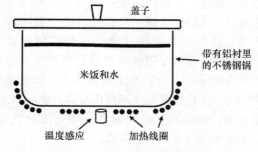

图 12.33　电饭煲的容器设计

由于便携式电磁炉和电饭煲的功率小，最常使用的是如图 12.34 所示的单端逆变器结构[42]。该电路仅需一个 IGBT，降低了成本。IGBT 典型的电流和电压波形与线圈中的电流波形如图 12.35 所示。在 30～40μs 期间，IGBT 由驱动电路打开，其线性增长的电流给线圈充电。当 IGBT

关闭时，它的电流迅速下降到零，电感将能量转移到谐振电容器 C_R 上，IGBT 两端的电压以约 100V/μs 的速度增加到 900V。为了保证电路的正常工作，IGBT 必须具有 1200V 的阻断电压额定值。谐振电路中的零电压关断机制将 IGBT 中的功率损耗减小。注意在 30μs 时，IGBT 两端的电压是负的，这使得跨接 IGBT 的二极管正偏［二极管两端小的通态电压降（约 2V）在图 12.35 中不可见］。输送到烹饪器皿的功率可以通过改变 IGBT 的导通时间进行调节。

12.2.2　食物处理器（搅碎机，榨汁机，混合器）

在西方国家司空见惯的是，厨房里有各种各样的小玩意儿帮助人们以不同的方式准备食物。食品加工这个术语可以被广义地定义为使用各种形状和工作速度的工具制备食品。图 12.36 中所示的小工具包括搅碎机、榨汁机、混合器和食品处理机。搅碎机[43]通过底部的电动机控制旋转的金属刀片来得到液态的食物。搅碎机通常用于制作奶昔和酒精饮料。搅碎机的操作速度在 6500～37000r/min 之间。榨汁机[44]用于分离并得到水果和蔬菜中的果汁和蔬菜汁。榨汁机以 1500～6500r/min 的速度运转。混合器[45]包含一对搅拌器，允许在碗中搅拌或搅动食物。它也可以揉捏面团以制作面包。其操作速度介于 50～1500r/min 之间。与搅碎机不同，食品处理机[46]使用内部可互换的刀片和盘片替代一个固定的刀片，食物处理机使用的碗被设计得更宽更短以适合处理固体和半固体的食物。它们在操作期间很少使用或完全不使用液体。食品加工机的使用节约了花在切碎，粉碎和混合配料上的大量时间。食品加工机的制造商包括烹饪艺术（Cuisinart）、厨房助手（KitchenAid）和汉美驰（Hamilton Beach）等品牌商。

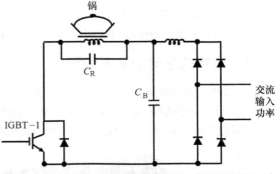

图 12.34　便携式电磁炉和电饭煲的单端逆变器电路

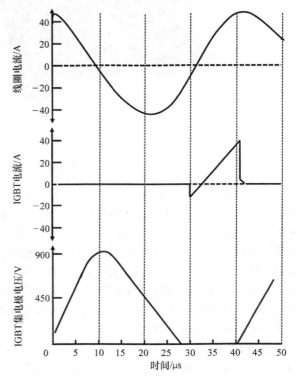

图 12.35　单端逆变器波形

从 1992 年开始，因为具有能提高效率、降低电动机噪声、改善速度控制的优点[47]，由 IGBT 斩波电路驱动的永磁直流电动机逐步取代了交流通用电动机。用于食品处理机工作的电源电路如图 12.37 所示。交流输入电源通过一个二极管整流桥和电容器 C_B 得到直流电源。在食品加工机中使用的永磁直流电动机由 IGBT 控制的斩波器驱动。IGBT 的高输入阻抗允许其通过可编程微处理器来控制执行各项功能。这产生了适合于消费者市场的紧凑型低成本设计。家用电器较早采用了 IGBT 技术，因为它增强了设计的简单性和灵活性，同时获得更多的功能。

图 12.36　食物处理工具

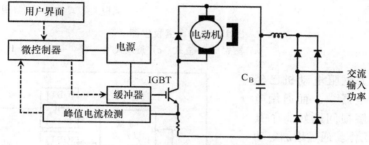

图 12.37　用于食品加工机的 IGBT 控制电路

　　一个现代化的食品加工机采用无刷直流电动机，因其能够增加效率和反应速度[48]。高速和稳定性是通过使用如图 12.38 所示的智能功率模块来实现的。三个霍尔传感器位于电动机处，以向微控制器提供关于电动机电流和转速的信息。这种配置具有快速改变速度、快速制动以及其他功能。

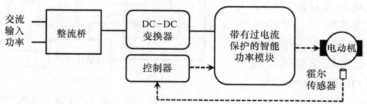

图 12.38　带有无刷直流电动机的食品加工机

12.2.3　真空吸尘器

　　吸尘器[49]通过使用抽吸原理去除表面的灰尘和污垢。污垢被收集在袋或罐中以便后续处理。虽然电动真空吸尘器的概念最早是在 20 世纪初发展起来的，但是直到第二次世界大战后才开始流行。它们对于喜欢在房间中铺设地毯的西方国家的消费者特别具有吸引力。吸尘器有两种基本形式，一种流行于欧洲的罐式吸尘器如图 12.39a 所示，其电动机和灰尘收集箱的轮筒与真空头分开，为清洁提供良好的可移动性和可操作性。图 12.39b 所示的直立模型在美国和英国非常流行，包含脱粒刷的清洁头连接着手柄和灰尘收集箱。以上两种吸尘器通常要用两台电动机，一台产生吸力，另一台驱动脱粒刷。图 12.39c 所示的高速吸尘器（旋风设计）采用离心力去除灰尘和颗粒。

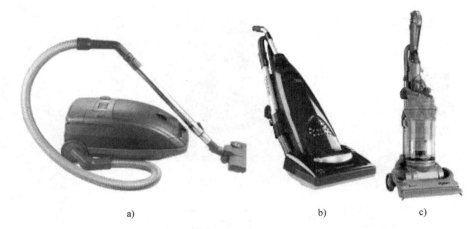

图 12.39　真空吸尘器

a）罐式　b）立式　c）旋风式

通过使用开关磁阻电动机已经实现了超高速吸尘器[50]。而通用电动机因为电刷的磨损问题妨碍了其以非常高的转速工作。通过增加电动机的转速，真空吸尘器的吸引功率每年增加 30W，通过使用开关磁阻电动机，到 2001 年已达到了 500W 以上。

具有感应器的 1600W，100000r/min 4-2 式开关磁阻电动机目前应用于几款戴森真空吸尘器中[50]。驱动电路的框图如图 12.40 所示。光学传感器用于监测转子位置以反馈到控制器。H 桥结构中的 IGBT 驱动电动机。如前所述，高边和低边的栅极驱动用

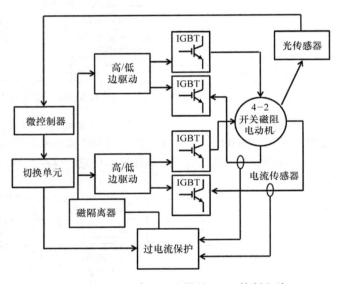

图 12.40　用于真空吸尘器的 IGBT 控制电路

于调节驱动器速度。开环程序用于起动电动机直到速度达到 60000r/min，然后执行闭环控制以将电机加速到额定转速。一个小型的 10μF 直流母线电容足够了，这可以让驱动的成本和尺寸减小。

12.3　电视机

电视 television[52]这个单词来源于希腊语 tele（远的意思）和拉丁语 visio（看见的意思）。从高功率的中央发射塔发送图像（或如今通过电缆增强信号），然后用家里的电视机接收它们，便可以进行远程通信。电视广播始于 1928 年的纽约州斯克内克塔迪，但直到 1935 年才在家庭中流行起来。到 2009 年，全世界 78% 的家庭至少拥有一台电视机。图 12.41a 中所示的电视机最初是用图 12.41b 所示的阴极射线管（CRT）制成的。

在 CRT 显示器中，电子从阴极加热的灯丝发射[53]，聚焦成窄束并被加速到作为阳极的屏幕。

a)　　　　　　　　　　　　　　　b)

图　12.41

a）电视机　b）阴极射线管

屏幕涂覆有磷光体，其被入射电子的能量激发并且从屏幕向观看者发射可见光。通过使用偏转电路在水平方向和垂直方向上周期地扫描电子束。图案的更新速度必须足够快以产生人眼观察到的没有闪烁的图像。在彩色电视机中，使用三个独立的电子束来激发红色、绿色和蓝色，屏幕则由相应的红色、绿色和蓝色的点组成。

直到 20 世纪 90 年代平板显示器出现之前，CRT 显示器一直占据主导地位。主要的平板显示器是图 12.42a 中所示的等离子电视机和图 12.42b 中所示的液晶电视机。这些电视机替代了基于 CRT 的电视机，因为其具有超薄的外形和大大减小的重量[54]。它们的图像质量也是 CRT 显示器无法比拟的。2006 年共制造了 4200 万台液晶电视机和 800 万台等离子电视机。2012 年液晶电视机占电视机全球供货的 87%，而等离子电视机和 CRT 电视机占 5.7% 和 6.9% 的市场份额[52]。

a)　　　　　　　　　　　　　　　b)

图　12.42

a）等离子电视　b）液晶电视

12.3.1　带有阴极射线管的电视机

CRT 显示器需要快速的电子束扫描以产生适当的屏幕刷新率。大电视机的屏幕更宽，其水平方向上的电子束偏转需要 20kV 的高压和 100kHz 的频率[55]。通过使用如图 12.43 所示的升压变压器可以达到这一电压值。尽管变压器的匝数比很高，但和一次线圈串联的电源开关在开关期间仍须承受至少 900V 的电压。用于 CRT 偏转电路的双极型功率晶体管被降低了开关损耗的高压 IGBT 所取代[56]。与双极型晶体管相比，作者认为："长的储存时间（6 ~ 10ms）会造成电路的工作问题以及器件切换的低性能，虽然对于常规电视的水平行扫速率而言这些可以接受，但当用在更高的行扫速率、更短的回扫时间时，就会引起发热问题"。通过使用复杂的基极驱动电路可以改善这种状况，但同时却增加了成本[53]。

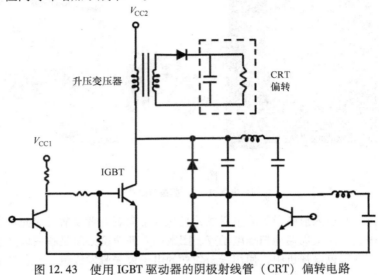

图 12.43　使用 IGBT 驱动器的阴极射线管（CRT）偏转电路

在 20 世纪 90 年代为 CRT 的偏转电路开发了具有 100kHz 高开关速度和 1500V 阻断电压的专门优化了的 IGBT[57,58]。CRT 偏转电路中的电流和电压波形如图 12.44 所示。当 IGBT 导通时，升压变压器一次线圈中的电流随时间线性增加。当 IGBT 关断时，由于逆向变换器工作在谐振模式，使得电压可以增加到 1200V 的峰值。在零电压开关（ZVS）条件下关断 IGBT 可以减少损耗。让 IGBT 能够在 100kHz 的高频下工作是非常重要的。

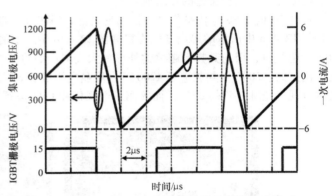

图 12.44　使用 IGBT 的阴极射线管偏转电路波形

12.3.2　等离子电视机

等离子电视机是现代高清数字电视机的一个重要部分，取代了以前的真空管模式。等离子显示的名字来源于其使用了数百万个充了电的离化气体小单元[59]。每个小单元以类似于荧光灯的方式工作。单元包含的气体在放电期间温度可达 1200℃。该气体由惰性气体（稀有氖或氙）加少量汞组成。对每个像素施加高压就会产生气体放电。放电导致能量电子流与汞原子的碰撞并向其传递能量。当汞原子返回平衡状态时会产生紫外辐射，该辐射被每个单元中的磷光体涂层吸收。涂层被设计成当受到紫外辐射激发时就发出红色、绿色或蓝色的光。

等离子体电视机内的像素排列如图 12.45 所示。数以百万计的带有红、绿、蓝磷光涂料的像素分布在整个电视的大型面板上。通过单元前后两边彼此正交的维持电极 X/Y 和寻址电极，产生气体放电和等离子体所需的高电压被传送到特定像素。X 和 Y 电极被电介质和氧化镁层所覆盖。与每个单元直接寻址所需的 256000 条线相比，这种方法允许使用 400×640 根矩阵线来寻址 256000 个单元。尽管如此简化，等离子电视机的成本、可靠性和性能还是受到了驱动电路的制约[52]。

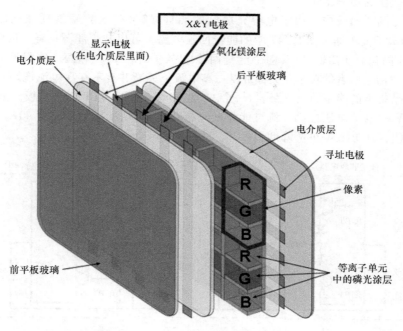

图 12.45　等离子电视面板的像素配置

等离子电视具有高亮度、宽色彩范围和优良视角等优点。它们的屏幕可以做到非常大的尺寸（对角线高达 150in）。等离子电视的"暗室"黑色水平要优于 LCD 的。然而，由于需要使用高电压产生气体放电，50in 屏幕等离子体电视的典型功率为 400W。为了降低功耗，需要能量回收电路。松下电器公司称："对于给定的显示器尺寸，实现相同的总体亮度下，等离子体显示面板（PDP）消耗的功率仅为其先前系列的一半。"

PDP 的结构示如图 12.46 所示。它由横跨面板表面的一个维持电极 X 和 Y 的阵列组成。电极是透明导电的。寻址电极放置在单元的另一侧。气体包含在具有磷光涂层的单元内。

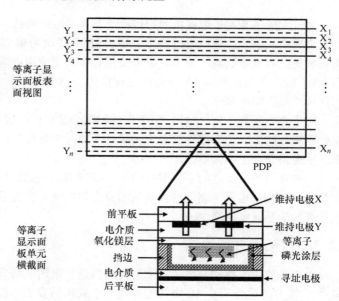

图 12.46　带有单元结构的等离子体显示面板（PDP）体系架构

当在维持电极 X 和 Y 之间施加高电压时，气体中的高电场导致放电，激发磷光体发光[60]。

图 12.47 所示的全桥 IGBT 电路结构通常使用维持电路把直流电压转换为具有高电压和高频率的方波脉冲。插入电介质的电极和 MgO 层形成了一个电容，必须在每一个周期内快速地完成充放电。对于一个对角线为 8in 的 PDP 屏幕，电容约为 1nF，流过 H 桥中 IGBT 1 ~ 4 的电流为 2A[60]。随着面板尺寸的增加，电流可能超过 100A[61]。维持电极 X 和 Y 之间的电压将达到 400V，

这需要高阻断电压的功率器件。

在老一代等离子面板中，用于电容充放电的能量（$2 \times C_P \times V_S^2$）消耗在电路的寄生电阻上[62]。现代等离子面板通过图 12.47 中的能量回收电路，可以减少能源损耗。回收电路利用四个标记为 5～8 的额外 IGBT，以及两个能量回收电容（C_1 和 C_2）和两个能量回收电感（L_1 和 L_2）。作者说："由于所有的功率开关都可以在零电流下关断并且不存在电流拖尾问题，IGBT 可以成功地用于所提出的能量回收电路。"一个 C_P 为 80nF 的 42in PDP 屏幕面板，由 200kHz 的开关频率和 165V 的电源电压控制，流过能量回收电路中 IGBT 的峰值电流为 40A。IGBT 对功率MOSFET 的取代，将功耗从 74W 降低到 48W，改进了 35%。

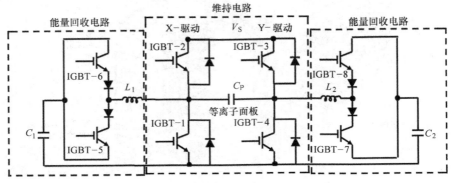

图 12.47　具有能量回收功能的等离子电视驱动电路

对于大屏幕等离子电视机的扫描驱动器和寻址驱动器，最好将多个具有高电压阻断能力的输出级集成在一起。这可以通过使用 PN 结隔离的横向功率 MOSFET 来实现。然而，使用电介质隔离技术更具有成本效益，因为它可以使用具有改进电流处理能力的横向 IGBT[63]。该功率器件具有 200V 的阻断电压和 0.4A 的电流处理能力。已经发现，通过在介电隔离的衬底中制造 IGBT，芯片尺寸可以减小 30%。

对于介质隔离工艺，横向 IGBT 设计的进一步创新已经满足了高清电视对具有较高电压和电流处理能力的集成功率器件的需求。通过增加一个空穴旁通层，缩短了通道长度，改进了饱和电流，使短路安全工作区更长。

一种介质隔离工艺的多发射极横向 IGBT 结构已被成功用于等离子面板的驱动[65]。这些器件表现出了在扫描模式下驱动容性负载的高饱和电流，在光发射放电模式下以高的电流密度工作，且具有低的导通电压降。

12.3.3　预调节器电路

由于不使用电感和减少了功率器件的数量，采用预调节器代替开关模式的电源，可以降低成本[66]。该方法适合于从 AC 电源创建用于电视机的直流电源总线。通过使用带有结隔离横向 IG-BT 功率器件的单片预调节器电路，可以从 260V 以下的交流电源上提供高达 1A 的负载电流。

预调节器电路的框图如图 12.48 所示。通过前端的二极管桥式整流器得到的直流输出电压跨接在滤波电容 C_F 及与其串联的 IGBT 上。直流输出电压使用"差分电压传感器"进行持续监控。只要输出电压超过所需的预设值，IGBT 就会关闭。IGBT 在下一个输入周期重新导通，为滤波电容充电。纹波电流由滤波电容的大小和负载电流共同决定[67]。"集电极电压传感器"监视 IGBT集电极电压，以决定何时将其安全地打开。

PN 结隔离的横向 IGBT 非常适合于这种应用。开关频率非常低（输入交流电源线频率），功

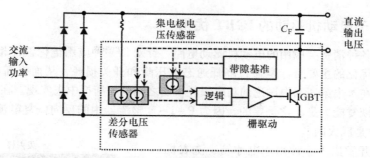

图 12.48   电视机的预调节器电路

率器件电流非常高（可达 10A），并且功率器件的阻断电压很高（大于 500V），在这些工作条件下，横向 IGBT 具有比横向功率 MOSFET 小得多的有源区面积。IGBT 的缓慢开关减少了振铃振荡，满足了美国联邦通信委员会（FCC）对电磁发射（EMI）的限制要求。在 150W 的直流输出功率下，IGBT 中的功率损耗小于 3W，预调节器电路的效率高达 98%。

12.4   应用于消费类电子的 IGBT 优化

消费者为 IGBT 制造商提供了大量的市场机会。制造商一直在开发针对前面章节每种应用进行优化的 IGBT 产品，以保持竞争力，并有助于减少设备中的功率损耗、降低产品的成本。与工业应用的 IGBT 相比，针对消费类应用优化的 IGBT 的集电极电流密度更大[61]，如图 12.49 所示。用于之前讨论过的照明类闪光灯的集电极电流密度最大（4000 ~ 9000A/cm²），因为其工作周期短、工作频率低，且需要尽量减少芯片尺寸以适应数码相机小空间的要求。用于等离子显示（PDP）的 IGBT，其集电极电流密度在 1000 ~ 3000A/cm² 的范围内。用于电磁炉、微波炉等家电的 IGBT，其集电极电流密度在 400 ~ 600A/cm² 的范围内。工业应用的 IGBT 的集电极电流密度较低，因为其较高阻断电压能力的要求导致了较大的导通电阻。这适用于重工业和牵引（铁路）应用中的IGBT，因为它们具有非常高的工作电压水平。

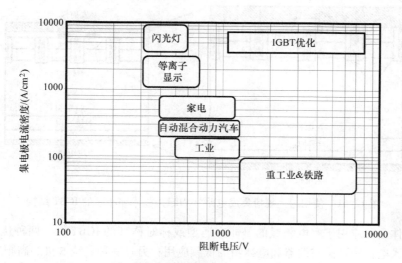

图 12.49   消费类应用的 IGBT 优化

12.4.1 应用于电动机驱动的 IGBT 优化

本章讨论了各种消费类应用的电动机驱动电路，针对每一种应用优化设计相应的 IGBT 结构是很有必要的。优化的主要目标是通过降低通态电压降和开关损耗，从而提高电动机驱动的效率。这可以通过在本书第 3 章中讨论的功率损耗机制之间的权衡折中来实现。在这些电路中，续流二极管的反向恢复能力是非常重要的，因为 P-i-N 整流器中的反向恢复电流在二极管和 IG-BT 中消耗的功率是巨大的[68]。

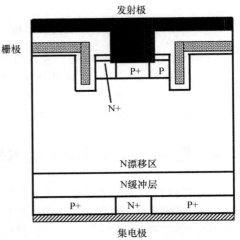

图 12.50 集成了反激二极管的反向
导通 IGBT 结构

英飞凌公司开发出了一种用于电冰箱、洗衣机和空调器的反向导通 IGBT 的结构，如图 12.50 中所示。这些器件由包含缓冲层或场截止层的不对称 IGBT 结构制成。集电区中 N + 区域的面积可以在做 N + 和 P + 扩散时，通过选择适当的光刻尺寸进行调整。反向导通模式的集成二极管的正向导通压降非常接近 IGBT 本身的正向导通压降。集成二极管的反向恢复行为与前面所述的外部反激二极管类似。反向导通 IGBT 取消了反激二极管，减少了其占用的封装空间。六个反向导通 IGBT 可以与驱动、保护和控制电路一起封装在单个 CIPOS 模块之中，具有 600V，15A 的能力。

因包含有多个 IGBT、反激二极管和驱动控制电路的智能功率模块[70]具有紧凑的封装形式，其研发引起了广泛的兴趣。三菱电机对应用于家电电动机驱动的 IGBT 的优化过程进行了为期六代的回顾[71]。通过使用超大规模集成电路制程工具得到的第 6 代 IGBT 结构（见图 12.51），因其减少了沟槽和台面宽度的尺寸，实现了更小的原胞螺距。使用优化的 IGBT 原胞设计，其导通状态下的功率损耗和开关功率损耗均可以减少三倍。

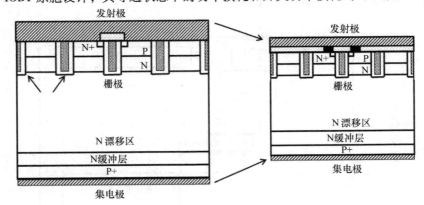

图 12.51 使用超大规模集成电路（VLSI）技术缩小了的 IGBT 结构

仙童半导体公司应用于家电领域的是非穿通型或称对称型的 IGBT[72]。两种优化的 IGBT 结构可以应用于家电：一种是空调器和电冰箱的低频应用；另外一种是洗衣机的高频应用。应用于低频操作的 IGBT 具有 1.7V 的导通电压降，而用于高频操作的 IGBT 导通电压降为 2.1V。这些器件和快恢复反激二极管以及控制电路一起封装在微小型的双列直插智能模块（DIP SPM）中。

东芝提供了多种 600V 和 1200V 的针对家用电器类低频和高频优化的 IGBT。该 IGBT 也可和反激二极管封装在一起。

12.4.2 应用于电磁炉的 IGBT 优化

如 12.1.5 节和 12.2.1 节所讨论的，电磁炉需要在相对高的频率（20kHz）下操作。在该应用中，通过使用具有零电压关断的软开关，可以降低 IGBT 的开关损耗。用于电磁炉的 H 桥结构需要 600V 阻断电压的 IGBT，而用于便携式电磁炉和电饭煲的单端拓扑需要 1200V 阻断电压能力的器件。

东芝半导体为感应加热家电所做的 IGBT 结构优化已经被松下电器所记述[30]。IGBT 过去五代（直到 2007 年）的性能变化如图 12.52 所示。IGBT 通态电压降和关断时间的折中曲线有一个明显的提高。东芝公司在他们的网站上提供了大量的用于 AC 100V、200V 电饭煲和电磁炉的 IGBT 产品[73]。一些产品集成了反激二极管，如图 12.50 所示。性能的提高是通过提高发射极附近的载流子分布、降低集电极 P + 区域的注入效率，并减小图 12.53 所示的原胞螺距得到的[61]。这些设计改进使得 IGBT 的功率损耗降低了 15%。

松下公司开发的 IGBT 适用于便携式电磁炉和电饭煲中的单端感应加热结构[74]。这些结构所需的 IGBT 应具有比 H 桥感应加热结构更大的阻断电压。图 12.54 所示的 1 ~ 3 代 IGBT 折中曲线的改进，可以通过减小平面栅结构的原胞螺距来实现。通过使用沟槽栅结构实现了第 4 代 IGBT 的改进了的折中曲线。

英飞凌公司研发出了图 12.50 所

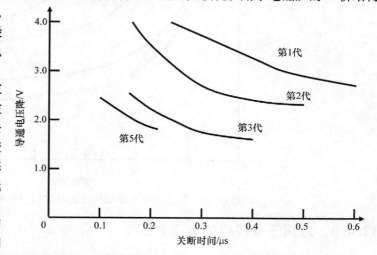

图 12.52　东芝半导体用于 H 桥感应加热的 IGBT 优化

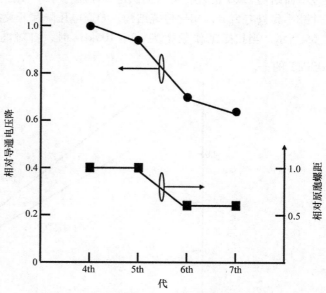

图 12.53　用于 H 桥感应加热的优化 IGBT 单元设计

示的用于半桥和单端感应加热电动机控制的反向导通 IGBT 结构[75]。对于 H 桥结构，器件具有 600V 的阻断电压，而单端类型需要 1200V 的阻断电压。反向导通二极管集成到 IGBT 结构中降低了元件成本和封装成本。具有 1200V 阻断电压能力的 IGBT 需要 120μm 的晶片厚度，并采用沟槽栅和场停止（或不对称）结构。

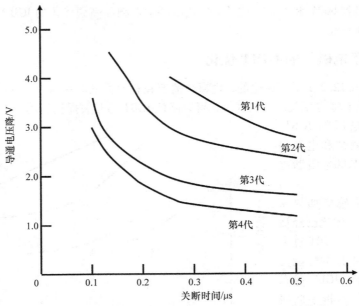

图 12.54　松下电气对单端感应加热应用的 IGBT 的优化

12.4.3　应用于电视机的 IGBT 优化

用于电视机阴极射线管（CRT）的 IGBT 需要 1500V 的阻断电压能力和 100kHz 的工作频率。通过平面结构 IGBT 的优化可以提供这种性能[57]。一种自对准工艺的建立是为了将 $20\mu m$ 的原胞尺寸减小到只有 $5\mu m$，相比传统结构，导通电压降和开关损耗之间的折中曲线得到了改善，如图 12.55 所示。当扫描工作频率为 $30\sim100kHz$ 时，自对准 DMOS 型 IGBT 的功率损耗只有功率 MOSFET 的 $\dfrac{1}{3}$。

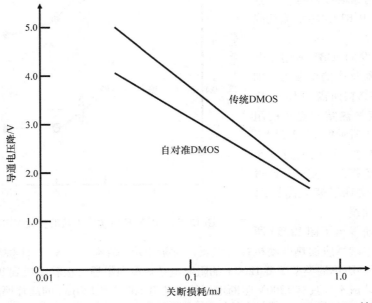

图 12.55　日立公司用于阴极射线管偏转电路的自对准 DMOS 型 IGBT 结构

用于等离子体显示面板（PDP）驱动器维持电路中的 IGBT 必须具有非常高的电流处理能力，如图 12.56 所示。这些 IGBT 的集电极峰值电流密度达到了 $1000A/cm^2$，如图 12.49 所示。必须降低 IGBT 导通期间的功率损耗，以使等离子面板驱动实现更高的效率。可以通过优化集电极的杂质分布，降低导通电压降来减小 IGBT 的通态能量损失[61]。如图 12.57 所示，在非常高的峰值电流密度下，通过压缩 40% 的原胞尺寸，增大了沟道密度，降低了大约 20% 的通态损耗。

由于等离子电视机的市场规模庞大，许多公司专门为此设计了具有高峰值集电极电流处理能力的 IGBT 产品。举几个例子，国际整流器公司的（IRGP4050）IGBT，阻断电压为 250V，导通电流为 104A。该器件可以在 15V 的栅极偏置电压下提供超过 200A 的电流而不会引起电流饱和和闩锁。类似地，IXYS（艾赛斯）公司的等离子显示 IGBT 产品（IXGQ90N33TCD4），阻断电压为 330V，峰值电流额定值为 360A；东芝公司拥有用于 PDP 的峰值电流为 120A，阻断电压为 300V、400V 和 600V 的 IGBT 产品[72]。

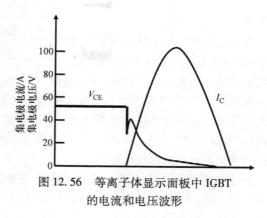

图 12.56　等离子体显示面板中 IGBT
的电流和电压波形

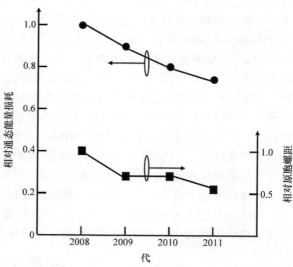

图 12.57　东芝等离子显示驱动中 IGBT 的设计演变

12.4.4　应用于功率因数校正的 IGBT 优化

家用空调器需要功率因数校正（PFC）以降低无功功率和 EMI 噪声。可高达 20kHz 的工作频率将导致对地线的高 dV/dt 噪声和电磁干扰（EMI）的传导及辐射[76]。作者认为，通过减小 N 漂移区的厚度，把阻断电压从 710V 优化到 650V，可以将关断时的能量损耗减小到原来的 1/3。

12.5　总结

IGBT 被广泛用于家电的电源控制电路中。它已成为主要家电（如空调器、电冰箱、微波炉、电磁炉、洗碗机和洗衣机）高效工作和节约成本的必要部件。IGBT 对厨房台面上的小型家电（如食品加工机、搅碎机、混合器和感应电饭煲）获得通用性能也是必不可少的。利用 IGBT 已经开发了具有非常高的电动机转速的旋风式真空吸尘器，可以更好地去除家庭地板和地毯上的污垢。等离子电视机通过使用基于 IGBT 的维持驱动电路和能量恢复电路提高了效率，从而获得了高的显示质量。在这些技术出现以前，基于 IGBT 的偏转驱动电路改善了基于阴极射线管（CRT）的电视机性能。可以肯定地说，IGBT 的发展及其在家电领域中的应用深刻地影响了消费者生活的质量。

有人对多年来家电行业的演变进行了回顾[77]。一篇发表于 2003 年的综述文章指出，美国家电业在 2002 年生产了 3.25 亿件产品，其中包括 770 万台洗衣机、1120 万台电冰箱、610 万台洗碗机、1070 万台微波炉、1500 万台电磁炉。2002 年，主要家电产业在欧洲生产了 8000 万台家电、在日本生产了 6500 万台、在拉丁美洲生产了 4900 万台。这些电器需要使用近 10 亿 hp 的分级电动机，而这些电动机都需要功率电子的控制。在家里，61% 的能量用于空调器、25% 用于电冰箱和冷冻机、5% 用于洗碗机、干衣机和洗衣机。使用高效率电器是减少化石燃料消耗并进而减少二氧化碳排放的有效措施。

最近一项研究说明了各种家用电器的能源利用情况[78]。作者报告微波炉的全球销售量从 2006 年的 4000 万台增长到了 2011 年的 7000 万台。2011 年销售了 7300 万台电冰箱，与 2002 年的数据相比，增长率超过了 15%，而且由于世界繁荣程度的扩大，这一高增长率还会继续。在厨房中添加太多新的电器会严重地增加电网负载。电磁炉功率大约为 1000W，每天下午 5～6 点时工作约 30min。微波炉以 800W 的功率每天使用约 6min。电冰箱以 100W 的功率工作 12min，然后停止 24min，每天重复这个循环 40 次。冷冻机具有类似的能量使用曲线。最重的电力负荷发生在白天下午 5～6 点。作者预测，加利福尼亚州的电网将在 2018 年之前因为这些电器的使用造成过载。因此，通过 IGBT 提高家用电器的效率是至关重要的。

另一个将影响消费者的趋势是创建家庭网络系统。在过去十年，已提出了各种实现这种智能家居的方法，如采用通用的即插即用（UPnP）中间件的方法[79]。家庭网络系统能够自动配置加入或离开网络的电器。电器彼此通信，利用家庭中央服务器监视整个系统以优化能量使用。家庭网络可以与公用设施互动，以减少高峰时段的能源消耗、平衡负载、减少消费者支出、减少公共事业对能源产生能力的投资[80]，能够检测负载并优化能源和水利用的智能洗衣机将提供极大的益处。2015 年智能电冰箱的销售额将超过 25 亿美元。如果没有电力电子技术的发展，这些都将是无法实现的。IGBT 将在未来的可持续发展中发挥重要作用。

参 考 文 献

[1] A.D. Little, Opportunities for Energy Savings in Residential and Commercial Sectors with High Efficiency Electric Motors, U.S. Department of Energy, December 1, 1999. Contract No. DE-AC01-90CE23821.

[2] "US Appliance Industry Factory Unit Shipment Statistics", www.ApplianceMagazine.com.

[3] Annual Energy Review 2008, US Department of Energy, 2009. Energy Information Administration.

[4] "Home Appliance", en.wikipedia.org/wiki/Home_appliance.

[5] "Air Conditioners", www.semicon.toshiba.co.jp/eng/application/homeappliance/index.html.

[6] M.B.R. Correa, et al., Single-phase induction motor drives systems, IEEE Appl. Power Electron. Conf. 1 (1999) 403−409.

[7] M. Chomat, T.A. Lipo, Adjustable speed drive with single-phase induction machine for HVAC applications, IEEE Power Electron. Spec. Conf. 3 (2001) 1446−1451.

[8] D.M. Ionel, High efficiency variable speed electric motor drive technologies for energy savings in the US residential sector, in: IEEE International Conference on Optimization of Electrical and Electronic Equipment, 2010, pp. 1403−1414.

[9] "Refrigeration", en.wikipedia.org/wiki/Refrigeration.

[10] L.C. Packer, Application of motors to household refrigeration compressors, Trans. Am. Inst. Electr. Eng. 71 (1952) 70−77.

[11] S.A. Tassou, T.Q. Qureshi, Performance of a variable speed inverter/motor drive for

refrigeration applications, IEEE Comp. Control Eng. J. 5 (1994) 193−199.

[12]　C.B. Rasmussen, E. Ritchie, Variable speed brushless DC motor drive for household refrigerator compressor, in: IEEE International Conference on Electrical Machines and Drives, 1997, pp. 128−132.

[13]　C.A. Canesin, et al., Variable speed refrigeration system with HPF input rectifier stage, in: IEEE International Symposium on Power Electronics, Electrical Drives, Automation, and Motion, 2008, pp. 848−853.

[14]　M. Yabe, K. Sakanobe, M. Kawakubo, High efficient motor drive technology for refrigerator, in: IEEE Conference on Environmentally Conscious Design and Inverse Manufacturing, Paper 3C-1-3S, 2005, pp. 708−709.

[15]　K.-W. Lee, S. Park, and S. Jeong, "A seamless transition control of sensorless PMSM compressor drives for improving efficiency based on a dual-mode operation", IEEE Trans. Power Electron, inpress.

[16]　"Washing Machine", en.wikipedia.org/wiki/Washing_machine.

[17]　K. Harmer, P.H. Mellor, D. Howe, An energy efficient brushless drive system for domestic washing machine, in: IEEE International Conference on Power Electronics and Variable Speed Drives, 1994, pp. 514−519.

[18]　H.S. Rajamani, R.A. Mc Mahon, Induction motor drives for domestic appliances, IEEE Ind. Appl. Mag. 3 (3) (May/June 1997) 21−26.

[19]　T. Tanaka, Environment friendly revolution in home appliances, in: IEEE International Symposium on Power Semiconductor Devices and ICs, Paper P.6, 2001, pp. 91−95.

[20]　J.S. Moghani, M. Heidari, High efficient low cost induction motor drive for residential applications, in: IEEE International Symposium on Power Electronics, Electrical Drives, Automation, and Motion, 2006, pp. 1399−1402.

[21]　D.G. Kokalj, Variable frequency drives for commercial laundry machines, IEEE Ind. Appl. Mag. 3 (3) (May/June 1997) 27−30.

[22]　"Microwave Oven", en.wikipedia.org/wiki/Microwave_oven.

[23]　M. Ishitobi, et al., Pulse width and pulse frequency modulation pattern controlled ZVS inverter type AC-DC power converter with lowered utility AC grid side harmonic current components for magnetron drive, IEEE Power Electron. Spec. Conf. (2002) 2062−2067.

[24]　H. Kako, T. Nakagawa, R. Narita, Development of compact inverter power supply for microwave oven, IEEE Trans. Consum. Electron. 37 (1991) 611−616.

[25]　T. Matsushige, et al., Voltage clamped soft switching PWM inverter-type DC-DC converter for microwave oven and its utility AC side harmonics evaluations, IEEE Power Electron. Motion Control Conf. 1 (2000) 147−152.

[26]　Y-J. Woo, et al., One-chip class-E inverter controller for driving a magnetron, IEEE Trans. Ind. Electron. 56 (2009) 400−407.

[27]　"I. Cooking", en.wikipedia.org/wiki/Induction_cooking.

[28]　W.C. Moreland, The induction range: its performance and its development problems, IEEE Trans. Ind. Appl. IA-9 (1973) 81−85.

[29]　P.H. Peters, A portable cool-surface induction cooking appliance, IEEE Trans. Ind. Appl. IA-10 (1974) 814−822.

[30]　K. Yasui, et al., Latest developments of soft-switching pulse modulated high frequency conversion systems for consumer induction heating power appliances, IEEE Power Conv. Conf. (2007) 1139−1146.

[31]　H.W. Koertzen, J.S. van Wyk, J.A. Ferreira, Design of the half-bridge series resonant converter for induction cooking, IEEE Power Electron. Spec. Conf. 2 (1995) 729−735.

[32]　S.P. Wang, et al., A constant frequency variable power regulated ZVS−PWM load resonant inverter for induction heating appliance, IEEE Int. Symp. Ind. Electron. 2 (1997) 5670571.

[33]　B.J. Baliga, et al., The insulated gate rectifier: a new power switching devices, Abstract 10.6, IEEE Int. Electron Devices Meeting (1982) 264−267.

[34]　H. Sugimura, et al., Direct AC-AC resonant converter using one chip reverse blocking IGBT-based bidirectional switches for HF induction heaters, IEEE Int. Symp. Ind. Electron. (2008) 406−412.

[35] "Dishwasher", en.wikipedia.org/wiki/Dishwasher.

[36] F. Rosa, et al., Dishwasher history and its role in modern design, IEEE Hist. Electro-Technol. Conf. (2012) 1—6.

[37] B. Rubino, C. Parisi, S. Buonomo, Potential of new SLLIMM-nano intelligent molded module for low power home appliance motor drives, IEEE Int. Power Electron. Motion Control Conf. (2012) pp. LS6d.1-1—LS6d.1-7.

[38] "Small Appliance", en.wikipedia.org/wiki/Small_appliance.

[39] V. Smil, "Feeding the World: How Much More Rice Do We Need?", www.vaclavsmil.com.

[40] "Let's Eat!", www.asiarice.org.

[41] I. Hirota, et al., Performance evaluations of single ended quasi-load resonant inverter incorporating advanced 2nd generation IGBT for soft-switching, in: IEEE International Conference on Industrial Electronics, Control, Instrumentation, and Automation, vol. 1, 1992, 223—228.

[42] "IGBT Power Losses in Induction Heating Applications", On-Semiconductor Application Note AND9064/D, October 2011, http://onsemi.com.

[43] "Blender", en.wikipedia.org/wiki/Blender.

[44] "Juicer", en.wikipedia.org/wiki/Juicer.

[45] "Mixer (Cooking)", en.wikipedia.org/wiki/Mixer_(cooking).

[46] "Food Processor", en.wikipedia.org/wiki/Food_processor.

[47] T. Castagnet, J. Nicolai, Digital drive for home appliance DC motor, in: IEE Colloquium on Variable Speed Drives and Motion Control, 1992, pp. 6/1—6/4.

[48] Z.-S. Ho, et al., Implementation of food processor application using brushless DC motor control, in: IEEE Power Electronics and Drive Systems, 2011, pp. 272—277.

[49] "Vacuum Cleaner", en.wikipedia.org/wiki/Vacuum_cleaner.

[50] C.J. Bateman, et al., Sensorless operation of an ultra-high-speed switched reluctance machine, IEEE Trans. Ind. Appl. 46 (2010) 2329—2337.

[51] J.-Y. Lim, et al., Single-phase switched reluctance motor for vacuum cleaner, IEEE Int. Symp. Ind. Electron. 2 (2001) 1393—1400.

[52] "Television", en.wikipedia.org/wiki/Television.

[53] A.R. Kmetz, Flat-panel displays, IEEE Aerosp. Electron. Syst. Mag. 2 (8) (1987) 19—24.

[54] P. O'Donovan, Goodbye CRT, IEEE Spect. (November 2006) 38—42.

[55] I. Oh, A new base driving technique of a high voltage BJT for the horizontal deflection output using a CRT, in: IEEE Asia-Pacific Conference on ASICs, 1999, pp. 67—74.

[56] P.S. Wilson, Power transistor developments for color CRT deflection, IEEE Trans. Consum. Electron. CE-32 (1986) 264—267.

[57] M. Mori, et al., High switching speed 1500 V IGBT for CRT deflection circuit, in: IEEE International Symposium on Power Semiconductor Devices and ICs, 1991, pp. 237—241.

[58] Y. Seki, A 1500 V IGBT with a self-aligned DMOS structure for high resolution CRT operated up to 100 kHz, in: IEEE International Symposium on Power Semiconductor Devices and ICs, 1991, pp. 215—219.

[59] "Plasma Display", en.wikipedia.org/wiki/Plasma_display.

[60] H.-B. Hsu, et al., Regenerative power electronics driver for plasma display panel in sustain-mode operation, IEEE Trans. Ind. Electron. 47 (2000) 1118—1125.

[61] S. Umekawa, et al., New discrete IGBT development for consumer use, IEEE Int. Power Electron. Conf. (2010) 790—795.

[62] S.-K. Han, et al., IGBT-based cost-effective energy-recovery circuit for plasma display panel, IEEE Trans. Ind. Electron. 53 (2006) 1546—1554.

[63] H. Sumida, et al., A high performance plasma display panel driver IC using SOI, in: IEEE International Symposium on Power Semiconductor Devices and ICs, Paper 7.1, 1998, pp. 137—140.

[64] H. Sumida, et al., 250-V class lateral SOI devices for driving HDTV PDPs, in: IEEE International Symposium on Power Semiconductor Devices and ICs, 2007,

pp. 229—232.

[65]　J. Sakano, et al., Large current capability 270 V lateral IGBT with multi-emitter, in: IEEE International Symposium on Power Semiconductor Devices and ICs, Paper 4-4, 2010, pp. 83—86.

[66]　S.L. Wong, N. Majid, A single-chip pre-regulator circuit using LIGBT and current mode sensing, in: IEEE International Symposium on Power Semiconductor Devices and ICs, Paper 8.3, 1994, pp. 385—389.

[67]　A.R. Hambley, Electrical Engineering, Chapter 10, Prentice Hall, 2011. Fifth ed., pp. 492—494.

[68]　B.J. Baliga, Power semiconductor devices for variable frequency drives, Proc. IEEE 82 (1994) 1112—1122.

[69]　J. Song, et al., A new intelligent power module with reverse conducting IGBTs for up to 2.5 kW motor drives, IEEE Int. Power Electron. Conf. (2010) 156—158.

[70]　G. Mujumdar, et al., Novel intelligent power modules for low-power inverters, IEEE Power Electron. Spec. Conf. 2 (1998) 1173—1179.

[71]　G. Majumdar, Power module technology for home power electronics, IEEE Int. Power Electron. Conf. (2010) 773—777.

[72]　T.-S. Kwon, et al., Development of new smart power module for home appliances motor drive applications, in: IEEE International Electric Machines and Drives Conference, 2011, pp. 95—100.

[73]　"Toshiba Product Guide: Discrete IGBTs", http://www.semicon.toshiba.co.jp.

[74]　H. Terai, et al., Comparative performance evaluations of IGBTs and MCT in single-ended quasi-resonant zero voltage soft switching inverter, IEEE Power Electron. Spec. Conf. 4 (2001) 2178—2182.

[75]　S. Voss, O. Hellmund, W. Frank, New IGBT concepts for consumer power applications, in: IEEE Industry Applications Conference, 2007, pp. 1038—1043.

[76]　C.M. Yun, B.S. Suh, T.H. Kim, Optimization of IGBT in power factor correction module for home appliance, in: IEEE International Symposium on Power Semiconductor Devices and ICs, 2002, pp. 181—184.

[77]　J.C. Moreira, Evolution and future of power electronic applications in home appliances, IEEE Int. Conf. Ind. Electron. 3 (2003) 3023—3024.

[78]　Y.W. Leung, et al., The energy profile study of electric kitchen utensils for residential smart kitchen, in: IEEE International Conference on Advances in Power System Control, Operation, and Management, 2012, pp. 1—5.

[79]　D.-S. Kim, J.-M. Lee, W.H. Kwon, Design and implementation of home network systems using UPnP middleware for networked appliances, IEEE Trans. Consum. Electron. 48 (2002) 963—972.

[80]　A. Grogan, Smart appliances, Eng. Technol. Mag. 7 (6) (2012) 44—45.

第 13 章　IGBT 应用：医疗

医学在 20 世纪取得的革命性进步，为改善患者的护理质量提供了巨大的改进。使用非侵入式的工具在人体内观察创伤的能力在诊断和治疗中给了医疗服务提供者前所未有的帮助。这些能力能够避免不必要的手术治疗且在执行必要的外科手术时能帮助做出更精确的决策。

第一个用来观察人体内部的非侵入式仪器是使用伦琴在 1895 年发现的 X 射线开发出来的。X 射线是能量在 $100 \sim 100 \text{keV}$ 之间的电磁辐射，对应的波长是 $0.1 \sim 100 \text{Å}$[1]。能量高于 $5 \sim 10 \text{keV}$ 的 X 射线被称为"硬 X 射线"，而能量较低的被称为"软 X 射线"。硬 X 射线可以穿透人体软组织，这使得它们非常适合于医疗成像和机场安检扫描仪。

X 射线计算机断层扫描或简称 CT 是在 20 世纪 70 年代开发出来的先进技术，用来提供人体的高分辨率二维截面图像。美国在 2007 年就进行过 7200 万次的 CT 扫描。

磁共振成像或简称 MRI 扫描是在 20 世纪 70 年代基于人体组织内质子的射频激励开发出来的。为了获取高质量的图像必须产生一个强大和稳定的磁场。

超声波扫描术是一种利用人类听觉范围外的声波成像的一种方法。从来自人体内部器官的回声创建图像。它是怀孕期间观察胎儿在子宫内成长的常用技术。

植入式心脏除颤器可以保证心脏节律的稳定。在 20 世纪 80 年代，小尺寸且带有简单操作指令的便携式除颤器成为可能。这些除颤器被广泛部署在建筑、飞机和紧急车辆上，对心脏骤停的病人进行心脏复苏。美国医学协会估计，在美国每年有超过 10 万人由于这项技术而获救。

2012 年全球市场上的上述医疗设备大概价值 3000 亿美金，其中美国占了 38% 的最大市场份额[2]。在美国有 6500 多家公司服务于医疗市场。医疗设备市场的各个领域包括：①电动医疗设备，如心脏起搏器、核磁共振成像扫描仪和超声波检测仪；②辐射设备，如 X 光机和 CT 扫描仪；③牙科设备。根据收入评判的顶尖医疗设备公司是强生（Johnson & Johnson）、西门子（Siemens AG）、通用电气公司（General Electric Company）、美敦力公司（Medtronic Inc.）和飞利浦电子公司（Philips Electronics）[3]。

上述所有复杂的医学成像系统均依赖于 IGBT 控制的电源。稳定的电源是获取高质量图像所必不可少的，而 IGBT 则是获得稳定电源的关键。IGBT 控制电源的尺寸和重量，这对于医疗设备的设计和功能有着重要影响。本章将讨论以上这些类型的医疗设备背后的原理和用于这些机器的电路拓扑结构。

13.1　X 射线机

医疗行业广泛使用的典型的 X 射线设备是 X 射线机，如图 13.1 所示。图 13.1a 所示的是一台 X 射线机，病人躺在床上，X 射线机可以对人体的任何部分成像。图 13.1b 展示的是一台可移动式 X 射线机，它可以移动到病人的位置进行诊断，常用在军事、运动或灾难应对的情况。图 13.1c 是牙医使用的 X 射线机示例，用于检查牙齿和牙龈、发现蛀牙。

医疗设备中所需的 X 射线是由通用电气公司的 William Coolidge，在 1913 年发明的库里奇管（Coolidge tube，即热阴极电子射线管）产生的，这种配置一直沿用至今。库里奇 X 射线管的基本工作原理如图 13.2 所示。X 射线是通过阴极的灯丝产生电子而产生的。通过使用高压电源，

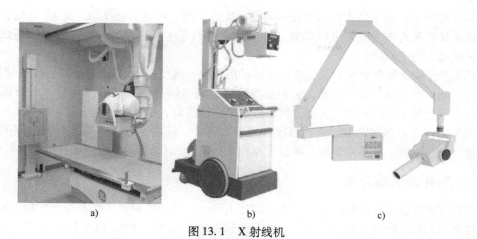

图 13.1　X 射线机

a) 全身　b) 可移动式　c) 牙科用

电子被加速到很高的能量然后轰击阳极。阳极材料由钨或掺杂 5% 铼的钨制成以抵抗开裂[1]。高能电子将它们的能量传递给靶材，根据两种基本机制产生了图 13.3 所示的 X 射线谱。这两种基本机制是 X 射线荧光和韧致辐射。在 X 射线荧光机制中，高能电子将轨道电子从靶材原子的内壳中移出。当较高能量轨道上的电子填充到内侧轨道中的空位上时就会产生 X 射线辐射。辐射的 X 射线具有对应于靶材原子轨道之间能量差的特定波长。在钨作为靶材的情况下，只要入射电子被大于 70kV 的电压加速，就会产生能量为 59.3keV 和

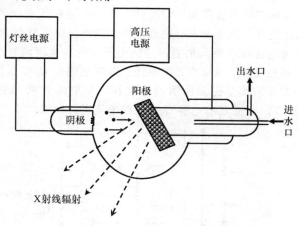

图 13.2　X 射线产生原理

67.2keV 的 X 射线辐射，这就产生了可用于成像的硬 X 射线。韧致辐射是当高能电子被原子核散射时产生的辐射，它具有如图 13.3 所示的连续光谱。该光谱在对应于电源电压的最高可用能量（本例中为 150keV）处强度为零。

　　不幸的是，只有约 1% 的输入能量产生了用于成像的硬 X 射线[4]。大部分能量转化成了热量，电子束轰击钨电极可以使其达到 2500℃ 的高温。在库里奇管中，热量被冷却水带走以保证 X 射线源的稳定工作，如图 13.2 所示。此外，在 X 射线出口处的铝过滤器被用来吸收不希望的软 X 射线，以减少患者遭受的辐射。

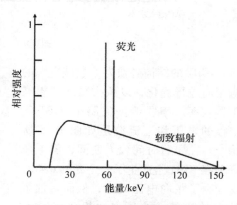

图 13.3　用 150kV 加速电压作用于库里奇管产生的 X 射线

　　第一次骨骼结构的成像报告是在伦琴发现 X 射线后不久。从那时起，这个工具已经被广泛应用于世界各地，到 2010 年，拍摄的图像就已经超过了 50 亿幅。早期的图像是通过照相底版来制备的，但现代化的机器是使用 X 射线探测器来形成数字图像。当与周围组织相比时骨骼系统的密度很高，因此 X 光片可以用来检测骨骼系统的病

理。胸部 X 光片可以检测肺疾病如肺炎和肺癌。腹部 X 光片可以对肠梗阻、胆囊/肾结石进行成像。牙科通常用 X 射线为蛀牙进行成像。乳房 X 光片被用于乳腺癌的早期发现。较高强度的 X 射线辐射被用于癌症治疗。

X 射线图像的质量会受 X 射线管输出端波动的影响，这可能表现为图像中的噪声或假象。为避免这些问题并产生高质量的图像，关键是要精确地调节供给 X 射线管的电压。随着医学界对用于增强患者诊断和治疗效果的更高分辨率图像需求的提高，以更快的响应时间和更小的纹波电流来提高 X 射线管电压的精度并进行校准变得非常重要。同时，也非常期望电源更高效、在尺寸和重量上更小以便于设备的管理。可以工作在高频率的 IGBT 模块使得这些特性成为可能。

13.1.1 串并联谐振电源

X 射线管必须在非常高的电压下工作（高达 150kV）以产生期望的硬 X 射线辐射。X 射线电源必须在很短的持续时间内传递该高压。电源的输出电压必须在 10ms 内达到稳定值，以防止在图像中产生噪声和缺陷。由 X 射线电源传递的功率范围是 20～150kW。

串并联谐振变换器的设计是为了满足对 X 射线管的功率输送要求[5]。电源的输出电压是通过改变开关频率和占空比来进行控制的。用于电源的电路图如图 13.4 所示。输入的交流电被整流为电容器 C_B 两端的直流总线电压。脉冲宽度调制（PWM）逆变器中的 4 个 IGBT 工作在零电压开关条件下以减少开关损耗。谐振电路由 C_S 和 L_S 构成。高压变压器具有 400～1000 的匝数比来为 X 射线管提供所需的高电压。X 射线管两端的电压可以在 1ms 的上升时间内达到 60～100kV。电感 L_F 和电容 C_F 对纹波电流进行过滤。

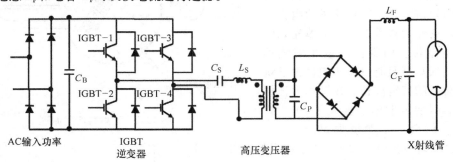

图 13.4　X 射线管谐振变换器电源

IGBT 的结构必须为 X 射线电源的应用而进行优化，以减少功耗并提高工作效率。串联谐振电路中 IGBT 集电极的电压和电流波形如图 13.5 所示[6]。在导通时间段 t_1 期间，零电压开关在 IGBT 上产生了一个高的 dI/dt，这导致了正向电压过冲，从而增加了功率的损耗。教科书中提供了一个 IGBT 的正向恢复分析模型[7]。正向电压过冲是由于 IGBT 结构中高电阻漂移区的电导率调制时间产生的。现已发现正向恢复损耗在 X 射线电源电路

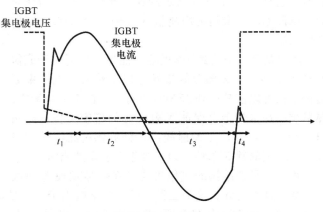

图 13.5　X 射线管电源中的 IGBT 波形

的总功耗中占主要部分[6]。三菱电机公司为这种应用开发了沟槽栅和集电极停止结构的第 6 代 IGBT 以减少高频电路中的功率损耗。

13.1.2　双模电源

如前一节所讨论的，在产生图像时，X 射线管两端的电压必须以很快的速度增加到正常工作值。在电压变化的过程中必须没有电压过冲或振荡。有几个双模电源电路已经被提出并证明实现了这些功能[8,9]。

一个双模电源的拓扑结构如图 13.6 所示。它包括一个相移 PWM 串联谐振逆变器用于驱动高压高频变压器的输入。变压器的输出用一个多级电压放大器进行调整。该电路的谐振频率由电容 C_s 与变压器的漏感 L_s 决定。选择 IGBT 的 PWM 开关频率比谐振频率大。电压纹波和电路的动态响应随工作频率的增大而得到改善。IGBT-1 和 IGBT-2 以 50% 的固定占空比（略微降低，以防止穿通电流）进行操作。IGBT-3 和 IGBT-4 的操作与之类似，但相对于 IGBT-1 和 IGBT-2 有一定的相移。在零相移时，输入电压与变压器的两个输出电压达到最大值，等于直流总线电压 (V_{DC})。当相移增加至 180°，变压器一次侧两端的电压被减小到零。因此，可以通过控制 IGBT-3 和 IGBT-4 栅极驱动信号的相移来调节变压器二次侧产生的电压从零到 V_{DC} 的变化。

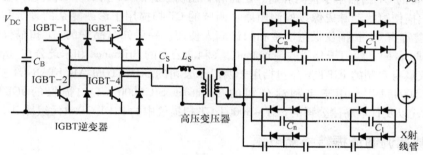

图 13.6　双模 X 射线管电源

由电压倍增级产生的直流电压由下式给出：

$$V_0 = 2nV_{in}(\max) - \frac{I_o}{f_s C}\left[\frac{n^3}{24} + \frac{n^2}{8} + \frac{n}{3}\right] \tag{13.1}$$

式中，V_{in} 是变压器的输入电压，从 0 到 V_{DC}；I_o 是传送到 X 射线管的电流；f_s 是 PWM 开关频率；C 是电压倍增电路中的所有电容器的值（C_1，…，C_n）；n 是倍增的级数。

瞬态脉冲开始时，在变压器的一次侧保持最大电压 V_{DC} 可以改善电路的动态响应。当输出电压接近 X 射线管两端期望目标电压的 90% 时，增加相移到获得最终目标电压所需的值。用这种方法，当开关频率为 39kHz 时，输出电压达到其稳态值所花费的时间小于 1ms。

13.2　计算机断层扫描

在 20 世纪 70 年代，随着 X 射线计算机断层扫描（通常称为 CT 扫描仪）的发展，X 射线照相术实现了显著的进步。断层扫描这个词来源于"切片"的希腊词 tomos 和"写"的希腊词 graphein。断层图像是人体的二维虚拟切片，可以将其组合以产生三维图像。典型的扫描仪如 GE Prospeed，如图 13.7a 所示。患者躺在水平位置的台面上，X 射线管和检测器位于扫描期间垂直于患者身体的圆形腔的机架中，如图 13.7b 所示。机架围绕患者旋转以获得信息，用于生成与身体正交的单个切片的图像。然后如图13.7b所示移动患者台,以沿着身体的长度方向产生多个切片。

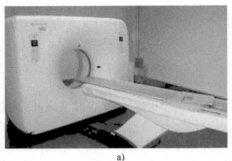
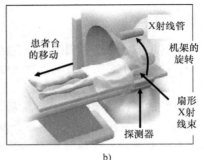

a)   b)

图   13.7

a) CT 扫描仪   b) CT 操作

在过去二十年中,医疗界使用CT扫描的次数显著增加,2007年在美国就进行了7200万次扫描[10]。颅骨的CT扫描用于检测肿瘤、出血和骨创伤。肺的CT扫描可以检测肺气肿和纤维化。心脏的CT扫描使冠状动脉成像以检测阻塞。四肢的CT扫描用于诊断复杂的骨折和脱位。美国的大多数医院都有CT扫描仪供急诊室和门诊病人使用。一些知名品牌的CT扫描仪包括通用电气公司的Lightspeed、西门子公司的Somatom、飞利浦公司的Brilliance和东芝公司Aquilion。特地为CT扫描仪量身定制的IGBT产品包括用于西门子公司的SOMATOM AR. STAR CT扫描仪的IGBT逆变器6509454[11],用于飞利浦公司的Tomoscan SR 7000 CT扫描仪的IGBT驱动单元53159006[12],以及日本岛津公司的SCT－5000T CT扫描仪中的IGBT CT单元组件5017456402[13]。

13. 2. 1　脉宽调制谐振转换器电源

CT扫描仪 c. 1995 的电源框图如图13.8所示[14]。输入AC电源被整流以产生用于PWM转换器的DC总线电压。硬开关脉宽调制转换器以50kHz的频率工作以降低电压并增加电流。PWM转换器的输出馈送到谐振逆变器。谐振逆变器在50kHz下软切换以产生高压高频变压器的高频正弦输入电压。变压器的输出使用△－丫形配置进行整流。

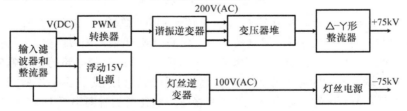

图13.8　用于CT扫描仪的PWM谐振转换器电源

脉宽调制(PWM)转换器的电路如图13.9所示。它使用工作在50kHz的单个IGBT。PWM转换器的输出馈送到谐振逆变器。PWM转换器的输出由驱动IGBT的信号占空比决定。

谐振逆变器由两个推挽输出的IGBT组成,在输出端有一个Pi谐振滤波器,如图13.10所示。谐振逆变器接收来自PWM转换器的输入,并产生高频正弦波输入到高频高压变压器。谐振逆变器在接近谐振频率(大约50kHz)处进行软切换。600V的IGBT在零电压下开关以降低开关功率损耗并提高效率。Pi谐振电路产生变压器输入绕组期望的正弦波。

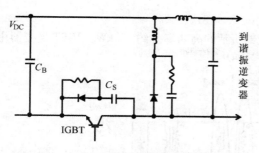

图 13.9　CT 扫描仪的脉宽调制转换器电路

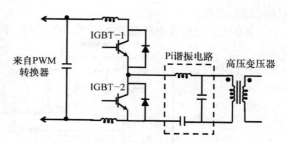

图 13.10　CT 扫描仪中带 Pi 谐振
电路的谐振逆变器

多组上述 PWM 转换器/谐振逆变器级与多个变压器一起使用，可以通过它们相对于彼此的相移来减小纹波电流。使用该方法，将具有 3.5% 的纹波、600kHz 的 150kV 阳极至阴极电压输送到 CT 扫描器中的 X 射线管。

13.2.2　旋转机架中的谐振逆变器电源

到 2000 年，CT 扫描仪的电源被设计为安装在可移动机架内的基于 IGBT 的谐振逆变器[15]。对输入的 AC 电源进行整流和滤波以在机架的静止部分产生 DC 总线。然后通过使用带有刷子的集电环将 DC 电力传送到机架的旋转部分。安放在机架旋转部分中的电子设备包括 X 射线功率逆变器、谐振电路、高频高压变压器、高压整流器、X 射线管及其转子驱动器。

CT 的 X 射线管电源如图 13.11 所示。用于将直流电转移到 IGBT 逆变器级的集电环在左侧。四个 IGBT 与串联谐振电路一起使用以产生高频高压变压器需要的高频输入功率。谐振电路的工作模式可以减小 IGBT 中的开关损耗，同时允许在高频率下工作以减小变压器的尺寸和重量。变压器的输出被整流并且馈送到 X 射线管以产生用于 CT 图像的 X 射线辐射。用于 X 射线管的转子驱动器也使用 IGBT。

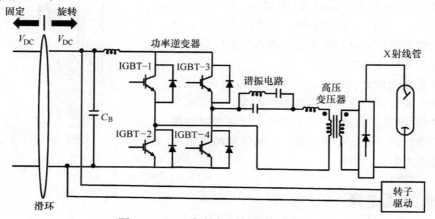

图 13.11　CT 扫描仪机架中的逆变器

13.2.3　固定机架中的谐振逆变器电源

旋转机架的重量和体积随其内部 IGBT 逆变器位置的改变而改变。在 2006 年，通过将 IGBT 逆变器定位在机架的固定部分并通过非接触式旋转变压器传输高频交流电源解决了这个问题[15]。非接触式旋转变压器消除了在先前的 DC 滑环配置中使用的电刷。电刷的磨损是 CT 扫描仪可靠性问题之所在。

新的 CT 扫描仪电源配置如图 13. 12 所示。图上部所示的高功率（约 150kW）IGBT 逆变器用

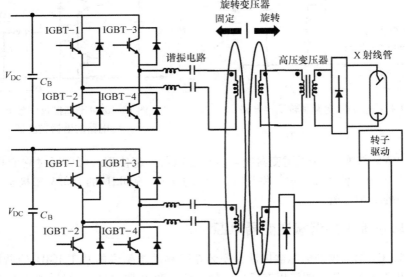

图 13. 12　CT 扫描仪旋转机架外部的逆变器

于为 X 射线管提供电源。输入 AC 功率首先被整流以为 CT 机架固定部分上的 IGBT 功率逆变器产生 DC 总线。IGBT 逆变器是在旋转变压器的输入级产生高频 AC 功率的串联谐振电路。旋转变压器的输出馈送到高频高压变压器，后者的输出被整流和滤波以降低纹波电压，然后被用于驱动 CT 扫描仪中的 X 射线管。

较低功率（约 5kW）的辅助 IGBT 逆变器，如图 13. 12 下部所示，也并入本设计中。辅助逆变器的输出用于向 X 射线管的旋转驱动器和安装在机架旋转部分内部的其他电子部件提供电力。

旋转变压器的设计由图 13. 13 中的横截面来展示。它包括了两个安装了变压器绕组的相对的盘。E 形磁芯用于限制磁场并增强变压器的一次侧和二次侧之间的耦合。外圈的绕组用于辅助功率输送，内圈的绕组用于向 X 射线管输送功率。

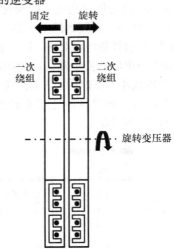

图 13. 13　CT 扫描仪中的旋转变压器设计

13. 3　磁共振成像

在上一节中讨论的 CT 扫描仪利用的是 X 射线辐射，随着曝光的累积它可能对人体造成伤害。一种不利用这种电离辐射的成像模式是磁共振成像（Magnetic Resonance Imaging，MRI），它自 20 世纪 80 年代以来已经变得非常重要。图 13. 14a 中给出了 MRI 扫描仪的例子。其产生图像所需的主要部件如图 13. 14b 所示。MRI 成像技术依赖于氢核（或质子）的旋进[16]。氢原子在人体组织中的水和脂肪分子内是普遍存在的。在自然状态下，氢核的旋转是随机取向的。当使用磁

体沿着 MRI 机器的轴向施加非常高的磁场（通常为 1～2T）时，氢原子沿着轴线排列，原子在每个方向的取向都为 1/2。然而，有少量原子的取向是不平等匹配的。将射频脉冲施加到要进行成像的身体区域，调谐到氢核的旋进频率（拉莫尔频率）以实现共振。不匹配的氢核吸收射频能量，将其自旋方向改变为横贯于主磁场平面。使用射频接收器线圈来检测横向磁化。当射频输入能量停止时，激发的氢核返回到平衡点，同时释放可由检测器拾取的能量。质子自旋弛豫的发生是通过自旋晶格的弛豫和自旋－自旋弛豫机制实现的。该信息用于生成称为"切片"的图像，厚度可以是几毫米。

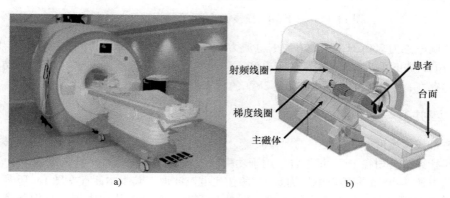

图 13.14

a）MRI 扫描仪 b）MRI 部件

如图 13.14 所示，三个梯度磁体沿着 MRI 扫描器的轴线与主磁体一起安放。它们快速地开启和关闭以改变需要生成切片图像的身体局部区域中的磁场。切片选择梯度由 z 轴梯度线圈产生，以在仅几毫米厚的切片中激发质子。x 和 y 梯度线圈用于施加磁场以产生质子自旋所需的频率和相位的受控变化。该方法允许沿着任何方向产生图像，而非移动患者，这是 MRI 机器的一个显著优点。

由于利用 MRI 机器进行医学诊断的机会很多，它们在世界上已经成为医疗设备中很流行的工具。据估计，全球有超过 25000 台的 MRI 扫描仪正在使用中[17]。MRI 扫描仪用于检测各种癌症、对血管疾病进行成像、观察肝脏和胰腺的病变，甚至脑内神经活动的变化。2010 年，MRI 机器的全球市场份额为 55 亿美元，其中 80% 的销售额出现在美国、欧洲和日本[18]。MRI 机器的领先制造商是 GE Healthcare、西门子、飞利浦、日立和东芝。2010 年全球进行了超过 3000 万次的 MRI 扫描。其中 29% 用于头脑和颈部；25% 用于脊柱；24% 用于四肢。MRI 产品被细分为"低场系统（小于 0.5T 的磁场）"，"中场系统（0.5～1.0T 的磁场）"，"高场系统（1.5T 的磁场）"，"超高场系统（3.0T 的磁场）"。高场和超高场系统在市场中占主导地位。超高场 MRI 机器可用于全身扫描。

13.3.1 双并行四象限直流斩波功率放大器

为了快速产生 MRI 图像（比如每 100ms 产生一幅），梯度线圈必须由功率放大器驱动，功率放大器提供电流的快速增长并且使其保持在纹波电流很小的稳定值。1999 年已经报道了一对四象限直流斩波电路实现了该性能[19]。日立医疗公司的双并行四象限直流斩波器的拓扑结构如图 13.15 所示。8 个 IGBT 用于在梯度线圈中产生所期望的电流波形。IGBT 被接通和关断，使得 L－R－C 滤波器上的电压在 V_{DC} 和 0 之间交替。梯度线圈中的电流（I_{GC}）是滤波器电路中的电流 I_{a1} 和 I_{a2} 或电流

I_{b1} 和 I_{b2} 的和。因为滤波器中的纹波电流相互抵消，使得梯度线圈中的纹波电流减小。

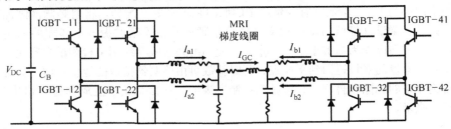

图 13.15　用于 MRI 扫描仪的 PWM 谐振转换器电源

梯度线圈电感为 200μH，每个方向的电流为 150A。通过以 20kHz 的开关频率操作 IGBT，对于 300A 的电流瞬变可以实现 0.5μs 的上升和下降时间。当向梯度线圈输送 125kW 的功率时，由于尾电流的存在，在 IGBT 中可以观察到 2kW 的功率损耗。

13.3.2　四并行全桥功率放大器

为了改进成像速度并获得更好的图像质量，需要增加功率放大器驱动梯度线圈磁体的响应速度。日立医疗系统公司在 1999 年报告了用于功率放大器的四并行全桥拓扑的开发[20]。该方法能够提供峰值电流为 400A 和输出电压为 600V 的任何电流波形，其基本原理在图 13.16 所示的框图中给出。图的上部包含一个电流主放大器，图的下部有一个电流从放大器。它们都有三个多桥 PWM 放大器。AC-DC 转换器从 200V 的交流输入电源产生 650V 的直流电压，并将其馈送到 PWM 输出电路。主从功率放大器的输出电路联合驱动梯度线圈的 X、Y 和 Z 通道。

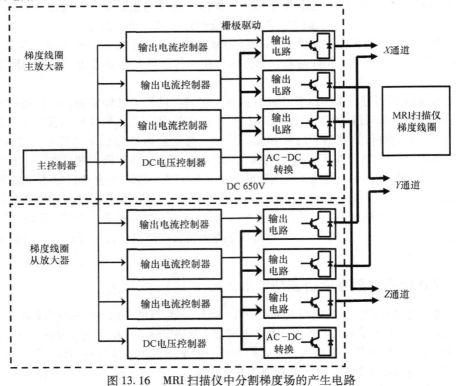

图 13.16　MRI 扫描仪中分割梯度场的产生电路

　　四并行全桥功率放大器电路如图 13.17 所示。它采用 16 个额定值为 1200V 和 300A 的 IGBT。此外，使用功率因数校正有源 AC – DC 转换器，其包含额定值为 1200V 和 400A 的 6 个额外的 IGBT，以对 AC 输入电源进行整流，并为功率放大器创建稳定的 DC 总线。IGBT 开关 S – 11，S – 12，S – 13 和 S – 14 组成了驱动梯度线圈电流的第一个 H 桥网络；IGBT 开关 S – 21，S – 22，S – 23 和 S – 24 组成了驱动梯度线圈电流的第二个 H 桥网络；IGBT 开关 S – 31，S – 32，S – 33 和 S – 34 组成了驱动梯度线圈电流的第三个 H 桥网络；IGBT 开关 S – 41，S – 42，S – 43 和 S – 44 组成了驱动梯度线圈电流的第四个 H 桥网络。

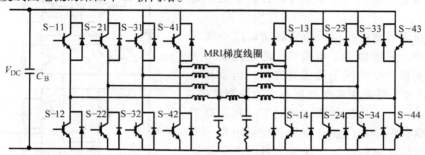

图 13.17　MRI 扫描仪的四并联全桥电源

　　用于四并联行全桥电路中选通 IGBT 的控制信号如图 13.18 所示。为了防止在器件中产生会导致热损毁的直通电流，上下相连的 IGBT（如 S – 11 和 S – 12 等）以图 13.18 中所示的死区进行切换。第二个 H 桥中的 IGBT（例如 S – 21）以与第一个 H 桥中对应的 IGBT（例如 S – 11）成 90°的相移进行门控。类似的 90°相移被应用于第三个和第四个 H 桥中的 IGBT。这种方法显著降低了输出电流的纹波。提供给 MRI 扫描仪梯度线圈的输出电流可以调整到 200A，上升时间为 200μs。已经发现，200Hz 以下的输出电流纹波将影响 MRI 图像的质量。这里描述的方法可以保证在 10Hz 和 500Hz 之间的纹波噪声小于 5mA。

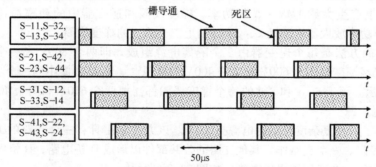

图 13.18　MRI 扫描仪功率放大器中 16 个 IGBT 的门控信号

13.3.3　堆叠式三桥功率放大器

　　多年来，需要不断改进产生 MRI 图像的质量和速度。这可以通过增加驱动梯度线圈的电流和电压来实现。到 2004 年，已经可以在 MRI 系统中使用几百安培的电流和超过 1500V 的电压来驱动梯度线圈。驱动器还需要具有快速的响应时间和梯度线圈中很小的纹波电流。

　　通用电气医疗保健公司已经报道了使用一种堆叠式三桥的方法来改进驱动梯度线圈的功率放大器，以满足对 MRI 扫描仪日益增长的需求[21]。该方法使用如图 13.19 所示的堆叠在一起的 3 个 IGBT 全桥电路，以提供各自输出电压总和的驱动电压。两个全桥逆变器的输入电压为 800V

的较高直流电压，工作在 31.25kHz 的开关频率下。由 IGBT - 5、IGBT - 6、IGBT - 7 和 IGBT - 8 构成的第三个半桥逆变器，输入电压为 400V 的较低直流电压，并且以 62.5kHz 的开关频率工作。其较小的直流电压允许使用具有较低阻断电压能力的 IGBT，具有在较高开关频率下操作所需的较小的开关损耗。该逆变器的高工作频率为功率放大器提供了更快的响应。

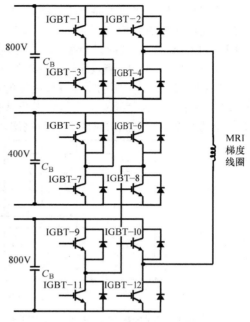

三个逆变桥用交错的门控信号驱动以减小线圈中的纹波电流，并增加其工作频率。前馈控制用于两个高压逆变器，反馈用于低压逆变器。当驱动电压小于 400V 时，两个高压逆变器不进行脉宽调制，从而允许在没有输出电压的续流模式下工作。对于范围高达 1200V 的输出电压，高压逆变器中有一个被接通，而同时接通两个高压逆变器可以产生高达 2000V 的输出电压。该方法能够产生梯形的梯度线圈电流，从 + 50A 变化到 - 50A，转换速率为 0.3A/μs。电流的平坦顶部具有 1ms 的持续时间。该方法允许为梯度线圈电流创建任何随意波形。

图 13.19　用于 MRI 扫描仪的堆叠式三桥功率放大器

13.3.4　多输出相移功率放大器

到 2007 年，通过使用超过 600A 的电流和三个轴每轴都大于 1600V 的驱动电压来驱动梯度线圈，实现了 MRI 扫描仪图像的改进。虽然梯度线圈几乎是纯无功（感性）负载，但功率放大器必须能在每个轴上产生大约 1MV·A 的功率。梯度线圈和逆变器中的功率损耗每轴共计高达 60kW。需要三个功率放大器来驱动 x、y 和 z 轴上三个独立的梯度线圈。

上一节描述的方法是每个逆变器由多个隔离电源组成，即两个 800V 和一个 400V 的电源。到 2007 年，这已经演变为两个 600V 和两个 400V 的电源[22]。梯度线圈中的一个功率放大器的拓扑如图 13.20 所示。用于 x、y 和 z 轴的每个梯度线圈都需要两个 600V 和两个 400V 电源，总共需要 12 个隔离电压源。

2007 年报告了一种复杂度较低的电源拓扑[22]。该方法利用具有三个支路的 IGBT 桥式电路，带有相移 PWM 控制。一个支路作为其他支路的公共部件以形成 H 桥电路，H 桥电流用于向 600V 和 400V 电源中的每一个变压器提供电流，如图 13.21 所示。

在简化的电源中，所有三个 IGBT 支路均以接近 50% 的占空比动作，使用公共支路和每个输出电压支路之间的相移来控制输出。谐振电路用于实现零电压开关。为了进一步节省空间和重量，公共支路也在 x 轴、y 轴和 z 轴之间共享。但是对于梯度线圈的每个轴，使用单独的公共支路可以实现更好的模块化设计。为了在 IGBT 开关损耗和输出滤波器尺寸之间进行良好的折中，IGBT 以 20kHz 的开关频率工作。

由于梯度线圈几乎是纯电感的，因此在它和每个电源输出处的电容器之间存在着显著的能量交换。电容器必须足够大以处理这样的功率。变压器一次侧串联的电感与输出端的 LC 滤波器一起，在二次侧的整流器两端会产生大的电压振铃。这可以通过使用无源电阻 - 电容 - 二极管（RCD）的钳位来减小整流器二极管的最大额定电压，从而抑制该振荡。

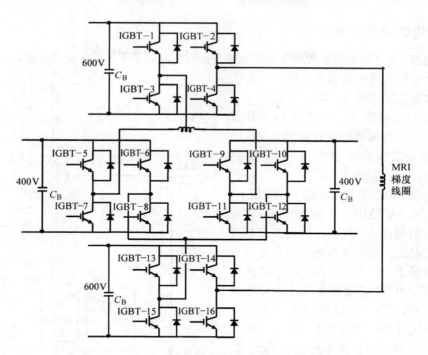

图 13.20　用于 MRI 扫描仪的多输出相移功率放大器

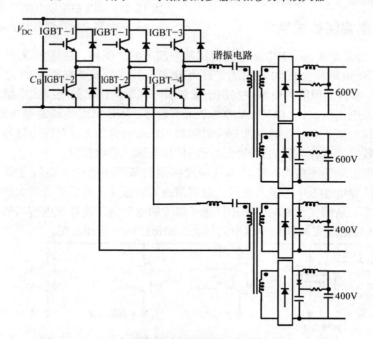

图 13.21　MRI 扫描仪梯度线圈其中一个轴的三支路电源

这种电源设计已经在驱动 MRI 扫描仪的梯度线圈上进行了测试。对于每个输出电压，电压瞬变均小于 20V。梯度线圈电流可以用具有 1.8A/μs 斜率的正向 400A 和负向 400A 的电流来提供。

13.3.5 级联电压补偿电源

已经提到，由于放射科医师对于梯度磁体强度有更高的需求，以在磁共振成像（MRI）的图像中获得更好的信噪比，梯度线圈功率放大器的功率水平在持续增加。2009 年提出了一种简化梯度功放所需的多个电源的拓扑方法[23]，利用 AC 预调节器来补偿输入 AC 电源的波动并稳定来自多个电源的 DC 输出电压。

级联补偿电源的示意图如图 13.22 所示。在将功率馈送到多绕组变压器之前，应将串联变压器添加到输入 AC 源。感测多绕组变压器的二次电压，并将其与参考电压进行比较。误差信号通过 IGBT 有源整流器馈送到 IGBT 逆变器。IGBT 逆变器生成注入串联变压器的补偿 AC 信号，以校正 AC 输入源的波动。这种方法可以补偿输入电压中 -15% ~ +10% 的变化量。该方法不补偿负载变化，而是在梯度线圈的功放中单独执行。

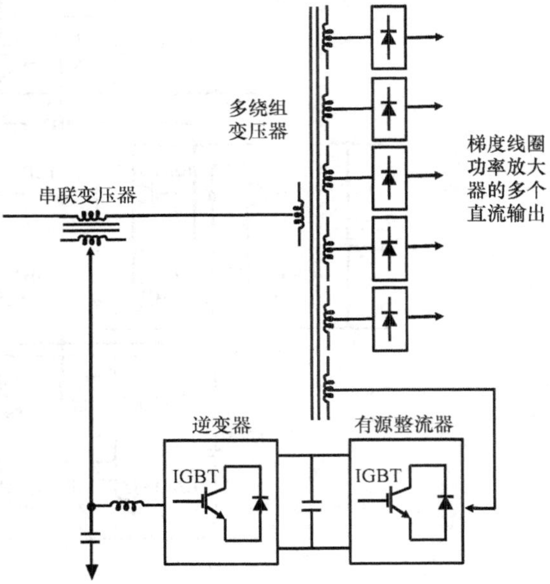

图 13.22 MRI 扫描仪中梯度线圈放大器的级联电压补偿电源示意图

13.3.6 超级电容储能式电源

到 2014 年，磁共振成像（MRI）系统使用基于超导的主磁体，磁场强度为 1.5T。对于全身扫描，该磁场在 30cm 球体上的均匀性优于百万分之十。这些安装在医院的大型机器需要超过 1MV·A 的功率。非常期望能制造出一些用于紧急服务和军队使用的便携式小型 MRI 扫描仪。这些仪器使用移动发电机组以约 10kV·A 的功率水平运行。MRI 梯度线圈需要非常高的电流脉冲，该脉冲的梯形形状包括几毫秒长的脉冲持续时间和 200μs 的典型上升时间。脉冲是不规则的并且相互之间的间隔较宽。这种类型的脉冲能量可以使用超级电容器提供。

图 13.23 给出了用于便携式 MRI 扫描仪梯度线圈的基于超级电容器的电源示意图。超级电容器使用放置在高导电性板中的多孔电极。电解质进入电极孔，形成了非常大的表面积和非常小的有效电介质厚度，从而在紧凑的空间中产生了很大的电容值。将超级电容器的工作范围设计在 150 ~ 300V，以便与便携式 MRI 扫描仪中的梯度线圈所需的电压相匹配。

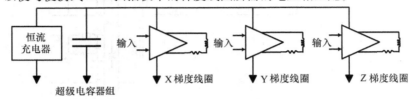

图 13.23 用于便携式 MRI 扫描仪中梯度线圈的基于超级电容器的电源

用于对超级电容器组进行充电的恒流充电器电路如图 13.24 所示。它利用单个 IGBT 来调节超级电容器组两端的电压（*V*）和流过它的电流（*I*）。这些参数由驱动 IGBT 的控制电路监测。充电器的输入功率来自三相交流电源。

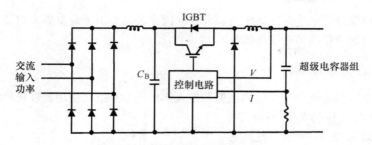

图 13.24 为超级电容器充电

使用 PWM 开关模式设计的梯度线圈放大器如图 13.25 所示。它利用在 H 桥配置中的四个 IGBT 来驱动流入梯度线圈的电流。此拓扑提供了很高的线性度和 10kHz 的响应带宽。

没有能量存储的便携式 MRI 系统具有大约 110kV · A 的额定功率，主要用于驱动三个梯度线圈。通过使用上述具有超级电容器组的能量

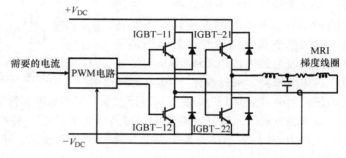

图 13.25 PWM 梯度线圈放大器

存储，该功率可以降低 10 倍。超级电容器组的重量为 120kg，占用 0.42m³ 的空间。

13.4 医学超声波检查

超声检查或超声诊断检查被医学界广泛用于对腱、关节和肌肉等人体内部器官进行成像[25]。产科医生通常用它观察怀孕期间胎儿的发育。在人类听觉范围以上频率的声波被称为超声波。它们的范围可以从 20kHz 到几百 MHz。超声波由换能器产生，被密度不同的表面反射。之后由检测器收集的反射信号提供了回波返回到换能器所花费的时间，从而反映了反射的深度信息。最后通过使用检测器阵列，可以在特定平面处生成器官的图像。

例如，麻醉师使用超声来引导麻醉针以将麻醉剂放置在选定的位置；心脏病学家用超声检测心脏的扩张和心室工作；胃肠病学家用超声观察膀胱或肾脏中的阻塞；耳鼻喉科医生用超声检测甲状腺和唾液腺的癌症并将其可视化；心血管病学家用超声评估动脉中的血流量；泌尿科医生用超声诊断睾丸癌。现代超声波扫描仪的两个例子如图 13.26 所示。超声系统的全球市场在 2012 年为 46 亿美元，在美国的份额约为 33%[26]。超声设备的领先供应商是通用医疗保健、飞利浦医疗

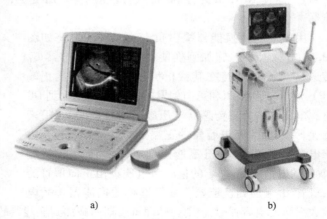

a)   b)

图 13.26 现代超声波扫描仪

保健、西门子医疗保健、东芝医疗系统公司和日立医疗公司。由于全世界人口的老龄化和慢性疾病的流行，预计对超声扫描的需求将增长。

13.4.1 超声波检查原理

超声波扫描仪的基本概念基于使用换能器在人体中产生声波。使用凝胶使换能器与身体接触以将声能脉冲最大化地传输到身体中。脉冲穿过身体，如图 13.27 所示，直到它遇到能产生反射波的密度发生变化的组织。反射波返回到用于感测超声回波信号的检测器探头。脉冲返回到探头所花费的时间精确地反映了与反射组织之间的距离，因为超声波以 154000cm/s 的速度在人体中传播。来自身体内 10cm 距离

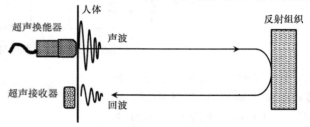

图 13.27 超声波扫描仪的原理

处的超声回波将需要 130μs 的时间返回探头。超声脉冲通常被隔开几百微秒以允许探测出这个时间。对于超声成像，超声脉冲具有 2～3 个周期的宽度，持续时间约为 4μs。超声波扫描的典型占空比约为 2%。对于获得关于运动信息的多普勒成像，脉冲是 5～20 个周期长，并且具有约 5% 的占空比[27]。

超声图像的分辨率取决于确定其波长的声波的频率。对于超声波检查，典型的频率范围是 2～18MHz。较低的频率允许成像到较大的身体深度，但具有较低的分辨率。较高的频率能够实现更好的分辨率，但是成像深度减小，因为这些频率在身体中的较短距离内被吸收。7～18MHz 的频率用于肌肉、腱、乳房和睾丸的成像。1～6MHz 的频率用于较深的器官，例如肝脏和肾脏。更高能量的超声系统用于治疗应用，例如物理治疗、囊肿和肿瘤的癌症治疗、肾结石（碎石术）和白内障（晶状体乳化）的分解。多普勒超声可用于观察血流和肌肉运动。

13.4.2 脉冲电源

使用换能器可以产生身体中的超声波。换能器是压电陶瓷结构，具有电容性的等效电路。通过以约 1μs 的短持续时间将高压脉冲施加到压电元件来产生声波。所需要的电压范围为 1000～2000V，这使 IGBT 成为控制脉冲的最佳选择。历史上，负电压脉冲已被用于超声系统中的换能器[28]。

用于向超声换能器提供负电压脉冲的电路如图 13.28 中所示[28]。施加到换能器的高压由电容器 C_U 传送。当 IGBT 保持在其截止状态时，电容器的正端（P）通过电阻器 R_2 和正向偏置的二极管 D_2 充电到 DC 电源电压（V_{DC}）。传感器电压脉冲通过接通 IGBT 来传递，该 IGBT 将电容器的正端处的电位拉到地。由于电容器两端的电压不能瞬时改变，所以其负端（N）的电势跳到 $-V_{DC}$ 的值。该电压经由正向偏置的二极管 D_1 施加到换能器。如果选择比换能器等效电

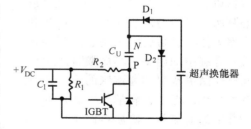

图 13.28 用于超声换能器的非复式
电压脉冲发生器

容大得多的电容器 C_U，则在脉冲持续期间施加到换能器的电压近似等于 V_{DC}。在此期间，二极管 D_2 变为反向偏置，并且必须承受直流电源电压。直流电源电压范围为 100～1200V。脉冲电流可高达 100A。IGBT 必须有 1200V 的额定阻断电压和 120A 的集电极电流，以满足电路工作要求。

电阻器 R_2 的选择使得在电容器 C_U 被快速充电的同时，在 IGBT 被接通时限制通过它的电流。当 IGBT 再次关断时，换能器上的电压返回零。通过使用上述电路获得的换能器的电压波形如图 13.29 所示。图中电压在 60ns 内以 12V/ns 的转换速率上升到 900V 的稳态值。在 IGBT 关断之后，电压在大约 0.5μs 内衰减到零。

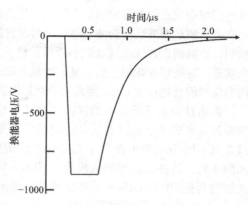

图 13.29　非复式电压脉冲发生器的换能器电压波形

可以通过使用图 13.30 所示的倍压脉冲发生器电路将更大的负电压脉冲施加到超声换能器上[28]。当 IGBT-1 处于关断状态时，电容器 C_{U1} 经由串联电阻 R_2 和二极管 D_2、D_3 被充电到 DC 电源电压 V_{DC}，P1 端电位为正。类似地，当 IGBT-2 处于关断状态时，电容器 C_{U2} 经由串联电阻 R_3 和二极管 D_4 而被充电到 DC 电源电压 V_{DC}，P2 端电压为正。这些二极管在充电操作期间是正向偏置的。如先前的非复式电路那样，选择比换能器的电容大得多的电容器 C_{U1} 和 C_{U2}，以产生矩形电压脉冲。两个 IGBT 都使用变压器耦合的栅极驱动信号，同时导通。IGBT-2 将电容器 C_{U2} 的 P2 端拉到地，使其 N2 端的电位等于 $-V_{DC}$。同时，IGBT-1 将电容器 C_{U1} 的 P1 端电位拉到电容器 C_{U2} 的 N2 端的电位。这使电容器 C_{U1} 的 N1 端电位迅速下降到 $-(2V_{DC})$。在该操作期间，二极管 D_2、D_3 和 D_4 变为反向偏置。电容器 C_{U1} 的 N1 端处的电压经由正向偏置二极管 D_1 施加到换能器。因为 N1 处的电位是 N2 处电位的两倍，所以要用两个二极管与 N1 相连到地。通过该电路能在换能器上产生幅值为 1800V 的负电压脉冲。电压在 100ns 内上升到 1800V 的稳态值，转换速率为 14V/ns。IGBT 关断后，电压在大约 0.5μs 内衰减到零。

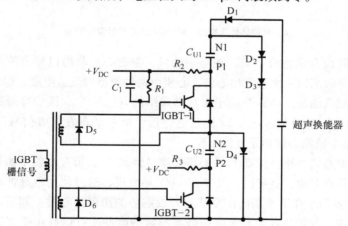

图 13.30　超声换能器的倍压脉冲发生器

作者指出[28]："通过用额定值为 1000V 的 MOSFET 替换 IGBT 来测试非重复脉冲，上升时间是可比较的，但是峰值电压会比在 1000V 下运行的 IGBT 小约 20%，这是由于 MOSFET 有更大的内部电阻。因此，IGBT 可以获得更高的输出电压。"

13.5　除颤器

每年有近 424000 人在美国经历心脏骤停的发作，导致 10 名受害者中有 9 人死亡[29]。这种病是发达国家中死亡的主要原因。心脏骤停是指泵送血液的心脏突然停止工作，这通常与心室纤维性颤动有关。缺乏血液流动会使一些重要的器官如大脑缺氧，这会造成受害者衰竭。在心脏骤停的发作期间，心脏的正常跳动（收缩和舒张）停止。受害者可以通过立即使用心肺复苏术和用除颤器治疗来恢复。在使用除颤器之前，复苏的机会每分钟减少 7% ~ 10%。由于医护人员应对紧急呼叫的平均响应时间会超过 10min，因此让除颤器在社会上广泛分布以挽救生命变得非常重要。

据估计，由于低成本的便携式自动体外除颤器（Automatic External Defibrillator，AED）的开发及其在办公室、公共娱乐、运动场所、飞机、游轮和购物中心的广泛部署，每年在美国可以挽救 5 万 ~ 10 万人的生命[30]。自动体外除颤器的示例如图 13.31a 所示。由于 IGBT 开关等先进技术的出现，这些除颤器的低成本（1000 ~ 2000 美元）已变得可能。便携式自动体外除颤器的领先制造商是 HP HeartStart（早先的 HeartStream）、飞利浦和美敦力公司[31]。

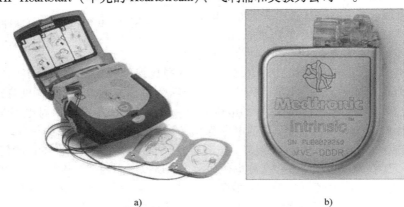

a)   b)

图 13.31
a) 自动体外除颤器 b) 植入式心律转复除颤器

心脏通过两个阶段泵送血液[32,33]。在第一阶段，左右心房收缩以将血液泵入左右心室。在第二阶段，左右心室收缩以将血液泵出心脏。心肌由两种类型的细胞组成，即传导电信号的传导细胞和产生收缩的肌肉细胞。心跳开始于来自窦房结的电信号[34]。该信号通过心房壁快速传递并触发上心腔（心房）的收缩。在 0.1s 的延迟之后，房室结点发送电信号以收缩下心腔（心室）。对于随后的每个规则心跳则重复该过程。

心脏骤停常伴有心室纤维性颤动[35]或心房纤维性颤动[36]，带有心肌不协调的收缩，这使得它们是在颤抖而不是在泵血。克劳德·贝克在 1947 年发现，通过使用电脉冲可以恢复正常的心跳[37]。早期的除颤器用于在手术期间恢复具有开放胸腔的患者的心跳。随后，伯纳德·劳恩和巴罗·博科维茨发现，使用压在胸部的蹼进行高能量的电冲击可以修正受害者心室的纤维性颤动。直流或单相的劳恩 – 博科维茨波形都需要大量的能量（360J），这使得除颤器大而笨重[38]。

双相除颤使用的是在 10ms 周期内具有交替电压方向的能量脉冲。这种方法最初是为植入式心律转复除颤器开发的。双相除颤需要的能量水平较低（<200J），以降低灼伤和心肌损伤的风险[37]。它还允许开发具有膝上使用尺寸的自动体外除颤器。植入式和外部除颤器都可利用 IGBT 来调节传输到心脏的电压脉冲。

植入式心律转复除颤器（ICD）或起搏器被推荐用于由堵塞和心肌梗死引起的有心脏节律障碍的患者[39]。该装置将心律失常的检测和用短的电脉冲校正相结合。半导体技术的进步大大降低了 ICD 的尺寸、提高了效率，改善了植入过程。拥有 ICD 的患者可以恢复正常的身体活动

（包括运动）从而大大提高了生活质量。当检测到有异常的高心率（快速性心律失常）时，ICD 即通过单元中的低压电池对电容器充电并通过心肌放电来工作。750V 和 15A 的治疗冲击是通过 IGBT 进行控制的。1980 年，在巴尔的摩的西奈医院演示了人类患者的第一个植入式除颤器。2009 年，全世界已植入了超过一百万个起搏器，其中在美国的最多（约有 225000 个）[40]。美敦力公司生产的植入式心律转复除颤器如图 13.31b 所示，它只有微型磁带的大小。

13.5.1　自动体外除颤器

发达国家所有死亡的 1/4 归因于心脏骤停（SCA）。自动体外除颤器（AED）的可用和广泛分布挽救了数千生命。现代的自动体外除颤器依赖于 IGBT，将双相高压电传递给受害者用于心脏骤停的复苏。

世界对便携式除颤器的发展已经有了很多年的兴趣。1962 年报告，电容器放电式的便携式除颤器被用于医院的环境中[41]。1957 年投入使用的霍普金斯 a – c 除颤器的重量超过 200lb。作者说："虽然它在医院中可能是容易移动的，但这种除颤器并不便携。"改进的便携式除颤器是在 1959 年通过使用一系列可充电到 2200V 的电容器搭建的。一组电容器用于提供正脉冲，第二组用于为双相电压波形提供负脉冲。由于当时缺乏合适的半导体开关技术，所以使用旋转开关来实现电容器的切换。这种设计具有约 45lb 的重量。旋转开关在触点处易产生电弧，使得该除颤器不适合在存在着爆炸性气体的手术室中使用。

现代自动体外除颤器在设计上更为复杂，但是由于半导体技术的进步而在重量和尺寸上变得更小[42]。上面列出的领先制造商提供的仪器重量仅为 3.5lb，并且尺寸仅有笔记本电脑大小。它提供简单的音频指令，以允许心脏骤停受害者附近的人士提供救生援助。该仪器提供具有黏性表面的两个电极，用来放置在患者胸上。自动体外除颤器具有内置的心电图仪，用于检测和分析受害者的心跳。然后，根据是否发生心室纤维性颤动来决定是否实施电击。只要要求乐善好施者简单地按一个按钮即可启动双相电压波形。如果在心脏骤停发作的 1min 内提供电击，超过 90% 的受害者将能够复活。

现代自动体外除颤器中使用的基本双相电压波形如图 13.32 所示。电压波形的第一相是对心肌中的细胞膜充电；具有反向电压的波形的第二相将细胞膜返回到初始状态[42]。施加到电极的电压约为 2000V。这可以通过使用具有四个 IGBT 的 H 桥电路来实现，这四个 IGBT 控制电压的方向是从单个充电电容到电极，如图 13.33 所示。

心电系统最初监测受害者的心跳，当检测到每分钟心跳超过 150 次的心律失常时，就启动电击程序。除颤器中的电容器 C_D 首先被充电到约 2000V。在现代自动体外除颤器中，串联了一排轻型的铝电解电容器以实现小的重量和尺寸。然后使用紧凑的 IGBT 开关将电容器电压引导到电极。第一相的正电压被施加到电极 E_1 上，这是通过接通 IGBT – 2，将电容器 C_D 正端的电压连通到电极 E_1 上实现的。而通过接通 IGBT – 3，将电容器 C_D 的负端连接到电极 E_2 上，此时另外的 IGBT 保持在关断状态。在如图

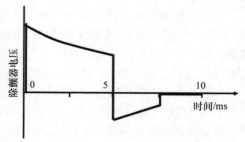

图 13.32　现代自动体外除颤器中使用的
基本双相电压波形

13.32 所示的 5ms 的持续时间之后，通过接通 IGBT – 4，将电极 E_1 连接到电容器 C_D 的负端实现电压的反转，并且通过接通 IGBT – 1 使电极 E_2 连接到电容器 C_D 的正端。第二相的电压较小，是因为电容器 C_D 在第一相期间已被部分放电。然后心电图系统重新检查患者的心跳，以确保心脏已

经恢复到了正常节律。

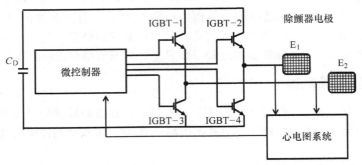

图 13.33　用于在自动体外除颤器中产生双相电压波形的 IGBT H 桥电路

13.5.2　自动体外除颤器中的能量产生和脉冲形成

用于对自动体外除颤器（AED）中的电容充电的反激式拓扑结构已经被报道出来[43]。其电路如图 13.34 所示，在切换 IGBT 的多个周期上对除颤器电容 C_D 充电。自动体外除颤器使用具有 12～16V 直流电压的锂离子电池供电。为了在电容器 C_D 两端达到最终充电电压 2000V，变压器的匝数比需要很大。为了避免这种情况，应先使用升压转换器（图中未示出）将此反激转换器的输入电压增至 200V（V_{DC}）。充电过程需要 6～15s[43]。存储在电容器中的能量范围为 30～260J。

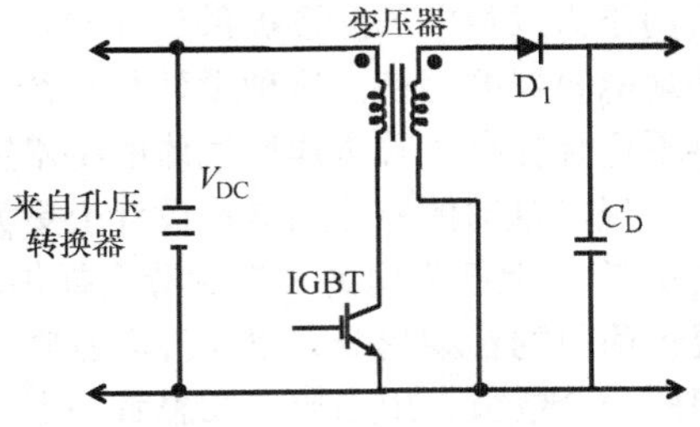

图 13.34　用于对除颤器中电容
充电的反激式拓扑电路

13.5.3　植入式心律转复除颤器

如前所述，植入式心律转复除颤器（ICD）或起搏器已成为挽救心律失常患者的创新发明。当需要矫正出现的问题时，该装置结合了心律失常的监测和短电脉冲的使用。现代 ICD 监测和存储患者的心电信号，向医生提供诊断数据。半导体技术的进步已经将 ICD 的体积减小到小于 $70cm^3$。由于 ICD 放置在人体皮下，因此只能从电池中抽取平均 20mA 的小电流[44]。最先进的 ICD 使用单个静脉引线，具有位于右心室的多个除颤电极。

当 ICD 检测到每分钟超过 150 次的异常快心率时（称为快速性心律失常），输出电容被充电至 750V。通过使用嵌入电极将电容器上的电量放电到心肌，使心脏恢复到每分钟约 72 次的正常速率。ICD 平均每 5 个月就会提供一次治疗性电击。ICD 使得在以前心脏骤停事件中幸存者的死亡率降低到只有前一年 2% 了。

作者指出："ICD 提供的治疗脉冲为 750V，上升沿电流 15A，脉冲终端电流峰值 210A"。该能量来自 3.2V 锂银钒氧化物电池，其输送的平均电流仅为 $20\mu A$，可以实现 4～5 年的寿命。然而，在电容器充电操作期间，电池必须提供几秒钟的 2A 电流。从 3.2V 的电池电压到 750V 的电容器两端电压的转换，是使用上一节讨论的反激式转换器拓扑结构进行的。该电路在高频（30～60kHz）下工作，以减小变压器的尺寸和重量。使用 10W DC-DC 转换器在 8s 内可以获得 35J 的典型电容器能量。储能电容器 C_D 由两个串联的铝电解电容组成。

对于图 13.32 所示的双相波形的应用，作者指出："绝缘栅双极型晶体管（IGBT）用于能够进行极性切换的输出桥配置中。"IGBT 提供的峰值电流约为 40A。在放电期间监测电容器两端的输出电压，当其达到初始电压的 40% 时，脉冲发生反转。在植入式心律转复除颤器中使用的

$1cm^2$ 大小的 IGBT 芯片具有 1200V 的额定电压和 55A 的峰值浪涌电流处理能力[45]。

H 桥电路需要图 13.33 中 IGBT-1 和 IGBT-2 的栅信号电平位移电路。在图 13.35 中的植入式心律转复除颤器（ICD）采用了一个创新的方法实现了该功能[45]。它使用与 C_{LS} 的电容耦合来执行高侧端的电平位移，IC1 中的高频振荡器驱动 C_{LS} 中的电荷转移到 IC2。同样的配置也用于驱动 H 桥电路中的 IGBT-2。在本章参考文献 [46] 中描述了另一种类似的用于 ICD 的具有多个通道的 H 桥配置。

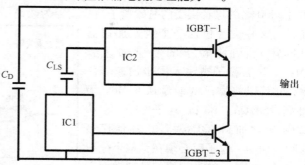

图 13.35　植入式心律转复除颤器中驱动 IGBT 的电平位移电路

13.5.4　用于外科手术的心律转复除颤器

突发性心律失常在外科手术中并不罕见。在医院的手术室中需要低能量的心律转复除颤器，它由电池供电。除颤器可以设计为与外部其他应用一起使用，如 13.5.1 节所述，或者在内部使用心外膜和心内膜的配置。在这些选项中，外科医生喜欢心外膜方法，因为它需要的能量较少[47]。两相截断的指数波形被用来设计具有 3ms 正电压、随后 1ms 休眠和 3ms 负电压的应用中。两个 $680\mu F$ 的电解电容串联使用，以获得 850V 的组合充电电压。这可以对心脏释放约 60J 的能量。H 桥使用了四个 STGH100N160S IGBT。系统可以在 15s 内将电容器充电至 850V。该电路产生的双相波形的正电压为 220V、持续 3ms，负电压为 180V、持续 3ms。

13.6　医疗同步加速器

医疗同步加速器（例如图 13.36 所示的格勒诺布尔的医疗同步加速器）用于产生用于治疗癌症的轻离子或质子束。用于治疗癌症的粒子包括用于轰击肿瘤的高能离子。癌细胞中的 DNA 损伤会导致它们死亡，因为它们不能修复损伤[48]。质子和比它重一些的离子的剂量分布如图 13.37 所示。从图中可以看出，剂量随着距离表面深度的增加而增加，并且具有称为布拉格峰的尖峰。峰的深度由粒子的能量确定（在图 13.37 的实例中为 150MeV）。这允许将粒子瞄准到人体内的肿瘤进行轰击，同时减少肿瘤周围健康组织接收到的辐射剂量。这比用 X 射线辐射更好，因为 X 射线的剂量从表面开始呈指数下降。

图 13.36　同步粒子加速器

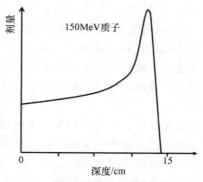

图 13.37　离子剂量分布

2009 年，全球有 28 个同步加速器用于癌症治疗，超过 70000 名患者已经接受粒子治疗[48]。超过 5000 名的患者接受的是碳离子治疗，因为碳离子有更高的电离密度，能更有效地破坏肿瘤细胞。这些设备包含一个线性加速器（LINAC），可将粒子的能量加速到 7MeV。然后粒子被注入同步加速器环中，它可以将质子的能量从 60MeV 增加到 250MeV，将碳离子的能量从 120MeV 增加到 400MeV[49]。在治疗癌症肿瘤期间，粒子束必须在其整个体积上扫描才有效。这种扫描的处理类似于阴极射线管中的电子束。在粒子束的传输路径中，强大的磁体用于使粒子在肿瘤元胞上偏转。一旦适当的剂量已经被递送到肿瘤元胞，粒子束必须移动到新的位置线上。在此期间，必须通过使用如图 13.38 所示的石墨块来遮挡粒子束。可以通过打开使粒子束偏转的几个磁体使其绕过石墨块并被传送到目标。基于 IGBT 的电源用于驱动这些强磁体。

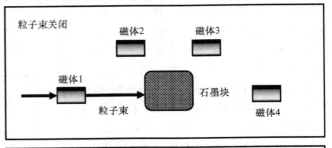

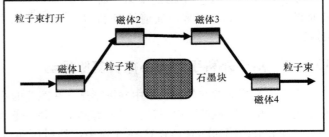

图 13.38　同步粒子加速器中的离子/粒子偏转系统

13.6.1　CNAO 励磁线圈电源

用于驱动 CNAO（Centro Nazionale di Adroterapia Oncologic，意大利语，国家强子肿瘤中心，在意大利的帕维亚）中使粒子束偏转的磁体的电源拓扑如图 13.39 所示。它包含对变压器两个二次绕组的输出进行整流形成的两个直流电源。其中一个是 2.9kV 的高压直流电源，标记为 V_{HV}，另一个是 60V 的低压直流电源，标记为 V_{LV}。R–L 电路表示由 IGBT 同时驱动的所有四个粒子束磁体的线圈。线圈的电感约为 1mH。当所有 IGBT 处于关断状态时，没有电流流过磁体线圈，导致粒子束没有发生偏转，然后被石墨块截断。为了启动粒子束处理，IGBT–1 和 IGBT–2 导通，导致来自高压整流器电源（V_{HV}）的电压被施加到磁体上。磁体线圈中的电流（I_M）和来自高压电源的电流（I_{HV}）由线圈的电感量和 V_{HV} 的幅值所确定，像如图 13.40 所示的那样上升。当电流达到所需电平（本例中为 660A）时，IGBT–1 关断。线圈电流通过正向偏置二极管 D_1 和 IGBT–2 循环。在此期间线圈中的电流减少。第二个低压整流器电源用于在具有小纹波的磁体线圈中维持相对恒定的电流。为了实现这一点，IGBT–3 以固定的占空比接通和关断，形成如图 13.40 所示的来自低压电源的电流脉冲（I_{LV}）。通过调整 IGBT–3 的周期和导通时间，可以获得任何所需幅度的纹波电流。在该示例中，纹波电流具有 20A 的峰–峰值，如图 13.40 的底部所示。当要停止辐射以消除粒子束时，关闭所有 IGBT 以防止粒子束的偏转。在磁体线圈电流的下降期间，能量部分地返回到高压电源电容器（C_{HV}）中。电源被设计为向磁体线圈提供近 2MW 的功率。

在该拓扑中，具有 6.5kV 阻断电压能力的 IGBT 用于承受高电压并且提供足够的可靠性。尽管同步加速器日夜连续工作，但由于 IGBT–1 仅在线圈电流的上升和下降期间传送电流，所以其连续额定电流可以为 400A。然而，由于 IGBT–2 在整个脉冲持续时间内都在传导电流，因此对于该部分电路，需要并联两个额定电流为 400A 的 IGBT。IGBT–3 不仅必须具有相同的额定电压和电流值，而且其开关损耗也应该更低。IGBT-3 较高的开关频率虽然降低了纹波电流，但增加了器件的功率损耗。

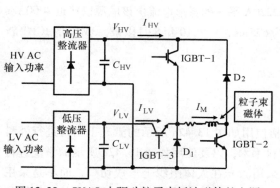

图 13.39 CNAO 中驱动粒子束斩波磁体的电源

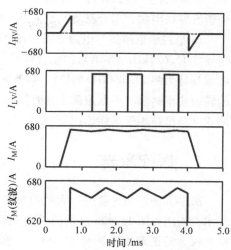

图 13.40 CANO 电源波形

13.6.2 群马励磁线圈电源

在日本群马县的群马大学，重离子医疗中心用于治疗癌症的同步加速器，利用的是基于 IGBT 的不同电路来驱动使粒子发生偏转的磁体的[50]。电源的规格是最大输出电流 2220A，最大输出电压为 1460V，最大输出功率为 3.2MW。它向励磁线圈提供电流，其跟踪误差仅为 1×10^{-4}，纹波仅为 1×10^{-5}。这是通过使用一个 IGBT 的斩波电路来实现的，该 IGBT 斩波电路具有四个额定电压为 1700V、额定电流为 400A 的 IGBT，它们作为 H 桥的每个桥臂进行并联。

两象限 IGBT 斩波器的拓扑如图 13.41 所示。每个象限由单独的三相变压器提供电源。对于

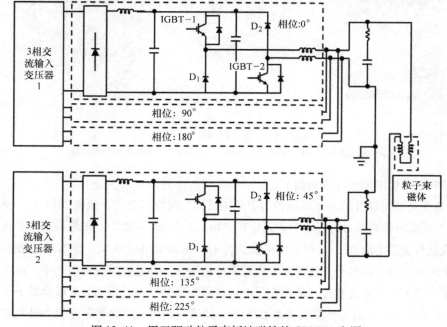

图 13.41 用于驱动粒子束斩波磁铁的 GUNMA 电源

第一象限的斩波器，并行工作的三个斩波器中的 IGBT 分别以 0°、90°和 180°的相位选通。对于第二象限的斩波器，并行工作的三个斩波器中的 IGBT 分别以 45°、135°和 225°的相位选通。两个斩波器块串联，用于驱动粒子束磁体中的电流。

18 个粒子束磁体与电源串联。每个斩波器中的 IGBT 的开关频率为 1.953kHz。相移四线程操作导致 15.624kHz（8 倍）的组合频率。使用此拓扑可以消除共模纹波。电源输出端的 R – C 滤波器设计为将 15.624kHz 的纹波衰减 28dB。具有 2220A 平顶的梯形电流由该电源以接近 4000A/s 的转换速率送出，即电流的上升时间和下降时间为 675ms。自 2010 年 3 月以来，3MW 的 IGBT 斩波式电源已被用于癌症治疗。

13.7　医疗激光

医学界使用激光器进行大量的操作。它们包括使用如图 13.42a 所示的激光手术刀进行外科手术；使用如图 13.42b 所示的激光手术刀进行牙科手术；以及使用如图 13.42c 所示的系统进行激光视力矫正眼外科手术（LASIK）。激光手术是采用激光在人体组织上形成切口，而不是采用外科传统的手术钢刀[51]。适当波长的激光束被人体软组织中的水分所吸收，并允许其以足够的激光强度蒸发。由于它们的波长不同，二氧化碳、掺铒钇铝石榴石（Er：YAG）、准分子、氩、掺钕钇铝石榴石（Nd：YAG）、溴化铜（II）和钬激光等都应用于不同场合。激光手术提供了许多优点[52]：①激光的能量可以通过封闭小血管以减少出血；②激光可以通过密封神经末梢来减少术后疼痛；③因为不需要消毒所以减少了感染风险；④因为没有来自手术刀的遮挡，外科医生可以获得更好的可视化视野；⑤光纤可用于执行体内操作而不必打开患者的身体。

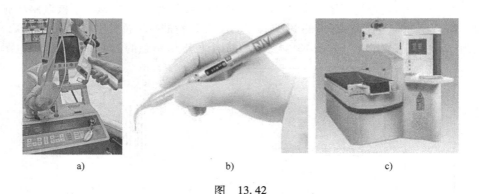

　　　　　a)　　　　　　　　　　　　b)　　　　　　　　　　　　c)

图　13.42
a）激光手术刀　b）激光牙科手术刀　c）激光视力矫正眼外科系统

在医疗领域中使用激光的实例如下：

1）激光视力矫正眼外科手术系统被用于矫正近视、远视和散光。截至 2011 年，全世界已经做了 2800 多万次的激光视力矫正手术，其中在美国就有 1100 万次[53]。眼外科手术最常用的是准分子激光或复合受激态激光[54]。它工作在波长为 172nm 的紫外线区域，能有效地被人体组织吸收。准分子激光器通过破坏分子键的方法去除人体组织，并将它们排放到空气中，而不是引起燃烧。这保持了周围组织的完整性，从而在手术中获得更高的精度，特别是对眼部的手术。

2）青光眼可以通过激光小梁成形术治疗[55]，即通过烧蚀虹膜底部附近的小梁网区域以增加液体流动性，或者通过在虹膜底部附近烧灼一个孔的虹膜切开术治疗。

3）通过晶状体切开术治疗白内障，即在眼睛的晶状体中形成一个小切口，让光线到达视网膜。

4）通过牙科手术[57]治疗牙龈炎、骨切割和钻牙而无须局部麻醉。掺钕钇铝石榴石激光的波长为 800 ~ 900nm，是最好的牙科工具，因为它们能被红色组织所吸收。

5）使用波长为 2940nm 的掺铒钇铝石榴石激光器去除蛀牙[58]很有效，而且不需要做局部麻醉。激光过程还消除了由牙科钻头产生的微裂缝的风险。

6）用光子嫩肤术[59]去除皮肤上的皱纹和疤痕。波长为 2940nm 的掺铒钇铝石榴石激光器和波长为 10600nm 的 CO_2 激光器被发现对于该治疗是最有效的。

7）对于通过激光冲击去除肾结石和胆结石的激光碎石术[60]，最有效的是采用在 2100nm 下工作的钬激光器。

8）前列腺切除术[61]，用于在具有癌症的情况下去除一部分或整个前列腺，同时减少失血。已发现钬 - 掺钕钇铝石榴石激光对于该病症是最好的，它也可以缓解良性前列腺增生症状。

9）口腔显微外科手术[62]，用于去除口腔或声带中的小型或中型肿瘤。

10）静脉激光治疗[63]去除静脉曲张。

11）激光脱毛[64]使用激光脉冲破坏毛囊。

12）激光颈部和背部手术[65]以减轻疼痛。

激光器甚至成为去除纹身的流行工具[66]。通过使用 Q 开关激光器去除纹身颜料，可以更容易地去除黑色和深色油墨。

激光器通过受激辐射而工作，而受激辐射是通过产生粒子数反转而实现的，当与基态的其他粒子相比时，激光介质具有处于一种激发态的大量粒子[67]。用于产生粒子数反转的最常见的方法是通过使用闪光灯的激光泵浦。最常用于激光泵浦的基本闪光灯配置具有如图 13.43 所示的椭圆形横截面。闪光灯位于椭圆的一个焦点上，而激光介质位于另一个焦点上。灯和激光介质会被水冷却，因为

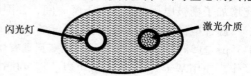

图 13.43　使用闪光灯的激光泵浦装置

从闪光灯到激光介质的能量传递过程中会有大量的能量损耗。氙闪光灯由于效率高而被广泛使用，而氪闪光灯却能为掺钕钇铝石榴石激光器提供更大的能量传输效率。

闪光灯或弧光灯需要高电压，先用这高电压触发脉冲来打弧，然后再升压以将气体加热到等离子状态。此后的电流控制阶段开始稳定灯丝电流。电流通常在 10 ~ 50A 之间。闪光灯的电源使用 IGBT 来控制传送到闪光灯的电压和电流。

13.7.1　脉冲压缩网络电源

用于手术和其他医疗过程的激光器需要电源来泵浦。闪光灯位于激光器的一端以泵浦激光器。闪光灯中的气体必须电离以产生闪光，而电离可以通过使用高压脉冲来产生。用于触发闪光灯放电的脉冲压缩网络[68]在图 13.44 中示出。存储在电容器 C_S 中的能量通过 IGBT 施加到闪光灯上。阻抗匹配网络用于将掺钕钇铝石榴石激光器的放电持续时间控制在 230μs。该电源已经用于皮肤病学中使用的掺钕钇铝石榴石、氩、氪和二氧化碳激光器。首先将几百伏特的脉冲传送到激光头，并使用 20∶1 的触发变压器将其转换成更高的电压。然后使用脉冲压缩网络让储能电容 C_S 放电到预燃灯中。

准分子激光器用来做光折变宫颈切除术和激光视力矫正术（LASIK 手术）。使用图 13.44 所

示的脉冲压缩网络可以产生 45kV 的激励脉冲[68]，它也可以用于固体掺铒石榴石激光器进行白内障手术。

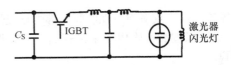

图 13.44　用于激光器放电的脉冲压缩网络

13.7.2　电容放电式电源

在 IGBT 可用之前，医用二氧化碳激光器的光学泵浦是通过真空管和氢闸流管发挥作用的。具有高电压和电流处理能力的 IGBT 模块的商业化，使得能用可更精确控制的固态替代物来代替这些技术[69]。新的电源拓扑结构，如图 13.45 所示，通过 IGBT 将存储在电容器中的能量可控地放电到闪光灯中。

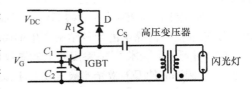

图 13.45　用于泵浦激光器闪光灯的脉冲电源

当 IGBT 处于截止状态时，电容器 C_s 通过充电电阻器 R_1 在变压器一次侧具有低电流的情况下被充电到电源电压 V_{DC}（1000V）。当 IGBT 通过栅极正偏置脉冲导通时，它允许大电流以大的 dI/dt 从电容器流入变压器一次侧。在此期间电阻器 R_1 两端承受电源电压。二次绕组将电压增加到 20 ~ 30kV，产生闪光灯所需的放电。利用该方案可实现几微秒的放电脉冲。变压器初级端的电流约为 100A。因此，用于该电源的 IGBT 的额定电压为 1200V，额定峰值电流为 100A（东芝 MG400Q1US51 产品）。

变压器一次线圈的感抗可在 IGBT 两端产生高的振铃电压，从而导致其破坏性失效。通过将集电极电压钳位在高于 V_{DC}（1000V）的一个二极管电压降可以防止发生这种情况。二极管 D_1 正是这样的用途。添加电容器 C_1 和 C_2 可以增大内部 IGBT 电容并抑制其栅电极处的快速电压尖峰，它增加了栅极电压的上升和下降时间，并限制了一次电流的脉冲宽度。

脉冲电源能够提供脉宽为 10μs 的 1kW 峰值功率、脉宽为 4μs 的 3kW 峰值功率以及脉宽为 0.35μs 的 5kW 峰值功率。可以观察到具有 0.3 ~ 30μs 脉冲长度、100Hz – 几 kHz 频率的有效激光操作。使用基于 IGBT 的电源可以获得 300mW 的二氧化碳激光峰值输出功率，而之前的闸流管设计仅能获得 50mW。

13.7.3　串并联变压器式电源

另一种为皮肤病治疗中使用的 CuBr 激光器[70]提供闪光灯高压的方法已经被开发出来。该拓扑中，多个电容器作为放电电源并联使用以驱动变压器的一次侧[71]。变压器的二次侧串联起来以输出期望的高电压驱动激光器中的闪光灯。其电路图如图 13.46 所示。

每个 IGBT 脉冲电源都包含 1 个存储电容器（C_1，C_2，…，C_n）。电容器通过二极管 D_1，D_2，…，D_n 充电到电源电压 V_{DC}（500V）。单个电感 L_1 用来允许电容器的谐振充电。每个电容器上的电压取决于 IGBT 的导通时间，因为这决定了电感 L_1 中积累的能量。闪光灯两端的总电压是所有次级电压的总和。其值由 [$n * V_c * T_n$] 给出，其中 n 是并联操作的 IGBT

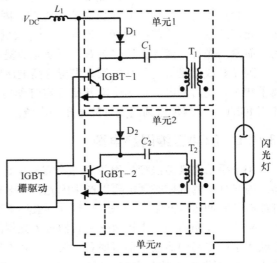

图 13.46　用于泵浦激光器闪光灯的串并联 IGBT 脉冲电源

单元的数量，V_C 是存储在每个电容器上的电压，T_n 是变压器的匝数比。

13.8　应用于医疗的 IGBT 设计

在美国，与生命相关应用（例如植入式除颤器）中的 IGBT，其供应商必须获得美国食品药品管理局的应用许可。有些公司，如艾赛斯（IXYS）和美高森美（Microsemi）公司，只能销售那些在其网站上声明的具有这些资格的 IGBT 产品。美高森美公司的产品 MED427 是专门针对植入型心律转复除颤器（ICD）的。它包含一个半桥多芯片模块，其中的 IGBT 具有适用于 ICD 的微型尺寸。使用球栅阵列封装的 IGBT 芯片的最大额定电压为 1000V，可提供 56A 的峰值电流。用两个这样的产品可以组合产生图 13.33 所示的 H 桥 ICD 电路。单个 IGBT 也可以从美高森美公司以产品 MSAGA11F120D 裸片的形式获得。它具有 1200V 的最大阻断电压和 55A 的峰值电流。

IGBT 的替换模块可以用于各种 CT 扫描仪，例如部分 Gantry JEDI 中的 IGBT 模块，以及磁共振成像（MRI）扫描仪，例如三菱电机 NX 系列的 IGBT 模块。三菱电机公司的第 5 代技术使用了具有载流子存储的沟槽栅双极型晶体管（CSTBT）结构。

三菱电机公司用于 X 射线和 MRI 扫描仪的优化的 IGBT CSTBT 结构[72]如图 13.47 所示。在该设计中使用沟槽栅以增加沟道密度并消除结型场效应晶体管（JFET）电阻，这样可以减小通态电压降。该结构包含带有 N 漂移区的 N 缓冲层，它被优化为在典型的集电极电压条件下非穿通工作，而在阻断电压条件下则穿通工作。该芯片的导通电压降和开关能量损耗（以 mJ/单位集电极电流的形式给出）之间的折中曲线如图 13.48 所示。与针对工业应用优化的 IGBT 相比，用于医疗应用的 IGBT 主要使用载流子寿命控制策略来优化动态性能以减少开关损耗。它们在较高的通态电压下工作，以降低每个周期的能量损耗。

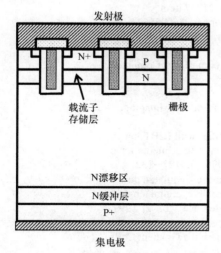

图 13.47　为磁共振成像应用而优化的 IGBT

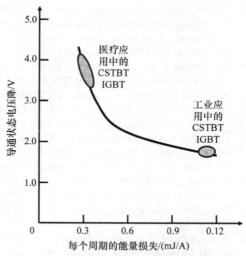

图 13.48　三菱电机为医疗应用而优化的 IGBT（CSTBT，载流子存储沟槽栅双极型晶体管）

13.9　总结

本章讨论了 IGBT 在医疗领域的众多应用。这些例子表明，IGBT 在诸如 CT 扫描仪、磁共振成像仪、超声波机和激光器这些主要医疗诊断工具的功率输送中发挥了关键性的作用。用于 CT 和磁共振成像扫描仪的电源尺寸和重量对于保证这些机器的合理大小是至关重要的。这些特性可以通过使用 IGBT 来实现。此外，IGBT 可以精确调节电源的输出并减小其纹波电流，从而产生良好的图像供放射科医生和外科医生检查。IGBT 的可用性使得创造出便携式除颤器成为可能，这样每年可以拯救数千人的生命。很可能 IGBT 为医疗行业的服务在未来会走得更远。

参 考 文 献

[1]   X-ray. en.wikipedia.org/wiki/X-ray.

[2]   The US Medical Device Industry. http://selectusa.commerce.gov/industry-snapshots/medical-device-industry-united-states.

[3]   Top 40 Medical Device Companies. http://www.mddionline.com/article/top-40-medical-device-companies.

[4]   X-ray Tube. en.wikipedia.org/wiki/X-ray_tube.

[5]   S.-S. Liang, Y.-Y. Tzou, DS control of a resonant switching high-voltage power supply for X-ray generators, in: IEEE International Conference on Power Electronics and Drive Systems, vol. 2, 2001, pp. 522−526.

[6]   G. Majumdar, Advanced IGBT technologies for HF operation, in: IEEE European Power Electronics Conference, Keynote Speech, 2009.

[7]   B.J. Baliga, Fundamentals of Power Semiconductor Devices (Chapter 9), Section 9.7.1, Springer-Science, New York, 2008, pp. 857−865.

[8]   S. Iqbal, G.K. Singh, R. Besar, A dual-mode input voltage modulation control scheme for voltage multiplier based X-Ray power Supply, IEEE Trans. Power Electron. 23 (2008) 1003−1008.

[9]   S. Iqbal, R. Besar, C. Venkataseshaiah, A novel control scheme for voltage multiplier based X-ray power supply, in: IEEE International Conference on Power and Energy, 2008, pp. 1456−1460.

[10] X-ray Computed Tomography. en.wikipedia.org/wiki/X-ray_computed_tomography.

[11] http://www.medwow.com/igbt-inverter-6509454/ct-scanner/593602739.item.

[12] http://www.medwow.com/igbt-dr-unit-53159006/ct-scanner/575721247.item.

[13] http://www.medwow.com/igbt-ct-unit-assy-left-5017456402/ct-scanner/226095562.item.

[14] J. Kociecki, T. Resnick, High Voltage Power Supply for X-ray Tubes, US Patent 5602897, Issued February 11, 1997.

[15] J.S. Katcha, et al., Multichannel Contactless Power Transfer System for a Computed Tomography System, US Patent 7054411, Issued May 30, 2006.

[16] How MRI Works. http://science.howstuffworks.com/mri1.htm.

[17] Magnetic Resonance Imaging. en.wikipedia.org/wiki/Magnetic_resonance_imaging.

[18] http://www.magnetica.com/page/innovation/todays-mri-market.

[19] S. Watanabe, et al., Analysis on a PWM power conversion amplifier with IGBT macro model to generate gradient magnetic Fields in MRI systems, in: IEEE International Conference on Power Electronics and Drive Systems, vol. 1, 1999, pp. 127−132.

[20] H. Takano, S. Watanabe, M. Nakaoka, Multiple-bridge PWM current-regulated power amplifier for magnetic resonance imaging system and its feasible digital control implementation, in: IEEE Industrial Electronics Society Conference, vol. 2, 1999, pp. 785−790.

[21] J. Sabate, et al., High-Power High-Fidelity Switching Amplifier Driving Gradient Coils for MRI Systems, vol. 1, 2004, pp. 261−266.

[22] J. Sabate, Y. Liu, M. Wiza, Power supply with independently regulated multiple outputs, in: IEEE European Conference on Power Electronics and Applications, 2007, pp. 1−8.

[23] P. Zhu, Y. Liu, J. Sabate, Multi-output power supply with series voltage compensation capability for magnetic resonance imaging system, in: IEEE Power Electronics and Motion Control Conference, 2009, pp. 993−997.

[24] M. Ristic, et al., Supercapacitor energy storage for magnetic resonance imaging systems, IEEE Trans. Ind. Electron. 61 (2014) 4255−4264.

[25] Medical Ultrasonography. en.wikipedia.org/wiki/Medical_ultrasonography.

[26] Ultrasound Systems Market to 2019. http://www.marketresearch.com/GBI-Research-

v3759/Ultrasound-Systems-Technological.html.

[27] M. Helguera, An Introduction to Ultrasound. http://222.cis.rit.edu/research/ultrasound/ultrasoundintro/ultrasoundintro.html.

[28] P.M. Gammel, G.R. Harris, IGBT-based kilovoltage pulsers for ultrasound measurement applications, IEEE Trans. Ultrason. Ferroelectr. Freq. Control 50 (2003) 1722−1728.

[29] Sudden Cardiac Arrest: A Healthcare Crisis. http://www.sca-aware.org/about-sca.

[30] A. Gonzallez, Top Defibrillators Makers in the Region, Vying to Dominate the Market. http://seattletimes.com/html/businesstechnology/2004006644_defibrillators.

[31] T. Morva, Defibrillator Manufacturers. http://ezinearticles.com/?Defibrillator-Manufacturers&id=428920.

[32] Heart. en.wikipedia.org/wiki/Heart.

[33] F. Pratama, M. Haryanti, Y. Dewanto, The design defibrillators based on AT89C51 microcontroller, in: IEEE International Conference on Electrical Engineering and Informatics, 2011, pp. A2.1−A2.7.

[34] Electrical System of the Heart. WebMD, http://www.webmd.com/heart/tc/electrical-system-of-the-heart.

[35] Ventricular Fibrillation. en.wikipedia.org/wiki/Ventricular_fibrillation.

[36] Atrial Fibrillation. en.wikipedia.org/wiki/Atrial_fibrillation.

[37] Defibrillation. en.wikipedia.org/wiki/Defibrillation.

[38] N. Thongpance, T. Kaewgun, R. Deepankaew, Design and construction of the low-cost defibrillator analyzer, in: IEEE International Conference on Biomedical Engineering, 2013, pp. 1−4.

[39] Implantable Cardioverter-Defibrillator. en.wikipedia.org/wiki/Implantable_cardioverter_defibrillator.

[40] The 11th World Survey of Cardiac Pacing and Implantable Cardioverter-defibrillators, 2009. http://www.ncbi.nlm.nih.gov/pubmed/21707667.

[41] W.B. Kouwenhoven, G.G. Knickerbocker, The development of a portable defibrillator, AIEE Trans. Power Appar. Syst., Part III (1962) 428−431.

[42] M.W. Kroll, K. Kroll, B. Gilman, Idiot-proofing the defibrillator, IEEE Spectrum 45 (November 2008) 40−45.

[43] J. Ramon, et al., Energy generation and discharge for a semiautomatic defibrillator EBT, in: IEEE Electronics, Robotics, and Automotive Mechanics Conference, 2006, pp. 220−225.

[44] J.A. Warren, et al., Implantable cardioverter defibrillators, Proc. IEEE 84 (1996) 468−479.

[45] F. Lynch, Current Design Trends in Medical Electronics. www.mdci.com.

[46] D.J. Dosdall, D.E. Rothe, J.D. Sweeney, Programmable arbitrary waveform generator for internal defibrillation research, in: IEEE International Conference on Engineering in Medicine and Biology Systems, 2004, pp. 3971−3974.

[47] Y. Zhou, et al., A special cardioverter-defibrillator in surgery, in: IEEE Bioinformatics and Biomedical Engineering Conference, 2007, pp. 1061−1064.

[48] Particle Therapy. en.wikipedia.org/wiki/Particle_therapy.

[49] E. Dallago, et al., The power Supply for the beam chopper magnets of a medical synchrotron, in: IEEE Annual Conference on Industrial Electronics, 2008, pp. 1016−1020.

[50] C. Yamazaki, et al., Development of a high-precision power Supply for bending electromagnets of a heavy ion medical accelerator, Paper WeP1-098, in: IEEE International Conference on Power Electronics, 2011, pp. 3013−3016.

[51] Laser Surgery. en.wikipedia.org/wiki/Laser_surgery.

[52] R. Ariele, The Laser Adventure, Section 9.2.1 "Lasers in Medical Surgery." http://www.um.es/LEQ/laser.htm.

[53] LASIK. en.wikipedia.org/wiki/LASIK.

[54] Excimer Laser. en.wikipedia.org/wiki/Excimer_laser.

[55] Glaucoma Surgery. en.wikipedia.org/wiki/Glaucoma_surgery.

[56] Capsulotomy. en.wikipedia.org/wiki/Capsulotomy.

[57] Dental Laser. en.wikipedia.org/wiki/Dental_laser.

[58] Er:YAG Laser. en.wikipedia.org/wiki/ER:YAG.laser.

[59] Photorejuvenation. en.wikipedia.org/wiki/Photorejuvenation.

[60] Lithotripsy en.wikipedia.org/wiki/Lithotripsy.

[61] Prostatectomy. en.wikipedia.org/wiki/Prostatectomy.

[62] Transoral Laser Microsurgery. en.wikipedia.org/wiki/Transoral_laser_microsurgery.

[63] Endovenous Laser Treatment. en.wikipedia.org/wiki/Endovenous_laser_treatment.

[64] Laser Hair Removal. en.wikipedia.org/wiki/Laser_hair_removal.

[65] Minimally Invasive Spine Surgery. Laser Spine Institute, http://www.laserspineins-titute.com/.

[66] Tattoo Removal. en.wikipedia.org/wiki/Tattoo_removal.

[67] Laser Pumping. en.wikipedia.org/wiki/Laser_pumping.

[68] M. Iberler, K. Frank, Small-size pulsed lasers in medical applications, IEEE Power Modulator Symp. (2002) 608−611.

[69] A. Bertolini, et al., Solid-state power supply for gas lasers, Rev. Sci. Instrum. 75 (2004) 2686−2691.

[70] Laser in Dermatology. http://www.dermanetnz.org/procedures/lasers.html.

[71] S.N. Torgaev, M.V. Trigub, F.A. Gubarev, Studying of solid-state power supply unit of CuBr-laser, in: IEEE International Conference on Micro/Nanotechnologies and Electron Devices, 2011, pp. 411−414.

[72] J. Yamada, Y. Yu, Y. Ishimura, Low turn-off switching energy 1200-V IGBT module, in: IEEE Industrial Applications Conference, vol. 3, 2002, pp. 2165−2169.

第 14 章　IGBT 应用：国防

国防或军事工业是大多数国家经济中最大的行业之一。国防工业参与开发和生产空军、海军、陆军需要的设备以及其他服务[1]。美国国防部每年的预算超过 5000 亿美元。2010 财年的预算资源为 1.2 万亿美元[2]。同时它也消费巨大的电力资源，2010 年使用电力近 30000MW·h。

2010 年，世界各地军队的全球军事总支出超过 1.5 万亿美元[3]。2006 年，前 100 名最大的军火生产商的销售额为 3150 亿美元。这其中包括飞机、导弹、航空母舰、潜艇、装甲车等。根据斯德哥尔摩国际和平研究所的报告，领先的武器出口商是俄罗斯、美国、中国、法国和英国。顶级防务公司包括洛克希德马丁公司、波音公司、BAE 系统公司、雷神公司和通用动力公司。

如今，绝缘栅双极晶体管（IGBT）被国防工业广泛应用于电力输送和管理、推进系统和武器系统。当年美国的国防部门相当勉强地接受了 IGBT 技术。1986 年美国成立了一个联合小组，用于协调国防机构和电力研究所（EPRI）在美国电力半导体技术方面的融资[4]。它的目标是："通过协调在研究上的投资，恢复美国在功率半导体领域的领先地位"。作者声明："MOS 控制晶闸管（MCT）是由联合小组独家选择投资的"。这一决定的主要依据，是 MCT 作为一个锁存的四层结构时的低导通电压降。此时，众所周知，诸如栅极可关断（GTO）晶闸管的结构需要庞大的缓冲器，并且不提供晶体管结构中可用的电流控制。也发现了 MCT 缺乏 IGBT 在正向和反向安全工作区中可用的特征，这些与 IGBT 相比的缺点，抵消了 MCT 较低通态电压降的益处。尽管电力研究所和国防部的投资达到了数千万美元，但由于制造设备的技术困难，MCT 的商业化并不成功。同时，从系统的角度来看，IGBT 的优越特性，以及其与功率 MOSFET 制造的兼容性，允许其在没有国防部和电力研究所支持的情况下，实现在消费类和工业应用中的快速商业化。随着 IGBT 在其他经济部门的广泛商业应用，以及半导体工业为 IGBT 建立的强大的全球生产基地，国防部门最终不可能不利用这种技术。2003 年，联合小组成员得出结论[5]："IGBT 的市场优势，在额定值和封装方面持续取得的进步……都进一步强化了其相对于晶闸管器件的市场地位。晶体管（IGBT）通常具有卓越的开关性能，表现在更快的开关速度和更低的栅极驱动功率方面"。2004 年，联合集团成员总结说："在广泛的中、低功率（如可达几兆瓦，甚至高达几百兆瓦）应用上，绝缘栅双极型晶体管（IGBT）已经取代了 GTO 晶闸管器件，发展成为首选器件……它具有快速开关能力，并在导通期间控制 di/dt。这些对于中小型转换器甚至高功率转换器来说是一个主要优点……但是，MOS 关断（MTO）晶闸管还没有被商业化地引入"。

将固态器件搬迁到军事应用的最大实现，是由美国海军通过电力电子构建模块（PEBB）项目产生的。电力电子构建模块被定义为通用功率处理器，将任何输入的电力都转换为所需的电压、电流和频率输出[7]。虽然这个概念是器件无关的，但它最初的目标是使用 MCT。然而，它最终实现时使用的是 IGBT 作为 PEBB 内部的功率器件。在讨论 PEBB 概念后，本章将讨论如船舶、航母和潜艇等在海军中使用 IGBT 的各个场合，还有空军战斗机、军用混合动力电动汽车（HEV）、弹射电磁发射器以及导弹防御网络等。

14.1　电力电子构建模块

电力电子构建模块（PEBB）的概念是美国海军在 1995 年提出和推广的。它被视作美国海军的关键技术，对整个电力电子行业都具有影响[8]。
PEBB 概念如图 14.1 所示。它在中间包含一个电
源处理单元，在三边是感测和控制模块。该电力
电子构建模块是一种即插即用架构，可应用于带
有自动配置操作设定的场合中。终端应用程序将
会识别出电力电子构建模块的插入，识别出其制
造商并对其进行自动操作。每个功率处理单元将
管理自己的安全操作限制，采用标准接口和协议
使其能够在众多场合中得到应用。这些特点将降
低了国防和商业使用的成本。

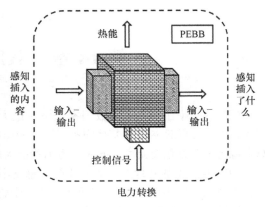

图 14.1　电力电子构建模块概念图

　　PEBB 的概念是革命性的，因为过去电力电子
的应用都是定制设计的，其需要大量的工程专业
知识、设计上的努力和开发时间。而使用 PEBB 可以缩短上市时间，并且新的半导体技术可以替
代电源处理单元中旧的半导体技术，而无需重新设计整个系统。图 14.2 中给出了 PEBB 概念的
分层架构。功率模块包含电源开关、滤波器和控制电路，也可以划分成单元。在小于 100kW 的
功率水平下，单元可以是一个完整的三相逆变器；在 100kW ~ 1MW 的功率水平下，单元可以是
其中的一个单相。每个 PEBB 都包含足够的控制电路的智能，从而允许它们"搭接在一起"以服
务于各种应用。控制结构是分层次的：门驱动器负责控制小于 $10\mu s$ 的时域；电路拓扑控制器负
责控制 $10\mu s ~ 1ms$ 之间的时域；负载控制器负责控制 $1ms ~ 1s$ 之间的时域；系统控制器调节 1s
以上的运行。PEBB 的输出是一种软件，根据最终用户的需要进行配置和控制。这能够以最少的
工程投入生产出大量的产品从而服务于各种应用。

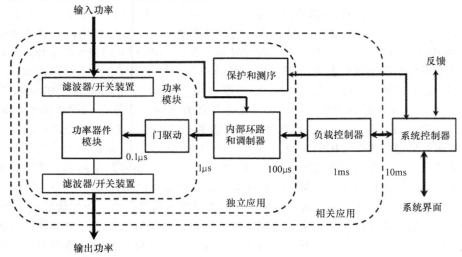

图 14.2　电力电子搭建模块的分级控制

　　使用 PEBB 概念实现的海军船舶动力系统如图 14.3 所示[7]。该船舶采用多种来源供电，维
持高度冗余以减少由于故障和攻击等产生的脆弱性。主配电系统利用直流总线，简化了船舶制造
商的复杂性和最终用户的接口管理。直流配电系统已经变得具有实用性，其中 IGBT 的使用使其
能够在微秒范围内进行切换，从而允许精确地监视和控制能量流。系统中的 PEBB 控制所有能量
源和负载。这些能量源包括原动力机（涡轮机和柴油机）、燃料电池、电池和飞轮存储单元。负

载包括运转的螺旋桨、辅助电子和脉冲功率武器。高频变压器用于直流到交流和交流到直流之间的转换，以减小它们的尺寸和重量。这就要求 IGBT 具有很低的开关损耗。

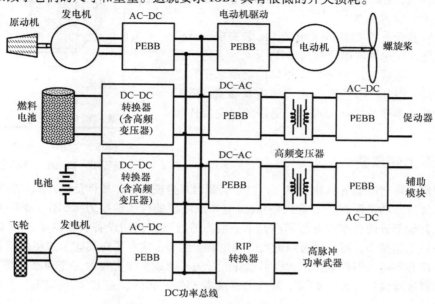

图 14.3　使用 PEBB 的海军船舶动力系统

海军资助了电力电子构建模块（PEBB）技术的发展，并鼓励制造商发布商业产品。2005 年，ABB 集团公司提供了一种称为 LoPak5 的 PEBB 产品[9]，采用 1200V 或 1700V 额定电压的 IGBT。带 LoPak5 IGBT 模块的 PowerPak3 单元的最大输出为 600kV · A，采用水冷系统。2006 年,通用功率转换器 PM1000 中基于 IGBT 的 PEBB，声称具有了 0.5MW 功率的处理能力[10]。该模块的配置如图 14.4 所示。除了这些 IGBT，它还包含栅极门驱动器和控制器，使用了热传感器、电流传感器和电压传感器，用于模块的快速局部保护。

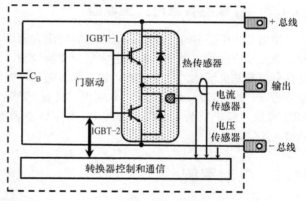

图 14.4　通用功率转换器 PM1000 的 PEBB 设计

在没有开发基于 IGBT 的 PEBB 之前，舰艇中普遍使用的是 60Hz 的交流配电系统[11]。这种方法的一个主要问题是变压器的尺寸和重量。在船舶系统中的每个负载都使用变压器进行电隔离，而这些变压器具有与推进电动机相同的尺寸和重量。使用基于 IGBT 的 PEBB 来制作直流到交流的转换器，产生高频交流电，使用高频变压器从而使得尺寸和重量都要小很多。

14.1.1　PEBB - 1、PEBB - 2 和 PEBB - 3

首先展示的处于第一阶段的电力电子构建模块 - 1（PEBB - 1）是五端口设备，其示意图如图 14.5 所示。五个端口由两个输入电源端口（ + 和 - ）和三个输出电源端口（A、B、C）组成。此外，PEBB - 1 还包含通信总线、模拟总线和数字总线。它可以通过外部编程执行以下功能：①直流－交流逆变器；②交流－直流转换器；③直流－交流电动机控制器；④交流－直流升压转换器；⑤直流－直流升压转换器[12]。

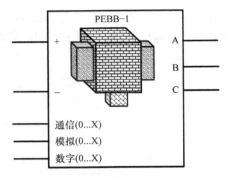

图14.5　电力电子构建模块1（PEBB－1）的端口示意图

在第二阶段开发的PEBB－2定义了封装要求，不仅包括了热问题，还包括电磁干扰（EMI）、互连、传感器和无源元件。它集成了比PEBB－1更高的功率水平和更快的开关器件。PEBB－3主要集中在改进其形式、适配性和功能，采用半导体的双面冷却、更快的开关器件和分布式控制。

14.1.2　海上变频器

海军舰艇中雷达需要的脉冲功率，相对于电源而言呈现的是非线性负载。海军舰船用变频器来给雷达系统进行功率调制[12]，它们将60Hz分布式电源的频率转换为400Hz。变频器将雷达负载与船舶上其他部分的分布式电源隔离开来。电力滤波器占船用设备大小的1/3和重量的3/4。通过使用高的工作频率，可以显著降低尺寸和重量。然而，这需要在高频下的切换设备保持低的损耗。零电流和零电压谐振电路结构也可以降低开关损耗以实现更高的工作频率。基于PEBB的变频器能够将过滤器尺寸减少40%，同时节省成本35%～40%。到1998年实现了1.8MW/m³的功率密度目标。

14.1.3　并联型有源电力滤波器

使用PEBB概念的尺寸小、重量轻的船用有源滤波器已经设计出来了[13]。提供给海军舰船的传统无源滤波器，由于不能自适应且工作频带窄，因而性能较差。而有源滤波器是自适应的，且具有更新的灵活性。有源滤波器包含电力电子转换器、实时控制器和传感器。它用来自美国超导公司（PM－1000）的商用PEBB实现，具有130W/in³的高功率密度。该PEBB包含三个智能IGBT模块，额定值为1200V和180A。为创建有源滤波器，它在模块中添加了一个电流探测回路。

14.2　电动军舰

护卫舰是一种军舰，有各种大小。典型的护卫舰如图14.6所示。具有护卫能力的军舰用于反潜战争，以为商船护航，为航空母舰提供护送，为两栖攻击部队提供支持[14]。这些舰艇可以以30节的最大航速航行，但通常以18节的速度巡航[15]（1节相当于陆地车辆的1.15mile/h）。推进系统必须能够以这样的速度移动4000t的船体。

图14.6　一种护卫舰

1998年，皇家海军已承认基于IGBT的电力推进系统是十分有利的[15]。现有的机械动力传动系统有8个单独的原动力机。这可以通过集成全电力推进系统（IFEP）减少到四个。使用集成全电力推进系统后，预计成本将降低，降低量对于反潜战而言是 37%，对于航母护航而言是 30%。作者比较了当时可用的和正在开发的各种功率半导体器件。栅极可关断晶闸管（GTO）虽然有足够的额定功率，但是需要复杂的栅驱动方式，所以缺乏吸引力。相比之下，IGBT 被认为很有优势，是由于其简单的栅驱动方式和较高的工作频率。作者指出："它们的主要优点是电压驱动型的，因此控制电路非常简单，重量和体积都会相应减小。IGBT 也可以在高于 GTO 十倍的频率下以大约 20kHz 的频率切换。这减少了所需的滤波量，并进一步减小了总重量和体积"。

"全电动船"也是美国海军感兴趣的一个方面[16]。理论上，海军沿海作战舰船需要总共 15000~20000kW 的推进和服务功率。海军舰船要求功率密度是游轮的 10 倍。此外，当考虑脉冲功率要求时，需要游轮 20 倍的功率密度。

14.2.1　推进驱动选择

向电力驱动船舶的研发转移，需要确定最佳的电路结构和功率半导体技术，从而满足变速电动机驱动器的需要。美国超导公司对可选择的选项进行了仔细分析[17]，他们的任务是研发基于超导的电动机和用于船舶的发电机。评估的三个拓扑结构是循环换流器、串联低压逆变器和多电平逆变器。

循环换流器：循环换流器具有直接将直流转换到交流功率的优点。它使用具有反向阻断能力的自换向晶闸管。但由于电源质量不佳会导致闪烁噪声和电动机电流失真的控制问题，在工作频率下电动机电压纹波明显，以及配电系统的功率因数较低。这些问题使得这种方法被淘汰出局。它的转矩波动可以从在 100% 速度时的 1% 增加到在 50% 速度时的 25%。

串联低压逆变器：2005 年，已经可以从数个制造商那里获得 1200V 的 IGBT，并且证明其在商业电动机驱动中是可靠的高性能器件，具有 4~8kHz 的高效率开关[17]。如图 14.7 所示，可以通过使用该技术从 9kV 的直流总线上串联放置多个 IGBT 模块，构造用于船舶推进的电动机驱动器。每个 DC-DC 转换器提供了一个与直流-交流逆变级相对独立的 800V 总线，包含了标准 "H" 桥结构的 1200V IGBT。逆变器的输出被连接成 Y 形，从而驱动电动机。6kV 电动机可以使用 126 个 300kW 的逆变器模块组成九相逆变器运行。600kW 的 DC-DC 转换器使用了由 IGBT 准谐振 "H" 桥逆变器驱动的两个高频变压器。DC-AC 逆变器使用了工作在 8kHz PWM 载波频率的 300kW IGBT 模块。

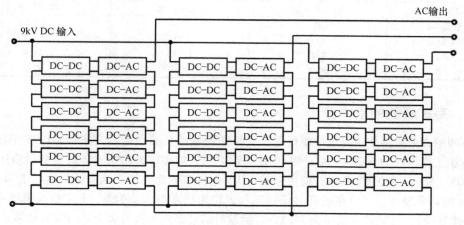

图 14.7　串联式低压变频器驱动

这种方法的优势是使用标准的商用 IGBT 为船舶中的所有逆变器创建共同的结构件。它们的高开关频率降低了电动机噪声。但它不能实现可再生操作。电动机电流具有仅 0.6% 的三次谐波失真，并且在全速和满载下的转矩波动仅为平均转矩的 0.05% 。这是拓扑中的最佳性能，它能够提供 96.8% 的效率。

多电平逆变器：如图 14.8 所示的二极管钳位结构，可用于海军舰艇的推进。6.5kV 的 IGBT 可以用于 3.6kV 直流总线的操作。用载波频率为 1kHz 的 PWM 控制 IGBT，可使开关频率为 0.4kHz，从而降低开关损耗。IGBT 也被拿来与绝缘栅控制晶闸管（IGCT）进行比较。作者总结说：" IGCT 开关损耗通常为每个开关周期超过 20J，而 IGBT 通常小于 10J。IGBT 需要相对较小的栅极驱动电路且不需要缓冲器，而 IGCT 电路通常包括非常大的内置栅极驱动器，并且需要缓冲器和其他部件来限制电流变化（di/dt）和电压变化（dv/dt）……IGCT 设计的重量和尺寸显著较大，因此被排除在外"。

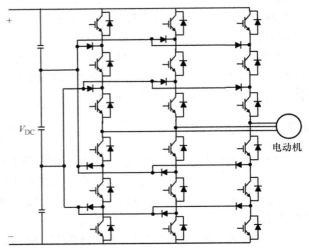

图 14.8　多电平逆变器驱动

由于 IGBT 模块可以从多个制造商处获得，所以在应用中通常采用隔离的 IGBT 模块而不采用冰球模块。可以发现，IGBT 多电平逆变器驱动的转矩波动在全速下为 0.42% ，在全速的 50% 时增加到 2% 。该拓扑的效率在该速度范围内超过 97% 。

表 14.1 比较了船用推进电机驱动器的三种电动机驱动器结构。循环转换器具有最佳的效率和最小的重量和尺寸，但它们的功率因数低并产生严重的转矩波动，这难以实现安静的操作，而这是海军应用中需要重点考虑的因素。串联的低电压变频器为电动机电流创建最佳波形，但具有很大的重量和尺寸。基于与海军船舶应用相关的这些因素（如效率、尺寸和声学噪声），使用 6.5kV IGBT 模块的二极管钳位多级逆变器提供了最佳的整体性能。

表 14.1　船用推进电动机驱动结构的比较

驱动器结构	循环转换器	多级逆变器	串联低电压
总重量/kg	3850	9820	13700
磁性物质重量/kg	3060	2405	6311
大小/m³	7.6	11.13	21.4
效率（%）	99.3	98.7	97.6

14.2.2　海军舰船的动力分步

海军舰船在未来将使用直流电源配置。在船舶服务的负载点需要变频器。1995 年报道了一种来自直流工作母线的 500kV · A 三相 60Hz 交流电源，被称作为船舶服务的逆变器模块[18]。它使用 1200V、300A 的 IGBT 模块，使用四组 IGBT 半桥来创建三相交流电源。达到了 3kW/kg 和 3.6W/cm³ 的功率密度。当处在硬开关模式工作，在输出功率为 267kW · h（相当于功率因数为 0.8 的感性负载），总的转换效率为 97.1% 。满载时的总谐波失真为 2.4% ，PWM 纹波为 0.1% 。

一种减少 IGBT 损耗的新颖的缓冲电路曾被提出。缓冲器由与 IGBT 的集电极、发射极并联的二极管和电容器串联组成。使用 MOSFET 反激转换器将存储在缓冲电容器中的能量返回到 DC 总线。使用这种方法，发现效率可以增加 0.7%，而谐波失真却没有变化。

14.2.3　固态传输开关

任务型的海军操作需要不断地向负载提供功率，如雷达、武器系统和通信资源等。不间断的供电容易出现关键组件的故障和维护问题。在海军船舶中强大的动力传输的替代方法之一是采用静态自动转换开关（SABT）[19]。SABT 是一种自动的双极无极性的开关，允许负载从一个电源快速切换到另一个电源。SABT 首先是使用反向并联的晶闸管组（用于交流电源的每一相）开发的。SABT 电源切换时间被设计为远小于计算机工业制定的在电源波动或中断期间"转接"的标准。

如图 14.9 所示是作为 IEEE 标准 446 – 1987 公布的"计算机和商业设备制造商协会曲线"。船用电力系统在电源电压中断持续时间的可接受范围内进行设计。基于这个标准，SABT 必须能够检测电源电压的变化，并在 60Hz 电源周期的 $\frac{1}{4}$ 时间内切换到另一个电源。SABT 通常设计为在小于 250μs 的时间内对电源电压下降到其标称值的 90% 进行反应，70% 标称值时指示出电源有故障。SABT 通常使用三相三线的 60Hz，450V 交流电源或三相三线 60Hz，120V 的交流电源。它们还能够探测过电流

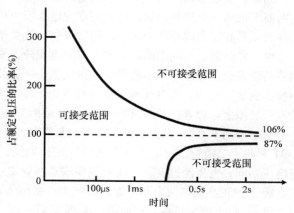

图 14.9　计算机和商业设备制造商协会的电源中断曲线

情况、多个电源之间的频率和相位偏差情况等。操作必须以"先断后合"的顺序进行，以避免将涉及的两个电源连通短路。

海军船上使用的基于 IGBT 的双功能开关（DFS）已经被开发出来。图 14.10 给出了基于 IGBT 的具有静态自动转换开关（SABT）的 DFS 框图。它成功地应用于负载电流高达 100A 的场合。所选的 IG-BT 具有 1.5V 的通态电压降（包括用于反向阻断的串联二极管）。对于 50A 的负载电流，截止时间为 40μs。当承载 50A 的负载电流时，IGBT 的功率损耗为 80W。虽然 IGBT 的导通电压降是晶闸管的两倍，但作者指出："测试结果表明，带有 IGBT 的 DFS 的切换时间仅为带有 SCR 的 SABT 的 10%，接近理想的无缝切换。对使用 IGBT 的 DFS 实施电流限制控制技术，将满足电源切换和电流故障中断的要求"。

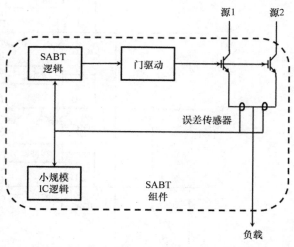

图 14.10　静态自动转换开关（SABT）框图

14.2.4 固态断路器

在供电网络中需要断路器以在可能导致火灾等的危险故障时切断大的电流。断路器设计首先用于检测故障状态，当电流增加到高于正常工作情况的某个阈值时，快速中断电流流动[20]。断路器可以在故障排除之后复位，而不需要更换熔丝。机械断路器依赖于检测到故障状况时打开机械开关，如住宅车库中用到的情况。它虽然在配电网络中应用广泛，但其缺点也很多，包括对故障的响应速度慢，从而导致在电流中断时的电流水平变高，以及在机械触点上产生电弧。电弧会导致机械断路器中触点的显著磨损，并且对于爆炸性气体的环境是危险的。这是海军舰船应用上的一个重要考虑。

固态断路器依赖于关断某个与配电网络中负载相连的半导体器件。固态器件的通态电压降是需要考虑的一个重要因素，因为它在配电系统中产生连续的功率损耗。对于交流电源系统，设备还必须具有反向阻断能力。可以用二极管与开关串联的方法，但这增加了通态功耗。

由于晶闸管的反向阻断能力和低通态电压降，最初将它用于交流配电系统的固态断路器。晶闸管的缺点包括在故障时不能及时限制电流，而只能在过零后才能中断电流（在60Hz配电系统中检测到故障之后，该时间有可能会长达8ms）。使用IGBT的固态断路器的优点在于，其具有在检测到故障之后非常快速（< 20μs）的电流中断和限制故障电流大小的能力。

基于采用IGBT的断路器的三相配电系统如图14.11所示[21]。断路器的每个相位都使用两个IGBT和两个二极管。在正常（无故障）工作期间，所有IGBT都保持在导通状态。在A相施加正电压期间，电流经过IGBT-1及其串联二极管D-2流到负载。因此，通过关断IGBT-1，可以在相A的正半周期间中断电流。类似地，在相A施加负电压期间，电流经由IGBT-2及其串联二极管D-1流到负载。因此通过关断IGBT-2，可以在A相的负半周期间中断电流。这也适用于其他相位。随着具有反向阻断能力的IGBT在近期的不断发展，可以进一步去除串联二极管，从而降低功率损耗。IGBT上的缓冲器包括用于吸收故障电流能量的金属氧化物压敏电阻（MOV）。

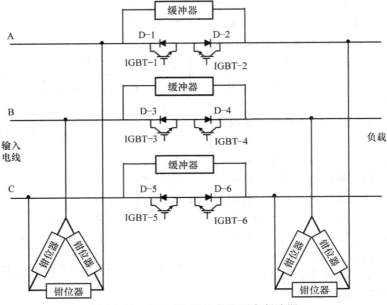

图 14.11 基于 IGBT 的交流固态断路器

用于直流配电系统的基于 IGBT 的断路器如图 14.12 所示[21]。在直流电源和负载之间的电流路径中使用了两个 IGBT。两个 IGBT 在故障时一起关闭，但实际上关闭任意一个即可。已经使用 4500V，900A 的 IGBT 模块对这种配置进行了测试，以创建固态断路器并用于保护海军船舶中的推进驱动逆变器。

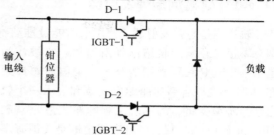

图 14.12　基于 IGBT 的直流固态断路器

在海军船舶配电系统的应用中，对 IGBT 和 IGCT 的相对优势进行了比较[22]。IGCT 是将栅极关断电路封装在一起的 GTO 晶闸管结构。它具有比 IGBT 更大的电流处理能力，但不能制约故障时的负载电流。虽然 IGCT 的开关速度慢 6 倍，但关断时间至少比机械断路器快 900 倍。因此，建议将 IGCT 应用在配电系统中电流中等大小的上游位置，而将 IGBT 应用于电流较小的下游位置。其断路器非常高的响应速度降低了故障电流大小的等级。

14.3　航空母舰

航空母舰允许各国在全球范围内部署远离陆地机场的空中力量。航空母舰需要一个完整的飞行甲板和存储设施，它能够起飞和着陆飞机[23]。核动力的 USS 尼米兹 CVN - 68 航空母舰如图 14.13 所示[24]，其飞行甲板上有许多飞机。飞机也可以停放在飞行甲板下面，并使用电梯送到甲板上。

海军决定用机电制动器替代液压制动器，以减少重量、空间和维护。航空母舰中的应用包括武器升降机、飞机升降机、机库门、舵机构和推进系统。在上一节中讨论了推进系统。武器升降机的载重能力为 4.2 万 lb，即使海面粗糙颠簸，其运动速度也必须达到 2ft/s。飞机升降机的负载能力为 50 万 lb，也必须以 2ft/s 的速度运动。航空母舰的方向舵需要一个 500hp 的电动机，以 3000r/min 的高转矩运行。作者指出："目标是用转矩致密的机电制动器驱动航空母舰上运载的一切……减少 500 个人，将船重减少 140 万 lb，释放 60000ft^2 的甲板面积，这会

图 14.13　USS 尼米兹航空母舰

将系统的平均维护量降低 2.7 倍，复杂性降低 2.2 倍，功耗降低 2.7 倍"。这些机电制动器使用的是在 14.2 节中讨论过的电力电子构建模块上进行的设计。

海军计划利用大功率 IGBT 开关阵列来满足船舶的电力需求[26]。作者指出："在过去十年中，能量存储、固态开关、计算机技术和材料科学的进步，使得电磁功率转换能够成为一个可替换如今用于飞机发射协助、电梯、运动减振、制动器和供电电源等方面常规方法的方案。两个关键的使能技术是绝缘栅双极晶体管（IGBT）和对他们同时进行快速开关的控制"。此外，正在开发用于在防御和进攻战术演习期间以超音速发射炮弹的轨道炮。

14.3.1 轨道炮炮弹发射器

轨道炮是炮弹发射器，使用电磁能量推动物体到很远的距离[27]。如图 14.14 所示是一个美国海军正在开发的轨道炮弹发射器。它被认为是下一个改变武器规则的技术。美国海军计划在 2016 年在联合高速船舶上安装和展示一个轨道炮。海军少将、海军总工程师布莱恩·富勒（Bryant Fuller）[28]说："电磁轨道炮是美国海军令人难以置信的新的进攻能力。这种能力将使我们能够以相对较低的成本，有效地应对广泛的威胁，同时通过减少携带高爆炸武器的需要，保证我们的船舶和水手更加安全"。该轨道炮具有 100mile 的射程，由于没有使用爆炸性弹头，

图 14.14　轨道炮炮弹发射器

更便宜也更安全。每个 18in 弹丸将花费 2.5 万美元，而传统导弹为 50 ~ 150 万美元[29]。

轨道炮由如图 14.15 所示的平行导轨构成，设计一个绕组在中间产生强磁场。一个电源包含着与固定绕组串联的电源开关，用于在开关闭合时产生直通绕组的电流脉冲。这会产生沿着轨道的高磁场，该高磁场耦合到炮弹或弹药（可在发射后落下）的运动绕组上，施加到抛射体的洛伦兹力可以将其加速到极高的速度（3500m/s，约 10 马赫）或

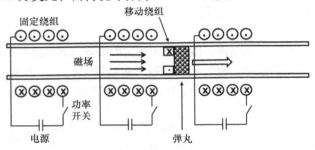

图 14.15　轨道炮发射器的原理

超高速。这种高速度使得轨道炮具有很大的射程，与使用爆炸物的常规武器相比，其到达目标的时间更短。这有利于防御仅仅是以超音速移动的飞机和导弹。创建轨道炮的一大挑战是极高的脉冲电流（百万安培），具有巨大的能量消耗（超过 30MJ）。这样的电流和功率水平在核电舰艇上是可以满足的。

制造用于船舶环境中的实用轨道炮，最大挑战也是电源的尺寸和重量。在轨道车中，能量存储在电容器中并通过固定绕组放电[30]。轨道发射器必须向抛射体提供 64MJ 的动能。存储的电能和动能之间的转换效率为 40%。在这种效率水平上，轨道发射器的尺寸和重量都比将要替换掉的常规枪炮及弹药库要小。电磁发射的脉冲长度约为 9ms。充电持续时间为 4s，使用轨道炮可以实现每分钟 12 发。

14.3.2 飞机发射器

飞机的船载轨道发射器也可以是电动的。美国的杰拉尔德·福特号航空母舰计划使用轨道炮技术来发射战斗机，而不是以前航空母舰使用的蒸汽弹射器[31]。电磁的飞行器发射辅助系统使用的是与轨道炮相同的原理[26]。它要求使用 10kV 峰值电压传输的 50kA 峰值电流，以实现 5ms 的转换速率。IGBT 以亚微秒速度切换，相当于在 1 ~ 50kHz 频率下工作。为实现该应用，还提出了一个串并联操作的 4.5kV IGBT 的密集阵列。2010 年，美国海军声称在陆地上成功使用轨道炮发射了飞机[32]。电磁飞机发射器是能够在 300ft 的空间内将 10 万 lb 的飞机加速到 240mile/h 的线性异步电动机。与蒸汽弹射器相比，它的尺寸小得多，效率更高，维护也更简单。

14.4　核动力与柴电潜艇

潜艇是由船员操纵的潜水器[33]。它们的首次部署是在第一次世界大战期间。最尖端的是使用核电的现代潜艇。核潜艇的优势在于推进空气的独立性和用于高速度长时间运行的大量储存的核能源[34]。为美国海军建造的最大潜艇是 18 艘俄亥俄级核动力潜艇，图 14.16 所示[35]。其中，14 艘装备有弹道导弹，4 艘装备有定向导弹。潜艇必须经常依靠隐身，以避免被敌人发现和攻击。移动中的潜艇会在海洋的自然噪声之上产生噪声特征，这暴露了其位置和运动方向。声学噪声的主要来源是由其螺旋桨的旋转引起的。另一个噪声源是由其发电部件和电动机驱动器产生的。其噪声水平随着潜艇的速度增加而迅速增加[36]，如图 14.17 所示。柴油电潜艇具有在电动模式下工作的优势（使用存储在电池中的电力），从而降低其噪声特征[37]，如图中所示为"超静音模式"。

图 14.16　美国海军俄亥俄级核潜艇

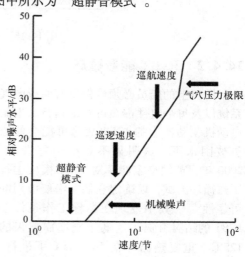

图 14.17　潜艇的噪声特征

14.4.1　安静的电驱动

一个降低潜艇噪声的高效安静电驱动技术已经被描述出来[38]。已经发现源自潜艇电动机驱动器交流总线中的谐波电流，可以在发电机中产生噪声。由同步整流器馈送的混合级联电压源的多级逆变器，能够使得输入交流电总线中的谐波电流减少。

图 14.18 给出了潜艇静音电驱动模块的框图。三相移相变压器用于向同步整流器供电。变压器将电动机驱动器与船舶的电源隔离。同步整流器电路类似于具有功率相位角的逆变器电路，用来提供流向逆变器的电流。同步整流器中的 IGBT 以 10kHz 的 PWM 频率工作。同步整流器使得进入交流电源中的谐波最小化，同时调节了直流输出电压。三个逆变器级串联（级联）起来，向电动机的一相绕组提供 2400V 的线对中性线的交流电压。

使用图 14.19 所示的级联逆变器，可以将正弦交流电压波形传送到电动机的一相绕组。它包含三级 IGBT "H" 桥电路，它们串联以产生 2400V 交流输出。其中两个 IGBT 逆变器级使用 1400V 直流总线，而第三个使用 700V 直流母线。当第三个低电压级在高开关频率下以 PWM 模式操作时，高电压级则以低频率的准方波操作。这降低了总体开关损耗，因为 PWM 级中的 IGBT 需要的阻断电压低。该电动机驱动器的满负荷效率为 94%，在 10% 负载下的效率为 76.4%。

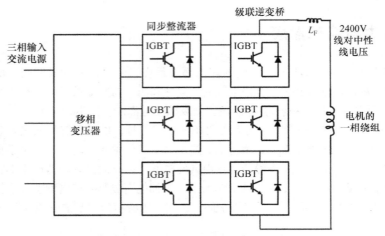

图 14.18　静音驱动模块的其中一相

14.4.2　IGBT 能量循环

　　潜艇上的船员必须确保所有船载电气系统以及每个组件都在可靠地运行。潜艇电动机驱动器中的 IGBT 故障可能会使船员被困水下，这明显不是一个好选择。2000 年，英国皇家海军对 IGBT 模块进行了热循环测试，以确定它们对潜艇应用的可靠性[39]。其中发现在标称工作条件下 IGBT 的结温升高，远低于制造商建议的 125℃。重复热循环在 50～65℃ 下进行，以检查压焊线的失效，并且在 75℃ 时检查焊锡的失效（见 6.7 节）。在四个 IGBT 模块上运行了超过 110000 个电气周期（这相当于在 25 年的寿命期内，五艘潜艇上所有 IGBT 的开关事件总数），并没有观察到 IGBT 的故障。作者总结说："可高度可信地认为，使用中热循环的占空比将不会导致 IGBT 功率开关性能特性的任何劣化"。

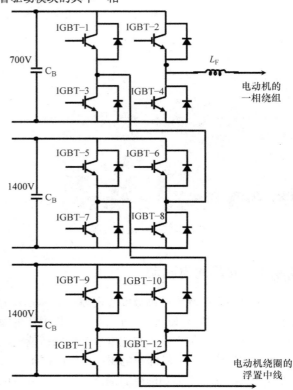

图 14.19　IGBT 的级联逆变器结构

14.5　军车

　　美国军队是世界上最大的化石燃料消费者。最近在阿富汗和伊拉克的遥远战区，军队为其车辆提供了极其昂贵的燃料成本。此外，美国联邦政府运营着超过 60 万辆车。国防部已承诺到 2020 年为非战斗行为购买 92400 辆电动汽车（EV）[40]。这些车辆将来自主要汽车制造商所追求的混合动力和纯电动汽车平台（参见第 9 章），使用 IGBT 驱动电动机。

　　军队也想要在战斗中使用混合动力车。BAE 系统公司开发了一种混合动力履带式装甲车[41]——15t 的 M113 车，如图 14.20a 所示。相比之前 M113 车辆的 275hp 电动机，它有一个 600hp 的电动机。英国、法国和瑞典军方正在开发类似的混合动力车辆。车辆需要向电动机输送 100kW 的功率。美国国防部也将用混合动力车辆替换掉如图 14.20b 所示的布拉德利战车[42]。新的陆军步兵战车[43]是一种在纯电动模式下运行以降低噪声的电气混合动力车。其电动机提供了比布拉德利战车更大的加速度。根据 BAE 的研究，混合动力系统不仅节省燃料，而且减轻 4t 的重量，提高了机动性。混合动力车辆中的移动部件越少就越可靠，越能降低维护成本，并且更易于维修[44]。

图　14.20
a）M113 混合动力装甲车　b）布拉德利战车

14.5.1　双向直流 - 直流转换器

　　美国陆军开发了新的混合电动车辆，其需要双向直流 - 直流电源转换器（BDC）[45]。BDC 控制高压（600V）推进直流总线和低压（300V）电池组之间的功率流。当车辆加速需要附加功率时，以及在对电池组再充电的降压模式时，BDC 会在升压模式下工作。非隔离双向转换器电路如图 14.21 所示。通过开关 IGBT - 2 和使用反向并联二极管 D - 1 来执行升压模式操作。通过开关 IGBT - 1 和使用反向并联二极管 D - 2 来执行降压模式操作。

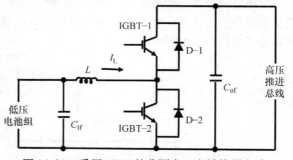

图 14.21　采用 IGBT 的非隔离双向转换器电路

　　使用图 14.22 所示的波形来讨论 BDC 结构的操作。在升压操作模式下，栅极信号（V_{GE}）被施加到 IGBT - 2。随着 IGBT - 2 在时间 t_0 导通，电池组电压（300V）施加在电感器（L）两端，使得电感中的电流（I_L）增加，其也作为集电极电流 I_C 流过 IGBT - 2。当 IGBT - 2 在时间 t_1 关断时，IGBT - 2 两端的电压增加，直到它被反向并联的 D - 1 钳位至推进总线的高电压（600V）。由于电感器两端的电压极性反转，其在时间 t_2 之前电流一直减小，在该时间内，电感器电流流过二极管 D - 1，如 I_D 的波形所示。在 $t_2 \sim t_3$ 的时间期间内，没有电流流动。由于 IGBT - 2 的输出电容和电感器之间的能量传递，IGBT - 2 两端的电压在 $t_2 \sim t_3$ 的时间段内振荡。在时间点 t_3，IGBT - 2 在升压模式下再次导通。

　　类似地，在降压操作模式中，栅极信号（V_{GE}）施加到 IGBT - 1。随着 IGBT - 1 在时间点 t_0 导通，会在电感器两端施加一个推进总线高电压（600V）与电池组电压（300V）之间的电压差（300V），使得其电流（I_L）在与升压模式相反的方向上增加，该电流也作为集电极电流 I_C 流经

IGBT-1。当 IGBT-1 在时间 t_1 关断时，IGBT-1 两端的电压增加，直到被反向并联的 D-2 钳位至推进总线高电压（600V）。电感器两端的电压极性与电池组电压（300V）相反，其在到达时间 t_2 前呈现电流减小，在此期间，电感电流流过二极管 D-2，如波形 I_D 所示。在 $t_2 \sim t_3$ 的时间期间内，没有电流流动。由于 IGBT-1 的输出电容和电感器之间的能量传递，IGBT-1 两端的电压在时间 $t_2 \sim t_3$ 振荡。在时间 t_3，IGBT-1 在降压模式下再次导通。

BDC 结构仅需要两个 IGBT 和较小的电感器，从而提供了更高的功率密度。选择 20kHz 的开关频率以减小无源元件的尺寸，同时保持 IGBT 的开关损耗可以接受。IGBT 在关断时必须处理很大的集电极电流，这需要 300 ~ 400A 的模块。导通电压降大、开关损耗低的模块比较适合。对于 90kW 的 BDC，需要实现 2.7kW/L 的体积功率密度。即使在 80℃ 的冷却剂温度下，

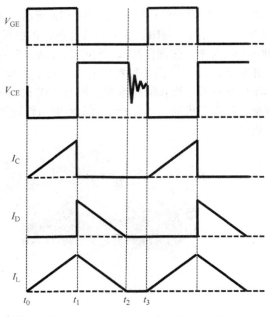

图 14.22 双向转换器的电路波形

IGBT 也会在 100℃ 的结温下工作。通过对 IGBT 使用微通道液体冷却从而降低热阻，BDC 可以工作在 100kW 下，80℃ 的冷却剂将体积功率密度增加到了 4kW/L。

双向转换器的三相结构如图 14.23 所示。其操作类似于图 14.21 所示的单电感电路。这里使用了带钳位二极管的 6 个 IGBT，具有单个输入电容器（C_{if}）和单个输出电容器（C_{of}）。被控制的电感器电流波形如图 14.22 中所示。

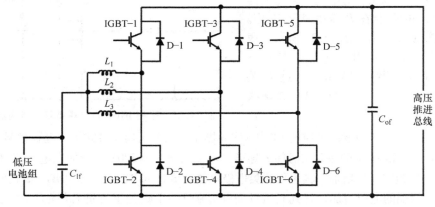

图 14.23 基于 IGBT 的双向转换器的三相结构

14.6 空军喷气式飞机

历史上，空军靠着高性能飞机获得战场优势和控制权。自第二次世界大战以来，战斗机依靠的是电磁继电器、线束和引脚/插座连接器的大量使用[46]。飞机电气系统由 400Hz 三相交流系统供电。美国空军依靠飞机实施作战任务，例如图 14.24 所示的 F16 猎鹰战斗机[47]。其他喷气式

战斗机包括 F15 猎鹰和 F22 猛禽战斗机。

20 世纪 80 年代，空军开始投资"更多电动飞机"（More Electric Airplane，MEA），主要是由于下列技术驱动因素[46]：①向着不能断电的数字控制系统的转移；②电传操纵的选择；③通过多路数据选择总线的通信；④飞行器上电功率负载数量的增加。转变成全电动操作的主要动力，是用电力制动器和控制器来代替液压系统，用于齿轮收缩、方向盘转向、制动和制动襟翼以及主体飞行表面。为了具有竞争力，MEA 必须超越先前在飞机中使用的轻质、可靠的混合液压系统。此外，

图 14.24　F16 猎鹰战斗机

空军希望其飞机具有高的可战斗性和低的维护成本。为了获得更加符合空气动力学的表面，新一代飞机需要在主体飞行表面上具有薄的枢纽线制动器。电力电子设备不仅必须具有高可靠性，还必须具有自我诊断能力，以允许使用最少的工具和技能进行修理或更换，而不需要使用大型地面设备，因为它们在前线运输、安置和防护都是极其昂贵的。1984 年，NASA 通过采用纯电动驱动取代液压、取消发动机排气和使用电动飞行控制系统，估计可节约燃料 20% 以上[48]。

20 世纪 90 年代空军使用的飞机由多个二次动力源提供动力：液压、气动、电气和机械能[49]。二次机械能从主发动机的驱动轴提取，并分配到齿轮箱以驱动润滑泵、油泵、液压泵和发电机。液压动力用于飞行控制制动器、起落架制动器、公共设施制动器、航空电子设备和武器系统。在 MEA 中，电动机驱动的制动器将取代液压驱动的制动器；电动机驱动的泵将取代齿轮箱驱动的油泵和润滑泵；电动机驱动的压缩机将代替空气驱动的压缩机用于环境控制。1993 年有作者说："空军将这一领域的资源集中在 MOS 控制晶闸管（MCT）开关器件和 MCT 驱动器的开发上"。这与功率半导体研究协调联盟的使命一致[4]。然而，空军最终放弃了 MCT，取而代之的是 IGBT。在 2003 年，同一作者指出[50]："电力电子学进步的关键是硅基金属氧化物半导体栅控功率器件的出现，例如场效应晶体管和绝缘栅双极型晶体管。由于用于控制的驱动功率需求变得更小，这些功率半导体器件提供的功率密度显著增加"。

双引擎的 MEA 战斗机将依靠使用 270V 直流总线的 250kW 的起动器/发电机运行[50]。起动器或发电机所需的功率器件额定值超过 1000V 和 1000A。该电源将为表 14.2 中列出的所有 MEA 电动机驱动负载供电。最多的负载是飞行控制，有着最大的功率需求。它们代表着关键使命的负荷，其故障可能危及飞机和飞行员。其最大连续总功率为 80kW。典型的电动机驱动器是基于 IGBT 的三相逆变器，该 IGBT 具有反激二极管。由于电机额定值范围从几 hp 到 100hp，IGBT 必须具有 600V 的阻断电压和十到几百安培的电流处理能力。

表 14.2　通用 MEA 战斗机的电子负载

飞机系统	最大连续总功率/kW	电动机驱动数量	最大电动机驱动/kW
飞行控制	80	28	50
ECES 系统	40	10	10
燃料管理系统	35	10	9
气动系统	30	2	15
着陆系统	30	20	5
其他系统	20	10	1

1998 年，空军报告了 MEA 概念的演练活动[51]。作者指出："发电机功率控制单元、逆变器、转换器和电动机控制器由最先进的硅基功率半导体开关器件组成，包括绝缘栅双极晶体管（IG-

BT)"。该演练在 C – 141 电动运输星上进行,其副翼是"电子化"的。飞行员报告了 500h 的 "近乎完美的飞行"和"100% 的信心"。该技术被应用于 F/A – 18 飞机的电子全动平尾和如图 14.24 所示的 AFTI/F – 16 猎鹰战斗机的电动飞行控制制动上。

14.6.1 电力分布架构

到 2007 年,更多电动飞机(MEA)的概念已经成熟,形成了一个配电系统,执行以前液压/气动系统的所有功能[52]。液压/气动动力分配系统可以与新的电动配电系统相互对照,如图 14.25 和图 14.26 所示。在图 14.25 所示的传统动力分配系统中,在操作各种高功率负载之前,主发动机功率被转换为液压或气动功率。电力仅用于辅助负载。在新的 MEA 系统中,主发动机功率主要转换为电功率的形式服务高功率负载和低功率负载。

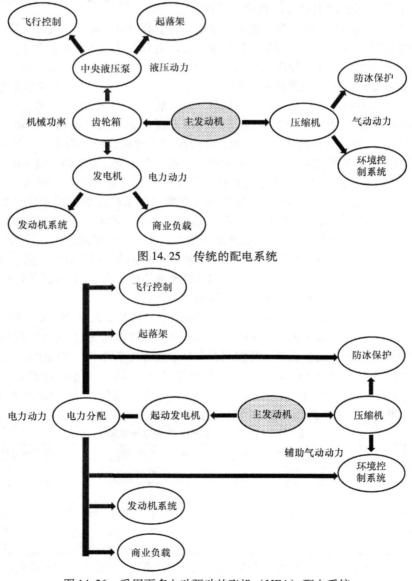

图 14.25 传统的配电系统

图 14.26 采用更多电动驱动的飞机(MEA)配电系统

14.6.2　便携式轨道炮

在 14.3.1 节中，讨论了为海军舰载应用开发的轨道炮。一个可以在飞机上使用的小的、较低速度的轨道炮也是空军感兴趣的。在这个轨道炮中，一个 15mF 的电容器需要在 200ms 内充电到大约 2kV，然后在轨道炮中放电以发射炮弹。如 14.3.1 节所述，IGBT 不仅用于将电流脉冲传送至轨道炮，还用于在 200ms 内为大电容器充电。电容器的充电时间限制了炮弹的发射速率。充电时间为 200ms，允许轨道炮每秒实现三轮发射。

对于适合在飞机中部署的便携式轨道炮，电容器充电电路必须紧凑且重量轻。自 2007 年以来，对轨道炮中的电容器充电以存储大量电荷的合适电源已经在调研中[53]。规范要求在 200ms 内为 15mF 的电容器充电至 30kJ 的存储能量。该应用的电路结构如图 14.27 所示。在飞机环境中，电容器（C_S）必须由飞机上的 200V 电池组进行充电。将具有四个"H"桥配置的 IGBT 的 DC - DC 转换器与高频变压器一起使用，以在电容器上产生 2kV 电压，实现 30kJ 的存储能量。当 IGBT - 1 和 IGBT - 4 导通时，会在某个方向上向变压器的一次侧输送电流；当 IGBT - 2 和 IG-BT - 3 导通时，则以相反方向向变压器的一次侧输送电流。变压器的匝数比为 1:10，从而在电容器（C_S）两端产生 2kV 电压。通过以高频率切换 IGBT（高达 10kHz），可以减小变压器的尺寸和重量。IGBT 的额定值为 600A 和 1200V。使用该电路结构可以在 300ms 内将 8.4mF 的电容器成功地充电至 2kV。

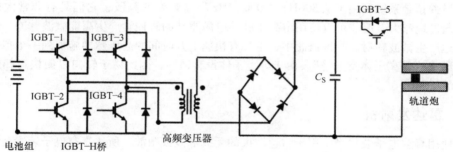

图 14.27　小型便携式轨道炮电容器的电容充电结构

2008 年，作者报告了可以在 660ms 内将一个 16.6mF 的电容器组充电至 2kV 的案例[54]。其使用 50kW 的平均功率。在 2012 年，作者通过在充电电路中添加第二个模块，实现了每秒三轮（RPS）的目标[55]。与 2008 年的一轮 RPS 相比，他们通过这种增强增加了两轮 RPS。

14.7　导弹防御

现代战争的必要条件就是保护平民人口和避免军事目标受到敌对导弹的攻击。这种威胁可以延伸到恐怖组织在非战时发射的导弹。用于检测导弹发射，跟踪其轨迹以及在到达预定目标之前摧毁导弹的技术，被称为导弹防御[56]。敌对导弹将被另一种拦截导弹破坏，如图 14.28a 所示。阻止敌对导弹的战略取决于所考虑的导弹类型：①旨在消除来自以约 16000mile/h 行驶的远程洲际弹道导弹威胁的战略导弹防御；②旨在消除以 6700mile/h 行驶的中程导弹威胁的战区导弹防御；③旨在消除以小于 3400mile/h 行驶的短程（长达 50mile）战术弹道导弹的战术导弹防御。许多国家（如美国、俄罗斯、法国、印度和以色列）已经开发和部署了导弹防御系统。

防御导弹的威胁需要检测来袭导弹及其轨迹。这通过使用如图 14.28b 所示的雷达系统来实

 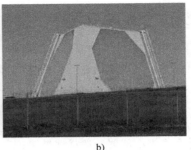

图 14.28

a) 反弹道导弹 b) 导弹防御雷达

现。雷达系统最初是在第二次世界大战期间开发的,从那时起就被应用于民用领域[57]。雷达发射无线电波或微波脉冲,这些脉冲会被它们路径中的物体散射。无线电波或微波会被飞行器和导弹外壳的金属物体所反射。这些反射波由位于发射雷达脉冲系统旁边的传感器检测,当然它们也可以在另外其他的地方。从导弹上接收到的信号强弱,与接收器和物体之间距离的四次方成反比。由于物体的运动引起的无线电波或微波的频率偏移(多普勒效应),可以用于监测来袭导弹的速度。

弹道导弹预警系统利用了从 300Hz ~ 1000 MHz 超高频率的频段,它们具有非常大的传输范围,能够通过地球大气层。可以使用由高压脉冲电源驱动的磁控管产生高能微波脉冲,也可以使用镜面雷达产生微波辐射。在该概念中,将具有快速上升时间的高压脉冲施加到一个包含气体的真空室,形成"等离子体反射镜"。由于等离子体没有惯性,因此易于转向以便快速扫描天空以抵御导弹的威胁。

14.7.1 雷达发射机

通过使用真空电子装置产生用于雷达波束的无线电波或微波,所述真空电子装置是诸如磁控管的交叉场装置或诸如速调管或行波管的线性束装置[58]。当使用高压脉冲刺激时,真空电子装置发射无线电波或微波。表 14.3 中显示了各种应用的真空电子装置类型以及相应的频带。可以看出,一些技术更适合于船上使用,一些适用于地面雷达,而一些则适用于机载。速调管和行波管的真空电子装置需要驱动电网,而对于磁控管,则需要以更高的电平来驱动阴极电压。

表 14.3 各种应用的雷达系统

频带	应用	真空电子装置(VED)	类型	波束电压/kV	波束电流/A
L	船上	速调管	Mod - 阳极	-43	25
S	船上	CC 行波管	电网	-45	18
C	地面	CC 行波管	电网	-53	17
C	地面	正交场放大器	阴极	30	35
X	空载	磁控管	阴极	-23	27
X	空载	螺旋行波管	电网	-11	0.7
W	多种应用	速调管	聚焦阳极	-16	0.6

14.7.2 速调管雷达电源

驱动真空电子设备的框图如图 14.29 所示[58]。速调管真空电子设备需要脉冲电源和高压电源，其中脉冲电源用于控制电网，高压电源用于将高电压传送到集电极。用于驱动速调管电网的电路结构如图 14.30 所示。它由将电网连接到 V_{on} 偏置的 IGBT‒1 和将电网连接到 V_{off} 偏置的 IGBT‒2 组成。由于两个 IGBT 都必须保持 2000V，因此在 2006 年使用了一个 IGBT 串联堆栈来实现，但是现在一个 IGBT 器件就可以执行此任务。栅控信号的时序必须错开，以避免两个电源短路引起的直通电流。IGBT 具有保护栅极和集电极侧的保护性钳位。

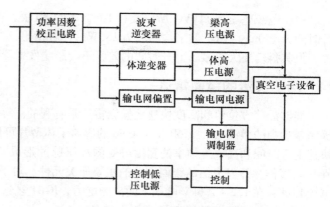

图 14.29　脉冲雷达系统框图

作者指出[58]："在现代雷达发射机中，调制器设计将堆叠 IGBT 用于高电流和低重复率的应用中，而将堆叠 MOSFET 用于低电流和高重复率的应用中"。

14.7.3　多普勒雷达脉冲电源

1998 年，由于 IGBT 的问世，人们开始考虑将固态开关引入雷达系统[59]。在此之前，地面雷达系统在峰值功率为 700kW 的雷达调制器中使用的是闸流管。更换闸流管的动因是可以将平均失效时间延长至少两倍。固态开关方法还消除了灯丝/加热器的电源和闸流管的高压触发电路，降低了复杂性。闸流管由于老化而表现出延迟和抖动的增加，加重了雷达系统中的相位噪声。

用于驱动磁控管的电路结构如图 14.31 所示。磁控管需要 27kV 的脉冲，最大磁控管电流为 27A。高压变压器用于在

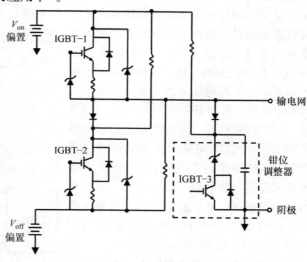

图 14.30　速调管电网电源的电路拓扑

其二次侧产生高压。在一次侧使用脉冲形成网络，以形成通过接通和关断 IGBT 而触发的电压脉冲。可以使用脉冲宽度开关将几个脉冲形成网络切换到电路中。脉冲形成网络 1 以 500Hz 的重复频率产生 2ms 的长脉冲宽度。脉冲形成网络 2 以 1200Hz 的重复频率产生 0.8ms 的短脉冲宽度。

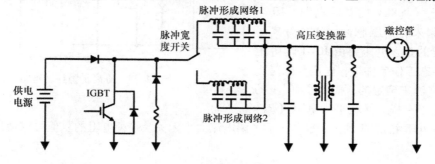

图 14.31　磁控管电源电路图

由于电源电压为 11kV，所以要将 10 个 IGBT 串联。它们必须处理 1200A 的峰值电流，其上升时间为 150ns。IGBT 的平均功耗为 150W。作者指出："虽然闸流管的电流上升率高于固态开关，但其抖动要大得多。上升时间的差异不会影响发射器的性能"。

14.7.4 灵活的镜面雷达

能够沿着方位角和高度快速地操纵雷达是有利的。等离子体薄片提供了一种无惯性的方法来操纵雷达中的微波束[60]。60cm×60cm 的等离子体薄片可用于引导 X 波段微波束。可以使用具有快速上升时间和高重复频率的宽度可变的高压脉冲形成等离子体反射镜。直到 1996 年，"交叉管"一直作为开发灵活的镜面雷达的主要开关元件。对于固态版本，作者指出[60]："由于具有高电流容量和在 1.2 ~ 1.6kV 电压下的高频能力，IGBT 被选来用于此项应用"。

图 14.32 中示出了等离子镜概念的原理，来自 10GHz 源的束流通过使用等离子镜被控制。在 100 ~ 200mTorr 的压力下，真空腔体内能产生 60cm × 60cm 的等离子镜。通过使用能产生 200 高斯轴向场的亥姆霍兹场线圈，能够用电磁的方法将其厚度限制在 1cm。该等离子体是使用高压（8kV）脉冲产生的。脉冲调制器必须能够产生高达 8kV 的电压方波，并提供大小为 30A 的电流。每秒需要 10 个 500μs 宽的脉冲。为了控制束流，对束流的每个方向都要施加脉冲到其阴极阵列，因此需要多个调制器，使得带有 IGBT 的固态解决方案比交叉管更具吸引力。作者指出[60]："作为一个更便宜、更不复杂的交叉管替代器件，IGBT 被选择作为阴极阵列实验的主要开关元件。IGBT 具有高电流能力、低欧姆损耗，并且可以使用低电压在高频下选通"。基于 1996 年可用的商业 IGBT 额定值仅为 1.6kV，至少需要 10 个 IGBT 串联产生所需的 8kV 脉冲。

串联运行 IGBT 的电路结构如图 14.33 所示。对于一个 8kV 的高压电源，10 个 IGBT 串联起来将高压脉冲输送到等离子镜上。重要的是，电压要由 IGBT 均等地分担。在稳态工作条件下，电压分配是由 IGBT 的漏电流来确定的，而每个 IGBT 的漏电流可能不一样。并联平衡电阻（R_B）

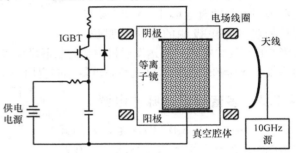

图 14.32　等离子镜控制电路

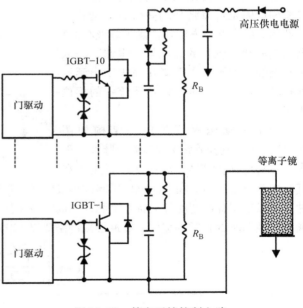

图 14.33　等离子镜控制电路

被用来确保电压由 IGBT 均分，而与它们的漏电流大小无关。平衡电阻的阻值可以使用以下公式计算：

$$R_{B} = \frac{(0.9nV_{CES} - V_{s})}{[\Delta I_{CES}\ (n-1)]} \tag{14.1}$$

式中，V_{CES} 是每个 IGBT 上的电压（例如 1.2kV）；V_s 是高压电源电压（8kV）；ΔI_{CES} 是每个 IGBT 的漏电流（例如 10mA）；n 是串联的数目（例如 10）。对于给出的数据，平衡电阻器的值为 10kΩ 左右。在开关瞬变期间，电源电压也必须由 IGBT 均等承担。这是通过使用带有光隔离的富士电机栅极驱动器（EXB840），在 5ns 内将栅极驱动同步到所有 IGBT 而实现的。

14.7.5 用于战区导弹防御的地面雷达

用于战区导弹防御的地面雷达系统需要一个兆瓦级变频器[61]。逆变器提供 4.16kV 的三相 60Hz 交流电源，连续功率为 1MW。已经设计出了满足这些要求的、无变压器的三级中性点钳位的转换器（Neutral Point Clamped Converter，NPCC）。NPCC 逆变器的基本结构如图 14.34 所示。其由 6 个红外模块和 3 个 SEMIKRON 模块与额定值为 600V、165A 的 IGBT 一起使用。该逆变器能够提供 100kW 的功率。二极管用于钳位中性点电压，从而在每个相线内的 4 个 IGBT 之间产生适当的电压分布。

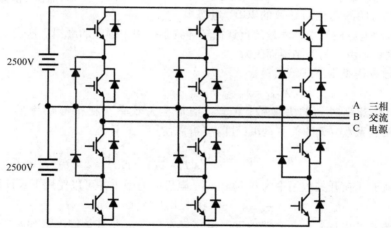

图 14.34　用于战区导弹防御地面雷达的中性点钳位的逆变器

14.8　用于国防的 IGBT

前面几节讨论了各种军事应用所需的 IGBT 的额定值。在许多情况下，这些器件需要应用于脉冲供电的场合。对于国防应用，一个重要的标准是器件的可靠性。另一个考虑因素是 IGBT 更高的工作结温，因为这可以减少便携式应用中散热器的尺寸和重量。

14.8.1 脉冲功率容量

由 ABB 集团公司制造的 2.5kV、2000A 的 IGBT 模块已经经过了此类应用的评估[62]。该模块最初是为牵引应用开发的。评估该模块从作为闭合开关的电容性能量源和作为断开开关的感应性能量源中产生短电流脉冲的能力。IGBT 模块由六个子模块组成，每个子模块包含 6 个 1.5cm² 大小的 IGBT 和 3 个二极管。总共 36 个 IGBT 芯片，具有 2000A 的连续额定电流。用高压电容器作为能量源，发现 IGBT 模块能够产生至少 5μs 脉冲宽度的 12kA 电流脉冲。测量瞬变电压的导通和关断时间分别为 910ns 和 680ns。使用感应能量源，该模块能够产生上升时间为 10μs、电流为 4.8kA 的脉冲。

14.8.2 可靠性

如图 14.35 中所示，是用于诸如 IGBT 等电子器件可靠性分析的著名的浴盆曲线。它由三部分组成。将具有恒定失效率的部分作为器件的寿命。在出售前，制造商可以筛选出具有高的早期失效率的器件。由于磨损导致的高失效率是制造该器件的材料和工艺的函数。平均失效时间定义为失效率（λ）的倒数。

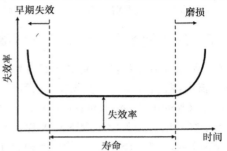

图 14.35　可靠性的浴盆曲线

就 IGBT 模块的情况，主要的失效模式是：①管芯绝缘的击穿和漏电；②管芯上焊线的失效；③用于固定芯片的焊料失效[63]。模块的热循环会导致铝焊丝的剥离。这表现为由于串联电阻的增加和管芯中电流均匀性的恶化而导致的 IGBT 通态电压降的增大。脉冲电源应用中，大量的负载循环导致了模块中焊点的磨损。这表现为管芯热阻的增加，最终导致管芯由于高的结温而失效。

IGBT 的失效率模型由下式给出：

$$\lambda_{IGBT} = \lambda_{b\_IGBT} \cdot \pi_{Tj} \cdot \pi_A \cdot \pi_S \cdot \pi_E \tag{14.2}$$

式中，λ_{IGBT} 是 100 万小时内的失效数；λ_{b_IGBT} 是基本失效率（在中等功率的 IGBT 模块中为 0.133）；π_{Tj} 是结温系数（T_j 的单位是摄氏度），可以使用下式计算：

$$\pi_{Tj} = \exp\left[-2114\left(\frac{1}{T_j + 273} - \frac{1}{298}\right)\right] \tag{14.3}$$

π_A 是应用类型因子（在开关应用中为 0.7）；π_S 是电压应力因子并可以使用下式计算：

$$\pi_S = 4 \cdot 5 \cdot 10^{-3} \cdot e^{3.1 V_{DC}/V_{Rated}} \tag{14.4}$$

式中，V_{DC} 是直流链路电压；V_{Rated} 是器件阻断电压额定值；π_E 是环境因子，如对于空中、在飞机上其为 13。

IGBT 模块的寿命由键合线和焊点的寿命决定。键合线失效的功率周期数（N_{fWB}）由下式给出：

$$N_{fWB} = k_{fTj} \cdot (\Delta T_j)^{k_{\Delta Tj}} \cdot \exp\left(\frac{k_{Tj}}{T_j + 273}\right) \tag{14.5}$$

式中，k_{fTj} 是 9830；$k_{\Delta Tj}$ 是 -5；k_{Tj} 是 1124。焊点失效的功率周期数（N_{fSJ}）由下式给出：

$$N_{fSJ} = k_{fTc} \cdot (\Delta T_c)^{k_{\Delta Tc}} \cdot \exp\left(\frac{k_{Tc}}{T_c + 273}\right) \tag{14.6}$$

式中，k_{fTc} 为 9830；$k_{\Delta Tc}$ 为 -5；k_{Tc} 为 337。

当计算功率转换器的失效率和平均失效时间时，必须考虑其他组件，比如电容器的情况。同时还依赖于 PWM 调制方案和工作频率。已经针对使用 EUPEC FS450R12KE3 模块的（该模块采用六个 IGBT 封装）更多电动飞机的情况进行了该分析[63]。将 20kHz 的 PWM 控制模式从低损耗的 D - PWM 变为连续正弦的 S - PWM 后，其影响如表 14.4 所示。可以看出，D - PWM 控制模式导致更长的平均失效时间和寿命。对将 PWM 开关频率从 20kHz 增加到 30kHz 的影响，已经进行了类似的分析。表 14.5 给出的结果表明，由于 IGBT 模块在较高频率下的开关损耗较大，导致平均失效时间和寿命缩短。还研究了使用单个 IGBT 模块和并联的两个 IGBT 模块的影响。表 14.6 所示的结果表明，由于 IGBT 的电气应力和热应力降低，寿命延长。但由于器件数量较多，转换器的失效率增加。

表 14.4　IGBT 可靠性分析：控制模式

IGBT 模块	D - PWM	S - PWM
失效率（每百万小时）	1.45	2.12
平均失效时间/h	690000	472000
寿命/h	458000	12000

表 14.5　IGBT 可靠性分析：选择频率

IGBT 模块	20kHz	30kHz
失效率（每百万小时）	1.45	1.81
平均失效时间/h	690000	552000
寿命/h	458000	37000

表 14.6　IGBT 可靠性分析：单个模块与并联的两个模块

IGBT 模块	单管	双管（并联）
失效率（每百万小时）	1.45	2.52
平均失效时间/h	690000	397000
寿命/h	458000	10323000

转换器的可靠性预测需要在分析中包括电容器和电感器。对于具有 8 个薄膜电容器、一个 6 - IGBT 模块和一个三相电感器的设计情况，分析结果在表 14.7 中给出[63]。可以得出结论，IGBT 和电容器是限制可靠性的主要部件。

表 14.7　转换器可靠性分析

	IGBT 模块	电容	电感	功率级
失效率（每百万小时）	1.45	1.07	0.012	2.532
平均失效时间/h	690000	937000	83333000	395000
寿命/h	458000	125000	2153000	125000

14.9　总结

尽管有证据表明 IGBT 的正向和反向安全工作区域具有广泛的优势，但是 IGBT 在其发展的早期阶段却被偏爱 MCT（MOS 控制晶闸管）的美国国防部所回避。一旦 IGBT 快速商业化并被广泛应用于商业和工业中，美国的军事系统立即开始利用商用 IGBT 构建高性能系统。IGBT 最终被美国海军、陆军和空军所接受和广泛使用。它也成为战区导弹防御网络的重要组成部分。

参 考 文 献

[1] Defense Industry. en.wikipedia.org/wiki/Defense_industry.

[2] United States Department of Defense. en.wikipedia.org/wiki/United_States_Department_of_Defense.

[3] Arms Industry. en.wikipedia.org/wiki/Arms_industry.

[4] N.G. Hingorani, et al., Research coordination for power semiconductor technology, in: Proceeding of the IEEE, vol. 77, 1989, pp. 1136—1388.

[5] N. Hingorani, Power electronics building block concepts panel discussion, in: IEEE Power Engineering Society General Meeting, vol. 3, 2003, pp. 1339—1343.

[6] T. Ericsen, N. Hingorani, Y. Khersonsky, Power electronics and future marine electrical systems, in: IEEE Petroleum and Chemical Industry Technical Conference, 2004, pp. 163—171.

[7] T. Ericsson, The second electronic revolution, in: IEEE Petroleum and Chemical Industry Conference, 2009, pp. 1—10.

[8] T. Ericsen, Power electronic building blocks — a systematic approach to power electronics, in: IEEE Power Engineering Society Summer Meeting, vol. 2, 2000, pp. 1216—1218.

[9] T. Ericsen, Y. Khersonsky, P.K. Steimer, PEBB concept applications in high power electronics converters, in: IEEE Power Electronics Specialists Conference, 2005, pp. 2284—2289.

[10] T. Ericsen, N. Hingorani, Y. Khersonsky, PEBB — power electronics building blocks - from concept to reality, in: IEEE Petroleum and Chemical Industry Conference, 2006, pp. 1—7.

[11] T. Ericsen, The ship power electronic revolution: issue and answers, in: IEEE Petroleum and Chemical Industry Conference, 2008, pp. 1—11.

[12] T. Ericsen, Power electronics building blocks and potential power modulator applications, in: IEEE Power Modulator Symposium, 1998, pp. 12—15.

[13] Q. Huang, K. Borisov, H.L. Ginn, PEBB-based shunt active power filter for shipboard power systems, in: IEEE Electric Ship Technologies Symposium, 2005, pp. 393—399.

[14] Frigate. en.wikipedia.org/wiki/Frigate.

[15] D.S. Parker, C.G. Hodge, The electric warship, Power Eng. J. 12 (1) (1998) 5—13.

[16] T. Ericsen, Engineering 'Total electric ship', in: IEEE Petroleum and Chemical Industry Conference, 2007, pp. 1—6.

[17] D. Gritter, S.S. Kalsi, N. Henderson, Variable speed electric drive options for electric ships, in: IEEE Electric Ship Technologies Symposium, 2005, pp. 347—354.

[18] A.R. Millner, et al., A high power density DC-AC inverter with staggered regenerative recovery circuit, in: IEEE Applied Power Electronics Conference, vol. 2, 1995, pp. 973—976.

[19] J. Commerton, M. Zahzah, Y. Khersonsky, Solid-state transfer switches and current interruptors for mission-critical shipboard power systems, in: IEEE Electric Ship Technologies Symposium, 2005, pp. 298—305.

[20] Circuit Breaker. en.wikipedia.org/wiki/Circuit_breaker.

[21] S. Krstic, et al., Circuit breaker technologies for advanced ship power systems, in: IEEE Electric Ship Technologies Symposium, 2007, pp. 201—205.

[22] R.F. Schmerda, et al., IGCTs vs IGBTs for circuit breakers in advanced ship electrical systems, in: IEEE Electric Ship Technologies Symposium, 2009, pp. 400—405.

[23] Aircraft Carrier. en.wikipedia.org/wiki/Aircraft_carrier.

[24] USS Nimitz (CVN-68). en.wikipedia.org/wiki/USS_Nimitz_(CVN-68).

[25] D. Tesar, Electro-mechanical actuators for the Navy's ships, in: IEEE Electric Ship Technologies Symposium, 2005, pp. 387—391.

[26] D.A. Fink, et al., High-voltage IGBT switching arrays, IEEE Trans. Magn. 45 (2009) 282—287.

[27] Railgun. en.wikipedia.org/wiki/Railgun.

[28] Navy to Deploy Electromagnetic Railgun Aboard JHSV. www.navy.mil/submit/dispaly.asp?story_id=80055.

[29] A. McDuffee, Navy's New Railgun Can Hurl a Shell over 5000 mph, 2014. www.wired.com/2014/04/electromagnetic-railgun-launcher/.

[30] L.N. Domaschk, et al., Coordination of large pulsed loads on future electric ships, IEEE Trans. Magn. 43 (2007) 450—455.

[31]　Railguns to Launch Planes from Aircraft Carriers. http://forum.worldofwarships.com/index.php?/topic/1801-railguns.

[32]　E. Ackerman, Electromagnetic Railgun Launches Fighter Jet for the First Time, 2010. www.dvice.com/archives/2010/12/electromagnetic_1.php.

[33]　Submarine. en.wikipedia.org/wiki/Submarine.

[34]　Nuclear Submarine. en.wikipedia.org/wiki/Nuclear_submarine.

[35]　Ohio-class Submarine. en.wikipedia.org/wiki/Ohio-class_submarine.

[36]　E. Miasnikov, What Is Known about the Character of Noise Created by Submarines. http://www.armscontrol.ru/subs/snf/snf03221.htm.

[37]　G. Jean, Diesel-Electric Submarines, the U.S. Navy's Latest Annoyance, 2008. http://www.nationaldefensemagazine.org/archive/2008/April/Pages/.

[38]　Y. Khersonsky, R. Lee, C. Mak, High efficiency quiet electric drive, in: IEEE Power Electronics, Machines, and Drives, vol. 2, 2004, pp. 568−573.

[39]　S. Large, P. Walker, Rapid cycle testing of high current IGBT power switch modules, in: IEEE Power Electronics and Variable Speed Drives, 2000, pp. 235−240.

[40]　N. Choudhury, US Military to Spend $2.4 Billion on Electric Vehicles by 2020, 2013. http://www.rtcc.org/2013/11/07/us-military-to-spend.

[41]　Hybrid Electric Drives (HED) for Armored Fighting Vehicles. http://defense-update.com/features/du-3-05/feature-HED-afv.htm.

[42]　Is This Hybrid Tank the Future of American Warfare. http://www.fastcoexist.com/1681938/is-this-hybrid-tank.

[43]　GCV Infantry Fighting Vehicle. en.wikipedia.org/wiki/GCV_Infantry_Fighting_Vehicle.

[44]　Auto BAE to Offer Hybrid Electric Vehicle to Replace Army's Bradley Armored Personnel Carrier. http://www.dailytech.com/BAE+to+Offer+Hybrid+Electric+Vehicle.

[45]　D.P. Uriuoli, C.W. Tipton, Development of a 90-kW bi-directional DC-Dc converter for power dense applications, in: IEEE Applied Power Electronics Conference, 2006, pp. 1375−1378.

[46]　J.D. Engelland, The evolving revolutionary all-electric airplane, IEEE Trans. Aerosp. Electron. Syst. AES-20 (1984) 217−220.

[47]　List of Active United States Military Aircraft. en.wikipedia.org/wiki/List_of_active_United_States_military_aircraft.

[48]　C.R. Spitzer, The all-electric aircraft: a systems view and proposed NASA research programs, IEEE Trans. Aerosp. Electron. Syst. AES-20 (1984) 261−265.

[49]　J. Weimer, Electrical power technology for the more electric aircraft, in: IEEE Digital Avionics Systems Conference, 1993, pp. 445−450.

[50]　J. Weimer, The role of electric machines and drives in the more electric aircraft, in: IEEE International Electric Machines and Drives Conference, vol. 1, 2003, pp. 11−15.

[51]　J.S. Cloyd, Status of the United States Air Force's more electric aircraft initiative, IEEE Aerosp. Electron. Syst. Mag. 13 (2) (1998) 17−22.

[52]　J.A. Rosero, et al., Moving towards a more electric aircraft, IEEE Aerosp. Electron. Syst. Mag. 22 (2) (2007) 3−9.

[53]　R. Allen, J. Neri, A battery powered 200-kW rapid capacitor charger for a portable railgun in burst mode operation at 3 RPS, in: IEEE Pulsed Power Conference, 2007, pp. 1500−1504.

[54]　R. Allen, et al., Development of a 150-kW, battery powered, rapid capacitor charger for a small railgun in burst mode operation at 3 RPS, in: IEEE International Power Modulator and High Voltage Conference, 2008, pp. 106−108.

[55]　R. Allen, et al., Progress towards a self-contained rapid capacitor charger for a small railgun in burst mode operation at 3 RPS, in: IEEE International Power Modulator and High Voltage Conference, 2012, pp. 218−220.

[56]　Missile Defense. en.wikipedia.org/wiki/Missile_defense.

[57]　Radar. en.wikipedia.org/wiki/Radar.

[58]　D. Okula, Series stacked switches for radar transmitters, in: IEEE International Power Modulator Symposium, 2006, pp. 256−259.

[59] F. Gekat, D. Ruhl, J. Gosch, An IGBT-based switch as replacement for thyratrons in doppler radar transmitters, in: IEEE International Power Modulator Symposium, 1998, pp. 110—113.

[60] M.C. Myers, et al., Power modulator for broadband agile mirror radar utilizing semiconductor switching, in: IEEE International Power Modulator Symposium, 1996, pp. 118—121.

[61] M. Giesselmann, B. Crittenden, J. Fonseca, Design and test of a high power inverter for a ground based radar system for theater missile defense, in: IEEE International Pulsed Power Conference, vol. 2, 1997, pp. 1542—1547.

[62] S. Scharnholz, et al., Investigation of IGBT-devices for pulsed power applications, in: IEEE International Pulsed Power Conference, vol. 1, 2003, pp. 349—352.

[63] R. Burgos, et al., Reliability-oriented-design of three-phase power converters for aircraft applications, in: IEEE Transactions on Aerospace and Electronic Systems, vol. 48, 2012, pp. 1249—1263.

第 15 章　IGBT 应用：可再生能源

对全球经济来说，从使用化石燃料供应电能向使用可再生能源供应电能的需求已被广泛接受。世界各地的可再生能源投资活动日益激增。在人类的时间尺度内[1]，可再生能源是源源不绝的，比如水力、阳光、风和海浪，它们的能量源是太阳辐射。还有一种能源是地热能，来自于储存在地球的核心热量和自然放射性活动。

虽然水电已被用来协助人类活动很久了，但从发电的角度看这是相关的。大型水电站（如胡佛大坝）一直受人青睐。小型水力发电能力最近在发展中国家受到欢迎。水力发电占世界发电量的 16%。可再生能源发电量增长最快的部分是太阳能发电和风力发电。风力发电每年增长 30%，在 2012 年有超过 280 兆瓦的发电量。风能潜在的发电量是现在全球电力需求的 40 倍。

据估计，地球从太阳接收的辐射可以产生 122PW 的功率，是目前可获得的 13TW 功率的 10000 倍[2]。光伏发电的增长率一直超过 30%，全球装机容量为 139GW。"绿色革命"的影响已经被主流媒体所重视，例如 2014 年《时代》杂志中的文章[3] 坦言："光伏板的价格在过去五年下降了 80%，每 3min 或 4min 内，一个新的太阳能发电系统就会被安装在美国家庭的屋顶"。沙特阿拉伯正在投资 1000 亿美元用于太阳能发电，而中国正在成为世界上最大的风能和太阳能市场。

在所有可再生能源发电系统中，必须使用逆变器来将所产生的功率转换成良好的 60Hz 交流功率，以方便在能源网络中交付和分配。比如在风力发电中，需要将频率变化的交流输出转换为 60Hz 的交流电；而在太阳能发电中，需要将直流输出转换为 60Hz 的交流电。这里就需要基于绝缘栅双极型晶体管（IGBT）的高效率逆变器。因此，整个经济的可再生能源部门都将 IGBT 作为一种成功的社会资源。

本章将描述可再生能源发电的主要方式。将从水电开始，因为这个资源在其他方法之前已经建立好了。然后将探索太阳能和风能，这在电力电子业界吸引了很多人的兴趣。而为了完整起见，也将对波动能和地热能进行简单的讨论。

15.1　水力发电

最早的水力发电大坝之一是建立于 1892 年的尼亚加拉瀑布，位于美国和加拿大之间的边境线上[4]。如图 15.1a 所示，该水力发电设施在安装时是世界上最大的，现在仍在给纽约州提供 2.4GW 的电力[5]。建于 1936 年，具有产生 1.345GW 功率能力的胡佛大坝如图 15.1b 所示。接着是 1942 年 6.8GW 的大库里水坝[6]。这些水电厂和已经在中国建成的三峡大坝相比显得相形见绌，三峡大坝 2008 年的发电量为 22.5GW。

水力发电被认为是间接利用了辐射入地球的太阳能。太阳辐射使水从海洋中蒸发沉淀在土地上，创造河流和湖泊，它们可以用来产生电力。2010 年，水电发电量为 3427TW·h，占全球电力产量的 16%。亚洲太平洋区域占全球水力发电量的 32%。美国 6.4% 的电由 2000 多个水力发电厂提供。在全球，最大的水电设施是中国的三峡大坝（22.5GW）、巴西的 Itaipu 水坝（14GW）和委内瑞拉的 Guri 水坝（10.2GW），功率达 10MW 的小型水电站的增长率为 28%，提供 85GW 的功率。其中，中国 65GW，日本 3.5GW，美国 3GW，印度 2GW。功率达 100kW 的微

a)   b)

图　15.1

a）尼亚加拉瀑布水坝　b）胡佛水坝

型水力发电设施和功率在 5kW 以下的超小型水力发电设施，在发展中国家的偏远地区很受欢迎。

水电被认为是快速的灵活能源，它可以基于消费者的需求而控制发电量的多寡，这是因为水力涡轮机可以在几分钟内起动。水电的另一个优点是省去与煤和气发电相关的燃料成本。水力发电厂的平均电力成本为 0.05 美元/（kW·h），约为美国电力生产平均成本的一半[6]。水电站有很长的寿命跨度，有些 100 年后还在服务（使用升级过的设备）。水力发电厂的主要缺点是筑坝拦截河水流动从而给上游和下游的地方生态带来破坏。

15.1.1　大型电站

在大型水电站的情况下，电力被分配到高压直流（HVDC）传输线上，从发电点输送到使用点，如工厂或城市，如图 15.2 所示。一直以来，这都是使用具有阻断电压的高功率晶闸管来实现的。这种电流源控制器（CSC）形式的晶闸管阻断电压高达 8kV，电流处理能力达到 2kA。近来，随着具有较大阻断电压和较大电流处理能力的 IGBT 的实现，基于电压源控制（VSC）的新一代 HVDC 系统变得可行。经典的使用晶闸管和电流源控制的 HVDC 系统与新的使用 IGBT和电压源控制的 HVDC 系统形成的对比，如图15.3 所示。

图 15.2　高压传输线

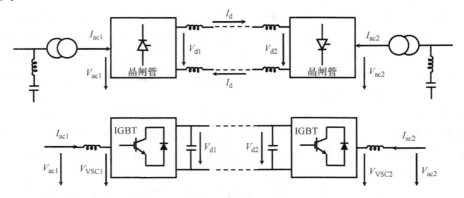

图 15.3　电流源控制型（上）和电压源控制型（下）高压直流传输系统

图 15.3 上部所示的是传统 HVDC 系统，它使用电网换流晶闸管控制电流[7]。直流电流是单向的，由两个转换器的 DC 侧平衡电压确定，阀门需要使用如图中所示的分流连接滤波器进行无功发电。基于电压源控制的新型 HVDC 系统在图 15.3 的下部。在这种情况下，可以独立地确定交流侧的电压电流，这是由图中所示的串联电感确定的。有功和无功功率可以在网络的两端进行控制。因为 IGBT 的开关频率很高，这种方法的谐波分量很低。

作者指出[7]："今天，IGBT 是基于电压源控制且应用于输配电中转换器的首要选择，因为其具有以下特点：①低功耗控制，它是一个 MOS 控制器件，而这对非常高的电压水平（几个 100kV）是很有利的；②晶体管行为，它能够精准地控制设备，而这对于有闩锁效应的器件是不可能实现的，例如，即使在短路的情况下也可以关断转换器；③高开关速度，这使得高开关频率成为现实。使用 IGBT 的 300MW HVDC 电压源控制系统于 2002 年投入使用，它采用的是三电平转换器拓扑结构。

15.1.2　小型电站

像印度、中国等发展中国家，因为要向偏远地区输出电力，所以对小型水电发电系统有很大的兴趣。印度有潜力从小型水力发电厂获得 10GW 的电力。功率超过 100kW 的发电厂可以直接并入电网，而较低功率的发电厂可以单独服务一个当地社区。微型和超微型发电厂主要供应照明和对风扇的需求，它们只需以最小的成本提供中等质量的电能就可以了。

在由流水（或小瀑布）推动涡轮产生功率的情况下，输入的功率是恒定的。然后一个负载侧的控制器用来负责能耗需求的变化，如图 15.4 所示[8]。三相自激异步发电机（SEIG）将来自水流的机械能通过涡轮转换为电能进行输出。带有连接到定子绕组的三相平衡电容器的三相异步电动机用作高性价比的 SEIG。负载转储电路用于补偿用户对功率需求的变化。负载控制器具有整流器，随后是用作斩波器的 IGBT 开关，以调节到负载转储电阻器的功率流。负载转储电阻器中产生的热量可用于水或房屋的加热。在 1998 年，一个 6kW 的发电单元部署在印度南部的喀拉拉邦来作为多单元发电设备的示范[8]。

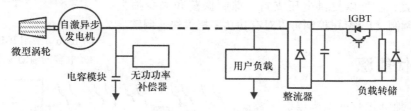

图 15.4　微水力发电系统

15.1.3　分离电压和频率控制器

在微型和超微型水力发电的情况下，能量源是一个前节讨论的绝缘异步发电机。它有低成本和小尺寸的特点，而且工作可靠。然而，它的电压和频率调节性能差。这个问题可以使用去耦电压和频率控制（DVFC）的转换器来解决[9]。DVFC 将静态补偿器（STATCOM）和电子负载控制器（ELC）结合在一起。负载控制器在上一节中讨论过，用来补偿恒定功率发电机用户端的电力需求变化。去耦电压和频率控制电路的拓扑如图 15.5 所示。静态补偿器在右上方，使用 6 个 IGBT 向交流电源提供存储在 DC 总线电容器 C_B 和滤波器电感器中的能量。静态补偿器和电子负载控制器的组合能够对电源线上的电压和频率进行调节。

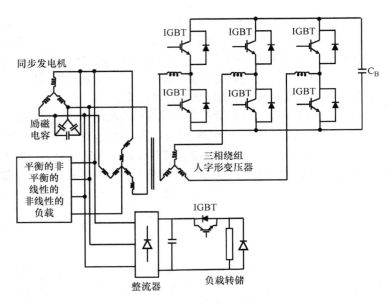

图 15.5　应用于微型水力发电的去耦电压和频率控制器

15.1.4　辅助发电单元

为了连续性地可靠运行，水电站必须在不中断其辅助发电的情况下操作。即使短暂中断辅助发电都可能导致发电机的拒动[10]。辅助发电机被机械地连接到水电厂的主发电机。辅助发电机的感性阻抗可以通过并联电容器进行补偿，如图 15.6 所示，这个电容器由反并联的 IGBT 开关控制。IGBT 控制的串联电容器是一个灵活的交流电传输系统（FACTS）装置，它可以提供电压支持、抑制振荡和减少损失。IGBT 的脉宽调制（PWM）控制可以对有功功率提供快速调整。

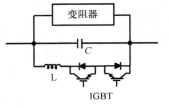

图 15.6　采用 IGBT 控制串联电容的辅助发电调节器

15.2　光伏能源

据估计，地球接收的太阳辐射可用于产生 122PW 的电能。这是人类 2005 年消费[2] 的 13TW 电能的 10000 倍。在所有可再生能源中，太阳能发电有着最高的功率密度，可达 170W/m² 。光伏（PV）能源是指通过将太阳辐射直接转换为电流而产生的电能。这是通过使用包含半导体 PN 结的太阳电池[11]实现的，如图 15.7 所示，阳光被半导体吸收而在耗尽层和中性区内产生电子空穴对或称激子。电子空穴对

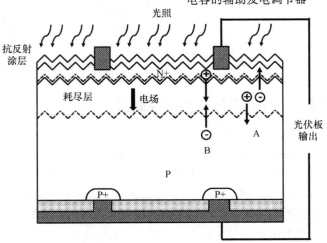

图 15.7　光伏板工作原理

复合之前, 被 PN 结耗尽层中的电场分离 (过程 A)。在耗尽层边界外的一个扩散长度内, P 型区中产生的电子同样被收集 (过程 B)。同样, 耗尽区边界外一个扩散长度内的 N + 区中产生的空穴也被收集。这样, 分离的载流子流过外电路就产生了电流。

太阳电池的效率是反射效率、热力学效率、载流子分离效率和电流传导效率的组合。通过使半导体表面褶皱和使用抗反射涂层, 增强反射效率最大化辐射吸收。热力学效率取决于半导体的带隙与光谱能量分布的匹配。高的载流子电荷分离效率通过半导体中 PN 结内的强电场实现。良好的电流传导效率通过制作与半导体的低阻欧姆接触而实现。

大多数为公共设施和家庭使用而安装的光伏板的主要材料是硅, 因为硅具有储量多和成本低的特点。典型的大规模和小规模的光伏设施如图 15.8 所示。由硅制成的太阳电池的理论功率效率可达 33.7%, 这被称为 Shockley – Queisser (肖克利 – 奎塞尔) 极限[11]。利用多晶硅的太阳能电池由于低得多的成本而受到欢迎, 尽管它们的效率较低。用于光伏安装的太阳电池的平均效率范围在 12% ~ 18% 之间。

a)　　　　　　　　　　　　　　　　　　　　b)

图　15.8
a) 大型光伏发电设备　b) 家用光伏发电设备

电网平价点被定义为在某一成本下, 光伏发电量与使用煤和天然气的传统发电量相等。在诸如夏威夷的岛屿中, 由于将化石燃料运输到太平洋中部的高成本, 电网平价已经实现。西班牙在 2013 年也已经实现了电网平价。许多国家, 如德国, 正在补贴安装光伏发电来提升脆弱的来自国外的化石燃料的安全。光伏发电增长率近年达到了 58%[12]。来自光伏发电的电力增长从 2005 年的 3.7TW·h (占总发电量的 0.02%) 到 2013 年的 125TW·h (占总发电量的 0.54%)。世界上最大的光伏电站是南美的托帕斯 (Topaz) 太阳能农场 (375MW) 和美国的热水 (Agua Caliente) 太阳能项目 (290MW)、印度的查兰卡 (Charanka) 太阳能公园 (221MW) 和中国的格尔木太阳能公园 (200MW)。光伏发电的一个主要优点是没有运动部件, 这有利于它们的长期工作。

在各种可再生能源中, 光伏发电具有分布式发电的优点, 即太阳电池板可以安装在住宅和商业建筑的屋顶上。这使电力产生地点接近电力使用地点, 从而消除了化石燃料发电中用于电力输送和分配的昂贵的基础设施。它也能消除配电网络中的能量损失。

太阳电池产生 DC 输出电压和电流进入电网。为了使光伏电力并入大规模发电和住宅用电网络, 必须进行输出的转换, 将产生的直流功率转换为良好的 60Hz (或在某些国家为 50Hz) 交流电, 以在家庭和工厂中使用。因此, 光伏技术的成功不仅取决于光伏板的效率和成本, 而且还取决于用于将 DC 功率转换为 AC 功率的功率电子逆变器效率、成本和尺寸。这些逆变器可使用基于 IGBT 的电路构建。

15.2.1 光伏逆变器的拓扑结构

如前面部分所讨论的，由光伏板产生的 DC 功率必须转换为良好的 60Hz（或 50Hz）AC 功率。可执行该功能的转换器拓扑如图 15.9[13] 所示。第一种方法如图 15.9a 所示。使用 DC – DC 将相对低的太阳电池板 DC 电压增加到更高的值，以在输出处产生期望的峰值 AC 电压。增压后的直流电压随后通过逆变器 DC 到 AC 转换为 60Hz 单相或三相交流输出功率。此拓扑不提供符合安全规定所需的电流隔离。

在图 15.9b 所示的第二种拓扑结构中，使用高频变压器以提供电流隔离。这需要将光伏板 DC 电压转换为馈送到变压器一次侧的高频 AC 电压。变压器的输出被整流以形成跨电容器的 DC 总线电压，然后产生期望的 60Hz 单相或三相 AC 输出功率。这种方法使用高的工作频率，具有减少变压器尺寸和重量的优点。

在图 15.9c 所示的第三种拓扑结构中，直流 – 交流逆变器直接连接到光伏板的 DC 输出端以产生 60Hz 的交流功率。然后通过使用低频变压器将 AC 输出电压放大到期望的电平，以产生所需的 60Hz 单相或三相交流输出功率。虽然它是最简单的拓扑，但由于 60Hz 低频变压器的尺寸和重量大，转换器体积庞大。

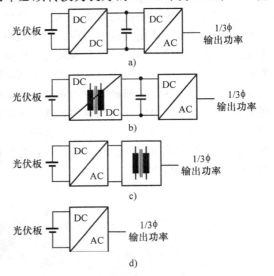

图 15.9 光伏发电中使用的功率转换器拓扑

在图 15.9d 所示的第四种拓扑结构中，将光伏板输出的直流功率直接转换为期望的 60Hz 单相或三相交流输出功率。虽然拓扑形式很简单，但它需要提供比输出 AC 电压更高峰值的光伏板 DC 输出电压，具有严重的安全问题。它可以使用电流源逆变器（CSI）的拓扑实现。

无变压器的转换器在欧洲市场占主导地位，因为第 II 类安全等级不需要电隔离[14]。这不仅降低了成本和重量，而且消除了约 2% 的变压器损耗。日本的光伏转换器约有 50% 也使用了无变压器逆变器。而在美国大多数转换器采用变压器。

15.2.2 基于高效高可靠性逆变器概念的光伏逆变器

基于高效高可靠性逆变器概念的光伏逆变器（HERIC）的拓扑结构已经在商业上成功用于光伏安装[14]。具有四个 IGBT 的 H 桥电路用于产生 AC 电力输出，如图 15.10 所示。另外两个 IG-BT（IGBT – 5 和 IGBT – 6）组成输出侧的续流路径。IGBT – 5 为正的电感电流导通而 IGBT – 6 为负的电感电流导通。在续流期间 IGBT – 1 ~ IGBT – 4 被关闭以隔离光伏板。这个拓扑需要光伏输入电压始终大于峰值 AC 输出电压，对于 230V 的交流电网通常需要 360V 的直流输出。HERIC 拓扑使用 600V 和 1200V 的 IGBT 能够在低输出功率（10%）时实现 95% 的效率、100% 全输出功率时实现 97% 的效率。单相逆变器可以产生高达 11kW 的交流电。

15.2.3 三相光伏逆变器

对于较大功率水平的光伏输出，需要三相拓扑。6 个 IGBT 用于产生三相交流输出波形。电容器 C_1 和 C_2 用于产生交流输出连接的中性线"静态 DC 轨"，如图 15.11 所示。已经使用这种

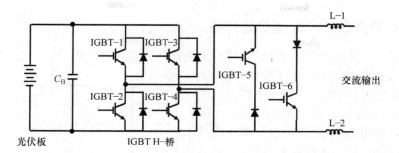

图 15.10　光伏板使用的 HERIC 拓扑

拓扑实现了效率高达 97% 的逆变器[14]。使用这种三相逆变器的拓扑结构可以实现 30kW 级的交流输出。拓扑中也可以配置出许多其他变化[14]。

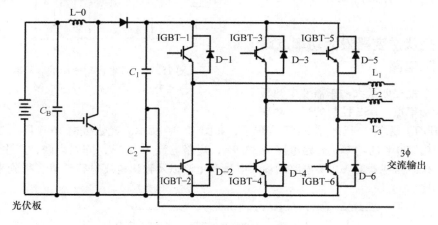

图 15.11　三相光伏逆变器

15.2.4　非隔离交互式光伏逆变器

由于获取化石燃料资源的机会有限，使用太阳能发电在日本一直很受欢迎。使用光伏板的交流电源用的是 100V 的单相三线系统[15]，如图 15.12 所示。该交流电源使用具有四个 IGBT 的 H 桥 PWM 逆变器。为了产生所需的 100V 交流输出，必须使用带有 IGBT–5 的升压斩波器来提升光伏板的直流电压。升压斩波器将跨接在电容器 C_1 和 C_2 上的电压增加到 400V。

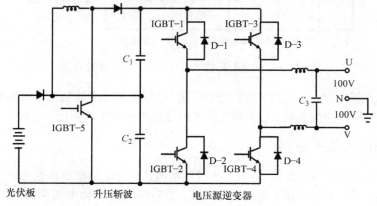

图 15.12　日本住宅使用的非隔离交互式光伏逆变器

15.2.5　非隔离降压－升压光伏逆变器

日本开发了另一种适用于住宅光伏应用的无变压器的逆变器拓扑[16]，如图 15.13 所示。在这种拓扑中，使用光伏板 1、电容器 C_1、IGBT－1、二极管 D_1、IGBT－2 以及电感器 L_1，形成了一个降压－升压（buck-boost）斩波器。该斩波器用于产生交流输出功率的正半周。使用光伏板 2，电容器 C_2、IGBT－3、二极管 D_2、IGBT－4 以及电感器 L_2，形成了第二个降压－升压斩波器，用于产生交流输出功率的负半周。

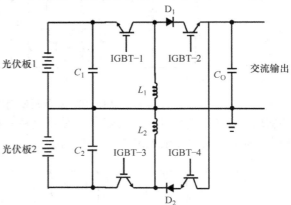

图 15.13　日本住宅使用的非隔离升压－降压式光伏逆变器

15.2.6　光伏逆变器最大功率点跟踪电路

从太阳电池提取最大功率需要电池板工作在最大功率点。DSP 控制的最大功率点跟踪（MPPT）系统[17]已经用 IGBT 实现了，如图 15.14 所示。光伏板由 16 个阵列组成，每个阵列能够产生 200W 的功率，开路电压为 32.9V，短路电流为 8.2A，阵列串联，产生 526.4V 的直流电压。DSP 监视器对 MPPT 电路的输入电压和电流以及输出电压进行计算，得到来自光伏阵列的可用功率。

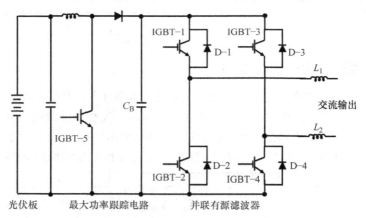

图 15.14　住宅使用的光伏板最大功率点跟踪电路

在最大功率点工作的光伏阵列有时可能会让电网过载。MPPT 控制也可以限制光伏提供的功率以匹配电网或最终用户的需要。已经提出并实现了一种方法来达到这一目标[18]。

15.2.7　电流源光伏逆变器

已经提出了使用电流源逆变器（CSI）来替代前面几节讨论的电压源逆变器（VSI），以降低成本、尺寸和重量[15]。CSI 拓扑如图 15.15 所示。在这种拓扑结构中使用四个 IGBT，并采用串联二极管来提供反向阻断能力。近来，具有反向阻断能力的 IGBT 已经变得商业可用，以去除串联二极管，减少功率损耗。

在电流源逆变器拓扑中，IGBT-1 在输出电压的整个正半周期导通，IGBT-2 在输出电压的整个负半周期导通。因此，这些器件应该选择具有低的导通电压降。用工作在几十千赫兹频率下的脉宽调制器（PWM）来控制 IGBT-3 和 IGBT-4。如果电感 L_{DC} 较大，其纹波电流变小，输出电流失真小。更高次的谐波电流可以用包括 C_f 和 L_f 的低通滤波器来滤除。

然而，希望将电感 L_{DC} 减小到 10mH 以获得小的尺寸和重量。这导致输出电流上的纹波变大。如果使用常规的脉宽调制方法，则在输出端会有显著的谐波。纹波电流和谐波可以通过采用新颖的 PWM 方法大大减小，这被称为脉冲面积调制。它使得输出电流脉冲的幅度逐渐增大，而其宽度逐渐减小。这个方法已被证明可以在低谐波含量的情况下实现输出电流中的纹波减小。

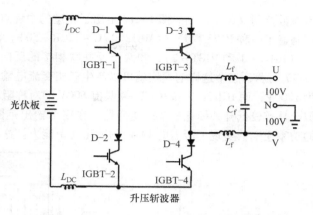

图 15.15　用于住宅光伏发电的电流源逆变结构

15.2.8　三相电流源光伏逆变器

电流源逆变器拓扑的三相实现如图 15.16 所示[13]。这种方法需要具有反向阻断能力的 IGBT。使用最近提供的具有反向阻断能力的 IGBT，电流源逆变器拓扑需要的器件数小于电压源逆变器拓扑需要的器件数，因为无须使用二极管。

对 BP 275 太阳能光伏板因为采用具有反向阻断能力的 IGBT 取代非对称 IGBT 和串联二极管带来的功耗降低情况进行了分析[13]。摘要见表 15.1。其导通损耗减少了 1.66 倍。但是具有反向阻断能力的 IGBT 的开关损耗比非对称 IGBT 大得多[19]。总的功率损耗仅略微减小，但这种方法消除了串联二极管，减少了元件数。总的功率损耗是输出功率的 2.74%，这使得总体效率非常好。

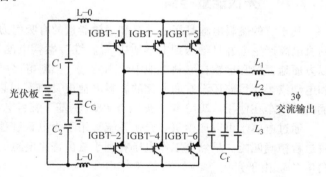

图 15.16　用于住宅光伏板的三相电流源逆变器拓扑

表 15.1　住宅光伏电流逆变器拓扑中的功率损耗

功率损耗	加串联二极管的 IGBT	反向阻断 IGBT
导通损耗/W	386	232
开关损耗/W	76	209
总损耗/W	462	441

15.2.9　商业光伏转换器

在日本和欧洲已经使用电流源逆变器拓扑建造了 1 兆瓦的商业光伏装置[20]。"巨型太阳能"系统需要将光伏面板的直流输出电压提升到 1000V，这种高电压的逆变器必须是 2 级的或者是网络参数控制（NPC）的。图 15.17 给出了先进的中性点转换器拓扑。富士电机公司为这种应用特别制造了一种 IGBT 模块（4MB1300VG - 120R - 50）。它包含两个带有反激式二极管的非对称IG-BT（IGBT - 1 和 IGBT - 2），和两个反并联相接的反向阻断 IGBT（IGBT - 3 和 IGBT - 4）。如图 15.17 所示，三个这样的模块就可以产生三相交流电输出。IGBT - 1 和 IGBT - 2 的阻断电压能力为 1200V，而 IGBT - 3 和 IGBT - 4 具有 600V 的对称阻断电压能力。该拓扑结构导致导通损耗类似于具有较低开关损耗的 2 级逆变器。在整个输出范围内效率为 97% ~ 98.5%。用四个 250kW 的功率逆变器实现了所需的 1MW 的输出功率能力。这产生了因冗余而带来的高可靠性。

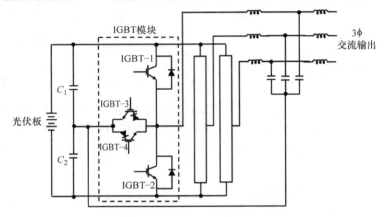

图 15.17　用于住宅光伏板的三相电流源逆变器拓扑

15.2.10　光伏能量存储

基于氢的燃料电池是用于储存和运输能量的有吸引力的装置。在燃料电池中，通过在阳极处的氢电离产生电并且输送到电解质中[21]。维持燃料电池的工作并发电，需要连续供应氢气。可以方便地存储和运输在燃料电池中使用的氢。燃料电池可以用于固定应用中，例如偏远的建筑物和电动汽车。目前还没有商业化的燃料电池电动汽车可以出售。截至 2011 年 8 月，日本有上百辆公共汽车在使用。2013 年，美国有 4000 辆基于燃料电池的叉车在使用。

通过电解水可以产生氢。光伏系统被用于为电解过程提供电力。由光伏板产生的电需要与电解过程精确匹配。虽然高工作电压有利于减少寄生电阻的损耗，但如果使用低电压，则结构会更简单[22]。由于光伏（PV）板的工作电压和电解过程不同，这种应用需要高效的 DC - DC 转换器。

通过电解产生氢所用的降压转换器电路如图 15.18 所示。通过使用零电压切换来减少 IGBT 开关损耗的电路如图中虚线内所示。输出侧的二极管连接到降压电感器的中心抽头。此拓扑适用于光伏板的输入电压从 150V 到 400V、输出的直流电压为 30 ~ 40V 且

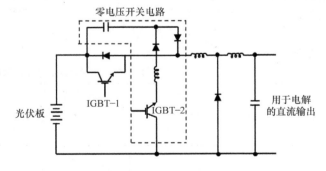

图 15.18　用于在燃料电池中产生氢气的 DC - DC 转换器

具有 250A 电解电流的情况。在德国小镇尤利希（Julich）的福布斯（PHOEBUS）太阳能氢工厂，使用 100A 的 IGBT 模块实现了 92% 的效率[22]。

还可以使用超级电容器来实现能量存储。超级电容器是基于双层电容原理，在导电的电极上形成亥姆霍兹（Helmholtz）双层，该电极被放在电解液中，而电解液提供只有几埃的电荷分离[23]。它们具有单位体积电容大和功率密度大的特点，并且可以比电池承受更多的充放电周期。

光伏板产生的功率可以存储在超级电容器中以供稍后使用。已经开发了 DC – DC 转换器将光伏板产生的 DC 电压转换成给超级电容器充电所需的小的 DC 电压[24]。电路拓扑如图 15.19 所示。二极管钳位谐振缓冲器用于抑制 IGBT – 2 两端的电压振荡。

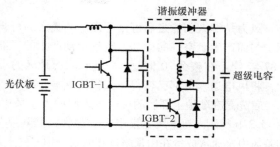

图 15.19　用于为超级电容器充电的 DC – DC 转换器

15.2.11　应用于光伏的 IGBT

使用于光伏设备中的逆变器的巨大潜在市场已经激发许多制造商对 IGBT 进行优化以适用于此用途。前面章节讨论的脉宽调制（PWM）电路的高开关频率要求优化 IGBT 以减少开关损耗。具有反向阻断能力的 IGBT 也被开发出来用于实现电流源逆变器（CSI）的拓扑。

三菱公司已经讨论了集电极 – 停止 IGBT 技术的优化[25]。用于住宅光伏安装智能功率模块（IPM）的 IGBT 芯片被优化成具有低的开关损耗和中等的通态压降。这些用于光伏的具有 600V 额定阻断电压值的 IGBT 具有基本相同的导通损耗和开关损耗。

对于电流源逆变器拓扑，需要具有反向阻断能力的 IGBT。虽然反向阻断能力是 IGBT 基本结构中固有的，但这种能力在过去被牺牲掉了，因为要使用非对称结构来开发用于控制电机的 IGBT。反向阻断 IGBT 结构不包含缓冲层，如图 15.20 所示。边缘终端结构也必须加以设计以避免穿通和支持高反向电压。没有这样的终端结构，为分离单个芯片所做的晶圆划片切割会产生高的泄漏电流。这个问题可以通过使用薄硅晶片并在芯片的边缘执行深 P + 扩散而解决。芯片的划片槽位于深 P + 扩散区内。使用这种技术已经实现了能够双向支撑 600V 的 IGBT。与一个两级转换器相比，使用这些反向阻断 IGBT 搭建的一个中性点转换器，功率损耗降低了 51%。一个 1MW 太阳能发电厂也安装了由富士电机公司开发的这种使用反向阻断 IGBT 的逆变器[27]。

如图 15.20 所示的用于反向阻断 IGBT 结构中的深 P + 区域，需要长时间的高温扩散循环。这可以通过从硅晶片的背面形成一个 V 形切口来规避。P + 隔离扩散必须在该 V 形切口的表面进行，如图 15.21 所示。富士电机公司已经报道了使用这种方法的具有 1200V 对称阻断电压能力的 IGBT[28]。

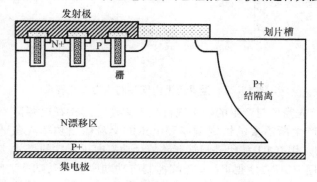

图 15.20　用于电流源逆变器的反向阻断 IGBT 结构

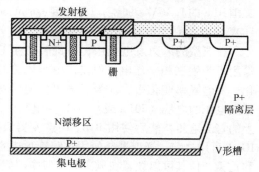

图 15.21　用于电流源逆变器的基于 V 形切割的反向阻断 IGBT 结构

15.3 风能

风力是继太阳能之后可用于发电的最大的可再生资源。太阳在地球上的辐射由于温度分布的不均匀而产生了空气的运动。空气运动产生的风能可以通过大型涡轮机来捕获。第一代风车建于1887 年[29]。在整个 20 世纪,农场和农村地区的小型风力发电机已经投入使用。从二十一世纪开始,将风电送入电网已变得令人很感兴趣。

首先是在陆地上部署的可馈电入网的大型风电场,如图 15.22a 所示。然后是在海中的部署如图 15.22b 所示。海上风力发电场更强大,其阵风与陆地上的阵风相比更稳定,但部署也更昂贵。陆基风力机通常放置在山顶附近和向农民租来的土地上。这土地允许双重使用,可分别用于农业和发电。根据美国能源部测算,海上风能可以产生 900GW 以上的电力,为整个国家的需求服务。

a)   b)

图 15.22　风场

a)陆上　b)海上

近来使用风力发电的发电量迅速增长[30]。随着化石燃料资源枯竭和使用这些资源带来的环境影响越来越受到关注,风力发电的投资在2000 年迅速加快。风力发电的容量已经是每三年翻一番[29]。安装的风力发电容量到 2012 年底已达到了 282GW,如图 15.23 所示。其中在欧洲安装了 100GW,在美国和中国有 50GW。最大的陆地风电场是中国甘肃的 6GW 风电场,美国 Alta 的 1.3GW 风电场以及印度 Jaisalmer 的1GW 风电场。

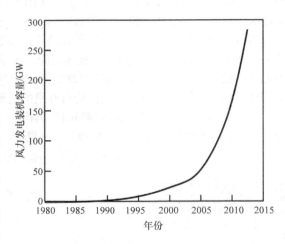

图 15.23　世界范围内安装的风力发电容量

在典型的风力发电机中,由旋转产生的能量用于产生三相交流电。但是,由于风速的变化,发电频率变化很大。为了输出恒定频率和特定电压的电能（50Hz 或 60Hz）到电网,首先需要对产生的功率进行整流以产生跨接在电容器上的直流电压,然后使用 IGBT 在逆变器级产生所需的恒定频率和电压的交流输出功率。在IGBT 可用之前,逆变器是使用晶闸管制造的。用 IGBT 替代晶闸管能够减小功率电子器件的尺寸和重量,使其可以放置在风车的支架中。使用 IGBT,使得 PWM 能够控制有功功率和无功功率。EDN 杂志表示[31]:"这样的设备可以在数千伏电压下处理千安级的电流,这种（IGBT）技术的进步已经对风力机的进步做出了几十年来最大的贡献"。现在已经确定 IGBT 是风力发电应用的最合适的功率半导体器件[32]。基于 IGBT 的逆变器不再需要位于支撑架内笨重而又不可靠的变速箱。在很多文献中都可以找到关于 IGBT 脉宽调制逆变器优点的讨论。

15.3.1　风力发电机的配置

风力发电机的装置已经进化很多年了[33]。在早期的风电部署中，提出和实施的是固定速度的发电机概念。在这种如图 15.24 所示的"丹麦概念"中，笼型异步电机直接连接到电网上。风涡轮转子通过固定比率齿轮箱连接到发电机轴。由一个机械子电路控制该风力涡轮机装置的运转。机械控制的响应时间为几十毫秒。每当出现阵风时，发电机的输出会产生波动。只有刚性电网并使用机械组件将降低可靠性的大应力吸收掉时，才有可能稳定运行。

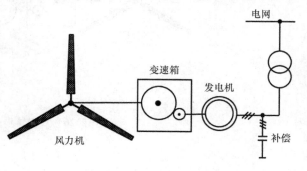

图 15.24　固定速度的风力发电机

使用可调速发电机的现代风力发电概念如图 15.25 所示。首先将带有转速变化的风力涡轮机的输出功率转换为 DC，然后使用逆变器来产生调节良好的 50/60Hz 交流功率馈入电网。这种方法使得在转换器中使用 IGBT 成为可能，能够允许简单的成本效益好的桨距角控制、减小机械应力、提高电源质量、消除闪烁并提高总体效率[34]。

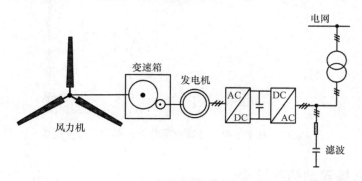

图 15.25　速度可调的风力发电机

图 15.25 所示结构的缺点是需要额定功率和发电机输出功率相同的昂贵的功率转换器，输出滤波器的额定功率也要与输出功率相同。这些缺点可以使用图 15.26 所示的双馈异步发电机来克服。在这里，发电机的定子绕组直接连接到电网，而四象限 AC - AC 转换器连接到发电机的转子绕组。与图 15.25 的直接在线配置相比，双馈方法降低了变频器成本，因为其发电机的额定值降低到了 25%。这也适用于滤波器部件。使用该配置也获得了 3% 的效率提升。

单个风力涡轮机的输出功率一直在增加。2012 年风力发电机的平均功率为 1.8MW，而海上风力发电机的平均功率为 4MW[34]。预计会增长到 10MW 范围。已经开发出了多单元转换器拓扑以处理这些具有更大额定功率的情况。图 15.27 给出了多单元背靠背转换器的方法。它允许使用具有较低额定功率值的 IGBT 模块实现所需的大功率输出（大于 3MW）。

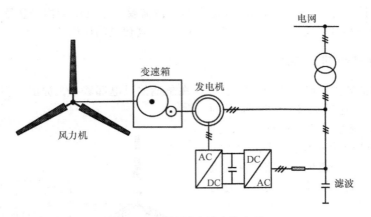

图 15.26　双馈异步风力发电机

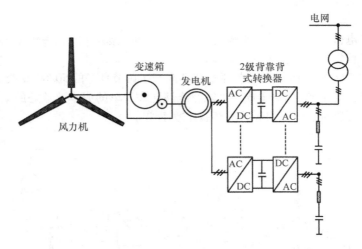

图 15.27　基于多单元并联背靠背转换器的风力发电机

15.3.2　基本转换器的拓扑结构

用于风力发电机的典型转换器拓扑如图 15.28 所示。由于总线上的直流电压保持大致恒定[35]，所以可以使用二极管来执行交流到直流的整流。这里不需要使用 IGBT 的有源前端桥式电路。电压源逆变器（VSI）具有 6 个带有反激式二极管的 IGBT 以及用于去除谐波的 LC 滤波器。IGBT 使用脉宽调制（PWM）技术控制。该基本转换器拓扑适用于如上节所示的所有风力发电装置。用于该转换器的 IGBT 类型将在后面部分讨论。

15.3.3　海上风电安装

海上风力发电系统需要将海上发电站的电力传输到陆地上的电网。电力传输可以使用交流线路或直流线路来实现。交流电源线适合近距离传输而直流电力适合远距离传输。典型的交越点为100km 的距离。今天，大多数海上风力发电站都安装在距离海岸较近的距离。未来，它们将位于更远的距离，使得高压直流（HVDC）传输是一种更具成本优势的方法。在这种情况下，生成的交流电需要转换为高压直流电，而不是如前所述的被调节为 50/60Hz 的交流电。

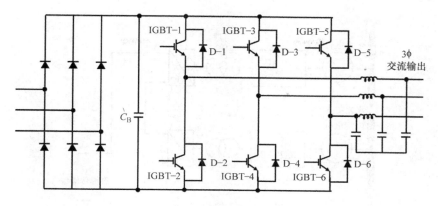

图 15.28　风力涡轮机的基本转换器拓扑

从海上风电场创建 HVDC 电力传输的两种配置如图 15.29 和图 15.30 所示[36]。第一种方法使用可调速发电，如先前图 15.25 所示。交流电压使用中频变压器升压，然后整流得到用于传输的所期望的 HVDC。在图 15.30 所示的第二种方法中，交流电压使用高频变压器升压，然后整流得到用于传输的所期望的 HVDC。整个转换器在风力涡轮机的机舱中，从而不必使用变电站。来自每个涡轮机的输出被串

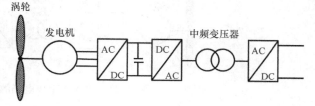

图 15.29　具有高压直流输出的海上风力涡轮机

联组合，如图 15.31 所示，建立高压直流输电系统，用于向陆地输电。

由涡轮机产生的三相交流电必须转换成单相高频的交流输出，提供给高频变压器的一次侧。发电机和变压器之间的双向交流链路使用反向阻断 IGBT 构成，如图 15.32 所示[37]。在该拓扑中使用背对背连接的 12 个 IGBT 以允许双向电流流动。每个支路（例如，IGBT - 1，IGBT - 2，IGBT - 3 和 IGBT - 4）连接到

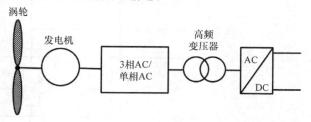

图 15.30　具有高压直流输出的另一种海上风力机

发电机的一相。发电机输出低频正弦波。IGBT 以高频率切换以在变压器的一次产生高频的方波电压。反向阻断 IGBT 可以通过不对称 IGBT 与二极管的串联来形成以提供反向阻断能力。但是，最近商用的反向（或对称）阻断 IGBT 能够减小损耗，提升效率 1.9%[37]。

过去风力发电场的功率水平为 3MW，每个海上的风力涡轮机以 690V 的电压输出，然后再串联组合，如图 15.31 所示。将风力发电场的输出功率提高到超过 10MW 需要将每个风力涡轮机的输出电压增加到更大，要大于 3kV。必须开发能够承受 5kV 反向阻断的 IGBT 以满足这一要求。

15.3.4　中国沿海风电安装

中国一直在投资大型风力发电。2010 年安装风电装机容量达到 20GW，预计到 2020 年将会达到 80GW。中国最大的海上风力发电厂是东海大桥海上风电场[37]。风电场位于上海以南 10km 处，靠近上海东海大桥。它包含 34 台风力机，具有产生 100MW 电力的能力，能满足 2000 万上

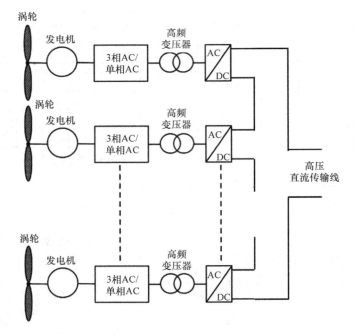

图 15.31 来自海上风电场的高压直流传输

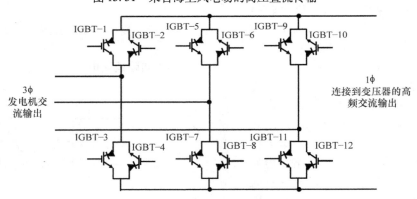

图 15.32 发电机和变压器之间的双向 AC 链路

海居民的需求。海底电缆用于将电力从风电场输送到大陆。东海大桥风电场使用具有 110kV 母线的交流电源传输系统。设计中的一个重要考虑是每年定期发生的台风影响。台风期间的大风可产生巨大的电压波动。风力发电场中的所有涡轮机必须在该期间关闭以避免这些问题。

15.3.5 欧洲沿海风电安装

为远离以化石燃料为基础的电力生产，欧洲海上风力发电的部署一直在迅速增加。安装在欧洲的风电场包括[38]：①使用中压（3.1kV）全转换（FC）拓扑的 5MW M5000 发电厂；②使用低电压（690V）转换器双馈异步发电机的 5MW REPOWER 发电厂；③使用带有 690V 转换器的全转换异步发电机的 3.6MW 西门子 SWT 发电厂；④使用直接驱动、工作在 900V 的 6MW 阿尔斯通 Haliade 150 发电厂；⑤使用一个全转换发电机的 3MW 维斯塔斯 V90 发电厂。这些电厂必须满足电网规定：总谐波失真低于 3%、线路频率偏移小于 5%、功率因数优于 0.9。由于海上发电厂维护和维修费用昂贵，所以要避免使用电解电容。该设计包括了冗余性和故障监视，具有远程诊断和可配置的特点。

低压全转换器（LV - FC）拓扑使用两个、三个或四个并联工作的功率转换线（PCL）[39]。每个功率转换线由如图 15.25 所示的 AC - DC 转换器和 DC - AC 逆变器组成。每个功率转换线使用功率电子构建模块（PEBB）或由英飞凌生产的 1.7kV PrimePack 封装的 IGBT 基本功率模块（BPM）。IGBT 基本功率模块可以使用滑轨轻松地进行维护。低压全转换拓扑具有 0.21m³/MW 的高功率密度[39]。低压双馈异步发电机拓扑结构使用两个功率转换线并行工作。这里使用的是带有 1.7kV PrimePack 封装 IGBT 的一个 3 级中性点钳位（NPC）的 IGBT 基本功率模块。这种方法已经实现的最大功率密度为 0.3m³/MW。中压全转换器拓扑使用两个功率转换线连接到发电机的两个隔离定子绕组上。具有四个 IGBT 和两个二极管的功率电子构件块用于产生 3.3kV 或 4.16kV 的输出电压[39]。整体最佳选择是带有两个功率转换线的双馈异步发电机系统[39]。它提供最高的效率和最小的成本、体积和重量。

15.3.6　单机风电安装

在偏远地区使用风力发电来支持小的社区和农场很具吸引力。这些独立电源不连接到电网。它们不仅必须调节功率流，而且还必须调节交流电源线上的电压和频率。必须去除变速箱以获得可靠的风力电源。这有利于直接驱动永磁同步发电机[39]。独立的风电站由风力机、无齿轮直接驱动永磁同步发电机、单 IGBT 控制的实现最大功率提取的三相开关模式整流器，以及使用 IGBT 来调节交流输出电压和频率的脉宽调制电压源逆变器组成。

从波动的风源提取最大可用功率需要发电机的变速工作。带有单个 IGBT 开关（IGBT - 1）的开关模式整流器如图 15.33 所示，其用于最大功率点跟踪（MPPT）。最大功率点随着风速的增加而移动，如图 15.34 所示。涡轮转速的最佳点就是涡轮转矩和发电机转矩相匹配的时候。独立风力发电机也可以向直流负载供电，如图 15.33 所示。因为产生的过量电力不能馈入电网，必须转向储能单元（在直流负载中）或者在电阻器中耗散。

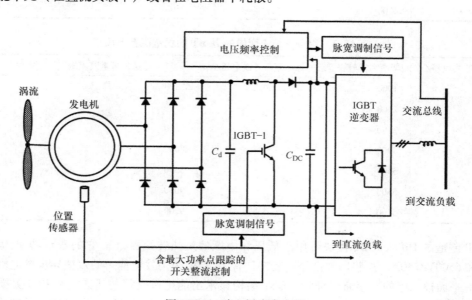

图 15.33　独立风力发电机

15.3.7 应用于风电的 IGBT

对于风力发电设备中使用的 IGBT，有三个电压额定值很重要[40]：①在其安全工作区内的最大直流工作电压；②在关断期间承受电压峰值的阻断电压额定值；③基于宇宙辐射失效的最大直流电压。

在二电平逆变器中，每个 IGBT 必须承受全部的直流总线电压。在这种情况下，IGBT考虑了宇宙射线失效的最大直流母线电压见表 15.2。它还给出了 IGBT 优选的可重复的额定阻断电压值。在 3 级逆变器中，每个 IGBT 必须承受一半的 DC 总线电压。基于此，表 15.3 提供了 IGBT 考虑了宇宙射线失效的最大直流链路电压。它同样也给出了 IGBT 优选的可重复的额定阻断电压值。

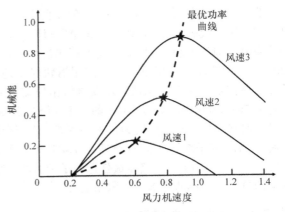

图 15.34　最大功率点跟踪

表 15.2　用于 2 级逆变器的 IGBT 的优选阻塞电压

标称 RMS 线电压/V	考虑宇宙射线等级的标称直流母线电压/V	优选的可重复阻塞电压额定值/V
400	620	1200
750	900	1700
690	1070	1700
1500	1800	3300
1700	2800	4500
3000	3600	6000
3300	4000	6500

表 15.3　用于 3 级逆变器的 IGBT 的优选阻塞电压

标称 RMS 线电压/V	考虑宇宙射线等级的标称直流母线电压/V	优选的可重复阻塞电压额定值/V
2300	1900	3300
3300	2700	4500
4160	3400	5500
6000	4900	8000
6600	5400	8500
6900	5600	9000
7200	5900	9500

ABB 制造的 HiPak IGBT 模块可用于低压和中压的风能转换器[41]。它的额定功率为 1700V/2400A 和 6500V/750A。这些器件已经安装在具有 2.5MW 风力发电能力的双馈异步发电机拓扑中了。具有平面栅元胞的软穿通（SPT）IGBT 结构显示出能提供良好的通态损耗和开关损耗的组合。具有集成反激式二极管的反向传导 IGBT 也已经被开发出来用于风力发电站。通过消除外部反激式功率整流器改进了功率密度。

英飞凌已报道了用于风力发电市场的 IGBT 及其功率模块的优化[41]。它们优选的 IGBT 具有沟槽栅结构和软穿通设计，如图 15.35 所示。沟槽栅结构具有 3.7V 的导通电压降，比平面栅结构小 1.6V。此外，使用横向变掺杂（或结终端延展）的新的边缘终端设计技术来收缩边缘终端宽度，可使宽度减少 25%。这使得在同样模具尺寸下，有效面积增加了 20%。

多兆瓦风力发电必须使用更高的直流输出电压。使用 10kV 直流电的 5MW 风力发电装机情况，已经从使用 1700V 或者 3300V 或者 6500V IGBT 模块的角度进行了分析[42]。在具有较低阻断电压器件的情况下，必须串联使用更多模块，这增加了开态电压损耗。然而，因为事实上的主要损耗是开关损耗，即使对于低至 500Hz 的开关频率而言也是如此。基于此，可知 1.7kV IGBT 模块系统的转换效率最高可达 98%。

IGBT 模块和压接式封装的 IGBT 之间的比较见表 15.4[35]。IGBT 模块技术已经在牵引应用中应用很长时间了。IGBT 压装技术能提供更好的热性能，从而获得更高的电流额定值和更好的可靠性。

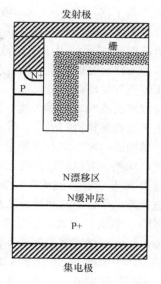

图 15.35　英飞凌具有场停止层的沟槽栅 IGBT

表 15.4　风力发电应用中的 IGBT 比较

参数	IGBT 模块	压装式 IGBT
功率密度	低	高
可靠性	中等	高
成本	中等	高
失效模式	开路	短路
简易维修	+	–
散热器安装	+	–
缓冲器需求	–	–
热电阻	大	小
开关损耗	低	中等
导通损耗	中等	中等
门级驱动	中等	中等
制造商	英飞凌，西门康，三菱，ABB，富士	西码，ABB
中等额定电压	3.3/4.5/6.5kV	2.5/4.5kV
最大额定电流	1.5/1.2/0.75kA	2.3/2.4kA

15.4　波浪能

像风能一样，波能也是一种收集被地球捕获的太阳辐射能的间接方法。地球从太阳接收到的能量不均匀从而在水上生成风，风吹过水面产生如图 15.36 所示的水波。当水波以比风速慢的速度传播时，能源从风转移到波[43]。波也在水表面产生振荡运动。波功率与波纹的周期和波纹高度的二次方成正比。据估计，全球可以利用的波动功率有 2TW[44]。

波中的动能可以通过各种方式转换为电能：①浮在水面上的点吸收器浮标，由于波浪引起的浮标上升和下落可以用于驱动液压泵发电；②具有多个柔性段的表面衰减器，由波浪引起的节段的挠曲运动用于驱动液压泵发电；③让水进入空气腔以产生压缩空气的振荡水柱，压缩空气驱动涡轮机发电；④超高位装置，让波浪的波峰填充蓄水池，蓄水池中的势能用于运行涡轮机和发电；⑤振荡波浪变换器，结构的一端固定在海床上，另一端的运动提供动能，可以转化为电。

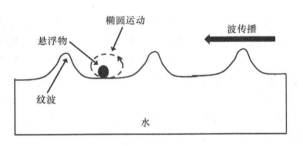

图 15.36　波浪传播

　　过去 30 年，许多波能提取项目已经在世界各地部署。苏格兰于 1991 年建立了艾莱 LIMPET 陆上波能发电平台，它利用振荡水柱产生 500kW 的电力；于 1995 年开建了海洋动力可再生能源（OSPREY，鱼鹰）的波浪能量机。它使用振荡水柱产生 2MW 的能量。澳大利亚于 1997 年建立了 Ocean Linx 近岸波浪发电机，它也利用振荡水柱法产生 1MW 的电力。虽然原来的安装在极度汹涌的海洋中沉没了，但新的 1MW 的安装仍在进行中。美国于 1997 年建立了能量浮标波浪发电机，它利用浮标发电。苏格兰于 1998 年建立了海蛇波浪能量转换器，它利用表面跟随衰减器法发电。丹麦于 2000 年建立了波星发电机，它利用多点吸收器发电；还于 2003 年建立了波龙发电机，它利用越堤水法发电。英国于 2008 年建立了蟒蛇波能转换器，它利用表面跟随衰减器发电。苏格兰于 2010 年建成了 AWS-Ⅲ波浪发电机，它利用浮动环形船来发电。Agucadourda 海浪农场于 2008 年在葡萄牙建成，它使用海蛇发电机产生 2MW 的电力。作为例子，海蛇的图像和能量浮标发电机如图 15.37 所示。

a)　　　　　　　　　　　　　b)

图 15.37　波浪发电机

a）海蛇　b）能量浮标

15.4.1　鱼鹰波能

　　鱼鹰（OSPREY）波能发电系统，如图 15.38 所示，于 1997 年安装在苏格兰[45]。这是世界上第一个商业规模的波浪发电机，能够向 1000 个家庭提供 2MW 的电力。鱼鹰安装在海床上，如图 15.39 所示。大多数结构浸没在水面下 14.5m 处，发电机位于水位以上。

　　鱼鹰系统通过海岸线附近水位的自然上升和下降提取能量。水位的变化通过发电机中的威尔斯涡轮排出和吸入空气。威尔斯涡轮机被

图 15.38　鱼鹰波浪发电装置

设计成对于通过其腔体的任一方向空气流，涡轮都在相同方向上旋转。涡轮机连接到发电机以产生电能。由发电机产生的能量是高度振荡的，这需要基于 IGBT 的转换器将可变频率的交流输入功率改变成直流总线。反并联逆变器用于将直流功率转换为 50Hz 交流电源。四台 500kW 发电机和 IGBT 转换器用于将 2MW 的电力传输到电网。

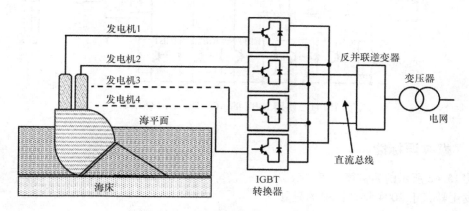

图 15.39　鱼鹰海浪发电机设计

　　鱼鹰系统设计允许每个发电机独立运行以输出最高效率；对于任何给定的海况，调整发电机的速度以提取最大能量；在波浪小时维持一个低的发电机速度以减少损耗；在大波浪的脉冲情况下，按照 150% 的额定转矩吸收 60s[46]。作者指出："基于 IGBT 的转换器提供最先进的控制和最高的性能。"

15.4.2　波龙能源

　　波龙发电机基于漫溢原理。海浪中的水，由于受到阻碍而在斜坡上聚焦获得一个高度，如图 15.40 所示。跨过斜坡顶部的波峰水填充了一个水池。水池中的水通过涡轮漏下以产生机械能。涡轮驱动发电机产生电力[46]。波龙发电安装包含 16 个可以打开和关闭的涡轮机以及一个调节水流量并在水池中保持所需水位的闸门。

　　波龙安装有 16 个各自额定值为 380kW 的水轮发电机。由于海浪中水流的波动，发电机产生 690V 可变频率交流电输出。通过使用基于 IGBT 的电压源转换器，这被转换成一个 50Hz，690V 的交流电如图 15.41 所示[47]。然后通过使用变压器将电压升高到 11kV 或 13kV，将转换器的输出馈送到电源。这种配置具有快速调节有功和无功功率的优点以及具有较小的谐波电流和高的功率因数。

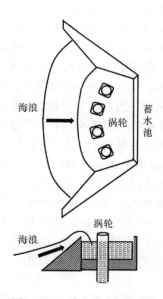

图 15.40　波龙发电机设计

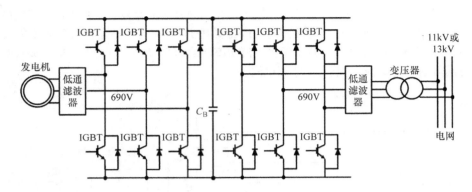

图 15.41   使用 IGBT 的 AC – DC – AC 转换器

15.4.3   螺纹浮标能

如图 15.42 所示的弗雷德·奥尔森螺纹波能量发生器，于 2004 年在挪威的里瑟尔下海[47]。其工作原理如图 15.43 所示。动力单元使用绞车卷筒系统被紧紧系泊到海床上。吸收器的运动产生滚筒的旋转，这种旋转通过齿轮箱连接到发电机。到目前为止，它已经产生了 3.36MW·h 的电能。在这种方法中，当能量输出为零时，输出功率在许多周期内大范围波动。

来自发电机的变频输出，使用 IGBT 被转换成直流，然后使用 IGBT 逆变器，产生良好的 50Hz 交流输出功率，可以输送到电网，如图 15.44 所示。这种能量产生过程中的大功率波动会在 IGBT 上产生显著的热循环应力。波到波的运动以 4 ~ 10s 为周期发生。IGBT 模块必须能够可靠运行，而不会发生键合线与管芯的分离。IGBT 模块必须是超大号的，以提供足够的裕量才能在这样的条件下长期运行[48]。

对于直接波能转换器也能得出类似的结论[48]。波浪能量装置的位置一般在海洋中处于产能具有吸引力的地方，这使得其维护的机会窗口变得很小。为了运行 20 年之后发电设施仍有 99% 的可靠率，IGBT 模块的额定电流必须增大 30%。

图 15.42   弗雷德·奥尔森的 WEC 螺栓浮标能量发电

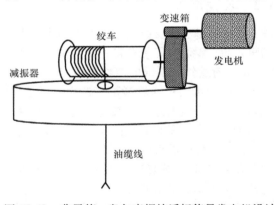

图 15.43   弗雷德·奥尔森螺栓浮标能量发电机设计

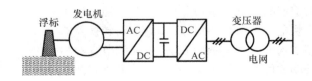

图 15.44   螺栓浮标电源拓扑

15.5　潮汐能

潮汐发电与波浪发电不同，因为潮汐能是由于月球和太阳的万有引力而产生的[49]，而不是由太阳辐射到地球传递的能量。第一个使用潮汐能的大型发电装置是于 1966 年在法国建成的 Rance 潮汐电站，装机容量为 240MW。其他大型潮汐发电设施是 1984 年在加拿大新斯科舍设立的 20MW 安纳波利斯皇家发电站、1985 年在中国杭州建立的 3MW 江夏潮汐电站、2011 年在韩国设立的 254MW 始华湖潮汐发电厂和印度古吉拉特邦的 50MW 潮汐发电站。与风力或太阳能发电相比，潮汐发电的优势是具有功率的稳定性，这是由月球绕地球轨道的规律一致性造成的。潮汐会带来能量损失，减慢地球旋转。在过去的 6.2 亿年中，地球旋转周期从 21.9h 增加到 24h。潮汐能的提取对这一现象的影响微乎其微。1.4MW 的 SeaGen 潮汐能发电站如图 15.45 所示。它利用潮汐导致的每天两次流入和流出英国斯特兰福特湾 4 亿 USgal 的水进行发电[50]。

图 15.45　SeaGen 潮汐能发电站

用图 15.44 给出的拓扑网格可以将潮汐发电机产生的波动能量传递到电网中。其中变化的交流电首先被整流以产生直流电，然后通过 IG-BT 逆变器级的脉宽调制（PWM）控制来输送到电网。通过使用电力电子负载，"流电力"技术的示范已经被报道出来[51]。

15.6　地热能

储存在地壳中的能量可以被提取出来用于发电。20% 的地热能是地球形成的原始过程造成的，80% 是由于元素的放射性衰变产生的[52]。已有 39GW 的地热发电能力被安装在 24 个国家之中。冰岛地热发电厂的例子如图 15.46 所示。地热发电在靠近地壳构造的板块边界的地方成本最经济。美国有最大量的由地热能源产生的电能（3GW），其次是菲律宾（1.9GW）和印度尼西亚（1.2GW）。冰岛是世界上使用这种资源国民比例最高（30%）的国家。地热具有可以每天 24h 发电并且不受气候影响、在每年的任何时候都可发电的优点。

图 15.46　地热发电厂

15.6.1　发电体系结构

典型的地热发电安装示意图如图 15.47 所示[53]。来自于地下岩浆热池中的热流体（蒸汽或热水）被泵出，并且在地表形成循环。使用热交换器加热有机流体，被加热的有机蒸汽通过涡轮机产生机械能，然后通过发电机将其转换成电能。输出的电能经过整流器形成直流电，然后使用基于 IGBT 的逆变器来产生馈送到电网中的 60Hz 交流电。一个双极异步发电机用于获得 480V，60Hz 的输出功率。IGBT 逆变器以 2kHz 的载波频率工作。

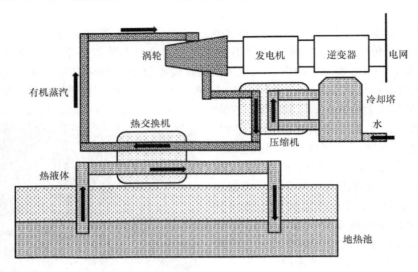

图 15.47　地热发电站

一些制造商已经优化了用于地热安装的 IGBT。140MW 的 Nga Awa Purua 地热发电厂是由富士电机公司在新西兰建造的[54]。英飞凌公司也认为这是 IGBT 的重要市场机会[55]。

15.7　总结

就在几年前，太阳能和风力发电被嘲笑为"嬉皮士能源"[56]。公众对可再生能源看法的逆转和从清洁能源中获得能量的经济变化，导致了风险投资者的投资转变。绿色电力不再被视为超前的东西。商业太阳能发电的市场已经增长了 150 亿美元。对可再生能源的年度投资已从 2008 年的 1300 亿美元增长为 2013 年的 2140 亿美元[1]。

电力的成本取决于许多因素，包括发电成本、初始投资成本和维护成本。分级能量成本（LEC）是从特定来源获取电力必须收取的价格，它甚至会贯穿整个投资的生命周期。LEC 通常由 20~40 年的时间周期来确定，单位为美分/kW·h。各种来源产生的电的分级能量成本估算如表 15.5 所示，这些电厂将在 2019 年投入使用[57]。可以看出，使用太阳能和风能的电力成本和传统的煤炭和核能相比，正在变得具有竞争力，但仍高于天然气能源的成本。这尚不包括碳排放或核废料储存对环境影响的因素在内。海上风电安装的高成本是其商业化的不利因素。

表 15.5　2019 年电力生产每千瓦时的分级成本　（单位：美分/kW·h）

功率源	资金成本	固定运营管理	可变运营管理	传输投资成本	总的系统成本
传统煤炭	6.00	0.42	3.03	0.12	9.56
煤气	7.61	0.69	3.17	0.12	11.59
天然气	1.43	0.17	4.91	0.12	6.63
先进核能	7.14	1.18	1.18	0.11	9.61
地热能	3.42	1.22	0.00	0.14	4.79

（续）

功率源	资金成本	固定运营管理	可变运营管理	传输投资成本	总的系统成本
生物质能	4.74	1.45	3.95	0.12	10.26
风能	6.41	1.30	0.00	0.32	8.03
海上风能	17.54	2.28	0.00	0.58	20.41
光伏	11.45	1.14	0.00	0.41	13.00
水力	7.20	0.41	0.00	0.20	8.45

近年，太阳能光伏板系统的安装成本一直在稳步下降[58]，如图 15.48 所示。住宅适用于 5kW 的系统而商业用途适用于 100kW 的系统。每瓦的价格已从 1998 年的 12 美元下降到 2013 年的约 3 美元。由于中国太阳能电池板产量的巨大增长，光伏价格急剧下降。大于 2MW 规模的公用太阳能光伏电站的价格已接近 2 美元/W。

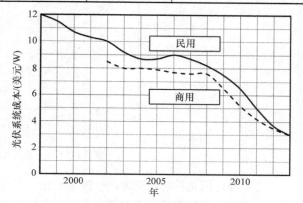

图 15.48　光伏系统价格的减少

任何可再生能源的电力成本必须达到"电网平价"，然后才在商业上可行。没有任何补贴的情况下，当发电的成本等于或小于来自于电网的电价时[11]，才算达到了电网平价。使用太阳能发电的成本已经迅速下降[59]，如图 15.49 所示。到 2013 年，它已经达到了 10 美分/kW·h，这是美国发电的平均成本。夏威夷的电网平价达到的要早很多，因为在那里用化石燃料发电的成本很高，它们必须靠进口到岛屿上。日本和德国早些时候也实现了电网平价。

IGBT 逆变器的成本仅仅是太阳能光伏系统总成本中的一小部分[60]。这可以在图 15.50 中观察到。其中包括光伏电池板的成本、安装的硬件和软成本（与许可证和安装劳力相关）。虽然太阳能光伏板的成本下降，但逆变器的成本仍然低于太阳能光伏总成本的 10%。逆变器的成本也与光伏系统的容量相关，这种关系为一种学习曲线[14]。太阳能总的发电功率从 1991 年的 300MW 增长到 2010 年的 15GW，逆变器成本从 1 欧元/W 降低到 0.25 欧元/W。世界市场的太阳能光伏逆变器在 2011 年达到 65 亿美元，其中 10% 在美国[61]。

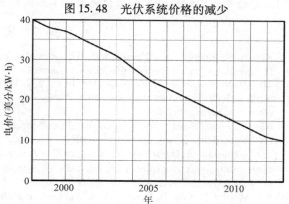

图 15.49　光伏发电价格的下降

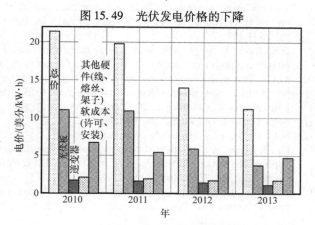

图 15.50　光伏发电设施中逆变器的成本趋势

风力发电的成本下降情况甚至比太阳能的更快[62]，这种趋势显示在图 15.51 中。从 1980 年开始到 1995 年，风力的成本降到了 10 美分/kW·h 以下，自从那时风力发电这项技术具有成本竞争力以来就一直保持在那里。

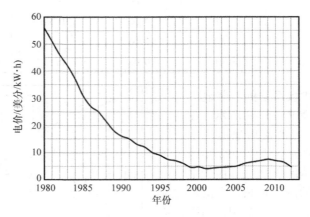

图 15.51　风能发电成本下降

总之，与使用化石燃料资源产生能量相比，太阳能和风能已经具有一定的成本竞争力。这为使用这些技术生产能源的未来增长奠定了坚实的基础。

参 考 文 献

[1] Renewable Energy, en.wikipedia.org/wiki/Renewable_energy.
[2] Photovoltaics, en.wikipedia.org/wiki/Photovoltaics.
[3] The Green Revolution, Time Magazine, June 16, 2014, pp. 42—45.
[4] Niagara Falls Hydroelectric Generating Plants, en.wikipedia.org/Niagara_Falls_hydro electric_generating_plants.
[5] Niagara Power Plant, www.nypa.gov/dacilities/Niagara.htm.
[6] Hydroelectricity, en.wikipedia.org/wiki/Hydroelectricity.
[7] R. Chokhawala, B. Danielsson, L. Angquist, Power semiconductors in transmission and distribution applications, in: IEEE International Symposium on Power Semiconductor Devices and ICs, 2001, pp. 3—10. Paper P1.
[8] S.S. Murthy, R. Jose, B. Singh, A practical load controller for stand alone small hydro systems using self excited induction generator, in: IEEE International Conference on Power Electronic Drives and Energy Systems for Industrial Growth, vol. 1, 1998, pp. 359—364.
[9] G.K. Kasal, B. Singh, VSC with zig-zag transformer based decoupled controller for a pico hydro power generation, in: IEEE India Conference, 2006, pp. 441—446.
[10] M.C.R. Paz, et al., Active power regulation of auxiliary generation units in hydroelectric power plants using power electronic switching, in: IEEE Transmission and Distribution Latin American Conference, 2012, pp. 1—7.
[11] Solar Cell, en.wikipedia.org/wiki/Solar_cell.
[12] Solar Power, en.wikipedia.org/wiki/Solar_power.
[13] C. Klumpner, A new single-state current source inverter for photovoltaic and fuel cell applications using reverse blocking IGBTs, in: IEEE Power Electronics Specialists Conference, 2007, pp. 1683—1689.
[14] B. Burger, D. Kranzer, Extreme high efficiency PV-power converters, in: IEEE European Conference on Power Electronics and Applications, 2009, pp. 1—13.

[15] K. Hirachi, et al., Pulse area modulation control implementation for single-phase current source-fed inverter for solar photovoltaic power conditioner, in: IEEE International Conference on Power Electronic Drives and Energy Systems for Industrial Growth, vol. 2, 1998, pp. 677−682.

[16] N. Kasa, et al., A transformer-less inverter using buck-boost type chopper circuit for photovoltaic power system, in: IEEE International Conference on Power Electronic Drives and Energy Systems for Industrial Growth, vol. 2, 1999, pp. 653−658.

[17] P. Neves, et al., Single-phase shunt active filter interfacing renewable energy sources with the power grid, in: IEEE Industrial Electronics Conference, 2009, pp. 3264−3269.

[18] Y. Yang, et al., A hybrid power control concept for OV inverters with reduced thermal loading, in: IEEE Transactions on Power Electronics, vol. 29, 2014, pp. 6271−6275.

[19] B.J. Baliga, Fundamentals of Power Semiconductor Devices, Springer-Science, 2008.

[20] K. Fujii, et al., 1-MW advanced T-type NPC converters for solar power generation system, in: IEEE European Power Electronics and Applications Conference, 2013, pp. 1−10.

[21] Fuel Cell, en.wikipedia.org/wiki/Fuel_cell.

[22] G. Scheible, H. Solmecke, D. Hackstein, Low cost soft switching DC-DC converter with autotransformer for photovoltaic hydrogen systems, in: IEEE International Conference on Industrial Electronics, Control, and Instrumentation, vol. 2, 1997, pp. 780−785.

[23] Supercapacitor, en.wikipedia.org/wiki/Supercapacitor.

[24] K. Ogura, et al., Non-isolated ZVS-PWM boost chopper-fed DC-DC converter with auxiliary edge resonant snubber, in: IEEE Industrial Electronics Society Conference, vol. 3, 2003, pp. 2356−2362.

[25] G. Majumdar, Power module technology for home power electronics, in: IEEE International Power Electronics Conference, 2010, pp. 773−777.

[26] Z. Minghui, K. Komatsu, Three-phase advanced neutral-Point-clamped IGBT module with reverse blocking IGBTs, in: IEEE International Power Electronics and Motion Control Conference, 2012, pp. 229−232.

[27] S. Chen, et al., T-type 3-level IGBT power module using authentic reverse blocking IGBT (RB-IGBT) for renewable energy applications, in: IEEE International Future Energy Electronics Conference, 2013, pp. 229−234.

[28] S. Igarashi, et al., Advanced three-level converter with newly developed 1200V reverse blocking IGBTs, in: IEEE European Power Electronics and Applications Conference, 2011, pp. 1−7.

[29] Wind Power, en.wikipedia.org/wiki/Wind_power.

[30] World Cumulative Installed Power Capacity, www.earthpolicy.org.

[31] D. Marsh, Wind Chimes in, EDN Magazine, December 7, 2004, pp. 38−47.

[32] D. Morrison, Wind Mill Power Component Development, Power Electronics Technology, July 2006, p. 8.

[33] S. Muller, et al., Adjustable speed generators for wind turbines based on doubly-fed induction machines and 4-Quadrant IGBT converters linked to the rotor, in: IEEE Industry Applications Society Meeting, vol. 4, 2000, pp. 2249−2254.

[34] F. Blaabjerg, K. Ma, Future on power electronics for wind turbine systems, in: IEEE Journal of Emerging and Selected Topics in Power Electronics, vol. 1, 2013, pp. 139−152.

[35] A. Jamehbozorg, W. Gao, A new controller design for a synchronous generator-based variable-speed wind turbine, in: IEEE North American Power Symposium, 2010, pp. 1−6.

[36] A.B. Mogstad, et al., A power conversion system for offshore wind parks, in: IEEE Annual Conference on Industrial Electronics, 2008, pp. 2106−2112.

[37] Y. Miao, The impact of large-scale offshore wind farm on the power system, in: IEEE China International Conference on Electricity Distribution, 2010, pp. 1−5.

[38] J. Chivite-Zabalza, et al., Comparison of power conversion topologies for a multi-megawatt off-shore wind turbine, based on commercial power electronic building blocks, in: IEEE Industrial Electronics Society Conference, 2013, pp. 5242−5247.

[39] M.E. Haque, K.M. Muttaqi, M. Negnevitsky, Control of a stand alone variable speed wind turbine with a permanent magnet synchronous generator, in: IEEE Conference on Conversion and Delivery of Electrical Energy in the 21st Century, 2008, pp. 1—9.

[40] B. Backlund, et al., Topologies, voltage ratings, and state of the art high power semiconductor devices for medium voltage wind energy conversion, in: IEEE Power Electronics and Machines for Wind Applications, 2009, pp. 1—6.

[41] J.G. Bauer, T. Duetemeyer, L. Lorenz, New IGBT development for traction drive and wind power, in: IEEE International Power Electronics Conference, 2010, pp. 768—772.

[42] P. Roshanfekr, et al., Selecting IGBT module for a high voltage 5 MW wind turbine PMSG-equipped generating system, in: IEEE Power Electronics and Machines in Wind Applications Conference, 2012, pp. 1—6.

[43] Wave Power, en.wikipedia.org/wiki/Wave_power.

[44] J. Cruz, et al., Green Energy and Technology, Ocean Wave Energy, Springer-Science, 2008.

[45] J.F. Childs, The role of converters and their control in the recovery of wave energy, in: IEE Colloquium on Power Electronics for Renewable Energy, 1997, pp. 3/1—3/7.

[46] Z. Zhou, et al., Permanent magnet generator control and electrical system configuration for wave dragon MW wave energy take-off system, in: IEEE International Symposium on Industrial Electronics, 2008, pp. 1580—1585.

[47] J. Sjolte, et al., Reliability analysis of IGBT inverter for wave energy converter with focus on thermal cycling, in: IEEE International Conference on Ecological Vehicles and Renewable Energies, 2014, pp. 1—7.

[48] T. Kovaltchouk, et al., Influence of IGBT current rating on the thermal cycling lifetime of a power electronic active filter in a direct wave energy converter, in: IEEE European Power Electronics and Applications Conference, 2013, pp. 1—10.

[49] Tide, en.wikipedia.org/wiki/Tide.

[50] SeaGen, en.wikipedia.org/wiki/SeaGen.

[51] S. Wang, et al., Design and implementation of power electronic load using a test tidal current energy generator sets, in: IEEE International Conference on Fuzzy Systems, 2014, pp. 354—358.

[52] Geothermal Energy, en.wikipedia.org/wiki/Geothermal_energy.

[53] S. Dahal, et al., Modeling and simulation of the interface between geothermal power plant based on organic Rankin cycle and the electric grid, GRC Trans. 34 (2010) 1011—1015.

[54] https://www.fujielectric.com/products/thermal_power_generation/.

[55] http://www.infineon.com/cms/en/product/applications/Renewables/Geothermal.

[56] M. Grunwald, Wall Street Goes Green, Time Magazine, September 2014.

[57] Cost of Electricity by Source, en.wikipedia.org/wiki/Cost_of_electricty_by_source.

[58] D. Feldman, et al., Photovoltaic (PV) Pricing Trends: Historical, Recent, and Near-Term Projections, U.S. Department of Energy Report DOE/GO-102012-3839, November 2012.

[59] S. Combs, US Solar Market Trajectory, Texas State Energy Conservation Office.

[60] D. Wood, Falling Price of Utility-Scale Solar Photovoltaic Projects, National Renewable Energy Labs.

[61] L.F. Casey, et al., Power devices for grid connections, in: IEEE International Symposium on Power Semiconductor Devices and ICs, 2012, pp. 1—7.

[62] http://futurepowernow.com/category/wind-turbine-power/.

第 16 章　IGBT 应用：电力传输

传统上，大容量发电厂通过水力发电，或者通过煤这种化石燃料或核电发电。这些电能资源位于远离人口集中的城市和工厂制造货物的地方，在电资源和人群之间有效地传输电能是非常必要的。在传输系统中，造成功率损耗的主要部分是电线的欧姆电阻。虽然通过增加导体的直径可以提高电源线中的电流，但是这样会造成传输电缆成本和重量的增加，因此电力传输依赖于使用超过 100kV 的高电压来维持良好的效率。

电力传输的两种基本方法是使用直流或交流电压，交流电源波形的优点是通过使用廉价的变压器可以变换电压的幅值，但是电缆中的无功功率会带来新的难题，因此长距离的电力传输通常使用高电压直流（HVDC）网络。

在过去 50 年中，晶闸管已广泛用于 HVDC 传输系统。通过对大直径的硅晶片进行极为均匀的铝和镓扩散可以形成具有深 PN 结的晶闸管[1]。中子嬗变掺杂的应用可以生产均匀性极佳的高电阻率 N 型硅晶片，这些技术可以将硅晶闸管的额定值增加到大于 8kV 和 1kA。光触发晶闸管已经可以使用光纤进行栅控制，因此大量的晶闸管可以串联在一起以承载极大的 HVDC 传输电压。1970 年，瑞典哥得兰安装了第一台带有晶闸管的商用 HVDC 传输系统[2]。1988 年，在丹麦和瑞典之间 250kV 高压线的 Konti – Skan 项目上第一次使用了光触发晶闸管的 HVDC 传输系统[3]。

然而，在过去十年中，人们开始喜欢在 HVDC 系统中用 IGBT 阀门来代替晶闸管阀门。IGBT 使得构建带有脉宽调制的电压源转换器成为可能。高换向频率能够对交流侧电压的快速变化进行补偿。这种方法被称为轻型高压直流电，因为它摆脱了对变压器的需求[2]。

16.1　高压直流传输

大型发电厂产生的电力通过高压直流输电线在从发电点到使用点，如工厂或城市区域之间进行分配。如图 16.1 所示的大型铁塔用于保持具有非常高的电压的传输线远离地面。高压直流电力传输相比高压交流系统具有优势，因为它避免了大的充放电电流，这些充放电电流是由电缆电容（特别是水下传输时），以及为保持源端和负载之间频率和相位的同步而引起的。此外，它还可以在 50Hz 网络和 60Hz 网络之间传输电力。最长的 HVDC 电力链路是中国的向家坝水坝和上海之间的传输线，有

图 16.1　高压直流电力传输线

2000km 长。到 2013 年，长为 2375km、为圣保罗地区居民服务的马德拉河传输线将在巴西建成[4]，那时它将成为世界上最长的高压直流传输线。

20 世纪 70 年代，基于晶闸管的 HVDC 系统取代了以前水银弧阀的使用。晶闸管阀被称为线路整流转换器（LCC）HVDC 阀。在过去的 10 年里，具有高阻断电压的 IGBT 和具有大电流处理

能力的模块将为电动机控制应用而开发的电压源转换（VSC）技术扩展到了 HVDC 传输系统。ABB 公司将这些基于电压源转换（VSC）的 HVDC 阀称为 HVDC Light；西门子公司称其为用于全球电力连接系统的 HVDC PLUS；阿尔斯通公司的产品命名为 HVDC MaxSine。使用多电平转换器，可以减少或消除占用线路整流转换器（LCC）近一半安装数量的谐波滤波[4]。预计即使在最高电压和功率的水平，VSC – HVDC 方法也将完全取代先前的 LCC HVDC 方法。

传输系统在网络的每一端都包含开关阀。传统上，阀门使用具有阻塞功能的高功率晶闸管并与电流源转换器（CSC）一起建造，这种晶闸管具有 8kV 耐压和 2kA 电流处理能力。随着具有更大阻断电压和电流处理能力的 IGBT 的实用化，基于电压源转换器的新一代 HVDC 系统（VSC）变得可行。经典的使用晶闸管的 CSC HVDC 系统与新型的使用 IGBT 的 VSC HVDC 系统的对比，如图 16.2 所示[5]。

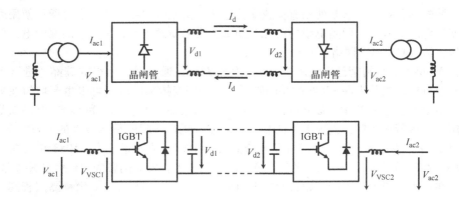

图 16.2　基于电流源转换器（CSC）（上）和电压源转换器（VSC）（下）的高压直流（HVDC）传输系统

图 16.2 上部所示的是传统 HVDC 系统，使用具有线换向的晶闸管以控制电流。直流电流是单向的，由两个转换器的直流侧平衡电压来确定。阀门需要使用分流连接的滤波器来产生无功功率。基于 VSC 的新的 HVDC 系统在图 16.2 的下部给出。在这种情况下，可以独立地确定由串联电感决定的交流侧的电压电流。在网络的两端都可以控制有功和无功功率。因为 IGBT 高的开关频率，这种方法产生的谐波小。

作者指出[5]："今天，IGBT 是电力应用中 VSC 转换器的首选，它具有以下特点：①低功耗控制，因为它是一个 MOS 控制的器件，在非常高的电压（几个 100kV）下工作时是有利的；②晶体管动作，这能够精确地控制设备，而是具有闩锁方式的器件无法实现的，例如转换器甚至在短路的情况下也可以被关断；③开关速度高，使得高开关频率变得可行"。具有三级转换拓扑、使用 IGBT 的基于 VSC – HVDC 的 300MW 系统在 2002 年投入运行。

16.2　高压直流组件

电力电子在 HVDC 系统中发挥越来越大的作用，需要许多子系统来支持 HVDC 网络[6]：

1）STATCOM：静态补偿器用于稳压和平衡负载。它校正超前和滞后的功率因数。

2）UPFC：一致的功率流控制器，通过功率控制，能够最佳地利用电力传输线。

3）DVR：动态电压恢复器，检测一个周期内线路电压的电压降，并通过使用存储元件（如电池等）中的能量来恢复波形的其余部分。

4）转换开关：它们将负载在不同的线路中切换以维持电源质量。

5）静态断路器：它们在一个周期内中断由故障产生的电流。

6）联锁电力网：它们允许连接异步电源。

7）有源滤波器：它们消除电力网络中的谐波失真。

电力电子的实施受到可用功率半导体器件技术的强烈影响。系统要求功率器件有低的设备成本、坚固耐用、无缓冲器、高可靠运行、高电压电流额定值、快速的切换速度和可模块化。

16.3　高压直流趋势

多年来，为满足国家较大的电力传输需求，高压直流（HVDC）传输的电压值一直在增长，如图 16.3 所示[7]。HVDC 传输开始时使用水银电弧整流器，首先用于 50 ~ 100kV 电力线的传输。用硅晶闸管替代汞弧整流器是传输系统的一个重要改进。基于晶闸管的 HVDC 网络于 1970 年开始使用，它是 400kV 的传输线。大量的晶闸管必须串联以承受这种高电压，因为每个器件的阻断电压能力约为 3kV。阻断电压能力在持续增加，直到今天可用的 10kV 器件[1]，这使得传输线上的电压能够不断增高。使用大直径的晶圆来增大每个晶闸管的面积，这样可以有更大的电流处理能力。

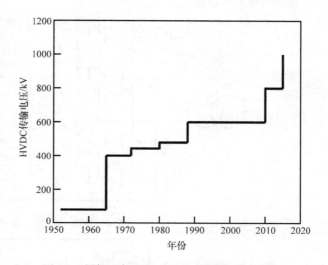

图 16.3　高压直流（HVDC）输电电压的增长

在图中，1980 年在莫桑比克安装的 Cahora Bassa，传输线电压增加到了 500kV[8]。1987 年，巴西和巴拉圭边境的 Itaipu 坝，其 HVDC 传输电压达到 600kV[9]。1987 年，巴西的亚马孙河里约马德拉支流安装了 600kV 的输电线[10]。现在中国的大型水电项目正在考虑 1000kV 的电力传输[6]。

HVDC 互连可以分为四种类型[11]：①转换器和阀门背对背配置，以在同一建筑物中维护短距离直流母线；②电缆传输配置，这需要地下或海底电缆；③远距离变频器之间的架空电力传输线；④由电缆或架空线互连的多于三个转换器的多终端配置。使用 IGBT 转换器的 VSC – HVDC 系统正被越来越多地采用，因为它们产生的谐波比现有基于晶闸管的 LCC 转换器少得多。有作者说[11]："在最高达 1500MW 的 HVDC 系统中，特别是在其中的电缆方案（允许使用更低成本的 XLPE 电缆）里，VSC 技术的使用将在未来占主导地位。"

对于几百兆瓦水平的功率传输，采用具有 IGBT 的 VSC – HVDC 拓扑结构很有益处。IGBT 的电流关断能力能够建立自换向转换器。有作者指出[6]："有几个大功率候选设备是可用的，例如 GTO、IGCT、IEGT 等，但是最常使用的器件是绝缘栅双极型晶体管（IGBT）"。IGBT 的抗高电压能力已经使 HVDC 的各种拓扑安装成为可能。

16.3.1　格拉茨桥

使用 IGBT 的 VSC 最初是为电动机驱动应用而开发的。为将该方法应用于高电压 HVDC 传输系统中，必须在每个支路中串联放置大量的两级 IGBT 转换器。图 16.4 给出的是具有三相格拉茨桥的配置[6]。在该拓扑结构中，需要同步门来驱动串联的 IGBT。为确保串联的 IGBT 均匀分配电压，需要大型和重型无源缓冲电路。为了减少谐波损耗，IGBT 必须在每个周期切换多次，而同时 PWM 会有显著的功率损耗。因为总线电压高，所以 IGBT 的快速瞬变会产生大的 dV/dt，从而导致 EMC 噪声问题。此拓扑已被用于构建一个不含无源滤波器的模块化的多级转换器[12]。它能够承受严重的故障问题，例如直流侧的短路。

多级转换器能够减少谐波。多级转换器称为"全链节"，如图 16.5 所示。有很多独立的串联连接的转换器单元。每个转换器单元具有四个含有快速恢复二极管的 IGBT 和 DC 链路电容器。通过创建几十甚至几百个离散的输出电压电平，可以产生几乎完美的正弦电压和电流波形，以减少谐波而同时不需要滤波器[6]。

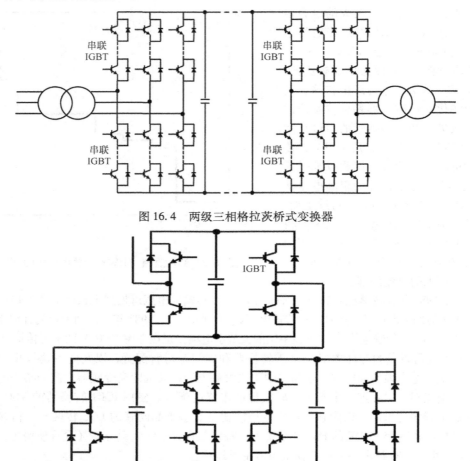

图 16.4　两级三相格拉茨桥式变换器

图 16.5　多级链路转换器

16.3.2　基于电流源转换器的高压直流拓扑

基于电流源转换器的高压直流（CSC HVDC）拓扑的基本配置如图 16.2 所示，其使用了晶闸管。因为具有反向阻断能力的 IGBT 已经可以实用，所以鼓励使用 IGBT 代替 CSC HVDC 中的晶闸管。这种方法是 HVDC Light 技术的一部分。它能够独立进行无功功率以及电流和电压的控制[13]。如图 16.6 所示，CSC 包含整流器电桥和逆变器桥以及 AC 滤波器。

对电压源转换器 VSC 和电流源转换器 CSC 的许多不同拓扑的详细回顾已经由 Nami 等人提

供[14]。作者还对比了 CSC 和 VSC 的优点以及缺点，见表 16.1。作者总结到："很明显，功率半导体器件的发展以及新的需求和法规将驱动 MMC 技术的发展。"

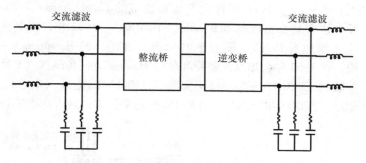

图 16.6　CSC 高压直流（HVDC）转换器拓扑

表 16.1　CSC HVDC 与 VSC HVDC 转换器的对比

	电压源转换器	电流源转换器
优点	• PQ 可控性 • 电压可通过串联单元调节 • 明确的半导体端电压 • 几近完美正弦波的输出电压	• 使用自换向器件，PQ 可控 • 电流可通过并联单元调节 • 耐受短路故障 • 几近完美正弦波的输出电流
挑战	• 大量的能量存储在电容器中 • 内部和外部 DC 短路故障的防护	• 电感器和 RB 器件的高损耗 • 大封装电感 • 开路故障保护和器件过电压保护 • 有限电压调节能力

16.3.3　静态同步补偿器

用于 HVDC 系统中的静态同步补偿器（STATCOM）提供无功补偿。它利用电压源转换器（VSC）在基频处合成可控的正弦电压。当 STATCOM 产生的电压超过交流系统的电压时，表现为产生无功功率的分流电容器。当产生的电压通过 STATCOM 降到低于交流系统时，它的行为像分流电感，吸收无功功率。VSC HVDC 系统使用二级或三级脉宽调制转换器和模块化多级串联链路转换器。

许多配置中会设计二级和三级转换器：①在阀门内使用单个 IGBT 的单转换器；②在阀门内使用单个 IGBT 的并联操作的多转换器；③在阀门内有多个串联 IGBT 的单转换器；④在阀门内有多个串联 IGBT 且带有 PWM 调制的并联操作的多转换器；⑤在阀门内有多个串联 IGBT 且不带 PWM 调制的并联操作的多转换器。

为了提供大功率电平，静态同步补偿器使用级联的 H 桥构建，以形成图 16.5 所示的链节电路，从而在每个阶段都产生正弦电压。这种方法特别适合于诸如电弧炉等的不平衡负载，以及用作牵引负载平衡器[6]。

16.4　交流电力传输

大型发电厂产生的大部分电力通过交流输电线路交付给用户。图 16.7 示出了基本的传输设施[15]。来自发电机的交流电压（从 2.3 ~30kV）首先通过升压变压器增压到交流传输线的电压。近年来，传输线电压一直在增加以处理更高的功率（见图 16.8[16]），而传输线电流并没有显著的增加。110kV 的（1 号）线于 1911 年首次安装在德国的 Lauchhammer – Riesa。随后是 1929年，220kV 的（2 号）线安装在德国的 Brauweiler – Hoheneck。1932 年，在美国的博尔德坝，交流传输线（3 号）电压增加到 287kV。随后于 1952 年，在瑞典的 Harspranget – Hallsberg 安装了380kV 的（4 号）线。在 1965 年，加拿大蒙特利尔的 Manicouagan 传输线（5 号）电压增加到了735kV。1985 年，苏联的 Ekibastuz – Kochetav 安装了 1200kV 输电线（6 号）。一条 100mile 的1000MW 的交流传输线，当电压在 765kV 时有约 1% 的功率损失，345kV 时有 4% 的损失。

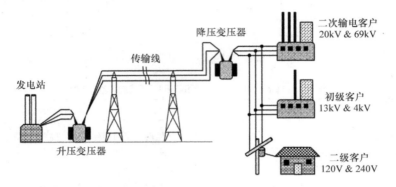

图 16.7　高压交流（HVAC）传输网络

交流传输线上的极高电压必须先由变压器降低，才能被最终用户使用。这首先由交流电压范围为 20 ~ 69kV 的次级变压器级执行。这个电压适用于向大型工厂供电。为了服务"主要客户"，交流电压在变电站处降低到 4 ~ 13kV 水平。"二级客户"如家庭和办公室，在电线杆上使用配电变压器以提供 120V 或 240V电源。电价的生产价格从 1 ~ 2.5 美分/kW·h 不等，长距离的传输成本是 2 ~0.5 美分/kW·h。美国的平均电价是 10美分/kW·h，在欧洲和日本要贵得多（3 ~ 5 倍）。

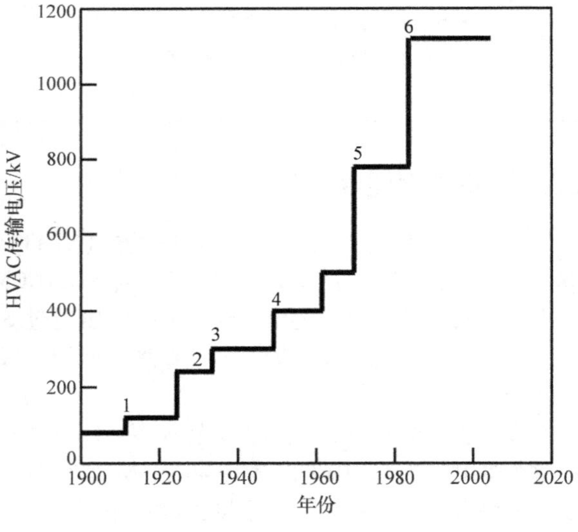

图 16.8　高压交流（HVAC）传输线电压的增长

16.4.1　灵活的交流输电系统

灵活的交流输电系统（FACTS）用于提供稳定性和增加功率处理能力[17]，这可以通过使用与传输线串联或并联连接的功率电子控制元件向网络注入无功功率来完成。利用静态无功补偿器（SVC）和静态同步补偿器可提供无功功率[18]。确定传输线中流动功率的参数是线末端电压的幅度和相位角以及传输线的阻抗。这些参数必须是动态控制的，以确保即使在有干扰的情况下也能稳定工作。高速 FACTS 器件能抑制功率振荡并稳定网络端点的电压。

用于稳定交流电力传输网络的两种基本 FACTS 方法如图 16.9 所示[18]。第一种方法是旁路补偿器，电容和电感以并联配置方式连接以注入无功功率；第二种方法使用与网络线串联的电容器，它可以通过使用电源设备切换进或切换出。

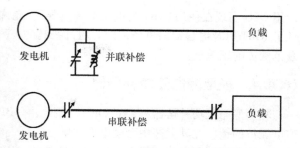

图 16.9　基本的灵活交流输电系统设备选项

直到 21 世纪之交，硅功率晶闸管还是能够处理 FACTS 所需功率电平的唯一半导体器件。1995 年，作者指出[18]："使用传统晶闸管的一个根本限制是该器件只能在下一个电流过零点时关断。成功开发有高单位功率能力、高开关速度（大于 1kHz）和低单位损耗的开关器件，将会迎来一个先进的灵活交流输电系统的新阶段。可以通过消除对大电容器组和电感器的需要来大大减小设备尺寸，并使用脉宽调制技术消除谐波电流"。当既可导通又可关断电流的器件如开始的 GTO 和后来的 IGBT 变成实用后，情况确实发生了改观。

16.4.2　静态无功补偿器

静态无功补偿器（SVC）用于调节交流输电网络中的无功功率。其基本拓扑结构如图 16.10 所示。由可以使用功率器件连接到网络的电感器和电容器组成。该图通过使用晶闸管[19]说明了这一点，但 IGBT 正在更多的用于此项应用。此外，固定电容也用于平衡网络上存在的感性负载，例如电动机。固定电容通过串联电感器来调谐以便滤除谐波。变压器用于将这些电抗连接到网络，使得静态无功补偿器组件不必被设计用在非常高的网络电压下工作。

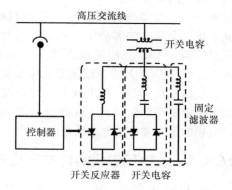

图 16.10　基本静态无功补偿器（SVC）

16.4.3　静态同步补偿器

静态同步补偿器（STATCOM）产生幅度和相位角受控的电流，此电流可以馈入交流输电网络。静态同步补偿器的原理如图 16.11 所示[19]。电压源转换器用于在连接到交流电力线的反应器的一端产生正弦电压 V_{VSC}。流过电抗的电流 I_{VSC} 由交流线电压 V_L 的幅值和相位角与 VSC 的差确定。在实践中，产生的电流超前或滞后线路电压大约 90°[19]。

与静态无功补偿器（SVC）相比，低线电压条件下，静态同步补偿器（STATCOM）可以提供更大的功率。使用 GTO 实现的静态同步补偿器会遇到些问题，因为在串联 GTO 之间平均分担电压很困难[16]。GTO 中的高开关

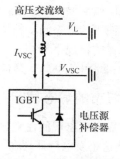

图 16.11　静态补偿器（STATCOM）原理

损耗使得 PWM 控制的静态同步补偿器无法产生良好的正弦电压，而具有足够高的电压和电流额定值的 IGBT 模块可以实现在脉宽调制（PWM）操作的高开关频率下也具有良好的正弦波形[16]。

现代静态同步补偿器使用含 IGBT 的静态无功补偿器[16]。作者说："最新的补偿器件是开始

使用 GTO 而现在使用 IGBT 的电压源转换器"。允许电压共享的 IGBT 配置如图 16.5 所示。这降低了 IGBT 以及电容器的电压范围。通过在高的 PWM 频率下开关IGBT，可以获得频率在几千赫兹范围内的正弦波。

16.4.4　轻型静态无功补偿器

轻型静态无功补偿器（SVC Light）概念由 ABB 公司于 1999 年开发并投入运行[20]。使用大型电弧炉的钢厂在其生产中会使电源线电压闪烁，电压骤降或波动对输送到相邻社区的电力产生干扰。这些问题可以使用静态无功补偿器克服。SVC Light 概念是具有 IGBT 作为开关的电压源转换器（VSC）。它提供了高效率的方法来防止由于其高动态响应引起的线路电压波动。SVC Light 技术最初于 1999 年在瑞典的 Uddeholm Tooling 安装。该钢厂具有 37.8MV·A 的电弧炉和 7.7MV·A 的钢包炉。电压源转换器工作于 10.5kV 的总线。设备在 2000 年升级，用于连接 20kV 的电力线，2002 年又升级至 33kV 的电力线。

使用 IGBT 的三级电压源转换器配置如图 16.12 所示。电容器组充当直流电压源。转换器输出（a，b 和 c）可以通过 IGBT 连接到正极、中性点或负极。这允许使用 IGBT 的 PWM 控制来产生可变的交流输出电压[20]，生成没有谐波的正弦交流输出波形，因此这是一个紧凑的和稳定的设计，因为不需要庞大的变压器。ABB 公司继续在世界各地推广这项技术[21]。一个静态无功补偿器已安装在挪威奥斯陆市外，以纠正在 420kV 输电线上的电压波动[22]。它也被应用于德克萨斯州的 McCamey 地区，以稳定来自风电场的带有波动的电力输送。

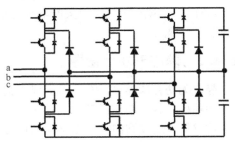

图 16.12　基于三级 IGBT 的电压源控制器（VSC）拓扑

16.4.5　在中国应用的静态无功补偿器和静态同步补偿器

20 世纪 80 年代，中国电力系统产业发展迅速。它已从 1990 年的 17GW 装机容量发展到 2000 年底的 320GW，是世界第二高[23]。中国的发电能力预计到 2020 年将增长到 750GW。中国的发电带来了电力质量和可靠性的问题，必须使用静态无功补偿和静态同步补偿设备解决。三峡大坝水力发电站需要 1Gvar 的静态同步补偿和 1.2Gvar 的静态无功补偿能力。

在中国使用的静态同步补偿器是一个级联多级转换器，如图 16.5 所示。这种方法能够在没有庞大变压器的情况下产生正弦波形。东芝公司生产的称为注入增强门的 IGBT 结构（IEGT），其额定值为 4500V/1500A，是最有前景的技术[23]。

16.4.6　城市的静态同步补偿器设计

有时，靠近发电厂的住宅区会有环境和电源质量问题。一个例子是位于奥斯汀的霍利电厂[24]。虽然这个发电厂计划在 1995 年逐步淘汰，但因能源短缺还需要继续运行。由于以前的火灾事件，工厂需要升级以回应当地居民对有关安全方面的关注。这需要在静态无功补偿和静态同步补偿之间进行比较、做出选择，以在提高电力质量的同时保持环境的美学特质。选择使用具有 IGBT 的电压源控制的静态同步补偿是最佳解决方案。

静态同步补偿的基本电路如图 16.13 所示。IGBT 阀门必须能在 32kV 的交流总线电压下工作。由于其有限的额定电压，需要将 32 个 IGBT 串联在一起。选择使用了一个三级的、中性点钳位的逆变桥拓扑，此时的 PWM 以基频 1260Hz 工作。这种相对较高的开关频率减小了额定值为 5 ~ 10 Mvar 滤波组件的尺寸。20m × 30m 大小的静态同步补偿器可以安装在一个两层楼的建筑物内，美学上可以接受。

霍利电厂的静态同步补偿器，一个有趣的设计是内置了冗余的 IGBT，从而增强可靠性。即使三个阀门中有两个因 IGBT 在短路模式下失效而不再起作用，装备也可以继续工作。损坏的阀门可在规定的维护期间进行修理而无需中断电力输送。

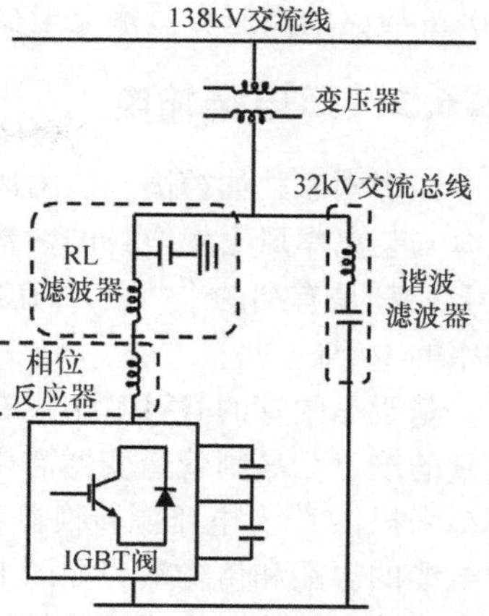

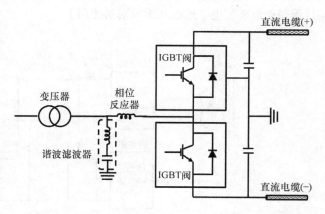

图 16.13　奥斯汀霍利安装的城市静态补偿器（STATCOM）

16.5　高压直流背靠背转换器

随着近来电力工业管制的放松，管理美国三大电力网（即西方互连、东方互连和德州互连）之间的电力交换变得很重要。位于新墨西哥州克洛维斯的 Tres Amigas HVDC 超级站执行这些网络之间的交互[25]。由于该区域新兴的风力发电能力，该位置很受重视。

背靠背式 HVDC 转换器由同一建筑物内具有短的内部互连总线的 HVDC 阀组成。容量为 5GW 的高功率传输，需要安装六个背靠背式转换器。使用 IGBT，在多级转换器的拓扑中实现 HVDC 阀门。作者指出："满量程（11MW）IGBT 转换器的测试连续显示出优良的可靠性和阀门模块设计的无故障性"。

16.6　离岸电力传输

电力传输必须同时可以从位于陆地上的电源到位于海上的负载和从位于海上的电源到位于陆地上的电网之间进行传输。例如，电力需要运送到海上石油平台以运行钻井平台的油泵。石油钻机通常离岸的距离很远（10 ~ 100km）。又例如，为了有更高的风力和出于美观的原因，风力发电厂常常远离海岸线，所产生的电力必须传送到位于陆地上的电网中来。

16.6.1　石油钻井平台的电力传输

石油平台通常位于海上，用于从海床下提取石油。提取石油需要电潜泵（ESP）。例如，沙特阿拉伯海上石油平台有 1742 套超过 500MW 的电潜泵[26]。其电源使用海底电缆传输。230kV 的 HVDC 传输系统是最有效的传输方法。

HVDC 系统需要将交流电力转换成直流电压传输，这是由具有 IGBT 的电压源转换器来执行的，如图 16.14 所示。独立地控制有功和无功功率的 PWM 被用于转换器中。沙特阿拉伯海上风力发电系统的分析表明，长达

图 16.14　采用高压直流（HVDC）的离岸电力传输

100km 线路的高压直流输电至少要比高压交流输电便宜三倍。

16.6.2 风电场输电

许多国家，如德国，留给风电场的地方越来越少。作为这种可再生能源发电资源的未来，在北海安装离岸风力发电场的数量正在迅速增长。由于相对长的电力传输距离，HVDC 传输方法相对 HVAC 是有利的[27,28]。HVDC 线路中的损耗为每 1000km 约 3%，并且转换器中的损耗是传输功率的 1.5%。

基于晶闸管的 HVDC 传输有着悠久的历史。但是，它有需要无功功率和滤波以达到良好电源质量的缺点。晶闸管逆变器需要无功功率来实现换向。这个功率必须由诸如同步发电机的无功功率源来提供[27]。电压源转换器利用 IGBT 的关断能力大大改善了高压直流系统。它位于 HVDC 传输电缆的源端和传输端，如图 16.15 所示。在相对高的频率下，PWM 控制的 IGBT 可以合成期望的交流波形并能减小滤波器的尺寸。IGBT 单元具有如图 16.4 所示的两级配置，或如图 16.12 所示的三级配置。IGBT - HVDC 系统允许在两个方向上控制功率流，这在安装时和海上风力不足时都是有利的。它能防止故障的传播并且提高网络的稳定性，从而得到更好质量的电力。

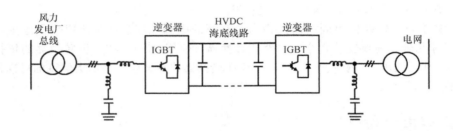

图 16.15　采用 IGBT HVDC 的风电场电力传输

随着风力输出的增加，因为 IGBT 逆变器的工作功率仅能达到 100MW 水平，所以需要使用晶闸管和 IGBT 逆变器相结合的混合方法。在图 16.16 所示的混合方法中，晶闸管整流器和逆变器处理大功率传输，而 IGBT 部分则由断路器断开。IGBT 逆变器仍然可以作为向晶闸管单元提供无功功率的有源滤波器。风力发电设备起动时，IGBT HVDC 用于向冷却系统、注油系统和控制系统等辅助设备供电。这也在无风期间使用。

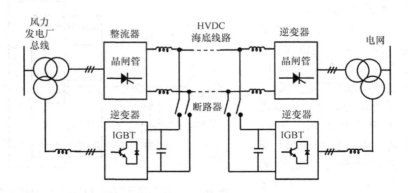

图 16.16　采用晶闸管/IGBT 混合式高压直流传输的风电场电力传输

16.7 优质电力园区

大城市利用地下电缆进行传输系统分配[29]。作者指出："随着 IGBT 电压源转换器的出现，多端子高压直流（HVDC）有可能是城市中心交流传输的一个有吸引力的替代品，在城市中心，出于安全和环境原因，地下传输是首选。"任何到银行和金融机构的电力中断，其代价都是非常昂贵的，因为这些机构十分依赖电子计算和通信。互联网经济和信用卡操作的停机成本是每小时几百万美元。此类业务应该位于优质电力园区内，以保证高质量的电力。

电源质量问题包括：①电压骤降；②电压骤升；③电压瞬变；④谐波电流；⑤闪烁；⑥电压不平衡；⑦频率方差；⑧瞬时电源中断；⑨停电。这些问题可以使用电压源转换的多终端 HVDC（VSC – M – HVDC）来处理。VSC – M – HVDC 被设计具有 100% 的传输功率，使得它不仅可以处理瞬态事件，而且在断电期间也可以供电[29]。它可以将优质电力园区和电力传输故障，如邻近用户的设备故障以及办公电子产生的谐波，灯的镇流器和当地社区注入的电弧焊机带来的干扰相隔离。

用如图 16.17 所示的一个五端 VSC – HVDC 系统作为例子[29]。VSC 在其 DC 端子处并联连接，创建一个地下直流电缆环。每个 VSC 都具有一个如图 16.18 所示的包含IGBT的拓扑结构。使用正弦 PWM 控制产生直流电压（V_{DC}）。任何一个独立交流电源中的故障都可以使用在 VSC 内串联连接的 IGBT（用作断路器）进行隔离。故障清除后，IGBT 可以再次导通。多终端 VSC HVDC 网络创建一个可靠的直流电网，可以连接多个电源，使得所有的负载不受电网上任何单个电源故障的影响。

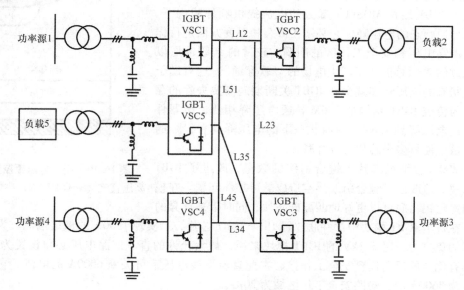

图 16.17 多端电压源控制的高压直流（VSC – HVDC）系统

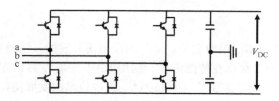

图 16.18 含有 IGBT 的电压源转换器（VSC）

16.8   应用于电力传输的 IGBT 设计

如前所述，IGBT 是用于输配电网络的电压源转换器（VSC）的优选半导体器件。其 MOS 栅结构的低驱动功率对高压（几百千伏）下多个串联器件的正常工作是有利的。其晶体管特性提供的快速电流关断能力，对晶闸管来说是无法实现的。高的开关速度使其能在高的 PWM 频率下工作，这可以在减少滤波器尺寸的同时消除谐波。和基于晶闸管的 HVDC 系统相比，IGBT 的主要缺点是有比较大的转换器损耗[5]。但是，可以使用三级转换器降低开关损耗。已经有一个 300MW 的基于 IGBT 的 VSC – HVDC 系统在 2002 年装配成功。

增加 IGBT 额定电压的过程在持续进行。与此同时，也进行着 IGBT 导通损耗、开关损耗和安全工作区范围之间的折中。此外，数百个串联的 IGBT 的配置需要合适的共享电压。这可以通过减少加工差异并在每个 HVDC 阀门内对它们进行匹配来实现。由于长时间工作在高电压下，IGBT 的设计必须考虑宇宙粒子辐射。用于 HVDC 系统的 IGBT 使用"压装"封装设计，这个封装对于处理高电流和去除 IGBT 芯片的热量是最有效的[5]。

三菱电机公司已经讨论了用于电压源转换器的 HVDC 设计的关键问题[30]。带有能够承受 3.3kV 电压芯片的 IGBT 模块已经开发出来，它使用精细图形化的 DMOS – IGBT 结构（R 系列），如图 16.19 所示。器件结构使用 N 型载流子存储层进行优化，该区域位于芯片顶部的 P 基区扩散层附近。该载流子存储区给流入 IGBT 结构 MOSFET 部分的电流提供额外载流子，以减小其导通状态的电压降。它必须在掺杂和厚度方面进行优化以避免击穿电压和安全工作区的削弱。较薄的 N 缓冲层以及被优化过的 N 漂移区用于产生电场的"软穿通"。这有助于降低导通状态的电压降和减少在 IGBT 关断期间需要去除的存储电荷。与传统 IGBT 结构的 3.6V 导通电压降相比，该器件可以将导通电压降到 2.8V。导通状态下的电压降具有很强的正温度系数，使得多个芯片可以并联。

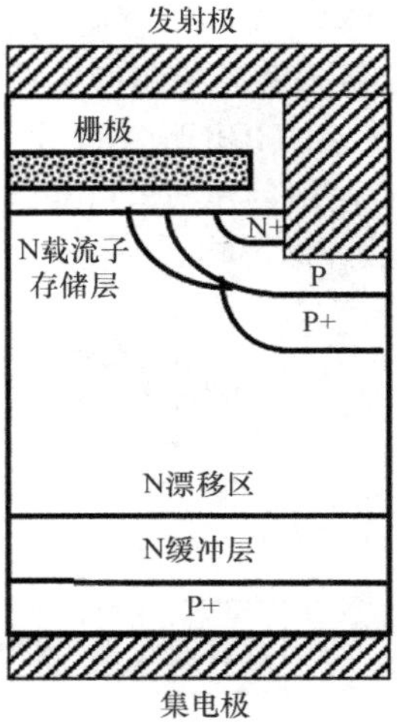

图 16.19   用于电压源控制的高压直流（VSC HVDC）中的 IGBT

通过 200% 地增加芯片上键合引线的数量，改进了 IGBT 模块的构建。这改进了键合引线浮空造成的可靠性问题。在模块中使用氮化铝衬底可以更好地匹配硅芯片，同时带来优异的散热性。在每个 IGBT 模块中都并联放置 18 个 IGBT 芯片，以实现 1500A 的额定电流。为保持对宇宙辐射的免疫力，对 3.3kV 的 IGBT 模块来说，最大允许的直流链路电压必须设置为 2.5kV。该模块具有优异的反向偏置安全工作区，在此直流母线电压下可关断 6000A 的电流。它的峰值短路电流为 8600A 时，短路安全工作区域为 20μs。

16.9   总结

IGBT 最初是为相对低功率的消费和工业部门的应用而开发的。在过去 30 年里，随着其电压等级增加到 6.5kV，其功率等级也在持续增长。利用 IGBT 在电流共享方面卓越的并行能力，多模块的制作已经使电流处理能力达到了至少 1500A。这些技术的发展使得在高压直流和高压交流系统中替换晶闸管成为可能。基于 IGBT 的电压源转换器（VSC）在改善电力质量、平衡无功功率以及校正故障和校正瞬变特性方面有着显著的优点。预计该技术的渗透率将不断增长，它对于可再生能源产生的丰富电力的集成是很重要的[6]。作者指出："几十年来，电力电子一直是输配电（T&D）系统中的一个小众应用。但是，情况正在改变。电力电子系统越来越被看作不只是一个基本应用，而是整个电网运行规则的中心"。IGBT 已被确认为是能使电力电子在输配电系统中起到作用的关键技术。

参 考 文 献

[1] B.J. Baliga, Fundamentals of Power Semiconductor Devices, Springer-Science, New York, 2008.

[2] V.F. Lescale, Modern HVDC: state of the art and development trends, in: IEEE International Conference on Power System Technology, 1998, pp. 446—450.

[3] Konti—Skan. en.wikipedia.org/wiki/Konti-Skan.

[4] High-voltage Direct Current. en.wikipedia.org/wiki/High_voltage_direct_current.

[5] R. Chokhawala, B. Danielsson, L. Angquist, Power semiconductors in transmission and distribution applications, in: IEEE International Symposium on Power Semiconductor Devices and ICs, 2001, pp. 3—10. Paper P1.

[6] E.I. Carroll, Power electronics for very high power applications, in: IEEE International Conference on Power Electronics and Variable Speed Drives, 1998, pp. 218—223.

[7] C.C. Davidson, G. de Preville, The future of high power electronics in transmission and distribution power systems, in: IEEE Conference on Power Electronics and Applications, 2009, pp. 1—14.

[8] Cahora—Bassa Dam. en.wikipedia.org/wiki/Cahora_Bassa_Dam.

[9] Itaipu Dam. en.wikipedia.org/wiki/Itaipu_Dam.

[10] Madeira River. en.wikipedia.org/wiki/Madeira_River.

[11] N.M. Kirby, HVDC system solutions, in: IEEE Transmission and Distribution Conference, 2012, pp. 1—3.

[12] S. Allebrod, R. Hamerski, R. Marquardt, New transformerless, scalable modular multilevel converters for HVDC transmission, in: IEEE Power Electronics Specialists Conference, 2008, pp. 174—179.

[13] N. Stretch, et al., A current-sourced converter-based HVDC light transmission system, in: IEEE International Symposium on Industrial Electronics, 2006, pp. 2001—2006.

[14] A. Nami, et al., Modular multilevel converters for HVDC applications: review on converter cells and functionalities, in: IEEE Transactions on Power Electronics, vol. 30, 2015, pp. 18—36.

[15] Electric Power Transmission. en.wikipedia.org/wiki/Electric_power_transmission.

[16] H.K. Heinz, F. Schettler, Historical overview on dynamic reactive power compensation solutions from the begin of AC power transmission towards present applications, in: IEEE Power Systems Conference and Exposition, 2009, pp. 1—7.

[17] Flexible AC Transmission System. en.wikipedia.org/wiki/Flexible_AC_transmission_system.

[18] P. Moore, P. Ashmole, Flexible AC transmission systems, Power Eng. J. 9 (1995) 282—286.

[19] H.K. Tyll, F. Schettler, Power system problems solved by FACTS devices, in: IEEE Power Systems Conference and Exposition, 2009, pp. 1—5.

[20] R. Grunbaum, Voltage source converters for maintaining of power quality and stability in power distribution, in: IEEE European Conference on Power Electronics and Applications, 2005, pp. P1—P0.

[21] G. Bopparaju, VSC based FACTS and HVDC: ABB experience, in: IEEE Chennai and Dr. MGR International Conference on Sustainable Energy and Intelligent Systems, 2011, pp. I—2.

[22] R. Grunbaum, FACTS to enhance availability and stability of AC power transmission, in: IEEE Bucharest Power Tech Conference, 2009, pp. 1—8.

[23] Q. Yu, et al., Overview of STATCOM technologies, in: IEEE International Conference on Electric Utility Deregulation, Restructuring, and Power Technologies, 2004, pp. 647—652.

[24] E.M. John, A. Oskoui, A. Petersson, Using a STATCOM to retire urban generation, in: IEEE Power Systems Conference and Exposition, vol. 2, 2004, pp. 693—698.

[25] M.A. Reynolds, Tres amigas super station—large scale application of VSC back-to-back technology, in: IEEE Transmission and Distribution Conference and Exposition, 2012, pp. 1—5.

[26] Z.E. Al-Haiki, A.N. Shaikh-Nasser, Power transmission to distant offshore facilities, in: IEEE Transactions on Industrial Applications, vol. 47, 2011, pp. 1180—1183.

[27] T. Peter, H. Raffel, B. Orlik, Parallel operation of thyristor and IGBT-based HVDC, in: IEEE European Conference on Power Electronics and Applications, 2007, pp. 1—10.

[28] T. Volker, et al., New HVDC concept for power transmission from off-shore wind farms, in: IEEE Wind Energy, 2008, pp. 1—6.

[29] W. Lu, B.-T. Ooi, Premium quality power park based on multi-terminal HVDC, in: IEEE Transactions on Power Delivery, vol. 20, 2005, pp. 978—983.

[30] X. Gong, A 3.3 kV IGBT module and application in modular multilevel converter for HVDC, in: IEEE International Symposium on Industrial Electronics, 2012, pp. 1944—1949.

第 17 章　IGBT 应用：金融

显而易见，诸如绝缘栅双极型晶体管（IGBT）的功率半导体器件将对经济中的金融部门产生影响。因为现代金融机构如银行和投资公司完全依赖于高速交易和大数据集的大规模计算，即使出现短暂的供电中断也可能对这一部门的经济产生重大影响[1]。与停电相关的成本估计见表17.1。价格从 40000~6500000 美元/h 不等。基于互联网的信用卡和经济机构的运营中断的成本为每小时数百万美元[2]。

表 17.1　停电的经济影响

行业	电力中断的平均成本/（美元/h）
蜂窝通信	41000
电话售票	72000
航空公司预订	90000
信用卡业务	2580000
经济业务	6480000

数据中心的电力损失成本非常高，使得它们尽可能靠近"数字质量"或"永远完美，永远在线"的设施，如优质的电力园区。在许多情况下，会要求这些设施直接向具有几十兆瓦负载的数据中心提供电力输送，而不经过配变电站[2]。对断电敏感的许多客户依靠本地备用能源（例如飞轮存储设备）来提供长达 30s 的电力作为临时替代。

不间断电源（Uninterruptible Power Supplies，UPS）也用于处理电源线电压的短暂波动。除了金融机构，它们可以成为医疗设施（例如医院和创伤中心）的电力输送系统的极其重要的部件，这些场所中生命可能由于设备功能的缺失而受到威胁。IGBT 是制造低成本和高效率 UPS 系统的必要技术。

17.1　电源设备

由于断电或者甚至只是短暂的电力中断均会导致巨大的经济损失，金融机构通常依靠许多类型的设备来免遭失电的可能。基本设备为 UPS、备用发电机和替代方案，见表 17.2[3]。替代方案表示由多个电力公司提供给企业的电力。这些抑制丢电可能性的方法不仅用于金融机构、数据处理中心和电信中心，而且用于炼油厂和医院。甚至造纸厂和半导体芯片制造部门也都使用 UPS 和备用发电机，以免生产线出现代价昂贵的电力中断。

表 17.2　电源质量设备类型

客户	UPS	备用发电机	替代方案
金融机构	＊	＊	＊
数据处理中心	＊	＊	＊
电信中心	＊	＊	＊

（续）

客户	UPS	备用发电机	替代方案
炼油厂	★	★	★
医院	★	★	★
造纸厂	★	★	
半导体厂	★	★	

17.2　电源可靠性和质量

由公用事业供应商提供给消费者的电力可以使用两个标准来评判，即电力输送可靠性和电力输送质量。电力输送可靠性的问题如图 17.1 所示，它显示了用户现场的公用交流电源的电压波形[3]。第一个问题是断电，即交流电压完全崩溃，例如，当公用电力线被落在其上的树干破坏时。断电定义为发生超过 1min 时间长度的电力中断[4]。显然，这将停止客户现场的所有电气设备（例如计算机和服务器）的持续工作。第二个问题是交流电压的骤降。电压骤降被定义为交流输入的均方根电压的 0.1~0.9 倍范围内，且持续时间大于交流输入电压周期的一半而小于 1min[4]。电压骤降往往由连接到线路的大型电动机的起动引起。如果电源线上的可用交流电压低于电气设备的规格，则会触发设备关闭，导致客户现场的操作中断。类似地，由

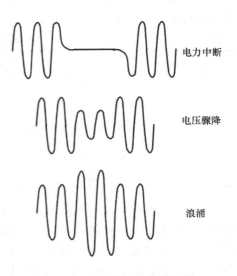

图 17.1　电源输送可靠性问题

电网不稳定性产生的线路上异常高起的交流电压（称为浪涌）亦可触发设备的关闭以保护内部电子器件。电压浪涌定义为交流输入的均方根电压在公用设施标准电压的 1.1~1.8 倍范围内，且持续时间大于交流输入电压周期的一半而小于 1min[4]。电压浪涌由电力网络中的负载开关事件产生。

电源质量问题如图 17.2 所示[3]。谐波由大型电子负载，例如电动机驱动器的逆变器、电弧炉和焊机，注入交流电源线中。它们可在交流电压波形中存在许多个周期。此外，电压脉冲可以通过打到电力线上的雷击产生，然后传播到用户现场。其他电力质量问题[4]是三相电源的电压和相位角的偏差产生的电压不平衡、频率偏差大于标称值的 0.1%，以及由影响钨丝灯泡产生光的小的电压波动产生的闪烁。

图 17.2　电源质量问题

17.3　动态电压恢复器

动态电压恢复器（Dynamic Voltage Restorer，DVR）用于检测和补偿交流电源的电压骤降，使得负载不会出现这些电源可靠性问题。动态电压恢复器的工作原理如图 17.3 所示[3]，由直流电

源、IGBT 转换器和与电源线和敏感负载串联的注入变压器组成。可以使用的直流能量源是电池、超级电容器、超导磁存储单元和飞轮。对于配电馈线之一中的故障，输入交流电力线中的电压骤降可能通过电力网络传播。动态电压恢复器（DVR）检测到这个骤降并通过使用 IGBT 转换器从直流电源产生交流电力。所产生的功率由变压器馈送到线路以校正电压骤降，使得敏感的负载可以接收到高可靠的交流输入功率。

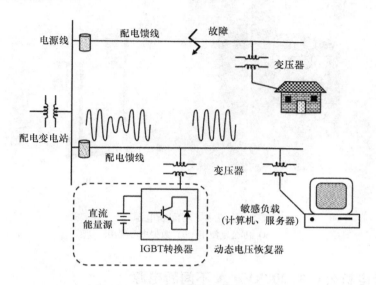

图 17.3　动态电压恢复器工作原理

西门子公司已经发表了几篇论文，描述了他们的 SIPCON（西门子电源控制器）动态电压恢复（DVR）技术。1999 年的论文描述了一种 300kW 的系统，与工业厂房和铁路线等敏感负载一起使用[5]。到 2000 年通过创建模块化的动态电压恢复器，西门子公司能够将其扩展到负载高达 50MV·A 的应用[6]。2MV·A 的动态电压恢复器用于为苏格兰的大型造纸厂提供可靠的电力。它在高达 47MW 的功率水平下提供电压骤降保护，以避免造纸生产中断。它也在亚利桑那州的凤凰城得到了应用，用于一个 17MV·A 功率级别的为半导体工厂供电系统的保护。电源线上的电压骤降会使排气风扇停止对半导体设备的排气，造成生产力的巨大损失。除了电压骤降，SIPCON 系统可以用于滤除谐波[7]。作者指出："SIPCON 系统由两个主要元素组成，即基于 IGBT 技术的 PWM 转换器。不需要额外的控制硬件。"

上述动态电压恢复技术当然也可以应用于补偿金融机构、信用卡服务和银行的电力输送系统中的电压骤降。

17.4　不间断电源（UPS）

UPS 已经成为为敏感负载（如数据中心和金融机构）提供高可靠电源的不可或缺的组件。图 17.4a 给出了适合于办公计算机的小型 UPS 单元。适用于数据中心和电信中心的大型 UPS 系统如图 17.4b 所示。UPS 单元包含直流电源，它可以在公用电力输送遭遇停电时在短时间内向负载提供电力。它能够立即保护计算机和服务器以免造成巨大损失（见表 17.1 所述）。UPS 设备的额定值可以从单台计算机的 200V·A 到大型数据中心的 10MW 以上[8]。针对金融机构的情况，在线双转换 UPS 是最合适的配置[8]。该 UPS 中的电池通过基于 IGBT 的逆变器连接到交流电源线上，不经过任何转换开关就可以快速恢复供电。一旦中断的电力得到恢复，电池就可以从公用电源上获得再充电。在 1 类（Class - 1）UPS 系统中，输出电压在任何情况下都保持在 ±30% 以内。

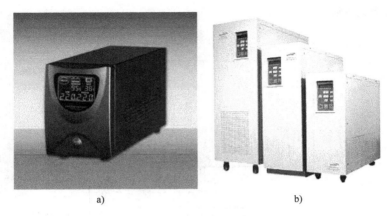

图 17.4 不间断电源

a）办公室使用 b）数据中心使用

17.4.1 富士电机公司的 200kV·A 不间断电源

1990 年，富士电机公司报道了使用 IGBT 的 200kV·A UPS 的开发，供金融机构使用[9]。该 UPS 的目的是向对电源电压波动敏感的计算机提供电力，防止它们停机。作者指出："与采用双极型晶体管的常规 UPS 相比，这种采用 IGBT 的 UPS 虽然具有大约高 10 倍的开关频率，但提供了一个等效的效率。因此，在非线性负载下，新型 UPS 实现了结构紧凑、轻便、低噪声和高性能设计，从而减少了输入谐波电流（小于 5% 的谐波失真），并降低了输出电压失真（小于 8% 的谐波失真）。"该 200kV·A UPS 设备的规格见表 17.3。这些结果表明，到 1990 年，IGBT 成为 UPS 系统的精选功率器件。

表 17.3 1990 年富士电机公司基于 IGBT 的 200kV·A UPS

项目	规格
输入电压	200V（1 ±10%）
输入频率	50Hz 或 60Hz（1 ±5%）
输入相/线	3 相/3 线
容量	220kV·A；160kW
输入功率因数	超过 95%
输入电流谐波失真	低于 5%
输出电压	200V
电压精度	±1.5%
输出频率	50Hz 或 60Hz
输出频率精度	±0.1%
输出相/线	3 相/3 线

（续）

项目	规格
负载功率因数	0.7 滞后到约 1.0
瞬态输出电压波动	（a）100% 负载突变—±8%
	（b）10% 输入电压突变—±5%
	（c）主电源中断和恢复—±5%
	（d）UPS 旁路开关—±8%
响应时间	100ms
输出波形谐波失真	100% 线性负载—小于 5%
	100% 非线性负载—小于 8%
相间电压不平衡	100% 不平衡负载—±3%

富士电机公司 200kV·A UPS 的拓扑如图 17.5 所示。这里并行配置两个 100kV·A 单元[9]。每个单元由具有高功率因数的转换器、PWM 逆变器、逆变器变压器和交流滤波器组成。转换器使用工作在 8kHz 的 IGBT 模块来实现高输入功率因数，以减少引入输入电源线的谐波。逆变器也使用在 8kHz 的 PWM 载波频率下工作的 IGBT 模块构建。这允许使用小型交流滤波器提供具有低失真的交流正弦输出波形。加入具有晶闸管的旁路路径，以处理 UPS 出现故障需要修理时的情况。

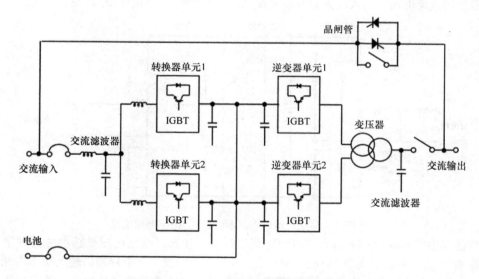

图 17.5　富士电机公司不间断电源的配置

此 UPS 应用中使用额定值为 600V 和 150A 的 IGBT 模块。为了达到 200kV·A 的 UPS 能力，并联了 6 个 IGBT 模块，以创建如图 17.6 所示的 IGBT 堆栈。每个堆栈包括栅驱动电路、电解直流总线电容器和熔丝。缓冲器足够小，可直接安装在每个 IGBT 模块的顶部。

上述使用 IGBT 的 UPS 配置能够在总输出功率的 20%～100% 范围内实现 90% 的效率。它提供了一个紧凑、轻便、噪声低的 UPS 单元，为金融行业的客户服务。

17.4.2　藤仓公司的 10kV·A 不间断电源

1991 年，藤仓（Fujikura）公司描述了一种 10kV·A 的 UPS，它可以在 200V 输入电源下工

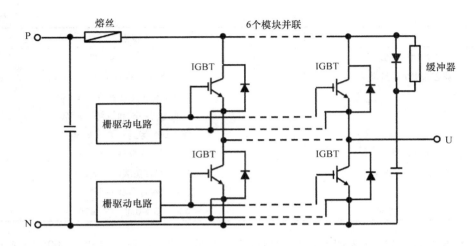

图 17.6　富士电机公司不间断电源的 IGBT 堆栈

作，并提供 100V 或 200V 的输出[10]。他们使用带有数字信号处理器的全数字控制来实现 UPS。
电源电路使用 1000V，150A 的 IGBT，如图 17.7 所示。与之前 17.4.1 节中的 UPS 一样，输入的
200V 交流电压首先转换为 450V 直流链路。备用电池连接到此直流总线上。转换器通过感测输入
交流电压并切换整流器级中的 IGBT（IGBT-1 和 IGBT-2），通过从 AC 源汲取的正弦输入电流
来维持稳定的直流电压。输入电流的谐波失真保持在 5.3%，功率因数为 0.98。

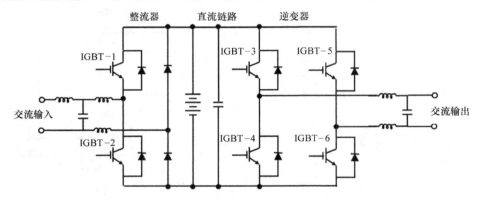

图 17.7　藤仓公司的不间断电源的 IGBT 电源电路

逆变器级中的 IGBT 在 14.7kHz 的 PWM 载波频率下切换。输出电压被感测并由数字电路来
控制，在 8kW 的满负荷下实现 3% 的谐波失真。UPS 能够承受 2.5 个周期的输入功率损耗。作者
指出[10]：“使用高功率和高速开关器件 IGBT 的优势是，在高速开关时功耗低。整体转换效率为
87% 及以上。”这款小型、重量轻的 UPS 能够在备用电池下工作 5min 以上。

17.4.3　东芝公司的 500kV·A 不间断电源

在 1991 年，东芝公司报道了使用 IGBT 的具有 500kV·A 容量的 UPS 的开发[11]，表 17.4 给
出了其规格。它被设计成与非线性负载，例如计算机和服务器电源中的输入整流器一道工作。
1200V，300A 的 IGBT 在逆变级中以 7kHz 的频率开关。每个逆变器桥使用 6 个并联的 IGBT。作
者指出：“IGBT 可以在比双极型晶体管或栅极关断晶闸管（GTO）高得多的开关频率下工作。因
此，该 UPS 原型比我们传统的 UPS 体积小了 40%，可闻噪声低了 5dB。”到 1991 年，东芝公司

已经有几十台这样的 UPS 在现场工作。

表 17.4   1991 年东芝公司基于 IGBT 的 500kV·A UPS

项目	规格
输入电压	415V +10%／ −15%
输入频率	50Hz ±10%
输入相	3 相
容量	500kV·A
输出电压	415V
输出电压调节率	±0.6%

17.4.4   汤浅公司的 3kV·A 不间断电源

1995 年，汤浅（Yuasa）公司报道了用于计算机和电信系统的具有 3kV·A 等级的商用 UPS 的开发[12]。图 17.5 所示为常规 UPS 的拓扑结构，在输出端需要一个隔离变压器。该变压器具有较大的尺寸和重量，因为它在低电源线频率（50Hz 或 60Hz）下工作。目前已经开发出取消这种变压器的方法，即在输入和输出之间具有公共总线，如图 17.8 所示。这是一个简单的拓扑结构，使用 IGBT 实现了半桥开关模式的整流器，以及同样使用 IGBT 实现了半桥正弦波 PWM 逆变器。因为仅使用两个 IGBT 模块，其成本低而效率高。然而，该拓扑需要 340V 的直流链路电压以提供 100V 均方根的交流输出波形，必须串联大量蓄电池以实现该电压，这增加了成本并降低了可靠性。

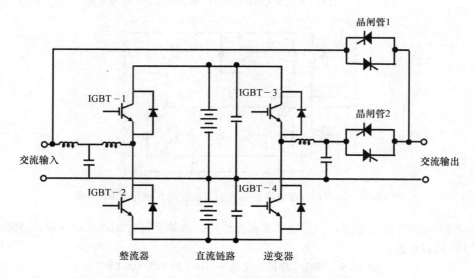

图 17.8   用于汤浅公司不间断电源的 IGBT 电源电路

可以避免上述问题的 UPS 拓扑如图 17.9 所示[12]。它使用两个额外的 IGBT（IGBT−5 和 IGBT−6）实现双向二象限斩波电路。当交流输入电源中断时，该电路用作升压斩波器，以 20kHz 的频率开关 IGBT，从而以稳定的方式将直流链路电压保持在 340V。该功能的能量来源于在斩波支路中串联的少量电池。当交流输入功率恢复时，电路作为降压斩波器操作，以 20kHz 切换 IGBT，以提供能量给备用电池充电。上述整个 UPS 拓扑结构可以使用单个 6 单元 IGBT 模块来实现。IG-BT 模块的器件布局和引脚排列如图 17.10 所示。

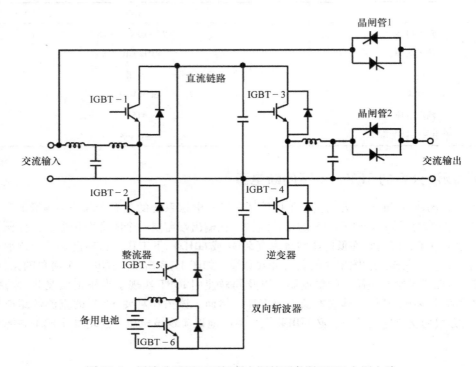

图 17.9　汤浅公司用于不间断电源的两象限 IGBT 电源电路

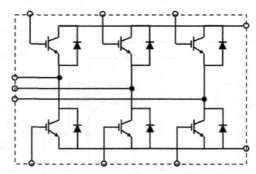

图 17.10　用于不间断电源的具有引脚配置的 6 单元 IGBT 模块

汤浅公司 UPS 的规格见表 17.5。除了其高性能外，该单元具有 220cm × 560cm × 580cm 的小尺寸和 75kg 的轻重量。

表 17.5　1995 年汤浅公司基于 IGBT 的 3kV·A UPS

项目	规格
输入电压	100V，50/60Hz
输入功率因数	满载时 99%
输入电流谐波失真	满载时 3%
输出电压	100V，50/60Hz

（续）

项目	规格
输出电压调节率	±2%
输出频率调整率	±0.1%
输出电压失真	非线性负载为 3.4%
AC/AC 效率	满载时为 89.1%
电池类型	密封铅酸
备份时间	10min
可闻噪声	小于 10 方

17.4.5　大金公司的不间断电源

2006 年，大金（Daikin）公司报道了一种采用双向 IGBT 开发的 UPS[13]。双向 IGBT 是通过将具有续流二极管的两个 IGBT 彼此反平行相连而成的，如图 17.11 所示。对于每个方向，电流流过串联的一个正向偏置二极管和一个 IGBT。IGBT 使用载波频率为 16kHz 的 PWM 信号操作。输入交流斩波器控制输入的功率因数和线路谐波。它产生一个直流链路，利用超级电容器来减小 UPS 单元的尺寸和重量。

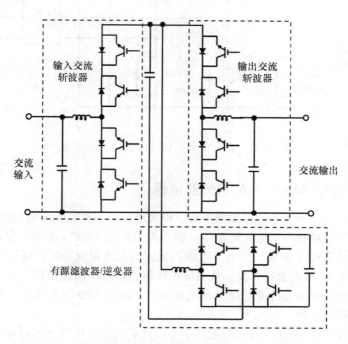

图 17.11　具有交流斩波器和有源滤波器的单相不间断电源

17.4.6　单级不间断电源拓扑

前面讨论的 UPS 单元有两级，第一级将输入交流电力转换为与电池连接的直流总线，第二级导出经调节的交流输出。2007 年报道了一种 UPS 拓扑结构，它通过单级完成此功能[14]。该拓扑使用9个 IGBT，如图 17.12 所示。通过使用作为整流器级的 6 个 IGBT（IGBT-1，IGBT-2，IGBT-4，IGBT-5，IGBT-7 和 IGBT-8），输入交流电力被用于在电容器两端产生直流电力总线。电池电源也连接到直流总线以保持充电。通过使用 6 个 IGBT（IGBT-2，IGBT-3，IGBT-5，IGBT-6，IGBT-8 和 IGBT-9）作为逆变器级产生交流输出，从直流总线向三相交流负载提供功率。因此，在整流器和逆变器级中共用 IGBT-2，IGBT-5 和 IGBT-8，降低了成本。前面已经展示了一个 5kV·A 的 UPS 单元，其 IGBT 的工作频率为 3240Hz。正弦输入电流和输出电压具有相同的功率因数。

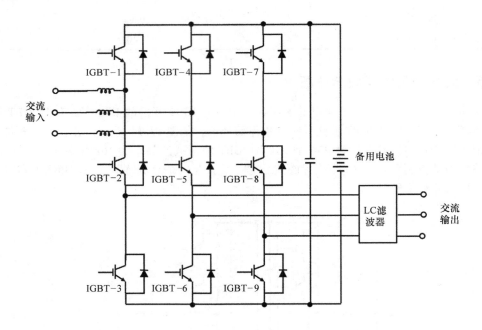

图 17.12 具有 9 个 IGBT 的单级不间断电源

17.4.7 无变压器的 300kV·A 不间断电源

大容量 UPS 系统能够为大型金融数据中心（以及电信中心和医院）提供超过 300kV·A 的电力。为此已经开发了两种基本类型的配置[15]。离线配置如图 17.13a 所示，在正常工作期间直接从公用交流电源为计算机（负载）供电。当输入交流电源出现问题时，通过静态开关来使用电池备用电源，可以在 10ms 内执行切换，从而使得计算机可以不间断操作。充电器和逆变器用于为电池充电并在电源故障期间将交流电源传送到负载。离线 UPS 配置解决了断电问题，并防止输入交流电压的骤降或浪涌。

在线 UPS 如图 17.13b 所示。为大型数据中心提供更强大的电气性能和可靠性。它由一个完整的整流器和逆变器级组成，通过与备用电池连接的直流总线向计算机（负载）提供电力。除了上面列出的离线式 UPS 的功能之外，它还可以防止瞬变，例如输入交流电源的电压尖峰、谐波失真和频率变化。

在线 UPS 是大型金融数据中心、银行和医院最常用的方法[15]。作者指出："随着使用高频脉宽调制（PWM）的 IGBT 的发展，UPS 在 20 世纪 90 年代早期到中期开始适应 IGBT 逆变器。"基于晶闸管的整流器被基于 IGBT 的整流器所取代，因为它可以消除输入隔离变压器，减小 UPS 单

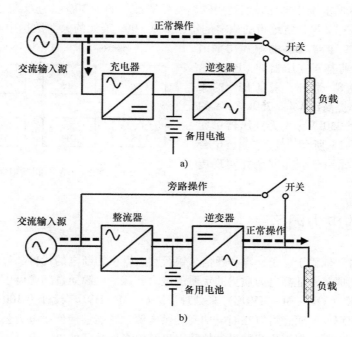

图 17.13　大型不间断电源配置

a）离线　b）在线

元的尺寸和重量。无变压器 UPS 主要用于 $100 \sim 300 \mathrm{kV} \cdot \mathrm{A}$ 功率范围内的数据中心。作者指出："IGBT 是无变压器 UPS 开发的关键驱动力"。

　　无变压器三相输出逆变器如图 17.14 所示[15]。它使用在直流总线中间的两个电容器来产生中性线。变压器的去除大大减小了 UPS 单元的尺寸和重量。然而，需要 800V 这样更高的直流总线电压来产生所期望的 480Vrms 的交流输出线间电压。

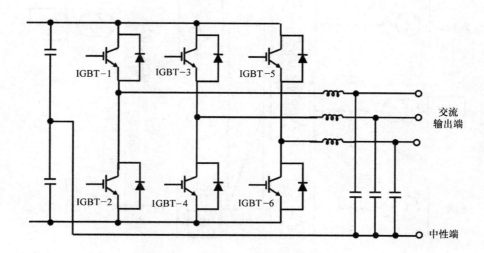

图 17.14　无变压器的不间断电源输出级

　　无变压器 UPS 的安装成本比以前使用隔离变压器设计的少 30% 。还实现了 50% ~60% 的尺寸减小。这是每平方英尺架空地板的成本是每年 600 ~900 美元的大型数据中心的优势。使用高速开关 IGBT 的无变压器 UPS 的输入功率因数接近于 1，而以前基于变压器的 UPS 的输入功率因数仅为 0.8。此外，来自 UPS 的噪声大大降低，效率提高约 1% 。750kV·A 的 UPS 可以使用多个 250kV·A 无变压器单元来实现，如图 17.15 所示[15]。这里，6 台 250kV·A UPS 单元用于创建冗余并实现更可靠的配置。

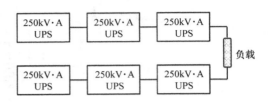

图 17.15　750kV·A 不间断电源（UPS）配置

17.5　优质的电力园区

　　如上所述，由于依赖于电子计算和通信，银行和金融机构断电的代价都过于昂贵。一个选择是这些企业选址于那些保证高电力质量的优质的电力园区。电源质量问题可以使用电压源转换器（VSC）多端 HVDC（VSC – M – HVDC）来处理。VSC – M – HVDC 设计为 100% 的负载功率，因此它不仅可以处理瞬变，而且可以在断电期间提供电源。它能够使优质电力公司的客户免受公用电力供应商的供电中断、邻近用户的设备故障，以及由当地社区的办公电子、灯镇流器和电弧焊机产生的谐波影响。

　　作为一个例子，一个五端 VSC – HVDC 系统如图 17.16 所示[16]。通过在地下形成直流电缆环，电压源转换器（VSC）被并联在电缆环的 DC 端。每个 VSC 具有如图 17.17 所示的 IGBT 拓扑结构。使用正弦 PWM 控制产生直流电压（V_{DC}）。可以使用与电源串联的 VSC 中的 IGBT（用作断路器）来隔离任何一个独立交流电源中的故障。故障清除后，IGBT 可以再次导通。多端 VSC – HVDC 网络可以创建可靠的直流电网，多个能量产生源可以连接到该电网，使得网络上的所有负载不受任何个体源中故障的影响。

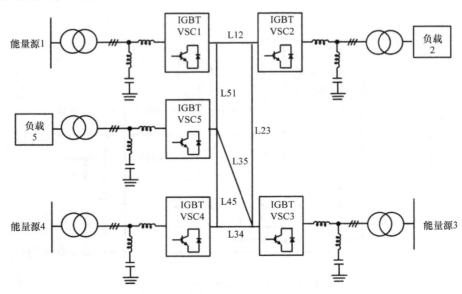

图 17.16　电力质量园区多端电力系统

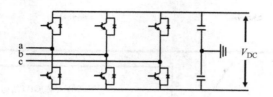

图 17.17 使用 IGBT 的电压源转换器

17.6 应用于不间断电源的 IGBT 设计

在 UPS 单元中使用的 IGBT 必须根据导通状态和开关损耗之间的折中来优化。此外，它们必须具有良好的鲁棒性，以在该应用中实现高可靠性。对于 UPS 应用，开关频率要高于 IGBT 为电动机控制减少开关损耗所做的优化。平面的和沟槽栅的 IGBT 结构都是可行的，并且漂移区可以配置有［穿通（PT）］或没有［非穿通（NPT）］缓冲层。通过减小 P 基区的结深以降低 JFET 效应，可以降低平面结构的导通电压降[17]。

仙童半导体公司讨论了各种应用的 IGBT 优化[18]。其 NPT IGBT 结构的横截面如图 17.18 所示。P 基区的结深减小了 2 ~3 倍，并形成自对准 P + 区[17]以抑制内部晶闸管的闩锁。选择线性单元拓扑并改进光刻设计规则以缩小单元尺寸。优化漂移区的掺杂和厚度以减小导通状态电压降和开关损耗。定制漂移区中少数载流子的寿命曲线以减少尾电流和开关损耗。

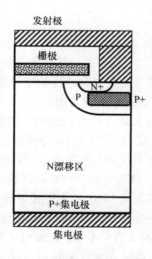

图 17.18 用于不间断电源的非穿通 IGBT 设计

图 17.19 中给出了平面栅 IGBT 结构的导通状态电压降和关断开关能量损耗之间的折中曲线。具有相同漂移区和寿命曲线的沟槽栅 IGBT 结构的折中曲线也显示在图中。沟槽栅结构能将通态电压降低约 0.4V。然而，沟槽栅器件的短路 SOA（SCSOA）和开关时间不太好。平面栅器件的 SCSOA 大于 $10\mu s$，而沟槽栅器件的 SCSOA 小于 $2\mu s$。作者认为，平面栅 NPT IGBT 是用于 UPS 最合适的结构，而沟槽栅 NPT IGBT 结构更适合用于像电磁炉这样的谐振转换器中。

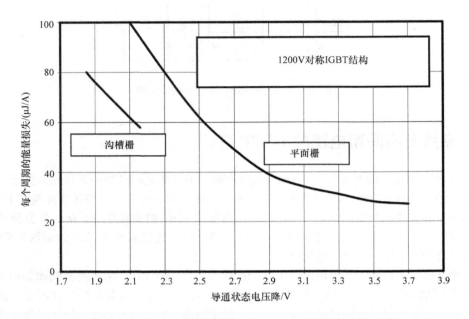

图 17.19　应用于不间断电源的两种 IGBT 芯片设计的折中曲线

17.7　总结

金融部门需要高质量的电力输送，以保护其计算机免受公用电力服务中断或电压骤降而导致的运行中断。金融交易即使短暂中断也会造成非常高的经济损失，因此应该使用 UPS 以保护数据中心的计算机系统，甚至将其置于高品质的电力园区内。

许多公司已经开发和销售 UPS 单元供金融部门使用。例如，Liebert/Emerson 开发了 7400 系列的 UPS，额定范围值为 10~60kV·A。他们的宣传册中指出[19]："该系统先进的真在线、双转换拓扑结构的特点是基于微处理器控制的 IGBT 逆变器。"东芝正在将他们的"真在线、双转换、IGBT PWM、高功率因数输出"的 G8000MM 和 G9000 系列的 UPS 单元，销售到数据中心和金融机构[20]。他们的宣传册指出："高速开关 IGBT 的先进控制技术提供 94% 的高效率"，降低了空调成本，加快了投资回报。G9000 系列是无变压器的 UPS 拓扑结构，重量更轻、占地更小。许多中国[21]和印度[22,23]的公司将其 UPS 设备推向市场，都突出了基于 IGBT 的设计。

所有现代 UPS 单元都使用 IGBT 将输入交流电转换为稳定的直流电源总线，然后使用基于 IGBT 的逆变器为单相或三相负载创建稳定的交流输出功率。基于 IGBT 的单元已经能够实现超过 90% 的效率，以最小化内部冷却需求及其对空调系统的影响。因此，金融部门依靠 IGBT 技术实现了平稳运行，从而避免了造成成本昂贵的交易中断。

参 考 文 献

[1] W. Lu, B-T. Ooi, Premium quality power park based on multi-terminal HVDC, IEEE Trans. Power Delivery 20 (2005) 978−983.

[2] S. Rahman, Power for the Internet, IEEE Comput. Appl. Power 14 (4) (2001) 8−10.

[3] N.G. Hingorani, Introducing custom power, IEEE Spectrum 32 (June 1995) 41−48.

[4] J. Stones, A. Collinson, Power quality, Power Eng. J. 15 (2) (2001) 58−64.

[5] I. Papic, et al., 300 kW battery energy storage system using an IGBT converter, IEEE Power Eng. Soc. Summer Meet. 2 (1999) 1214−1218.

[6] N.H. Woodley, Field experience with dynamic voltage restorer (DVR-MV) systems, IEEE Power Eng. Soc. Winter Meet. 4 (2000) 2864−2871.

[7] X. Lei, D. Retzmann, M. Weinhold, Improvement of power quality with advanced power electronic equipment, in: IEEE International Conference on Electric Utility Deregulation and Restructuring, and Power Technologies, 2000, pp. 437−442.

[8] Uninterruptible power supply. en.wikipedia.org/wiki/Uninterruptible_power_supply.

[9] M. Yatsuo, et al., Three-phase 200 kVA UPS with IGBT consisting of high power factor converter and instantaneous waveform controlled by HF PWM inverter, IEEE Ind. Electron. Soc. Meet. 2 (1990) 1057−1062.

[10] I. Kubo, et al., A fully digital controlled UPS using IGBTs, IEEE Ind. Appl. Soc. Meet. 1 (1991) 1042−1046.

[11] H. Ohahima, K. Kawakami, Large capacity 3-phase UPS with IGBT PWM inverter, in: IEEE Power Electronics Specialists Conference, 1991, pp. 117−122.

[12] K. Hirachi, et al., Cost-effective practical developments of high-performance and multi-functional UPS with new system configurations and their specific control implementations, in: IEEE Power Electronics Specialists Conference, vol. 1, 1995, 480−485.

[13] I. Ando, H. Haga, K. Ohishi, Development of single phase UPS having AC chopper and active filter ability, in: IEEE International Conference on Industrial Technology, 2006, pp. 1498−1503.

[14] C. Liu, et al., A novel nine-switch PWM rectifier-inverter topology for three-phase UPS applications, in: IEEE European Conference on Power Electronics and Applications, 2007, pp. 1−10.

[15] F. Al Dubaikel, Comparison between transformer-based versus transformer-less UPS systems, in: IEEE Symposium on Industrial Electronics and Applications, 2011, pp. 167−172.

[16] W. Lu, B-T. Ooi, Premium quality power park based on multi-terminal HVDC, IEEE Trans. Power Delivery 20 (2005) 978−983.

[17] B.J. Baliga, Fundamentals of Power Semiconductor Devices (Chapter 9), Springer-Science, New York, 2008.

[18] P.M. Shenoy, S. Shekhawat, B. Brockway, Application specific 1200 V planar and trench IGBTs, in: IEEE Applied Power Electronics Conference, 2006, pp. 160−164.

[19] Maximum protection for mission critical network applications. www.emersonnet workpower.co.in.

[20] http://www.p-s-s.com/toshiba.htm.

[21] Shenzhen ZLPower Electronics, Uninterruptible Power Supply − UPS 1KVA-20KVA, with IGBT (T1k-t3/1 20KL). http://zlpower.en.made-in-china.com/product.

[22] Akhilesh Power Technologies, Smart, Mega, and Giga UPS Units with IGBT Design. http://mailto:aakhileshpower.com/Ups.htm.

[23] Best Power Equipments India, MF Series Online UPS 1KVA − 20 KVA, Technology IGBT2. www.bpee.com.

第 18 章　IGBT 应用：其他

绝缘栅双极型晶体管（IGBT）还被应用于前面章节未曾涉及的许多领域，本章将对这些应用做一个简要的介绍，包括智能家居、食品加工、石油开采、机场行李扫描等，甚至被用来发现希格斯玻色子的强子对撞机的电源也使用了 IGBT。这些应用实例提供了进一步了解这种重要技术的一个途径。

18.1　智能家居

智能家居被定义[1]为："具有连接了关键电器和服务的通信网络，并允许它们被远程控制、监视和访问的住宅。"智能家居包含内部通信网络、智能控制系统和家庭自动化。电力电子（和IGBT）是智能家居主要部分的基本元素。智能家居架构[2]如图 18.1 所示，它包含入驻传感器，用于对房主或入侵者的出现向智能家居系统发出警报。智能家居控制系统必须与分布在整个家庭中的安全控制模块实现交互，特别是在出口处监测强行进入房屋事件的发生。房主可以通过红外遥控器操控住宅内的电器，控制它们执行相应的功能，包括各个房间的照明、通过空调器和加热系统设置温度，甚至可以打开用来预热待烹饪食物的烤箱等设备。设备互联系统提供家庭内各个电器之间的连接。无线技术和安全协议提供了执行操作所需的灵活性和可靠性。

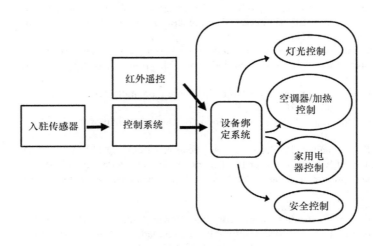

图 18.1　智能家居架构

18.1.1　智能插座和智能开关

智能插座和智能开关技术[3]已被提出用于住宅自动化系统。未来制造商会将所有的家用电器配置成能与中央控制单元通信和被远程编程的系统。图 18.2 给出了一个具有远程控制和监测单元的智能插座的示例。它主要用来控制大型的电力设备，如空调器、烤箱等。智能开关主要用于家庭照明产品的控制。两者都具备无线通信能力。

　　智能插座/开关的模块框图如图18.3 所示。智能插座/开关必须能够从控制模块接收命令以连通或切断电器（负载）的供电。同时它必须能测量电器消耗的功率，并将其反馈给控制模块。智能开关也应该可以监测电器的工作状态，并且能在异常工作的情况下为家庭电力输送线路提供保护。智能功率模块可以使用小型的继电器或者 IGBT 作为控制开关来设计。

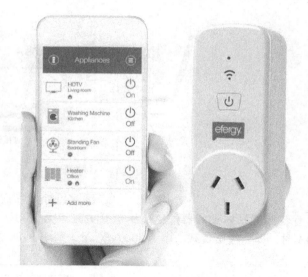

图 18.2　Efergy 智能插座

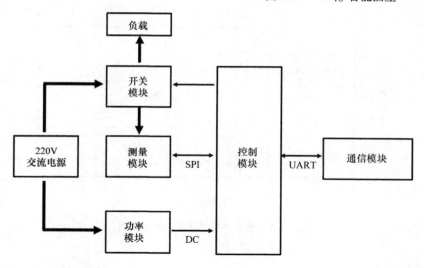

图 18.3　智能插座/开关模块框图。SPI—串行总线接口；UART—通用异步收发器

18.1.2　智能功率模块

　　仙童半导体公司已经宣布了专门针对家用电器控制的智能功率模块的开发[4]。针对的家用电器主要是空调器、洗衣机和电冰箱。家用电器控制模块的小型双列直插封装（μMini - DIP）的横截面如图 18.4 所示。IGBT 和反向快恢复二极管安装在陶瓷散热片上以提供电气隔离。高压集成电路为栅驱动提供了电平移位的能力。封装内置一个热敏电阻用于温度检测和过温保护。反向快恢复二极管已经优化过，具有一个平稳的反向恢复过程。控制电路用来最小化电磁干扰（EMI）噪声。这种封装的引脚类似于图 6.11。

　　优化的非穿通（NPT）IGBT 设计用于改善通态电压降和开关损耗之间的折中曲线，如图18.5 所示。具有较低导通电压降的器件适用于开关频率为 5kHz 的空调器和电冰箱。一个周期内

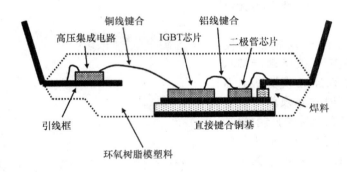

图 18.4　家用电器控制模块的小型双列直插封装

具有较低能量损失的器件更适用于开关频率为 15kHz 的洗衣机。当 300V 直流总线上的电流为 10A 时，即当输出负载功率为 3000W[4] 时，每个 IGBT 的功耗仅为 2W。

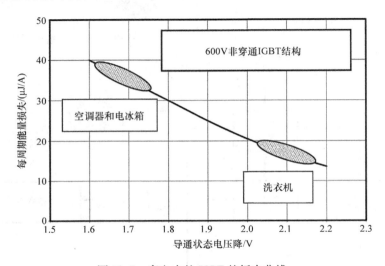

图 18.5　家电中的 IGBT 的折中曲线

18.2　打印和复印机

　　打印机和复印机在家庭和办公室中普遍用于不可以用数字形式处理的信件、报告和文件。典型的打印/复印机如图 18.6 所示。打印采用的是一种名为 xerography（静电复印）的方法，之所以叫 xerography，是因为这项技术为施乐（Xerox）公司所拥有。施乐公司[5] 于 1949 年推出了第一台静电复印机，自那时起就一直保持着该技术的主导地位。这种技术的优点是：可以在未经处理的纸上打印或复印，并提供了双面打印的选项、可以进行文件的分类和装订。基本的静电复印法利用静电荷来形成图像，然后使用来自图

图 18.6　打印/复印机

像的光来选择性地移除电荷，再让色粉吸附到残余电荷上。色粉必须经过热处理才能固定到纸张上。

　　图 18.7 解释了静电复印法背后的原理。使用电晕线与高压电源一起对鼓表面充上一层静电荷，如图 18.7a 所示。鼓上的光电导体是由对入射光敏感的半导体材料制成。在要复印的图像曝光期间，暴露于亮光区域的电荷因放电而消失，如图 18.7b 所示。分布在滚筒上的带正电的色粉粘附到带负电的表面，如图 18.7c 所示。然后用比在鼓上更大的负电荷将色粉转印到纸上，如图 18.7d 所示。最后通过加热使色粉粘附到纸上以形成最终要复印的图像。

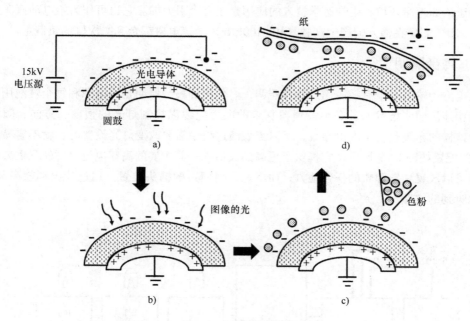

图 18.7　静电复印流程
a）感光鼓静电充电　b）感光鼓的光导放电　c）色粉吸附　d）色粉转移到纸上

　　在成像过程中首先需要使用卤素灯对色粉进行预定影。该过程消耗了打印/复印整个过程中所需能量的 90%[6,7]。一种叫作感应加热的方法用来提高能量效率。感应加热采用两个 IGBT 推挽工作的方式，电路结构如图 18.8 所示[6,7]。它依靠非接触式的涡流感应加热滚筒，这比使用卤素灯更加有效和可靠。感应加热过程更快、更精确，从而提高了图像质量。图 18.8 中采用了 IG-BT 及其反向二极管的电路，工作在零电流转换（ZCS）、脉冲密度调制模式下。电路的谐振频率由电容 C_R 和硒鼓滚筒与变压器的耦合电感决定。电感

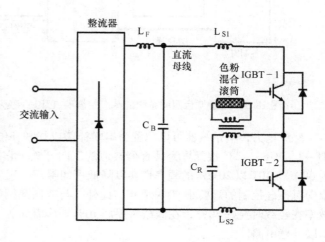

图 18.8　定影滚筒的感应加热电路

L_{S1} 和 L_{S2} 起到协助零电流转换辅助损耗阻尼器的作用。IGBT 在低于谐振频率的频率下工作。其额定值为 600V 和 75A，开关电压峰值为 350V，最大的 dI/dt 为 12.5A/μs。使用该感应加热方法已经实现了大于 94% 的高能量效率。

18.3 感应电力传输

感应电力传输（IPT）允许在气隙上进行能量传输，而在一次侧和二次侧之间没有物理接触。这对于诸如超净环境和生物医学植入的应用是很有吸引力的。它也可作为给电动汽车充电的一个途径。IPT 需要在输入端产生高频（10~100kHz）交流电磁耦合到二次侧的负载上。

18.3.1 舞台照明

感应电力传输的一个有趣应用是舞台照明[8]。传统的舞台照明是将电源和每个灯泡用固定的导线直接相连。照明技术人员必须设置数百米的电力电缆以控制灯光的强度、方向、颜色和氛围。由于这样的布置包含了大量导线，所以当表演过程中需要改变灯光设置时，就不容易重新配置。IPT 的配置如图 18.9 所示，它提供了更高的灵活性。其主要的高频电流电源轨只需要设置一次。灯泡可以放置在电源轨的任何地方，而不是之前固定的插头位置。通过让电源轨高频工作，可以消除听到的"嗡嗡"声。

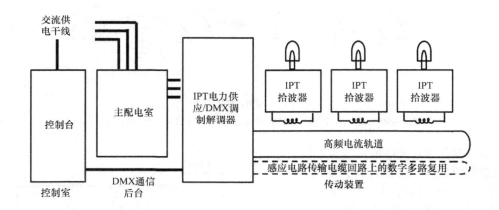

图 18.9　用于舞台照明系统的感应拾波器（IPT：感应电力传输；DMX：数字多路复用）

感应电力传输拾波器可以配置为串联补偿或并联补偿电路，如图 18.10 所示。IGBT 对（IGBT-1，IGBT-2）被配置为具有公共地的双向开关。它们的额定阻断电压为 1200V，额定电流为 60A。IGBT 以 20kHz 的频率切换以降低可闻噪声。感应电力传输技术产生的总谐波失真比用双向可控硅控制的灯要小 20~40dB。此外，与双向晶闸管控制系统相比，感应电力传输系统的效率在轻载时要好 30%，在满载时要好 10%。作者认为并联补偿电路更容易搭建，且性能优于串联补偿电路。

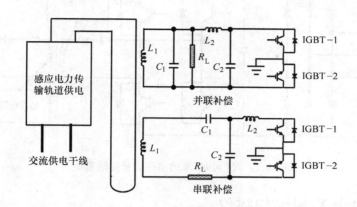

图 18.10　用于感应电力传输舞台照明的串联和并联补偿电路

18.3.2　嵌入式电动车充电器

寻找一个给电动汽车充电的有效方法对于道路上大量车辆的调度是非常必要的。无线电感耦合充电器被认为是一个很有吸引力的选择。电感耦合充电器的典型配置[9]如图 18.11 所示。它包含嵌入在道路中的高频电源。车辆上的拾波线圈位于电源线圈上方以实现感应耦合。为了确保良好的电力传输，需要线圈尺寸之间有良好的公差。感应电力传输（IPT）系统的规格见表 18.1。它将促进道路供电的电动汽车的出现。

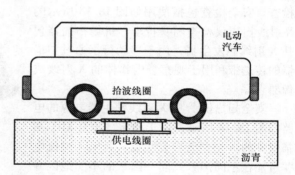

图 18.11　使用感应拾波系统的电动汽车充电器

表 18.1　电动汽车充电器规格

要求	规格
气隙（Z 轴）	15cm
纵向公差（X 轴）	+/ -20cm
横向公差（Y 轴）	+/ - 40cm
高度公差（Z 轴）	+/ -5cm

使用感应耦合的道路供电的电池充电器的电路结构如图 18.12 所示。交流输入电源被整流以产生 480V 的直流总线电压。在 H 桥结构中使用 4 个 IGBT 以产生高频电波输入到嵌入在沥青路中的变压器一次侧。能量被传递到车辆上充当变压器二次绕组的拾波线圈上。

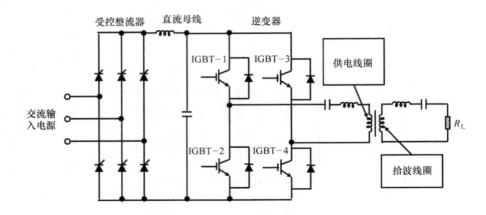

图 18.12   使用 IGBT 的感应能量传输系统

18.4   机场安全 X 射线扫描仪

由于恐怖主义活动猖獗,世界各地的旅客已经习惯了在商用飞机登机之前通过安全检查。安全检查包括使用如图 18.13 所示的 X 射线扫描仪检查随身行李。机场扫描器包括 X 射线源发生器,用于移动行李通过扫描器的传送带和用于观察袋内物体的 X 射线成像器[10]。

安全扫描仪[11]中 X 射线发生器电源的电路如图 18.14 所示。由于稳定的电压对于扫描仪中的 X 射线管非常重要,且输入交流电源可能在不同国家或同一国家的不同地区并不相同,因此需要有整流器,其后跟着基于 IGBT 的 DC – DC 转换器。即使当整流器的输出范围从 450V 变到 750V 时,DC – DC 转换器也能将直流总线电压调节到 560V 的稳定

图 18.13   机场安全 X 射线扫描仪

值。基于 IGBT 的逆变器与由电容 C_R(约 $1\mu F$)和电感 L_R(约 $5.2\mu H$)组成的谐振频率为 70kHz 的谐振电路一同工作。高频电源的最大输出功率为 120kW。

X 射线管工作在 150kV 的电压下并且需要高达 1A 的电流。使用如图 18.14 所示的高压整流器/电容网络在高频变压器的二次侧产生高压,电源能够将 X 射线阳极电压维持在 150kV 的 ±7% 之内。由于 X 射线源在机场扫描包裹时被反复打开和关闭,所以测试了其响应时间。X 射线开始曝光的时间为 3ms,停止曝光的时间为 2.4ms。

在安全检查中,引入了双能 X 射线扫描来区分包裹内的各种材料[12]。该方法利用了在 140keV 高能量 X 射线和 80keV 低能量 X 射线下,测得信号的康普顿散射和光电吸收综合效应。它能够区分不同有效原子序数的物体:数字小于 10 的为有机材料,数字在 10 ~ 20 之间的为无机材料,以及数字大于 20 的为金属材料。然后这些材料在 X 射线影像上用橙色、绿色和蓝色分别显示三种不同的原子序数范围。违禁物质如可卡因和海洛因,其有效原子序数在 8 ~ 9 之间。爆

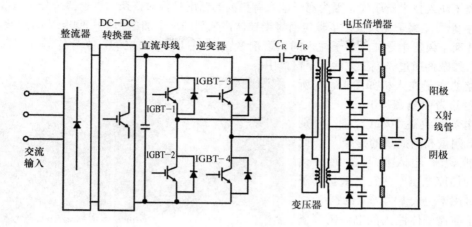

图 18.14 用于机场 X 光扫描仪的高压 IGBT 电源

炸物质（如 SEMTEX、C4 和 TNT）原子序数在 7～8 之间。

18.5 脉冲电源

脉冲电源是指使用存储在电容或电感器中的能量，在短时间内输送非常高的能量脉冲的电源[13]。举个例子，1J 的存储能量可以产生持续时间为 1 μs 的 1MW 的能量脉冲。可以通过在长时间内持续对电容或电感器充电来储存能量。脉冲电源已经应用于雷达、粒子加速器、激光器和离子注入设备等。

18.5.1 马克思高压脉冲发生器

脉冲发电机的电源通常使用马克思电路[14]，该电路是以 1924 年其创建者欧文·奥托·马克思的名字命名的。如图 18.15 所示的基本马克思电路包含许多电容（C），可以通过电阻（R）对其进行并联充电，然后通过开关突然变为串联。图中的电路，每个电容最终将充电到输入电源电压（V_I）。在该阶段，开关全部断开，最后一个开关将网络与负载

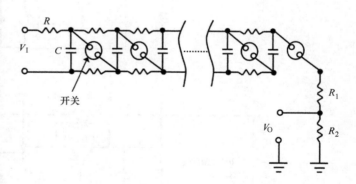

图 18.15 马克思脉冲电源电路

隔离。当开关闭合时，串联电容两端的电压加在电阻 $R_1 + R_2$ 上。该电压等于（$n * V_\mathrm{I}$），其中 n 是发生器中的电容数量。利用该方法可以产生极高的电压（例如 600kV）。火花隙最初被用作马克思发生器中的开关，但现在已经被 IGBT 替代。

18.5.2 离子注入

PN 结是半导体技术的基石。在半导体器件发展的早期阶段，通过在表面二氧化硅层的窗口中淀积掺杂剂，然后通过高温热工艺使掺杂剂扩散至硅中[15]，从而在硅晶片中形成结。这种工

艺已被离子注入技术所取代，因为离子注入有更高的精度且能对掺杂浓度、掺杂分布以及结深有更好的控制[15]。离子注入工艺步骤包括将半导体掺杂剂的离子加速到 50~300keV 的能量范围内，并用这些离子轰击半导体。离子注入的典型剂量在 $10^{13} \sim 10^{15}/cm^2$ 之间。半导体晶片表面涂覆有光刻胶，掺杂剂通过光刻工艺注入至窗口中。

典型的离子注入机如图 18.16 所示。它们分为中电流（10μA~2mA）机和大电流（高达 30mA）机，分别可用于低剂量和高剂量的掺杂[16]。此外，高能离子注入机可提供高达 10MeV 的加速电压；并且高剂量离子注入机可用于注入 $10^{16}/cm^2$ 的剂量。

图 18.16　离子注入机

用于等离子体注入的电源需要满足以下要求：①上升时间和下降时间小于 1μs；②脉冲宽度为 1~100μs；③电压幅度为 10~200kV；④重复频率为 0.1~1kHz。为满足马克思发生器的这些要求，设计出了基于 IGBT 的调制器[17]，如图 18.17 所示。在马克思发生器内，图 18.15 所示的电阻 R 用二极管代替，火花间隙开关由 IGBT-1 和 IGBT-2 替代。作者指出："因为 IGBT 像双极型晶体管那样具有较低饱和电压降的像 MOSFET 那样提供电容性栅极控制，因此已经成为固态脉冲功率系统中的首选开关。与传统的真空管开关相反，IGBT 非常紧凑、需要的辅助电源可以忽略不计、具有简单的驱动电路并且不发射 X 射线"。关于基于 IGBT 的用于离子注入的马克思发生器方面的内容，还可以找到许多其他文献[18-20]。

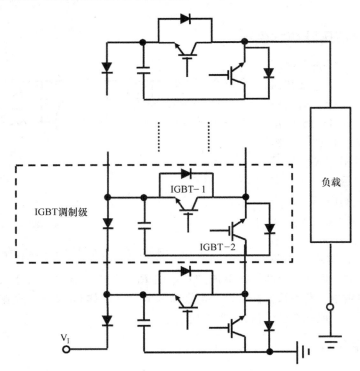

图 18.17　用于马克思发生器的 IGBT 调制器

18.6　粒子物理

　　对自然的基本了解是在粒子物理学中进行的，在那里确定了粒子的波粒二象性[21]。所有粒子及其相互作用可以通过标准模型来描述，该模型是包含了 16 个基本粒子和希格斯玻色子的量子场理论。该理论的验证需要依赖多年来对能量逐渐增加的粒子加速器的建造。粒子加速器用于产生能量递增的带电粒子束[22]。在直线加速器中，粒子以直线推进，直到它们与目标碰撞以产生所期望的相互作用。斯坦福直线加速器（SLAC）是世界上最长的（1.9mile）直线加速器。它已经过升级，可以将正负电子加速到 50GeV 的能量[23]。

　　可以使用同步加速器产生更大的能量，粒子沿着其中恒定半径的圆形轨道移动[22]。一个例子是费米实验室的兆电子伏特加速器，如图 18.18 所示，直径为 4.26mile[24]。它可以加速质子和反质子到 980GeV 的能量。其后来被位于瑞士的欧洲核子研究所的大型强子对撞机（LHC）所取代，LHC 直径为 17mile[25]，它可以加速质子和反质子到 4TeV 的能量，这为 2012 年发现希格斯玻色子创造了条件。

图 18.18　费米实验室兆电子伏特粒子加速器

　　随着 IGBT 额定值的增加，它们已经成为粒子加速器电源的首选器件[26]。作者在 2000 年写道："IGBT 技术的进步同时带来了固态加速器驱动能力的快速提高。美国国家科学资源中心显示，现在离子直线加速器可以很容易地被固态装置所驱动。"他们利用东芝公司 1700V 的 IGBT 模块，峰值电流为 1200A，搭建了 180kW 的平均功率速调管调制器。

18.6.1　斯坦福直线加速器

　　斯坦福直线加速器（SLAC）是世界上最长的直线加速器，能够将正负电子加速到 50GeV 的能量[22]，如图 18.19 所示。SPEAR III 注入喷射系统使用三个喷射器磁铁 K-1、K-2 和 K-3 使入射的 3.3GeV 电子束偏转[27]。磁铁 K-1 和 K-3 的偏转角为 2.5 毫弧度，而 K-2 磁铁的偏转角为 1.0 毫弧度。磁铁设计为具有 8.4mT/A 的磁增益。用于驱动磁铁的固态调制器可以利用 IGBT 来设计。

　　K-2 磁铁的设计如图 18.20 所示。它使用了额定电压为 4500V，额定电流为 600A 的宝英公司的电源 IGBT 模块。四个 IGBT 和磁芯产生 2381A

图 18.19　斯坦福线性加速器（SLAC）

的脉冲输入至磁体中。IGBT 电路使用变压器耦合到磁体。变压器的每个一次侧具有单匝线圈，二次侧由通过环形磁芯的单匝线圈构成。该设计使用了微波同轴电缆。当 IGBT 导通时，在变压器的二次侧上产生电流脉冲，沿着微波电缆一直流进到磁体中。由于在短路磁体处的反射，电流幅值倍增到 2500A。在磁体 K-1 和 K-3 作用的情况下，每个总线使用四个微波电缆。

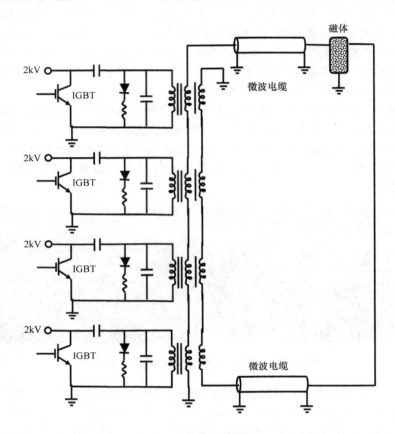

图 18.20　用于斯坦福直线加速器的 IGBT 调制器

18.6.2　国际直线对撞机

国际直线对撞机（ILC）是一个用于正负电子加速的加速器。直线加速器优于圆形加速器，圆形加速器由于其弯曲的路径而会有同步辐射。直线对撞机对于重粒子不太实用，但却容易分析电子 - 质子的相互作用[28]。预计可以用这个新的加速器来发现标准模型中所不包含的物理规律。其构建已开始，并将于 2026 年完成。ILC 的一个目标是测量希格斯玻色子的质量、自旋和相互作用强度，以及研究作为暗物质候选物的超对称粒子。ILC 的长度预计为 19 ~31mile，比现有的斯坦福直线加速器 SLAC 长了 10 倍。它被设计成可以将粒子加速到 500 ~1000GeV 的能量。

国际直线对撞机中在 1.3GHz 下工作的超导射频腔产生的电场梯度选择为 31.5mV/cm。三个低温模块单元在 1m 的距离内加速粒子到 850MeV 需要 7.65MW 的功率。一个射频单元的额定功率设置为 10MW 以提供性能裕度。需要 560 个射频单元来将正负电子加速到 250GeV 的能量。射频电源由速调管产生，在 5Hz 的频率下，使用 120kV、140A 的脉冲对其进行操作。

使用 IGBT 的马克思发生器被认为是驱动速调管的最合适的选择[29]。希望在 1.7ms 的脉冲持续时间内将速调管中的电压波动维持在 ±0.5% 以内。为了避免常规马克思发生器电路中脉冲波形的下降，可以使用如图 18.21 所示的采用 IGBT 的嵌套式下降校正电路。在该电路中，IGBT–1 和 IGBT–2 用于对马克思发生器中的主电容（C_M）进行充电和放电。IGBT–3 和 IGBT–4 是嵌套式下降校正电路的一部分。它们从下降电容（C_D）处快速切换能量以调整电压脉冲的高度。主电容充电到 4000V，而下降电容充电到 1000V。

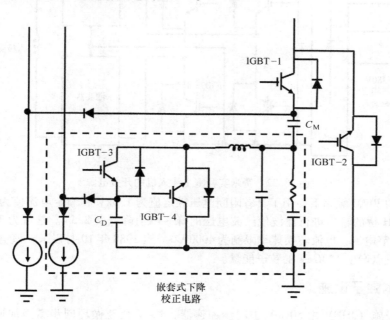

图 18.21　驱动速调管的马克思发电器的 IGBT 单元

为了能够让 IGBT 可靠操作，必须考虑宇宙射线引起的故障。由此必须选择阻断电压额定值为 6.5kV 的 IGBT，以使马克思调制器电路能够在 4000V 下可靠工作。对于 120kV 的电源，选择 32 个单元的设计，包括两个冗余，使得每个单元可以在 4000V 下操作。对于嵌套式下降校正部分，1.7kV 的 IGBT 阻断电压额定值足够了，因为其工作电压仅为 1050V。基于散热考虑，IGBT–3 和 IGBT–4 的开关频率设计为 40kHz。半导体器件（IGBT 和二极管）中的功耗为每个单元 360W，总功率输出为 4462W，能量利用率为 92.5%。当速调管发生电弧时，IGBT 必须受到保护。这可以使用 IGBT 门驱动器中的过电压保护和过电流保护电路来实现[29]。

18.6.3　费米实验室主注入机

在费米实验室主注入机中使用六极校正系统以获得能量范围为 8.9 ~ 150GeV 的稳定高强度质子束和反质子束[30]。水平环和垂直环与 54 个六极磁铁串联使用。早在 1999 年就有用于驱动这些磁体的基于 IGBT 的 250kW 开关电源的研发和应用。以 40A 为一级，六极磁体需要的驱动电流可高达 350A，以在 10ms 内实现 20GeV 的变化。8h 内，电流必须稳定在 ±25mA 内。

用于驱动六极磁体的开关电源的电路如图 18.22 所示[30]。输入的交流电流被整流以产生直流母线。H 桥结构中的四个 IGBT 使用脉宽调制（PWM）控制滤波器两端产生输出电压。输出电压由 $[(2\delta - 1)V_{DC}]$ 给出，其中 δ 是 IGBT–1 的占空比，而 IGBT–3 的占空比要维持在 $1 - \delta$。当占空比变为50% （即 $\delta = 0.5$）时，输出电压为零。

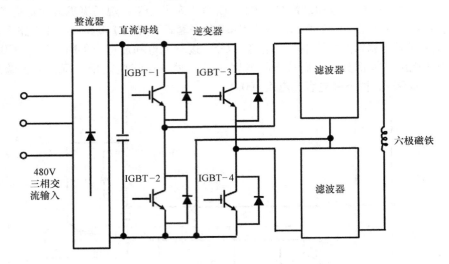

图 18.22　费米实验室主注入机的开关电源

在 10kHz 的 PWM 频率下使用了具有阻断电压额定值为 1.6kV 和额定电流值为 1.2kA 的 EU-PEC IGBT。对 H 桥的输出进行滤波使纹波电压的峰－峰值降低到 2.5V。这可为 350A 的磁体提供 ±78mA 的调节电流，电流转换速率限制为 4000A/s。自 1988 年 10 月以来，该电源已用于费米实验室主注入机以产生 150GeV 的粒子能量。

18.6.4　日本强子设施

日本强子设施（JHF）由 50GeV 主同步加速器、3GeV 快速循环同步增强加速器和 200MeV 线性加速器组成[31]。50GeV 同步加速器以 0.3Hz 的重复率推进 10μA 质子束。3GeV 同步加速器加速脉冲长度为 900ns，重复率为 25Hz 的 200mA 的质子束。在注入 3GeV 环中之前，质子在线性加速器中加速到 200MeV，峰值电流为 30mA。1998 年，笔者指出："50GeV 同步加速器的磁体电源将使用绝缘栅双极型晶体管（IGBT），其开关时间是如此的快速和灵活，可以避免有害的无功功率。这也是一个期待已久的器件，但最近才成功开发出高功率器件（3.3kV，1200A）"。

JHF 的 50GeV 同步加速器中的磁体电源必须产生峰值功率为 1MW，最大电流为 3000A 的梯形脉冲。图 18.23 给出了 1999 年设计的基于 IGBT 的电源模块框图[32]。电源的指标相当严格：经过非常小的无源滤波器后平顶电流纹波为 1μA；电流稳定性优于 50μA；跟踪误差优于 300μA。作者指出："采用 IGBT 可以搭建一个基本上不产生无功功率的电源，且不管电源是否以梯形电流波形输出。此外，非常高的开关频率使得容易以非常小的跟踪误差来控制输出电流形状，并且在没有使用大规模无源滤波器或有源滤波器的情况下将电流纹波调节到非常低的电平"。

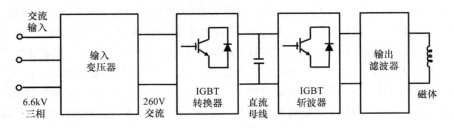

图 18.23　50GeV 日本强子设施中磁体电源的模块框图

　　转换器和斩波器模块使用额定阻断电压为 1200V、额定电流为 300A 的 IGBT 模块搭建而成。每个 IGBT 模块包含两个 IGBT 和两个反向恢复二极管。转换器级需要 9 个 IGBT 模块，斩波器级需要 16 个 IGBT 模块。转换器中的 IGBT 以 5kHz 切换以产生稳定的 410V 直流母线电压，同时实现单位输入功率因数。斩波器中的 IGBT 以 8kHz 切换，由于使用了时序交错的 16 个模块，因此纹波频率为 128kHz。高频纹波电流使得输出滤波器的尺寸设计得非常小。

　　基于 IGBT 的电源能够提供 1MW 功率以在 50GeV 同步加速器磁体中产生幅值为 3000A、斜率为 9700A/s 的梯形电流。当在 150kW 的输出功率下工作时，输入功率因数接近于 1。对于重复率高达 350Hz 的 3000A 的梯形电流，测得电流纹波小于 3μA，跟踪误差低于 300μA。

18.6.5　欧洲核子研究中心的大型强子对撞机

　　欧洲核子研究中心（CERN）的大型强子对撞机（LHC）被设计成在主环中将质子推动到 4TeV 的能量。低能量环（LER）用于将 1.5TeV 的质子射束注入主环中。低能量环加速器基于超级铁磁体的使用。超级铁磁体需要 100000A 的电流，且必须以 1000A/s 的速率上升和下降[33]。电源被设计成 10 单元结构，每个单元能够在 1.5V 的输出电压下提供 10000A 的输出电流。这些电源中的每个单元包含两个 112:1 的变压器，如图 18.24 所示。变压器的二次侧包含 32 个具有肖特基整流器的绕组，并联输出以将电流传送到超级铁磁体中。

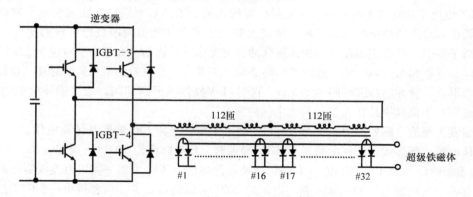

图 18.24　欧洲核子研究中心用于 4TeV 大型强子对撞机的超级铁磁体中的电源

　　变压器的一次侧连接到对 400V/600A 直流总线电压逆变的 H 桥 IGBT 电路。H 桥 IGBT 的阻断电压为 1200V、额定电流为 300A。它们以 2kHz 的频率切换，在变压器的一次侧产生交流电压。峰值功率要求为 40MV·A，额定功率为 500kW。利用这种电路结构，可以满足驱动超级铁磁体的指标。

　　低能量环中 IGBT 的另一个应用是驱动低能离子环（LEIR）中四个缓冲磁体的电流[34]。缓冲磁体需要 1200A 的峰值电流，而且该电流要能在 120～300μs 的这段时间里线性地减小到零。电流斜坡的线性度必须在 ±2% 以内，并且四个磁体的电流幅值的跟踪误差必须小于 ±1%。低能离子环机每 3.6s 循环一次，在 5Hz 时有 8 个突发脉冲。通过使用 IGBT 作为开关设计可以满足上述电源的设计指标。电路如图 18.25 所示。其中电容 C_P 和磁体电感 L_1 形成的谐振用于产生电流波形。当 IGBT-1 导通时，由谐振产生正弦上升电流。当达到峰值电流幅度时，IGBT-1 关断，电流流过二极管 D_1，电阻 R_1 和电容 C_1，形成另一个谐振回路，使得电流在磁体中缓降至零。通过选择元件，电流斜率的线性度可以保持在 ±1.5% 以内。在图 18.25 所示的电路中，需要二极管 D_2 来抑制磁体电流的振荡，并且需要电阻 R_2 来对传输线的电容放电。此外，IGBT-2 和电阻

R_3用于在每个脉冲周期之后对电容 C_1 放电。二极管 D_1 用于保护电源 V_B 免受电容 C_1 两端产生的高压影响。该电路允许连续调节电流脉冲的斜率,而不使用必须手工更换的电容。

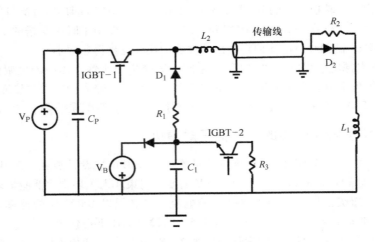

图 18.25　欧洲核子研究中心低能离子环缓冲磁体使用的电源

　　IGBT 也用于欧洲核子研究中心大型强子对撞机的调谐测量系统中。在大型强子对撞机从光度运行调试到最终的性能的所有阶段,都需要对电子感应加速器调谐进行可靠的测量[35]。调谐测量向质子束引入只有短短几微秒的回踢脉冲,对磁体进行扰动。大型强子对撞机安装了四个这样的磁体,每束和每面各一个。脉冲发生器必须产生含有三次谐波的半正弦波脉冲,以使脉冲更接近矩形形状。脉冲的持续时间为 5.1μs。在对 7TeV 操作的调谐期间,最大磁体电流为 1200A。发生器必须产生像这样具有 3.3kV 最大电压的脉冲。

　　调谐发生器的电路如图 18.26 所示。它使用了十根长度为 20m 的同轴传输电缆,与 RC 滤波器和磁体电感一起形成了谐振电路。当 IGBT 导通时,产生幅度为 1200A、周期为 5.1μs 的脉冲。IGBT 必须能够以 2.5kA/μs 的 dI/dt 导通速率使得此峰值电流降为零。使用由英国制造的紧压封装的具有 5.2kV 阻断电压和 1180A 额定电流的 IGBT 可以满足要求。作者指出:"IGBT 这个新系列非常稳定,具有特别大的 SOA(安全工作区),适用于无缓冲开关。"IGBT 采用软穿通漂移区设计。注意到 800V 的辅助直流电源直接连接到 IGBT 的集电极,这确保了 IGBT 恒定的导通延时。这个应用非比寻常,因为它利用了 IGBT 优秀的导通特性。

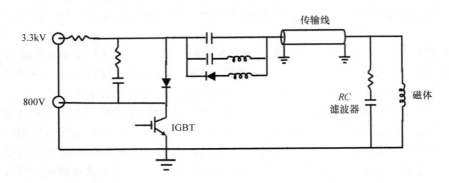

图 18.26　欧洲核子研究中心的大型强子对撞机中的调谐测量发生器

18.7　脉冲激光器

脉冲激光器和功率微波源需要应用存储在电容上的高压脉冲能量。为这些电容充电的电源可采用 IGBT。其基本电路结构如图 18.27 所示[36]。480V 交流线经过三相整流器（图中未画出）产生 650V 直流输入电压。该电路使用四个 IGBT 组成 H 桥用作逆变器。H 桥在高频变压器的一次侧产生高频（通常为 10kHz）矩形电压。西门康公司制造的 IGBT 模块具有 1200V 的阻断电压和 1200A 的电流处理能力。该拓扑结构可以在 40ms 内将 7.2μF 电容（C_P）充电至 30kV。作者指出："根据以前充电器的操作经验，我们可以得出这样的结论，作为系统核心的逆变器的重量和体积可以减少到以前尺寸的一半。这可以通过对 IGBT 模块的改进以及使用最先进的电容和最佳封装来实现。如今，像这里所描述的电容快速充电器的性能直接与大功率半导体器件（即 IGBT）的发展息息相关"。

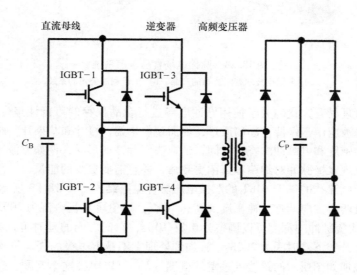

图 18.27　脉冲激光器的电容充电电路

18.8　食品杀菌

保存食物[37]对社会非常重要，因为能储存延期食用的食物，并将食物从农村的制造地点派送到城市的消费地区。制冷是一种非常成功的技术，它通过抑制细菌和真菌的生长来实现这一目标。另一种方法是食物的杀菌，杀死在食物中普遍存在的细菌和其他微生物。一种用于食物保存的不同寻常的方法是施加脉冲电场（PEF）。电场扩大了食物中细胞膜的孔从而杀死细菌。使用强电场增加细胞膜通透性的过程称为电穿孔[38]。需要 30kV/cm 的电场强度来杀死细菌和真菌细胞。脉冲电场具有低温操作保持风味的优点，适用于液体饮料如果汁的巴氏消毒法。这个过程也可用于扩大水果和蔬菜的细胞孔而使汁液提取过程更高效[39]。

有几家生产商用脉冲电场灭菌设备的公司。多样化（Diversified）技术有限公司的脉冲电场系统如图 18.28a 所示。它的处理速度高达 10000L/h，灭菌率 > 5log[40]。制造商宣称，脉冲电场系统不会改变食品或果汁的风味，并且只需很低的能量消耗。他们指出[41]："这种设计的一个关键因素是贸易工业部最近努力开发的专注于脉冲功率应用的 IGBT（用于宝英电源）。"史丹利波公司的 XeMaticA – 2LFA PUV 系统如图 18.28b 所示。制造商声称[42]，脉冲电场系统的目的是"从根、草、果皮和蔬菜中提取营养、天然色素和果汁。"

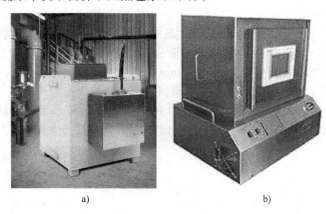

图 18.28 脉冲电场食品杀菌系统

a）多样化技术有限公司的产品 b）史丹利波公司的系统

食品和药品管理局有大量的关于使用脉冲电场进行食品保存的可行性报告[43]。他们的报告指出，脉冲电场已被应用于保持食物的质量，如面包、牛奶、橙汁和苹果汁。脉冲电场的有效性不仅取决于电场的强度和电脉冲的持续时间，还取决于脉冲的形状，例如方波比指数衰减的波形更有效。此外，发现双极脉冲对细菌和真菌更致命，并且需要更少的能量。

可提供细胞膜电穿孔的基于 IGBT 的双极电压脉冲电路结构如图 18.29 所示[44]。通过这种设计，可以从正、负两个方向调整脉冲幅度到高达 10kV，峰值可重复电流为 200A，从而峰值功率为 2MW。正脉冲或负脉冲的宽度可以调整为 0.8～10μs，它们之间的延时可以在 0～99μs 之间进行调整。脉冲的上升和下降时间为 200ns。施加到处理室不锈钢电极的任何直流电流均会产生电化学腐蚀。通过添加如图所示的跨接处理室的电感（L）可以解决这个问题，这种双极电源对于灭菌是有效的。使用大肠杆菌进行的实验已经表明失活率为 4.46log。

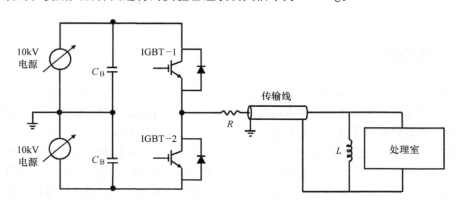

图 18.29 电穿孔食品杀菌双极脉冲发生器

为了实现这些指标，IGBT – 1 和 IGBT – 2 堆叠使用。每个堆叠使用 15 个 1200V，220A 的 IG-BT 串联以经受高压。电压必须在堆内串联的 IGBT 之间平均分配。如图 18.30 所示的电容式电压分配技术用于堆叠中的 IGBT。此外，使用与电容并联的可变电流源引入小的（约 15mA）"漏电流"，可以调整电流源的幅度以在堆叠内的 IGBT 之间实现良好的电压共享。

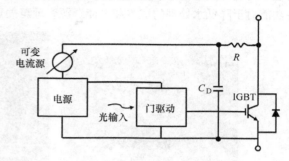

图 18.30　IGBT 堆叠电压共享电路

另一种使用 IGBT 的脉冲电源设计是 18.5.1 节中讨论的马克思发生器。使用两级马克思结构以 IGBT 作为开关的 6kV 脉冲源已被报道[45]。这种方法可以在电极间距为 1.25mm 的液体室传送 5kV 电压脉冲。所产生的 4kV/mm 的电场足以将液体中的大肠杆菌杀死。由于液体有限的电导率，从苹果汁的 0.1S/m 到番茄汁的 1.5S/m，需要在脉冲期间流过 800A 的电流。必须选择电容以向液体输送 200kJ/kg 的能量。脉冲电源设计用于提供 54J 的能量。对于该应用，所使用的 IGBT 应具有 3.3kV 的阻断电压和 800A 的峰值电流。

可以使用磁脉冲压缩（MPC）电源产生脉冲电场。三级磁脉冲压缩结构如图 18.31 所示[46]。在该电路中，首先使用充电电源将电容 C_0 充电至 850V。在此期间，IGBT 处于关断状态。然后 IGBT 导通，在匝数比为 1:30 的脉冲变压器上产生电压脉冲。这将能量从电容 C_0 传送到电容 C_1 使其电压上升到 20kV。然后，在电感 SI_1 饱和后，C_1 中的能量被传送到电容 C_2。同理将能量传递到电容 C_3，然后传递到负载，即处理室。负载中的峰值电流为 3kA，上升时间为 7ns。

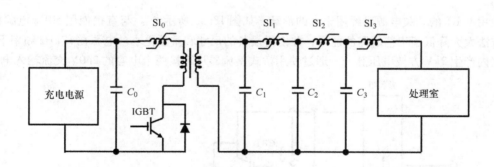

图 18.31　使用磁脉冲压缩的三级脉冲电源

18.9　水处理

水是人类生存的必需品。地球上生命形态的演变归因于水的存在。海洋覆盖地球表面的 72%[47]。不幸的是，海洋含有的是不适合人类饮用的盐水。地球上的水只有 3% 被归类为"淡水"，其中 2/3 冻结在冰川和极地冰盖[48]。87% 的淡水位于湖泊，11% 在沼泽地区，2% 在河流。世界上 1/5 的人口生活在缺水的地区，淡水不能够满足饮用、洗涤、烹饪等所有需求。世界 1/3 的人口缺乏清洁的饮用水，导致疾病的普遍存在。

清洁饮用水的生产可以大大提高地球上数十亿人的生活质量。本节讨论将 IGBT 技术用于水消毒技术，以防止使用如图 18.32a 所示的水处理设备引起的疾病传播；用于海水淡化技术，在淡水缺乏的地区使用如图 18.32b 所示的海水淡化厂可以使海水得以利用；用于污水处理技术，可使水再循环到地面中以及去除可能导致工厂和船舶管道结垢的有机、无机物质。高效地实现这些功能对于降低水处理的成本和电能资源管理至关重要。

a)   b)

图　18.32

a）水处理厂　b）海水淡化厂

18.9.1　杀菌

没有细菌的、适合人类饮用的水被称为"饮用水"。消毒是指杀死水中的细菌以避免有害疾病的传播[49]。市政局通常使用加氯消毒来阻止水中细菌的生长。用于杀死食物和果汁中的细菌以延长其保质期的脉冲电场方法也已经用于水的消毒。这个消毒过程需要在水中产生约 50kV/cm 的电场。

使用 IGBT 的开关电源已经用于水的消毒，如图 18.33 所示[50]。与直接使用 50Hz 电源相比，这种方法大大降低了工艺所需的能量，并使得设备的尺寸和重量更小。电源在 17kHz 频率下在水处理室内产生 3kV 方波电压脉冲。通过使用桥式整流器从跨接两个电容的 240V 交流输入电源中

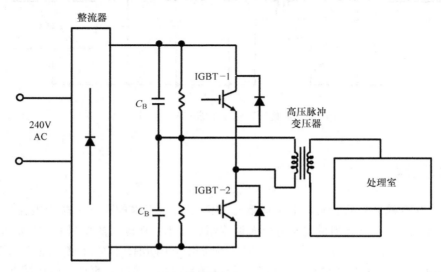

图 18.33　用于水消毒的基于 IGBT 的高压开关电源

产生 320V 的直流总线电压。两个 IGBT 将 17kHz 直流总线电压斩波，以在脉冲变压器的一次侧产生方波电压。变压器将电压升高 9.4 倍，以在水处理室中产生 3kV 的双极脉冲。室中的电极间隔为 0.65mm 以产生 50kV/cm 的电场。

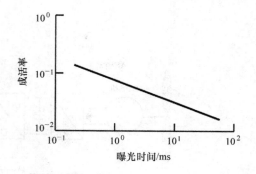

图 18.34　脉冲电场中大肠杆菌和黏质沙雷氏菌的存活率

研究发现被置于 40 ~ 50kV/cm 电场中的大肠杆菌和黏质沙雷氏菌的存活率（活着的细菌占总数的比例）是曝光在电场中时间的函数。对于基于 IGBT 开关电源产生的方波脉冲情形，15ms 的曝光时间后存活率降低到约 3%，如图 18.34 所示。与 50Hz 电源相比，开关电源将每单位体积水杀菌所需的功耗降低了 92%。

18.9.2　海水淡化

从盐水源（例如海洋）中去除盐分被称为脱盐。与海水淡化相比，长距离输运淡水通常更便宜。脱盐是一种相对昂贵的技术，仅用于缺水的国家和一些船舶，如潜艇上[51]。最大的海水淡化厂——阿里山港口海水淡化厂位于阿拉伯联合酋长国，日产量为 64 万 m^3。以色列通过海水淡化获得了 40% 的家庭用水。在阿尔及利亚有至少 15 个海水淡化厂。其他拥有海水淡化厂的国家还有沙特阿拉伯、西班牙和美国。

这么多年来已经出现了许多海水淡化的方法。1966 年发表了关于海水淡化的经济可行性分析[52]。作者认为，脱盐所需的大量能量需要海水淡化厂与发电厂相互协作。此外，脱盐主要成本与脱盐方法所需的能量密切相关。1966 年的成本和对 1980 年的预期见表 18.2。尽管蒸发的方法需要耗费很高的能量，但仍被选择使用，因为能源的获取以及对环境的影响在当时不被认为是主要问题。然而这种情况在当今社会不再符合。目前最流行的海水淡化方法是反渗透法[53]。反渗透法是通过施加压力，使溶剂（例如水）从含有高浓度溶质（例如盐）的一侧通过半透膜到达另一侧。典型的膜由聚合物基质制成。对于海水的脱盐，需要 600 ~1200Psi（lb/in^2）的压强。

表 18.2　1966 年所做海水淡化能量需求分析

脱盐工艺	能量需求/（kJ/m^3）	
	1963 年	1980 年预期
蒸发	284500	170000
凝固	170000	100400
电渗析	142000	86000
反渗透	70000	45000

用于脱盐的膜两侧的压力可由消耗能量的泵来提供。使用 IGBT 的可调速驱动器对于减少脱盐所需能量同时保持高效很有必要。海水淡化需要 3kW·h/m^3 的高能耗，如果用燃煤发电厂生产电力，则会增加碳排放量的问题。更好的选择是使用风能和太阳能来进行反渗透，如图 18.35 所示[54]。该系统高度依赖于 AC 到 DC，DC 到 DC 和 DC 到 AC 之间的能量转换效率。使用 IGBT 可用紧凑、低成本的技术来实现高效率完成这些功能。

由于 2010 年中国曾有过 1000 亿 m^3 的水资源短缺问题，饮用水短缺已被中国确定为国家资源问题[55]。中国计划在 2010 年每天从沿海地区的海水淡化厂供应 80 万 ~100 万 m^3 的水（约占

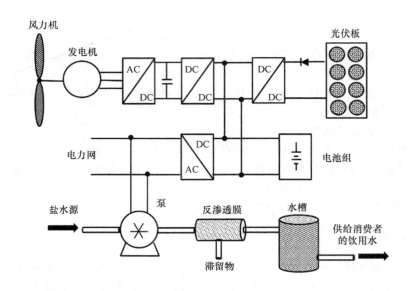

图 18.35 集成风能和太阳能的反渗透海水淡化厂

国家需求的 20% ）。到 2020 年，脱盐能力将增加到 250 万 ~ 300 万 m³ 每天（约为国家需求的 35% ）。海水淡化厂必须有一个配套的能源厂，非并网连接的风力发电厂是一个有吸引力的选择。并网风力发电机只能定速运行，而非并网连接的风力发电机能以变速运行，可以带来高达 15% 的效率提高。

中国的海水淡化使用了海水淡化与海上风力发电同地协作的创新方法[56]。在这种方法中，所产生的风力部分用于将饮用水传输到岸上。海水淡化设备集成到风力机的塔中，这样做的好处是省去了向岸上传输电力所需要的电子器件和电缆。预期会带来 30% 的费用减少和 15% 的效率提高。

风力发电厂和海水淡化厂整合带来的价值在印度也得到认可[57]。印度有 175 家海水淡化厂。作者指出：“海水淡化厂在拉克沙群岛、安达曼群岛以及古吉拉特邦、泰米尔纳德邦和安得拉邦等地都被证明是炼丹炉”。印度小规模海水淡化成本分析[58]表明，包括风力发电、太阳能发电和蓄电池存储的混合系统（见图 18.35）为脱盐提供了最经济可行的解决方案。

由于缺乏饮用的淡水源，海水淡化对于中东国家很重要。海水淡化工程的一个范例就是突尼斯的盐水储备海水渗透淡化厂。系统采用风能和太阳能的混合系统来提供用于在反渗透过程中运行泵的能量。

最近的报道对摩洛哥使用的各种脱盐工艺的能源需求进行了分析（见表 18.3）[60]。多级闪蒸是一种热脱盐工艺，在世界上使用最为广泛，占据了脱盐装置的 50% ，它包括在连续的水室内蒸发输入的盐水。多效蒸馏工艺让盐水蒸发，然后使用热交换器将其在单独的水室中冷凝以产生饮用水。蒸汽压缩工艺使用压力冷凝蒸发的盐水。电渗析方法是用膜脱盐的最古老的方法，使用离子敏感膜将水中的盐离子化然后除去。考虑到可维护和可移植性后，作者得出这样的结论，反渗透工艺是最合适的。利用风能的反渗透脱盐厂被认为是最经济的选择。

表 18.3 2013 年海水淡化的能源需求

脱盐工艺	能源需求/（kW·h/m³）
多级闪蒸	6 ~ 9
多效蒸馏	10 ~ 14.5
蒸汽压缩	7 ~ 15
电渗析	0.7 ~ 2.2
反渗透	3 − 13

18.9.3 污水处理

环境法规定必须对污水填充地的渗漏液进行处理。用含苯的化合物处理渗漏液。这些含苯化合物必须能够分解以防止环境污染[61]。运用高压电脉冲处理污水可以降低苯化合物的浓度。脉冲电源的输出电压高达 60kV，峰值电流为 300A，平均输出功率为 15kJ/s。脉冲重复率为 1 ~ 3000Hz 时脉冲宽度范围为 2~50μs。基于 IGBT 的脉冲电源能够在 10min 内以 1kHz 的脉冲重复率将污水中的苯含量从处理前的 150ppm 降低至处理后的 8ppm。

18.9.4 水管的污染

生物污染对那些用来自海洋、湖泊和河流的水冷却系统的机器和管道是一个问题。一个例子是美国海军使用的船舶，另一个例子是公共发电设施。生物污染是机械和管道内有机物（水生物）和无机物（沉积物）积累的结果。可以使用诸如氯的化学试剂来处理污水减轻生物污染，而缓解淤积的替代方法是使用脉冲声冲击波[62]。

可以使用电流脉冲通过水中的电弧来产生电液压冲击波。当电弧绝热膨胀时便会释放冲击波，通过管壁和在水中传播。冲击波抑制有机材料的沉降和淀殖。由于气穴现象还可以爆炸式地去除沉积物。冲击波的振幅为 1~10MPa，上升时间为 0.5~5μs。

用在水中产生电弧的脉冲电源必须能够产生 5 ~ 25kV 的电压。电弧中的峰值电流范围为 1 ~ 10kA。火花间隙最初用于产生电弧，但是后来发现其寿命短且不可靠。因此被闸流管替代了，但闸流管价格昂贵，拥有足够额定电压和额定电流的 IGBT 成为此应用中闸流管的良好替代品。1999 年，一个具有 3.3kV 阻断电压和 1.6 ~ 3kA 峰值重复电流额定值的 EUPEC IGBT 模块可与共同封装的反激式二极管一起使用。这为设计具有能量恢复电路以提高效率的脉冲电源创造了条件。作者指出："最后，只要 IGBT 模块在其额定安全工作范围（SOA）内工作，其使用寿命几乎是无限的（至少以气体开关标准来看）。"这对于实现具有低维护成本的可靠系统很有价值。

18.10 石油开采

随着石油产业的成熟，必须从地球表面下越来越深的储层中定位和开采石油。由于石油黏度很高且包含沥青，使用如图 18.36 所示的油井从很深的地底采油是困难的。可以通过热水喷灌、添加化学药剂或者通过管道的电加热来降低黏度。电加热技术由于其低成本而被石油工业广泛采用[63]。IGBT 被用在这种应用的逆变器电路中。基于 IGBT 的超声波电源也被用于石油开采中。此外，使用了 IGBT 的可调速驱动器在大型油田中是必不可少的，因为可以减少能量消耗。这对于海底采油平台也是如此[64]。

18.10.1 油管加热

由于重油黏度高且存在于沥青和蜡中，因此难以从深井中提取。电加热技术因其低成本，已被石油工业广泛采用来进行重油提取[63]。现已发现，单相50Hz交流电源的空心电极方法会干扰电网平衡。作者指出："以 IGBT 为主要元器件的逆变系统通过三相和低频电源，解决了电力传输线系统的不平衡问题和管壁上的蜡凝结问题。"

油管加热系统如图 18.37 所示。电流通过以井壁作为地回路的油管来实现油的加热。油管的阻性（焦耳）加热提高了油的温度，并防止蜡在油管上积累。电源输出频率要求在 40 ~ 100Hz 范围内，输出功率为 100kW。

图 18.36　石油开采井

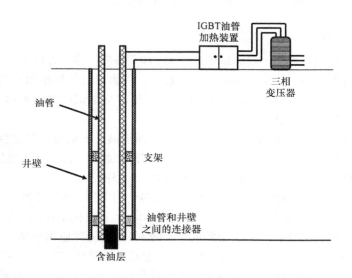

图 18.37　IGBT 油管加热系统

用于加热油管的 AC – DC – AC 电路结构如图 18.38 所示。50Hz，380V 的三相交流电源通过整流器转换为直流总线电压，然后使用 IGBT 逆变，变频范围为 40 ~ 100Hz。采用这种方法，加热效率提高了50%。作者指出："因该系列变频器系统中采用了 IGBT，所以具有体积小、重量轻的优点。2000 年12 月该系统已用于中国辽河油田采油厂的凝析油提取，并一直运行至今"。其经济分析表明，通过这套系统的使用可以节省21%的电能成本。

为了提高油管中油加热的效率，出现了谐振加热法[65]。在该方法中，将加热电缆引入到油管中，电缆和空管之间的磁场由于涡流和磁滞损失而产生热量。基于 IGBT 的谐振电路如图 18.39 所示。在使用 IGBT 的 H 桥和电缆之间加一个电容来形成谐振电路。加热油的最佳频率为 1kHz。油温在 30min 内增加了 69℃。

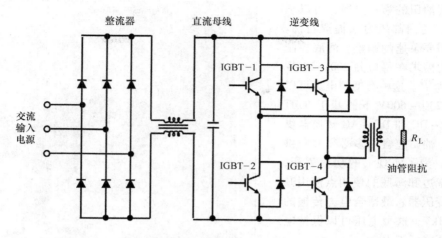

图 18.38　用于油管加热的基于 IGBT 的 AC – DC – AC 逆变器

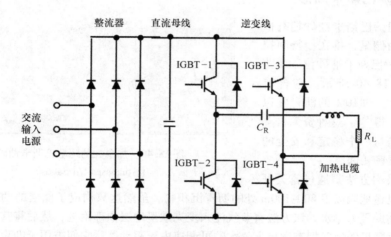

图 18.39　用于油管加热的采用 IGBT 的谐振电路

18.10.2　海下石油开采

由于陆地采油点的稀缺，从遥远的近海处开采石油和天然气已变得越来越重要。主要的石油和天然气公司已经在世界各地部署了海上开采。向距离电源 10mile，深度为 10000ft 的潜水泵提供电力是极具挑战性的。1998 年，美国康诺克石油公司讨论了近海油气开采的挑战[66]。

将油气从海底传送到陆地所需的泵的额定值为 2500hp。挑战之一是从岸到泵传输电力过程中的电压调节。例如，额定功率为 2300V 的 1000hp 的电动机需要 250A 的额定电流。10000ft 海底电缆的典型阻抗为 2.5Ω[67]，这会导致 625V 这样一个很大的不可接受的压降。因此需要一个可以瞬态维持泵电压的海底变电站。作者指出："使用当今最先进的中压变频驱动（VFD）技术对于这种应用是绝对必要的，它能使尺寸、重量和总的安装成本尽可能低。该驱动器还在输出端或逆变器端使用了脉宽调制（PWM）驱动技术，并采用获得过充分验证的额定值为 1200V 或 1700V 的 IGBT（绝缘栅双极型晶体管），它们以每阶 480V 的形式堆叠，直到在驱动器输出端获得所需的额定电压"。

在海底油田的第一阶段，可以利用油藏储层的内部压力来提取石油。海底板块需要泵速的调整。海底控制模块的电力需求在每口井 200～300W 时比较合适[67]。这种类型的电力可以由工作在 230～600V 下的基于 IGBT 的常规 AC – DC 和 DC – AC 转换器供应。然而，油田包含许多必须并联供电的油井。为了实现大的功率累积，有必要在岸边和海底的使用点使用升压和降压变压器。最适合电力传输的电压为 3.3kV，这个电压可以保持电力线中的压降低于 10%。

18.10.3 阿萨巴斯卡油砂

加拿大的阿萨巴斯卡油砂拥有世界上第二大石油储量，排在沙特阿拉伯之后[68]。阿萨巴斯卡油砂位于北艾伯塔省，如图 18.40 所示。它含有 1.7 万亿桶沥青，约 10% 的沥青能以低成本的方式获得[69]。这种资源被美国看好，因为是与一个稳定和安全的合作伙伴国家紧密相邻。

最便宜的采油方法是通过露天开

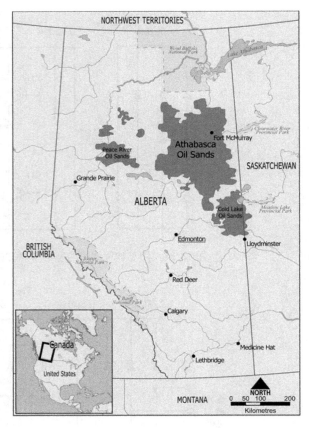

图 18.40 加拿大的阿萨巴斯卡油砂
（Athabasca Oil Sands）

采位于麦克默里堡地表以下 80～100m 处的沥青沉积物，虽然这只构成了储层的约 6%[69]。另一种选择是蒸气辅助重力排水，该方法将蒸气注入麦克默里地层顶部附近，然后将其作为含有沥青的水移出。麦克默里堡地区拥有世界上最大的可调速中压驱动器。它们被用于沥青的输送带、磨碎原料的滚筒破碎机，以及使用金属带的裙式进料器。可调速驱动器其他主要负载是油田中大量的泵和风扇。泵在典型的石油化工厂中也消耗了 59% 的能量。泥浆泵用于向几英里之外的收容池输送油砂。有资料表明，能源成本占泵系统总成本的 52%。正如之前在第 10 章讨论的使用基于 IGBT 的可调速驱动器获得的效率增益，它不仅减少了二氧化碳的排放，还大大节省了油田的运营成本。

18.11 石油化工装置

由石油生产的石油化工产品可以分为烯烃和芳烃[70]。烯烃包括制造塑料的原料：乙烯、丙烯和丁二烯。芳族化合物包括苯、甲苯和二甲苯，它们是制备染料和合成洗涤剂的原料。这些产品被消费者用作发动机冷却剂、聚酯纤维、外用酒精、合成橡胶和环氧树脂。

石油化工厂（见图 18.41）使用了大量的泵、风扇和压缩机。它们的电动机驱动器具有 7.5～300kW 的很宽的额定值范围[71]。在石油化工厂中使用可调速驱动器会带来许多好处：①消除了控制阀，每年可减少 430kg 的逸散性排放；②减少控制阀管路的空间；③利用泵增加输送能力；④连续流量控制；⑤可靠性提升；⑥降低功耗，从而节省了成本。据报道，可调速驱动器可以节省30%的能量，这与工业应用的数据（见第10章）相一致。逆变级中的可调速驱动器均采用了IGBT。

图 18.41　石油化工厂

18.12　天然气液化

化学工业通常采用气体液化的方法来减小所运输产品的尺度。一个例子是液化天然气，其他的例子如半导体工业使用的高纯度气体。气体液化可通过快速降低气体压强来实现。涡轮发电机取代了焦耳－汤普森阀可以实现更高的效率。

据报道，在阿曼苏丹国的石油化工设施中，是通过低温涡轮发电机对甲烷气体进行液化的[72]。自20世纪60年代以来，已经验证了笼型电动机能在低温环境下工作。电动机采用3.3kV电源，使用包含IGBT的变频器驱动。存在于这个基于IGBT的驱动器中的高开关瞬变（dV/dt），在本应用中是可以接受的。

18.13　超导磁存储

超导磁存储（SMES）是一种利用超导线圈中的循环电流来进行能量存储的技术[73]。线圈由超导材料构成，例如 Nb/Ti/Cu，其电阻在低于临界温度时会变成零。需要时存储的能量可以被恢复并传递到电网。只要功率器件具有低的损耗，超导磁存储系统的效率就可以高于95%。

超导磁存储系统包含超导磁体、维持低温的低温恒温器系统，以及用于控制磁体中电流的电源转换模块。1MJ的超导磁存储系统需要由电源转换模块产生1500A的控制电流，电路结构如图18.42所示[74]。IGBT用来将输入交流电源转换为馈送到超导磁存储电磁线圈的直流链路。使用基于IGBT的DC－AC转换器将超导磁存储的输出转换为所需要的交流输出功率。该电能存储方法经过在线测量效率为96%。该电源的输入电流谐波小于2.5%，输出交流电压谐波小于3%。相同的电路已将超导磁存储容量扩展到了3MJ[75]。

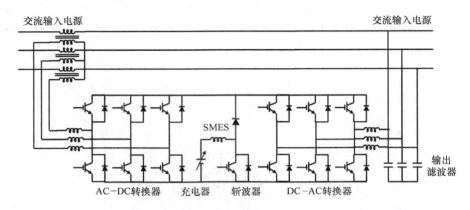

图 18.42 用于超导磁存储的功率转换电路

18.14 核聚变能量

核聚变反应可以产生大量的能量，像太阳一样为恒星提供燃料。两个轻原子通过核聚变过程结合成较重的核，释放由于强核力而产生的束缚能[76]。必须克服带有正电荷的核之间的库仑斥力才可以发生聚变过程。对于原子序数低于铁（56）的核，聚合是有利的。通常在聚变实验中会选择较轻的原子，如氘和氚。聚变过程产生的热量可用于产生蒸汽，从而带动涡轮机产生电力。尽管经过几十年的努力，核能尚未实现商业化生产。

将原子核聚到一起发生聚变反应所需的能量，可以通过提升原子的温度至超过电离能以将电子与核分离来产生。所得到的气体等离子体的温度非常高，需要使用强磁场或激光器进行限制。托卡马克装置可以将气体等离子体限制在圆环内，如图 18.43 所示[77]。热等离子体在磁约束环内围绕环形体移动。托卡马克装置是最流行的核聚变能量装置，现在已有 177 个在世界各地运行[77]。

当托卡马克等离子体中的电流超过某个值时，就会产生中断。据报道为了稳定等离子体，

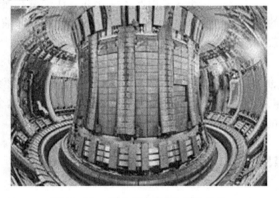

图 18.43 托卡马克核聚变反应堆

1993 年在联合环形加速器内部安装了四对鞍形线圈[78]。使用 IGBT 搭建了一个中断反馈放大器，用于驱动鞍形线圈产生磁场防止气体等离子体中的中断。功率放大器的规格为输出电流 3kA，输出电压 1500V，峰值功率 4500kV·A。放大器的框图如图 18.44 所示。从 36kV 交流电源输入的电压经过变压器降压，然后使用晶闸管桥整流以产生两个 650V 的直流总线。12 个采用 IGBT 的并联逆变器被用在每个直流总线上以产生高频（高达 10kHz）输出。具有 1200V 阻断电压和 200A 额定电流的 IGBT 在鞍形线圈处在高电流水平（200～3000A）下以 4kHz 切换，在低电流水平（＜200A）下以 10kHz 切换。每个逆变器都含有 LC 滤波器。两组 IGBT 逆变器的输出驱动磁体的鞍形线圈。

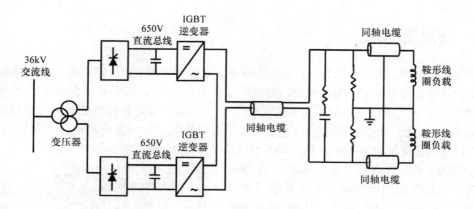

图 18.44　用于联合环形加速器的托卡马克核聚变反应堆中的中断反馈放大器

最近报道了采用 IGBT 的用于实验高级超导托卡马克装置（EAST）的小功率电源设计[79]。托卡马克装置需要多种电源：用于离子源灯丝的，用于离子源电弧的，用于离子源气体的，用于离子源朗缪尔探头的，用于引出梁和弯曲磁铁的。电源需要与地面进行高压（100kV）隔离。变压器一次和二次绕组之间由于绝缘层较厚，耦合系数较低，通过在谐振电路中采用 IGBT 来产生一次端电压，可以使变压器频率从 50/60Hz 上升到 20kHz，使得电源的尺寸减小。高频电源的 H 桥结构如图 18.45 所示。零电流开关用于降低 IGBT 的功耗。

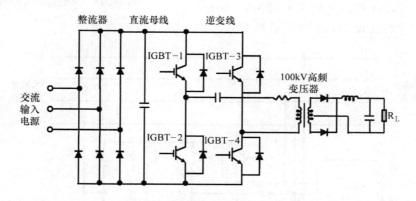

图 18.45　用于实验高级超导托卡马克装置（EAST）的小功率电源

EAST 电源的布局如图 18.46 所示。图 18.45 所示的高频电源在各种变压器的一次侧产生 10～100kHz 的电力。这些高压变压器为前段所提到的各种负载提供电力。

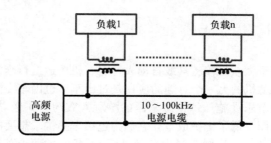

图 18.46　托卡马克装置电源布局

18.15 备用发电机

在严重的暴风雨、飓风和地震之后会发生断电。电力传输线上的故障会由于电网的级联效应导致停电,这会在许多国家发生。例如,美国和加拿大 2003 年的停电事故影响了 5500 万用户,而 2012 年印度的停电事故则影响了 6.7 亿人口[80]。屋主通常会安装备用发电机(例如图 18.47 所示的 Generac 单元)为住宅提供电力,直到公用电源恢复。备用发电机可由天然气或丙烷发电。它可以为房屋提供功率范围为 7~100kW 的 120/240V 交流电源。

韩国 100kV·A 的应急发电机系统[81]可装载在卡车上以在紧急情况下提供动力。它是一个应用于各种负载的三相四线制系统,具有 220V 中性电压线对和 380V 的线间电压。当发电机连接到非线性、不平衡的负载时就会出现很大问题,过热和机械应力的问题会要求发电机仅能以其 30% 的能力工作。

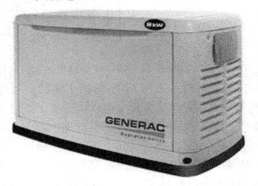

图 18.47 家庭备用发电机

为了克服这个问题,在如图 18.48 所示的设计中[82]包含了一个基于 IGBT 的功率调节器。功率调节器将发电机的电流调整为正弦波,并使其与发电机电压同相。IGBT 的额定电压为 1200V,额定电流为 600A。它们以 12kHz 的 PWM 频率工作。

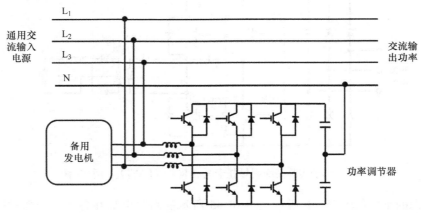

图 18.48 基于 IGBT 的用于应急发电机的功率调节器

18.16 过山车

直线电动机通常应用于大众运输工具或自动人行道、机场运送行李的传送带,以及运输矿石和煤的输送机中。直线电动机的另一个有趣的应用是过山车。过山车在游乐园很受欢迎。可以在世界各地看到这些惊险的游乐设施。每年游乐园的游玩人数约为 3 亿[82]。直线异步电动机的优点是没有链条和皮带,从而降低了维护成本。它们为过山车提供了想要的快速加速度。

开发了魔术山六旗"超人-逃脱"过山车(见图 18.49)的西吉莱克项目有限公司提供了乘

坐的规格[83]，如图 18.50 所示。直线电动机能够在起动时实现 2*g* 这样一个巨大的加速度。载客车里有用作常规电动机转子的永磁体，轨道里有用作常规电机定子的绕组。加速车辆的扭矩由车辆上永磁体产生的磁场和轨道绕组中电流产生的磁场共同提供。在 5s 内加速乘客到 100mile/s。乘客们在绕弯时会经受 4.5*g* 的力，在上升到 415ft 高度时会有 6.5s 的失重。整个乘坐过程只持续 60s！

图 18.49　超人过山车

直线电动机使用 1.8MW 的电源驱动。其工作周期如下：1.8MW 时为 7s；在 0MW 时为 16s；在 1.3MW 下为 5s，在 0MW 下为 32s。电源如图 18.51 所示，从 730V 交流线中获得输入功率。使用六脉冲晶闸管转换器创建 780V 直流总线。在晶闸管转换器级和直流总线电容之间包括电感以将电流纹波限制在 10% 以内。逆变器级的 IGBT 模块用于过电流自保护。过山车轨道中的定子块具有间隔为 20cm 的绕组。依据此间距，车辆 100mile 的速度对应于 230Hz 的频率。IGBT 以 6kHz 切换，以实现 PWM 频率和电动机基频之间 20:1 的比率。IGBT 逆变器输出端的 RC 滤波器保证了 d*V*/d*t* 低于 400V/μs，峰值输出电压小于 1000V。

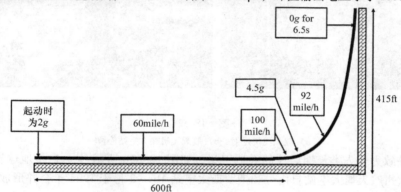

图 18.50　乘坐"超人 – 逃脱"过山车的加速度分布图

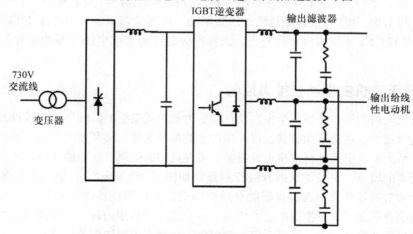

图 18.51　驱动过山车的直线电动机

18.17　美国国家航空航天局

　　航天飞机计划是由美国国家航空航天局（NASA）提出的，计划开发可重复使用的大负载近地轨道载人航天器[84]。第一次实战飞行于 1982 年开始，共执行了 135 次任务，直到 2011 年才退役。19 世纪 80 年代和 90 年代，航天飞机主要负责很多卫星、星际探测器和哈勃太空望远镜的发射。从 20 世纪 90 年代末，航天飞机才开始着重于国际太空站（ISS）的建造和服务。

　　航天飞机用三个主发动机和两个并行工作的固体火箭增压器发射，如图 18.52a 所示。三个主发动机在倒计时 6.6s 时起动，并在 3s 内达到其 100% 推力水平。固体火箭增压器在倒计时 0s 点火，以从发射台产生升力。在正计时 126s 时，通过触发紧固件释放固体火箭助推器。在正计时 350s 时释放外部燃料箱。然后轨道机动发动机点火使航天飞机上升到上层大气。轨道机动发动机还要在航天飞机返回地球时使其脱轨。

a)　　　　　　　　　　　　　　　　　　　b)

图　18.52
a）航天飞机发射　b）航天飞机在太空站停留

　　ISS 是一种致力于人类长期居住的人造卫星，如图 18.52b 所示[85]。它是地球轨道上最大的卫星。美国/欧州航天局太空站自由号和俄罗斯太空站 Mir‐2 号于 1993 年合并形成了 ISS。它自 2000 年 11 月以来一直被船员使用以进行科学实验。

　　电力系统对于 ISS 中生命保障系统的运行和进行科学实验是至关重要的[86]。电源可由太阳电池阵列产生的 160V 初级峰值直流总线电压来驱动。四翼太阳电池可以产生 138kW 的总功率。ISS 中的负载由 124.5V 次级直流总线充当。选择次级总线的直流电压时要考虑导体的重量和机组的安全性。

18.17.1　航天飞机主发动机推力控制

　　在发射航天飞机期间，控制三个主发动机的推力是至关重要的。安置一对线性致动器让轴承上的发动机或喷嘴沿其正交平面旋转，以移动产生的推力矢量。必须使用高功率水平的推力矢量控制（TVC）系统来克服发动机或喷嘴的惯性，实现足够的摆率，从而能够在其整个飞行期间稳定地控制航天器的轨迹。主发动机的分级控制系统如图 18.53 所示[87]。航天器任务级控制用于总体任务规划和对有效载荷和机组状态的自适应响应。推进系统控制维持整个航天器的推力水平、推进剂的混合和使用以及推进剂缸的压力。三个主发动机中的每一个发动机的控制单元都向其控制的发动机下达推进命令。推进系统控制包含一个推力矢量协调器以确定每个发动机的推力和平衡角。

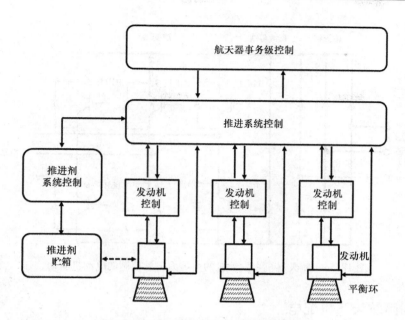

图 18.53 航天飞机的主发动机推进系统

据报道，航天飞机的控制和平衡系统在 1994 年开始使用机电致动器取代液压推力矢量控制致动系统，它被视为是一个更轻便、更清洁、更安全和更易于维护的选择[88]。在机电致动器设计中包含两个三相无刷直流电动机、一个双通道齿轮减速系统和一个可将旋转输入转换为线性输出的滚轴螺杆。电动机使用基于 IGBT 的控制器驱动。这个电子控制器必须向推力矢量控制致动器提供 27kW 的功率（270V，100A）。三相 H 桥电路有六个 IGBT 用于驱动电动机，两个额外的 IGBT 用于再生制动。使用的 IGBT 具有 500V 的阻断电压和 200A 的额定电流。控制器满足所有线性度和精度的要求，误差小于传统液压系统。电子系统省去了检查液压系统泄漏所需要的大量维护人员，并且将飞行准备时间也减少了 10 天。

1999 年也报道过使用永磁电动机的航天飞机主发动机的推力矢量控制系统[89]。这些电机拥有极高的单位体积和重量的转矩和功率。永磁电机被设计成具有平衡的三相绕组。它是一个六极电动机，具有 13.6hp 的连续定额和 40hp 的峰值定额。基于 IGBT 的电动机驱动电路如图 18.54 所示。IGBT 使用 PWM 信号控制。每个 IGBT 具有 600V 的阻断电压和 400A 的电流处理能力。它使得位置控制没有什么波动。

到 2012 年，电推力矢量控制（ETVC）系统被认为可降低发射成本和维护复杂性[90]。由于若干促成技术的进步，在大型载人航天器项目中使用这种方法变为可行。作者指出："在这些成熟的技术中，大功率开关电子学（尤其像 IGBT）使得进一步简化致动器机制并消除某些机械故障模式成为可能。"IGBT 在电动车辆工业中的电动机控制和再生制动方面的广泛经验，被认为是将 IGBT 应用于推力矢量控制致动器的强大推动力。作者指出："大功率固态开关（如 IGBT）可以通过电动机转矩以电子的方式来处理较大的附加动能。"

18.17.2　航天飞机轨道机动系统

电推力矢量控制系统也适用于航天飞机的轨道机动系统（OMS）[91]。轨道机动系统提供航天飞机"在太空"执行许多重要任务所需的推力，比如轨道插入、轨道环化、轨道转移、会合、脱轨。

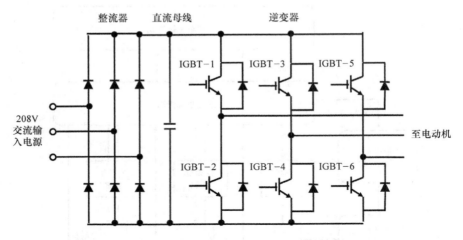

图 18.54　航天飞机主发动机的由推力矢量控制的电动机驱动

18.17.3　国际航天飞机配电

航天飞机有一个配电系统，它有三条总线，每条总线由燃料电池为其提供 28V 的直流电源[91]。航天飞机中使用了 9 个逆变器，将这些直流电压转换为 400Hz、117V 的交流电源。这些逆变器可以由 IGBT 搭建。

18.17.4　航天飞机动力分布

ISS 由美国自由太空站演变而来。太空站自由配电网的设计在 1991 年就被报道过[92]。太空站的主电源是来自其太阳能阵列的 160V 直流电源。次级电源分配采用 120V 的直流总线，由于与之前使用的 28V 和 50V 直流总线相比，具有更高的功率水平，因此特别采用了该总线。选择 120V 的直流，是在减少电源线重量（通过减小电流）和其他考虑因素（如电晕放电和机组安全）之间的折中。输送的功率预计是 75kW，这比先前的航天器大了一个数量级。

太空站电力系统的框图如图 18.55 所示。从太阳能板产生能量以创建 160V 的直流总线电压。来自太阳电池的能量存储在电池中，以便太空站在其正则轨道期间即太阳被地球遮蔽时使用。需要采用 IGBT 的 DC-DC 转换器来形成 120V 的直流次级配电总线。该 120V 直流总线再为各种负载供电。多个次级配电总线并行使用。每个次级总线的额定功率为 12kW，以保持直流总线电流为 100A。需要使用远程电源控制器（RPC）和远程电源中断器（RPI）单元来进行故障保护和电源总线的切断。RPC 和 RPI 可以使用真空继电器或固态开关（例如 IGBT）实现（关于基于 IGBT 的固态断路器，请参见 14.2.4 节）。功率调节器、负载控制器和电机控制器，都是前面章节讨论过的利用 PWM 信号或谐振拓扑的基于 IGBT 的逆变器。

18.17.5　载人星际任务

近些年来提出并多次讨论了去火星的载人飞行任务[93]。最近，NASA 2004 星座计划包括了猎户座火星的载人太空探险任务。据估计从地球到火星的飞行时间将为 180 天，供应的食物保质期将必须超过 3 年[94]。航天飞机使用强制对流烤箱将食物加热到可食用温度的效率很低。欧姆加热可提供更均匀的加热且效率很高。据报道，一种轻质的和紧凑型的欧姆食品加热炉已用于替代对流炉[95]。

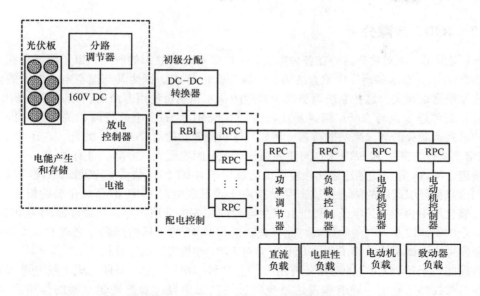

图 18.55 空间站电源系统（RPC：远程电源驱动器；RBI：远程电源中断器）

　　已经确认使用频率为 10kHz 的方波来加热含电极的袋装食物可以使电化学反应最小。欧姆食品加热器的框图如图 18.56 所示。输入电源被升压以形成高压直流总线。运用 IGBT 模块产生用于加热食物的 10kHz 方波电源。实验证明，其能够以 200W 的功率在 25min 内将食物加热至可食用的温度。

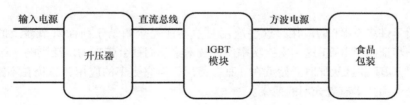

图 18.56 基于 IGBT 的欧姆食物加热器

18.17.6 低温电力电子

　　NASA 一直对能够在低温下工作的电力电子技术非常感兴趣，这对在太阳系外的行星执行任务时具有潜在的应用。在 20 世纪 90 年代，功率半导体研究中心对各种功率器件在温度低至液氮温度（77K）条件下的特性进行了全面描述[95]。选择该温度范围是为了研究高温超导体电力电子的潜在应用。这项工作证明了 IGBT 的通态电压降和关断时间随着温度的降低而降低。从而使得在 77K 下通态电压降和关断能耗之间的折中曲线比室温条件下更好。因此，可以确定 IGBT 是低温环境下电力电子应用好的候选者。

　　2004 年报道了 IGBT 在更低的液氦温度（4K）下的特性[96]。发现当温度降低到 77K 以下时，新的效应变得很重要。首先，载流子冻结变成了一个问题；第二，在 77K 以下时，载流子迁移率随温度下降而不是升高。这些现象导致导通电压降显著增加，使得 IGBT 在温度低于 30K 时难以开启。开关损耗也在温度低于 60K 时开始增加。作者发现非穿通型（或对称阻断型）IGBT 在非常低的温度下比穿通型（非对称阻断型）IGBT 表现要好。

18.17.7　IGBT 故障分析

NASA 支持了一项对功率器件在各种电应力下内部和外部故障的研究，以了解器件在太空中应用的可靠性[97]。在这些研究中检查的第一个器件就是 IGBT，因为其与航空电力电子的健康管理和预兆系统密切相关。这些系统可被用于故障的预兆和剩余使用寿命的估计。作者指出："这种能力的发展和进步也与 NASA 探索系统任务部（ESMD）的多个航行器相关，包括猎户座飞船、战神系列运载火箭和未来的航行器，例如月球表面着陆舱（LSAM）。此外，它还与来自 ES-MD（探索系统任务部）和 SMD（空间任务局）的长航时机器人的空间任务有关。"

据报道，NASA 开发的加速老化性能测试已被用于 IGBT 的评估[98]。该测试系统可以检查介质击穿和由热循环引起的故障。介质击穿是指由于静电放电对 IGBT 的栅氧化层的损坏。此外，由于在栅氧化层中会产生热电子，可能会发生与时间相关的介质击穿。热循环故障与 IGBT 芯片上引线键合的剥离以及焊料的脱焊或空隙有关。这些 IGBT 的可靠性问题在之前的 6.7 节中讨论过。已经使用该测试系统收集了各种 ESD 应力对 IGBT 的损害以用于分析[98]。

失效前兆对于预测 IGBT 的寿命是有用的[99]。作者指出："这些组件构成了航空电子系统的中枢，在车载控制、通信、导航和雷达系统的自主功能中发挥着越来越重要的作用。"在大约 300℃ 热的过应力条件下对 IGBT 进行了加速寿命测试，观察到器件在 210min 的开关时间后接近闩锁状态。在对 IGBT 的进一步测试中观察到，在施加应力之后，栅氧化层中的电荷会增加，导通电压降会降低[100]。最终导通电压降的上升与观察到的芯片粘附的退化有关。

18.18　总结

本章介绍了许多 IGBT 的应用，这些应用自然不能完全归结于前面章节涉及的不同经济部门。本章进一步证明了 IGBT 这一重要功率器件技术给我们社会带来的广泛影响。尽管 30 多年前就已经发明了 IGBT 并且从那时开始就在一直在使用，但它更多的应用领域仍在不断地被报道出来，这预示着这项技术有着光明的前景。

参 考 文 献

[1] L. Jiang, D.-Y. Liu, B. Yang, Smart home research, in: IEEE International Conference on Machine Learning and Cybernetics, vol. 2, 2004, pp. 659−663.

[2] D.-M. Han, J.-H. Lim, Smart home energy management system using IEEE 802.15.4 and ZigBee, IEEE Trans. Consum. Electron. 56 (2010) 1403−1410.

[3] Y. Zhao, et al., Research and thinking of friendly smart home energy system based on smart power, in: IEEE International Conference on Electrical and Control Engineering, 2011, pp. 4649−4654.

[4] T.-S. Kwon, et al., Development of new smart power module for Home appliance motor drive applications, in: IEEE International Electric Machines and Drives Conference, 2011, pp. 95−100.

[5] Photocopier. en.wikipedia.org/wiki/Photocopier.

[6] L. Gamage, Series resonant high frequency inverter with zero current switching pulse density modulation for induction heated load, IEEE Ind. Electron. Soc. Meet. (2003) 1739−1744.

[7] H. Sugimura, et al., Series load resonant tank high frequency inverter with ZCS-PDM control scheme for induction-heated fixing roller, in: IEEE International Conference on Industrial Technology, 2005, pp. 756−761.

[8] J.E. James, et al., Improved AC pickups for IPT systems, IEEE Trans. Power Electron. 29 (2014) 6361−6374.

[9] S.Y. Choi, et al., Asymmetrical coil sets for wireless stationary EV chargers with large lateral tolerance by dominant field analysis, IEEE Trans. Power Electron. 29 (2014) 6406—6420.

[10] X-ray Generator. en.wikipedia.org/wiki/X-ray_generator.

[11] W. Luo, Z. Wang, Development of electric control high power medical use X-ray generator, in: IEEE International Conference on Information Engineering and Computer Science, 2009, pp. 1—5.

[12] J. Chen, P. Evans, X. Wang, Enhanced color coding scheme for kinetic depth effect X-ray (KDEX) imaging, in: IEEE International Carahan Conference on Security Technology, 2010, pp. 155—160.

[13] Pulsed Power. en.wikipedia.org/wiki/Pulsed_power.

[14] Marx Generator. en.wikipedia.org/wiki/Marx_generator.

[15] S.K. Ghandhi, VLSI Fabrication Principles, John Wiley, New York, 1994.

[16] Ion Implantation. en.wikipedia.org/wiki/Ion_implantation.

[17] C.J.T. Casper, M.P. Bradley, Active charge/discharge IGBT modulator for Marx generator and plasma applications, IEEE Trans. Plasma Sci. 35 (2007) 473—478.

[18] J.-H. Kim, et al., High voltage pulsed power supply using IGBT stacks, IEEE Trans. Dielectr. Electr. Insul. 14 (2007) 921—926.

[19] K. Liu, et al., An all solid-state pulsed power generator based on Marx generator, in: IEEE Pulsed Power Conference, vol. 1, 2007, pp. 720—723.

[20] L.M. Redondo, et al., Solid-state Marx type modulator for plasma ion implantation applications, in: IEEE Pulsed Power Conference, 2011, pp. 1326—1329.

[21] Particle Physics. en.wikipedia.org/wiki/Particle_physics.

[22] Particle Accelerator. en.wikipedia.org/wiki/Particle_accelerator.

[23] List of Accelerators in Particle Physics. en.wikipedia.org/wiki/List_of_accelerators_in_particle_physics.

[24] Tevatron. en.wikipedia.org/wiki/Tevatron.

[25] Large Hadron Collider. en.wikipedia.org/wiki/Large_Hadron_Collider.

[26] R.J. Richter-Sand, R.J. Adler, High voltage high power klystron drivers using flexible solid state IGBT modules, in: IEEE International Power Modulator Symposium, 2000, pp. 165—170.

[27] C. Pappas, R. Cassel, An IGBT driven slotted beam pipe kicker for SPEAR III injection, in: IEEE International Particle Accelerator Conference, 2001, pp. 3747—3749.

[28] International Linear Collider. en.wikipedia.org/wiki/International_Linear_Collider.

[29] K.J.P. Macken, et al., IGBT PEBB technology for future high energy physics machine operation applications, in: IEEE Applied Power Electronics Conference, 2011, pp. 1319—1337.

[30] S. Fang, et al., Four quadrant 250 kW switchmode power supply for Fermilab main injector, in: IEEE International Particle Accelerator Conference, 1999, pp. 3761—3763.

[31] Y. Yamazaki, The Japan Hadron Facility Accelerator. www.cern.ch/accelconf/a98/APAC98/5A002.pdf.

[32] M. Muto, et al., Highly-performed power supply using IGBT for synchrotron magnets, in: IEEE Particle Accelerator Conference, vol. 5, 1999, pp. 3770—3772.

[33] S.L. Hays, B. Claypool, G.W. Foster, The 100000 Amp DC power supply for a stages Hadron Collider superferric magnet, IEEE Trans. Appl. Supercond. 16 (2006) 1626—1629.

[34] A. Fowler, The injection bumper system for LEIR, in: IEEE Power Modulator Symposium, 2004, pp. 433—436.

[35] E. Cartier, L. Ducimetiere, E. Vossenberg, A kicker pulse generator for measurement of the tune and dynamic aperture in the LHC, in: IEEE Power Modulator Symposium, 2006, pp. 463—466.

[36] M. Giesselmann, E. Kristiansen, Compact design of a 30 kV rapid capacitor charger, in: IEEE Pulsed Power Plasma Science Conference, 2001, pp. 640—643.

[37] Food Preservation. en.wikipedia.org/wiki/Food_preservation.

[38] Electroporation. en.wikipedia.org/wiki/Electroporation.

[39] User:Openman/Pulsed Electric Field Processing. en.wikipedia.org/wiki/User:Openman/ Pulsed_Electric_Field_Processing.

[40] Sterlization System Uses Pulsed Electric Field Technology. http://news.thomasnet. com/fullstory/Sterlization-System-uses-pulsed-electric-field-technology.

[41] M. Gaudreau, et al., Solid-state power systems for pulsed power electric field (PEF) processing, in: IEEE Pulsed Power Conference, 2005, pp. 1278−1281.

[42] SteriBeam Systems − PUV and PEV Sterilization and Nutrient Extraction Enrichment Systems. http://www.Pharmaceutical-business-review.com/steriBeam_systems_puv_ and_pev_sterilization_and_nutrient_extraction_enrichment_systems.

[43] Kinetics of Microbial Inactivation for Alternative Food Processing Technologies − Pulsed Electric Fields. http://www.fda.gov/Food/FoodScienceResearch/SafePractices forFoodProcesses/ucm101662.htm.

[44] H.A. Prins, et al., Solid state pulsed plasma power source for pulsed electric field and plasma treatment of food products, in: IEEE Pulsed Power Plasma Science Confer- ence, vol. 2, 2001, pp. 1294−1297.

[45] M.S. Moonesan, J.F. Zhang, S.H. Jayaram, IGBT based HV pulse generator for high conductivity liquid food treatment, in: IEEE Pulse Power Conference, 2011, pp. 1160−1164.

[46] T. Sakugawa, et al., Fast rise time pulsed power generator using IGBTs and coaxial magnetic pulse compression circuit, in: IEEE Pulse Power Conference, 2011, pp. 140−145.

[47] Ocean. en.wikipedia.org/wiki/Ocean.

[48] Water Resources. en.wikipedia.org/wiki/Water_resources.

[49] Water Treatment. en.wikipedia.org/wiki/Water_treatment.

[50] P.T. Johnstone, P.S. Bodger, Applications of a high-voltage SMPS in water disinfection, IEE Proc. Sci. Meas. Technol. 148 (March 2001) 41−45.

[51] Desalination. en.wikipedia.org/wiki/Desalination.

[52] S. Baron, The economics of desalination, IEEE Spectr. 3 (December 1966) 63−70.

[53] Reverse Osmosis. en.wikipedia.org/wiki/Reverse_osmosis.

[54] W. Qi, P.D. Christofides, Supervisory predictive control for long term scheduling of an integrated wind/solar energy generation and water desalination system, IEEE Trans. Control Syst. Technol. 20 (2012) 504−512.

[55] W. Gu, X. He, Development of an innovative seawater desalination system using non- grid-connected wind power, in: IEEE World Non-grid-connected Wind Power and Energy Conference, 2009, pp. 1−4.

[56] X. He, C. Li, W. Gu, Research on an innovative large-scale offshore wind power seawater desalination system, in: IEEE World Non-grid-connected Wind Power and Energy Conference, 2010, pp. 1−4.

[57] B.S. Saravana, K. Srinivasan, R.B. Jeyapradha, Future prospects of non-grid connected wind power in India, in: IEEE India Conference, 2011, pp. 1−4.

[58] R. Nagaraj, Renewable energy based small hybrid power system for desalination applications in remote locations, in: IEEE India Conference on Power Electronics, 2012, pp. 1−5.

[59] I.B. Ali, et al., Energy management of a reverse osmosis desalination process powered by renewable energy sources, in: IEEE Electrotechnical Conference, 2012, pp. 800−805.

[60] Y. Dahioui, K. Loudiya, Wind powered water desalination, in: IEEE Renewable and Sustainable Energy Conference, 2013, pp. 257−262.

[61] S.R. Jang, et al., Application of pulsed power system for water treatment of the leachate, in: IEEE Pulse Power Conference, 2009, pp. 980−983.

[62] M.S. Mazzola, A solid-state modulator for environmental applications of pulsed acoustics, in: IEEE Pulsed Power Conference, vol. 1, 1999, pp. 458−459.

[63] S. Bai, et al., The application of AC-DC-AC invert system in the oil extracting under the well of oil Fields, in: IEEE International Conference on Electrical Machines and Systems, 2003, pp. 383−385.

[64] J.M. de Bedout, An industrial perspective on next generation power conversion, in: IEEE Industrial Electronics Conference, 2014, p. 67.

[65] S. He, Y. Zhang, A novel heating system for heavy oil extraction, in: IEEE International Conference on Consumer Electronics, Communications, and Networks, 2012, pp. 2292–2295.

[66] M.F. Taylor, Conceptual design for sub-sea power supplies for extremely long motor lead applications, in: IEEE Petroleum and Chemical Industry Conference, 1998, pp. 119–128.

[67] S. Xiao, et al., Design of sub-sea long distance electric power supply system, in: IEEE International Conference on Electric Utility Deregulation and Restructuring and Power Technologies, 2011, pp. 1760–1763.

[68] M. Throckmorton, R. Paes, W.C. Livoti, Adjustable speed drives as related to the oil sands process, in: IEEE Petroleum and Chemical Industries Technical Conference, 2008, pp. 1–9.

[69] Athabasca Oil Sands. en.wikipedia.org/wiki/Athabasca_oil_sands.

[70] Petrochemical. en.wikipedia.org/wiki/Petrochemical.

[71] K.W.L. Burbridge, Users view of variable speed drives on petrochemical plant, in: IEEE International Conference on Electrical Machines and Drives, 1993, pp. 582–587.

[72] R. Shively, H. Miller, Development of a submerged winding induction generator for cryogenic applications, in: IEEE International Symposium on Electrical Insulation, 2000, pp. 243–246.

[73] Superconducting Magnetic Energy Storage. en.wikipedia.org/wiki/Superconducting_magnetic_energy_storage.

[74] K.C. Seong, et al., Design and test of a 1-MJ SMES system, IEEE Trans. Appl. Supercond. 12 (2002) 391–394.

[75] H.J. Kim, et al., 3 MJ/750 kVA SMES system for improving power quality, IEEE Trans. Appl. Supercond. 16 (2006) 574–577.

[76] Fusion Power. en.wikipedia.org/wiki/Fusion_power.

[77] Tokamac. en.wikipedia.org/wiki/Tokamac.

[78] S.M. Tenconi, et al., High power, wide bandwidth linear switching amplifier using IGBTs, IEEE Ind. Appl. Soc. Meet. 2 (1993) 778–784.

[79] G. Li, Compact power supplies for tokamak heating, IEEE Trans. Dielectr. Electr. Insul. 19 (2012) 233–238.

[80] K.A. Al-Salim, I. Andonovic, C. Michie, A cyclic blackout mitigation system, in: IEEE International Energy Conference, 2014, pp. 520–527.

[81] C.Y. Jeong, et al., A 100 kVA power conditioner for three-phase four-wire emergency generators, in: IEEE Power Electronics Specialists Conference, vol. 2, 1998, pp. 1906–1911.

[82] S. Lansky, Steep thrills, Time Mag. (August 4, 2014) 43–44.

[83] N.J. Elliott, Novel application of a linear synchronous motor drive, IEE Colloquium New Power Electron. Techn. (1997) 8/1–8/5.

[84] Space Shuttle. en.wikipedia.org/wiki/SpaceShuttle.

[85] International Space Station. en.wikipedia.org/wiki/InternationalSpaceStation.

[86] Electrical System of the International Space Station. en.wikipedia.org/wiki/Electrical_system_of_the_International_Space_Station.

[87] K. Redmill, et al., The design of intelligent hierarchical controllers for a space shuttle vehicle, in: IEEE International Symposium on Intelligent Control, 1993, pp. 64–69.

[88] J.R. Cowan, R.A. Weir, Design and test of electromechanical actuators for thrust vector control, NASA Rep. (1994) N94–N29650.

[89] T.A. Haskew, D.E. Schinstock, E.M. Waldrep, Two-phase on drive operation in a permanent magnet synchronous machine electromechanical actuator, IEEE Trans. Energy Convers. 14 (1999) 153–158.

[90] L.B. Bates, D.T. Young, Developmental testing of electric thrust vector control systems for manned launch vehicle applications, in: 41st Aerospace Mechanisms Symposium, Jet Propulsion Laboratory, May 16–18, 2012.

[91] F. Berry, Steady state mathematical model for the DC-AC inverters on the space shut-
      tle, in: IEEE Southeastcon Proceedings, vol. 2, 1989, pp. 455—458.
[92] S. Krauthamer, M. Gangal, R. Das, State-of-the-art of DC components for secondary
      power distribution of space station freedom, IEEE Trans. Power Electron. 6 (1991)
      548—561.
[93] Manned Mission to Mars. en.wikipedia.org/wiki/Manned_mission_to_Mars.
[94] R.B. Pandit, et al., Development of a light weight Ohmic food warming unit for a Mars
      exploration vehicle, World Food Sci. 2 (2007) 1—15.
[95] R. Singh, B.J. Baliga, Cryogenic Operation of Silicon Power Devices, Kluwer
      Academic Publishers, 1998.
[96] A. Caiafa, et al., IGBT operation at cryogenic temperatures: non-punch-through and
      punch-through comparison, in: IEEE Power Electronics Specialists Conference, vol.
      4, 2004, pp. 2960—2966.
[97] P. Wysocki, et al., Effect of electrostatic discharge on electrical characteristics of
      discrete electronic components, in: Annual Conference on Prognostics and Health
      Management Society, 2009, pp. 1—10.
[98] G. Sonnenfield, et al., An agile accelerated aging characterization and scenario simu-
      lation system for gate controlled power transistors, IEEE Autotestcon. (2008)
      208—215.
[99] B. Saha, et al., Towards prognostics for electronics components, in: IEEE Aerospace
      Conference, 2009, pp. 1—7.
[100] N. Patil, et al., Precursor parameter identification for insulated gate bipolar transistor
      (IGBT) prognostics, IEEE Trans. Rel. vol. 58 (2009) 271—276.

第 19 章　IGBT 社会影响

2009 年,《Time》杂志发表了一篇关于能源效率对美国经济影响的文章[1]。文章中说:"这可能听起来太好,不像是真的,但美国有一个可再生能源,它完全干净、非常便宜、惊人的丰富、立即可用……这种神奇的东西被取了一个枯燥的名称:能效"。在这篇文章中,时任能源部长史蒂芬·朱说:"我简直无法让你留下能效是多么重要的印象"。时代杂志的文章认为,能效是解决全球变暖、能源独立和价格波动的唯一的具有成本效益的"能源"。劳文斯(Lovins)和科恩(Cohen)在他们的书《Climate Capitalism》[2]中也提出了提高能源效率的强烈论点,该书第 2 章标题为"能效:重新生长的低垂果实"。根据 2007 年麦肯锡研究报告,节能使人们每年节省 130 亿美元。消耗美国一半电力的小型企业,通过提高能源效率可以节省 20%~30% 的电费。

目前全球人均碳排放量约为 4t 或 8000lb,假定地球上有 70 亿人口,那么这对应于由人类活动而产生的全球二氧化碳排放量是 56 万亿 lb。世界各国的碳排放量如图 19.1 所示。发达国家,如美国、澳大利亚和加拿大,每年的人均碳排放量相对较大,约为 20t。这些大量的碳排放是通过消耗大量能源(例如汽油和电力)产生的,以提供汽车和卡车的使用等便捷交通,并提供舒适的空调和制冷等。相比之下,发展中国家(如印度、巴西和中国)具有相对较低的碳排放量,每人每年约 2t。但是不发达国家的人口远远超过发达国家的人口。可以预期,发展中国家的所有公民将努力实现与发达国家同样的生活质量。那么,除非我们的能源输出以更高的效率进行,否则预计未来全球碳排放量将增加到人均每年超过 20t。

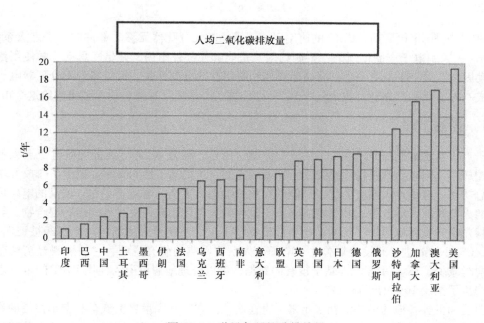

图 19.1　世界各国的碳排放量

自 20 世纪 80 年代以来,IGBT 在提高能效的产品开发中发挥了关键作用。本节重点介绍在运输、消费、工业和照明行业使用 IGBT 产品所带来的节能效果。基于使用 IGBT 器件所带来的能量节约，可以计算出由消费者带来的成本节约。此外，降低能源消耗消除了对从化石燃料发电厂发电的需要。这也降低了公用事业对发电容量的投资，并且减少了非常大量的二氧化碳排放。

19.1 电子点火系统

全球的大多数汽车和卡车（见图 19.2）依靠汽油动力的内燃机为车辆提供动力。根据美国能源信息管理局统计，汽油和柴油占所有运输燃料的 76%[3]：32% 的燃料用于汽车，28% 用于轻型卡车，16% 用于其他运输商品的卡车。直到 20 世纪 80 年代后期，在以汽油为动力的车辆中使用的是内燃机的凯特林点火系统，其使用机械分配器来控制火花塞的定时。由于接触具有侵蚀性，这种方法容易出现控制不良和不准确的问题。

a)   b)

图 19.2 汽油动力
a）汽车 b）卡车

在 20 世纪 80 年代后期，IGBT 的使用引入了可靠的无分配器无移动部件的电子点火系统[4]。文章指出："采用电子产品创新的主要制约因素是能够使部件耐用，并足以承受日常使用汽车的热和振动因素"。IGBT 是第一个具有高温操作和耐用性的电源开关，可以实现无分配器电子点火系统的成本效益化和可靠性。数十亿个 IGBT 已经被几个功率半导体公司单独出售给这个市场。

19.1.1 燃油节省

电子点火系统的操作先前在 9.1.2 节中详细讨论过。通常认为[5,6]无分配器电子点火系统降低了维护成本，同时允许更精确地控制火花塞的定时，这提高了燃料效率，减少了排放并增加了汽车的总功率。电子点火系统的优点是能够在比机械点火更高的电压下工作。较高的电压可以施加更宽的火花间隙，导致更长和更宽的火花。较大的火花体积允许更少油的燃料混合物，导致更好的燃料效率和发动机更加平稳的运行[7]。使用电子点火系统带来的燃料效率已经被证明[8,9]有 2~4mile/USgal 的改进。开发计划署关于电子点火系统影响的研究说明，它使燃料经济性改善了 10%，同时减少了环境污染[10]。基于现有的数据，可以合理地假设引入使用 IGBT 的电子点火系统已经产生了至少 10% 的燃料节省。

在美国和世界各地的燃料消耗多年来一直在增长。在美国和世界上汽车和卡车使用的汽油燃料已被美国能源信息管理局和其他机构[11]记录在案。汽油消耗数据如图 19.3 所示。美国汽油消耗约占全球总汽油消费量的 1/4。在美国，每年的汽油消费量从 1990 年的 1250 亿 USgal 到 2005 年的 1800 亿 USgal 的峰值，然后略有下降。相比之下，世界各地的汽油消耗量在这一时期稳步增长，从 1990 年的 4800 亿 USgal 增加到 2010 年的 6100 亿 USgal。

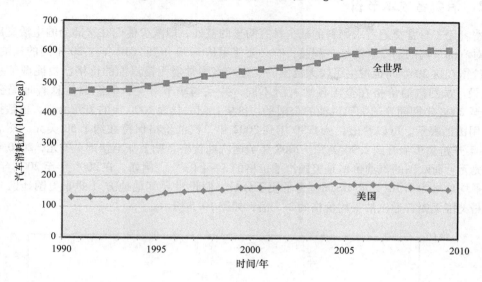

图 19.3　美国和全世界的燃料消耗

使用 IGBT 实现的电子点火系统的汽油节约量可从图 19.3 中的数据，并使用 10% 的汽油消耗来保守计算。图 19.4 给出了美国和世界计算的汽油节约量。美国从 1990 年汽油节约量为 130 亿 USgal，发展到 2010 年的 180 亿 USgal。对于全世界，汽油节约量从 1990 年的 480 亿 USgal，发展到 2010 年 610 亿 USgal。1990 年至 2010 年的 20 年期间，美国对汽油的累计节约量为 3260 亿 USgal。1990 年至 2010 年的 20 年期间，整个世界汽油的累计节约量为 11460 亿 USgal（1.146 万亿 USgal）。

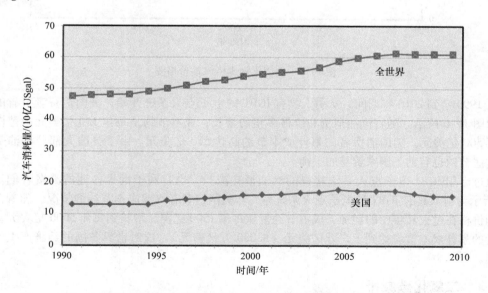

图 19.4　使用 IGBT 实现电子点火系统的美国和全世界的汽油节约量

19.1.2　消费者成本节省

消费者用于日常交通需求燃料的减少具有明显的益处，即减少他们在这部分的生活支出。为了量化对汽油节约的消费者的经济利益，有必要使用从 1990 年到 2010 年这 20 年间的汽油价格，而汽油价格在这 20 年间也发生了较大范围的变化。美国常规无铅汽油的价格已由能源信息管理局[12]记录。虽然汽油价格在全国各地有所不同，并且与季节有关，但能源信息管理局公布了 1949 年至 2008 年期间普通无铅汽油的全国平均价格，归一化为 2000 年的美元价格。该数据在图 19.5 中用图形表示。可以看出，从 1990 年到 2002 年，汽油价格保持在约 1.50 美元。然后价格在 2010 年开始稳步上升到 2.90 美元，2008 年美国汽油价格急剧上涨至接近 4 美元，2010 年下跌至约 3 美元。而欧洲的汽油价格是美国汽油价格的 3~4 倍[13]。例如，在 2000 年至 2005 年期间，汽油的平均价格为 8.10 美元/USgal。为了便于分析，假设世界其他地方（即非美国地区）的汽油价格是美国无铅普通汽油平均价格的 3.5 倍，如图 19.5 所示。

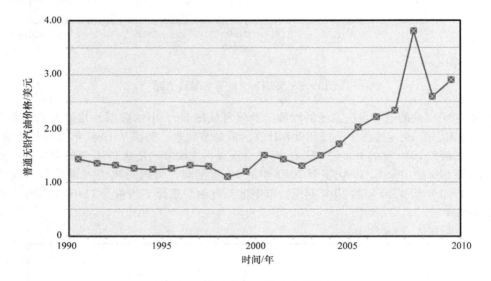

图 19.5　美国常规无铅汽油价格图

在 1990 年到 2010 年期间，从引入具有 IGBT 的电子点火系统开始，美国消费者节省的汽油成本如图 19.6 所示。随着汽油消费和价格多年的增长，成本节约从每年 150 亿美元的范围增长到每年 500 亿美元。美国消费者的累计成本节约高达 570 亿美元。由于美国大部分汽油是进口的，这些节约也有助于国家贸易的平衡。

通过启用 IGBT 电子点火系统获得的汽油消耗减少，也有利于世界各地的消费者们。如图 19.7 所示为引入具有 IGBT 的电子点火系统后，非美国消费者汽油成本节约的情况。随着汽油的消耗和价格在过去几年中的增加，成本节约量从每年 1500 亿美元增长到每年 5000 亿美元。全球消费者的累计成本节省达到了 5 万亿美元（5.080 万亿美元）。这对世界各国的经济产生了重要的影响。

19.1.3　二氧化碳减排

温室气体的排放，产生自我们所有的经济部门，其分布如图 19.8 所示[14]。图中表明二氧化碳排放量中的一个重要组成部分（14%）来自于产生汽油消耗的运输部门。此外，这种排放还

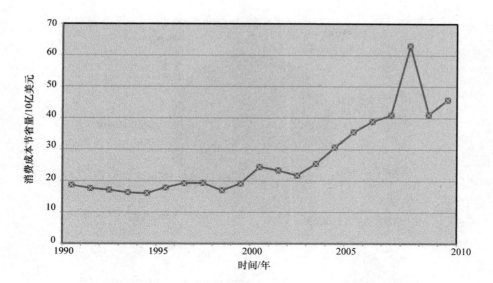

图 19.6　启用 IGBT 的电子点火系统而产生的美国汽油成本节约量

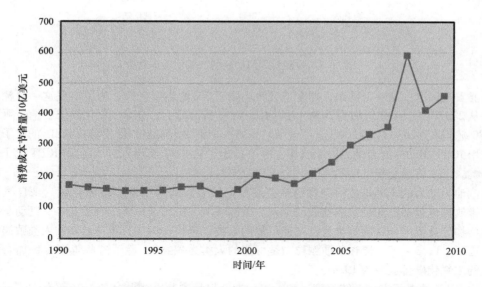

图 19.7　启用 IGBT 的电子点火系统而产生的全世界汽油成本节约量

会在大气中产成各种致癌污染物如氮氧化物（NO_x）及硫氧化物（SO_x）。在所有的经济部门都启用 IGBT 改进能效后，产生对社会的主要益处还在于降低了二氧化碳排放量。

　　近年来由于其对全球变暖的影响，在各种大气污染物中，人们对二氧化碳浓度增加最为关注。二氧化碳被认为是温室气体，其能够在大气中捕获太阳红外辐射，使得全球变暖。1991 年至 2005 年大气中二氧化碳浓度的增加，越来越与全球温度的上升联系起来[15]。依照康科迪亚大学地理系的马修斯教授所说，每吨添加到地球大气中的二氧化碳将使全球温度升高 1.5×10^{-12}℃（即 1 万亿 t 的二氧化碳排放将使温度升高 1.5℃）[16]。因此，社会应该谨慎起来，减少所有来源的二氧化碳排放。

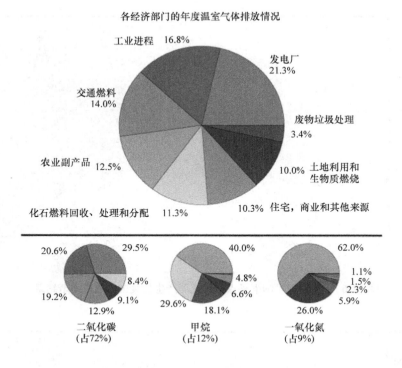

图 19.8　由经济部门产生的二氧化碳排放量

主要发达国家中有一个共识，即全球变暖应限于 2℃ 的温度上升。为了实现这一目标，在全球人口从 2007 年的 64 亿增加到 2050 年的约 95 亿[15] 的情况下，全球二氧化碳排放量必须从 2006 年的 280 亿 t 降至 2050 年的 200 亿 t。这个问题的一个解决方案是，使用具有 IGBT 的电子点火系统和使用 IGBT 驱动的混合动力电动汽车。本节描述了从 1990 年至 2010 年启用 IGBT 电子点火系统的影响。未来将感受到电动和混合动力电动汽车的影响。

以汽油为动力的车辆排放污染物已被很好地记录了下来[17]。除了二氧化碳，来自汽油动力车辆的排放物也包括已知是致癌物质的毒素。美国环境保护局（EPA）声明[18]："机动车排放的几种污染物已被美国环保局归类为已知或可能的人类致癌物。例如，苯是已知的人类致癌物，而甲醛、乙醛、1，3-丁二烯和柴油颗粒物是可能的人类致癌物"。除了这些毒素，每加仑汽油消耗产生的二氧化碳排放量为 19.4lb[19]。

启用 IGBT 的电子点火系统将汽车和卡车的燃料里程改善了至少 10%，从而大大降低了美国和世界各地的汽油消耗，这在上一节中得到了证明。由于降低汽油消耗而减少的以 lb/年为单位的二氧化碳排放量，可以通过将图 19.4 中的数据乘以因子 19.4 来计算。美国和世界各地二氧化碳排放量的年度减少量如图 19.9 所示。从图中可以看出，美国产生的二氧化碳排放量，从 1990 年的减少 2540 亿 lb 到 2004 年的减少最大量 3460 亿 lb。从 1990 年至 2010 年的 20 年期间，基于启用 IGBT 的电子点火系统，美国的二氧化碳排放量累积减少 63230 亿（6.32 万亿）lb。同样地，从图中可以看出，全世界的二氧化碳排放减少量从 1990 年的 9200 亿 lb，到 2007 年的 11890 亿 lb。从 1990 年至 2010 年的 20 年期间，基于启用 IGBT 的电子点火系统，全世界的二氧化碳排放减少量累积为 22.23 万亿 lb（111.2 亿 t）。从这个分析可以看出，启用 IGBT 的电子点火系统在减轻全球变暖方面发挥了重要作用。

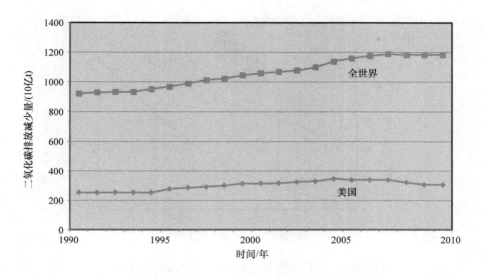

图 19.9 启用 IGBT 的电子点火系统后,美国和全世界的二氧化碳排放减少量

19.2 可调速电动机驱动

根据美国能源部和电力研究所的资料显示,美国 2/3 的电力用于在消费和工业应用中运行电动机[20,21]。电动机用于工业和消费领域,包括食品生产、加工、包装、研磨、油气生产、抽水、建筑物和住宅的加热和冷却、制冷、灌溉等。如 10.2 节所述,异步电动机通常与阻尼器一起使用导致效率低下。一个提高效率的主要改进是,用基于 IGBT 的逆变器实现一种可调或可变速度驱动的电动机来替代。典型的带有异步电动机的可调速驱动器如图 19.10 所示。

图 19.10 可调速电动机驱动

一个节能的典型示例,是由伊顿公司记录的如图 19.11 所示的离心风扇可调速驱动器[22]。在满载时,风门控制方法的效率是令人满意的。然而,对于低于满载的典型条件,通过减振器控制方法的功率消耗要比用可调速驱动器的功率消耗大得多。在充分扇出的 40% ~ 70% 范围内,可调速驱动提供了至少 40% 的效率上的改进。

五月花车辆系统(其为阿斯顿·马丁和路虎 MGF 跑车的车身板制造商),称通过使用 ABB 公司的变速驱动器[23],运行成本已经降低了 87.9%。华盛顿州立大学总结[24],通过使用可调速驱动器可以减少近 70% 的泵浦能量。理特咨询公司为美国能源部准备了一份非常详细的报告[25],记录了电动机可调速驱动器的节能效果。基于这些研究和报告在本节进行保守分析,通过使用可调速驱动器实现了 40% 的效率提升。

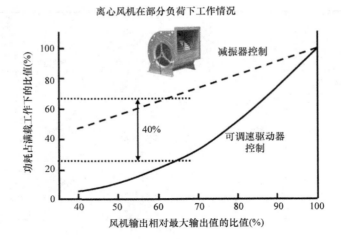

图 19.11 用于离心风机的可调速驱动器的能量节约

19.2.1 电能节省

自第二次世界大战以来，全世界的电力消耗呈现单调增长，如图 19.12 所示。全世界电能消耗现在已经接近 20 万亿 kW·h。由于可调速驱动器的采用，基于电能消耗的 2/3 用于驱动电动机并从可调速驱动器获得 40% 的能量节省，全世界在 1990 年到 2010 之间减少的电力消耗总量可以被计算出来。图 19.13 中所示的能量节省（单位为 GW）通过将图 19.12 中提供的每年能量的太瓦时的 2/3 除以因子（$365 \times 24h = 8760h$）而获得，将其乘以因子 1000 将太瓦单位转化为吉瓦单位，然后由于效率改进与可调速驱动器我们取这个值的 40%。

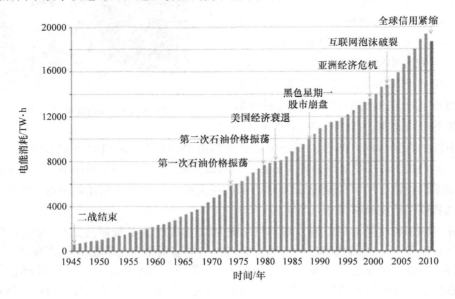

图 19.12 全世界的电力消耗

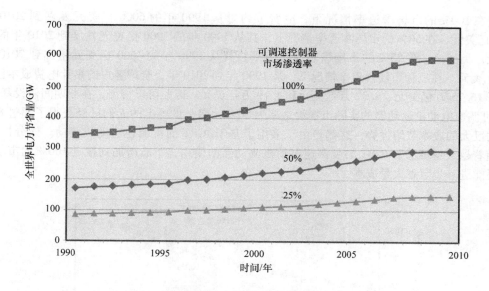

图 19.13　由于采用基于 IGBT 的可调速驱动器的电能节约

在 1990 年到 2010 年期间，假设世界上所有的电动机都使用可调速驱动器是不可能的，因为它们比具有阻尼器的旧技术具有更高的成本。可调速驱动器的市场渗透率在欧洲和日本是很高的，这是由于他们更愿意减少化石燃料消耗而承担电力的高昂成本。发展中国家的市场渗透率较低，但其用电量也小于发达国家。考虑到这些因素，在此期间使用 50% 的市场渗透率是合理的。对于这种情况，从图 19.13 可以看出，由于采用可调速驱动器的功率消耗节约量，从 1990 年的 170GW 增加到 2010 年的 300GW。该分析表明，当将来使用更多基于 IGBT 的可调速电动机驱动器，将市场渗透率提高到接近 100% 时，有进一步节省功率的巨大空间。

19.2.2　电力成本节省

通过使用可调速驱动器降低电力消耗，不仅有益于电力的最终用户，而且有利于电力供应商。1GW 燃煤发电厂的建造成本接近 30 亿美元。因此，使用基于 IGBT 驱动的可调速驱动器节省了 300GW 的电能，为全球电力公司节省了 8900 亿美元的电厂投资。

电力消费者也通过使用可调速驱动器节省了电费。世界各地客户的电力成本也是各不相同的[26]。美国消费者的平均电力成本已由美国能源信息管理局公布[27]。他们的平均电费成本为住宅客户 11.09 美分/(kW·h)，工业客户 6.72 美分/(kW·h)，运输客户 10.62 美分/(kW·h)。美国所有行业的平均电力成本是 10 美分/(kW·h)。

欧洲国家的电力价格通常高得多，其中丹麦、德国和意大利的客户分别为 0.43 美元/(kW·h)、0.31 美元/(kW·h) 和 0.37 美元/(kW·h)。而俄罗斯和芬兰的电力价格略低，分别为 0.13 美元/(kW·h) 和 0.07 美元/(kW·h)。在亚洲国家，如菲律宾、新加坡和马来西亚的客户的电力价格也各不相同，分别为 0.16 美元/(kW·h)、0.21 美元/(kW·h) 和 0.074 美元/(kW·h)。对于本节中的分析，将假定全球的平均电价为 0.20 美元/(kW·h)。

采用基于 IGBT 的可调速电动机驱动器减少了能量消耗，进一步节约了全球消费者的电费成本，其节约的电费情况如图 19.14 所示。通过在使用可调速电动机驱动器的三种情况下的功耗节约量（见图 19.13），以及 0.20 美元/(kW·h) 的电力成本，获得了这些数据。从图 19.14 可以看出，在 100% 的市场渗透率情况下，电费节约量从 1990 年的 6000 亿美元发展到 2010 年的 10400 亿美元；在 50% 的市场渗透率情况下，其从 1990 年的 3000 亿美元发展到 2010 年的 5200 亿美元；类似地，在 25% 的市场渗透率情况下，其从 1990 年的 1500 亿美元增加到 2010 年的 2600 亿美元。在三种市场渗透率情况下，从 1990 年到 2010 年，全球客户的累计电费成本已分别节省了 16.75 万亿美元、8.37 万亿美元和 4.19 万亿美元。因此可以得出，在此期间假设基于 IGBT 的可调速电动机驱动器的实际市场渗透率为 50%，那么世界上的人们已经获得了超过 8 万亿美元的巨大的成本节约优势，这都是由于采用了基于 IGBT 的可调速电动机驱动。该分析表明，未来随着越来越多基于 IGBT 的可调速电动机驱动器的使用，不断增加到接近 100% 的市场渗透率，还能进一步节省大量成本。

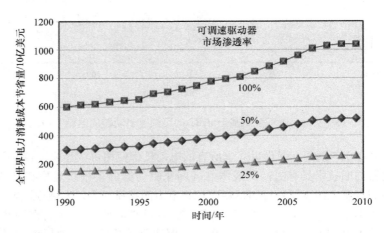

图 19.14　由采用基于 IGBT 的可调速驱动器节省的电力消耗

19.2.3　二氧化碳减排

　　由于采用基于 IGBT 的可调速驱动器，降低了电力消耗，从而导致二氧化碳排放量的减少，这可以通过将图 19.13 中的数据与全世界发电厂产生的每千瓦时电力的典型二氧化碳排放速率相乘来得到。美国环境保护局分析得到了美国各种类型发电厂的二氧化碳排放情况[28]。美国的电力大部分（51%）由燃煤发电厂产生。不幸的是，燃煤发电厂的二氧化碳排放量是各发电方案中最高的。根据美国环保署的分析，基于所有燃料来源，在美国生成每 $kW \cdot h$ 电力的二氧化碳排放量平均值是 1.350lb。

　　全世界的发电使用了各种燃料[29]，如煤用于产生全世界 41% 的电力需求，天然气用于产生全世界电力需求的 21%。目前世界平均二氧化碳排放量为 $1.1lb/(kW \cdot h)$。然而，根据上述参考文献，中国使用煤产生 79% 的电力，印度使用煤提供 69% 的电力。由于这两个国家的经济快速增长，他们积极部署新的发电能力，因此未来的发电将会有更高的二氧化碳排放。

　　由于电力消耗的下降带来的二氧化碳排放的减少（以 lb/年为单位）情况，可以通过将图 19.13 中的数据与由发电厂产生的每千瓦时的二氧化碳排放量的典型速率相乘来计算。由于采用基于 IGBT 的可调速电动机驱动器，二氧化碳排放的减少情况如图 19.15 所示。该数据是通过将每年的节能量乘以 $1.1lb/(kW \cdot h)$ 来计算的。从图 19.15 可以看出，在可调速驱动器的市场渗透率为 50% 的情况下，世界上产生的二氧化碳排放量从 1990 年的减少 1.65 万亿 lb 到 2010 年的减少 2.86 万亿 lb。在这种情况下，从 1990 年到 2010 年的这 20 年期间，由于采用了基于 IGBT 的可调速电动机驱动器，全世界产生的二氧化碳排放的减少值累积为 46.05 万亿 lb。随着可调速驱动器的市场渗透率接近 100%，未来全世界的二氧化碳排放量将进一步减少。

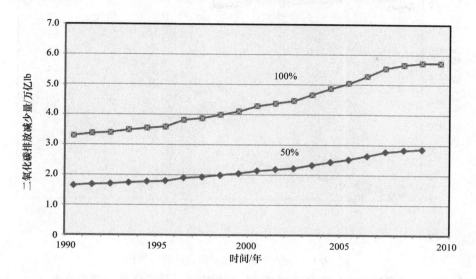

图 19.15　由于采用基于 IGBT 的可调速驱动器的二氧化碳排放减少情况

19.3　紧凑型荧光灯

　　照明在美国消耗约 22% 的电力，这与全世界其他地方的水平持平[30]。在 11.2 节中证明了 IGBT 使得引入具有成本效益和可靠的紧凑型荧光灯（CFL）成为可能。如今，消费者可以得到各种形状和尺寸的紧凑型荧光灯，如图 19.16 所示。

　　由于白炽灯将电功率转换为可用光的效率非常低（4%），已经发起了取代白炽灯泡的世界性运动。目前替代白炽灯的最具成本效益的选择是紧凑型荧光灯。典型的紧凑型荧光灯在替换 60W 白炽灯时，仅消耗 15W 的功率即可产生相同的光量。在 20 世纪 90 年代缓慢开始之后，自 2000 年以来全球紧凑型荧光灯的销售量迅速增长。

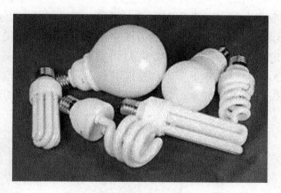

图 19.16　紧凑型荧光灯

　　在美国，紧凑型荧光灯的销售已经被各种媒体报道[31]。自 1999 年到 2007 年，美国紧凑型荧光灯的年销售一直增长，其情况如图 19.17 所示。沃尔玛公司通过降低价格促进了紧凑型荧光灯的销售，并于 2006 年 11 月宣布在 2007 年年底前销售 1 亿只紧凑型荧光灯的目标，该目标于 2007 年 10 月达到。不幸的是，在 2008 年，美国紧凑型荧光灯的销售额相对于 2007 年的水平下降了 25%；在 2009 年，其销售额相对于 2007 年的水平下降了 49%[32]。这个情况是由于荧光灯介质中含有汞这种物质造成了恐慌，即便荧光灯灯泡中的汞含量通常比家用温度计低 100 倍。沃

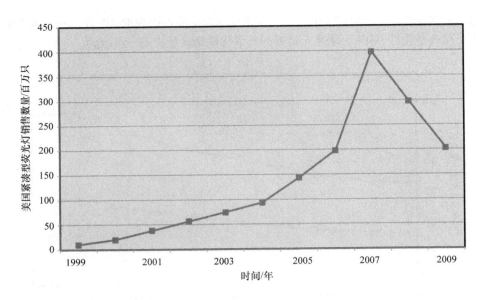

图 19.17　在美国的紧凑型荧光灯的销售额

尔玛、家得宝和洛斯商店启动回收紧凑型荧光灯的程序，并做了烧毁的安全处置。

　　为了确定由紧凑型荧光灯节约的电量，有必要使用每年的紧凑型荧光灯的总安装量（而不是销售的数量）。一个好的假设是，所有购买的紧凑型荧光灯都被消费者用来替换白炽灯泡。然而，紧凑型荧光灯的寿命约为 10000h（白炽灯泡为 1000h），基于每天开启 6h，转换成使用期为 5 年。因此，必须假设在任何特定年份购买的紧凑型荧光灯，将首先用于替代 5 年前购买的紧凑型荧光灯，其余用于替换白炽灯。基于该方法，在美国使用的紧凑型荧光灯累积量如图 19.18 所示。即使在这种保守的方法中也可以看出，在美国使用的紧凑型荧光灯累积量在过去几年中急剧增长，2009 年达到 12 亿只。据估计，发达国家的每个家庭都有超过 10 个灯具，在美国只有 20% 的插座插上了紧凑型荧光灯。此外，紧凑型荧光灯用于办公室和工厂，以节省电能和替换白炽灯的人工成本。紧凑型荧光灯的寿命比白炽灯长 10 倍，这使得它们在工作场所更具有吸引力。

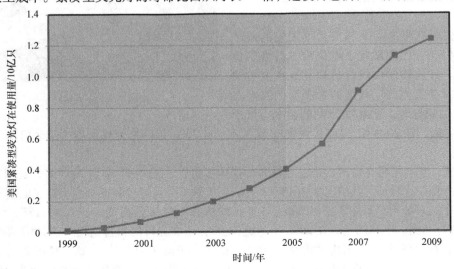

图 19.18　在美国使用紧凑型荧光灯的总数量

与美国相比，世界其他地方采用紧凑型荧光灯的行动也在积极进展中[33]。世界观察研究所指出[31]："在美国，2007 年紧凑型荧光灯占销售额的 20% 以上。但其他富裕国家在一段时间内显示出更高的紧凑型荧光灯使用率，其中就包括日本 80% 的家庭和 1996 年德国 50% 的家庭使用紧凑型荧光灯。许多发展中国家近年来也表现出强大的紧凑型荧光灯市场份额：2003 年中国紧凑型荧光灯占销售额的 14%，2002 年巴西紧凑型荧光灯占销售额的 17%"。澳大利亚成为 2007 年第一个禁止销售白炽灯的国家。欧盟，爱尔兰和加拿大通过了类似的立法。世界观察研究所指出："总的来说，超过 40 个国家已经宣布计划进行跟随"。甚至印度已经推出了一个名为 Bachat Lamp Yojana（BLY）的计划[34]，以用紧凑型荧光灯取代在该国正在使用的 4 亿只白炽灯。2008 年，印度出售了 1.99 亿个紧凑型荧光灯。

自 20 世纪 90 年代初以来，紧凑型荧光灯的全球销售以每年 20% 的速度单调增长。根据中国紧凑型荧光灯照明技术集团的报告，紧凑型荧光灯的生产以中国为主，市场份额超过了 80%。这一结论得到了第二届国际紧凑型荧光灯协调论坛发表的数据[36]的肯定。世界观察研究所指出[31]："在 2001 年至 2006 年间，中国紧凑型荧光灯（CFL）的产量约占全球产量的 85%，从 7.5 亿增加到 24 亿只。在 2001 年至 2003 年间，全球使用的紧凑型荧光灯总数几乎翻了一番，估计从 18 亿增长到了 35 亿只"。基于上述参考文献中的数据，图 19.19 显示了 1990 年至 2010 年紧凑型荧光灯的全球销售额。由于 2006 年以后没有发现任何数据，尽管有证据表明销售额持续增长，但是为了保守的分析，销售额曲线是扁平的。

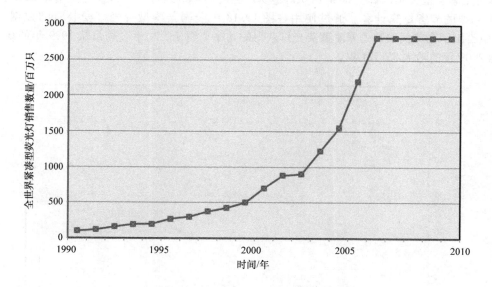

图 19.19　紧凑型荧光灯的全球销售额

为了确定从全球使用紧凑型荧光灯量得出的功率节省量，有必要使用每年紧凑型荧光灯总安装量的数据。一个好的假设是，所有购买的紧凑型荧光灯都被消费者用来替换白炽灯。然而，紧凑型荧光灯的寿命约为 10000h，这意味着基于每天打开 6h 的使用期为 5 年。因此，必须假设在任何特定年份购买的紧凑型荧光灯，将首先用于替代 5 年前购买的紧凑型荧光灯，其余用于替换白炽灯。基于该方法，使用的紧凑型荧光灯的累计量如图 19.20 中所示。即使在这种保守的方法中也可以看出，全世界紧凑型荧光灯的累计量在这些年中已经显著增长到超过 140 亿只。图中全球使用的紧凑型荧光灯数量与公布的估计一致[31]。

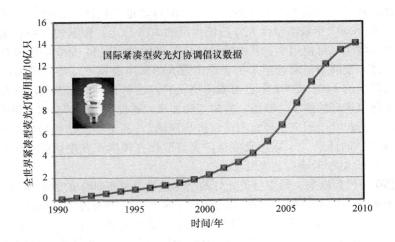

图 19.20　全球使用紧凑型荧光灯的总数量

19.3.1　电能节省

　　通过用紧凑型荧光灯替换 60W 白炽灯泡所产生的功率节约量，可以通过使用每 60W 白炽灯有 45W 功率的节省量来计算。通过使用在图 19.18 中美国紧凑型荧光灯安装量的数据，在图 19.21 中给出了在美国安装的紧凑型荧光灯获得的功率节约量。功率节约量从 1999 年的 0.45GW 增长到 2009 年的最大 55.72GW。

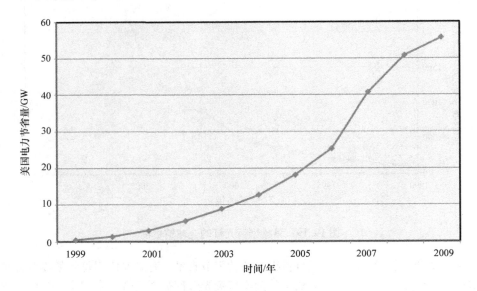

图 19.21　使用基于 IGBT 的紧凑型荧光灯后，美国的电力节约量

　　全球安装的紧凑型荧光灯获得的功率节约量如图 19.22 所示。通过用紧凑型荧光灯代替 60W 白炽灯，每个灯泡节省 45W 的功率来节省功率。功率节约量从 1990 年的 4.5GW 增加到 2009 年的 634.5GW。

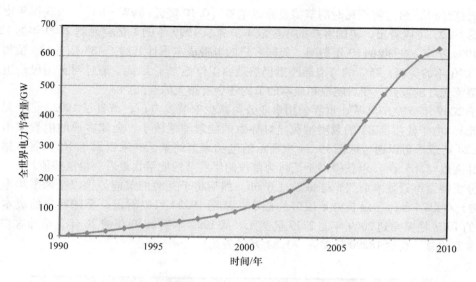

图 19.22　使用基于 IGBT 的紧凑型荧光灯后，全球的电力节约量

19.3.2　电费节省

使用紧凑型荧光灯减少的电力消耗，不但有利于最终用户，而且有利于电力供应商。1GW 燃煤发电厂的建设使用公用事业费接近 30 亿美元。因此，由于减少了发电厂的建设，使用 IGBT 制造的紧凑型荧光灯节省 56GW 的电能，为美国公用事业节约了 1670 亿美元的成本。

图 19.23 显示了由于使用 IGBT 的紧凑型荧光灯导致了较低的能耗，为美国客户节约的电费成本。可以通过用图 19.21 中所示的电功率节约量，乘以因子 10^6 以将数据转换为千瓦，并乘以（365×6）以获得以千瓦时为单位的年度节约能量，最后获得这些值。该分析假设每个紧凑型荧

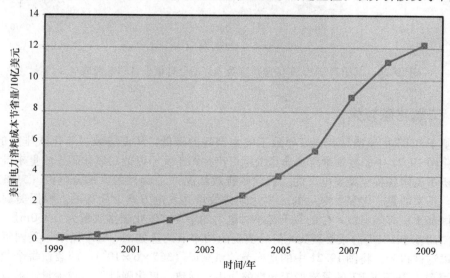

图 19.23　采用基于 IGBT 的紧凑型荧光灯后美国消费者的电费节约量

光灯每天打开6h。然后将千瓦时的节能量乘以电费 [0.10 美元/(kW·h)]，以获得年度节约成本。从图 19.23 可以看出，美国客户的年度成本节省从 1999 年的 1 亿美元到 2009 年的 122 亿美元。在 1999 年至 2009 年的 10 年期间，美国客户的电费成本累计节约了 488 亿美元。值得指出的是，在 2010 年的美国，75% 的灯泡插座里仍然是白炽灯泡[32]。因此，通过对美国民众更好地宣传紧凑型荧光灯的益处，今后能源和成本的节约还会有很大的空间。

由于 2009 年节能 635GW，世界公用事业公司减少安装发电厂，节省了 19030 亿美元（1.90 万亿美元）。由于使用 IGBT 的紧凑型荧光灯导致的能量消耗较小，全球客户的电费成本节约量如图 19.24 所示。可以通过取图 19.21 中所示的电功率节约量，并乘以因子 10^6 以将数据转换为千瓦，并乘以（365×6）以获得以千瓦时为单位的年度节约能量，最后获得这些值。

该分析假设每只紧凑型荧光灯每天打开6h。然后将千瓦时的节能量乘以全球平均电力成本 [0.20 美元/(kW·h)]，以获得年度节约成本。从图 19.24 可以看出，全球客户的成本节约从 1990 年的 19.7 亿美元到 2009 年的 2779 亿美元。从 1990 年到 2010 年的 20 年，全球客户的累计电力成本节约总计高达 18290 亿美元（1.83 万亿美元）。

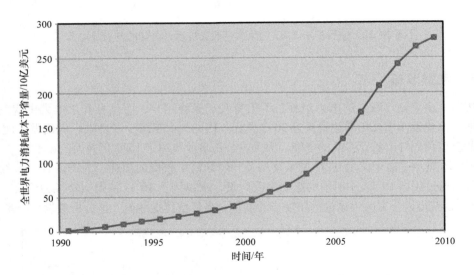

图 19.24 采用基于 IGBT 的紧凑型荧光灯后全球消费者的电费成本节约量

19.3.3 二氧化碳减排

由于基于 IGBT 的紧凑型荧光灯导致了电力消耗的降低，从而导致二氧化碳排放的减少量，可以通过将图 19.21 中的数据乘以由典型发电厂产生每千瓦小时的二氧化碳排放量来计算。环境保护局分析了美国各种类型发电厂的二氧化碳排放情况[28]。美国的大部分电力（51%）由燃煤电厂生产。不幸的是，燃煤发电厂的二氧化碳排放量是发电方案中最高的。根据美国环保局数据，在美国基于所有燃料源产生的每千瓦小时电力的平均二氧化碳排放量为 1.350lb。

美国使用基于 IGBT 的紧凑型荧光灯后实现的功率节约量如图 19.21 所示。美国每年的能量节约量可以这样得到：将图 19.21 中的功率节约量乘以（365×6×10^6），即假设每个紧凑型荧光灯每天使用6h。基于 IGBT 的紧凑型荧光灯的使用，导致二氧化碳排放的减少量，可以通过将以千瓦小时为单位的年节能量乘以 1.35lb/(kW·h) 获得，如图 19.25 所示。美国产生的二氧化碳排放量的减少，从 1999 年的 13 亿 lb 到 2009 年的 1650 亿 lb。10 年期间累计减少 6590 亿 lb。

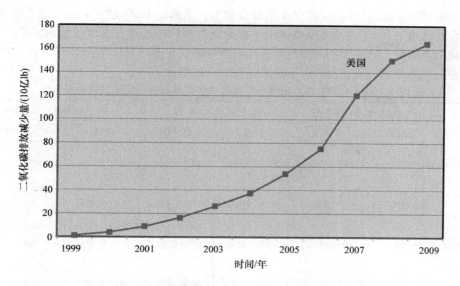

图 19.25　采用基于 IGBT 的紧凑型荧光灯后，美国二氧化碳排放量的减少量

　　全世界使用基于 IGBT 的紧凑型荧光灯实现的电力节约量如图 19.22 所示。在每个紧凑型荧光灯每天使用 6h 的假设下，图 19.22 中的电力节约量与（365 × 6 × 10⁶）相乘可以获得全世界每年的节能量。由于基于 IGBT 的紧凑型荧光灯的使用而减少的二氧化碳排放量，可以通过将每年的能量节省量乘以 1.10lb/（kW·h）而获得，如图 19.26 所示。全世界产生的二氧化碳排放量减少量从 1990 年的 0.01 万亿 lb 到 2010 年的 1.53 万亿 lb。由于基于 IGBT 的节能灯的使用，从 1990 年至 2010 年的 20 年间世界上生产的二氧化碳排放量，累计减少 10.06 万亿 lb。

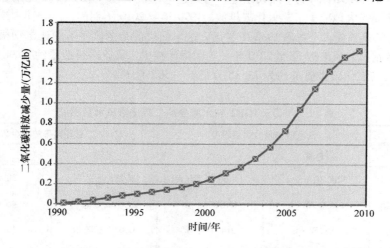

图 19.26　采用基于 IGBT 的紧凑型荧光灯后，全世界的二氧化碳排放减少量

19.4　总结

　　IGBT 已经为各种经济领域的各种产品提高了功率传输效率和能量管理效率。在本章中，通

过研究三个案例来量化由使用 IGBT 带来的社会效益：①通过 IGBT 启用的电子点火系统获得的汽油节约量；②通过 IGBT 驱动的可调速电动机驱动器节约的电量；③通过使用 IGBT 的紧凑型荧光灯获得的节电量。总结了美国和世界各地消费者的成本节约量，见表 19.1。表 19.1 中给出的是全世界可调速电动机驱动器的市场渗透率为 50% 的情况。

表 19.1　基于 IGBT 技术的汽油和电力节约量以及为社会带来的经济效益

基于 IGBT 的应用	汽油或能量节约累积量		消费者成本节约量		公用事务成本节约量	
	美国	全世界	美国	全世界	美国	全世界
电子点火系统	3260 亿 USgal	11460 亿 USgal	5700 亿美元	56500 亿美元	—	—
可调速电动机驱动	20690TW·h	41870TW·h	20690 亿美元	83730 亿美元	3840 亿美元	8900 亿美元
紧凑型荧光灯	488TW·h	9145TW·h	490 亿美元	18290 亿美元	1670 亿美元	19040 亿美元
合计			26880 亿美元	158520 亿美元	5510 亿美元	27940 亿美元

　　基于 IGBT 的应用实现的电能节约量避免了建造昂贵的发电厂，从而为公用工业事业节省了巨大的成本。在 1990 年至 2010 年期间，美国消费者累计节约的成本总计高达 2.69 万亿美元，由于无需建设发电厂，美国公用事业公司节省了 5510 亿美元。在 1990 年至 2010 年期间，全球消费者累计节约的成本总计高达 15.85 万亿美元，而全球公用事业由于不必建造发电厂，也额外节省了 2.79 万亿美元。

　　由于启用了基于 IGBT 的电子点火系统、可调速电动机驱动器和紧凑型荧光灯，减少了汽油和电力消耗，从而极大地减少了二氧化碳排放。1990 年至 2010 年期间，从上述三个应用中减少的二氧化碳排放量的累积量，可在表 19.2 中看出。这里使用的是全世界可调速电动机驱动器的市场渗透率为 50% 的情况。从 1990 年至 2010 年，美国累计减少二氧化碳排放量约为 34.91 万亿 lb，全世界累计减少的二氧化碳排放量约为 78.35 万亿 lb（392 亿 t）。

表 19.2　基于 IGBT 技术减少的二氧化碳排放量概览

基于 IGBT 的应用	汽油或能量节约累积量		二氧化碳排放减少累积量	
	美国	全世界	美国	全世界
电子点火系统	3260 亿 USgal	11460 亿 USgal	6.323 万亿 lb	22.233 万亿 lb
可调速电动机驱动	20690TW·h	41870TW·h	27.932 万亿 lb	46.053 万亿 lb
紧凑型荧光灯	488TW·h	9145TW·h	0.659 万亿 lb	10.060 万亿 lb
合计			34.914 万亿 lb	78.346 万亿 lb

　　最近分析了减少各种来源的二氧化碳排放的可能性[37]。作者评估要将全球化石燃料的二氧化碳排放量从现在的年均 75 亿 t（或 15 万亿 lb）往下减少。该值与橡树岭国家实验室二氧化碳信息分析中心的全球化石燃料碳排放估算值一致[38]。使用该值可以得出，全世界使用 IGBT 技术能够消除的二氧化碳排放量，与在 5 年内由化石燃料产生的二氧化碳排放量相当。

　　今后，通过增加可再生能源（如风能、太阳能、地热能等）的发电量，将进一步减少二氧化碳排放量。《时代》杂志最近审查了可再生能源的种类[39]。文章说："奥巴马总统的最新目标是，到 2035 年美国 80% 的能源需求由清洁能源来提供……同时，正在努力将来自风能和其他可再生能源（如太阳能，地热和生物质能源）的能源比例在 2020 年提高到 20%"。所有这些可再生能源发的电，都需要将其转换成 50Hz 或 60Hz 的交流电以便能在电网中分布。如第 15 章所述，这是通过使用基于 IGBT 的逆变器来实现的。因此，IGBT 将在创造全球性的具有高生活水平的可持续性社会、减少对环境的影响和减轻全球变暖方面发挥越来越大的作用。

参 考 文 献

[1]　M. Grunwald, Wasting our watts, Time Magazine (January 12, 2009).

[2]　L.H. Lovins, B. Cohen, Climate Capitalism, Hill and Wang Publishers, New York, 2011.

[3]　Monthly Energy Review, U.S. Energy Information Administration, June 2011.

[4]　R.G. Amey, Automotive component innovation: development and diffusion of engine management technologies, Technovation 15 (1995) 211−223.

[5]　K. Nice, How Automobile Ignition Systems Work. http://auto.howstuffworks.com/ignition-system5.htm.

[6]　A. Faiz, C.S. Weaver, M.P. Walsh, Air Pollution from Motor Vehicles, The World Bank, Washington, DC, 1996.

[7]　C. Ofria, A Short Course on Ignition Systems. http://www.familycar.com/classroom/ignition.htm.

[8]　C. Fulvia, http://www.viva-lancia.com/fulvia/qanda/electrical/el.php.

[9]　J.D. Hanks, G. Cunningham, M. Mallory, Electronic versus Point Distributor. http://www.hotforhotfours.com/evsd.htm.

[10]　GEF Small Grants Programme, UNDP. http://sgp.undp.org/downloads/fs-krgyzstan.pdf.

[11]　http://www.bts.gov/publications/national_transportation_statistics/excel/table_04_01.xls, 2011.

[12]　Annual Energy Review, Table 5.24: Retail Motor Gasoline and on-Highway Diesel Fuel Prices, Energy Information Administration, 2008. http://www.eia.gov/oil_gas/petroleum/data_publications/wrgp/mogas_history.html.

[13]　Gasoline and Diesel Usage and Pricing, Wikipedia. http://en.wikipedia.org/wiki/Gasoline_and_diesel_usage_and_pricing.

[14]　Greenhouse Gases: Why Are We Focusing on Carbon Dioxide? GreenCheck Technologies, Inc. http://gchk.biz/2010/06/16/greenhouse-gases-why-are-we-focussing-oncarbon-dioxide/.

[15]　CO_2 − The Major Cause of Global Warming, Time for Change Organization. http://timeforchange.org/CO_2-cause-of-global-warming.

[16]　Carbon emissions linked to global warming in simple linear relationship, Science Daily News (June 11, 2009). http://www.sciencedaily.com/releases/2009/090610154453.htm.

[17]　Report 90−1, Total Emissions from Gasoline-Powered Light-Duty Vehicles, California Air Sources Board, January 1990. http://www.arb.ca.gov/research/resnotes/notes/90-1.htm.

[18]　Environmental Fact Sheet EPA400-F-92-004, Air Toxins from Motor Vehicles, U.S. Environmental Protection Agency, August 1994. http://www.epa.gov/otaq/f02004.pdf.

[19]　Environmental Fact Sheet EPA420-F-05−001, Emission Facts: Average Carbon Dioxide Emissions Resulting from Gasoline and Diesel Fuel, U.S. Environmental Protection Agency, February 2005. http://www.epa.gov/oms/climate/420f05001.pdf.

[20]　Energy Use Basics. http://www.fypower.org/bpg/module.html.

[21]　J. Douglas, Advanced motors promise top performance, EPRI Journal (June 1992) 24−31.

[22]　Eaton Consultants Report # 00−054, Variable Frequency Drives, June 2000. www.nwalliance.org.

[23]　Staggering Energy Savings Prove Value to Professional Audit. http://www.joliettech.com/cs_staggering-energy-savings.htm.

[24] Energy Efficiency Fact Sheet: Adjustable Speed Motor Drives, Cooperative Extension, Washington State University Energy Program. http://www.energy.wsu.edu/ftp-ep/pubs/engineering/motors/MotorDrvs.pdf.

[25] Opportunities for Energy Savings in the Residential and Commercial Sectors with High-Efficiency Electric Motors, Arthur D. Little, Inc., December 1, 1999. Final Report Contract No. DE-AC01-90CE23821. http://www.eere.energy.gov/buildings/info/documents/pdf/doemotor2_2_00.pdf.

[26] Electricity Pricing. en.wikipedia.org/wiki/Electricity_pricing.

[27] Average Retail Price of Electricity to Ultimate Customers by End-Use Sector, by State. U.S. Energy Information Administration. http://www.eia.gov/cneaf/electricity/epm/table5_6_b.html.

[28] Environmental Protection Agency Report, Carbon Dioxide Emissions from the Generation of Electric Power in the United States, U.S. Department of Energy, July 2000. http://www.eia.gov/cneaf/electricity/page/co2_report/co2emiss.pdf.

[29] Coal and Electricity, http://www.worldcoal.org/coal/uses-of-coal/coal-electricty/.

[30] Report prepared for the U.S. Department of Energy, U.S. Lighting Market Characterization, Navigant Consulting, Inc., September 2002.

[31] Strong Growth in Compact Fluorescent Bulbs Reduces Electricity Demand, Worldwatch Institute, June 15, 2011. http://www.worldwatch.org/node/5920.

[32] L.B. Vestel, As C.F.L. sales fall, more incentives urged, N.Y. Times, 2009. http://green.blogs.nytimes.com/2009/09/28/as-cfl-sales-fall-more-incentives-urged/.

[33] Widespread CFL Use Could Slash Global Lighting Demand for Electricity in Half, October 2008. http://www.facilitiesnet.com/lighting/article/Widespread-CFL-Use-Could-Slash-Globa-Lighting-Demand-For-Electricity-By-Half.htm.

[34] India Lights Future with Efficient Lamps and Carbon Credits, Worldwatch Institute, June 15, 2011. http://www.worldwatch.org/node/6438.

[35] G. Fumin, Achievement and development of chinese CFL industry, Right Light (May 5, 2002) 303—306.

[36] P. du Pont, M. Kumpengsath, International review of CFL markets in 7 Asia-Pacific countries, in: 2nd international forum on CFL harmonization, November 1, 2005.

[37] D. Divan, F. Kreikebaum, Organic (but not green), IEEE Spectrum (November 2009) 49—53.

[38] Global Fossil-Fuel CO_2 Emissions, Carbon Dioxide Information Analysis Center, Oak Ridge National Laboratory. http://cdiac.ornl.gov/trends/emis/tre_glob.html.

[39] E. Heinrich, Breezing in, Time Magazine (June 20, 2011).

第 20 章　总　　述

本书前面的章节详细描述了绝缘栅双极型晶体管（IGBT）的结构和应用、芯片和内部单元结构的设计以及具体使用器件的方法。在 IGBT 商业化之后的近 30 年中，它已经成为电源管理设计的一个基本且必需的器件。IGBT 已经应用在各种电路拓扑中，同时人们也在不断地对 IGBT 进行优化，从而改善它的性能。这同时也说明了 IGBT 技术巨大的社会影响力。

在本章中，首先讲述了几种代表世界先进水平的 IGBT 产品，其阻断电压涵盖了 600 ~ 6500V。在过去 5 年中，碳化硅器件已经成功商业化，并且能替代一些 IGBT 的应用。因此，接下来我们对碳化硅器件的特性和 IGBT 的特性进行了比较，以了解碳化硅这种新兴技术的优势。然而，碳化硅器件的制造成本很高，这限制了它的应用范围。

20.1　最先进的 IGBT 产品

在第 2 章中，我们介绍了 IGBT 的基本结构。在过去的 30 年内，这种基本结构已经进行了大量的优化。IGBT 的应用种类繁多，与此同时，目前许多 IGBT 制造商都能提供阻断电压范围为 600~6500V 的 IGBT 器件。表 20.1 提供了一组具有代表性的 IGBT 器件，它们来自于 Mitsubishi 半导体公司。数据表中列出了这些器件的电流额定值和 25℃ 下的通态电压降。同时还通过提供集电极电流的下降时间描述了器件的开关速度。

表 20.1　典型的市售 IGBT 产品

IGBT 产品	阻断电压/V	电流/A	导通电压/V	电流下降时间/μA	导通电流密度/(A/cm²)
器件 A CM100DU – 12F	600	100	1.6	0.25	100
器件 B CM100DU – 24F	1200	100	1.8	0.30	85
器件 C CM100DY – 34A	1700	100	2.2	0.35	75
器件 D CM1000HC – 66R	3300	1000	2.45	0.30	50
器件 E CM1200HC – 90R	4500	1200	3.50	0.35	40
器件 F CM600HG – 130H	6500	750	3.80	0.40	30

IGBT 产品的数据手册包括器件的导通状态特性。为了在不同阻断电压下比较 IGBT 和碳化硅功率 MOSFET，我们需要用到导通状态下的电流密度而不是绝对电流。导通状态下的电流密度反映了每个模块内并联工作的 IGBT 数量。如第 3 章中所述，由于支持电压需要较厚的漂移层，当阻断电压增加时，IGBT 的导通电压降也会增加。导通状态下的电流密度最终由热学效应决定，例如最大结温和封装的热阻。具有不同阻断电压额定值的 IGBT 产品的典型导通电流密度已经包括在表 20.1 中。这些电流密度假定可以适用于每个 IGBT 产品的额定通态电流。使用这些数据可以绘制 IGBT 产品的导通状态特性曲线[1]，如图 20.1 所示。从该图可以看出，导通状态特性随着 IGBT 的阻断电压额定值的增加而下降，例如，导通状态电压降随着阻断电压额定值的增加而

增加。

在制造商提供的数据表上，通态工作点在图 20.1 中由星形数据点示出。此外，功耗在图中用虚线表示，分别为 $100W/cm^2$、$125cm^2$ 和 $150W/cm^{2[2]}$。具有较低阻断电压的器件 A、B 和 C 的导通状态工作点位于 $150W/cm^{2[2]}$ 功耗曲线上。具有较大阻断电压的器件 D、E 和 F 的导通状态工作点位于 $125W/cm^{2[2]}$ 的功耗曲线上。这是因为在具有较大阻断电压的模块中，需要有大电压间隔的各种器件，它们的封装是不同的。

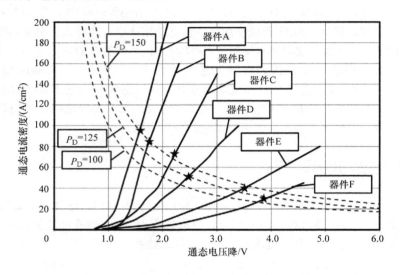

图 20.1 典型的商用 IGBT 产品的导通特性

图 20.2 是现有先进 IGBT 产品的导通电流密度和阻断电压额定值的关系曲线。从图中可以看出，对于具有较大阻断电压的 IGBT，其通态电流密度较低，设计具有高电流额定值模块的难度较大。因为与较低阻断电压的器件相比，更多的芯片必须并联封装以达到所需的额定电流。这一趋势适用于所有功率器件，包括本章后面要讨论的碳化硅功率 MOSFET。

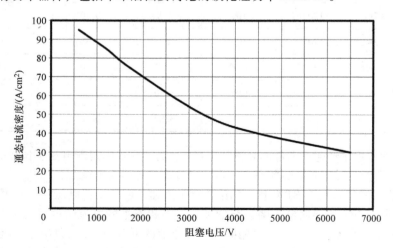

图 20.2 IGBT 的导通电流密度

在数据表中，制造商提供了 IGBT 的关断时间。用户对电感负载切换下的关断最感兴趣。关

断时间由延迟时间和电流下降时间组成。电流下降时间与功率损耗有关。表 20.1 中列出了 IGBT
产品的电流下降时间，它作为阻断电压的函数，被绘制在图 20.3 中。如我们预期的那样，当阻
断电压变大时，下降时间会稍稍增加。

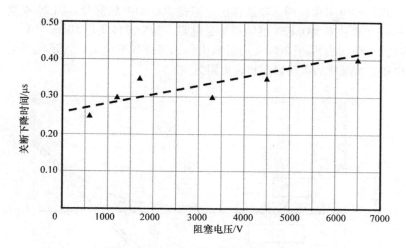

图 20.3　IGBT 的关断下降时间

20.2　宽禁带半导体器件

单极型功率器件（例如功率 MOSFET）依赖于单个载流子来进行电流传输。电子传输优于空
穴传输，因为电子载流子在半导体中具有较大的迁移率。对于设计高阻断电压的功率 MOSFET 来
说，其导通电流受器件内导通电阻[2]的限制。导通电阻的主要成分之一来自漂移区，而漂移区为
了支撑阻断电压，被设计成具有很低的掺杂浓度和很厚的宽度。我们可以优化功率 MOSFET 器件
的器件结构，以减少诸如沟道区和接触孔等的电阻，直到特征导通电阻（每单位面积的导通电
阻）变得接近漂移区的导通电阻为止。

漂移区的特征导通电阻与半导体材料的基本属性相关[3]：

$$R_{\mathrm{on-sp,Ideal}} = \frac{4BV^2}{\varepsilon_\mathrm{S}\mu_\mathrm{n}E_\mathrm{C}^3} \tag{20.1}$$

式中，BV 是击穿电压；ε_S 是半导体介电常数；μ_n 是电子迁移率；E_C 是击穿的临界电场强度。该
方程的分母通常被称为功率器件的 Baliga 优值（BFOM）。从该式可以得出以下结论，我们可以
使用具有大介电常数、高电子迁移率、高临界电场强度的半导体来降低漂移区的特征导通电阻。
具有较大能带间隙的半导体具有较大的临界电场强度。

在 20 世纪 80 年代，砷化镓作为第一个宽禁带功率器件被实际制造出来，人们发现它的
BFOM 是硅的 13.6 倍[4]。在 1989 年，人们根据当时具有的数据[5]，预计碳化硅功率器件的
BFOM 可以大于 100。接着第一个高压碳化硅肖特基整流器在 1992 年被报道[6]，这验证了前面的
预测理论。第一个高性能碳化硅功率 MOSFET 在 1997 年被报道[7]。在 1994 年，人们证明了如果
用碳化硅肖特基整流器和具有碳化硅功率 MOSFET 的 IGBT 来代替硅 P-i-N 整流器，可将可变
速电动机驱动器的功率损耗减小一个数量级[8]。这些来自北卡罗来纳州立大学的研究结果和在世

界上许多其他实验室进行的工作，最终使许多公司宣布开始生产碳化硅功率器件产品。

对于碳化硅功率 MOSFET，屏蔽平面栅器件结构优于沟槽栅结构，因为它可以防止栅极氧化物中的高电场[9,10]。采用屏蔽平面栅结构的碳化硅功率 MOSFET，它的特征导通电阻由沟道、累积层、结型场效应晶体管（JFET）和漂移区的电阻总和来决定。一些文献中提供了以上这些电阻的分析模型。在这些电阻中，沟道和漂移区电阻是主要的组成部分。图 20.4 描述的是采用屏蔽平面栅结构的碳化硅功率 MOSFET 的特征导通电阻。其中器件使用 $50 \mathrm{cm}^2 /(\mathrm{V} \cdot \mathrm{s})$ 的沟道迁移率和 $1 \mu \mathrm{m}$ 的沟道长度。对于低于 2000V 的阻断电压，特征导通电阻以沟道电阻为主，对于高于 3000V 的阻断电压，特征导通电阻以漂移区电阻为主。

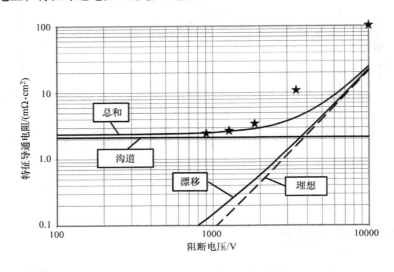

图 20.4　碳化硅功率 MOSFET 的导通电阻

本章参考文献［11］报道了最近的最先进的碳化硅功率 MOSFET 的性能。在文章中作者指出："在电压额定值范围为 900～15kV 时，我们已经实现了新的性能突破。当击穿电压（BV）在 900～1230V 等级内时，$R_{\mathrm{ON,SP}}$ 低至 $2.3 \mathrm{m}\Omega \cdot \mathrm{cm}^2$；当击穿电压（$BV$）在 1200～1620V 等级内时，$R_{\mathrm{ON,SP}}$ 为 $2.7 \mathrm{m}\Omega \cdot \mathrm{cm}^2$；当 BV 在 1700～1830V 等级内时，$R_{\mathrm{ON,SP}}$ 为 $3.38 \mathrm{m}\Omega \cdot \mathrm{cm}^2$，当 BV 在 3300～4160V 等级内时，$R_{\mathrm{ON,SP}}$ 为 $10.6 \mathrm{m}\Omega \cdot \mathrm{cm}^2$；当 BV 在 10～12kV 等级内时，$R_{\mathrm{ON,SP}}$ 为 $123 \mathrm{m}\Omega \cdot \mathrm{cm}^2$"。以上这些结果在图中用星状点来表示。这些数据表明当阻断电压低于 2000V 时，器件的特征导通电阻受沟道电阻的限制。对于阻断电压高于 3000V 的器件，高的特征导通电阻可能会受到边缘终端击穿电压的限制。近来，边缘终端设计的改进[12]可以允许这些器件的性能更接近理论性能极限。

具有各种阻断电压额定值的屏蔽平面栅碳化硅功率 MOSFET 的导通特性如图 20.5 所示。根据本章参考文献［11］中报道的各种器件的值，我们选择了对应的特征导通电阻。该图还显示了功耗曲线，包括 $100 \mathrm{W/cm}^2$、$125 \mathrm{W/cm}^2$ 和 $150 \mathrm{W/cm}^2$ 三种情况[2]。基于上一节针对硅 IGBT 产品所做的分析，我们在此假设功耗为 $150 \mathrm{W/cm}^2$ 的情况适用于碳化硅器件。屏蔽平面栅碳化硅功率 MOSFET 的导通状态工作点由图中的星形点给出。

对于屏蔽平面栅碳化硅功率 MOSFET 来说，它的导通状态电流密度，作为阻断电压额定值的函数，被展示在图 20.6 中。在硅 IGBT 中，导通状态电流密度随着阻断电压额定值的增加而减小。为了方便比较，硅 IGBT 的导通电流密度也包括在该图中。表 20.2 给出了这些器件的导通电

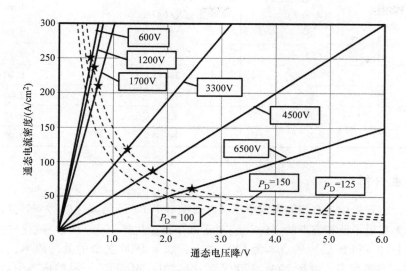

图 20.5　碳化硅功率 MOSFET 的导通特性

流比值。从表中可以看出，对于阻断电压低于 2000V 的器件，电流密度比值为 2.75 左右。由于碳化硅器件的成熟度不足，具有较大阻断电压器件的比值变小。

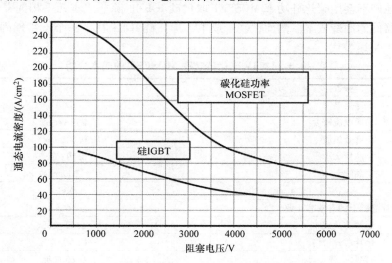

图 20.6　碳化硅功率 MOSFET 的导通电流密度

在各种开关条件下测量了碳化硅功率 MOSFET 的关断时间。发现硅碳化功率 MOSFET 的关断时间通常为 0.1μs [13,14]。这比硅 IGBT 关断下降时间快三倍。开关损耗的减小允许我们能在更高频率下使用碳化硅器件。这减小了无源元件的尺寸和重量。已经报道通过使用碳化硅功率 MOSFET 代替硅 IGBT，在一些应用中效率提高了 0.5% ~ 1% [15-17]。本章参考文献 [18] 报道了在用于插电式混合动力电动汽车充电器中，通过使用碳化硅功率 MOSFET 代替硅 IGBT，系统体积减小了 10 倍并且效率提高了 6%。

表 20.2　碳化硅功率 MOSFET 的导通电流密度与硅 IGBT 导通电流密度的比较

阻断电压/V	硅 IGBT 电流密度/(A/cm²)	碳化硅功率 MOSFET 电流密度/(A/cm²)	比值
600	95	255	2.68
1200	85	235	2.76
1700	75	210	2.80
3300	50	120	2.40
4500	40	85	2.13
6500	30	60	2.00

20.2.1　成本分析

在应用中，究竟采用具有相同额定电压和电流的硅 IGBT 还是碳化硅功率器件，主要考虑器件的成本。近来报道了计算成本的方法[18]。对于以小批量生产 100mm 大小碳化硅晶片的专用生产厂，其初始晶片（外延层）的成本为 1200 美金，加上 1800 美金的处理成本，总成本估计为 3000 美金。根据这些信息，制造 20A、1200V 碳化硅功率 MOSFET 产品的成本可以如表 20.3 所示进行计算。边缘终端加上 0.027cm 的切割空间[18]，这里假设器件良品率为 60%。对于 50% 的毛利润，碳化硅功率 MOSFET 的每安培电流价格为 0.65 美元。相比之下，1200V 硅 IGBT 的每安培电流价格为 0.11 美元[18]。因此，碳化硅功率 MOSFET 的成本是硅 IGBT 成本的 5.9 倍。因此一些用户认为，他们不会用碳化硅功率 MOSFET 取代硅 IGBT，除非成本几乎相同[19]。人们正在努力降低碳化硅器件的制造成本。然而，基于成本考虑，硅 IGBT 在下一个十年期间不可能被碳化硅功率 MOSFET 快速替代。

表 20.3　1200V 碳化硅功率 MOSFET 的成本分析

参数	数值
导通电流	20A
导通电流密度	235A/cm²
有效区域	0.085 cm²
芯片大小	0.102 cm²
晶圆大小	100mm
良品率	60%
每片晶圆上的有效芯片数	463
每片芯片成本	6.47 美元
每片芯片价格	12.93 美元
每单位电流成本	0.65 美元

20.3　总结

在 20 世纪 80 年代早期，IGBT 在通用电气公司创造和商业化之后几乎立即对许多经济领域产生了巨大影响，并且其影响稳步增长。直到今天，如果社会没有这个器件，许多方面将会停止有效运作。该器件提高了效率、节省了大量的电能和汽油，为世界各地数十亿人带来巨大的经济和环境效益。技术的渗透还在进一步进行中，这表明 IGBT 在未来还会有更大的影响。

参 考 文 献

[1] M. Rahimo, Future trends in high power bipolar metal-oxide semiconductor controlled power semiconductors, IET Circuits Devices syst. 8 (2014) 155—167.

[2] B.J. Baliga, Fundamentals of Power Semiconductor Devices, Springer-Science, New York, 2008.

[3] B.J. Baliga, Semiconductors for high voltage vertical channel field effect transistors, J. Appl. Phys. 53 (1982) 1759—1764.

[4] B.J. Baliga, et al., Gallium arsenide schottky power rectifiers, IEEE Trans. Electron Devices ED-32 (1985) 1130—1134.

[5] B.J. Baliga, Power semiconductor device figure of merit for high frequency applications, IEEE Electron Device Lett. 10 (1989) 455—457.

[6] M. Bhatnagar, P.K. McLarty, B.J. Baliga, Silicon-carbide high-voltage (400 V) schottky barrier diodes, IEEE Electron Device Lett. 13 (1992) 501—503.

[7] P.M. Shenoy, B.J. Baliga, The planar 6H-SiC ACCUFET, IEEE Electron Device Lett. 18 (1997) 589—591.

[8] B.J. Baliga, Power semiconductor devices for variable-frequency drives, Proc. IEEE 82, 1112—1122.

[9] B.J. Baliga, Silicon Carbide Power Devices, World Scientific Publishing Company, Singapore, 2005.

[10] B.J. Baliga, Advanced Power MOSFET Concepts, Springer-Science, New York, 2010.

[11] J.W. Palmour, et al., Silicon carbide power MOSFETs: breakthrough performance from 900 V up to 15 kV, in: IEEE International Symposium on Power Semiconductor Devices and ICs, 2014, pp. 79—82.

[12] W. Sung, et al., A new edge termination for high voltage devices in 4H-SiC — multiple floating zone Junction termination extension, IEEE Electron Device Lett. 32 (2011) 880—882.

[13] J. McBryde, et al., Performance comparison of 1200-V silicon and SiC devices for UPS application, in: IEEE Industrial Electronics Society Annual Conference, 2010, pp. 2657—2662.

[14] Y. Matsumoto, et al., Characteristics of the power electronics equipments applying the SiC power devices, in: IEEE Conference on Power Engineering and Renewable Energy, 2012, pp. G1—G6.

[15] O. Stalter, B. Burger, S. Lehrman, Silicon carbide D-MOS for grid-feeding solar-inverters, in: IEEE European Power Electronics and Applications Conference, 2007, pp. 1—10.

[16] K. Mino, et al., Power electronics equipments applying novel SiC power semiconductor modules, in: IEEE Applied Power Electronics Conference, 2009, pp. 1920—1924.

[17] S. Buschhorn, K. Vogel, Saving money: SiC in UPS applications, in: IEEE Power Electronics, Intelligent Motion, Renewable Energy and Energy Management Conference, 2014, pp. 765—771.

[18] A. Agarwal, WBG revolution in power electronics, in: WiPDA Meeting, October 14, 2014.

[19] C. Chen, M. Su, The opportunities and challenges of wide-band-gap technologies for automotive applications, in: WiPDA Meeting, October 14, 2014.

附录　英文缩略语表

AED	Automatic external defibrillator	自动体外除颤器
AGVC	Active gate voltage control	有源栅极电压控制
ALL	Atomic Lattice Layout	原子晶格布图
AMB	Active magnetic bearing	主动磁轴承
ASD	Adjustable speed drive	可调速驱动
BCD	Bipolar CMOS DMOS	双极 – CMOS – DMOS
BDC	Bidirectional converter	双向转换器
BTB	Back – to – back	背对背
CAFE	Corporate Average Fuel Economy	公司平均燃料经济性
CARB	California Air Resources Board	加州空气资源委员会
CERN	European Council for Nuclear Research	欧洲核子研究中心
CFL	Compact fluorescent lamp	紧凑型荧光灯
CMOS	Complementary metal oxide semiconductor	互补金属氧化物半导体
COMFET	Conductivity modulated field effect transistor	电导调制场效应晶体管
CRT	Cathode ray tube	阴极射线管
CSI	Current source inverter	电流源逆变器
CSTBT	Carrier stored trench bipolar transistor	载流子存储沟槽栅双极型晶体管
DFS	Dual – function switch	双功能开关
DIP	Dual in – line package	双列直插式封装
DMOS	Double diffused metal oxide semiconductor	双扩散金属氧化物半导体
DMOSFET	DMOS field effect transistor	双扩散金属氧化物半导体场效应晶体管
DVFC	Decoupled voltage and frequency control	去耦电压和频率控制
DVR	Dynamic voltage restorer	动态电压恢复器
ELC	Electronic load controller	电子负载控制器
EMA	Electromechanical actuator	机电致动器
EMI	Electromagnetic interference	电磁干扰
ETVC	Electric thrust vector control	电动推力矢量控制
FACTS	Flexible alternating current transmission system	柔性交流输电系统
FBSOA	Forward biased safe operating area	正向安全工作区
FPGA	Field programmable gate array	现场可编程门阵列
FPM	ft/min	英尺/分钟
GTO	Gate turn off thyristor	门极可关断晶闸管
HBVD	High breakdown voltage diode	耐高压二极管
HVDC	High voltage DC	高压直流
HVIC	High voltage integrated circuit	高压集成电路
ICD	Implantable cardioverter defibrillator	植入式心律转复除颤器
IEGT	Injection enhanced IGBT	注入增强型 IGBT
ILC	International linear collider	国际直线对撞机
IPM	Intelligent power module	智能功率模块
IPT	Inductive power transfer	感应电力传输
IPU	Intelligent power unit	智能功率单元

ISIT	Ideal static induction transistor	理想静电感应晶体管
LASIK	Laser Assisted In – situ Keratomi	激光视力校正眼外科手术
LBVD	Low breakdown voltage diode	低耐压二极管
LCC	Line commutated converter	线路整流转换器
LED	Light emitting diode	发光二级管
LEIR	Low Energy Ion Ring	低能离子环
LHC	Large Hadron Collider	大型强子对撞机
LVFC	Low voltage full converter	低压全转换器
MCT	MOS controlled thyristor	MOS 控制晶闸管
MPC	Magnetic pulse compression	磁脉冲压缩
MPPT	Maximum power point tracking	最大功率点跟踪
MRI	Magnetic resonance imaging	磁共振成像
MTBF	Mean time between failures	平均故障间隔时间
MTO	MOS turn – off thyristor	MOS 关断晶闸管
MTTF	Mean time to failure	平均无故障时间
NPCC	Neutral point clamped converter	中性点钳位转换器
NPT – IGBT	Non – punch – through IGBT	非穿通型 IGBT
OMS	Orbital maneuvering system	轨道机动系统
PCL	Power conversion line	功率转换线
PDP	Plasma display panel	等离子体显示面板
PEBB	Power electronic building block	电力电子构建模块
PECVD	Plasma – enhanced chemical vapor deposition	等离子增强化学气相淀积
PFC	Power factor correction	功率因数校正
PT – IGBT	Punch – through IGBT	穿通型 IGBT
PWM	Pulse width modulation	脉冲宽度调制
RBSOA	Reverse Biased SOA	反向安全工作区
RESURF	Reduced surface electric field	降低表面电场法
RPC	Remote power controller	远程电源控制器
RPI	Remote power interrupter	远程电源中断器
SCA	Sudden cardiac arrest	心脏骤停
SCR	Silicon controlled rectifier	可控硅整流器
SCSOA	Short circuit safe operating area	短路安全工作区
SCWT	Short circuit withstand time	短路承受时间
SEIG	Self – excited induction generator	自激感应发电机
SITH	Static induction thyristor	静电感应晶闸管
SLAC	Stanford linear accelerator	斯坦福直线加速器
SOA	Safe operating area	安全工作区
STATCOM	Static compensator	静态补偿器
SVC	Static VAR compensator	静态无功补偿器
TVC	Thrust vector control	推力矢量控制
UPS	Uninterruptible power supplies	不间断电源
VFD	Variable frequency drives	变频驱动
VSC	Voltage source converter	电压源转换器
VSD	Variable speed drives	变速驱动
VSI	Voltage source inverter	电压源逆变器
ZVS	Zero voltage switching	零电压开关

本书著作权合同登记　图字：01 - 2015 - 7347 号。

The IGBT Device: Physics, Design and Applications of the Insulated Gate Bipolar Transistor

B. Jayant Baliga

Copyright © 2015 by Elsevier Inc. All rights reserved.

ISBN - 13: 978 - 1 - 4557 - 3143 - 5

注意

相关从业及研究人员必须凭借其自身经验和知识对文中描述的信息数据、方法策略、搭配组合、实验操作进行评估和使用。由于医学科学发展迅速，临床诊断和给药剂量尤其需要经过独立验证。在法律允许的最大范围内，爱思唯尔、译文的原文作者、原文编辑及原文内容提供者均不对译文或因产品责任、疏忽或其他操作造成的人身及/或财产伤害及/或损失承担责任，亦不对由于使用文中提到的方法、产品、说明或思想而导致的人身及/或财产伤害及/或损失承担责任。

图书在版编目（CIP）数据

IGBT 器件：物理、设计与应用/（美）贾扬·巴利加（B. Jayant Baliga）
著；韩雁等译 . —北京：机械工业出版社，2018.3（2023.6 重印）
（电子科学与工程系列图书）
书名原文：The IGBT Device：Physics，Design and Applications of the Insu-
lated Gate Bipolar Transistor
ISBN 978-7-111-59037-8

Ⅰ.①I… Ⅱ.①贾…②韩… Ⅲ.①绝缘栅场效应晶体管 – 研究
Ⅳ.①TN386.2

中国版本图书馆 CIP 数据核字（2018）第 017062 号

机械工业出版社（北京市百万庄大街 22 号 邮政编码 100037）
策划编辑：刘星宁 责任编辑：刘星宁
责任校对：刘雅娜 封面设计：马精明
责任印制：常天培
固安县铭成印刷有限公司印刷
2023 年 6 月第 1 版第 4 次印刷
184mm×260mm·29.25 印张·773 千字
标准书号：ISBN 978 - 7 - 111 - 59037 - 8
定价：159.00 元

凡购本书，如有缺页、倒页、脱页，由本社发行部调换

电话服务 网络服务
服务咨询热线：010 - 88361066 机工官网：www.cmpbook.com
读者购书热线：010 - 68326294 机工官博：weibo.com/cmp1952
010 - 88379203 金 书 网：www.golden - book.com
封面无防伪标均为盗版 教育服务网：www.cmpedu.com